HANDBUCH DER PRAKTISCHEN UND EXPERIMENTELLEN SCHULBIOLOGIE

HANDBUCH DER PRAKTISCHEN UND EXPERIMENTELLEN SCHULBIOLOGIE

STUDIENAUSGABE IN 8 BÄNDEN

Herausgegeben von Oberstudiendirektor a. D.
Dr. *Hans-Helmut Falkenhan*, Würzburg

Unter Mitarbeit von

Oberstudiendirektor Prof. Dr. *Ernst W. Bauer*, Nellingen-Weiler Park; Universitätsprofessor Dr. *Franz Bukatsch*, München-Pasing; Studiendirektor Dr. *Helmut Carl*, Bad Godesberg; Studiendirektor Dr. *Karl Daumer*, München; *Hilde Falkenhan*, Würzburg; Studiendirektorin *Elisabeth Freifrau v. Falkenhausen*, Hannover; Dr. *Hans Feustel*, Hessisches Landesmuseum, Darmstadt; Studiendirektor Dr. *Kurt Freytag*, Treysa; Oberstudiendirektor a. D. *Helmuth Hackbarth*, Hamburg; Universitäts-Prof. Dr. *Udo Halbach*, Frankfurt; Studiendirektor *Detlef Hasselberg*, Frankfurt; Studiendirektor Dr. *Horst Kaudewitz*, München; Dr. *Rosl Kirchshofer*, Schulreferentin, Zoo Frankfurt; Studiendirektor *Hans-W. Kühn*, Mülheim-Ruhr; Studiendirektor Dr. *Franz Mattauch*, Solingen; Dr. *Joachim Müller*, Göttingen-Geismar; Professor Dr. *Dietland Müller-Schwarze*, z. Z. New York; Gymnasialprofessor *Hans-G. Oberseider*, München; Studiendirektor Dr. *Wolfgang Odzuck*, Glonn; Studiendirektor Dr. *Gerhard Peschutter*, Starnberg; Studiendirektor Dr. *Werner Ruppolt*, Hamburg; Professor Dr. *Winfried Sibbing*, Bonn; Studiendirektor Dr. *Ludwig Spanner*, München-Gröbenzell; Studiendirektor *Hubert Schmidt*, München; Universitätsprofessor Dr. *Werner Schmidt*, Hamburg; Oberstudienrätin Dr. *Maria Schuster*, Würzburg; Oberstudienrat Dr. *Erich Stengel*, Rodheim v. d. Höhe; Oberstudiendirektor Dr. *Hans-Heinrich Vogt*, Alzenau; Dr. med. *Walter Zilly*, Würzburg

AULIS VERLAG DEUBNER & CO KG · KÖLN · 1981

HANDBUCH DER PRAKTISCHEN UND EXPERIMENTELLEN SCHULBIOLOGIE

Band 6

Der Lehrstoff III:
Allgemeine Biologie

AULIS VERLAG DEUBNER & CO KG · KÖLN · 1981

Der Text der achtbändigen Studienausgabe ist identisch
mit dem der in den Jahren 1970–1979 erschienenen Bände 1–5
des „HANDBUCHS DER PRAKTISCHEN UND
EXPERIMENTELLEN SCHULBIOLOGIE"

Best.-Nr. 9437
© AULIS VERLAG DEUBNER & CO KG KÖLN
Gesamtherstellung: Clausen & Bosse, Leck
ISBN 3-7614-0550-2
ISBN für das Gesamtwerk: 3-7614-0544-8

Inhaltsverzeichnis

Phylogenie und Paläontologie

Seite

Vorwort XV

Einführung 3

A. Probleme der Evolutionsforschung 4

    I. *Einleitung* 4

    II. *Die klassischen Hypothesen der Abstammungslehre* 4

    III. *Klarstellung der Begriffe Zweckmäßigkeit und Zufall* 7

    IV. *Grundfragen evolutionären Geschehens* 8
        1. Individualentwicklung u. d. biogenetische Grundgesetz 8
        2. Artbegriff und die Taxierung foss. Arten 9
        3. Das Einzelindividuum u. die Population 10
        4. Vorteile der selektiven Heterozygoten 11
        5. Ursachen der Artneubildung 12
            a. Die Mutation 13
            b. Gendrift u. Rekombination der Gene 14
        6. Über das Ausmaß genetischer Veränderungen
           (*Hardy-Weinberg*-Theorem) 15
        7. Bedeutung der Bastardbildung 16
        8. Nichterbliche Abänderungen 17
        9. Anagenese 18
        10. Natürliche Auslese und ihre Schranken 18
        11. Ziele der Selektion in der Zivilisation 18

    V. *Über das Ausmaß des Wandels in einer Population* 19
        1. Kampf ums Dasein (Wettstreit - Konkurrenz - Überleben
           des Geeigneten, Opportunismus) 20
        2. Konkurrenz in einer Wildpopulation gegen ein unterlegenes Gen . . . 20
        3. Koexistenz u. Opportunismus im biol. Geschehen 21

    VI. *Evolution und molekularbiologische Erkenntnisse* 23
        1. Untersuchungen an Enzymen, Hormonen, Hämoglobin, Kollagen . . . 24
        2. Immunglobuline in der Evolution 26
        3. Zahl der möglichen Proteine und die Evolution 26

    VII. *Wechselwirkungen zwischen Individuum und Umwelt* 27
        1. Erkannte Regulation der Umwelt auf die
           Radiation der Populationen 27

2. Gegenseitige Beeinflussung und Anpassung neu
   entstandener Arten (Adaptive Radiation) 29
VIII. *Abschlußbetrachtungen über evolutionäres Geschehen* 31
Schriftenverzeichnis zu Kapitel A 31

B. Forschungsgrundlagen der Paläontologie und Phylogenie 34

I. *Absatzgesteine mit Resten von Lebensformen* 34
   1. Keine Zersetzung 34
   2. Biogene Zersetzung 35
   3. Versteinerungen 35
   4. Die Wirkung der exogenen Kräfte 35

II. *Pflanzen als Gesteinsbildner* 36
   1. Seekreide und Kalktuffentstehung, Kieselsinterbildungen 36
   2. Ablagerungen von Kohlenstoffanreicherungen 37
   3. Kohlenbildung 37
   4. Diatomeenerde 38

III. *Tiere als Gesteinsbildner* 38

IV. *Datierung geologischer Zeitabschnitte* 39
   1. Radioaktivität und Altersbestimmungen in Gesteinen 39
   2. Kalium-Argonmethode 41
   3. Rubidium-Strontium-Methode 41
   4. Isotopenverdünnungsmethode 41
   5. Uran-Helium-Altersbestimmung 42
   6. Thorium-Protactinium-Altersbestimmung 42
   7. Kohlenstoff-14-Altersbestimmung 42
   8. Altersbestimmung a. G. des Isotopenverhältnisses
      von ^1_1H zu ^3_1H im Wasser 43
   9. Schlüsse aus dem Isotopenverhältnis von Sauerstoff u. Kohlenstoff
      auf die Meerestemperaturen 44
   10. Pollenanalyse u. geol. Altersdatierung 45
   11. Jahresringanalyse von Bäumen 47
   12. Andere Altersbestimmungen (magnetische Messungen,
       Thermoluminiszenz) 47
   13. Anwendung von Röntgenstrahlen und Fernsehkameras
       bei der Erforschung foss. Objekte 48
   Schriftenverzeichnis zu Kapitel B 49

C. Zeittafeln der vorbiogenen und biologischen Evolution 51

I. *Phasen der Entwicklung des Sonnensystems u. d. Erde* 51

II. *Daten der biologischen Evolution im Erdaltertum* 52

III. *Daten der biologischen Evolution im Erdmittelalter* 53

IV. *Daten der biologischen Evolution in der Erdneuzeit* 54

		Seite

D. Über das Entstehen vorbiogener und biogener Systeme 56

    I. Probleme der vororganismischen Evolution 56

    II. Erkenntnisse über die Entstehung der Elementarteilchen und der Atome (Protonenzyklus, CNO-Zyklus) 57

    III. Die Entstehung des Sonnen-Planetensystems, Evolution d. Moleküle, vermutliches Geschehen im Raum unserer Erde 59

    IV. Experimentelle Ergebnisse über die Synthesen vorbiogener bzw. biotischer Moleküle 61

        1. Kohlenwasserstoffe 62
        2. Ammoniak 63
        3. Cyanide und Verbindung mit Carbodiimid-Bindung 63
        4. Formaldehyd 64
        5. Harnstoff 64
        6. Aminosäuren 64
        7. Purinringe 65
        8. Pyrimidine 65
        9. Cyanamide 65
        10. Kohlenhydrate 65
        11. Energieliefernde Phosphate, Nucleoside, Nucleotide 66
        12. Porphyrine 66
        13. Fettsäuren und Alkohole 66
        14. Die Bedeutung des Wassers f. d. Wechselwirkung der ersten biologischen Moleküle 67
        15. Verbindungen mit asymmetrischem Kohlenstoffatom 67

    V. Die vermutliche Beschaffenheit der Erde und ihrer Atmosphäre zu Beginn der vororganismischen Evolution 68

    VI. Die Entstehung des Proto-(Eo-)-Bionten 69

        1. Coacervatbildungen und Microsphären 69
        2. Proteinoidsynthesen und ihre Bedeutung für die biologische Evolution 69
        3. Bau und Bedeutung gefalteter bzw. gedrehter Molekülaggregate u. die Entstehung von Spezialfunktionen der Reduplikationssysteme 71
        4. Über die Entwicklung des Kopplungssystems zwischen Nucleinsäure und Protein-bio-synthese mittels Schlüsselmolekülen 73

    VII. Die ersten zellulären Lebewesen 75

        1. Herkunft der Zellorganelle 75
            a. Mitochondrien 75
            b. Chloroplasten 75
            c. Ribosomen 75
            d. Aufeinanderfolge energieliefernder Prozesse in den ersten Lebewesen 77
            e. Phylogenie der Photosynthese 77

		Seite

    f. Vergleich zwischen Chemo- u. Photosynthese 79
    g. Anreicherung von Sauerstoff durch Photosynthese 80
  2. Die Bedeutung der Entstehung zellulärer Gebilde 83
    a. Vorteile des geschlossenen Systems 83
    b. Bildung des Zellkernes 83
    c. Bedeutung der Herausbildung der Sexualfunktion 84
  3. Schizophyta und ihre stammesgeschichtliche Bedeutung 84
    a. Bakterien 84
    b. phylogenetische Bedeutung der Cyanophyceen 85

VIII. *Die ersten fossilen Funde aus den vermutlich ältesten Gesteinen der Erdoberfläche* 86
  1. Sphäroide 87
  2. Modell des Eobionten 87
  3. Einzeller 87
  4. Jüngere Funde 88
  5. Algenähnliche Einzeller 88
  6. Cyanophyceen 88
  7. Pseudofossil E 88
  8. Bakterienkolonien 88
  9. Aminosäuren 88
  10. Photosynthetiker u. mittel-kambrische Organismen 89
  11. Anaerob-autotrophe Mikroorganismen 89
  12. Paraffine und Fettsäuren 89
  13. Zellkern-Lebewesen 89
  14. Übergangsfeld zu Metazoen 90

IX. *Zusammenfassung* 90
  Schriftenverzeichnis zu Kapitel C und D 91

E. Das Pflanzenreich (Eukaryonta-Nucleophyta) 95

I. *Die Entwicklung von Flagellaten zu kolonialen Flagellaten, Algen und anderen Lebensformen* 95
  1. Die stammesgeschichtliche Stellung des Flagellaten 95
  2. Die Wertung der Tetrasporalen (capsalen) Alge 96
  3. Die Herleitung kolonialer Flagellaten- u. Algenformen vom Flagellatentypus 98

II. *Landpflanzen* 99
  1. Die stammesgeschichtliche Bedeutung der Urfarne (Thalassiophyta) . 99
  2. Urlandpflanzen u. ihre Organisationsformen 101
  3. Weiterentwicklung der Landpflanzen und das Problem der Telom-Übergipfelung 103
    a. Archeo-Lepidophyta, Lepidophyta (Bärlappgewächse) 103

	Seite

    b. Equisetophyta (Schachtelhalmgewächse) 104
    c. Pterophyta (Farne u. Blütenpflanzen) 104
    d. Seßhaftwerden der Megasporen u. das Entstehen der
       Befruchtungsmechanismen auf dem Sporophyten 105
    e. Übergang zum Gymnospermen- bzw. Angiospermentypus 106
    f. Trends bei den Angiospermen u. G. des Blütenbaues 111
    g. stammesgeschichtl. Einordnung der Pilze 114

F. Das Tierreich (Eukaryonta-Metazoa) 115

I. Versuch der Herleitung der Metazoa durch Vergleich der Individualentwicklung und der rezenten Tierformen 115
   1. radiärsymmetrische Hohltiere 115
   2. Bilateralsymmetrische Cölomaten 117
   3. Furchungstypen u. ihre stammesgeschichtliche Wertung 121
   4. Entfaltung der wirbellosen Tiere 123
   5. Phylogenie als ökologischer Prozeß 125

*II. Stammesgeschichtliche Herleitung der Wirbeltiere,
Vergleich mit den Hauptgruppen der Wirbellosen* 126

III. Auftreten fossiler Chordaten bzw. Wirbeltiere 130
   1. Die Achranier u. agnathe Ostracodermen 130
   2. Placoderme Gnathostomier 131
   3. Selachier 134
   4. Vergleich zwischen Actinopterygiern und Choannichthyern
      (devonische Quastenflosser) 134

IV. Landnahme der Wirbeltiere 138
   1. Vergleich zwischen Wasser und Landleben 138
   2. Frühe labyrinthdonte Amphibien 139

V. Evolution der Reptilien 140
   1. Seymouriamorpha u. Reptilien der Karbon-Perm-Zeit 140
   2. Systematische Einteilung der Reptilien 143
   3. Cotylosaurier (Stamm-Reptilien) 144
   4. Synapside Reptilien (Vorläufer der Säuger) 145
   5. Ichthyosaurier (Fischechsen) 145
   6. Sauroppterygier 146
   7. Diapside Reptilien 146
      a. Mosasaurier u. Geosaurier (Großechsen d. Jura-Kreide) 146
      b. Eosuchier 146
      c. Dinosaurier mit Reptilienbecken 147
      d. Dinosaurier mit Vogelbecken 147
      e. Sauriersterben am Ende der Kreidezeit 148
      f. Pterosaurier und Urvögel 149

	Seite

  g. Überlebende Reptilien u. deren Vorfahren 150
  h. Rhynchocephalier (Brückenechsen) 150
  i. Squamata (Eidechsen und Schlangen) 150

VI. *Vögel (Aves)* 151
 1. Problem der Flugfähigkeit 151
 2. Radiation der Vögel in Kreidezeit und Känozoikum 152

VII. *Mammalia (Haartiere, Säugetiere u. deren Vorläufer)* 152
 1. Fossil erhaltene Merkmalträger 152
 2. Therapsida u. säugetierähnliche Reptilien 152
  a. Theriodontier 156
  b. Cynodontier 156
  c. Bauriamorpha 157
  d. Ictidosaurier 157
 3. Mesozoische Säugetiere 157
  a. Triconodonta 157
  b. Symmetrodonta 157
  c. Pantotheria 157
  d. Docodonta 159
  e. Multituberculata 159
 4. Die wichtigsten im Laufe der Evolution aufgetretenen Neuerwerbungen zur Ausgestaltung des Körpers der Haartiere 159
  a. Unterkiefer-Mittelohrentwicklung 159
  b. Zahn- u. Gebißbildungen 161
  c. Bewertung des Haarkleides 161
  d. Vergleichende Darstellung des Gehirnbaues 162
 5. Systematische Einteilung der Mammalia 162
  a. Kloakentiere (Prototheria, Monotremata) 163
  b. Theria (Säuger mit lebenden Jungen) 164
  c. Beuteltiere (Metatheria, Marsupialia) 164
  d. Echte Säugetiere (Placentalia) 165
 Schriftenverzeichnis zu Kapitel C/II, III, IV; E und F 168

G. Abstammungsgeschichte des Menschen 171

I. *Problembegründung* 171

II. *Über die Herleitung der Homininae aus Primaten* 173

III. *Die Menschwerdung* 174
 1. Frühe Steppenhominiden (Ramapithicinae) 174
 2. Australopithicinae (Urmenschen) 176
  a. Kulturgeschichtliche Einordnung der Urmenschen 177
 3. Gattung Homo (Humane Radiation) 179
  a. Deutung der Olduvai-Funde 179
  b. Homo erectus-Formenkreis 180

		Seite
	c. Präsapiengruppe (Steinheimmensch)	183
	d. Homo neanderthalensis	184
	e. Kulturstufen des Homo neanderthalensis	186
	f. Homo sapiens-diluvialis	188
	g. Leistungen des Homo sapiens-fossilis	191
IV.	*Begleitflora und Begleitfauna des Menschen des Pleistozäns*	192
	1. Begleitflora	192
	2. Begleitfauna	193
V.	*Der Mensch des Holozäns*	194
VI.	*Die Evolution zum Menschen*	195
VII.	*Gehirnvergleiche einzelner Vertreter der hominoiden Entwicklung*	197
	1. Methodik der Gehirnvergleichuntersuchungen	197
	2. Ergebnisse der vergleichenden Gehirnbauuntersuchungen	199

H. Welche Erkenntnisse bietet das „Sich-Beschäftigen" mit phylogenetisch-paläontologischen Fragen? ... 201

    Schriftenverzeichnis zu Kapitel G und H ... 201

Anhang:

Abkürzungen und Erklärungen wichtiger und im biologischen Schrifttum nicht allgemein gebräuchlicher Termini ... 203

Faltblatt (im hinteren Buchdeckel)

    Übersicht 14: Rahmenvorstellung über die Abstammung der höher organisierten Wirbeltiere

    Übersicht 19: Entwicklung der Menschheit

Verhaltenslehre

A. Einleitung zur Verhaltenslehre		213
B. Die Praxis des Unterrichtsgebietes Verhaltenslehre		214
I.	*Begriffsbestimmung*	214
II.	*Praktische Hinweise für den Unterricht*	215
	1. Unterrichtsziel: Instinkthandlung und Verstandeshandlung	215
	2. Unterrichtsziel: Äußere und innere Reize bei Instinkthandlungen	216
	a. Vögel	216
	b. Säugetiere	218
	c. Kriechtiere	220
	d. Lurche	221
	e. Fische	222
	f. Wirbellose	223
	3. Unterrichtsziel: Reiz- und Instinktketten	226

Seite

    4. Unterrichtsziel: Zentrale Ermüdung 227
    5. Unterrichtsziel: Leerlaufhandlungen 227
    6. Unterrichtsziel: Übersprunghandlungen 228
    7. Unterrichtsziel: Besondere Typen angeborenen Verhaltens 228
    8. Unterrichtsziel: Dressur und Lernen 230
    9. Unterrichtsziel: Die ethologischen Beziehungen zwischen
       Tier und Mensch 235
       a. Einsichtiges Verhalten bei Tieren 235
       b. Die Bindung des Menschen an das Tierreich 236
III. Zielsetzung des Oberstufenunterrichts 238

C. Filme 244

Literatur 247

Biologische Statistik

I. *Einführung* 251
    1. Herkunft des Wortes Statistik 251
       Sinn der statistischen Analyse 252
    2. Was wird beim Umgang mit Beobachtungsdaten entschlüsselt? . . . 252
       Streuungsquellen 256
    3. Zufallsfaktoren 256
       Verläßlichkeitsniveau 258
    4. Stichprobenstatistik. Verallgemeinerungsfähigkeit 258
    5. Deduktion und Induktion 263
    6. Die Grundgedanken der Biostatistik 264

II. *Logik statistischer Datenverarbeitung* 264
    1. Repräsentative Stichproben 264
    2. Schlüsse aus Tatsachen, die keine sind 268
    3. Schlüsse aus Zusammenhängen, die keine sind 268
    4. Unklare Angaben 269
    5. Absolute Zahlen und Relativziffern 271
    6. Vergleichszahlen, die eine absolute Zahl anschaulicher machen 272

III. *Verteilungen*
    1. Die Binomialverteilung und Mendels Spaltungsregeln
       Normalverteilung 273
    2. Anregung zu Aufgaben 279

IV. *Streuungsmaße, Senkung der Streuung* 280
    1. Die Spannweite „w" zwischen x_{min} und x_{max} 282
    2. Die durchschnittliche Abweichung vom Mittelwert 282
    3. Die mittlere quadratische Abweichung (Standardabweichung) 284
    4. Freiheitsgrade 284

		Seite

    5. Intervalle ± s, ± 2.s, ± 3.s 286
    6. Der Variationskoeffizient s % 286
    7. Schätzung der Standardabweichung „s" aus der Spannweite „w" . . . 287
    8. Vereinfachte Berechnung (Korrekturglied) 287
    9. Standardabweichungen von Mittelwerten
       (standard error, Stichprobenfehler) 288
  10. Die Varianz bei Binomialverteilung 290
  11. Senkung der Streuung 291

V. *Prüfung von Unterschieden* 293
    1. Die t-Tabelle 294
    2. Vergleich zweier Stichproben mittels t-Test 296
    3. Der τ-Test 298
    4. Unterschiede zwischen Häufigkeitsziffern 300
    5. Paarweiser Vergleich, der Vorzeichentest 300
    6. Der t-Test für paarweise Vergleiche 302

VI. *Prüfung von Zusammenhängen* 303
    1. Graphische Darstellung 305
    2. Der Korrelationskoeffizient, Maß der Stärke von Zusammenhängen . 305
    3. Die Regression 306
    4. Das Cosinus-Modell 307
    5. Korrelation zwischen Rangordnungen 310
    6. Vierfelder-Korrelation 311
    7. Chiquadrat für mehrere Häufigkeiten 318
    8. Tafelwerke für Vierfelderkorrelation 320

VII. *Nachwort:* Biologie im studium generale. Tests als Detektive, entdecken „schlechte" Schüler als gute Denker 324

VIII. *Anhang: Tabellen*
    Quadratzahlen, Potenzen, Wurzeln . . . . 339—341

IX. *Fachwort-Lexikon* . . . . 329—337

X. *Statistische Lehrbücher, Literatur (Auswahl)* . . . . 337—338

Namen- und Sachregister 343

Vorwort des Herausgebers

Nach den Handbüchern für Schulphysik und Schulchemie bringt der AULIS VERLAG das vorliegende HANDBUCH DER PRAKTISCHEN UND EXPERIMENTELLEN SCHULBIOLOGIE heraus. Zur Mitarbeit an diesem mehrbändigen Werk haben sich erfreulicherweise mehr als 25 Biologen von Schule und Hochschule bereit erklärt, die im Handbuch jeweils ihr Spezialgebiet bearbeiten und sich durch ihre bisherigen schulbiologischen Veröffentlichungen einen Namen gemacht haben. Real- und Volksschullehrer werden es besonders begrüßen, daß unter ihnen auch Professoren der Pädagogischen Hochschulen zu finden sind.
Keine Wissenschaft hat in den letzten Jahrzehnten eine so stürmische Entwicklung durchgemacht, wie die Biologie. Beschränkte sie sich um die Jahrhundertwende noch fast ausschließlich auf Morphologie und Systematik, so haben inzwischen andere Disziplinen, wie Genetik, Physiologie, Ökologie, Phylogenie, Ethologie, Molekularbiologie, Kybernetik und Biostatistik eine ständig wachsende Bedeutung erlangt.
Diese sich ständig ausweitende Stoffülle erschwert den modernen Biologieunterricht außerordentlich. An der Hochschule und im Seminar hat der junge Biologielehrer zwar die Methodik und Didaktik seines Faches gründlich kennen gelernt, aber der praktische Unterrichtsbetrieb mit seiner starken Belastung macht es ihm nicht leicht, das Erlernte auch anzuwenden. Will er nicht nur mit Kreide und Tafel seinen Unterricht gestalten, muß er sehr viel Zeit für die Vorbereitung aufwenden, denn die Beschaffung der lebenden oder präparierten Naturobjekte, die Bereitstellung der verschiedenen Anschauungsmittel und die Vorbereitung eindrucksvoller Unterrichtsversuche erfordern viel Arbeit. Von erfahrenen Pädagogen sind zwar irgendwo in der umfangreichen Literatur die Wege beschrieben worden, wie man diese Schwierigkeiten am besten überwinden kann, aber gerade das Zusammensuchen der verstreuten Literaturstellen erfordert wiederum Zeit und Mühe und der Anfänger weiß oft nicht, wo er suchen soll. Manche Buch- und Zeitschriftenveröffentlichungen sind außerdem für ihn oft kaum beschaffbar.
Hier will das Handbuch helfen! Es soll dem in der Schulpraxis stehenden Biologen auf alle im Unterricht und bei der Vorbereitung auftauchenden Fragen eine möglichst klare und umfassende Antwort geben. Er soll hier nicht nur Ratschläge zur Beschaffung der Naturobjekte und Anschauungsmittel erhalten, sondern auch Vorschläge und genaue Anweisungen für Lehrer- und Schülerversuche finden, die sich besonders bewährt haben und ohne großen Aufwand durchführbar sind. Darüber hinaus bietet ihm das Handbuch statistisches Material, Tabellen, vergleichende Zahlenangaben und oft auch die Zusammenstellung wichtiger Tat-

sachen, die besonders unterrichtsbrauchbar sind. Auch die neuesten medizinischen Erkenntnisse, die für den Biologen interessant sind, wie etwa über Krebsvorsorge, Ovulationshemmer und die Belastung bei der Raumfahrt, kann er im Handbuch finden.

Wenn auch bereits in der Aufführung der Tatsachen, die für einen modernen Biologieunterricht wichtig sind, eine gewisse methodische Anweisung steckt, so wird doch im Handbuch auf spezielle methodische und didaktische Hinweise verzichtet. Der Fachlehrer soll hier die Freiheit haben, nach eigenem pädagogischen Ermessen zu unterrichten. Gerade aus diesem Grund wird das Handbuch von den Fachbiologen a l l e r Schultypen erfolgreich verwendet werden können.

Dagegen werden im Handbuch auch solche Probleme behandelt, die als V o r a u s s e t z u n g e n für einen modernen und erfolgreichen Biologieunterricht wichtig sind, wie etwa die Einrichtung von Unterrichts- und Übungsräumen und des Schulgartens. Auch die Beschreibung und Einsatzmöglichkeit der verschiedenen optischen und akustischen Hilfsmittel fehlt nicht. Trotz seines Umfanges kann das Handbuch natürlich nicht vollständig sein. Deshalb steht am Ende jeden Kapitels ein ausführliches Literaturverzeichnis.

Neben dem Inhaltsverzeichnis wird ein Stichwortverzeichnis dem Leser das Suchen erleichtern. Es ist so angelegt, daß alle Seiten aufgeführt sind, auf denen das Stichwort zu finden ist. Wenn aber das Stichwort an einer Stelle im Handbuch besonders gründlich behandelt wird, so ist die entsprechende Seite durch Fettdruck hervorgehoben.

Der vorliegende Band 4 enthält den Lehrstoff III, die „Allgemeine Biologie", die ja hauptsächlich im Oberstufenunterricht behandelt wird. Für dieses Stoffgebiet sind zahlreiche bewährte und neuartige Lehrer- und Schülerversuche beschrieben, wobei auf die Bedürfnisse der Kollegstufe und der Arbeitsgemeinschaften besonders Rücksicht genommen wurde. Dort aber, wo Schulversuche kaum möglich sind, wie etwa in der Phylogenie, werden dem Lehrer der neueste Stand der wissenschaftlichen Erkenntnisse und die Möglichkeiten ihrer unterrichtlichen Darstellung aufgezeigt.

Um Wiederholungen zu vermeiden, wurde im allgemeinen auf Abschnitte in den schon erschienenen Bänden verwiesen. Wenn aber der Zusammenhang dadurch zu sehr verloren ging, auch um dem Benutzer unnötiges Suchen zu ersparen, erwies es sich als zweckmäßig, manche Versuche noch einmal zu beschreiben, besonders wenn es verschiedene Möglichkeiten ihrer Durchführung gibt.

Die Ausweitung des Lehrstoffs in der „Allgemeinen Biologie", insbesondere in der für die Leistungskurse der Kollegstufe wichtigen Phylogenie, Genetik und Molekularbiologie, machte es notwendig, den Band in die drei Teilbände 4/I, 4/II und 4/III aufzuteilen.

Würzburg, im Herbst 1974

Dr. Hans-Helmut Falkenhan

PHYLOGENIE UND PALAEONTOLOGIE

Über die Entfaltung vorbiogener und biogener
Systeme

Von Studiendirektor Dr. Franz Mattauch

Solingen

EINFÜHRUNG

Die Bearbeitung dieser Sachgebiete für ein Handbuch, welches praktische und experimentelle Unterrichtshilfen geben soll, stieß gerade aus letzterem Grunde auf Schwierigkeiten. Da die einzelnen Forschungsergebnisse in guten Einzelbearbeitungen vorliegen, habe ich versucht, die wichtigsten Erkenntnisse in gekürzter Form wiederzugeben und möglichst zu jedem Teilgebiete graphische Darstellungen zu entwerfen. Gerade die letzteren sollen praktische Unterrichtshilfen bieten. Dabei habe ich auf viele vergleichende Betrachtungen, soweit sie in den Lehrbüchern vorhanden sind (Herz, Nieren, Gehirne, Extremitäten u. a.), verzichtet und auch die paläontologischen Arbeitsweisen weitgehend gekürzt wiedergegeben. Da für stammesgeschichtliche Erörterungen über natürliches Geschehen über weite Zeitabschnitte Experimente im schulischen Rahmen kaum gemacht oder falls solche von der Forschung gerade in letzter Zeit durchgeführt worden sind, aus Gründen der Sicherheit (giftige Gase der Uratmosphäre), der Kosten wegen (Proteinoide) oder aus zeitlichen Gründen (Kulturversuche mit Mikroben bzw. deren Bestimmung) kaum nachvollzogen werden können [87], habe ich von deren Aufnahme ebenfalls abgesehen. Man würde in allen solchen Fällen auf die Spezialliteratur (siehe Schriftenverzeichnisse) ohnedies zurückgreifen müssen. Stammesgeschichtlich bedeutsame Lebensformen sind kurz beschrieben worden, auf Bilder von solchen mußte weitgehend der Kosten wegen verzichtet werden. Dagegen bin ich auf Hypothesen, die zur Erfassung einer Gesamtschau der Entwicklung der lebendigen Systeme auch heute noch notwendig sind, weitgehend eingegangen. Stoffliche Wiederholungen sind des Zusammenhanges wegen beabsichtigt vorgenommen worden. Orthographisch unterschiedliche Schreibweisen einiger Fachausdrücke bzw. von Ortbezeichnungen sind in der jeweiligen Landessprache des Forschers bzw. des Fundortes abgefaßt worden. Da nach Fertigstellung der Teilmanuskripte in schneller Folge immer neue Veröffentlichungen erschienen, mußten diese Neuerscheinungen den alphabetischen Schriftenverzeichnissen nachgefügt werden.

A. Probleme der Evolutionsforschung

I. Einleitung [46; 75]

Alle Bereiche unserer Erde sind geeignet, entsprechend angepaßte lebendige Systeme zu beherbergen und sie den dort herrschenden Umweltbedingungen zu unterwerfen. Im Verlaufe der Evolution haben sich daher verschieden organisierte Wesen den jeweilig die Umwelt beherrschenden Bedingungen angepaßt und vor allem die Fähigkeit erworben, ihre ursprünglichen Eigenschaften, aber auch neu hinzugewonnene, weiterzugeben (Wandel). Eine Vielzahl gleichgearteter solcher Systeme bildete dann eine Population. Infolge des ständigen Wandels aber sind im Laufe der Zeit immer andere, vom ursprünglichen System abweichende Organisationsformen entstanden, die miteinander in Wechselwirkung traten und so hat sich in der gleichen Umwelt die Biozönose, d. h. eine wechselseitige Bindung zueinander ergeben, wobei jedes System bestrebt war, seinen Lebenszyklus ohne Rücksichtnahme auf das andere zu vollenden. Die Räume (Biotope), in welchen sich solche lebendigen Systeme befanden, dürften ursprünglich zur vollen Entfaltung ausgereicht haben. Vervielfältigung und Wandel (Zugewinn neuer vererbbarer Fähigkeit, vgl. S. 27 ff) dürften dazu beigetragen haben, daß diejenigen Lebewesen neue Biotope zu besiedeln in der Lage waren, die eben a. g. des vollzogenen Wandels solche Fähigkeiten erworben hatten. Erfahrungsgemäß müssen wir annehmen, daß die Lebewesen, die mehr Fähigkeiten erworben hatten, als es den jeweiligen Anforderungen ihres Biotops entsprach, überdauerten, denn nur so war bei seiner Änderung ein Sicherhalten unter den neuen Bedingungen möglich. Die paläontologische Forschung hat genügend Zeugen vom entgegengesetzten Verhalten, also von Lebewesen, die diese Fähigkeit nicht besaßen und ausgestorben sind. Sie, aber auch die anderen, haben in den Gesteinen Spuren (chemisch-analysierbare Stoffe) aber auch gestaltlich erkennbare Reste und Abdrücke hinterlassen, die die abgelaufene Zeitgeschichte eines Gebietes widerspiegeln. Die ursprüngliche Annahme, daß nach Aussterben eines solchen Systems wieder durch Neuschöpfung ein anderes ähnliches entstanden sei, hat man in der Epoche des Beginns einer kritischen Naturbetrachtung bald fallen gelassen und andere Hypothesen, die sich mit der Erhaltung und Weiterentwicklung der Lebewesen beschäftigten, formuliert. Die wichtigsten dieser Ansichten seien in annähernd historischer Aufeinanderfolge hier aufgeführt.

II. Die klassischen Hypothesen der Abstammungslehre
[9; 27; 41; 51; 70]

Die ersten Hinweise finden sich in der Histoire naturelle, générale et particulière von *G. L. Buffon (1707—1788)*, in welcher bereits Hinweise auf ein biologisches

System und eine Entwicklungslehre anklingen und in den Schriften von *P. S. Pallas (1741—1811)* Zeichnungen, die auf stammesgeschichtliche Verwandtschaften der Lebewesen hindeuten.

1. *K. v. Linné (1707—1778)*, dem wir in seinem Werke „Systema naturae" die heute noch gültige binäre Bezeichnungsweise der Systematik verdanken, gründete sein System auf die sog. Konstantentheorie, in welcher er folgert, daß „jede Art trotz einer begrenzten Veränderlichkeit in bestimmten Merkmalen unveränderlich sei und eine besondere Schöpfung darstelle" [51].
L. bekam mehrfach Anlaß an der Konstanz der Arten zu zweifeln und in seiner Critica botanica stellt er fest, daß alle monströsen Blumen und Pflanzen ihren Ursprung von normalen Formen herleiten und beim Schöpfungsakt selbst von jeder Ordnung nur eine Art Gestalt angenommen hat. Er ist vertraut mit dem Gedanken an ein Entstehen neuer Formen durch Kreuzungen, dagegen noch nicht mit dem einer Entwicklung, wie sie sich als Resultat eines Zusammenspiels von Individuen und Umwelt darstellt [25].

2. *G. D. Cuvier (1769—1822)* ist neben seiner Typentheorie (1812) hauptsächlich durch seine paläontologischen Studien bekannt, die ihn zu der sog. *Katastrophentheorie* veranlaßten. Nach ihr erfolgt das in den einzelnen Schichten festgestellte Aussterben von Lebewesen durch plötzliche Meeresüberschwemmungen infolge von Schrumpfungen der Erdrinde. Die Freilegung überschwemmter Gebiete soll durch Hebung von Erdrindenteilen erfolgt sein und so Anlaß zur Neubesiedlung durch Lebewesen gegeben haben.

3. *J. B. de Lamarck (1744—1829)*, bekannt durch sein Werk „Philosophie zoologique" (1809), formulierte seine Hypothese, die im Wesensgehalt in verkürzter Form in etwa so wiedergegeben werden soll: „Dauernd veränderte Lebensbedingungen wirken auf die Organismen, daß in ihnen Bedürfnisse auftreten, die früher nicht vorhanden waren.... Durch fortgesetzte Übung werden die entsprechenden Organe verstärkt, während andere Organe durch Nichtgebrauch eine Schwächung erfahren. Die Übung ist also entscheidend für die Entwicklung der Organe, die selbstverständlich nur durch innere Ursachen zustande kommen kann. Da nun nach der Annahme von *Lamarck* auf solche Arten neu erworbene Eigenschaften sich auf die Nachkommen vererben, haben wir eine beständig veränderte Entwicklung neuer Arten" [51].

4. *Ch. G. Darwin (1809—1882)* bekennt im Titel seines Buches: „Der Ursprung der Arten durch natürliche Auslese oder die Erhaltung von Rassen, die im Kampf ums Dasein begünstigt sind", welches nach 20jähriger Vorbereitungszeit und nachdem *A. R. Wallace* ähnliche Gedanken ausgesprochen hatte, im Jahre 1859 erschienen war, die Grundgedanken seiner Hypothese. Auf *Lamarck* zurückgehend, ist er wie dieser von der Vererbung individuell erworbener Eigenschaften überzeugt, hält aber das Selektionsprinzip (also die Wechselwirkung der Lebewesen mit der Umwelt) für das entscheidende Kriterium für die Entfaltung in ihr. „Um überleben zu können, müssen die Individuen der Umwelt angepaßt sein... Wie für die Erfolge der Züchter die planmäßige Auswahl geeigneter Tiere und Pflanzen zur Fortpflanzung maßgebend sei, so müsse man auch in der Natur das auslösende Element, das sich im *Kampf ums Dasein* auswirke, als sichtendes Prinzip zur Erhaltung bestimmter Formen unter gleichzeitiger Ausmerzung an-

derer annehmen. Die Auslese setze eine weitgehende Veränderlichkeit der Organismen voraus.... Es sei selbstverständlich, daß im Bemühen um geeignete Lebensbedingungen gerade jene Organismen überleben würden, die am besten dazu geeignet wären" [51].

Wie kein anderes hat das Gedankengut der beiden letztgenannten Forscher, insbesondere noch zu Lebzeiten *Darwins*, als dieser 1871 noch ein Buch über „die Abstammung des Menschen" veröffentlicht und auch für diesen die gleiche Anwendung seiner Ansichten fordert, die Gemüter bis in unsere Zeit erregt [52]. Die beiden Abstammungshypothesen haben als *Lamarckismus* und *Darwinismus* später mit dem Zusatz *Neo-L.* und *Neo-D.* weitgehende Auslegung und Ergänzung erfahren (s. u.), insbesondere das Schlagwort von „*Kampf ums Dasein*". Es erscheint mir daher wichtig aus dem Original zu zitieren, was *Darwin* darunter verstanden hat:

„Ich will vorausschicken, daß ich diesen Ausdruck in einem weiten und metaphorischen Sinne gebrauche, unter dem sowohl Abhängigkeit der Wesen voneinander, als auch, was wichtiger ist, nicht allein das Leben des Individuums, sondern auch die Sicherung der Nachkommenschaft einbegriffen wird".... „Der ältere *de Candolle* und *Lyell* haben ausführlich und in philosophischer Weise nachgewiesen, daß alle organischen Wesen im Verhältnis einer harten Konkurrenz zueinander stehen.... Wenn wir über diesen Kampf ums Dasein nachdenken, so mögen wir uns mit dem vollen Glauben trösten, daß der Krieg der Natur nicht ununterbrochen ist, daß keine Furcht gefühlt wird, daß der Tod im allgemeinen schnell ist, und daß der Kräftigere, der Gesundere und Geschicktere überlebt und sich vermehrt".

„Bei der Betrachtung der Natur ist es nötig, diese Ergebnisse fortwährend im Auge zu behalten und nie zu vergessen, daß man von jedem einzelnen Organismus unserer Umgebung sagen kann, er strebe nach äußerster Vermehrung seiner Anzahl, daß aber jeder in irgend einem Zeitabschnitte seines Lebens im Kampfe mit feindlichen Bedingungen begriffen sei..." [9].

5. *Leopold v. Buch* hat in seiner „Fauna und Flora der Kandischen (Kanarischen) Inseln (Kgl. Akademie d. Wiss. Berlin 1825), zit. in [46] zu der Artbildung wie folgt Stellung genommen: „Die Individuen einer Gattung verbreiten sich über die Kontinente, bewegen sich nach weit entfernten Gegenden, bilden Varietäten (entsprechend den Unterschieden der Örtlichkeiten, der Nahrung und des Bodens), die dank ihrer Absonderung (geographische Isolation) mit anderen Varietäten sich nicht mehr kreuzen und so auf den ursprünglichen Haupttypus zurückschlagen können. Schließlich werden diese Varietäten konstant und zu besonderen Arten. Später können sie wiederum das Areal anderer Varietäten erreichen, die sich in ähnlicher Weise geändert haben, und die beiden werden sich nicht länger kreuzen, und sich so wie ‚zwei verschiedene Arten' verhalten (S. 30)."

6. *G. G. Simpson*'s „synthetische Theorie der Evolution" [70]: Die Erkenntnisse der Genetik, der Ökologie und der Verhaltensforschung veranlaßten den Autor in Erweiterung der Darwinschen Hypothese zu einer Neuformulierung. Obwohl m. W. bisher keine kurzgefaßte Darstellung besteht, sei hier versucht, eine solche zu entwerfen: Lebewesen entstehen in ihrer Umwelt. Auf sie wirken ständig Energiequalitäten, mechanische und molekulare Kräfte, die Änderungen in den Genen

bewirken können. Der Zeitpunkt, der Ort und auch das Ausmaß solcher Wirkungen können nicht vorhergesagt werden, also verlaufen solche Änderungen (Mutationen) zufällig. Aus diesem Grunde muß die Evolution als ein Prozeß betrachtet werden, der auf keine bestimmte Genkombination (nicht zielgerichtet) hin erfolgt. Durch Selektion, also natürliche Auslese durch die Faktoren der Umwelt (des Lebensraumes) in welcher sich die jeweiligen Lebewesen befinden, erfolgt eine ständige Sortierung, wobei die Träger jener Genkombinationen, die sich als vorteilhaft erweisen, erhalten bleiben, jene mit ungünstigen Genomen der Eliminierung verfallen. Dadurch wird ein spezialisierter Individuentyp entstehen, der aber weiter den Wirkfaktoren der Umwelt und den Wechselwirkungen aller Lebewesen des gleichen Standortes unterliegt.

III. Die Klarstellung zweier Begriffe (Zweckmäßigkeit und Zufall) im evolutiven Geschehen [13; 43; 54]

Im älteren Schrifttum erscheinen Aussagen, wie Planmäßigkeit, Zielstrebigkeit, Ganzheitscharakter und besonders die Zweckmäßigkeit. Man wendet sie in der Lehre oft an, wenn z. B. bei einem Organismus, einem Organ oder dessen Funktion, lebenserhaltende oder lebensfördernde Vorgänge erläutert werden.

Den Begriff der Zweckmäßigkeit (besser Tauglichkeit) sollte man aus Mangel eines besseren verwenden, wenn man darunter „die Übereinstimmung der Organisation des lebendigen Systems mit der Selbsterhaltung und -steuerung unter gegebenen Umweltbedingungen" verstanden werden soll. Ferner auch zur Bezeichnung der Anpassung der Struktur einzelner Teile eines lebenden Systems an die vollständige und koordinierte Verwirklichung derjenigen lebensnotwendigen Funktionen, die die erwähnten Teile im lebenden System wie im ganzen tragen" [54]. Ein weiterer Begriff, den wir zur Erklärung stammesgeschichtlicher Verhalte heranziehen müssen, ist der des Zufalls. Wir verwenden ihn immer, wenn für ein Geschehnis keine Ursache gefunden werden kann. Er unterliegt der Kritik, wenn er z. B. bei der Entstehung des Menschen angewendet und mit der biblischen Schöpfung gleichgesetzt wird.

Von Fällen in der Mikrophysik abgesehen, sollte er nur für biologische Auslegungen verwendet werden, wenn man nicht voraussagen kann, wann und unter welchen Umständen z. B. eine Genänderung zustande kommt und welche Folgen sie für den Organismus haben wird.

Vorher unbestimmbar im Einzelfall ist auch die Reaktion des Zentralnervensystems auf einen Reiz, die Befruchtung einer Eizelle. — Von wievielen unvorhergesehenen Umständen hängt unser Schicksal in der Zivilisation, das vieler lebendiger Systeme von den Wechselwirkungen der Umwelt ab. In allen Fällen sprechen wir von Zufall!

Man wird dann auch im wissenschaftlichen Bereich von Zufall sprechen können, wenn für ein Ereignis, welches nach den Kriterien der wissenschaftlichen Forschungsmethodik [23] erklärbar ist, in einem gegebenen Falle aber mit einem anderen in keine kausale Beziehung gebracht werden kann. Zu einer solchen Aussage sind wir leider in vielen Fällen im Verlaufe der Entfaltung vorbiotischer und lebendiger Systeme angehalten.

IV. Grundfragen evolutionären Geschehens

Evolution, in unserer Betrachtung Entwicklung, den ständigen Wandel der Lebewesen mit einbeziehend, tritt bei den Individuen in Populationen (Träger mehr oder weniger gleichwertiger Genome), in Biozönosen (der Vereinigung verschiedenartiger Genome: Pflanzen und Tiere des gleichen Standortes) ein. Sie sind aber auch den sich ständig ändernden Faktoren der Standorte bzw. neuen, durch Verdrängung entstandenen Umweltbedingungen ausgesetzt. In allen diesen Fällen werden diese die Biosphäre beeinflussenden Faktoren am Einzelindividuum ansetzen, im Verlaufe der Entwicklung aber in der Population manifest werden und schließlich auch mit den Standortfaktoren in Wechselwirkung kommen [75].

1. Individualentwicklung und das biogenetische Grundgesetz [57; 60]

Erbfaktoren bedingen durch ihre Wirkungen das Individuum, sie sind verantwortlich für die Ausgestaltung der Organe und des Verhaltens. Und obwohl man heute noch keine zuverlässigen Angaben hinsichtlich des Gesamtzustandekommens eines Lebewesens machen kann, sind doch Teilwirkungen bekannt [42; 44], die darauf hindeuten, daß sowohl die Merkmale (Strukturproteine) als auch funktionssteuernde Stoffe (Biokatalysatoren) durch die Gen-Proteinsynthese entstanden sind. Damit erscheint die Mutation als das ursächliche Kriterium für das Entstehen neuer Merkmale zu sein. Somit ist das Entstehen neuer merkmalbildender Stoffe im Zellmechanismus wohl begründet und für die stammesgeschichtliche Beweisführung heranziehbar. Wenn man weiter Einzelindividuen vergleicht, so zeigt sich, daß viele im Reifungsstadium befindliche Lebewesen durch wohldefinierte Merkmale voneinander unterschieden sind, während sie als Embryonen viele Gemeinsamkeiten in ihrem Entwicklungsgang ausweisen. Diese Fakten haben zu dem heute allgemein anerkannten natürlichen System der Lebewesen geführt und schon sehr früh *E. Haeckel* zu der Aufstellung des sog. biogenetischen Grundgesetzes veranlaßt: „*Jedes Tier wiederholt in seiner Keimesentwicklung (Ontogenie) in den Grundzügen seine Stammesgeschichte (Phylogenie), die seine Vorfahren in einem Zeitraum von vielen Jahrmillionen durchlaufen haben*" [64]. „A. G. obiger Erkenntnisse weiß man, daß alle Erbmerkmale in der Zygote vorhanden sind und deren Tätigkeit nacheinander in bestimmter Reihenfolge einsetzt" [43].

„In 80 %/o der gesicherten Phylogeniefälle rekapituliert nach meinen Untersuchungen das ontogenetische Jugendstadium die phylogenetische Ahnenform. Also können wir auch in unbekannten Phylogenien damit rechnen, daß abweichende Jugendstadien uns mit einer 80 %igen Wahrscheinlichkeit das Bild der phylogenetischen Ahnenform repräsentieren. Der Prozentsatz kann noch erhöht werden, wenn wir beachten, daß ‚känogenetische' Abweichungen vom ‚Biogenetischen Grundgesetz' besonders häufig sind, wo ‚Larvenstadien' in einem Larvenmilieu leben. Schließen wir solche Larvenbeispiele aus der Betrachtung aus, so ‚stimmt' das ‚Biogenetische Grundgesetz' fast hundertprozentig" (*Zimmermann* [81]).

„Die Anwendung des Gesetzes ist für die Rekonstruktion der Stammesgeschichte mit etwa 20 %/o Fehlschlüssen belastet, ... ist aber als eine nachweisbare Parallele zwischen Ontogenie und Phylogenie berechtigt" [60]. Unter Beibehaltung des Erkenntniswertes dieses Gesetzes sollte man oberflächliche Formulierungen, wie etwa alle höheren Wirbeltiere machen ein Fischstadium durch, vermeiden und so sagen, wie es *Portmann* vorschlägt:

„Alle Wirbeltiere bilden embryonal im Kopfbereich eine Reihe von paarigen Spalten oder Taschen, aus denen bei Fischen Kiemenspalten sich entwickeln, während sie bei den höheren Organisationsstufen die Anlage für sehr verschiedene Bildungen sind;

die paarigen Extremitäten bilden sich stets aus plattenförmigen seitlichen Anlagen, denen die definitiven Fischflossen in ihrer Struktur relativ nahe bleiben, während sich Extremitäten aller höheren Stufen sehr weit von diesem Ausgangszustand entfernen;

die embryonalen Formstufen der höheren Wirbeltiere zeigen vorübergehend manche Merkmale, die bei Fischen in der ausgebildeten Gestalt erhalten bleiben ... je höher die Organisation, desto komplizierter der Entwicklungsweg; die steigende Komplikation der Ontogenese höherer Tiere verwischt mehr und mehr die möglichen Spuren der Stammesgeschichte. Embryonen sind lesbare Urkunden der Stammesgeschichte" [57].

Aus dieser Erkenntnis muß also gefolgert werden, daß in der zeitlichen Aufeinanderfolge einzelner Individuen kleine Merkmaländerungen (Genmutationen) in Gestalt und Verhalten eingetreten und im Verlaufe der Weiterentwicklung erhalten geblieben sind, aber immer innerhalb einer Population in Wechselwirkung mit dem Biotop sich durchsetzen mußten (S. 28 f). Dabei kann es zu Abwandlungen der Strukturen, Änderung der Genwirkketten nach erfolgter Aufspaltung in einzelne Entwicklungstrends gekommen sein, wie z. B. bei der Halswirbelentwicklung bei Vögeln und Säugern, wobei sich einmal eine genmäßig eingespielte Konstanz (Giraffe, Flattertiere) durch Größengestaltung ausgleichen mußte. Wie die Zahl der Wirbel bei einzelnen Wirbeltierklassen nicht vergleichbar ist, so auch das Entstehen der sich daran ansetzenden Extremitäten (Salamander: Ansatz der Vorderbeine am 2—5 Rumpfsegment, Eidechsen 6—9 Rumpfsegment (Übersicht 14). Solche scheinbare Formähnlichkeiten müssen sich also schon früh in der Stammesentwicklung, bedingt durch unterschiedliche Genwirkungen in der Embryonalentwicklung herausdifferenziert haben. Diese ontogenetische Formähnlichkeit (Homonomie) früh unterscheidbarer Organanlagen kann Schlüsse auf evolutive Fremdheit erlauben (S. 146). Somit wäre Homologie der Organentstehung ein sicheres Mittel zum Erkennen einer phylogenetischen Verwandtschaft. Dies betrifft auch die Weiterbildungen von Strukturelementen, die u. U. später in völlig anderen Organsystemen Funktionen übernommen haben *(Reichert-Gaup'sche Regel vgl. S. 159 f)*. Im ersten Falle lägen dann voneinander divergierende Genwirkketten vor, die gestaltlich gleiche Organe entstehen lassen, während im zweiten im Verlaufe der Evolution, trotz ursprünglicher gleicher Anlage infolge ganz neuartiger Genaktivierungen (bzw. Hemmungen), ganz neue Tätigkeiten erworben werden.

2. Der Artbegriff und die Taxierung fossiler Arten [46; 48; 76b]

Als biologische Art bezeichnet man die lebendigen Systeme, die morphologisch, physiologisch (also gestaltlich und funktionell, wie ökologisch und verhaltensmäßig) gleich sind und einen mehr oder weniger einheitlich abgegrenzten Lebensraum bewohnen, sowie fortpflanzungsmäßig eine Einheit bilden.
Jede Art von Lebewesen besitzt also eine Anzahl spezifischer Erkennungsmerkmale, die die Wechselwirkungen untereinander fördert bzw. gegenüber anderen ausschließt. Vererbungsmäßig muß also gefolgert werden, daß ihr Lebenszyklus durch einen i. g. gleichen Genpool gesteuert wird. Eine Art ist nichts Willkürliches, sondern als ein Zusammenfinden ganz bestimmter Merkmalträger aufzufassen, die in einer erdgeschichtlichen Epoche den ökologischen und verhaltensmäßigen Anforderungen eines bestimmten Lebensraumes entsprachen.
Fossilien sind Reste ehemaliger solcher Artansammlungen (Populationen), die den obigen Anforderungen entsprachen. Die Schwierigkeit einer Taxierung einer Art besteht in der Paläontologie darin, daß man sich hier nur auf morphologische (typologische) Unterschiede stützen kann. Altersunterschiede, Geschlechtsdimorphismen, aber auch phänotypische Abwandlungen können den Speziesum-

fang verwischen. Es werden daher möglichst weitgefaßte polytypische Merkmalträger zu einer Art zusammengefaßt (z. B. heute die Gattung Homo vgl. S. 179) und versucht, ob eine Kontinuität in Zeit und Raum evolutionäre Trends erkennen läßt. Schwierigkeiten in der Bewertung entstehen bei der Taxierung, ob es sich in einem speziellen Falle um eine Endreihe oder eine Entwicklungspopulation handelt, wie dies z. B. bei den Cephalopoden in der Entwicklung der Lobenlinie u. der Gehäuseaufrollung der Fall ist (S. 125). Die Artspezifität ist dann als erreicht anzusehen, wenn der merkmalbildende Prozeß durch Funde als irreversibel anzusehen ist, d. h., wenn die Fundstücke als gestaltlich verschieden erkannt werden. Das muß in Wirklichkeit nicht immer zutreffend gewesen sein, da die morphologischen Unterschiede, die eine natürliche Population zeigt, ein Nebenprodukt der genetischen Diskontinuität sein kann, wie dies z. B. aus der Fortpflanzungsisolierung hervorgeht (Männchen u. Weibchen bei Fischen, Vögeln; Ameisen: Jugend- u. Altersformen).

a. *Geschwisterarten:* Mit diesen Namen bezeichnet man Individuen, die in Populationen morphologisch gleich aussehen, sich aber in Paarungs- und Brutverhalten, im Wirtverhalten gegenüber Parasiten und schließlich in ihren Chromosomen (Polyploide) unterscheiden, deren Merkmaldivergenzen sich aber erst durch Züchtung bzw. genauere Untersuchung zu erkennen geben. In der Beurteilung fossiler Populationen entziehen sie sich unserer Kenntnis, obwohl zu vermuten steht, daß einzelne Ancestoren (z. B. unserer Getreidearten) zu diesen gehören dürften.

b. *Konstante Arten:* Da sich in allen geologischen Formationen Fossilien finden, die sich nicht oder nur unwesentlich von noch rezent gefundenen Spezies unterscheiden, kann angenommen werden, daß eine solche Art über längere Zeiträume konstant blieb, weil sie in Lebensbereichen vorkam, die in ihren ökologischen Faktoren sich kaum veränderten *(Seelilie, Lingula, Limulus, Malania)* und daß das Zentrum ihrer Entstehung bzw. ihres Verbreitungsgebietes in einem Raume der Erde gewesen sein dürfte, welcher über lange Zeiträume kaum geotektonischen Veränderungen unterlegen ist (Tethysmeer). Von diesem ausstrahlend, konnten sie in andere Gebiete vordringen, wo man sie heute noch als Relikte antrifft [41; 70].

3. Das Einzelindividuum und die Population

Das Einzelindividuum ist ein temporärer Träger eines bestimmten pleiotropen Genpools, d. h. solcher Gene, mit meist zweiseitigem Wirkeffekt, wobei nur eines der Allele aktiv wird [55].

Die Population setzt sich aus Einzelindividuen zusammen, sie besteht aus gleichen oder möglichst ähnlichen Merkmalträgern, wobei alle den gleichen Individualtypus bestimmende Erbmerkmale (Hauptgene) tragen. Dazu kommt eine nicht unerhebliche Zahl von Genen, die in ihrer Folgewirkung Merkmale erzeugen, in denen sich die Einzelindividuen unterscheiden. Während also die Hauptgene die wesentlichen Phäne und damit den Charakter der Population bedingen, unterscheiden sich einzelne ihrer Mitglieder oft in ihrem Aussehen und Verhalten von der Gesamtpopulation. Zu ihnen wird man die Träger von mutierten Genen bzw. deren Nachkommen rechnen müssen.

a. *Genwirkungen insbesondere in diploiden Organismen (S. 12)*
In ihnen wirken die nach den *Mendel*'schen Gesetzen festgestellten Merkmalübertragungen *(Polygenie* ⟶ *Polyphänie* in mannigfacher Vernetzung), wobei bestimmte Prozesse der Stoffbildung (S. u.) andere überlagern können, sie aber in ihrer Existenz nicht auslöschen. Als Folge generativer Fortpflanzung entstehen so unterschiedliche Merkmalkombinationen:

Typus AA stellt einen i. g. einheitlichen Merkmalträger vor, der, da er die gleichen Genwirkkräfte väter- und mütterlicherseits besitzt, eine einheitliche Manifestation von gestaltlichen und Verhaltensmerkmalen *(Überdominanz)* zeigt und sie in der Folge auch auf die nächste Generation in der gleichen Kombination weitergibt;

Typus Aa kann neben Gestalt- und Verhaltensmerkmalen von AA *(einfache Dominanz)* noch andere Stoffgruppen herstellen, die bei ihren Trägern nicht wirksam zu werden brauchen, die aber im weiteren Verlauf generativer Fortpflanzung wirksam werden können;

Typus aa enthält Gestalt- und Verhaltensgene von untergeordneter Wirksamkeit, die aber bei ihm phaenotypbildend sich durchsetzen, da A im Genom fehlt.

Da alle Gene nach unseren heutigen Kenntnissen der *Mendel*aufspaltung unterliegen, muß im Rahmen dieser Überlegungen bedacht werden, daß es sich bei biologisch „wohl definierten" Arten, die eine geschlossene Population aufbauen, nur um unbedeutende unterschiedliche Merkmalträger handeln wird und nicht um Bastarde von an sich durch Hauptgene unterschiedlichen Partnern. Ein Wirksamwerden von Heterozygoten (Typus Aa) in einer Population, die oft nur eine geringe Überlegenheit gegenüber der Überzahl der anderen Individuen (AA-Typus) aufweisen, kann man z. B. bei Heilmittel resistenten Formen, aber auch bei höheren Pflanzen beobachten, die bei Entzug von Licht, Wasser oder Nährstoffen und durch Ausscheiden schädlicher Stoffe gegenüber anderen eine geringe Überlegenheit zeigen. *Eine Population ist also nicht nur ein Produkt des Wettbewerbes unter gegebenen Standortbedingungen, sondern zugleich auch der phylogenetischen Entwicklung und der Ausbreitungsgeschichte einer solchen Sippe* [16].

4. Vorteile der selektierten Heterozygoten in der Evolution

Individuen, die zugleich zwei voneinander unterschiedliche Stoffe herzustellen in der Lage sind, zeigen also gegenüber solchen mit Überdominanz (s. o.) einen gewissen Vorteil bezüglich einer Neukombination besonders dann, wenn ökologische Veränderungen im Lebensraum ungünstige Wirkungen auf den Typus AA ausüben. Die so vielfach beobachtete Zunahme der Lebensfähigkeit bei Bastarden ließe sich wie folgt erklären: Zwei homozygote Stämme (AAbb x aaBB), wobei die rezessiven Merkmale ungünstige Gene darstellen, sollen in einer Population gekreuzt werden. Die F_1-Bastarde weisen die heterozygote Merkmalkombination auf (AaBb). Gegenüber der P-Generation erweist sich diese Kombination (nachdem die schädlichen Gene überdeckt sind) infolge größerer Plastizität von evolutionärem Vorteil.

(Dies trifft z. B. zu für das Gen „Helläugig" bei *Drosophila melanogaster*, für das Pigmentierungsgen bei *D. polymorpha* und für das Hämophiliegen beim Menschen, Sichelzellenanämie, Thalasämie). Die Heterozygotie ermöglicht eine Vielgestaltigkeit der chemischen Genprodukte und dadurch eine optimale Aktivität unter veränderten Entwicklungsnotwendigkeiten. Die Individuen sind dem Selektionsdruck weniger ausgesetzt als die Homozygoten. Die Homozygoten leiden unter dem Nachteil der doppelten Dosierung (AA) des gleichen Genproduktes und sind dadurch gegenüber der biochemischen und ökologischen Vielseitigkeit und größeren Anpassungsfähigkeit den Heterozygoten (Aa) unterlegen. Diese vermögen, nachdem sie jeweils 2 Genprodukte zur Verfügung haben, störende Umweltfaktoren besser zu kompensieren.

Darüberhinaus hat das Studium der Aktivität von allelen Genen in einzelnen Zellen von Heterozygoten gezeigt, daß in einer Zelle nur eines der beiden allelen Gene an einem gegebenen Locus aktiv und das andere stumm ist. „Das heißt aber, daß nur väterlicher- oder mütterlicherseits Chromosomenanteile aktiv werden, wenn es sich z. B. um die Immunglobulinsynthese handelt. Diese Mosaikstruktur zeigt sich z. B. bei Tieren, die leichter oder schwerer Ketten dieser Globuline synthetisieren. Die selektive Aktivierung und Inaktivierung von verschiedenen Loci ist ein Phänomen, das man als Folge der zellulären Differenzierung im höheren Organismus findet", es scheint also eine besondere Eigenschaft der DNS zu sein [55].

Homozygote und deren Nachkommen sind dagegen konstanten Umweltfaktoren gegenüber im Vorteil.

5. Ursachen der Artneubildung [46]

Alle Arten sind ihrer Umwelt angepaßt. Solange also keine auf die Genome umgestaltenden Einflüsse wirksam werden, dürften sich solche über längere Zeiträume erhalten. *Artneubildungen entwickeln sich in alten Populationen, indem bei den Individuen allmählich Speziationen auftreten, die von der Ausgangsart divergieren, an Zahl zunehmen und so eine neue Population aufbauen.* Solche divergierenden *Merkmalkombinationen können entstehen, indem Genwirkkettenänerungen auftreten (Mutationen)* (S. 13), die entweder gestaltliche Unterschiede (morphologische Änderungen) oder Verhaltensänderungen (physiologische Ä., z. B. Blutgruppenänderungen) bedingen. Bei Parasiten kann eine neue Wirtspezifität eintreten, bei Polyploidie eine zusätzliche Genkombination zur Stammform (Epilobium, Antirrhinum). Da sie im gleichen Raum mit der Ausgangsart erfolgen, sprechen wir von *sympatrischer Artbildung. — Allopatrische Artbildung* tritt ein, wenn solche Veränderungen in geographischen Isolaten vor sich gehen (Seeforellen der oberitalienischen Seen mit verschiedenen Laichzeiten, Tiefland- und Montanform der Fichte). Beide können u. U. später wieder auf dem gleichen Standort anzutreffen sein, wie die beiden Beispiele zeigen.

Bei geschlechtlich sich fortpflanzenden Arten, besonders solchen mit außerkörperlicher Befruchtung, entwickelt sich in der Regel eine neue Art nur, wenn sie aus irgendeinem Grunde von der Elternart getrennt wird und während der Isolation die Merkmale erwirbt, die ihre Fortpflanzung fördern und so festigen, daß sie bei späteren Zusammenkommen ihre unterschiedlichen Genwirkungen behalten (siehe die obigen Beispiele).

Das Auftreten neuer Gene durch Ersatz von Allelen ist immer mit dem Verlust einer Anzahl von Individuen verbunden. Er kann das fünf- bis 15fache der totalen Größe einer Population für alle Generationen zusammengerechnet betragen, ein

langsamer Prozeß also, der sich über 300 Generationen pro Substitution je Merkmal erstrecken kann, wobei die Zahl der gleichzeitig zu ersetzenden Faktoren nach *Kimura* „nicht mehr als etwa 1 Dutzend Loci zu irgendeiner Zeit betroffen werden können, da sonst die Erhaltung der Population aufs Spiel gesetzt ist" [46].
Nach *Haldane* sind für zwei Arten, die sich in 1000 Loci (Genorten) unterscheiden, mindestens 300 000 Generationen erforderlich, um eine Speziation zu vollenden. Dieser Forscher nimmt an, daß „die Evolutionsrate von der Anzahl der Loci in einem Genom und der Anzahl der Stadien, durch welche sie mutieren können, bestimmt wird" [46].

a. *Die Mutation* [4; 18; 44; 46]
Es erscheint daher aus der Sicht der Evolutionsforschung nicht unbedeutend zu sein, das mutative Geschehen zu analysieren. Da ein Phän, d. h. eine wahrnehmbare Struktur- oder Verhaltensänderung wahrscheinlich überhaupt nicht oder höchst selten durch den Wechsel einer Aminosäure bedingt sein wird, dürften zur Erfüllung obiger Forderung mehrere unterschiedliche Cistronänderungen erforderlich sein, um eine Merkmal verändernde sog. Genmutation hervorzubringen, was ja durch die Sequenzanalysen der verschiedenen Proteine (S. 23 f) bewiesen worden ist. Zwischen einer akuten Genänderung in Zellen, deren Nachfolger einmal Fortpflanzungsfunktionen übernehmen und dem Manifestwerden in den Phänotypen einer Population dürfte also immer eine mehr oder weniger große Generationsfolge liegen.
Die sog. spontane Mutationsrate soll bei *Drosophila* 100 bis 1000 mal höher liegen, als bei *Escherichia coli* (vgl. die hohe Strahlenresistenz bei Bakterien). Bei höheren Wirbeltieren wird die Durchschnittrate pro Individuum und Generation auf 1 : 50 000 bis 1 : 200 000 je Locus geschätzt.
Nach der DNS-Triplett-Hypothese kann bereits der Austausch einer Base im Triplett eine Spontan-Mutation [36] bewirken. Es stellt sich also ein einmaliger molekularer Prozeß an einem DNS-Strang ein. Da aber ein Chromosom aus einer Vielzahl von gleichen DNS-Strängen besteht, wird das Genprodukt erst wirksam, wenn mindestens die Hälfte dieser Stränge in der Lage sind, das neue Genprodukt herzustellen (einfache Dominanz; vgl. Handbuch d. Bio.-Unterrichtes Bd. III, S. 378 f). Das Manifestwerden ist in der Polygenie weiter noch abhängig vom Zusammenwirken der übrigen das entsprechende Phän erzeugenden Gene (s. o.)
Zwischen einer akuten Genänderung in Zellen, deren Nachfolger einmal Fortpflanzungsfunktionen übernehmen und dem Manifestwerden im Phänotypus durch solche, dürfte also immer eine mehr oder weniger große Generationenfolge liegen. Schneller wirksam werden dürften jedoch Gentranslokationen, Inversionen, Chromosomenstückzugänge bzw. Stückverluste und Polyploidierungen. Wenn es auch in einzelnen solcher Fälle in der Regel zum Abbruch einer Entwicklung kommt, zeigt doch die Pflanzenzüchtung, Polyploidenforschung *(Gustafson,* 77), die künstliche Mutationserzeugung durch radioaktive Stoffe (Kobaltgarten), daß man auch solche Fälle in der paläontologischen Forschung mit einzukalkulieren haben wird.
Aus dieser Sicht dürfte die Mutation als die primäre Ursache evolutionären Geschehens unbedingt anzusehen sein. Durch dieses Geschehen wird die Ursache des Wandels in den lebendigen Systemen induziert. Andere wichtige Vorgänge (s. u.) sondieren die Tauglichkeit dieses Vorganges.

Mutationsauslösende Fremdenergien (UV-, ionisierende Strahlung, Fremdstoffe) dürften in früheren Erdperioden sehr oft zur Veränderung der Basensequenzen in den Codetripletts beigetragen haben, sie dürften anfangs unbedingt nötig für den Wandel der Proteinmoleküle gewesen sein. Als sich aber im Laufe der Evolution wohlausgewogene codierte Proteinsynthesen mit temporären Repressionsmechanismen herausgebildet hatten, mußte ein solcher Vorgang erst in Wechselwirkung mit der Umwelt „gewogen" werden. So dürfte sich ein am Anfang der Entfaltung der lebendigen Systeme günstiger Vorgang immer mehr zu einem für ein „eingefahrenes Genwirksystem" mit der Zeit ungünstigen umgebildet haben. Ein Verhalten, welches man ja gerade bei einer Vielzahl der Lebewesen bestätigt finden kann.

b. *Gendrift und Rekombination der Gene* [46]
Entgegen der von Haldane errechneten großen Generationenfolge, die zur Vollendung einer Speziation notwendig ist, haben andere Forscher festgestellt, daß z. B. die Entstehung insektizid-resistenter Insekten wesentlich kürzere Zeiten (2 Jahre) benötigt. Auch wäre die Heraubildung von Tiertypen mit langer Generationsfolge (Elefanten, Wale u. a., die sich nur langsam fortpflanzen) nach obigen Überlegungen schwer erklärbar. Auch fossile Funde von tropischen Inseln (Hawai, Galapagos u. Westindien) sowie aus Süßwasserseen (Schnecken, [58]) deuten auf eine ungleiche und schnellere Individuenveränderung hin. *Sie müßten schnelleren Merkmaländerungen unterworfen worden sein.*

Zur Erklärung könnte man daher annehmen, daß sie in ihrer stammesgeschichtlichen Entwicklung als partiell Heterozygote bereits Gene erworben haben, die sich als Folge einer Neu- bzw. Rekombination mit mutierten Genen auf den Gestaltungsvorgang günstig auswirkten (Kiemenspangen-Ohrentwicklung), *oder die, wie Haldane annimmt, durch Zugang neuer Gene als Folge von Einwanderung entsprechender Genträger in eine sog. Gründerpopulation die Entstehung neuer Lebensformen förderten.* Ein solcher Vorgang solle eine relativ hohe Anfangshäufigkeit besitzen, als es je durch Mutationen erreicht werden könnte [46]. Bei langlebigen Organismen, obwohl sie differenzierter sind und meist mehr Gene besitzen, sind, bedingt durch ihre längere Generationszeit, mutative Veränderungen selten.

„Da jedes höhere Tier in seinem Erbgut genügend DNS für etwa 5 Millionen Gene und jedes Gen im Durchschnitt 1000 mutationsfähige Basen hat, ist die Wahrscheinlichkeit groß, daß sich jedes Individuum von jedem anderen durch mindestens eine neue Mutation unterscheidet" [46]. Jede Mutation, gleichgültig ob günstig oder ungünstig für den gesamten Genbestand, bereichert ihn. Da sie aber in überwiegender Zahl nur ungünstige Folgen hat, dürften derartige Aberrationen vielfach schon den Tod der Keimzellen bedingen oder sich im frühen Stadium nach der Zygotenbildung so ungünstig auf die Keimesentwicklung auswirken, daß sie der Ausmerze verfallen. Wie die Erfahrung der bewußten Mutationserzeugung in der Pflanzenzüchtung beweist, kann nur eine Minorität mit balanciertem Polymorphismus überleben.

<small>Die Vermannigfachung der Form wird, bei Fischen und Reptilien beginnend, bei den Säugetieren durch sog. redundante (überflüssige) Gene bedingt, so z. B. bei den α und β Ketten des Hämoglobins, den L- und H-Polypeptiden der Immunglobuline. Die Häufung solcher gleicher redundanter Gene kann bei Mutationen die Entstehung ev. schädlichwirkender (letaler) Neubildungen dadurch abschwächen, daß durch ursprüngliche Gene noch genügend arterhaltende Genprodukte vorhanden</small>

sind und dadurch keine Schadwirkung eintritt. Die neuen Genprodukte aber könnten im weiteren Verlauf irgendwie am Entstehen neuer Merkmale beteiligt werden, so daß vom ursprünglichen Typus abweichende Merkmalgefüge auftreten [86]. Daraus ergibt sich auch die Frage, inwieweit Virusmaterial, welches in das genetische Material der Wirtszelle gelangen kann, ev. auch an der Verursachung solcher Vorgänge beteiligt sein könnte [36].

Beim Menschen kann man nach dem gleichen Autor [46] mit dem Auftreten einer Mutation alle 25 Jahre rechnen, bei Waldbäumen kann man eine Zeitspanne von 100—200 Jahren annehmen. Da aus einem Bakterium innerhalb eines Tages etwa 10^{22} Individuen entstehen können, stellt man erfahrungsgemäß, obwohl Genzahl und Mutationsrate relativ klein sind, zeitlich mehr Mutationen fest. Somatische Mutationen nicht einbezogen, werden also bei Lebewesen mit hoher Genzahl infolge der längeren Generationszeit weniger Mutationen auftreten.

Mayr nimmt daher für die Entstehung eines neuen Phänotypus nicht die Mutation, sondern die „*in jeder Generation stattfindende Rekombination als Hauptfaktor der Variation der Lebewesen an*" [46]. Damit aber wird das „*Evolutionsgeschehen*" zu einem „*Zwei-Faktoren-Problem*". Genrekombination unterstützt durch Gendrift bzw. Mutationen lassen schneller als durch letztere allein abgeänderte Lebewesen (Phänotypen) entstehen. Aber diese Lebewesen unterliegen den ständigen selektierenden Faktoren der Umwelt. Nur durch immerwährende Betrachtung und Wertung dieses „Zwei-Faktoren-Gefüges" wird die oft verhältnismäßig schnell verlaufende Umgestaltung einzelner Lebewesen verstehbar und vielleicht in einzelnen wenigen Fällen (Neupflanzenzüchtung durch Mutationserzeugung, Entstehen heilmittel-resistenter Mikroben und insektizid — resistenter Schadinsekten) auch beweisbar sein.

Nach der 4. *Mendel'*schen Regel werden Gene, die einmal in einer Population auftreten, auch wenn sie überdeckbar sind, nicht ausgelöscht. Durch viele uns bekannte Energiequalitäten, molekulare Wirkungen der Umwelt, aber auch innere Ursachen treten bei allen lebendigen Systemen dadurch Änderungen an den Gentripletts auf. Die relative Häufigkeit eines solchen Geschehens beträgt nach *Ludwig* [3] $2 \cdot 20^{-6}$ bis $5 \cdot 10^{-6}$ (Mutationsrate). Experimentell erwiesen ist, daß nicht jede so entstandene Genwirkänderung auch für das Lebewesen günstig sei. Dies hängt von gewissen bereits in einem Organismus vorhandenen Merkmalbildungsursachen ab und solche sind in der weitaus überwiegenden Zahl ungünstig. Damit aber verringert sich das Auftreten einer Genänderung weiter. Außerdem wird die dadurch bedingte Merkmaländerung an den verschiedenen physikalischen und biotischen Faktoren der Umwelt gewertet, so daß die Zahl der brauchbaren Erbänderungen sich noch weiter verringert. Sie wird auf $5 \cdot 10^{-9}$ geschätzt. *Dobzhansky* vergleicht sie „mit der Nadel im Heuhaufen" [13].

6. Über das Ausmaß genetischer Veränderungen in der Evolution
(das *H a r d y - W e i n b e r g* - Theorem [13; 56])

Für die Wertung der Einflüsse einer Mutation in einer Population hat die Erforschung menschlicher Erbkrankheiten wertvolle Aufschlüsse erbracht, die entsprechend interpretiert auch eine Grundlage für evolutives Geschehen anderer Lebensformen abgeben können.

a. *Mutationen mit dominanter Merkmalfolge*

In einer menschlichen Population beträgt die Mutationsrate für achondroplastischen Zwergwuchs $42 \cdot 10^{-5}$ (d. h. 42 akute Fälle auf 1 Million). Es ist daher sehr unwahrscheinlich, daß außer heterozygoten Trägern homozygote Dominante in einer Population angetroffen werden.
Die Zahl der Kinder von Zwergeltern beträgt

je Nachkommen: Eltern	27	: 108 = 0,25
für normale Geschwister von Zwergen	582	: 487 = 1,25

In diesem speziellen Falle wird also die Zahl der Zwerge durch Paarung von Generation zu Generation abnehmen, wenn man die jeweilige Neumutation jedoch zurechnet „geringfügig größer sein, als die doppelte Mutationsrate" [13]. Wenn allerdings der Normalfall der gleichen Fortpflanzungschance mit der Zunahme der Mutationsrate sich addiert, muß nach diesen Überlegungen mit einer Zunahme mutierter Individuen gerechnet werden. Die Anhäufung wird um so größer sein, „wenn mutante Individuen 90 % der Kinder, die normale erzeugen, produzieren, dann wird die Genhäufigkeit der Mutatante im Genpool ... zehnmal die Mutationsrate betragen" [13].

b. *Mutationen mit rezessiver Merkmalfolge*

Die Anzahl der entstehenden Mutationen, die rezessiv wirksam sind, kann man unter der Annahme, daß jedes Individuum mit der gleichen Anzahl der Geschlechtszellen zum Bestand der Population beiträgt nach dem *Hardy-Weinberg-Theorem* wie folgt auslegen:
In einem Individuenbestand wären das dominante Gen A und das rezessiv-mutierte Gen a wirksam, d. h.
ein Anteil p trüge die Fortpflanzungszellen A und
ein Anteil q trüge die Fortpflanzungszellen a.
Die Genhäufigkeit der Gesamtpopulation 1 setzte sich aus p + q zusammen. Es paarten sich also pA mit pA; pA mit qa und qa mit pA; qa mit qa Trägern;
daraus ergäbe sich $p^2 A + 2pq\, Aa + q^2 a = 1$.
Nachdem A in $p^2 + pq$ = p (p+q) = p
a in $pq + q$ = q (p+q) = q
vorhanden waren, müssen also die Häufigkeiten von A und a in der nächsten Generation konstant bleiben [13].
Dies bestätigen aus der menschlichen Population die Fälle der rezessiven Vererbbarkeit der amaurotischen Idiotie, unter welchen die rez. homozygoten letale Typen darstellen, die also aus der Population verschwinden und immer wieder durch Neumutationen (11 Probanden auf 1 Million) ersetzt werden. Nach dem oben Festgestellten, „wird die Mutation, solange sie selten ist, nahezu immer in heterozygotem Zustand agieren und die natürliche Auslese wird ihre Ausbreitung weder fördern noch hemmen. In dem Maße jedoch, wie mehr und mehr mutante Gene zum Genpool der Population hinzugefügt werden, wird die Häufigkeit dieses Gens schrittweise ansteigen" und zunehmend mehr Aa-Typen ergeben [13]. Dies kann schließlich zu ¼ aa-Individuen führen, die, falls sie letale sind, aus der Population ausscheiden. Ein Gewinn tritt also dann nur durch neue Mutationen ein. Wenn also der Gewinn den Verlust ausgleicht, wird die genetische Gleichzahl erhalten bleiben.
Um ein solches Gleichgewicht zu erhalten, muß q^2 aber gleich der Mutationsrate u (in unserem Falle 11 auf 1 Million, oder 0,000 011) sein, d. h. nach *Dobzhansky* „33 Geschlechtszellen auf 10 000 Individuen werden dieses Gen führen oder die Häufigkeit des Gens wird 100 mal größer sein, als die Mutationshäufigkeit. Seine heterozygoten Träger in einer solchen Population werden z. B.

$$2\, pq = 2 \cdot 0,9967 \cdot 0,0033 \text{ oder annähernd } 0,66\,\% \text{ betragen.}$$

Rezessive Mutanten häufen sich in Populationen viel mehr, als es dominante mit entsprechend starken detrimentalen (nachteiligen) Wirkungen tun" [13].
Demnach berechnen sich z. B. nach dem *Hardy-Weinberg-Theorem:* für die Achondroplasie (dominanter Erbgang):

Phänotypus	normal	achondroplastisch	-Lebensunfähig
Genotypus	homozygot aa	heterozygot Aa	Homozygot AA
Häufigkeit	$q^2 = 0,999\,895$	$2\,pq = 0,000\,105$	$p^2 = 0,000\,000\,003$
Tauglichkeit	1	0,2	praktisch 0

für den Albinismus (rezessiver Erbgang in menschl. Population)

Phänotypus	normal	normal	Albino
Genotypus	homozygot AA	heterozygot Aa	homozygot aa
Häufigkeit	$p^2 = 0,9765$	$2\,pq = 0,0233$	$q^2 = 0,00014$
Tauglichkeit	1	1	0,8

Das rezessive Gen, das infolge der heterozygoten Träger „vor der natürlichen Selektion geschützt ist", wird rund 166 mal häufiger zu erwarten sein, als die Homozygoten, deren Merkmale von der Umwelt entsprechend gewertet werden können.

7. *Die Bedeutung der Bastardbildung im evolutiven Geschehen*

Auch die Paarung zweier unterschiedlicher Genome im Verlaufe der Evolution ist möglich. Eine solche kann zur Artneubildung führen, wenn sich der Bastard im alten oder in einem neuen Ökotyp gegenüber den Ausgangsarten durch den

Erwerb einer bestimmten Kombination von sog. Hauptgenen durchsetzen kann. Da fünf mal mehr Tiere als Pflanzenarten auf der Erde vorkommen, kann gefolgert werden, daß sich auf die obige Weise neu gebildete Hybride zu Arten entwickeln konnten.

Versteht man unter einem Bastard ein Merkmalgemisch, das sich genetisch und taxonomisch von den Parental-Individuen unterscheidet, dann müssen sich die in F_1 verdeckten Merkmale in der F_2-Generation manifestieren, besonders dann, wenn die Befruchtung außerhalb des Körpers stattfindet, d. h. eine besonders große Nachkommenschaft eine weitgehende Vermengung der Gameten zuläßt. In anderen Fällen kann sich ergeben, daß eine solche Merkmalvermischung besonders an den Arealgrenzen der Verbreitungsgebiete der Eltern eintritt (Drosophila), oder wenn geeignete Fortpflanzungspartner fehlen bzw. wenn solche auffallenden sekundären Geschlechtsmerkmale (Lauben- und Paradiesvögel) ein besonderes Wahlverhalten begünstigen. Obwohl sich auch in einer Population die Individuen unterscheiden, so scheint doch eine Hybridisation in der Natur ein vorübergehender Zustand zu sein, oft auch zeigen die so entstandenen Lebewesen eine verminderte Vitalität (Drosophila). „Eine zu große genetische Variabilität würde unvermeidlich zur verschwenderischen Erzeugung vieler lokal minderwertiger Genotypen (lebensunfähige Bastarde) führen. Extreme genetische Variabilität ist ebenso unerwünscht wie extreme genetische Uniformität" [46]. Es scheint so, daß sich im Verlaufe der Evolution eine Balance ganz bestimmter Genwirkketten unter den Gliedern einer Population herausbildet, die zur Aufrechterhaltung einer Stabilität *(Phänotypische Uniformität)* mit nur geringer Variabilität führt, die aber doch u. U. von stammesgeschichtlicher Bedeutung sein kann (s. u.).

8. *Nichterbliche Abänderungen (Phänotypische Variation)*

Eine ökologische Nische kann zeitweilige, aber auch dauernde Abänderungen vom Normaltyp bedingen, ohne daß dadurch die erblichen Grundlagen verändert werden (vgl. Löwenzahnversuch von *Lamarck*). Solche Individuen können besondere Organgestaltungen entwickelt haben, die fossil aufgefunden als richtige Arten angesehen werden. Alle Lebewesen passen sich ihren Umwelten an [51], solange also keine die Genome umgestaltenden Einflüsse wirksam werden, können solche phänotypischen Gestaltabweichungen längere Zeiträume überdauern.

Wenn die Verbreitungsgebiete der Arten entsprechend groß sind, können Abweichungen vom Normaltypus besonders bei kosmopolitischen Arten zu beobachten sein, man spricht dann von *geographischer Variation*.

„Mit Abnahme der Strukturentropie (Gestaltumwandlungen) nimmt die Größe der Strukturelemente (Terotope) zu; daher besitzen gut informierte Taxozönosen (Bereich von Lebewesen in einer konkreten Biotopstruktur) auch viele große Arten, was in der *Cope*'schen Regel von der Größensteigerung (vgl. die Endreihen der Saurierevolution) zum Ausdruck kommt" [63].

Für ihre Erhaltung ist jedoch von Vorteil, wenn die Organismen vielgestaltiger bleiben als ihr Lebensraum dies erfordert. Dies kann durch die im vorigen Kapitel aufgezeigten Vorgänge erfolgen. Es findet aber immer eine Entwicklung von einfacheren zu komplizierteren Systemen statt.

„Nach unseren Kenntnissen müssen sich Formen, die in höhere Entropiebereiche remigrieren, wieder in viele Formentypen aufspalten. Jede Spezialisierung ist in viele äquifunktionelle Anpassungen wiederum auflösbar". Dafür bietet die Mutabilität der Gene immer die primäre Ursache, die anderen Genom umbildenden Kräfte und die „Ökologie gibt diesen Veränderungen eine Richtung und macht sie zur Evolution" [63]. (Dies steht nicht im Widerspruch zu der sog. *Dollo*'schen Regel von der Irreversibilität der Evolution, zumal diese nur von dem Ausschluß der Wiederbildung einmal aufgegebener Organe handelt).

9. Die Anagenese (Rensch) [46; 76]

Während man im älteren und volkstümlichen Schrifttum die biologischen Artbildungs- und Entfaltungshypothesen früher als *Deszendenztheorie* (Abstammungslehre) bezeichnete, hatte sich in den letzten Jahren unter einzelnen Biologen, in richtiger Erkenntnis, daß es sich bei diesen Prozessen nicht um ein „Absteigen", sondern um eine Differenzierung bzw. Leistungsverfeinerung, also um ein Aufsteigen handelt, die Bezeichnung *Aszendenz* eingeführt. Auf *Rensch* zurückgehend, bürgert sich jedoch heute in dem führenden Schrifttum die treffendere Bezeichnung „*Anagenese*" ein. Darunter versteht man *das schrittweise Entstehen von Merkmalgefügen in den Lebewesen, die einzeln oder im Zusammenwirken in den Bau- und Verhaltensmustern neue Entfaltungsmöglichkeiten eröffnen, die bessere Anpassungen an die Biotopstrukturen nach sich ziehen und so eine „Höherentwicklung" in der Evolution einleiten.*

10. Die Natürliche Auslese und ihre Schranken [46; 63]

Ziel jeder Selektion ist die Erhaltung eines Individualtypus in einer Biocönose, welcher phänotypisch einen Kompromiß zwischen den Genwirkungen und den Signalen der Umwelt darstellt. Nicht das homozygote spezialisierte Individuum dürfte also nach diesen Überlegungen das Tauglichste sein, sondern das heterozygote, welches sich phänotypisch den gegebenen Außenbedingungen anzupassen vermag und fortpflanzungsmäßig danach die Genotypen bereitzustellen in der Lage ist, die ein weiteres optimales Fortkommen gewährleisten. Da dies aber, worauf auch die *Schönborn*'schen Experimente hinweisen, immer wieder durch Anpassung der Genome an die neuen Lebensbedingungen zu einer Ausmerze rezessiver Gene führt, kommt es also zur Auslese ganz bestimmter Genotypen nach etwa 20—50 Generationen. Aus diesem Grunde erkennt man auch die Bedeutung des ständigen Genzuflusses (Zuwanderung) bzw. der Rekombination in einer Population (S. 30). Die so entstandenen bzw. sich heute noch bildenden Wildpopulationen können 30—50 % zugewanderter Neulinge enthalten, wogegen günstige Mutationen nur bis zu 1 % Anteil haben. So können sie z. B. kritische Perioden (harte Winter, Nahrungsmangel, Seuchen, Einwirkungen durch Räuber mittels Tarnmerkmalen) überstehen. Hochgezüchtete Formen (z.B. fast alle unsere Haustiere) würden in den Lebensräumen ihrer Ancestoren kaum überstehen, während sie in der Hege durch einen ständig gleichbleibenden Ökotyp und alle möglichen Hilfsmittel wiss. Erkenntnis (Impfungen, spez. Ernährung) von einer unerwünschten natürlichen Selektion verschont bleiben und so auch zur Fortpflanzung angehalten werden. Als bes. treffendes Beispiel aus dem menschlichen Bereich sei die zunehmende Zahl an Diabetikern angeführt.

11. Ziel der Selektion in der Zivilisation

Sofern es sich um Populationen handelt, in denen nach unseren zivilisatorischen Überlieferungen Eingriffe biologischer Techniken und Medikationen statthaft

sind, wird der Mensch als Züchter in der Lage sein, notfalls Eingriffe zur Herstellung günstiger Genome vorzunehmen.
Ein moralisch-ethisches Problem aber dürfte sich hinsichtlich solcher Manipulationen beim Menschen ergeben (vgl. Ciba-Symposium [32]). Es bedarf daher in Ergänzung zur Gesundheitserziehung des dringenden Hinweises, daß auch der Mensch der Zivilisation diesen naturgesetzlichen Bedingungen der Evolution unterliegt und daß er durch sein Verhalten selbst für einen optimalen Status seines Genoms in einer ständig sich modifizierenden Umwelt verantwortlich bleibt. — Daß an ihm unerwünschte Selektionen, Linderungen genetisch bedingter Leiden, leider dazu führen, um auch solche Träger zur Fortpflanzung kommen zu lassen (s. o.), wodurch eine der natürlichen Selektion entgegenwirkende falsche Auslese betrieben wird, sei nur am Rande vermerkt! Dies gilt auch für die Manipulationen mit Heilmitteln, mit Pestiziden und Energiequalitäten aller Art.
Durch die Vorgänge der Evolution erkennt man, daß die natürliche Auslese in den jeweiligen Generationen, in welchen sie wirksam geworden ist, aber auch in Hinblick auf die zu erhaltenden lebendigen Systeme, in denen sie noch wirksam werden soll, ein streng opportunistischer Prozeß ist, der nur durch die ständige Variabilität aufrecht erhalten werden kann. „Immer mehr aber sollte sich die Ansicht durchsetzen, daß sich auch der Mensch der biologischen Grundgesetzlichkeit seines irdischen Daseins nicht entziehen kann. Alle Ideologien, die in Unkenntnis dieses Sachverhaltes die menschliche Soziologie formen wollen, werden scheitern" [62]. Der Mensch ist ein Teil des Naturganzen und unterliegt daher auch dessen Gesetzen, wie er in der Vergangenheit ihnen immer unterlag. Es kann daher, da es in unserem Zeitalter z. T. bereits zu einer fast nicht mehr verantwortbaren Zunahme von Mutagenen aller Art in unserem Lebensraum gekommen ist, nicht vorausgesagt werden, ob die übrigen die genetische Variabilität steuernden Kräfte ausreichen werden, *unsere Art in ihrem Verhalten so zu erhalten, wie es dem Evolutionstrend entsprechen würde. Aus allen diesen Überlegungen resultiert nur die eine Forderung, alle uns zur Verfügung stehenden technischen Möglichkeiten jetzt und in Zukunft dazu so einzusetzen, daß auch der Mensch den ursprünglichen Gegebenheiten so weit wie möglich nahe kommt* (S. 201).

V. Über das Ausmaß des Wandels in einer Population [46]

Die Züchtungsforschung und das Hervorrufen künstlicher Mutationen lassen erkennen, daß solche vom Standpunkt des Untersuchenden aus gesehen, meist als für die Lebewesen ungünstig angesehen werden. Ob eine solche Auslegung in allen Fällen einer objektiven Prüfung bezüglich der Angepaßtheit eines Lebewesens dem Standort bzw. der Biocönose gegenüber standhält, wird man in jedem einzelnen Falle zu entscheiden haben (Heilmittelresistenz bei Bakterien, Ährenbeschaffenheit in der Züchtung von Getreidearten). Dies wäre die eine Seite dieses Problems. Es bedarf jedoch nur des kurzen Hinweises, daß wir hinsichtlich des mutativen Geschehens für Vorgänge in menschlichen Populationen an der herkömmlichen Betrachtungsweise festhalten sollten [vgl. 32]. Die andere Seite der Auslegung weist jedoch darauf hin, daß „weder der s t ä n d i g e R e g e n von Mutationen auf eine Population, noch die unaufhörliche Kraft der Selektion auch nur eine annähernd starke Wirkung auf die genetische Zusammensetzung und die phänotypische Wandlung von Populationen zu haben scheinen, wie man erwarten möchte". Der Gensatz durch andere Einflüsse (Einwanderung-Gendrift) dürfte nach *Mayr* hundertmal so groß sein als durch eine Mutation, er soll bei einer Mutation etwa 10^{-5} je Genlocus in einer lokalen Population betragen, während in offenen Populationen solche Werte in der Größenordnung von 10^{-3} bis 10^{-2} beobachtbar sind. Trotzdem scheint er nicht groß genug zu sein, um dadurch eine solche panmiktisch (zufallsmäßig vollständig kreuzen) zu machen. „Es scheint weit wahrscheinlicher, daß alle die Populationen an einer begrenzten Anzahl von sehr erfolgreichen epigenetischen Systemen ... teilhaben, die genetischen und phänotypischen Wandel in strengen Schranken halten". „Genetische Unterschiede werden durch die harmonische Rekonstruktion des Genotypus aufgebaut. Die aufgezeigten Merkmalvermischungen (S. 30) an Arealgrenzen, die dann auf beiden Seiten der Biotopgrenzen erfolgen, scheinen ohne Störung des grundlegenden Epigenotypus der Art zu verlaufen" [46].

1. Kampf ums Daseins (Wettstreit = Konkurrenz = Überleben des Geeigneten und Opportunismus in biologischen Systemen) [13; 46; 52]

Auf die vielfach in der deutschen Literatur mißdeutete Auslegung dieses Begriffes wurde schon hingewiesen (S. 5). Unzweifelhaft finden in den Biozönosen nicht nur Kämpfe unter verschiedenen Arten statt, es werden auch Rivalitäten innerhalb der Mitglieder der gleichen Population ausgetragen, Konkurrenzstrebungen um Raum, Nahrung und die Geschlechtspartner. Man wird nicht fehlgehen, zumal erkannt ist, daß Verhaltensweisen auch auf Genwirkungen zurückgeführt werden, auch solche für die Individuen u. U. schicksalhaften Vorgänge ebenfalls auf Genwirkungen zurückzuführen sein werden.

Zur Frage Wettstreit, Konkurrenz und Überleben des Geeigneten sei auf das Verhalten einer Wildpopulation gegenüber einem unterlegenen Genträger hingewiesen.

2. Konkurrenz in einer Wildpopulation gegen ein unterlegenes Gen (Drosophila) [46]

Nehmen wir an, ein Gen A sei seinem Allel a in einer Wildpopulation überlegen und die heterozygote Form Aa sei intermediär hinsichtlich Lebensfähigkeit gegenüber den Homozygoten. Dann wird, selbst wenn der Unterschied zwischen A und a nur gering ist, a unvermeidlich aus der Population fast verschwinden, wie *Fischer* 1930 berechnet und experimentell durch *Lheritier* und *Teisse* 1937 bewiesen worden ist. In einem Populationskäfig, der eine reine Population von mehr als 3000 *Drosophila melanogaster* Individuen mit dem „Bar"-Gen enthielt, führten sie einige wenige Fliegen vom Wildtypus ein. Die Häufigkeit des Bargens ging zuerst schnell zurück, dann langsamer, bis es 600 Tage später eine Häufigkeit von weniger als 1 % hatte. Viele ähnliche Experimente sind seitdem mit verschiedenen Genen und Genanordnungen durchgeführt; das Ergebnis war immer dasselbe, mit Ausnahme von Fällen mit heterozygoter Überlegenheit.

Die Träger von aa-Genen können sich nur erhalten,
a) wenn sich für sie eine ökologische Nische bietet (geographische Trennung);
b) wenn sich die Umwelt zu ihren Gunsten ändert;
c) wenn für die Träger aa in der gemeinsamen Umwelt andere Lebewesen, Klima und Standortfaktoren wirken;

d) eine Koexistenz kann gewährleistet sein, wenn aa neue ökologische Gewohnheiten erwirbt (veränderte Brutzeit und damit günstigere Zeit für die Aufzucht der Jungen, wenn also die AA bzw. Aa nicht brüten (Kreuzschnabel in unseren Wäldern);
e) oder wenn durch bessere Verhaltensanpassung (Kraftentfaltung, Intelligenz), durch Rückkehr von einem Spezialverhalten in ein primitiv-ursprüngliches Verhalten (Darmparasiten, die auf mehrere Wirte übergehen können) eintritt;
f) oder wenn durch Vernichtung der Arten AA, Aa durch Einwanderung von Feinden dieser Arten (Verschwinden der europäischen Rothörnchen durch Einführen des amerik. Grauhörnchens auf den britischen Inseln, Verdrängung der Hausratte durch die Wanderratte, Verschwinden der Beuteltiere in Amerika) zustande kommt. AA, Aa, aa-Individuen können sich aber auch im gleichen Lebensraum erhalten, wenn bei ihnen keine konkurrierenden Faktoren auftreten (Krisenzeiten im Ökotyp). Die natürliche Auslese wird dann immer diejenigen Komponenten einer Population ausmerzen, die sich zu weit spezialisiert haben, auch wenn sie sich nahrung- und aufenthaltmäßig mit den unspezialisierten Arten nur wenig überschneiden.

Konkurrenz bleibt immer der aktive Trend in der Evolution, Koexistenz beruht meist auf einer ökologischen Nische.

Durch Überlegenheit a. g. phänotypischer Begünstigung (Erlangung neuer Umweltbedingungen, besserer Verhaltensanpassung, besserer Nahrungsausnützung) kann es zu einer aktiven Verdrängung auch durch leistungsmäßig Mindere kommen (Paarungskämpfe, wobei nicht die Leistung, sondern der Zufall entscheidet, ob der leistungsmäßig Bessere zur Fortpflanzung kommt). In allen Fällen aber wird zu überprüfen sein, ob nicht etwa doch Genwirkungen, welche eine spezielle Eignung in Sinne der Auslesebedingungen bedingen, wirksam geworden sein könnten.

Die Verdrängung oder Vernichtung der ursprünglichen Population eines Biotopes kann erfolgen durch Eindringen von Komensalen mit geeigneterem Verhalten oder durch Vernichtung durch Feinde, die das Vermehrungsverhalten der ursprünglichen Art beeinträchtigen (Galapagos Schildkröten durch eingewanderte Schweine).

3. Koexistenz und Opportunismus im biologischen Geschehen [13; 22; 46]

Koexistenz zweier Arten kann eintreten, wenn eine in einen Lebensraum eindringt und mit der anderen dort vorhandenen trotzdem nicht in Konkurrenz tritt, obwohl sie keine Spezialisierungen besitzt (Eindringen von Fischen des roten Meeres in das Mittelmeer nach Errichtung des Suezkanals). Obwohl die Ursachen für ein solches Verhalten vielfach ungeklärt zu sein scheinen, kommen so bes. in tropischen Biotopen hohe Zahlen von Lebewesen vor, die a. g. des allg. Nahrungsangebotes verglichen mit Biotopen in gemäßigten Zonen nicht erwartet werden.

Opportunismus: Das Fortbestehen einer Art in wechselnder Umwelt ist am besten durch Heterogonie mit weiter ökologischer Amplitude gewährleistet. Immer wieder beobachtet man aber, daß sich im Verlaufe der Evolution Homozygotie mit Speziation herausbildet, wobei solche Engpässe das Überdauern einer Art immer mehr verringern. Die Paläontologie hat viele Zeugen für das Verschwinden hoch spezialisierter Arten im Verlaufe der Erdgeschichte, aber auch von Spezies, die mit herabgesetzter Adaptation einen solchen Engpaß nicht überdauern konnten. Wird aber durch ein solches Lebewesen, welches wenig angepaßt ist, ein solcher Engpaß durchschritten, ist nicht nur die Chance des Überlebens gegeben, sondern auch eine solche weitgehender Entfaltung (Radiation), besonders dann, wenn Nischen frei werden. Anklänge für ein solches Verhalten lassen sich in verschiedenen Phasen der Evolution finden: Günstige Molekülkonstellation in der Ursuppe, die zur Bildung des Eobionten führte, Amphibien beim Erwerb des Landlebens, Vögel beim Eindringen in den Luftraum, Speziation des Gebisses neben anderen Merkmalen bei der Radiation der Säugetiere, Ausbreitung der Cetaceen nach Aussterben der Meeressaurier, medizinischer Fortschritt und Umgestaltung der Lebensräume für die Ausbreitung der Menschen). Die ursprünglich spezialisierten Arten erwerben über verschiedene Möglichkeiten neue Merkmalkombinationen und Verhaltensweisen (Gründerpopulation) für das Eindringen in andere, ursprünglich ungünstige Räume. Die Konkurrenz bewirkt das Aufsuchen und den Zugang zu Nischen, Opportunismus ist das rechtzeitige Ausnützen sich bietender Gelegenheiten in solchen. *Bewußt oder unbewußt ist der Opportunismus eine Eigenart der Entfaltung der biogenen Systeme gewesen.*

Eine der Hauptursachen des Überdauerns einer Art aber wird die eigene Fruchtbarkeit sein, d. h. die Fähigkeit, genug Nachkommen zu erzeugen, um gegenüber den anderen Arten oder der Umwelt die eigene Art erhalten und fortsetzen zu können. *Simpson* [71] hat dieses Verhalten als „*Evolutionsopportunismus*" bezeichnet, d. h. „mit dem auskommen, was man hat". Damit sei nicht gesagt, daß sämtliche einer Art zur Verfügung stehende Eigenschaften schon „unbedingt jegliche Alternativlösung in bezug auf das Überleben genügen", sondern, daß Strukturanpassungen (z. B. Fischgestaltähnlichkeit: Wasserleben, Panzerung, Bestachelung und Schutzfarben) wie Verhaltensweisen (Fluchtfähigkeit, aktive Tarnung, Geruchsabsonderung, Geschmacksnuancen) sehr wichtige Schlüsselfaktoren im Überleben der einzelnen Arten darstellen. Oft aber kann eine völlige Minderausstattung (Wehrlosigkeit) eine Art durch ihre eigene hohe Fortpflanzungsrate im Verlaufe der Evolution erhalten.

Während man also die Strukturmerkmale eines Lebewesens als die primären anzusehen haben wird, die es zum Aushalten und zur Entfaltung in einer Umwelt befähigen, kann es doch vorkommen, daß es neue Lebensgewohnheiten annehmen muß, um zu überdauern (Anpassung an Hegeformen bei Haustieren, Urbanverhalten ursprünglicher Wildpopulationen, wie viele Singvögel, die Tauben, die Stare). Das kann mit einer ursprünglichen genetischen Steuerung, die in der natürlichen Umwelt nicht wirksam zu werden brauchte, zusammenhängen. Erst durch die Faktoren in einem neuen Lebensraum wird in einer Population ein Strukturmerkmal selektiert (Schnabelformen der Galapagosfinken, der Spechtfink, der mittels Kakteenstacheln Larven aus der Rinde holt, der Geier, welcher Straußeneier knackt).

Nach *Hardy* [22] kann auch der Neuerwerb von Strukturmerkmalen dadurch gefördert werden. So können Landtierpopulationen u. U. durch Zwang zum Wasserleben übergehen. Dies kann zur Folge haben, daß dann mit der Zeit die Typen mit Schwimmhäuten selektiert werden, für die am Lande keine Veranlassung zur Ausbildung bestand. Der gleiche Autor erklärt auch die Entstehung der gleichen dem jeweiligen Ökotyp angepaßten Tierformen bei Beuteltieren und Säugern durch eine solche Auslese gleicher Verhaltenstypen *(ethologische Selektion)*.

Die besondere Bedeutung des Verhaltens als Evolutionsfaktor besteht bei den Individuen darin, daß es ihnen dadurch möglich wird, sich bestimmten Umwelteinflüssen zu entziehen, anderen, die neu auftraten, anzupassen oder sich sogar neu auszusuchen. Erwerb solch neuen Verhaltens hat oft Eindringen in Nischen zur Folge (Bären: Pandabären, Fledermäuse: Vampire: Flughunde) [47].
Schließlich müßten auch bestimmte Funktionen der Muskulatur, besonders die des Kopfes bei Säugern, die ursprünglich Schutzfunktion andeuteten (Zurücklegen der Ohren, Sperren bzw. Schließen der Augenlider) bzw. bestimmte Stimmungen ausdrückten (Zurückziehen der Hirnschalenhaut - Stirnrunzeln beim Nachdenken), die bestimmten Bewegungen der Lippen, der mimischen Muskulatur sowie der des Kehlkopfes (Lachen, Grinsen, Gebärdenmachen, Drohen, Lautäußern), die auf ethologisches (Gesinnung-)Verhalten schließen lassen, dann in der höchsten Entwicklungsstufe der Primaten zu den Verständigungsfunktionen führen.
Obwohl „jede Gewohnheit und jedes Verhalten irgendeinen strukturellen Unterbau besitzt" [47], der durch neue Mutationen und Neukombinationen der heterogenen Träger weiter modifiziert werden kann, ist m. E. gerade in Hinblick auf Verhaltensweisen der höchstentwickelten Lebenstypen nicht jede Funktion unbedingt durch einen solchen genetischen Unterbau codiert. Es scheint, daß durch die Wechselwirkung von ZNS und Inkretorium viele spontane neue Verhaltensmuster möglich sind, die primär natürlich auch genkodiert, spontan ablaufen und so auch in den Rahmen der ethologischen Selektion passen.

VI. Evolution und molekularbiologische Erkenntnisse [7; 15; 53; 71; 72]

„Geschichtliche Ursächlichkeit irgendeines Ereignisses hängt von einer äußerst komplizierten Struktur oder dem augenblicklichen Zustand organisierter Materie und Energie ab und weiterhin von der gesamten Folgekette vorhergegangener Strukturen während früherer, undenkbar langer Zeiträume, möglicherweise vom tatsächlichen Beginn des Weltalls an..." [71]
Es war bisher schwer, einsichtig zu machen, daß alle gestaltlichen, physiologischen und Verhaltensänderungen der Lebewesen auf einer Veränderung bzw. Abwandlung der Gen-Code-Wirkungen in den Organismen beruhen müssen. Der Einzelfall ist auch heute noch nicht exakt analysier-, vor allem aber nicht reproduzierbar. Doch zeigen gerade die Proteinanalysen (Hämoglobine, Enzyme u. Kollagene), die ja als Folgeprodukte solcher Codierungen mittels naturwissenschaftlicher Forschungsmethodik exakt erkannt sind, daß gerade die kleinen Veränderungen in den Aminosäurensequenzen bei einzelnen lebendigen Systemen auf solche schrittweise Substituierungen der Basen in Tripletts *(Watson-Crick-*Modell) zurückgeführt werden müssen.
Erkenntnismäßig läßt sich feststellen, daß im Bereich der Lebewesen eine Korrelation zwischen der DNS-Menge, beziehungsweise deren Informationsgehalt und den Organisationshöhen besteht, d. h. je mehr DNS-Tripletts umsomehr Merkmale, umso höher ist die Organisationshöhe. So besitzen die
Protokaryonta (Bakterien und Blaualgen) die Protozytenzellen, kugelige bzw. stäbchenförmige Zellen und einfache trichomartige Thalli, mit einsträngigen im Zellplasma gelagerten DNS-Fäden, die
Eukaryonta, die Euzytenzellen mit Zellkern, in welchem anfangs die haploiden Chromosomengarnituren vorherrschen, diploid ist nur die Zygote. Im Verlaufe

der Evolution herrschen die diploiden Sätze vor, wobei die haploide Phase nur mehr auf die Gameten beschränkt bleibt. Mit zunehmender Chromosomenzahl und größerem Genreservoir nimmt die Differenzierung der Baupläne zu. Hierher zählen die Flagellaten und Einzeller, die Lager- und Sproßpflanzen und die radiär- und bilateralsymmetrischen Tiere [15] (S. 83 f).

Soweit bisher bekannt, wird in den Protozytenzellen Transkription u. Translation an m-RNS für die Proteinsynthese in einem Prozeß durchgeführt, während bei den Eucytentypen Transkription und Translation auf zwei verschiedene Zellkompartimente verteilt sind. Außerdem wird deren Mannigfaltigkeit noch durch eine Vielzahl sehr kompliziert zusammenwirkender Gen-aktivierungs- (vgl. Puffbildung) bzw. Gen-blockierungsprozesse (Repressorwirkung) bedingt [4, 44, 68].

Es ist also in diesem Zusammenhang noch einmal darauf hinzuweisen, obwohl wir in den nachfolgenden Überlegungen die Proteine als das Genprodukt vergleichen, daß die Ursache für das evolutive Geschehen in den oben bezeichneten Genwirkungen bzw. Genrepressionen liegt.

1. *Untersuchungen an Enzymen, Hormonen, Hämoglobin und Kollagen*

Vergleiche auf der Grundlage globulärer Proteine erbachten aus verschiedenen Organismen unterschiedlicher systematischer Stellung nachstehende Ergebnisse:

Vergleich der Sequenzen bei Cytochrom c [7; 36] (S. 25)

	Zahl d. gesamten Aminosäuren	der gemeinsamen	: Unterschiede
Mensch - Rind	104	94	10
Mensch - Pferd		92	12
Mensch - Huhn		93	11
Mensch - Thunfisch		83	21
Mensch - Hefe		64	40+5 am Ende der Kette

Ähnliche Sequenzen weisen auch die Cytochrome des Lachses, des Seidenspinners und von Rhodospirillum (Kette kürzer) auf.

Weiter besitzen die Proteasen Trypsinogen (229 Aminosäuren) und Chymotrypsinogen (246 AS) mit Ausnahme eines nicht korrespondierenden Vorspannes bei letzterem und einer geringen Zahl von Fehlplätzen in der Kette fast einen homologen chemischen Bau. Die Aminosäurenfolge Asparagin-Serin-Glyzin, wobei an die OH-Gruppe des Serins Phosphorsäure gekoppelt ist (aktives Zentrum), wurde außer bei Chymotrypsin, Trypsin, Thrombin auch in der Phosphoglucomutase festgestellt. Da sich viele biochemische Reaktionen an Kohlenstoffatomen vollziehen, bei welchen die Art der Substituenten und vor allem ihre Stellung im Raume eine Bedeutung haben (Prochirale Zentren), wurde festgestellt, daß dies sich bei carboxylierenden Enzymen, wie Phosphoenolpyruvat-(Brenztraubensäure)-carboxylase, PEP-carbokinase u. PEP-carboxytransphosphorylase am C-3 der Phosphoenolbrenztraubensäure vollzieht, was von *Floss* als bündig für einen evolutionären Ursprung angesehen wird [17].

Die 2 Proteinketten des Insulins [24], die durch eine Cystinbrücke gekoppelt sind, bestehen aus 21 (A-Kette) und 30 (B-Kette) Aminosäuren. In der A-Kette liegen zwischen 2 Cystinbrücken 3 Aminosäuren (Platz 8—10), in welchen sich die Insuline von 5 verschiedenen Säugetieren unterscheiden, wobei Alanin durch Threonin, Glyzin durch Serin und Valin durch Isoleucin gegenseitig ersetzt sein können. Dabei zeigt sich, daß sich Individuen naher Verwandtschaft (Rind-Schaf, Schwein-Pferd) nur durch je einen Austausch, Schaf-Wal durch 3 gegenseitig ersetzte Aminosäuren unterscheiden.

Von besonderem Interesse aber scheinen für eine evolutionäre Betrachtung die Untersuchungen der Hämoglobine und Myoglobine von Organismen verschiedener systematischer Stellung zu sein. Die Hämoglobine bei Chironomiden (Hämolymphe) zeigen, daß die etwa 500 verschiedenen beschriebenen Arten tatsächlich Unterschiede in der Zusammensetzung dieser Stoffgruppe aufweisen, daß aber auch in anderen Lebewesen, wie besonders das fetale Blut zeigt, solche Unterschiede vorhanden sind [6; 7; 35].

Dies führt nach *Braunitzer* zu der Annahme, daß ursprünglich viele verschiedene Hämoglobine vorhanden gewesen sein dürften, aus denen sich z. B. beim Menschen noch fünf verschiedene Peptidketten seines Blutfarbstoffes erhalten haben. Wahrscheinlich war es ein ursprüngliches Molekül, „ein Monomer, in gewisser Hinsicht ähnlich dem heutigen Myoglobin" (etwa 140—150 Aminosäuren), das sich durch Duplikation eines Gens in zwei verschiedene Peptidketten umgebildet hat. Diese beiden Ketten wurden dann unabhängig voneinander verschiedenen Mutationen unterworfen. „Eine solche Genduplikation muß mehrfach stattgefunden haben und führte zu den entsprechenden α, β, γ, δ, ε-Ketten", die dann später durch „zwei physikalische Effekte" die verschiedenen Ketten der „heutigen tetrameren Moleküle entstehen ließen. Der Autor verglich die Hämoglobine von Schwein, Pferd und Kaninchen mit dem Humanhämoglobin und kommt zu dem Schluß, daß zur Rekonstruktion der Evolution „in allen 3 Ketten in identischer Position identische Austausche im gemeinsamen Verfahren mutierten. Da dieser Vorgang vor der Differenzierung stattfand, ist eine teilweise Rekonstruktion der Evolution möglich.... So zeigt sich, daß alle diese Hämoglobine annähernd 20 Aminosäuren ausgetauscht haben, während sie in ihren restlichen 120 Bausteinen identisch sind." Wie *Zuckerkandl* und *Pauling* „durch Vergleich von morphologischen und chemischen Daten am Pferdehämoglobin zeigen konnten, wird während der phylogenetischen Entwicklung alle 10 Millionen Jahre eine Aminosäure je Peptidkette ausgetauscht". Zu ähnlichen Befunden ist auch *Margoliash* für das Cytochrom C gekommen. Zusammenfassend kommt daher *Braunitzer* zu dem Schluß, „daß auf diesem Wege (durch die Hämoglobinvergleiche verschiedener Spezies) erstmals gelungen ist, die Evolution auf molekularer Ebene und ohne zusätzliche Daten zu rekonstruieren" [6].

Ähnliche chemische Struktur(As-Sequenz) bei verschiedenen Proteinen deutet auf deren Entstehen über ein gemeinsames Voräufergen hin, wie es heute u. a. die Immunglobuline zeigen, die im Bau eine symmetrische Anordnung gleicher Proteinketten erkennen lassen. Es ist in diesem Zusammenhange von Interesse, auf die Ähnlichkeit der Strukturen des Proinsulins und des Nervenwachstumfaktors (NGF) der Mäusesubmaxillardrüse hinzuweisen. Hier kann gefolgert werden, „während das eine Genprodukt das definitive Proinsulin-Gen darstellt, erfährt das andere eine Größenverdoppelung durch seine Reduplikationsschritt ohne nachfolgende Trennung" wobei es in einem weiteren Schritt (Mutation oder Deletion) zum endgültigen NGF-Strukturgen gekommen sein könnte. Da beide ontogenetisch aus entodermalen Geweben gebildet werden, dürfte auch dies auf die Ähnlichkeit ihres biogenen Ursprungs geschlossen werden können [35b].

Schwieriger gestalteten sich die Faserproteinuntersuchungen (Kollagene von Seeanemone, Leberegel, Karpfenschwimmblase und Kalb, Molekulargewichte etwa 300 000). Auch diese unverzweigten Fasern bestehen aus Untereinheiten (α-Ketten von etwa 1000 Aminosäuren). Hier gelang es, elektronenmikroskopische Abbildungen zu gewinnen, in welchen sich die Anhäufungen der Aminosäuren durch helle und dunkle Streifen quer zur Längsachse der Faser und quer zu der des Moleküls dokumentierten. Da die Peptidketten in verschiedenen räumlichen Anordnungen vorkommen, gelingt es, durch „Kunstgriffe" (z. B. saure Extraktion, Behandlung der gereinigten Proteine mit ATP) „mehrere Moleküle parallel und mit den Enden abschneidend zusammenzulagern" (künstl. Quartärstruktur).

Während sich die Ketten (Primärstruktur) in den Aminosäuresequenzen unterscheiden (Mutationen), stellte man fest, „daß die Quartärstruktur des Kollagens durch die ganze Evolution unverändert geblieben ist. Es ist nicht nur die Moleküllänge (2800 Å), sondern auch die Querstreifen der Segmente und ihre relative Lage, ja sogar — in erster Näherung — ihre relativen Intensitäten sind identisch [37; 53].

Tabelle 1: [6; 7; 29; 35]
Gegenüberstellung der Sequenzen der Aminosäuren im Hämoglobin bei verschiedenen Lebewesen

	Ges.-Zahl d. AS.	gemeinsame AS mit		unterschiedl. AS.
Chironomiden (etwa 500 verschiedene Arten)	127	10—12 verschiedene Hämoglobine		
Neunauge (Lampreta)	156	Mensch α	24	118
		Mensch β	24	122
Karpfen (α-Kette)	142	Mensch α	73	67
Kaninchen	141	Pferd	112	29
Kaninchen	141	Schwein	112	29
Kaninchen	141	Mensch α	117	24
Pferd	141	Schwein	123	18
Schwein	141	Mensch α	124	17
Pferd	141	Mensch α	126	15
Gorilla	141	Mensch	139	2
Schimpanse	141	Mensch	141	(wahrsch. identisch)
Mensch α-Kette	141	Mensch β	58	83
Mensch β-Kette	146	Mensch γ	106	40
Mensch Sichelzellenanämie	146	Mensch β	145	1 (Glu→Val β 6)
Mensch γ-Kette	146	Mensch α	49	87
Mensch-Myoglobin	153	Mensch (α, β, γ)	19	134

Eine weitere für unterrichtliche Zwecke gut geeignete bildliche Darstellung der Änderungen der Aminosäuresequenzen von 49 Cytochrom c-Molekülen aus verschiedenen Organismen (Mensch, Wirbeltiere, Insekten, Pflanzen, niedere Pilze) ist in [36] enthalten.

2. Die Immunglobuline in der Evolution [19; 55]

Für unsere Fragestellung wird zunächst von Bedeutung sein, wann im Verlaufe der Evolution lebendige Systeme die Fähigkeit erworben haben, arteigen gebildete biogene Moleküle von solchen fremdartiger Struktur zu unterscheiden. Auf der Stufe des sog. Eobionten dürfte dies wohl noch kaum zu erwarten sein. In der Weiterentwicklung ist festzustellen, daß sich, von uns aus bewertet, Organismen verschiedenartiger systematischer Stellung zu Systemen höherer Ordnung (Syncyanosen, Symbiosen, S. 75) zusammengefunden haben. Bei anderen tierischen Einzellern bei denen die Phagocytose ein bedeutsamer Lebensprozeß ist, muß die Fähigkeit, Eigenstoffe von Fremdstoffen zu unterscheiden, bereits früh ausgebildet worden sein. Man dürfte also nicht fehlgehen, daß die Fähigkeit, „sich selbst von der Fremdartigkeit zu unterscheiden" [55], auf einer frühen Stufe der Evolution erworben worden ist. Weiter sind solche Unterscheidungen bei Metazoen bekannt, wie die Hämocyten-Phagocytose bei Würmern und Insekten. Im Bereiche der Wirbeltiere (Neunauge) werden solche Moleküle als Bildungen des Knochenmark-retikulo-endothelialen (Thymus-Lymphknoten-Bindegewebe)-Systems festgestellt. Ihr Auftreten im Bereiche der Wirbeltiere und besonders deren Veränderungen in den einzelnen Klassen war zu untersuchen. Die Konstitution des sog. Antikörpermoleküls zeigt eine Y-förmige Gestalt, die aus zwei kovalenten Systemen verketteter Aminosäuren besteht, die ihrerseits in 2 längere H-Ketten (je 440 AS mit Molekulargewicht 50000) und 2 kürzeren L-Ketten (je 221 AS mit Molg. 20000) gebildet werden. Beide Kettensysteme, wie auch die Schleifen innerhalb der Ketten werden durch intrapeptidale Sulfidbrücken (Cystin-Brücken) verbunden. Nach *Hammer* kann man annehmen, „daß durch das erste Globulin-Gen ein Polypeptid kodiert wurde, das die Ähnlichkeit zwischen H- u. L-Kette aufwies". Durch Verdoppelung des H-Ketten-Gens könnte möglicherweise das L-Kettengen entstanden sein. „Dieser Prozeß läßt sich auf mindestens 400 Millionen Jahre zurückdatieren und fällt zeitlich mit dem Erscheinen der ersten Wirbeltiere zusammen." Immunglobuline von Mensch, Maus und Kaninchen haben im C-terminalen L-Kettenteil eine konstante, im N-terminalen Teil eine variable Aminosäuren-Sequenz. Es läßt sich jedoch folgern, daß er „über eine Evolutionsperiode von mehr als 250 Millionen Jahren konstant geblieben" ist (vgl. As-Sequenz von Mensch, Maus und Hai [19]). Immunglobuline von *Petromyzon* (Neunauge) (lymphoide Zellen des Darmes), von *Branchiostoma* (Thymus), als auch von *Triakis* (Leopardenhai) und des *Polydon* (Löffelstör) sind variabel, „wobei die Diversität der L-Ketten vergleichbar ist, die bei menschlichen und murinen L-Ketten in Form der Untergruppen gefunden wird". Da bei *Eptatretus* (Schleimaal) keine Antikörper gefunden werden, muß der „Konvergenzpunkt der variablen Teile der Immunglobuline jenseits der entwicklungsgeschichtlichen Abspaltung der Neunaugen vom Wirbeltierstamm liegen" [26].
Stammesgeschichtlich scheint weiter von Bedeutung zu sein, daß sich im Vergleich zu den Enzymen, die sich ebenfalls im Verlaufe der Evolution [28; 34], sowie die Melanosom-Pigmente, nach denen sich anscheinend zwei Zweige der menschlichen Entwicklung vermuten lassen [2], eine gewisse Variabilität bei den Antikörpern erhalten hat, da sie offenbar im Verlaufe der Evolution und auch heute noch in den einzelnen lebendigen Systemen unterschiedliche Aufgaben zu erfüllen haben. Nach *Burnet* [8] haben sich zunächst Antikörperwirkungen herausgebildet, die gegen somatisch neoplastisch gewordene Zellen oder gegen eng mit dem Wirt verwandte Parasiten zu wirken hatten, erst später dürfte sich der Schutz gegen eindringende Mikroben herausgebildet haben.
Auch in der Serumdiagnostik bezieht man sich auf die Fähigkeit des Blutserums auf ein Fremdserum als Antigen durch Antikörperbildung zu reagieren. Bei der Anwendung von Seren verwandter Arten ergeben sich Reaktionen in abgeschwächter Form. Sie decken sich weitgehend mit den anderen morphologisch ermittelten Daten über Verwandtschaftsverhältnisse [73].
Ähnliche serologische Untersuchungen sind auch bei Pflanzeneiweißen versucht worden. Man arbeitet mit sog. „Abbildnern"; jede serologisch aktive Struktur erzeugt, in ein Wirbeltier, z. B. Kaninchen injiziert, als fremdes Eiweiß einen Antikörper, der mit den entsprechenden „Antigenen" reagiert. Auf diese Weise erhalten die Systematiker wichtige Unterlagen auch zur Beurteilung verwandtschaftlicher Zusammenhänge bei Pflanzen [31; 58] (S. 113).

3. Die Zahl der möglichen Proteine und die Evolution [83]

Wenn man annimmt, daß das durchschnittliche Proteinmolekül 400 Aminosäurereste enthält, dann sind nach *Synge* 20^{400} (annähernd 10^{520}) Sequenzänderungen möglich. Wenn der DNS-Gehalt eines menschlichen Zellkernes $6 \cdot 10^{-12}$ g wiegt, ergäbe sich daraus eine Zahl von verschieden möglichen codierbaren Proteinen von 10^8. Wenn ungefähr 10^{20} Arten von lebenden Organismen auf der Erde existiert haben dürften und in ihnen einige Proteinstrukturen identisch sein werden

(s. o.), dann ergäbe sich geschätzt eine Zahl von $10^8 \cdot 10^{20}$ als etwa 10^{30} verschiedener Proteinarten, die auf der Erde existiert haben können. Das heißt also, nur ein „unvorstellbar kleiner Bruchteil von potentiellen Polypeptidsequenzen hat jemals als Protein lebender Organismen existiert" und „wenn im Verlauf der Evolution eine biologisch nützliche Proteinstruktur entwickelt worden ist, dann bestand die Tendenz, diese zu erhalten oder mit sehr geringen Modifikationen zu verbessern."
Diese Erkenntnisse veranlassen aber auch zu der Annahme a. G. der Sequenzanalysen künstliche Eiweiße (z. B. von Viren) aber auch von fossilen Lebewesen wieder aufzubauen, wie dies heute durch die Forschergruppe um *Prof. Döhoff* zu erreichen versucht wird *(H. v. Dithfurth:* Deutsches Fernsehen II/18. 1. 1971).

VII. Wechselwirkungen zwischen Individuen und ihrer Umwelt

1. Erkannte Regulationen der Umwelt auf die Radiation der Populationen [22; 37; 45; 46]

Während im Vorhergehenden hauptsächlich die in den Lebewesen verankerten Genwirkungen, deren Wandlung und die dadurch bedingten Einflüsse auf die eine Population aufbauenden Individuen besprochen wurden, erscheinen darauf aufbauend die Wechselbeziehungen zwischen diesen und ihrer Umwelt bzw. deren gestaltenden Faktoren für die Evolution von Rang zu sein.

Entfaltung der Lebewesen in einer natürlichen Umwelt [Bd. III, S. 510]

Die Population ist charakterisiert durch:	Die Umwelt bietet der Population:
1. optimale Vermehrung	a. Aufenthalt
2. gegenseitige Beeinflussung der Individuen (z. T. Kampf ums Dasein)	b. Nahrung
3. Vererbung erbgebundener Eigenschaften	c. Ursachen für die Erzeugung neuer erbgebundener Eigenschaften
4. Erzeugung und Vererbung neuer erbgebundener Eigenschaften	d. umgestaltende Faktoren (Selektion u. a.) Förderung Einengung
5. Anpassung an die Faktoren der Umwelt	Gestaltänderung (Modifikation) Verdrängung Vernichtung

Die Regulationen, denen eine Population in der Umwelt unterliegt, sind ein kompliziertes Zusammenspiel mehrerer voneinander abhängiger Reglerkreise, die neben den inneren genetischen Faktoren durch von außen auf die Lebewesen wirkenden Einflüsse bedingt sind. Als solche Massenwechselfaktoren können wir ansehen:
innerartliche Steuerungen: innerartliche Konkurrenz, Fruchtbarkeit bzw. Sterblichkeit, Zu- und Abwanderung, opportunistische und ethologische Verhaltensweisen;

außerartliche Regelungen: Feindeinwirkungen, Krankheiten, parasitäre Beeinträchtigungen, andersartliche Konkurrenz;
außerartliche Einflüsse: atmosphärische Faktoren; Licht, Wärme, energiereiche Strahlungen, Klima bedingende Faktoren, geotektonische Einflüsse.

Die Erhaltung einer Art erscheint dadurch gewährleistet, wenn sich zwischen den einzelnen Faktoren ein gewisses Gleichgewicht einstellt, das am Ende zu keiner oder nur zu einer geringen Erhöhung der Individuenzahl führt und wenn durch Hauptgene bedingt, eine gewisse Anzahl von heterozygoten Typen erhalten bleiben, die u. U. bei Änderungen der Außenfaktoren wirksam werden können, damit sich aus einem bestimmten Restgenpool (epistatische Gene) neue Struktur- und Verhaltensmerkmale selektieren und es nicht zu einem Abbruch der betreffenden biogenen Organisationsstufe kommt (Übersicht 1).

Trotz morphologischer Uniformität sind z. B. die Albumine bei den Anuren (Fröschen) weitgehend differenziert, was auf eine sehr frühe Aufgliederung etwa vor 120 Mio. Jahren schließen läßt. So sind z. B. die gleichen Eiweiße beim Schimpansen und Menschen 30mal ähnlicher als die der beiden Rana-Arten (R. catesbeiana und R. corrugata) [84].

Übersicht 1

Hauptwirkungen der stabilisierenden (normalisierenden) Selektion auf eine Population in Wechselwirkung mit der Umwelt

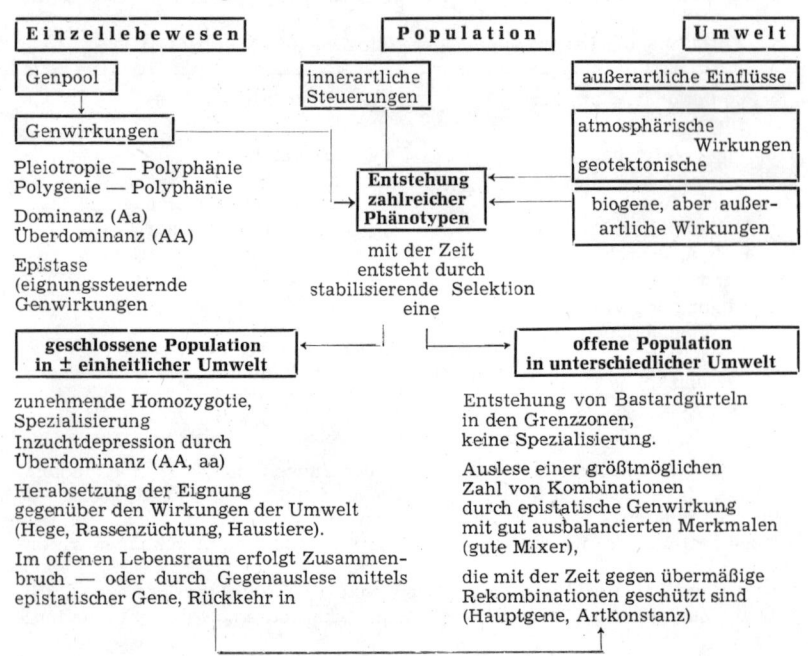

Einzellebewesen	Population	Umwelt
Genpool	innerartliche Steuerungen	außerartliche Einflüsse
Genwirkungen		atmosphärische Wirkungen geotektonische
Pleiotropie — Polyphänie Polygenie — Polyphänie Dominanz (Aa) Überdominanz (AA) Epistase (eignungssteuernde Genwirkungen)	**Entstehung zahlreicher Phänotypen** mit der Zeit entsteht durch stabilisierende Selektion eine	biogene, aber außerartliche Wirkungen

geschlossene Population in ± einheitlicher Umwelt	**offene Population in unterschiedlicher Umwelt**
zunehmende Homozygotie, Spezialisierung Inzuchtdepression durch Überdominanz (AA, aa) Herabsetzung der Eignung gegenüber den Wirkungen der Umwelt (Hege, Rassenzüchtung, Haustiere). Im offenen Lebensraum erfolgt Zusammenbruch — oder durch Gegenauslese mittels epistatischer Gene, Rückkehr in	Entstehung von Bastardgürteln in den Grenzzonen, keine Spezialisierung. Auslese einer größtmöglichen Zahl von Kombinationen durch epistatische Genwirkung mit gut ausbalancierten Merkmalen (gute Mixer), die mit der Zeit gegen übermäßige Rekombinationen geschützt sind (Hauptgene, Artkonstanz)

Während also Individualentwicklung verbunden mit genetischer Variation (Mutation, Rekombination der Genome usw.) dem Zufall unterworfene Prozesse sind, ist die Auswahl (Selektion) des jeweils für den Biotop Geeigneten ein gerichteter Prozeß, der vornehmlich auf den Wirkungen ± stabiler außerartlicher Einflüsse der Umwelt beruht. Obwohl für letztere nicht immer alle Faktoren mit exakter Forschungsmethodik erfaßbar sind und so in eine kausale Verbindung gebracht werden können, wie es gerade im Rahmen der erdgeschichtlichen Entfaltung der Lebewesen der Fall ist (vgl. Zufall und Zweckmäßigkeit S. 7).

Ergänzend erscheint wichtig hervorzuheben, daß bei Pflanzen neben den außerartlichen Wirkungen nur die inneren genetischen Faktoren maßgebend sein dürften, während bei Tieren, besonders der höheren Organisationsstufen, noch die ethologischen Verhaltensweisen einen bedeutenden Rang einzunehmen scheinen [22; 47].

2. *Gegenseitige Beeinflussung und Anpassung neu entstandener Arten (Adaptive Radiation)* [46] Übersicht 2

Kein Biotop und damit auch kein Lebewesenbestand ist von anderen angrenzenden völlig unabhängig (seltene Ausnahmen bilden abgelegene Inseln, geographische Isolate). Immer werden durch Wanderung, Übertragung andere, von sehr ähnlicher Genkonstitution geprägte Individuen in solche Bestände eindringen und neue Impulse für eine weitere Entfaltung ursprünglich ausgeglichener Populationen erbringen.

Umgestaltung durch Genfluß: In einen durch einen ausbalancierten Polymorphismus gestalteten Individuenbestand dringen aus einem anderen durch einen bestimmten (dinstinkten) Genbestand charakterisierte neue Typen ein. Damit kommt es durch Paarung zunächst an den Randzonen des Areal zu Bastardbildungen, gegen die Mitte zu werden mit der Zeit einzelne Merkmale von dem ursprünglichen Bestand aufgenommen. Auf diese Weise können sich dort Individuen u. U. mit artunterscheidenden (Hauptgenen) Merkmalen herausbilden, die für die Auslese in diesem Biotop geeigneter erscheinen als die ursprüngliche Art. Die Neuartentstehung erfolgt in einem Großraum durch allmähliche Speziation *(sympatrische Artbildung)* S. 12.

Neugründung durch Paarung: Zwei Populationen mit unterschiedlichen, aber paarungsfähigen Genomen besiedeln gleichzeitig eine Nische und so entsteht eine neue Population heterogener Genträger, die in der Weiterentwicklung durch die Umwelt selektiert wird *(sympatrische Artbildung)*.

Entwicklung neuer Arten im Isolierbereich: Arten mit einem bestimmten Genbestand werden in einem neuen, abgeschiedenen Biotop durch die Faktoren der Umwelt ausgelesen. Dadurch entwickelt sich ein Individuenbestand mit zunehmend homozygotem Charakter, der diesem besonderen Biotop angepaßt (spezialisiert) ist. Dies kann durch Verschlagenwerden auf Inseln (Galapagos) oder dadurch entstehen, daß große Lücken zwischen den Biotopen ursprünglich gleicher Genträger entstehen, die durch Zuwanderung nicht mehr überbrückbar sind. In geschlossenen Arealen erfolgt eine Adaptation der Individuen, die, obwohl sie in bestimmten Hauptmerkmalen sehr mit der ursprünglichen Ausgangsart übereinstimmen, später nicht mehr paarbar sind *(allopatrische Artbildung)* (vgl. die beiden Seeforellenarten des Gardasees S. 12).

Alle einmal entstandenen Stämme der Lebewesen haben sich als Grundtyp nach ihrer Entstehung über alle Erdzeitalter (z. B. Zelle mit ihren Mikrokompartimenten, Einzeller, Mehrzeller mit ihren spezifischen Gewebestrukturen und morphologischen Ausgestaltungen) in ihrer einmal erworbenen Bauart erhalten, sie sind ein zweites Mal auf der gleichen Entwicklungsstufe nicht mehr gebildet worden (Orthogenetisches Evolutionsgesetz). Ausgestorben sind einzelne Arten oder Gattungen (Trilobiten, Ammoniten, Dinosaurier, Thallasiophyta, Urfarne, karbonische Baumfarne), die anscheinend Endformen mit extrem spezialisierten Organdisharmonien (nach *Kaiser* besser Dezentralisierungen) darstellen, d. h. bei denen die einzelnen lebenswichtigen Organkomplexe nicht mehr im gestaltlichen

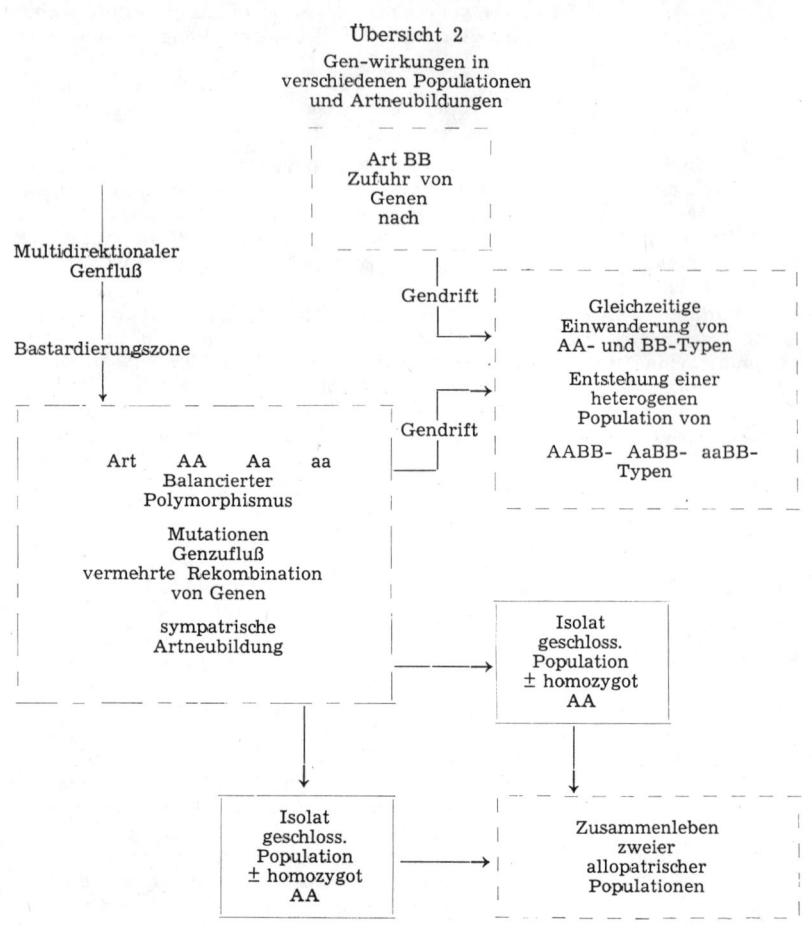

Übersicht 2
Gen-wirkungen in verschiedenen Populationen und Artneubildungen

Gleichgewicht zur Bewältigung ihrer Lebensfunktionen in ihrer Umwelt ausreichten. Es dürfte sich um einen langsamen die betreffende Organtopographie verändernden Vorgang gehandelt haben.

Da im wesentlichen alle Tierstämme im Verlaufe der Erdgeschichte eine globale Ausbreitung erlangt haben, dürften die früher so oft angeführten Ursachen (Gebirgsbildung, Überschwemmung, Krankheiten, Parasiten u. a.) nur eine lokale, aber keine weltweite Bedeutung haben. Festzustellen ist, daß sich der „jugendliche" d. h. der kleindimensionierte nicht spezialisierte Typus zur evolutionären Entfaltung bereiter zeigt (Typogenese). Dies steht nicht im Widerspruch, daß sich trotzdem spezialisierte Typen (vgl. S. 10) über längere geologische Zeiten in gleichen Ökotypus erhalten haben. Diese rein biogenen evolutiven Prozesse haben auch nichts mit den durch die sekundäre Ausrottung einzelner Lebensformen in der späteren Zeit insbesondere durch den Menschen zu tun [85].

VIII. Abschlußbetrachtungen über evolutionäres Geschehen

Die Evolution ist ein sehr komplizierter, von dem jeweiligen Genbestand einer mehr oder weniger gleichgestalteten Population, von den mit dieser lebenden anderen Populationen und im besonderen Maße von den Faktoren der Umwelt abhängiger Prozeß. Letztere können auf die Lebewesen mutationsauslösend (tripletcodeändernd), bestandfördernd bzw. bestandhemmend (selektiv) wirken. Vergleicht man aus dieser Sicht die früheren sog. klass. Abstammungshypothesen, so kann, ohne deren Initiatoren damit einen Vorwurf machen zu dürfen, unterstellt werden, daß sie die Erkenntnisse der jeweiligen Epoche zum Ausdruck bringen. Sie gehen primär vom Individuum aus, das sie der Art im biologischen Sinne gleichsetzen und nicht, wie man heute folgert, von der Population, d. h. von einem Individuenbestand mit übereinstimmenden Hauptgenen (S. 10) und einer Vielzahl anderer, die Individualität der Einzeltiere bestimmenden Genen, die sich im Verlaufe einer Evolutionsepoche u. U. auch ändern, ohne daß man an den überlieferten Resten solche Veränderungen wird feststellen können. Solche Erkenntnisse aber müssen in der stammesgeschichtlichen Entwicklung der verschiedenen Lebensformen immer unterstellt werden. Auch der heute zur Bewertung des evolutionären Geschehens zur Verfügung stehende Fossilienbestand reicht m. E. gerade dazu aus, um eine solche Entwicklung im Sinne der Anagenese hypothetisch folgern zu können. Allein erst die in letzter Zeit sich anbietenden Forschungserkenntnisse der Genetik und besonders die so wertvollen, sich zum Vergleich anbietenden Strukturen der biogenen Moleküle (bes. die Protein-Aminosäuren-Sequenzen) und die mikrostrukturellen Vergleiche fossil erhaltener Organe (Zähne [30]), lassen erkennen, daß sich evolutionäres Geschehen in kleinen Schritten und im Grunde auf molekularer Basis vollzogen haben muß.

Schriftenverzeichnis

Allgemeine Abkürzungen, die in den folgenden Schriftennachweisen verwendet werden:
AGF-NW = Arbeitsgemeinschaft für Forschung in Nordrhein-Westfalen, Westdeutscher Verlag Köln
BdW = Bild der Wissenschaft, D. Verlagsanstalt Stuttgart
BU = Der Biologie Unterricht, Klett, Stuttgart
NR = Naturwissenschaftliche Rundschau, Wiss. Verlagsgesellschaft Stuttgart
NW = Die Naturwissenschaften, Springer, Berlin
PB = Praxis der Biologie, Aulis-Verlag, Köln

Pr. = Tagespresse, Rheinische Post, Düsseldorf
UN = Universitas, Wiss. Verlagsgesellschaft, Stuttgart
UWT = Umschau in Wissenschaft und Technik, Breidenstein-Verl. Frankfurt/M.
NÄ = Verhandlungen D. Naturforscher u. Ärzte, Springer Berlin

Literatur zu Kapitel I:

1. *Andrew, R. J.:* Evolution von Gesichtsausdrücken, UWT. 1968/75
2. Autoren div.: Rassische Unterschiede bei Melanosomen der menschlichen Epidermis, NR. 1969/499
3. *Bauer, F.:* Kosmische Aspekte der organischen Evolution, NR. 1969/167
4. *Becker, H. J.:* Die genetischen Grundlagen der Zelldifferenzierung, NW. 1964/206, 230
5. *Blumen, D.:* Brutbiologie der Vögel, BU. 1966/II/10
6. *Braunitzer, G.:* Primärstrukturen der Eiweissstoffe, NÄ-Wien, 1967/407
7. *Braunitzer, G.* u. *Fujiki, H.:* Zur Evolution der Vertebraten, NW. 1969/322
8. *Burnet, F. M.:* Hypersensivität u. Zelloberflächenantigene, NR. 69/524
9. *Darwin, Ch.:* Über die Entstehung der Arten durch natürl. Zuchtwahl, Schweizerbarth, Stuttgart 1867, 3. Aufl.
10. *Degenhardt, K. H.:* Kritische Phasen der Musterbildung in der Frühentwicklung des Menschen. NÄ-Weimar, 1964/186
11. *Dehm, R.:* Ursachen u. Zeitproblem in der Stammesgeschichte, NR. 1963/131
12. *Diehl, M.:* Der Homologiebegriff, BU. 1968/II/32
13. *Dobzhansky, Th.:* Dynamik der Menschlichen Evolution, S. Fischer, Hamburg, 1965
14. *Dose, K.:* Über den Ursprung des Lebens, Symposium 1970, NW. 1970/555
15. *Duspiva, F.:* Molekularbiologische Aspekte der Entwicklungsphysiologie, NR. 1969/191
16. *Ellenberg, H.:* Wege der Geobotanik zum Verständnis der Pflanzendecke, NW. 1968/463
17. *Floß, H. G.:* Stereochimistry of Enzyme Reactions at Prochiral Centers. NW. 1970/435
18. *Gadamer, H. G.* u. *Vogler, P.:* Neue Anthropologie, Bd. 1 u. Bd. 2, (Biologische Anthropologie) G. Thieme, Stuttgart, Flexibles Taschenbuch, 1972
19. *Hammer, D.:* Evolution des Immunapparates, NÄ-Heidelberg, 1969/1026
20. *Hanke, W.:* Hormone stammesgeschichtlich betrachtet, UWT. 1969/42
21. *Hardin, G.:* Naturgesetz und Menschenschicksal, Cotta Stuttgart 1963
22. *Hardy, A.:* Verhalten als auslösende Kraft — Ein neuer Blick für die Evolutionstheorie, UWT. 1968/13
23. *Hartmann, M.:* Einführung in die allg. Biologie, Göschen Bd. 96/1956
24. *Haurowitz, F.:* Struktur und Wirkungsweise der Antikörper, NÄ-Heidelberg, 1969/189
25. *Herstadius, S.:* Linné, die Tiere und der Mensch, NW. 1958/1
26. *Hilschmann, N.:* Molekulare Grundlagen der Antikörperbildung, NW. 1969/195
27. *Hobgen, L.:* Der Mensch und die Wissenschaft, Artemis Zürich
28. *Horstmann, H. J.:* Probleme der Entstehung und Entwicklung des Lebens, NR. 1966/397
29. *Huber, R., Epp. O., Formanek, H.:* Molekularstruktur des Insektenhämoglobins, NW. 1969/362
30. *Hürzeler, J.:* Die Tatsachen der biologischen Evolution, Evolution und Bibel, Herderbücherei Bd. 249, 1962
31. *Jensen, U.:* Serologische Untersuchungen der Verwandtschaft bei Pflanzen, UWT. 1968/691
32. *Jungk, R., Mundt, H. J.:* Das umstrittene Experiment: der Mensch, D. Bücherfreund, Stuttgart 1968
33. *Keiter, F.:* Genstatistik u. Selektionstheorie, NR. 1963/187
34. *Kleine, R.:* Strukturuntersuchungen an Fibrinogen, NR. 1968/477
35a. *Kleine, R.:* Polymorphie der Hämoglobine, NR. 1969/459
35b. *Kleine, R.:* Funktionelle und strukturelle Ähnlichkeit zwischen Insulin und dem Nervenfaktor der Maus. NR. 1973/254
36. *Knippers, R.:* Molekulare Genetik, G .Thieme, Stuttgart 1971
37. *Kuhn, K.:* Untersuchungen zur Struktur des Kollagens, NW. 1954/103
38. *Lasch, J.:* Aminosäuresequenzen als die Determinante von Proteinkonformationen, NR. 1969/459
39. *Lindig, W.:* Naturvölker in der Auseinandersetzung mit ihrer Umwelt, PB. 1968/5
40. *Mattauch, F.:* Darwins Werk über die Entstehung der Arten, PB. 1959/141
41. *Mattauch, F.:* Welchen Wert haben die klass. Ansichten über die Entwicklung der Lebewesen, PB. 1960/229
42. *Mattauch, F.:* Über die Aufgaben der Struktureinheiten einer Zelle, PB. 1962/203
43. *Mattauch, F.:* Über Methodik u. Bewertung der Erkenntnisbildung in der biologischen Forschung und Lehre, PB. 1965/86
44. *Mattauch, F.:* Steuerung d. Individualentwicklung durch blockierte u. aktivierte Gene, BU. 1965/III/92
45. Mattauch, F.: Probleme der Evolutionsforschung heute. PB. 1970/201
46. *Mayr, E.:* Artbegriff u. Evolution, P. Parey Hamburg, 1967
47. *Mayr, E.:* Verhalten als auslösende Kraft — ein neuer Blick auf die Evolutionstheorie, UWT. 1968/415; 1971/731

48. *Mayr, E.*: Grundgedanken der Evolutionsbiologie, NW. 1969/392
49. *Meyer, G.*: Unterrichtsversuche zum Aufbau d. Abstammungslehre auf der Genetik, MNU. 1969/VIII/488
50. *Mönkemeyer, H.*: Die Wandlung der Vererbungslehre in der UdSSR u. DDR, PB. 1967/181
51. *Muckermann, H.*: Vererbung u. Entwicklung, Buchgemeinde Bonn, 1937
52. *Nachtwey, R.*: Irrweg des Darwinismus, Morus - Berlin, 1959
53. *Nordwig, A.*: Zur Evolution der Strukturproteine, NR. 1968/303
54. *Oparin, A. J.*: Das Leben, Fischer Stuttgart 1963
55. *Pernis, B.*: Zelluläre Aspekte der Antikörperbildung, NÄ-Heidelberg, 1969/1013
56. *Penrose, L. S.*: Einführung in die Humangenetik, Springer-Taschenbücher Bd. 4., Heidelberg 1965
57. *Portmann, A.*: Einführung in die vergleichende Morphologie der Wirbeltiere, Schwabe, Basel - Stuttgart 1959
58. *Reinöhl, F.*: Abstammungslehre, Rau-Öhringen, 1940
59. *Remane, A.*: Fortschritte u. Probleme der Stammesgeschichte, Makro- u. Mikroevolution, NR. 1957/163
60. *Remane, A.*: Das biogenetische Grundgesetz, NR. 1961/437
61. *Rzepka, P. u. Rensing, L.*: Die Bestandteile des Chromatins u. ihre Rolle bei der Genaktivität, NR. 1970/467
62. *Schaller, F.*: Eröffnungsansprache der Hauptversammlung 1968, Mitt. d. Verb. d. D. Biol. Nr. 146, 1969
63. *Schönborn, W.*: Grundfragen der Taxozönogenetik, NR. 1969/160
64. *Schönemann, R.*: Welt der Tiere, Universum-Verl. Wien, 1949
65. *Schildknecht, U.* u. a.: Zur Evolution der Wehrdrüsensekrete, NW. 1968/113
66. *Schrooten, G.*: Fachimmanente u. philosophische Vertiefung im Bio-Unterricht der Oberstufe, BU. 1968/III/41
67. *Schwemmle, B.*: Problem der Blütenbildung, NR. 1969/47
68. *Seidel, F.*: Genetik u. Entwicklungsphysiologie, BU. 1965/III/62
69. *Simon, K. H.*: Entdeckung des Proinsulins, NR. 1968/437
70. *Simpson, G. G.*: Auf den Spuren des Lebens, Colloquium Verl. Berlin, 1957
71. *Simpson, G. G.*: Kosmische Aspekte der organischen Evolution, BU. 1968/425
72. *Söderquist, T.* u. *Blombäck, B.*: Fibrinogen Structure and Evolution. NW. 1971/16
73. *Thenius, E.*: Moderne Methoden der Verwandtschaftsforschung. UWT. 1970/695
74. *Vogt, H. H.*: Kanalbau in Mittelamerika, NR. 1969/299
75. *Wagner, H.*: Grundfragen der Biocönosen, NR. 1969/300
76a. *Wahlert, G. v.*: Latimeria u. die Geschichte der Wirbeltiere, Fischer - Stuttgart, 1968
76b. *Wahlert, G. v.*: Phylogenie als ökologischer Prozeß. NR. 1973/247
77. *Wettstein, G. v.* u. a.: Mutationsforschung, AGF-NW. 1957, Bd. 73
78. *Wilbert, H.*: Regulationen tierischer Populationen, UWT. 1968/746
79. *Wolf, U., Baitsch, H.*: Geschlechtschromosomen u. Evolution, BdW. 1967/913
80. *Zauner, F.*: Zahlenkanon zur Geschichte der Deszendenzlehre, BU. 1968/II/61
81. *Zimmermann, W.*: Evolution u. Bildungswert, Mitt. d. Verb. D. Biol. Nr. 120, 1966
82. *Zimmermann, W.*: Geschichte der Pflanzen, Thieme - Stuttgart, 1969
83. *Synge, R. L. M.*: Proteine und Gifte in Pflanzen, NR. 1971/56
84. *Ferenz, H. J.*: Serumalbumine als Evolutionsuhr. NR. 1972/477
85. *Kaiser, H. F.*: Aussterben der Tierarten. NR. 1973/102
86. *Schröder, H. J.*: Die biologische Bedeutung überflüssiger (redundanter) Gene, UWT. 1972/732
87. *Halbach, U.*: Evolution im Praktikum. Mitt. d. Verb. D. Biologen, Nr. 194/1973
88. *Kaiser, H. E.*: Das Aussterben der Tierarten. NR. 1973/142

B. Forschungsgrundlagen der Paläontologie und Phylogenie
[10; 13; 22; 43; 46; 47]

I. Absatzgesteine mit Resten von Lebensformen der Vorzeit

In einer Bearbeitung, die sich mit paläontologischen, vornehmlich aber, unserem Unterrichtsauftrage gemäß, mit phylogenetischen Fragen befaßt, kann es nicht Aufgabe sein, alle Möglichkeiten der Gesteinsbildungen, die Lebensformen bzw. deren Reste enthalten, eingehend zu behandeln. Es sollen daher nur Angaben darüber gemacht werden, die m. E. zum Verständnis der Geschehnisse erforderlich sind. Sofern man früher nur auf makroskopisch erkennbare Reste von Lebewesen in den Gesteinen angewiesen war, war ihre Beschreibung durch Vergleiche mit noch lebenden Formen erforderlich. Schon bald wurde diese Arbeitsweise verfeinert und mikrotechnische Aufschlußverfahren (Dünnschliffe) und mikrochemische Analysen zur Erkennung von Lebensspuren herangezogen [38a].

Alle einmal auf der Erde vorhanden gewesenen Wesen bestanden primär aus charakteristischen Makromolekülen, die entweder noch in den Gesteinen analysierbar oder doch noch aus dem Abbauweg vorhandener Teilmoleküle (Pristan, Phytan [38, 40] amorpher oder graphitstrukturierter Kohlenstoff [29]) erhalten geblieben sind. Vielfach aber sind diese Moleküle durch bakteriziden bzw. fungiziden Abbau nicht mehr nachweisbar, aber biogen gebildete Strukturen aus Karbonaten, Phosphaten und Siliziumdioxyd (Schalen, Gehäuse, Frusteln) deuten auf deren frühere Existenz hin.

Folgende Umstände sind es, denen das umgebende Milieu im Verlaufe der Erdgeschichte unterworfen wurde, die zur Erhaltung bzw. zum Abbau beigetragen haben.

1. Keine Zersetzung

Eine Zersetzung fand nicht statt: wenn ungünstige Lebensbedingungen die Existenz abbauender Mikroben unterbanden, so die Erhaltung der Mammutkörper im Eis der Tundra, oder wenn extreme Trockenheit, extreme Wärme oder zu tiefe Wintertemperaturen dies verhinderten (S. 148, 193); wenn Lebewesen (Insekten u. a.) oder deren Teile (Pollen, Somen) in Harzeinbettungen (Pinus succinifera-Bernstein konserviert wurden;

wenn aus Lösungen ausfallende Mineralsalze (Kalktuff, Verkieselungen oder Abscheidungen von Kupfersalzen oder anderes feines Gesteinmaterial (Hölzer in Tonschiefern oder Kohlesandstein) sowie die schützenden Wirkungen von Humussäuren einen Abbau der biogen gebildeten Strukturen verhinderten (Pollen).

2. Biogene Zersetzung

Eine biogene Zersetzung fand zwar statt, aber die am Abbau beteiligten Mikroorganismen oder deren Dauerstrukturen (Sporen, Sklerotien in Kohle, [42] lassen auf deren Tätigkeit schließen, bzw. Zellmazerate, Reste von Kutikulen, Pollen, Gehäuse lassen sich durch Vergleich mit rezenten Formen (Steinkohle, Braunkohle, Erdölmuttergestein) bestimmen. Einige solcher Dauerstrukturen sind für eine bestimmte Ablagerung so charakteristisch, daß sie z. B. als „Leitfossilien" (Farnsporen-Steinkohle, Foraminiferengehäuse-Erdöl) dienen [21; 31; 42].

3. „Versteinerungen"

Die Zersetzung auf biogenem Wege fand wohl statt, aber die sonst wasserlöslichen Salze, die die Gehäuse, Schalen und Knochen aufbauten, sind infolge eines stark mit Salzen angereicherten Umgebungswassers (Kalk, Dolomit) nicht herausgelöst worden, oder eine solche Auslaugung fand wohl statt, aber das Material des Umgebungsgestein wurde nicht gelöst, so daß Hohlräume im Gestein zurückblieben, die am Gestein selbst noch die Struktur des einmal eingelagerten Fossils erkennen lassen. Da ein solcher Hohlraum sekundär durch anderes Gesteinsmaterial wieder aufgefüllt werden kann (Kalk, Kiesel) lassen sich sog. „echte Versteinerungen" mit feinster Struktur herauspräparieren.

4. Die Wirkung der exogenen Kräfte

Der ständige Wechsel und die die Erdoberfläche umgestaltenden Kräfte (Wasser, Wind, Wärme, Strahlung), bewirkten, daß so verwitterte Gesteinsmassen die Leichen der Lebewesen nach ihrem Absterben unmittelbar am Ort *(autochthone Fossilation)* abdeckten oder daß sie verfrachtet, u. U. weit entfernt in dem feinen Material der Seeböden abgelagert wurden *(allochthone Fossilisation)*. Wenn solche Absatzgesteine auch nur etwa 5 % der zugänglichen Erdoberfläche ausmachen, so reichen doch die darin gefundenen Lebewesenreste dafür aus, daß man sich ein Bild über die Lebensformen früherer Erdzeitalter machen kann. In solchen feinmaterialigen Ablagerungen (Tone, Sande, Löß) haben sich nicht nur gröbere Hartteile von Lebewesen, sondern auch Blattabdrücke, Tierfährten und Kriechspuren erhalten. Da das zur Verfügung stehende Absetzmaterial von den gesteinaufbauenden Stoffen verschieden ist, bringt dies für die Erhaltung der biogenen Reste Vorteile. Das einsickernde Bindematerial, Kalkwasser in Sandsteinen und Tonen, ist für die Erhaltung von Knochen, Schalen und inkrustierten Pflanzenteilen erhaltungsfördernd [6]. Aber auch für weniger verwittertes grobes Abbaumaterial erwiesen sich solche Bindemittel für die nachträgliche Verfestigung günstig, finden wir doch heute gerade in solchen verbackenen Gesteinen (Breccien, Graubwacken, Konglomeraten) [46] viele Fossilien. Auch aus dem Erdinnern ausströmendes Wasser, meist von höherer Temperatur und erhöhtem gelösten Stoffgehalt, kann Inkrustations-Material an der Ausströmungsstelle abscheiden und so konservierend wirken (Geysire, Tuffbildung).

Weiters muß beachtet werden, daß nur Hartteile (Kieselpanzer, Kalkschalen und Knochen) und dies wiederum in Abhängigkeit von der Beschaffenheit des Gesteinsmaterials, in welches sie abgelagert wurden, erhalten geblieben sind. Während auf dem Lande verwesende Tiere in den meisten Fällen ihre Hartteile infolge des organischen Abbaus und nachträglicher Verwitterung und Auswaschung kaum erhalten bleiben (eine Ausnahme bildet vielleicht die Einbettung in äolisches Material, Löß), wird man Reste von einer solchen Lebewelt meist nur dann noch auffinden können, wenn sie durch Wasser abgeschwemmt, u. a. in den Uferterrassen der Flüsse zur Ablagerung gekommen sind. Dann haben sie einen ähnlichen günstigen Erhaltungsgang erfahren, wie marine Lebewesen auch. Die letzteren sinken nach dem Absterben langsam in den Feinschlamm des Meeresbodens ein oder werden durch weitere Sedimente zugedeckt, so daß sie ungestört bis zu ihrem Wiederauffinden lagerten (Solnhofer Lagune mit vielen, u. a. den Urvogel enthaltenden Fossilien, S. 149). Immer muß jedoch das vor der Einbettung vorhandene Wasser so beschaffen sein, daß es bei den skelettogenen Teilen nicht zu einer Auswaschung der Kalziumsalze ($CaCO_3$, $Ca_3(PO_4)_2$) kommen kann. Oft ist eine Einschwemmung im Laufe der Zeit noch vollzogen worden, die die Knochenteile noch fester machte. Aber auch zellulosehaltiges Material konnte sich so gut erhalten. Pflanzenteile, Blätter (Höttinger Breccie [46]) sind so schnell überdeckt worden, daß heute noch eine Identifizierung durch Vergleich mit rezenten Arten möglich ist.

Haben solche Gesteinsablagerungen, die nach ihrer Sedimentation stattgefundenen geotektonischen Umwandlungen mitgemacht, sind aus ihnen metamorphumgewandelte Gesteine entstanden, an denen man a. G. ihres ebenfalls veränderten Fossilgehaltes ihre Entstehung erschließen kann (altpaläozoische Schiefer mit Trilobiten aus Skandinavien).

Kalke sind so zu Marmor, Kohlen zu Anthrazit und Graphit geworden.

II. Pflanzen als Gesteinsbildner [43]

1. Seekreide und Kalktuffentstehung, Kieselsinterbildungen

Wie in anderem Zusammenhang (s. o.) bereits aufgeführt, ist der Bikarbonatgehalt der natürlichen Wässer recht erheblich. Das Hydrogenkarbonat bildet für Wasserpflanzen den Kohlendioxiddonator, dadurch lagern viele Arten an ihren Leibern $CaCO_3$ (Seekreide) ab, wobei ältere Teile erheblich inkrustieren. Ein ähnlicher Vorgang läßt sich auch in Thermen neben der Aragonit-Bildung auch durch SiO_2-Überdeckung feststellen. Entsprechend verfestigt, lassen sich dann solche Inkrustationen anschleifen und so der innere Aufbau analysieren. Eine Reihe von Algen, Characeen und Moosen, auch Sproßpflanzen haben so zur Kalktuffbildung, also zu biogen entstandenem Gestein, beigetragen.

Viele aus älteren Formationen erhaltene Pflanzenteile sind in den feinen Tonschiefern (Karbon) eingelagert worden und so gut erhalten geblieben. Stämme durch Kieselsäure inkrustiert (versteinerte Wälder! Farnstämme) können dann auf ihren Bau untersucht werden, in dem man Dünnschliffe anfertigt und so noch Zellstrukturen gut erkennen kann. Hier hat sich ein Verfahren bewährt: Um Materialabfälle zu vermeiden, umgibt man den Stamm mit Flußsäure resistentem Material und ätzt die Oberfläche mit Fluß- oder Salzsäure an, gießt ab und erhält so überstehend die kohligen Reste des früheren Stämmchens, welches man dann mittels darübergeschichteten und fest gewordenen Collodiumscheibchen abheben und untersuchen kann. Auf diese Weise lassen sich in Serienpräparaten die Feinstrukturen (Stelenverlauf S. 101) studieren.

2. Ablagerungen von Kohlenstoffanreicherungen [42]

Die verschiedenen Stadien der sog. Inkohlungvorgänge führen zu einer relativen Zunahme des Kohlenstoffgehaltes und entsprechend zu einer fortschreitenden Abnahme des Sauerstoff- und Wasserstoffgehaltes in den einzelnen Proben.

Inkohlungsvorgänge

Inkohlungsstufe	C	H	O	N	H bei C = 100	O bei C = 100
Pflanzenfaser	50	6	44			
Holz	50	6	43	1	12,0	86,0
Torf	58	5,5	34,5	2	9,5	59,5
Braunkohle	70	5	24	0,8	7,1	34,3
Steinkohle	82	5	12	0,8	6,1	14,6
Anthrazit	94	3	3	Spur	3,2	3,2
Graphit	100	—	—	—	—	—

Überall dort, wo pflanzliche Substanz in wasserreichem Milieu unter Luftabschluß zur Ablagerung kommt, reichern sich zunächst unzersetzte Pflanzenteile an. Den Ablauf eines solchen Prozesses kann man heute noch an der Hochmoorbildung, die in der Zeit nach Rückgang der letzten Inlandvereisung begann, verfolgen. Die Konservierung erfolgt zunächst durch Versauerung des Milieus, wobei primär durch den bakteriellen Abbau des Eiweißes (Cystins) Schwefelsäure, später aber vor allem die Humussäuren zur unzersetzten Erhaltung beitragen. Wenn auch die die Hochmoore aufbauenden Sphagnumbestände nicht bakterienfrei sind, spielen diese doch bei der Zersetzung der Zellulose keine Rolle mehr. Die so auf den Boden der Gewässer sinkenden Torfmoosstämmchen verfestigen sich und bilden im Laufe der Zeit die verschiedenen Torfarten, in welchen sich Holzteile, Früchte, Samen und vor allem die eingewehten Pollen erhalten haben (vgl. Pollenanalyse).

3. Die Kohlenbildung [17; 42; 49; 50]

Ähnlich den Torfablagerungen sind auch die Kohlenlager entstanden. Während sich in Braunkohlen a. G. von Pollenvergleichen zahlreiche vor allem noch rezent in den Tropen und Subtropen lebende vergleichbare Pflanzen finden, erkennt man bei der Steinkohle vornehmlich aus dem Vorkommen von pflanzlichen Versteinerungen im Nebengestein (Tonschiefer, Kohlesandstein) deren Ursprung. Im Schieferton unterhalb der flözführenden Schichten finden sich, wenn auch stark zusammengedrückt, die vielfach dichotom verzweigten Wurzeln der baumartigen Gewächse. In der inkohlten Substanz lassen sich makroskopisch mit Sicherheit keine biogenen Reste mehr erkennen. Angeschliffene Teile in Aufsichtsbeleuchtung oder sorgfältig angefertigte Dünnschliffe lassen u. a. Holzteile oder Zellgewebestrukturen (Braunkohle) erkennen, die von Pilzgeflechten und Pilzdauersporen (Sklerotien) durchsetzt sind. Mazerate und aus ihnen abzentrifugiertes unzersetztes Material lassen nicht selten, wie etwa bei der Pollen- und Sporenanalyse, Sporen erkennen, die in Form, Größe und Gestalt und Textur so charakteristisch sind, daß sie zur näheren Bezeichnung einiger Flözschichten und damit zur Altersdatierung herangezogen werden können [3; 48].

Aus diesen Ergebnissen muß man den Vorgang der sog. Inkohlung bis etwa zu dem Stadium der Braunkohlenbildung als eine Zerstörung geformter Pflanzenmasse durch Pilze und nachfolgender anärober bakterieller Zersetzung des Zellulose- und Ligninmaterials ansehen. Dieses in sog. Humussubstanz übergeführte Material wird durch Überlagerung von Absatzgestein und nachträgliche geotektonische Vorgänge (Gebirgsbildung, vulkanische Vorgänge), also durch Druck und Wärmewirkung immer mehr zur Abgabe erst von Sauerstoff und später von Wasserstoff gezwungen, wobei es zu einer ständigen Anreicherung von kohlenstoffhaltigen, aber wasserärmeren Stoffen kommt, von denen neben Zellulose und Huminstoffen nicht näher chemisch identifizierbare Verbindungen vorhanden sind, wobei sich auch gasförmige Komponenten bilden können.

4. Diatomeenerde (Kieselgur)

Kieselalgen setzen recht bedeutsame Mengen von Gehäusen (Frustelen) zur Gesteinsbildung im Süßwasser ab, die als Bergmehl (Kieselgur) besonders im Tertiär (Hegau-Hessen, Lüneburger Heide, Berlin) zur Ablagerung kamen.

III. Tiere als Gesteinsbildner [6; 48]

Fossiles Gesteinsmaterial und dessen Herkunft

	$CaCO_3$	SiO_2	Chitin
Gehäuse	Foraminiferen	Radiolarien	
Nadeln	Spongien	Spongien	
Kieferteile			Würmer
Schalen	Weichtiere		
Außenskelettplatten	Stachelhäuter		
Außenskelettteile			Gliedertiere
Knochen			Insekten
Zähne	Wirbeltiere		
Schuppen			

Kalkgesteine, soweit sie tierischen Ursprungs, bestehen in der Hauptsache teils aus erhaltenen, teils aus zerriebenen Schalen der Weichtiere, Echinodermen (Muschelkalk, Crinoiden- und Trochitenkalk), oder aus Foraminiferen. Sie sind meist geschichtet und oft durch aus Bikarbonat ausgefälltem Bindematerial verfestigt. Rein tierischen Ursprung dürften die Riffkalke, die hauptsächlich durch Korallen, Spongien und Bryozoen besonders in tropischen Meeren gebildet wurden, sein. Knochenkalke, u. a. auch sog. Höhlenlehm, bestehen fast ganz aus Tierresten, oder enthalten Teile verendeter Tiere (Fledermäuse, Höhlenbären u. a.). Koprolithe (Exkremente von Sauriern), Guano (Seevogelmist, phosphorhaltige Kalke) sind ebenfalls als Reste gesteinsbildender Tiere in der Paläontologie anzusehen.

In Sandsteinen deutet der grünschwärzliche Farbton auf organische Reste hin. Oft sind auch rotbraune, eisenhaltige Sandsteine von hellen Splittern durchsetzt,

die man schon makroskopisch als Kalkschalen von Weichtieren deuten kann (oligocäne Sande des sog. Sternberger Kuchens, Kasselerschichten).
Kalk-, Ton- und Schiefergesteine enthalten Beimengungen tierischer Reste (sog. Stinkkalke, Stinkschiefer). In ihren Porenvolumen finden sich Erdgas, Erdöl und andere bituminöse Stoffe (Ölschiefer, Asphat- und bituminöse Schiefer).
Kieselgesteine (Tiefseeschlamm) aus Radiolarienschalen sind oft Anzeiger erdölhöffiger Schichten.

IV. Die Datierung geologischer Zeitabschnitte

Wie überall spielte eine genaue zeitliche Folge auch von erdgeschichtlichen Ereignissen zunächst nur eine untergeordnete Rolle. Wichtig allein waren die Ereignisse, die über die Entwicklung der lebendigen Systeme etwas auszusagen hatten. Bald wurde aber erkannt, daß die Absatzgeschwindigkeit von feinem Gesteinsmaterial eine datummäßige Aufeinanderfolge ermöglichte. Gesteinsbeschaffenheit, die Mächtigkeit einer Schicht und nicht zuletzt das Auffinden bestimmter Tier- und Pflanzenreste, bzw. deren bauplanmäßige Vergleiche mit rezenten Formen ließen Schlüsse auf ihre vorzeitliche Entstehung und auf die zeitliche Aufeinanderfolge zu. Erstaunlicherweise deckten sich nachträglich solche Schätzungen über Zeitabschnitte mit den a. g. des radioaktiven Zerfalles der chemischen Elemente gewonnenen Zeitangaben recht gut. Dabei wurden im Gesamtverlauf der Dauer die jüngeren geologischen Zeiträume gering überschätzt, die älteren dagegen unterschätzt. Nach neueren Überprüfungen der Ansatzzeiten und Dauer der älteren geologischen Perioden nähern sich die geologischen Schätzungen immer mehr den durch die HWZ-Berechnungen (S. 40 f) festgestellten Werten. Auf Grund der letzteren Datierung wurde eine zeitliche Gliederung der ältesten Ablagerungen, dem Präkambrium, möglich, welches ohne wesentliche Störung im Baltischen Schild, in Australien, Südafrika, Südamerika und Kanada-Grönland ansteht.

Datierung der ältesten Fossilien führenden Schichten des Früh- bzw. Mittel-Präkambriums
[25; 29; 39; 40; 52] (S. 44, 51)

Nonesuch Shale (Kupferdistrikt Michigan)   1 Md. Jahre, Tonschiefer
Belt-Serie (Montana)   1,2 Md. Jahre, Algenkalke
Mc. Minn Shale (Nordaustralien)   1,6 Md. Jahre
Gunt Flint-Serie (Kanada)   1,9–2, Md. Jahre, Hornstein

Witwatersrand-Serie (Lorraine Gold Mine, Orange Free State; Bulawayo Kalkstein Südrhodesien; Soudan-Eisenformation, Minnesota), 2,6–2,7 Md. Jahre, Hornstein u. Schiefer
Fig Tree Serie (Swaziland, östl. Transvaal), 3,2 Md. Jahre, Hornstein und Schiefer
Onverwacht-Serie (Swaziland) älter als 3,2 Md. Jahre, mafische Lava, Tuffe und verkieselte klastische Sedimente liegen unter den Fig-Tree-Schichten
Gesteine der Halbinsel Kola (Weißes Meer) 3,4 Md. Jahre [25].
Godthaab Distrikt (Westgrönland), Quarz-Feldspatgneis, 3,7 Md. Jahre (Rb-Sr-Methode und U-Pb-Methode) [38b].

1. Radioaktivität und Altersbestimmungen in Gesteinen (Tabelle 2)

Da die physikalischen Forschungsunterlagen, die zur Feststellung solcher Berechnungen geführt haben, den Rahmen dieser Bearbeitung überschreiten würden, sei auf einzelne Spezialbearbeitungen verwiesen (*Butlar* [7], *Haxel* [18], *Houtermans* [23], *Huster* [25], *Israel* [26], *Willkomm* [53]). Danach zerfällt eine Anzahl chemischer Elemente mit den Massenzahlen ≥ 40 (ab K^{40}) in mehr oder weniger langen Zeiträumen unter Abgabe von Wärme und Aussendung von energiereicher Strahlung. Diese Zeit ist für die einzelnen Elemente verschieden. Da dieser Prozeß durch keine äußere Gewalt in dem normalen Verlauf beeinflußt werden kann, muß angenommen werden, daß dies auch in früheren Erdperioden nicht möglich war; so bieten solche Vorgänge eine Möglichkeit, das Alter der Elemententstehung (u), d. h. jenen Zeitpunkt, zu welchem die Entstehung des betreffenden Elementes aufgehört hat, anzugeben.

Die Zeit, in welcher die Hälfte eines radioaktiven Elementes zerfällt (wobei sich sein Gewicht nur unwesentlich vermindert), bezeichnet man als Halbwertzeit (HWZ).

Für die Altersbestimmung von Gesteinen können daher nachstehende chemischen Elemente herangezogen werden:

Element	HWZ	zerfällt in	$u \leq$
Uran 238	4,56 Md. Jahre	Blei 206	6,5 Md. Jahre
Uran 235	713 Mill. Jahre	Blei 207	
Thorium 232	1,39 Md. Jahre	Blei 208	
Kalium 40	1,26—1,31 Md. Jahre	Argon 40	5,3 Md. Jahre
Rubidium 87	4,7 Md. Jahre	Strontium 87	
Radium 226	1580 Jahre	Radon 222	

a. Die Uran-Blei-Methode [23]

Neben dem nicht radioaktiven Blei 204 lassen sich also alle Blei-Isotope aus den Zerfallsreihen obenstehender Elemente herleiten. Man kann daher aus der Menge des vorhandenen Bleis in Uranerzen z. B. die Menge des zerfallenen Urans feststellen und damit auf das Alter des betreffenden Minerals bzw. Gesteins schließen. Trägt man in einem Diagramm das Isotopenverhältnis

$$\alpha = \frac{Pb\ 206}{Pb\ 204} \text{ als Abszisse gegen } \beta = \frac{Pb\ 207}{Pb\ 204} \text{ als Ordinate auf [23],}$$

so entspricht jeder Sorte gewöhnlichen Blei-Minerals in diesem Diagramm ein Punkt. Dabei hat sich herausgestellt, daß Bleisorten sehr hohen Alters mehr links unten und solche jüngeren Alters mehr rechts oben erscheinen. Das gab Veranlassung, aus dem Blei-Isotopenverhältnis Rückschlüsse auf das Alter des Gesteins, der Mineralbildung evtl. auch auf die Zeit der Entmischung der Elemente zu schließen, da ja reines Blei nur selten in hochgradiger Form vorliegt.

Nimmt man nach obiger Methode für das Urblei aus Eisenmeteoriten die Werte für $\alpha = 9,41$ und $\beta = 10,27$ an, setzt diese Werte auch für das terrestrische Urblei fest und vergleicht diese mit aus jungen tertiären Magmen gebildeten Bleisorten (Alter etwa 200 Mill. Jahre), so ergibt sich nach 2 verschiedenen Methoden (Berngraph, bzw. Torontograph) berechnet ein Alter der Erdkruste von 4,5 ($\pm$ 0,3) Md. Jahren [23].

In Meteoriten, die das Mineral Troilit enthalten, findet man fast nur Blei 204, während der Uran- und Thoriumgehalt verschwindend klein ist. Während *Houtermans* ein Alter für das in der homogenen Erde vorhandene Urblei mit 4,5 Md. Jahren angibt (s. o.), ergibt sich nach den Berechnungen aus Meteoriten ein Wert von 4,7 Md. Jahren; ein ähnlicher Alterswert ergab sich auch aus der Thorium-Zerfall-Reihe (Isotopenverhältnis Blei 208 : Blei 204) [15; 41].

Da die beiden Uranisotope U 235 und U 238 in einem Verhältnis von 1 : 137,8 in den heutigen Uranmineralien vorkommen und nach *Wefelmeier* aber das ursprüngliche Verhältnis von U 235 zu U 238 nicht mehr vorhanden gewesen sein kann, ist ein Alter der Elementenstehung von $= 6,5 \cdot 10^9$ Jahren anzunehmen [23]. Eine obere Grenze für das Alter der Erdkruste erhält man aus der Annahme, daß bei der Entstehung überhaupt kein Blei 207 vorhanden gewesen sein kann. Daraus ergibt sich ein Mittelwert U 238 : Pb 204 $= 9,3$ und somit ein Alter von $5,6 \cdot 10^9$ Jahren [7] (S. 51).

2. Die *Kalium-Argon-Methode* [23]

Da man nach unseren heutigen Kenntnissen annimmt (S. 60), daß alles auf der Erde vorkommende Argon (etwa 1 % der Atmosphäre) zur Gänze aus dem Zerfall von Kalium 40 stammt, läßt sich daraus berechnet das Alter der Erde auf $4,8 \pm 0,2$ Md. Jahre ansetzen.

3. Die *Rubidium-Strontium-Methode* [23]

Unter Zugrundelegung der HWZ von Rubidium 87 von $4,9 \cdot 10^9$ Jahren ergab sich eine Altersberechnung des Chondrits von Forest-City, für den auch Bestimmungen nach der Bleimethode, wie auch der K/Ar-methode vorgenommen wurden, ein Alter von $4,7 \pm 0,4 \cdot 10^9$ Jahren. Wenn man also im Verlaufe der Zeit erst die Entstehung der chemischen Elemente vor der einer Mineralbildung ansetzt, so dürften die u-Werte (Alter der Elementenstehung) zwischen $5-6,5 \cdot 10^9$ a liegen während die nach den 3 Methoden (s. o.) berechneten Mineral- bzw. Gesteinsalter, die sog.

w-Werte auf $4,5 \cdot 10^9$ Jahre

beziffert werden. Dieser Wert stimmt mit den aus Meteoriten gewonnenen Daten gut überein [23].
Aus letzterer Annahme und unter Folgerung, daß alles Argon aus dem Zerfall von K 40 stammt, wird die Erdkruste (sog. Granitdecke) etwa 20 km dick sein [23]. Da man auf der Erde kein radioaktives Isotop mit einer HWZ zwischen 700 Mill. und 50 Mill. Jahren antrifft, ist die Altersbestimmung gerade der wichtigsten Phasen der biogenen Evolution auf diesem Wege nicht datierbar, hier ist die Paläontologie weiter auf die Altersbestimmungen der Geologen angewiesen [7].

4. Die Isotopenverdünnungsmethode am *Massenspektrometer* [25]

Die oben aufgeführten klassischen Altersbestimmungsmethoden verlangen große Mengen von Mineralien und Erzen mit Uran, Thorium und Blei. Aber nur sehr wenige Mineralien enthalten ausreichende Mengen dieser Elemente für chemische Bestimmungen auf nassem Wege. Meist gelingt es, diese Elemente noch nachzuweisen, aber ihr mengenmäßiges Verhalten nur höchst ungenau anzugeben, insbesondere das der verschiedenen Bleiisotope, die durch die Spaltung entstanden sind.
Das Massenspektrometer liefert nun auch bei sehr geringen Substanzmengen das Verhältnis der Pb-Isotope sehr genau. Für die obigen Elemente, aber auch für die Kalium-Argon- und Rubidium-Strontium-Methode, hat zusätzlich die Isotopenverdünnungsmethode weitere gute Ergebnisse erbracht. Sie macht nach der in *Huster* kurz beschriebenen Arbeitsweise eine chemische Absolutbestimmung

überflüssig und ermöglicht gleichzeitig Altersbestimmungen mit Substanzmengen bis zu 1 µg.

5. *Die Uran-Helium-Altersbestimmung* [25]

Da der Zerfall und die HWZ. radioaktiver Stoffe nach unseren heutigen Kenntnissen in allen Erdzeitaltern als konstant angenommen werden muß, lassen sich nach Auflösen solcher Mineralien aus dichtmagmatischem Material und gleichzeitiger Bestimmung des Edelgasgehaltes (bei Uran-Mineralien Helium, bei Kalium-Salzen das Argon) ebenfalls Schlüsse auf das Alter folgern. „Hier zeigt aber der Vergleich mit der Uran-Blei-Methode, daß praktisch kein Helium entwichen ist. (Das gleiche gilt für die K/Ar-Methode bezüglich des Ar)" [25].
Über Altersbestimmungen nach der Jod-Xenon-Methode aus Meteoriten vgl. man *Hinterberger* [55].

6. *Die Thorium-Protactinium-Altersbestimmung* [39]

Die Thorium-Protactinium-Alterbestimmung (Pa231/Th230) [40] läßt einen Zeitraum der Datierung von 50 000—100 000 v. Ch. zu. Der Ozean enthält bestimmte Mengen von U 238 u. U 234. Es zerfällt in Pa und Th, die in den Meeresgrund gelangen, HWZ von Pa 34 300, Th 80 000 a." Da sie durch das gleiche Element hervorgebracht worden sind, dürfte ihr Verhältnis von der Konzentration des U im Meerwasser unbeeinflußt sein und eine Funktion der Zeit allein darstellen, unabhängig von Änderungen in den geologischen Verhältnissen *(Butzer K.W.:* Enviroment an archeology, London 1965 524p.) Eine ansehnliche Zahl von Tiefseebohrungen wurde inzwischen mit Hilfe dieser Methode datiert, um vor allem Temperaturschwankungen des oberen Ozeanwassers mit seinem Gehalt an Mikroorganismen, bes. wärme- u. kälteliebende Foraminiferen zeitlich fixieren zu können *(Roholt, Emiliani* u. a.: Absolut Dating of deep-sea cores by the Pa/Th method, in J. Geology 1961/162.

7. *Die Kohlenstoff-14-Altersbestimmung* [1; 18; 19; 29; 35; 39; 53]

Langsame Neutronen der kosmischen Strahlung rufen in der Atmosphäre Kernumwandlungen hervor, unter denen der radioaktive ^{14}C, ein β-Strahler, mit einer HWZ von 5530—5570 a (letztere Zahl als sog. *Libby*-Alter bezeichnet) zu nennen ist:

$$^{14}_{7}N + ^{1}_{0}n \longrightarrow ^{14}_{6}C + ^{1}_{1}H + 0{,}626 \text{ MeV}$$

Der in den obersten Schichten der Atmosphäre entstehende ^{14}C wird zu CO_2 oxydiert und dieses Gas vermischt sich mit den übrigen der Atmosphäre, gelangt ins Wasser und in die Böden und über diese in die biologischen Systeme. Da nach *Libby* in den letzten 20 000 Jahren die Intensität der kosmischen Strahlung gleich geblieben sein dürfte, ist die Menge durch die dauernde Neuentstehung i. g. auch gleich geblieben und soll etwa 80 Tonnen betragen. Nach Schätzungen sind davon etwa 2 %/o in der Atmosphäre, 2 %/o in der Biosphäre des Landes, 7 %/o in der Biosphäre und 89 %/o vorzugsweise im Bikarbonat der Meere enthalten. Das Meer ist also heute das Hauptreservoir für dieses radioaktive Isotop, die obersten Meeresschichten haben einen annähernd gleichen Gehalt wie die Luft. Der Ausgleich des in der Troposphäre gebildeten ^{14}C dauert (s. u.) mehrere Jahre. In der Atmosphäre kommen auf 1 Atom ^{14}C ... $10^{12} \cdot {}^{12}$C Atome, das entspricht 15 radioaktiven Zerfällen je 1 grC/Minute. Die gleiche Zerfallsrate kann man daher auch in den biogenen Molekülen annehmen. Stirbt ein Lebewesen, so ist die weitere Aufnahme von ^{14}C sistiert, der einmal inkorporierte Gehalt zerfällt unter Abgabe von 50 ± 5 keV in der oben angeführten Zeit. Aus dieser Tatsache also lassen sich über das Alter dieser Wesen, aber auch für Wässer, die solche Verbindungen enthalten, Angaben machen. Die geringe Aktivität erfordert bei den Messungen exakte Arbeitsweisen, es werden C-Verbindungen, CO_2 und Kohlenwasserstoffverbindungen gemessen, die von der sog. Hintergrundstrahlung entsprechend abgeschirmt werden müssen.

Die Altersbestimmung erfolgt aus „dem Verhältnis von jetzt vorhandener ^{14}C-Aktivität zur ursprünglichen Rezentaktivität". Dabei benutzt man als Standard eine Oxalsäure „NBS", wobei 95 % der Aktivität den Rezentwert darstellen (vgl. auch [35]).

Aus Vergleichsmessungen an Baumringen (S. 148) in einer Altersspanne von 4100 v. Ch. bis zur Gegenwart geht hervor, daß die „Rezentaktivität keineswegs immer mit dem heutigen Wert übereingestimmt hat. Zeitweise war sie höher als heute. Eine solche Probe ergibt dann gegenüber der NBS-Oxalsäure ein zu geringes ^{14}C-Alter (Messungen aus der Zeit vor 1000 v. Ch.); Proben zwischen 0-1200 n. Ch. geben ein etwas zu hohes Alter. Um weitere vergleichbare Werte zu erhalten, wurde 1962 für alle Altersangaben das sog. Libby-Alter (für alle ^{14}C-Angaben die HWZ von 5570 a) und eine Rezentaktivität, die dem 0,950-fachen der Rezentaktivität der NBS-Oxalsäure entspricht, festgelegt. Den Umrechnungskalender aus dem Libby-Alter kann man dann für Proben jüngeren Datums aus Tabellen entnehmen [18].

Bei älteren Proben, z. B. 1000—1300 v. Ch. und früher, zeigen die bis jetzt vorliegenden Messungen Streuungen, die nicht mit einem gemeinsamen Mittelwert vereinbar sind. Hier wird man weitere Ergebnisse abwarten und bis dahin sich mit einer größeren Ungeauigkeit im Kalenderalter abfinden müssen.

Ähnlich den Pflanzenbeständen an den Autostraßen, die mehr fossiles ^{14}C armes CO_2 assimilieren, ist auch der Gehalt in Wasserpflanzen und Seekreideablagerungen, die Grundwasser aus fossilen Kalken erhalten, geringer als in im Luftraum gewachsenen Pflanzen [56].

Grundwässer zeigen, je nach Herkunft und der Art der geologischen Ablagerungen, die sie passiert haben, unterschiedliche Werte. Ein Umstand, der sich dann auch bei in solchen abgelagerten Fossilien (Knochen zeigen meist zu junge Werte), ausdrückt. Trotzdem bestätigen die ^{14}C-Datierungen die geologischen Altersbestimmungen wichtiger Fakten des Pleistozäns, insbesondere der letzten 50 000 Jahre. Mit besonderem Erfolg konnte die Radiokarbonmethode für die Zeit von 20 000 bis 10 000 v. Ch. herangezogen werden, eine Zeit also, in welcher der Mensch an der Umgestaltung der Erde teilzunehmen begann. Über limnische Sedimente vergleiche die Angaben in [35].

Durch Bildung von Neutronen als Folge der Atombombentests der letzten Jahre ist nach Libby mit einer Zunahme von ^{14}C in der Atmosphäre zu rechnen, die sich aber wieder innerhalb von 20 Jahren nach Teststop bis auf 1% über den Normalwert einstellen dürfte. Um einen solchen Fehler zu eliminieren, haben Untersuchungen ergeben, daß das im Knochen enthaltene Kollagen den Isotopenaustausch nicht mitmacht und somit das richtige Alter liefert. Damit hat man z. B. feststellen können, daß die Grönlandrobbe in der Ostsee nicht schon vor 9000 Jahren, sondern erst vor 2000 Jahren dort ausgestorben ist [25].

Weiter hat sich ergeben, daß z. Z. eines Sonnenfleckenmaximums (stärkeres Feld) die primäre Höhenstrahlung, die für die Entstehung für ^{14}C verantwortlich ist, um 30 % schwächer ist als bei ruhiger Sonne. Das wirkt sich auf die Entstehung und Verteilung von ^{14}C in der Atmosphäre (Durchmischungsverzögerung 1—2 Jahre) und in der Verteilung der Biosphäre der Meere (Verzögerung etwa 30—50 Jahre) aus. Bei Erdpflanzen läßt sich jedoch an Vergleichen mit Jahresringmessungen und ^{14}C Altersbestimmungen bei *Pinus aristata* (Holz über 2000 Jahre alt, also älter als bei Sequoia) zeigen, daß man über diese kurzfristigen Schwankungen hinwegsehen kann (vgl. die Korrekturtabelle in [53] und [25].

8. *Altersbestimmungen auf Grund des Isotopenverhältnisses von ^1_1H zu ^3_1H im Wasser* [25]

Tritium zerfällt durch Emission mit einer HWZ von 12,5 Jahren. Aus dem Tritiumgehalt erbohrter unterirdischer Wasserlagen läßt sich also angeben, ob es sich um junges (also zuflußhöffiges) Wasser oder um fossiles (nach Abpumpen nicht mehr ergiebiges) Wasser handelt. Ebenso läßt sich dadurch in verschiedenen Gletscherbohrungen deren Schichtalter bestimmen.

9. Schlüsse aus den Isotopenverhältnissen von Sauerstoff und Kohlenstoff auf die Meerestemperaturen [25]

Urey fand, daß im Kalzitgehalt des Rostrums von Belemniten (Donnerkeile) aus der Variation des Sauerstoffes (^{18}O : ^{16}O wie 1,0220 : 500 bei 0° C und 1,0176 : 500 bei 25° C) und des Kohlenstoffgehaltes (^{13}C : ^{12}C) auf die Temperatur der Entstehung des Kalzites und damit auf die des Meerwasser, in welchem diese *Cephalopoden* lebten, geschlossen werden kann. Solche Messungen sind mit einer Genauigkeit von 0,5° C möglich und damit konnten auch in den jahresringsartigen Zuwächsen des Rostrum die Schwankungen der Wassertemperaturen im Laufe einer bestimmten Zeit erkannt werden. Umfangreiche Untersuchungen an solchen Donnerkeilen der Perm-, Jura- und Kreidezeit lassen Rückschlüsse auf die Temperaturen der Meere zu.

Tabelle 2: *Einige Altersbestimmungen nach aus radioaktivem Material ermittelten Methoden*

Material bzw. Ort	Autor, siehe Lit. Angabe	Art. der Methode	
Jahresringe von Bäumen (Libby)	[19]	C 14	1072 n. Chr. 590 n. Chr.
Schriftrollen am Toten Meer	[19]	C 14	± 100 v. Chr.
Mumienschrein (ptolemäisch)	[19]	C 14	200 ± 150 v. Chr.
Jahresringe einer Sequoia	[19]	C 14	979 ± 52 v. Chr.
Zoser, Grabmal Sakkara			2700 ± 75 v. Chr.
Hemaka Grabmal Sakkara	[19]	C 14	2950 ± 200 v. Chr.
Muscheln u. Torf, Holland	[19]	C 14	7000—8000 v. d. Gegenwart
Hölzer aus Australien und Amerika	[19]	C 14	9000 v. d. Gw.
Altes Grundwasser Frechen bei Köln 100 m tief	[19]	C 14	10 500 v. d. Gw.
Salzgitter (Schacht) 800 m tief	[19]	C 14	10 000 v. d. Gw.
Oase Kharga u. a. Messungen, Lybische Wüste	[19]	C 14	25 000 v. d. Gw. u. älter
Muscheln Golf v. Mexiko Muscheln v. d. brit. Küste	[19]	C 14	5000—9000 v. d. Gw.
Oberes Jungpleistozän (Weichsel-Würm)	[34]	C 14	10 000 ± 200 bis 17 000 ± 1000
Mttl. Jungpleistozän (Broerup-Amersfoort)	[34]	C 14	> 50 000
Unt. Jungpleistozän (EeM)	[34]	U234/Th230	90 000 ± 10 000 bis 130 000 ± 20 000
Unt. Mittelpleistozän (Holsteinium)	[34]	K40/A40	0,35 ± 0,1 Mio. Jahre
Unt. Frühpleistozän (Villafrachium)	[34]	K40/A40	2,25 ± 0,75 Mio. Jahre
Monze Aerolit	[23]	K40/A40	$1,9 \cdot 10^9$ Jahre
Akaba bzw. Bresham Township	[23]	K40/A40	3,8 bzw. $3,5 \cdot 10^9$ Jahre
Forest City (Chondrit)	[23]	Pb207/Pb204	$4,53 \pm 0,3 \cdot 10^9$ Jahre
Forest City (Chondrit)	[23]	K40/A40	$4,67 \pm 0,2 \cdot 10^9$ Jahre
Forest City (Chondrit)	[23]	Sr87/Rb87	$4,7 \pm 0,2 \cdot 10^9$ Jahre
Beardsley I. (Chondrit)	[23]	K40/A40	$4,82 \pm 0,2 \cdot 10^9$ Jahre
Krähenburg Meteorit	[23]	Rb/Sr	$4,7 \cdot 10^9 \pm 0,3\%$ Jahre
Chondrit bei Bad Homburg		K/A	$3,8—4,1 \cdot 10^9$ Jahre
Hornstein (Transwaal)	[40]	radio-metrische Datierung	$\sim 2000 \cdot 10^6$ Jahre
Hornstein, (Tonschiefer, Witwatersrand)	[40]		$\sim 2700 \cdot 10^6$ Jahre
Tonschiefer, Hornstein (Swaziland, Fig-Tree-Serie)	[40]		$> 3200 \cdot 10^6$ Jahre
Gestein auf Halbinsel Kola	[25]		$3,4 \cdot 10^9$ Jahre

10. Pollenanalyse und geologische Altersdatierung [11; 12; 20; 45]

Zwischen der letzten Eiszeit und der Jetztzeit hat sich die heutige Pflanzendecke mit den von ihr lebenden Tieren herausgebildet. Einen Aufschluß über die Rückwanderungen der Pflanzen aus den temperierten südeuropäischen bzw. westasiatischen Siedlungsgebieten geben rezente Standorte insbesondere in den sog. Urstromtälern [32] bzw. die Sichtung des Blütenstaubniederschlages in den Mooren. Da unsere wichtigsten heutigen Waldbäume, die damals auch schon die Hauptbestandteile der Wälder bildeten, Windblütler sind, wehte wie heute zur Zeit ihrer Blüte eine Unmenge von Blütenstaub über das Land. Dieser hat sich dank der konservierenden Wirkung der damals sich bildenden Verlandungsvegetation in den natürlichen Wasserstauungen (Seen) gut erhalten. Obwohl diese Torfmoossümpfe auch Bakterien führen, ist doch die Zersetzung gering, so daß der Blütenstaub und die Früchte auch heute noch gut erkannt und mit rezentem Material verglichen werden können. Da in den sich bildenden Mooren und Hochmooren keine weiteren Verlagerungen mehr stattfanden, läßt sich bei entsprechend sorgfältiger Entnahme auch die zeitliche Reihenfolge der Ablagerung des Blütenstaubes nachweisen.

Schon im vergangenen Jahrhundert haben in Norddeutschland *(C. A. Weber)* und vor allem in Schweden *(v. Lagerhein, L. v. Post* u. a.), im Bereiche der Sudetengebirge K. *Rudolph* u. F. *Firbas,* im Süddeutschen Raum *Bertsch* und viele andere Forscher die in den Hochmooren konservierten Pollenniederschläge untersucht. Später kamen noch die Analysen in zwischeneiszeitlich tonigen Ablagerungen und in den Sedimenten der Eifelmaare *(H. Stracka* u. a.) und schließlich die Pollen- und Früchte- und Kutikulauntersuchungen in den westdeutschen Braunkohlenflözen [49; 50] hinzu. Heute liegen weit über 2000 in mühevoller Kleinarbeit durchgeführte Untersuchungen aus der ganzen Welt vor. Sie geben uns zuverlässige Kunde über den Wandel der Pflanzenbestände gegen Ende des Tertiär (Rückgang der tropischen bzw. subtropischen Vegetation), der Wiederbesiedlung in den Interglazialzeiten und vor allem über die nacheinander erfolgte Rückwanderung der heute die Wälder bildenden Pflanzen. Zunehmende Erfahrung und Kenntnis der Blütenstaubkörner auch von krautigen Pflanzen ergänzen das Bild über die historische Vegetationsentwicklung und bieten in vielen Fällen auch die Unterlage für Wiederherstellung einer natürlichen Vegetationsdecke in unserer Zeit.

Zur Methodik der Pollenanalyse sei angeführt: an frischen Torfstichen lassen sich die Torfproben durch vorsichtiges Eindrehen von sog. Algengläschen gut entnehmen und der Reihe nach in zeitlicher Folge untersuchen. Aus wüchsigen Mooren erbohrt man das Torfmaterial mit einem sog. Kammerbohrer, der an einem Gestänge eingeführt wird, sich öffnet, durch den Druck der umliegenden Torfmasse mit dieser gefüllt wird und beim Hochziehen sich wieder schließt. Je nach Wunsch kann also in einem bestimmten Abstand bis zum Grunde des Hochmoors Material entnommen werden, welches der Reihe nach entsprechend beschriftet, später die Grundlage für die Anfertigung solcher Profildiagramme (Abb. 1) bietet. Im Laboratorium wird der Torf mit Kalilauge aufgekocht und aufgehellt. Zuerst werden die makroskopisch erkennbaren Pflanzenteile untersucht (das Torfmoos selbst, erhaltene Früchte und Samen). In der überstehenden Flüssigkeit werden die Schwebstoffe (Pollen und Sporen) abzentrifugiert und mittels Glyzeringelatine, auf einem Objektträger zu einem Dauerpräparat verarbeitet und entsprechend am Kreuztisch-Mikroskop ausgezählt. Getrocknete Aufgüsse lassen sich auch mit Kanadabalsam zu einem Dauerpräparat für die Schulsammlung verarbeiten.

Die Abb. 1a zeigt ein Durchschnittsdiagramm aus Mooren Südwestholsteins, bei welchem neben den Pollen der holzartigen Gewächse auch die Menge der Gras-, Riedgras- und Kräuterpollen berücksichtigt worden sind [20].

Im Verlaufe des Pleistozäns müssen infolge der Klimaänderungen, durch welche die Kalt- und Warmzeiten abwechselten, sich auch den Umständen entsprechend die Waldbestände verändert haben. Wie für die nacheiszeitlichen Funde neben den heute noch auf bestimmten Standorten Reliktpflanzen auf solche Änderungen hindeuten, ist es wiederum die Pollenanalyse, die auf solche Vegetationsveränderungen hinweist. Pollenniederschläge lassen sich auch in den sog. Bändertonen (Tonablagerungen mit jahresringartigen Schichtungen, die mit Abschmelzen des Eises entstanden sind) finden [59].

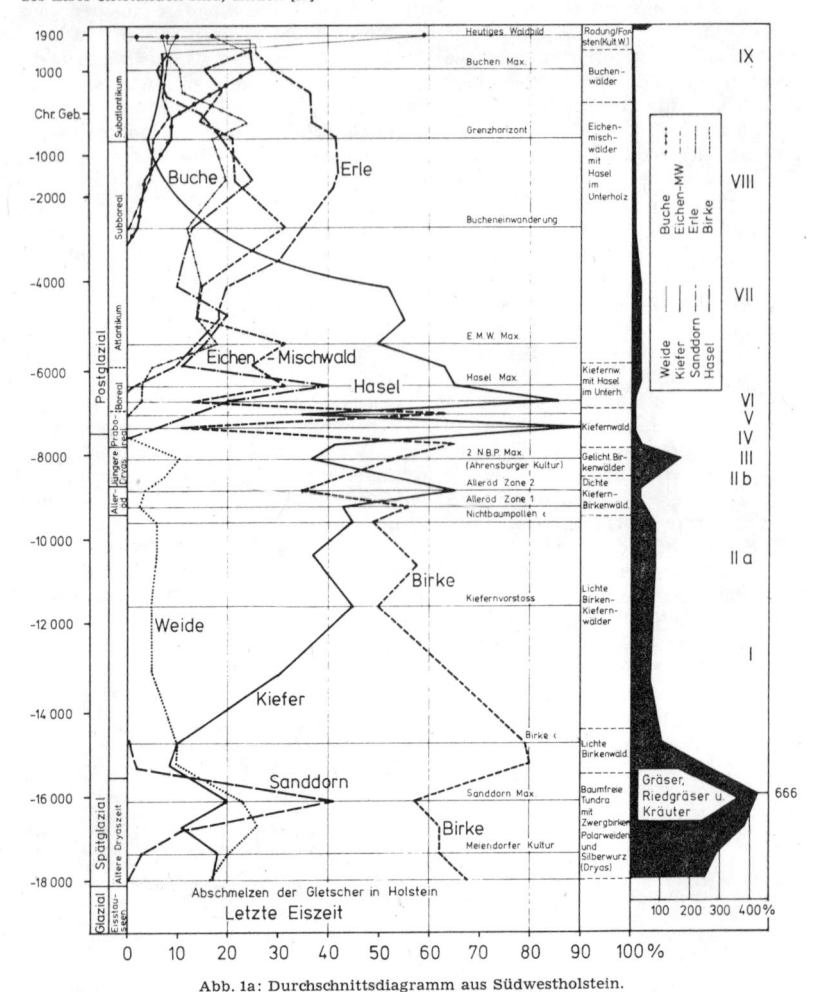

Abb. 1a: Durchschnittsdiagramm aus Südwestholstein.
Die Zahlen I—IX sind Diagrammzonen
Aus R. *Schütrumpf:* Geschichte des südwestlichen Holsteins seit der letzten Eiszeit, S. 68.
Hamburg 1938

Für das EeM-Interglazial werden z. B. für Norddeutschland (*Frenzel* 1967 [39]) folgende Zeiten anzunehmen sein: (Tundra) — (Subarktische Steppe) — (Birken) — (Birken/Kiefer) — (Birken/Kiefer/ EMW) — (Kiefer/EMW/Hasel) — (Hasel/EMW) — (Hasel/Linde) — (Hainbuche/Fichte) — (Kiefer/ Tanne/Fichte) — (Kiefer — Zeit). Während im kontinentalen Europa die Vegetationsentwicklung anfangs gleichartig verläuft, treten dort Ulme, Erle und vor allem die Fichte viel früher als in Mitteleuropa auf. Letzterer Umstand ist auch für die nacheiszeitliche Entwicklung (die Fichte tritt auch hier wieder in den Ostalpen früher auf als im Westen) erwiesen.

Auch in den Fundstellen von Knochen und Werkzeugen (S. 186 ff) der eiszeitlichen Menschen werden Pflanzenreste gefunden, unter diesen finden sich u. a. noch Vertreter der subtropischen Tertiärflora, wie *Tsuga, Picea omorica*, Wallnuß, *Magnolia*, Rhododendron, Buchsbaum, Feige, Lorbeer, Weinrebe und *Brassenia purpurea* [34; 39; 44].

11. *Jahresringsanalyse zur Altersbestimmung von Bäumen* [52]

Während die Pollenanalyse eine gute Stütze für Klima- und Vegetationsentwicklung während des Diluviums (Zwischeneiszeiten) und besonders nach der Eiszeit bietet, geben Jahresringsuntersuchungen an alten Hölzern, auch der Quartärzeit, nicht nur durch Auszählen der Ringe Aufschluß über das Alter der Objekte, sondern aus der Gestalt (Breite, Dichte; Röntgendurchleuchtung) kann man auch Rückschlüsse auf das Klima (Temperatur, Niederschlag) ziehen (Abb. 1b). So gelang es, durch Holzproben von verschiedenen Standorten in den USA bereits Zehn-Jahresring-Intervallklimakarten von etwa 1500 ab zu entwerfen. Die letzteren Ergebnisse bieten auch die Grundlage zur Verfeinerung der Radiocarbondatierung durch Aufbau von Standardchronologien auf Grund der Jahresringsdatierung von Hölzern (S. 43).

12. *Andere Altersbestimmungen*

12a. Altersbestimmungen an Sedimenten und Euruptivgesteinen a. g. magnetischer Messungen.

Da sich die ferromagnetischen Teilchen nach den jeweiligen Kraftlinien des Erdmagnetfeldes im Zeitpunkt ihrer Entstehung ausrichten, lassen sich, unter Voraussetzung, daß die bisher erkannten Verschiebungen der erdmagnetischen Pole zuverlässig datiert sind, zeitliche Angaben ihrer Entstehung machen. Leider lassen sich bisher die theoretischen Folgerungen nur unzuverlässig in die Praxis umsetzen (die Datierung des Beginns des Eiszeitalters ergibt Schwankungen von 0,5—1 Mio Jahre), sie können nur als Mitbeweis für andere Datierungen herangezogen werden [57].

12b. Die Altersbestimmung a. g. der Thermoluminiszenz beruht auf der Erfahrung, daß Höhenstrahlung Strukturveränderungen in Mineralien hervorruft, durch welche potentielle Energie gespeichert wird. Diese wird in Form eines Lichtblitzes wieder frei, wenn die im Kristallgitter verirrten Elektronen bei Erwärmung in ihre Ausgangspisition zurückkehren. — Die Methode erweist sich für Obsidian, Feuerstein und nach *Christodoulides* und *Fremlin* auch für Knochenstücke, die älter als 10 000 Jahre mit einer Fehlerquelle von 10 % als brauchbar, sie erweitert dadurch die Altersbestimmung an Stelle der Radicarbonmethode und der Dendrochronologie (S. 42, s. o.).

Je älter ein Material, umso stärker die Lumineszenz, die Genauigkeit hängt weiter von der Kenntnis der Temperaturverhältnisse während des Zeitraumes der Lagerung des Materials ab.

Die mikroskopische Betrachtung von Dünnschliffen im Auflicht-Mikroskop zeigt deutlich die Spuren des Einschlages der kosmischen Strahlung.

Bei Scherben lassen sich aus der Differenz der Uranzerfallzeit und der Abnahme der Thermolumineszens infolge der Erhitzung des Materials bei der Schlagbearbeitung Schlüsse auf die Zeit ihrer Bearbeitung ziehen [58].

13. *Anwendungen von Röntgenstrahlen und Fernsehkameras bei der Erforschung fossiler Objekte* [59].

Diese Untersuchungstechnik hängt von der Art der Fossilisation ab. So gibt pyrithaltiges Material in Schiefern (letzteres ist aus dem Schwefel des Eiweißes der

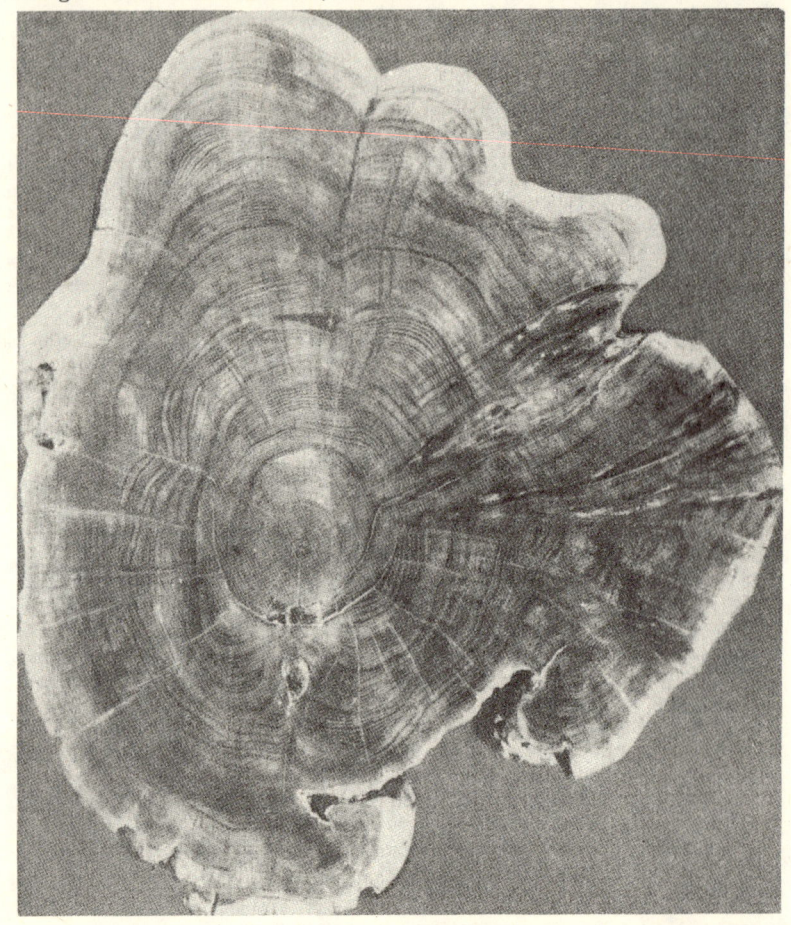

Abb. 1b: Drei Jahrhunderte Geschichte hat dieser Eibenquerschnitt aufgezeichnet.
(Aus „Orion", 1953, S. 497)

abgestorbenen Tiere entstanden) kontrastreiche Bilder, während Versteinerungen, die aus Kalken bestehen oder in solchen eingebettet liegen, der geringeren Dichteunterschiede wegen, nur mäßig kontrastierte Bilder liefern. Da der Gradationsumfang des Materials begrenzt ist, versucht man mit elektronischen Mitteln möglichst viele Informationen aus dem Bild herauszuholen.... Das Originalbild wird dabei mit einer Fernsehkamera aufgenommen und das entstandene Videosignal elektronisch manipuliert... Durch Addition bestimmter, durch Filter herausgegriffener und verstärkter Frequenzanteile des Originalbildes lassen sich Details einer bestimmten Ausdehnung besonders hervorheben" [59].

Dadurch konnte u. a. bei *Archaeopteryx* 3 (S. 149) das Vorhandensein eines echten Tarsometatarsus nachgewiesen, weiter der Nachweis von Weichteilen bei Tintenfischen, Facettenaugen und Darmtrakt *Phacops* (Trilobit) devonischen Alters geführt werden. Schon heute wird generell der Forderung erhoben, bei Aufarbeitung von Fossilien „keine mechanische Präparation ohne vorherige Röntgenaufnahme" bzw. Bildaufbereitung durch die Fernsehkamera vorzunehmen.

Literatur zu Kapitel II

1. Bundesmin. f. wiss. Forschg.: Strahlengefährdung des Menschen, 2. Bericht, Bd. 28, 1966
2. *Broecker, W. J.:* Klimaschwankungen, NR. 1966/335
3. *Bubnoff, S. v.:* Geschichte der Erde, NÄ-Freiburg, 1955/135
4. *Buchwald, K.* u. *Engelhardt, W.:* Handbuch der Landschaftspflege u. Naturschutz Bd. I. Bayr. Landwirtsch.verl. München 1968
5. *Botsch, D.:* Zwei Milliardenjahre alte Bakterien, NR. 1966/111, 163
6. *Bülow, K. v.:* Geologie für Jedermann, Franckh-Stuttgart, 1949
7. *Butlar, R.:* Radioaktivitäten und Erdgeschichte, BdW. 1967/XI
8. *Dehm, R.:* Ursachen und Zeitproblem in der Stammesgeschichte, NR. 1963/131
9. *Dose, K.:* Über den Ursprung der Lebewesen, NW. 1970/555
10. *Erben, H. K.:* Neue Möglichkeiten in der paläontologischen Forschung, UWT 1969/78
11. *Feucht, O.:* Der Wald als Lebensgemeinschaft, Bd. 3 d. D. Naturkundevereins, Verl. Hohenlohe-Öhringen 1936
12. *Firbas, F.:* Spät- u. nacheiszeitliche Waldgeschichte Mitteleuropas nördl. der Alpen, Fischer, Jena 1949 u. 1957
13. *Flohr, F.:* Modellversuche zur Fossilisation, BU. 1968/II/18
14. *Fox, S. W.:* Selfordered Polymers and Propagative Cell-like Systems. NW. 1969/1
15. *Gentner, W.:* Struktur und Alter der Meteorite, NW. 1969/174 = NÄ 1969
16. *Gerwin, R.:* Neues Verfahren zur Planetenuntersuchung, NR. 1967/209
17. *Gothan, O.:* Die Entstehung der Kohle, Akademie Verl. Berlin, H. 41, 1952
18. *Haxel, O.:* 14C-Methode, NÄ-Hamburg 1956/52, NW. 1967
19. *Haxel, O.:* Der Kohlenstoff 14 in der Natur, NR. 1962/163
20. *Hein, L.:* Die Bedeutung der Blütenstaubuntersuchungen für Wissenschaft u. Praxis, Urania 1951/7
21. *Hemsleben, Ch.:* Ultrastrukturen bei kalkschaligen Foraminiferen, NW. 1969/534
22. *Henninger, D.:* Verbesserte Technik bei Filmabzügen von Gesteinsproben, NR. 1968/481
23. *Houtermans, F.:* Radioaktivität und Alter der Erde, NÄ-Hamburg, 1956/46
24. *Hollin, J. T.:* Eiszeitentstehung, NR. 1966/160
25. *Huster, P.:* Zeitmarken der Erd- und Menschheitsgeschichte, NR. 1971/4
26. *Israel, H.* 1965: Natürl. u. künstl. Radioaktivität unserer Umwelt, NR. 1965/307
27. *Jurasky, K. A.:* Palmreste der niederrhein. Braunkohle, Braunkohle 1930/117
28. *Knapp, R.:* Arbeitsmethoden der Pflanzensoziologie, Ulmer Stuttgart, 1968
29. *Kull, A.:* Lebewesen vor über 3,2 Md. Jahren, NR. 1969/26
30. *Krejci-Graf, K.:* Alter der Erde und der Welt, NR. 1960/424
31. *Kräusl, N.* u. *Weyland:* Kritische Untersuchungen zur Kutikularanalyse tertiärer Blätter, Paläontographica Bd. 91. 1951
32. *Litzelmann, E.:* Pflanzenwanderungen im Klimawechsel der Nacheiszeit, Schr. d. D. Naturkundevereins, Verl. Hohenlohe-Öhringen 1938
33. *Mattauch, F.:* Über Methoden u. Bewertung der Erkenntnisbildung bes. in der biologischen Forschung u. Lehre, PB. 1965/86
34. *Müller-Beck, H.:* Urgeschichte der Menschheit, Kohlhammer - Stuttgart 1967
35. *Mebus, A.* u. a.: 14C-Datierung in limnischen Sedimenten und Eichung der 14C-Zeitskala, NW. 1970/564

36. *Münnich, K. O.:* Isotopendatierung von Grundwasser, NW. 1968/158
37. *Nordwig, A.:* Zur Evolution von Strukturproteinen, NR. 1968/302
38a. *N. N.:* Physik in der Archäologie, NR. 1970/200
38b. *N. N.:* Das älteste Gestein entdeckt. NR. 1973/265
39. *Overhage, P.:* Menschenformen im Eiszeitalter, Knecht, Frankfurt 1969
40a. *Pflug, H. D.:* Strukturierte Reste aus über 3 Md. Jahren alten Gesteinen aus Südafrika, NW. 1967/237
40b. *Pflug, H. D.:* Entwicklungstendenzen des frühen Lebens auf der Erde, NW. 1969/10
41. *Simon, K. H.:* Blei-Isotope und Altersbestimmung, NR. 1966/292
42. *Stach, E.:* Vom Werden der Kohle, Orion 1950/698
43. *Stirn, A.:* Fossilierung von Kalktuff bildenden Pflanzen, BU. 1968/II/3
44. *Strassburger, E.:* Lehrbuch der Botanik, Fischer 1947
45. *Straka, H.:* Relative u. absolute Datierungen quartärer Ablagerungen, NÄ-Hannover 1961
46. *Strauss, A.:* Ein fossiles Herbar, Orion 1951/574
47. *Swinton, W. E.:* Fossil Amphibians and Reptiles, Trustees of the British Museum (Natural History) Public. No. 543, 1965
48. *Thenius, E.:* Paläontologie, Kosmos Studienbücherei Stuttgart 1970
49. *Thomson, P. W.:* Entstehung von Kohlenflözen a. g. mikropaläontolog. Untersuchungen des Hauptflözes d. rhein. Braunkohle, Braunkohle-Wärme-Energie Jg. 1950/39
50. *Thomson, P. W.:* Grundsätzliches zur tertiären Pollen- u. Sporenanalyse d. rhein. Braunkohle, Geol. Jahrb. 1951/114 Bd. 65
51. *Thorell, H.:* Enzymforschung früher u. heute, Nr. 1970/129
52. *Welte, D. H.:* Kohlenstoff und Photosyntheseentwicklung, NW. 1970/22
53. *Willkomm, H.:* Absolute Altersbestimmung mit der ^{14}C-Methode, NW. 1968/415
54. *Bauch, J.:* Anwendung der Jahresringanalyse, Angew. Botanik XIV (1971) 217
55. *Hinterberger, H.:* Xenon in irdischer und in extraterrestrischer Materie, NW. 1972/288
56. *Melus, A. G. J.* u. a.: ^{14}C-Datierung limnischer Sedimente u. Eichung d. ^{14}C-Zeitskala, NW. 70/664
57. *Menke, B.:* Wann begann die Eiszeit, UWT. 1972/214
58. *Simon, K. H.:* 4 Millionen Jahre Menschheitsgeschichte, NR. 1972/271
59. *Stürmer, W.:* Neue Ergebnisse der Paläontologie durch Röntgenuntersuchungen. NW. 1973/407

C. Zeittafeln der vorbiogenen und biologischen Evolution

I. Phasen der Entwicklung unseres Sonnensystems und unserer Erde in der chemischen und biologischen Evolution

[aus Kap. IV 5; 58; 62; 65; 66; 67; 70; 106; 107; 116; 145 —und Kap. II/23, 39]

Alter: 10^9 Jahre	Geol. Formation	Fossile Funde und für die Evolution d. Lebewesen wichtige Ereignisse	Lebewesen	Atmosphäre
0,5—0,7	ediacarische Formation (Australien)	Entfaltung der bilateralen u. 5strahlg. Tiere	Metazoa ↑	
1,0	Nonsuch-Shale	Verzweigte Fäden, Vielzeller, Sexualität,	Algen Pilze ↑	starke O_2-Zunahme
1,2	Bitterspring Beltserie	Diploidie, Chloroplasten, Sporen, Algenkalke	↑	
1,4	Crystal-Spring	Sporen, Zellen mit Pyrenoiden?	↑	
1,6	Mc. Minn-Shale	Erwerb: Zellkern, Mitose, Mitochondrien, Flagellen	Eukaryonta ↑ Flagellaten	
1,9—2,0	Guntflint	anaerobe-autotrophe Mikroorganismen	↑	
2,3	Ventersdorp	Erwerb: aerobe Atmung, Haploidie DNS-Code fertig	↑	
2,6 | 2,7	Witwatersrand Soudan Iron Bulawayo	Typus A und Lorain-Typen G, H, K	Proto-/Eukaryonta ↑ ↑	CO_2, N_2
3,0	— — — älteste strukturierte Lebewesen — — —			
3,1—3,2	Fig-Tree	Beginn d. Photosynthese (Pristan-Phytan) Algenoolith, Kugel u. Fadentypen	Eobacterium ↑ ↑ ↑	erste Bildg. von O_2
3,4	Onverwacht Gesteine auf HJ.-Kola	tRNS-Code, älteste metamorphe Sedimente	EOBIONT ↑ ↑ ↑ ↑	O_2-Gehalt 0,1 %
4,0	— — Beginn d. Biogenese — —		PROTOBIONT ↑ ↑ ↑ ↑ ↑	
4,4 | 4,7	4,5 | 5,0	Entstehg. d. Erde Chondrite	erstes Wasser feste Erdkruste Erdatmosphäre	chem. Evolution	Mikrosphären ↑ ↑ ↑ ↑ ↑ ↑ Proteinoide	C_2H_2; HCN; HCHO; H; CH_4; NH_3; H_2O; SH_2; N
6,5 | 8,0		Alter der Sonne	Bildung der Atomkerne		r-Prozeß CNO-Zyklus D-He-Zyklus Protonen-Zyklus
	7,0 | 13,0	Alter der Kugelhaufensterne	vermutl. Entstehg. d. Elementarteilch.		
$1 \cdot 10^{10}$ $2 \cdot 11^{10}$	Alter d. uns beobachtbaren Kosmos je nach H_0 (Hubble-Konstante: 100—500 km/sec megapc)			

II. Daten der biologischen Evolution im Erdaltertum (Palaeozoikum)

Zeitalter, Dauer, Klima	Epoche u. geol. Charakteristik.	wichtige Begebenheiten der tierischen und pflanzlichen Entwicklung
Perm 45 Mill. J., z. T. Wüstenklima bis 270 Mill. J.	*Zechstein* Salzlager Dolomite Mergel vulkan. Tätigkeit *Rotliegendes* Sandstein Konglomerate — Vereisung auf Südhalbkugel	Therapside Reptilien (Karrooform.), Pelycosaurier, Cotylosaurier, Seymouriamorpha, Fische, Ammoniten, Trilobiten, Weichtiere, 6-strahlige Korallen; Wanzen, Cycaden. Coniferen, Samenfarne: Glossopterisflora
Karbon 35 Mill. J., warm, feucht	*Mississipium* Landhebung im lauretan. Gebiet, Lagunen, Swamps, Tonschiefer, Sandstein, Kohlen — variskische Faltung Ende Devon – Rotliegendes Ardennen, Thüringen, Böhmen	erste Pelycosaurier, Cotylosaurier, labyrinthodonte Amphibien, Libellen (6-fl.), Spinnen, Skorpione, küchenschabenartige Urinsekten Cordaiten, Pteridospermen, Calamiten, Lycophyten Herausbildung der Hauptkontinente: Laurentia, Angara, Cathaysia, Gondwana und Tethysmeer
45 Mill. J., warm, trocken bis 350 Mill. J.	*Pennsylvanium* Kalkstein, Schiefer, Sandstein, Flußdeltabildungen (Gr.-Br.) erste Kohlen: Alaska-Moskau	
Devon 50 Mill. J., bis 400 Mill. J.	lokaler Vulkanismus Kalke (Rheinl., Eifel) Sandstein, Schiefer, Grauwacken	labyrinthodonte Amphibien, Zeitalter der Fische (Süßwasser), Crossopterygier, Rhipidistier; Brachyopoden, Weichtiere, Stachelhäuter, Graptolithen sterben aus, erste Landpflanzen
Silur 40 Mill. J.,	*Gotlandikum* kambrische Geosynklinalen füllen sich mit Sandstein u. Schieferton — kaledonische Faltung sehr früh bis Ende Silur	Erstes Auftreten der Wirbeltiere (Ostracodermen, Graptolithen), Brachyopoden, Cephalopoden u. a. erste Arthropoden und Skorpione (Eurypterus), Trilobiten. Erste Landpflanzen, Vordringen d. Thalassiophyta
60 Mill. J., bis 500 Mill. J.	*Ordovicium* lokale Vereisung (SA) vulkan. Tätigkeit (NA) Kalkstein, Dolomit, schwarze Schiefer, Sandstein	
Kambrium 100 Mill. J., bis 600 Mill. J.	schlammartige Ablagerungen (Schwarzschiefer) und Sandstein Canada, USA, brit. Columbien	Alle Evertebratenstämme: Radiolarien, Hydrozoen, Korallen, Kalk-, u. Silicospongien, Crinoiden, Brachyopoden, Cephalopoden, Mollusken, Trilobiten (Leitfossile), schalentragende Krebse (Estherien), Kalkinkrustierte Algen

Zeitalter, Dauer, Klima	Epoche u. geol. Charakteristik	wichtige Begebenheiten der tierischen und pflanzlichen Entwicklung
Präkambrium Spät- bis 1,3 Md. J., Mittel- bis 2,3 Md. J., Früh- bis 4,5 Md. J.	Konglomerate, Kalkstein, Marmor, Quarzite, Sandstein, Schiefer, Granit, Gneis Bildung von H_2O Entstehung d. Erde	Xenusion Auerfeldense, Brachyopoden, Scyphozoen, Hydrozoen, (Charnia), Collenia (verkalkter Algenthallus) Blaualgen, Bakterien, Pilze, Kiesel- u. Kalkinkrustierte Wesen Alte Gebirgsblöcke: Fennoskandinavien, Böhm-Masse, Frz. Zentralplateau, N-Amerika, Grönland, Schottland (Eria-Block), Südafrika, China, Australien

III. Daten der biologischen Evolution im Erdmittelalter (Mesozoikum)

Zeitalter, Dauer, Klima	Epoche u. geol. Charakteristik	wichtige Begebenheiten der tierischen pflanzlichen Entwicklung
Kreide 65 Mill. J., bis 135 Mill. J. *(Gondwanaland auseinander gebrochen)*	*Obere Kreide* *Senon* Schreibkreide, *Emscher* Mergel, Kalk, *Turon* Sandstein, *Cenoman* Brauneisenkonglomerat. Rückgang d. Meeres auf d. Nordhalbkugel u. in Mitteleuropa	Aussterben d. großen Reptilien; erste Blütenpflanzen: Feige, Magnolie, Pappel, Platane. Echte flugfähige u. Schwimmvögel, echte placentale Säugetiere (ab Mittelkreide); mögliche Separierung der Beuteltiere auf Neu Guinea-Australien, Südamerika.
	Untere Kreide *Gault* Eisenerz *Neokom* (Amberg), *Wealden* Ton, Mergel, Kalk, Sandstein, Kohle. Ausbreitung des Meeres über Nordhalbkugel, Mitteleuropa bis Moskau	Flugsaurier, Dinosaurier (weite Verbreitung in NAm, Mongolei), moderne Knochenfische u. Quastenflosser. Brachyopoden, Ammoniten, Belemniten, Seesterne, Seeigel, Riffkorallen, Bryozoen (Rügen), Kalk- u. Silicospongien, Globigerinenkalke, Cycadeen, Coniferen, Farne
Jura 45 Mill. J., bis 180 Mill. J.	Weiß-, *Malm* Flachseeriffe u. Lagunen (Solnhofen lithographische Schiefer)	Auftreten echter z. T. wieder ausgestorbener Säugetiere, Aussterben d. säugerähnl. Reptilien. Flugsaurier u. Archaeopteryx, Entfaltung der Dinosaurier u. aquatilen Reptilien: Plesiosaurier, Ichthyosaurier (Lias), primitive Knochenfische, Haie. Brachiopoden, Ammoniten, Belemniten, Muscheln, Schnecken, Seeigel Krabben, Insekten (Fliegen). Hexa-Korallen, Schwammriffe (Kalk), Bryozoen. Williamsonia (Yorkshire, Bt.-Pfl.?), Auraucaria (Patagonien, Ob. Jura), Coniferen, Gingko, Cycadeen, Farne u. Baumfarne.
	Braun-, *Dogger* Tone, Kalke, Eisensandstein (Salzgitter, Lothringen)	
	Schwarz-, *Lias* bituminöse dunkle Tone, Kalk, Mergel Beginn d. Spaltung von Gondwanaland, Tethys nach Mitteleuropa, Rhät-Transgression	

Zeitalter, Dauer, Klima	Epoche u. geol. Charakteristik	wichtige Begebenheiten der tierischen und pflanzlichen Entwicklung
Trias feucht 45 Mill. J., bis 225 Mill. J. warm Wüste	*Keuper* Sandstein, Ton (Rhät), Mergel, Gipskeuper, Kalke, Dolomit (Alpen), Kohlen (Australien) *Muschelkalk* Mergel, Kalke, Dolomit, Gips, Salzlager. übersalzene Meere *Buntsandstein* Sand, Ton, Konglomerate, Sandstein (Helgoland) Mergel, Dolomit (Tethys)	Reste erster Kloakensäuger (Wales), Radiation d. ersten mesozoischen Säugetiere, erste Dinosaurier u. Placodontier, Fußspuren v. Chirotherium, Rückkehr d. ersten Saurier zum Wasserleben. Labyrinthodonte u. Cotylosaurier, Lungenfische (Ceratodus, Rhät) Crinoiden, Brachyopoden, Mollusken, erste Ammoniten (Ceratites), Skorpione, Insekten, Hexakorallen. Gymnospermen (Voltzia, Walchia, Cycas Schachtelhalme; Pteridospermen sterben aus.

IV. Daten der biologischen Evolution in der Erdneuzeit (Känozoikum)

Zeitalter, Dauer, Klima	Epoche u. geol. Charakteristik	wichtige Begebenheiten der tierischen und pflanzlichen Entwicklung
Quartär Holozän bis 10 000 J.		Ende der letzten Eiszeit, Wiederbewaldung der Landschaft als Folge klimatischer Veränderungen; in den Tropen u. Vorderasien werden die Waldgebiete zu Steppen u. Wüsten.
Pleistozän abwechselnd Warm- und Kaltzeiten, wobei die mittl. Jahr.-Temp. um etwa 3° absinkt, bis 3 Mill. J. (vgl. S. 178)	Eiskappe d. nördl. Erd-Halbkugel reicht bis in die mittl. Breiten, lokale Vereisung d. höheren Gebirge Restvulkanismus, abtauendes Eis lagert Sand, Kies, Ton ab, Löß-äolische Ablagerung; in Tropen Pluvialperiode.	Die Tierwelt wird von Interglazialzeit zur nächsten immer artenärmer (S. 193) Die Vogelwelt entspricht der rezenten, markante Vertreter sterben noch nachher aus (Moas: Neuseeland), Aepiornis: Madagaskar, Dronte: St. Mauritius). Der Querverlauf d. Faltengebirge in Europa verhindert die Rückwanderung markanter Waldbäume, bes. d. Coniferen. Arktische Florenelemente überdauern nach Eisrückgang in Felsensteppen u. oberhalb d. Waldgrenze. Marine Flora u. Fauna entspricht der rezenten, kälteliebende Typen überwiegen.
Tertiär Pliozän 7 Mill. Jahre temperiert, dem rezenten ähnlich, bis 10 Mill. J.	Gegen Ende d. Zeit Beginn der Eisausbreitung von der südl. u. nördl. Polkappe her. Die Kontinente nehmen heutige Ausbreitung an, Rückgang u. Austrocknung d. Meeres in SO-Europa u. Innerasien.	Säugetiere in Europa artenreicher als heute (Elefanten, Mastodon), Ausbreitung d. Pferde (Wandlung zum Einhufer); herdenbildende Paarhufer wie heute in Afrika. Flora Mitteleuropa enthält noch Vertreter, die heute in Nordamerika u. Ostasien vorkommen (Sequoia, Gingko u. a.). In Meeren noch wärmeliebende Fauna: Riffkorallen, Ostengland, Londoner Becken; Bryozoen in seichtem Wasser.

Zeitalter, Dauer, Klima	Epoche u. geol. Charakteristik	wichtige Begebenheiten der tierischen und pflanzlichen Entwicklung
Miozän 15 Mill. Jahre mild-temperiert, bis 25 Mill. J.	Alpine u. asiatische Auffaltung aus dem Bereich d. Tethys. Vulkanismus an den Randzonen. Europa endgültig an Asien gebunden. Verwitterungsablagerungen, Flammenton, Porzellanerde, Bohnerze (Brauneisenstein)	Ausbreitung der heutigen Tierfamilien, bes. Insektenfresser, Flattertiere, Nager, Raubtiere, Affen, Huftiere. Markante Fundstellen: Europa (Frankreich, Donaugebiet, Mähren), Siwalikberge (Indien), Ägypten (Fayum), Kenya (Viktoriasee). Steppenausbreitung in Nordamerika, Abnahme d. Waldes in Afrika. Wärmeliebende Lebewelt noch in den Meeren (Radiolarien, Diatomeen, Foraminiferen, Lithothamnion-Rotalgen-Kalke, Leithagebirge). Nummuliten sterben aus.
Oligozän 15 Mill. Jahre, bis 40 Mill. J.	Europa zeitweilig mit Asien, dieses mit N-Amerika verbunden. Beginn d. Faltung u. des tert. Vulkanismus. Einbruch d. Oberrhein-Mainzerbeckens, Verbindung mit Nordmeer.	Herausbildung der rezenten Säugetiere, Karnivore Creodonta (Hyaenodon) als Vorläufer der Katzen, Bären u. Hunde. Gibbonähnl. Primaten in Afrika; Elefanten, Paar. u. Unpaarhufer (Mesohippus, Palaeotherium, Tapire (1825 Cuvier am Mt. Martre), Rhinoceriode Säuger, Ausbreitung d. herbivoren Steppensäuger. Braunkohlenswamps u. Bernsteinwälder. Entlang d. Tethys noch subtropische Vegetation, Nummuliten, Korallen, Kieselspongien.
Eozän 19 Mill. J., warm bis tropisch	Weite Deltabildungen in Küstengebieten, Europa von Asien getrennt, Westeuropa Meer (Pariser - Londoner Becken). Tethys reicht von Südeuropa bis Indien, Meeresvertiefung Mergel u. Tone, im Baltikum z. T. Bernsteinschichten. Mitteldeutsche Braunkohle. Nummulitenschichten.	Primitive 5zehige Säuger mit kleinem Gehirn, welche sich verschiedenen Lebensräumen angepaßt haben, entwickeln sich zu den rezenten Säugetierordnungen. Frühe Wale, Seekühe und Beuteltiere sind bereits vorhanden. Ancestrale Formen der Elefanten, Tapire, Rhinoceros, Schwein u. Pferde (letztere in Nordamerika), Vorläufer der Primaten global verbreitet, Tarsier in Hinterindien, Lemuren auf Madagaskar, Hundsaffen u. gibbon-ähnl. in Burma. Vögel (auch flugunfähige), Krokodile, Schildkröten.
Palaeozän 15 trill. J., bis 70 Mill. J.	Süßwasser- u. Landablagerungen, Grünsand	In den kalkigen Meeresablagerungen finden sich neben Wirbeltieren Reste aller wirbellosen Tiere. Hexakorallen und Nummuliten sind gesteinsbildend. Farne, Coniferen (Metasequia, Gingko), Baumförmige Blütenpflanzen, Eichen, Palmen, u. a. tropische Gewächse in Mitteleuropa: temperierte Florenelemente bis Grönland.

(alpine Faltung: Ende Kreide bis heute; antarktische Vereissung)

D. Über das Entstehen vorbiogener und biogener Systeme

I. Probleme der vororganismischen Evolution [70; 118]

„Jede Lebensausstattung ist nach unseren heutigen Kenntnissen verbunden mit dem Ablauf von Umsetzungen innerhalb der stofflichen Ordnungsgefüge. Leben in einer Zelle hört auf, wenn das chemisch-stoffliche Zusammenwirken molekularer Strukturen dieser kleinsten selbständigen Einheit aufhört" [19].

In einer Zelle sind jedoch bereits eine Vielzahl von gut definierten Makromolekeln, die ihre Form und ihre Größe ständig ändern, bekannt geworden. Dieser Wechselprozeß ist also überall an Materie, wenn wir von Lebewesen sprechen, gebunden.

Wenn man die Frage stellt, wie es zu einer solchen dynamischen Wechselwirkung der Moleküle gekommen sein kann, so drängt sich zwangsläufig gleich die zweite Frage auf, ob die Moleküle, die ja auch außerhalb der heutigen lebendigen Systeme existent sind und durch die Synthesetechnik der Chemiker erzeugt werden können, erst in den Zellen oder vor diesen zuerst gebildet worden sein mußten. Die Erkenntnisse der Atomistik und die Ergebnisse der chemischen Synthetik zugrunde legend führen zu der Annahme, daß, wenn auch in weit zurückliegender Zeit, sich solche Moleküle auf unserem Planeten gebildet haben müssen. Gleichzusetzen wäre dieser Raum aber auch mit anderen Orten des Kosmos, wo immer sich gleiche oder ähnliche Bedingungen eingestellt haben, wie eben auf unserer Erde. Und damit wäre auch die Frage nach dem Entstehen lebendiger Systeme an anderen Orten des Weltalls einer Beantwortung zugeführt. Da nach unseren heutigen Kenntnissen die Grundbausteine der Erde (die chemischen Elemente) auch auf anderen Raumkörpern nachweisbar sind, liegt kein Grund für eine gegenteilige Annahme vor. Unbeantwortet muß nur die Frage bleiben, wann und in welcher Entfernung im weiten Weltenraum solche Prozesse einem der heutigen terrestrischen Entwicklung ähnlichen Stand erreicht haben, damit irdische Wesen mit ihnen zur Verfügung stehenden Ortungsmitteln in Kommunikation treten könnten [9; 29; 43; 86; 95; 114; 119; 157; 160; 161; 163].

In diesem Zusammenhang muß für die nachfolgenden Teile dieser Bearbeitung darauf hingewiesen werden, daß „wir zwischen naturwissenschaftlich gesicherten Feststellungen und hierauf aufgebauten Spekulationen streng unterscheiden müssen" *(Heyns* [58]). Wir bewegen uns hier immer im Bereiche einer Forschung, deren Erkenntnisbildung auf sog. generalisierenden Induktionen [47; 92] beruht. Im wesentlichen dürften aber die nachstehenden Grundphasen einer Gesamtevolution anzunehmen sein:

1. Die Entstehung der Elementarteilchen;
2. die Entstehung der Atome und die Bildung der Materie;

3. die Weiterentwicklung der Materie bedingt durch das Entstehen abiogener und biotischer Moleküle;
4. die naturgesetzliche Wechselwirkung abiogener Moleküle (eutektische Gemische, Gesteinsbildung, Gesteinsverwitterung);
5. das Zusammenwirken früh entstandener sog. biogener Moleküle (Katalyse und Autoreduplikation);
6. die Evolution zellulärer Systeme und ihre Weiterbildung zu Organismen.

II. Erkenntnisse über die Entstehung der Elementarteilchen und der Atome
[1; 5; 36; 40; 138; 139]

Die Entstehung des Kosmos ist Voraussetzung der Bildung der chemischen Elemente, der Moleküle und ihrer Reduplikationsfähigkeit. Sie allein wiederum sind die Grundlage für die Entfaltung der „lebendigen Systeme".

Aus Gründen der Platzersparnis muß darauf verzichtet werden, die Geschehnisse, soweit sie heute mit der Sternentstehung zusammenhängen und zur Bildung der Elementarteilchen und den Atomen führten, entsprechend zu behandeln, vgl. [u. a. 10; 12; 13; 55; 72; 80; 85; 104; 108; 128; 143]. und S. 203 ff.

Es sei nur an die Entdeckung *C. D. Anderson* erinnert, der 1932 in der kosmischen Höhenstrahlung das Positron (β^+, $^{0}_{1}$e$^+$) als das Antiteilchen zu dem Elektron fand, für welches *Thibaud* „die Gleichheit des Betrages der spezifischen Ladung des Elektrons" bewies. Die im Zusammenhang damit gebrachten Probleme der Zerstrahlung von Materie (Paarvernichtung) bzw. Materialisation aus Strahlung sowie die weiter erkannten Elementarteilchenumwandlungen ($^{1}_{0}$n $\rightarrow$ $^{1}_{1}$H + $^{0}_{1}$e$^-$ + ν (Neutrino); $^{1}_{1}$H + $^{0}_{1}$e$^- \rightarrow$ $^{1}_{0}$n (K-Einfang) und der Zerfall von $^{1}_{1}$H $\rightarrow$ $^{1}_{0}$n + $^{0}_{1}$e$^+$ + ν (βEmission) ließen vermuten, daß Proton und Neutron nur verschiedene Zustände des sog. Nucleons sind [42]. Diese erkannten Vorgänge führten unter Zugrundelegung der *Einstein*gleichung E = mc² zur Formulierung der sog. *Quantenfeldtheorie*, die annimmt, daß „der gesamte Raum mit einem Medium, dem sog. Feld, ausgefüllt ist", welches zum Träger des materiellen Geschehens wird, in welchem es ständig zur Erzeugung und Vernichtung von Elementarteilchen kommt, so daß ihr „Bestehen und Werden nur eine spezifische Bewegungsform eben dieses Feldes" ist (*Thiring* [38]).

Das vorausgesetzt, führte zu der Folgerung, nachdem in den Himmelskörpern mittels der Spetralanalyse die Existenz der gleichen chemischen Elemente wie auf der Erde nachgewiesen wurde, daß im Laufe ihrer Entwicklung dort sich die verschiedenen Urprozesse abgespielt haben müssen, die schließlich zur Bildung der Atome aus den Elementarteilchen führten.

Der Reihe nach dürften demnach folgende sich aufbauende Atombildungsprozesse zu erwarten sein:

a. Der Protonenzyklus [78]

$$^{1}_{0}n + {}^{1}_{1}H \longrightarrow {}^{2}_{1}D + \gamma$$
$$^{1}_{1}H + {}^{1}_{1}H \longrightarrow {}^{2}_{1}D + {}^{0}_{1}e^+ + \nu$$
$$^{2}_{1}D + {}^{2}_{1}D \longrightarrow {}^{3}_{1}T + {}^{1}_{1}H$$
$$\longrightarrow {}^{3}_{2}He + {}^{1}_{0}n$$
$$^{3}_{1}T + {}^{2}_{1}D \longrightarrow {}^{4}_{2}He + {}^{1}_{0}n$$
$$^{3}_{2}He + {}^{3}_{2}He \longrightarrow {}^{4}_{2}He + 2 \cdot {}^{1}_{1}H$$

Wie die obigen Reaktionsdarstellungen deutlich machen, müssen sie, um Atome zum Reagieren gebracht zu werden," die gegenseitige *Coulomb*'sche Potentialschwelle durchdringen. Das bedeutet, daß mindestens einer der beteiligten Kerne ein Proton sein sollte" [5]. Die zunächst wahrscheinlichen Reaktionsweisen enden mit dem Entstehen von Helium ($^{4}_{2}$He) Protonen ($^{1}_{1}$H) und Neutronen ($^{1}_{0}$n). (s. u.). Diese Reaktionen dürften in unserer Sonne ablaufen. Da es dort keine stabilen Atome mit den Massen 5 und 6 gibt, (in der Sonnenmitte dürften die Reaktionen mit den Elementen Li, Be, B sehr schnell verlaufen, so daß sie kaum erhalten bleiben, vgl. ihre Seltenheit auch auf der Erde), ist als nächstes häufiger vorkommendes Element (vermutlich 1 %) der Kohlenstoff anzunehmen.

Bis zu seiner Bildung glaubt man folgende Kernreaktionen annehmen zu können [78]

$$
\begin{aligned}
{}^2_1\text{D} + {}^1_1\text{H} &\longrightarrow {}^3_2\text{He} + \gamma \\
{}^3_2\text{He} + {}^4_2\text{He} &\longrightarrow {}^7_4\text{Be} + \gamma \\
{}^7_4\text{Be} + {}^0_1\text{e}^- &\longrightarrow {}^7_3\text{Li} + \nu \\
{}^7_3\text{Li} + {}^1_1\text{H} &\longrightarrow 2 \cdot {}^4_2\text{He} \\
{}^7_4\text{Be} + {}^1_1\text{H} &\longrightarrow {}^8_5\text{B} + \gamma \\
{}^8_5\text{B} &\rightarrow {}^8_4\text{Be} + {}^0_1\text{e} + \nu \\
{}^8_4\text{Be} &\longrightarrow 2 \cdot {}^2_4\text{He}
\end{aligned}
$$

Die Entstehung des sich daran anschließenden *CNO-Zyklus* dürfte durch folgende Grundreaktionen eingeleitet werden und „ausschließlich von dem vorhandenen ${}^4_2$ He Gebrauch machen [5].

$$3 \cdot {}^4_2 \text{He} \longrightarrow {}^{12}_6\text{C} + \gamma$$

Diese Reaktion setzt die gleichzeitige Kondensation von 3 Alphateilchen voraus, „zwei haben nahezu die gleiche Energie wie der instabile Kern ${}^8_4$ Be und weiterhin besitzen ${}^8_4$ Be + ${}^4_2$ He fast die gleiche Energie wie ein angeregter Zustand des ${}^{12}_6$ C. Diese Reaktion kann natürlich im Laboratorium nicht beobachtet werden.

Die Vorgänge, die mit einem Anstieg der Zentraltemperatur in der Sonne begleitet sind, sind für den Aufbau der nachfolgenden chemischen Elemente des CNO-Zyklus äußerst wichtig, sie dürften auch heute noch in der Sonne zu 9 % vorhanden sein [78].

b. *Der CNO-Zyklus*

$$
\begin{aligned}
{}^{12}_6\text{C} + {}^1_1\text{H} &\longrightarrow {}^{13}_7\text{N} + \gamma \\
{}^{13}_7\text{N} &\longrightarrow {}^{13}_6\text{C} + {}^0_1\text{e}^- + \nu \\
{}^{13}_6\text{C} + {}^1_1\text{H} &\longrightarrow {}^{14}_7\text{N} \longrightarrow + \gamma \\
{}^{14}_7\text{N} + {}^1_1\text{H} &\longrightarrow {}^{15}_8\text{O} + \gamma \\
{}^{15}_8\text{O} &\longrightarrow {}^{15}_7\text{N} + {}^0_1\text{e}^- + \nu \\
{}^{15}_7\text{N} + {}^1_1\text{H} &\longrightarrow {}^{12}_6\text{C} + {}^4_2\text{He} \\
{}^{12}_6\text{C} + {}^4_2\text{He} &\longrightarrow {}^{16}_8\text{O} + \gamma
\end{aligned}
$$

Daraus ergeben sich folgende Schlußfolgerungen:

„Bei Sternen, die ungefähr die zweifache Leuchtkraft der Sonne haben, geschieht dies in weniger als 10^{10} Jahren, was dem Alter des Universums (> 10 Md. Jahre, vgl. S. 51) entspricht und ebenso dem Alter von Sternen in den Kugelhaufen [5; 116].

In einem solchen Stern, der in seinem Innern aus der Wasserstoffumwandlung nicht mehr genügend Energie erzeugt, bewirkt die Schwerkraft, daß „das Zentrum des Sternes zusammenbricht". Dadurch werden höhere Temperaturen und Dichten erreicht, seine Brennzone rückt immer weiter nach außen. „Eine Hypothese führt die Ausdehnung auf die Diskontinuität des mittleren Molekulargewichtes zurück" (Der Stern wird zum Roten Riesen, dem leuchtkräftigsten Stern der Kugelhaufen). „Im äußeren Bereich reicht der Energietransport durch Strahlung nicht aus, um den Energiefluß zu tragen; dort tritt daher eine Konvektion der Materie ein", Materie des Innern wird an die Oberfläche getragen. Es folgt die Zeit, in welcher sich die Energiequelle in der Schale entwickelt. „Während dieser Zeit steigt die Zentraltemperatur von $T_6 = 25$ auf $T_6 = 100$ an. Gleichzeitig vergrößert sich der Radius von etwa 2 auf 30 Sonnenradien und nimmt wiederum auf 15 Radien ab". Diese Vorgänge sind für den weiteren Aufbau der chemischen Elemente von Bedeutung. Was anfangs durch die Kondensation mit Protonen bewirkt wurde, erfolgt jetzt im Zentrum der Sterne durch He. Es bilden sich die stabilen Elemente ${}^{12}_6$C, ${}^{16}_8$O und ${}^{20}_{10}$Ne. Durch weitere Erhitzung in ihrem Zentrum (10^9 Grad) werden aus dem Kohlenstoff Kerne von ${}^{24}_{12}$ Mg oder ${}^{28}_{14}$ Si gebildet. „Es gibt auch kompliziertere Mechanismen, durch welche sich nach der *Hoyle*'schen Theorie die Entstehung anderer stabiler Elemente bis $^{56}_{26}$Fe erklären läßt. Durch weitere Erhitzung können endotherme Prozesse die stabilen Kerne zerstören, wobei Energie verbraucht, Kontraktion der Materie eintritt und zu einem instabilen Zustand führt". Genau wie die erste Kontraktion bei der Bildung der Energiequelle in der Wasserstoffzone zu einer Expansion der äußeren Hülle des Sternes führte, wird zu diesem Zeitpunkt eine auswärtsgerichtete Expansion erwartet:

z. B. $\quad ^{56}_{26}$Fe $+ 124{,}5$ eV $\xrightarrow{5 \cdot 10^9 \text{ Kelvin}}$ $13\,^4_2$He $+ 4\,^1_0$n [58].

Diese Explosion kann zum Entstehen einer Supernova führen. „Nach einem derartigen Vorgang hinterbleibt ein selbstleuchtender Zentralkörper (unsere Sonne?) und eine diskusartige Gas- und Staubwolke. Im Verlaufe einer solchen Explosion werden durch Einfang schneller Neutronen in sehr kurzen Zeitintervallen (τ-Prozeß, *Heyns* [58]) auch die höheren Elemente bis zu den schwersten gebildet. Nach *Bethe* besteht aber auch die Möglichkeit, daß schwere Elemente, die im Innern des Sternes gebildet wurden, durch die oben bezeichnete Explosion in das stellare Gas gelangen können, sich dort wieder sammeln und neue Sterne (2. Generation) bilden [5].

III. Die Entstehung des Sonnen-Planetensystems, die Evolution der Moleküle und die vermutlichen Geschehnisse im Raum unserer Erde [1; 40; 45; 46; 58; 62; 66; 70]

Hinsichtlich der Entstehung unseres Sonnensystems glaubt man also heute, daß es aus einem sog. Sonnennebel von der Dimension unseres heutigen Sonnen-Planeten-Systems entstanden ist. In ihm soll sich die Umbildung der Elementarteilchen zu chemischen Elementen vollzogen haben. Im Verlaufe dieses Vorganges muß es, bedingt durch Massenanziehung der Sonne und durch unterschiedliche Temperaturbedingungen, zu einer Entmischung und Verarmung der inneren Planeten gekommen sein, da es ihnen vornehmlich an Wasserstoff, Kohlenstoff, Edelgasen und anderen leichtflüchtigen Elementen mangelt (Merkur, Venus, Erde, Mars). Diese Planeten sind dichter, was sich auf ihren Gehalt an Eisen, Blei, Kobalt und Nickel zurückführen lassen dürfte. Es muß in ihnen auch zu einer Sortierung von Gas (H_2, He), Staub und innerhalb des letzteren zu einer Trennung von Silikaten (Sial, Sima-Schicht d. Erde z. B.) und Metallen (Ni-Fe-Zentrum) gekommen sein (S. 68).

Um den heutigen Erdraum müssen sich vor 4 bis 5 Milliard. Jahren Voraussetzungen eingestellt haben, die zur Bildung von Wasser und Ammoniak die optimalen Bedingungen abgaben. Diese und die gleichzeitige Zusammenballung der anderen atomaren und molekularen „Weltraumstaubteilchen" führten zunächst zum Entstehen eines sog. „Pro-Planeten", der bereits alle Elemente der heutigen Erde enthalten haben muß, die später zur Bildung der Silikate bzw. deren Hydraten, der Oxide, Carbide und Schwefelverbindungen u. a., wie wir sie heute in der festen Erdrinde vorfinden, führte. Leichtere Elemente, besonders Wasserstoff und Helium und solche mit einem Atomgewicht kleiner als 15, müssen im Verlaufe der weiteren Entwicklung chemische Verbindungen eingegangen sein oder diesen vorerdlichen Raumkörper verlassen haben (vgl. die heutige Zusammensetzung der Erdatmosphäre in großen Höhen). Nach *Huiper* (1952) stellt die heutige Erde nur noch den 1200. Teil der ursprünglichen Proplaneten dar [46].

Als Folge der Massenanziehung verlagerten sich aus dem abgekühlten ursprünglich einheitlichen Stoffmenge die schweren Elemente in die Tiefe (s. o.). Wasser dürfte infolge der Sonnennähe als Dampf (krT. 647°K) vorhanden oder an Silikate (S. 60) gebunden gewesen sein. Die Erde enthält etwa 10^{-4} des kosmischen Wasseranteiles, die Venus weniger. Da die Bildung von flüssigem Wasser erst unterhalb 350° K an Silikate möglich ist, müßten sie sich zu diesem Zeitpunkt gebildet haben. Nach Urey enthielt die damalige Hydrosphäre nur 1/10 ihrer heutigen Wassermenge. Das jetzige Wasser dürfte also durch geotektonische Vorgänge (Vulkanismus) aus der Silikathülle freigesetzt worden sein. Auch der heutige Gehalt an Helium in der Atmosphäre dürfte nach *Junge* durch Ausströmen aus dem Erdinnern ergänzt worden sein; daraus ist zu folgern, daß es auch heute noch in den Weltenraum abströmt. „Unter den jetzigen Temperaturverhältnissen dürften aber nur Gase mit einem Atom- bzw. Molekulargewicht oberhalb 15 (s. o.) selbst in Zeiträumen, die dem Alter der Erde entsprechen, kaum merklich aus ihrem Schwerefeld haben entweichen können. Dies zeigt der Gehalt an $^{40}_{18}Ar$, dessen Gesamtmenge derjenigen entspricht, die im Laufe des Erdalters aus der geschätzten $^{40}_{19}K$-Menge entstanden und in die Atmosphäre gelangt sein kann. Dieser Tatbestand ist eine starke Stütze, daß nicht nur die anderen Edelgase sich durch Entweichen aus dem Erdkörper in der Atmosphäre angereichert haben, sondern überhaupt alle anderen Gase der Atmosphäre" [66].

Da durch den Vulkanismus ständig unter hohem Druck befindliche Gesteinsmassen *simatischer* Beschaffenheit aus dem Erdinnern gefördert wurden, die dann ein spez. leichteres Gefüge auf der Oberfläche annahmen *(Sialmaterial* [117]), wurden ständig auch Gase nach oben gefördert, die sich dort anreicherten. Es ist anzunehmen, daß die dominierenden Bestandteile der entweichenden Gase CH_4, N_2, NH_3, H_2O und H_2S gewesen sind. Danach müßte zu dieser Zeit die Atmosphäre sauerstofffrei gewesen sein. Seine Freisetzung dürfte sich erst später vollzogen haben. *Oparin* [102] nahm bereits 1938 an, daß in Anlehnung an spektroskopische Untersuchungen besonders der sonnenfernen Planeten (Jupiter) und den aus Meteoren freigesetzten Gasen, die Erdatmosphäre aus den genannten Gasen, CO, CO_2 und HCN bestanden haben wird [45; 62; 114; 140].

H. v. Dithfurth folgert, daß vor Entstehen eines Pflanzenkleides die Uratmosphäre nur geringe Spuren von Sauerstoff gehabt haben kann, der durch die UV-Strahlung der Sonne sich an der Erdoberfläche aus dem Meerwasser bildete. Dabei entstanden geringe Mengen von Ozon, die ihrerseits das UV-Licht abfilterten. Daraus läßt sich errechnen, daß sich ein Gleichgewicht einstellte (etwa 0,1 % des heutigen O_2-Gehaltes). Der einem solchen Sauerstoffgehalt entsprechende Ozon- bzw. H-Anteil bildete ein Filter, das gegen die chemisch aufspaltende Strahlung in erster Linie in dem relativ schmalen Frequenzband von 2600—2800 Å abschirmt. Das aber ist genau der Bereich, innerhalb dessen Proteine und RNS-Moleküle gegen die UV-Strahlung am empfindlichsten sind. Dieser Umstand dürfte also die einmalige Möglichkeit der Entstehung der für die Biosphäre so wichtigen Moleküle zur Folge gehabt haben [26; 66].

Für diese Ansicht liefern die präkambrischen Sande aus Südafrika, Brasilien und Kanada den Beweis: 2—3 Md. Jahre alte Quarzite enthalten Uranitit (UO_2) und Pyrit (FeS_2). Bei Gegenwart von Sauerstoff in der Atmosphäre wäre sicher mit der Zeit die höchste Oxydationsstufe entstanden, U_3O_8 (Pechblende), Fe_2O_3 oder Fe_3O_4 Magnetit und Hämatit. „Junge präkambrische Sedimente, wie die Torridonian Sande sind deutlich durch Fe^{III}-Oxid rot gefärbt, ihre Ablagerung erfolgte aber schon in Gegenwart von freiem Sauerstoff" [62]. Dieser Hinweis ist für die Bewertung der möglichen Prozesse bereits entstandener chemoautotropher Lebewesen von Bedeutung (S. 77, 89).

Die Wahrscheinlichkeit, daß die Gase in einer mit Wasserdampf gesättigten Atmosphäre irgendwelche chemische Koppelungsreaktionen (Synthesen) zeigen würden, war zu erwarten, zumal Energieträger: UV-Licht (1200—2500 Å) (abgekürzt UV, s. u.), terrestrische radioaktive und kosmische Strahlung (*), Wärmewirkungen (therm. E.) durch Sonneneinstrahlung bzw. durch Exhalationen und Magmen aus dem Erdinnern vermehrt vorhanden gewesen sein müssen. Weiters dürften sie elektromagnetischen Feldwirkungen (Gewitterentladungen, el. E.) ausgesetzt gewesen sein. Da der Oberflächenwassergehalt wesentlich geringer als heute gewesen sein dürfte, werden sich die in der Uratmosphäre gebildeten Moleküle (Abb. 2a) vornehmlich in wenigen Dezimeter tiefen Tümpeln, besonders in

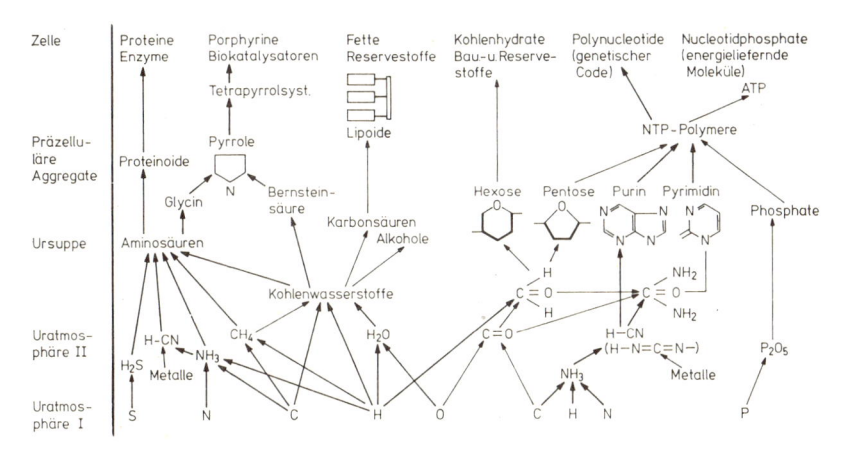

Abb. 2a: Vermutete erste chemische Reaktionen in der Frühphase der Evolution.

deren Bodenzonen, angereichert und dort die günstigsten Voraussetzungen zu Polymerisationen gefunden haben. Begünstigt dürften diese Vorgänge durch die katalytische Wirkung bestimmter Stoffe der Erdoberfläche worden sein. Spezifisch leichtere Kohlenwasserstoffe (s. u.) könnten über dem Wasser eine Ölschicht als Schutz gegen zu intensive UV-Wirkung in Frage kommen [70]. Durch eine ständige Bewegung des Wassers in diesen Tümpeln könnte es zu tröpfchenartigen Ballungen (Microsphären s. u.) gekommen sein.

IV. Experimentelle Ergebnisse über die Synthesen vorbiogener bzw. biotischer Moleküle
[27; 28; 38; 39; 56—58; 62; 70; 102]

Solche Untersuchungen wurden angeregt, als man bei der Zersetzung von Aminosäuren flüchtige Produkte wie NH_3, HCN, CO_2, CO und H_2O festgestellt und Löb bereits 1913 die Bildung von Glyzin durch die Einwirkung dunkler elektrischer Entladungen auf solche Gasgemische in reduzierender Atmosphäre beobachtet hatte. *St. Miller* hat dann, angeregt durch seinen Lehrer *Urey*, in der anstehend beschriebenen Syntheseapparatur (Abb. 2b) 1952 neben Aminosäuren auch andere Verbindungen erhalten. Seither sind unter Abänderung der Ausgangsgas-

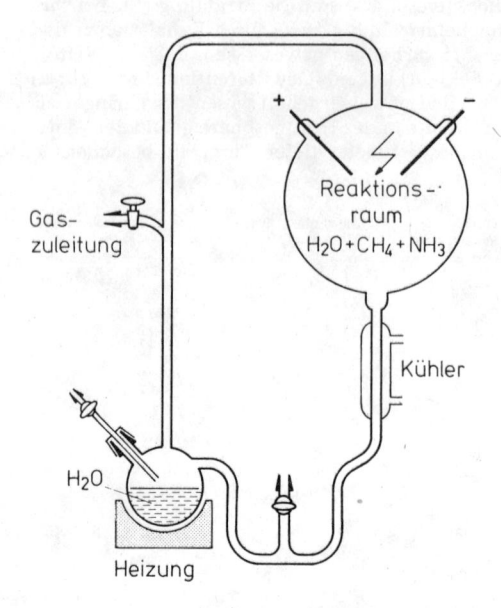

Abb. 2b: Abbildung des von *St. Miller* verwendeten Apparates (Aus [19] verändert).

gemische, der Energiequalitäten (s. o.) und anderer Bedingungen diese Experimente fortgesetzt worden. Aus der Fülle der erhaltenen Verbindungen seien nur die angeführt, die für unsere spezielle Fragestellung der Entstehung biogener Strukturen von Bedeutung zu sein scheinen. „Die Schwierigkeit, die chemische Evolution aufzuhellen, besteht nicht in dem Fehlen der chemischen Potenzen, sondern in der Fülle von Wegen, die den Stoffen zur Verfügung standen. Wir können heute nur die Reaktionsmöglichkeiten registrieren, nicht aber den wirklichen Weg finden" *(J. Haas* [45]).

Ausgehend von den Elementen C, N, O, S, P und einem bedeutenden Überschuß von Wasserstoff müßte man als erste Stufe der Synthesen die Entstehung der Hydride i. w. Sinne folgern.

1. Kohlenwasserstoffe

Methan: $C + 2H_2 \xrightarrow{\text{therm.}} CH_4$ (1,25 %) [71]

$CO + 3H_2 \xrightarrow[\text{Fe, Co, Ni}]{1200°} CH_4 + H_2O$ *(Fischer-Tropsch*-Reakt.)

Da Methan erst bei 48° K und 10^{-3} atm. kondensiert, ist es nach *Urey* „viel zu flüchtig gewesen, um im Innern des Sonnensystems zu kondensieren". Er schlägt daher vor, daß der für das Entstehen biogener Moleküle nötige C aus metastabilen hochmolekularen Verbindungen gebildet wurde, wie sie sich tatsächlich in den C-haltigen Chondriten finden. Oberhalb 600° K existiert Kohlenstoff als CO, bei fallenden Temperaturen setzt die Umbildung zu CH_4 ein. In Anwesenheit von Eisenmeteoritenstaub (Fe, Co, Ni) „reagieren die beiden nach der *Fischer-Tropsch*-Reaktion unter der Bildung einer Vielzahl organischer Verbindungen". Im Meteoritenstaub fanden sich N- und Iso-Paraffine, Isoprenoide, aromatische und alkylaromatische Kohlenwasserstoffe, falls Stickstoff (NH_3) zugegen war, bildeten sich Purine (Adenin, Guanin) u. a. Diese Vorgänge „dürften zumindest bei der Fixierung von C in Planeten, Asteroiden und Kometen eine Rolle gespielt haben" und so zum Aufbau biologisch wichtiger Stoffe beigetragen haben [28, 41]. Ferner entstehen bei el. Entladungen (Flammenbogen) neben CH_4 auch Äthan und Acetylen. Eine Totalsynthese, die von C oder CO und Metallcarbiden (Al, Be, Th, U, Mn) ausgeht, läßt Methan und andere Paraffine entstehen.

b) $CH_4 + O_2 \xrightarrow{\text{el. E.}} CO_2 + H_2O$ u. keine anderen Syntheseprodukte

2. Ammoniak

Seine Entstehung ist nach der *Haber-Bosch*-Synthese auch in ähnlicher Form denkbar. Die Reduktion von Stickstoff zu NH_3 findet in synthetischen Lösungen aus 2 Aminoäthanthiol, Na_4MoO_4, $FeSO_4$ und Natriumborhydrid unter Normaldruck *(Hill-Richards)* statt [156].

3. Cyanide und Verbindungen mit Carbodiimid-Bindung

a. $CH_4 + NH_3 \xrightarrow{\text{el. E.}}$ gasf. $H-CN + 3 H_2$
   ohne Wasser $\longrightarrow$ Polyaminonitryl, [27]
   nach Hydrolyse $\longrightarrow$ Polyglyzin

b. $2 NH_3 + 2 Na \xrightarrow[600°]{\text{therm.}} 2 NH_2Na + H_2$

   $2 NaNH_2 + C \xrightarrow[800°]{\text{therm.}} Na_2(CN_2) + 2 H_2 (-N=C=N-)$

   $Na_2(CN_2) + C \longrightarrow 2\ Na\text{-}CN$

c. Die für weitere Synthesen wichtigen Carbodiimide bilden sich aus aromatischen Aminen mit CS_2, ein Vorgang, der auch für die Uratmosphäre eine gewisse Synthesemöglichkeit für die Pyrimidinbasen gehabt haben könnte.

$$C = S \begin{matrix} N-H \\ C_6H_5 \\ N-H \\ C_6H_5 \end{matrix} \xrightarrow[PbCO_3]{\text{therm.}} C \begin{matrix} N- \\ N- \end{matrix} + H_2S \quad [71]$$

4. Formaldehyd

a. $CH_4 + H_2O \xrightarrow[\text{gasf.}]{\text{el. E., UV}} \begin{array}{c} H \\ C = O + 2 H_2 \\ H \end{array}$ [27]

b. $C = O + H_2 \xrightarrow[\text{gasf.}]{\text{UV}} \begin{array}{c} H \\ C = O \\ H \end{array}$ [27]

5. Harnstoff

a. $H-CN + NH_3 \xrightarrow[\text{gasf.}]{\text{therm.}}$

b. $NH_3 + \begin{array}{c} H \\ C = O \\ H \end{array} \xrightarrow[\text{gasf.}]{\text{therm.; UV; *}}$ $\begin{array}{c} NH_2 \\ C = O \\ NH_2 \end{array}$ [27]

6. Aminosäuren [27; 28; 58; 70]

a. $CH_4 + NH_3 + H_2O + H_2 \xrightarrow[\text{gasf.}]{\text{therm; el. E; UV; *}}$ div. AS

b. $HCN + NH_3 \xrightarrow{\text{therm.}}$ AS

c. $HCN + H_2O \xrightarrow{\text{therm; UV}}$ 14 div. AS und Polymerisate

d. $NH_3 + CO_2 \xrightarrow[\text{gasf.}]{\text{el. E; UV}}$ AS

Ein wesentlicher Syntheseweg dürfte durch die sog. Stoßwellen (Durchgang von Meteoriten durch die Atmosphäre u. bei Gewittern) ausgelöst worden sein. Im vergleichbaren Simulationsexperiment konnten so „mindestens 1000 mal mehr AS. gebildet werden" [28].

e. $CH_4 + C_2H_2 / C_6H_6 / + NH_3 + H_2O \xrightarrow{\text{therm; UV}}$ aromat. AS.

1 % CH_4 in der Uratmosphäre reichte nach Angaben bereits aus, um diese Synthese zu bewerkstelligen. So müssen sich im Verlaufe der Evolution beträchtliche Mengen angesammelt haben. 14 von den 20 biogenen AS sind in den *Miller*apparaturen nachgewiesen worden (Gly; Ala; Ser; Thr; *Asp; Glu;* Asn; Val; Leu; Ileu; *Lys;* Cys; und die aromatischen Phe; Tyr).

Die vermuteten Reaktionsweisen, wie sie auch in Abb. 2a darzustellen versucht wurden, werden gestützt durch den Nachweis von charakteristischen Absorptionslinien in den Spektren der intrastellaren Materie, in denen bis 1971 neben einfachen Molekülen wie H_2, CO, HCN, HC=C—CN, CH_3OH, HCNO auch schwerere Komponenten wie NH_2—CHO, CH $\equiv$ C—CH_3, CH_3—CHO nachgewiesen werden konnten. Dies bestätigt die ersten Ansätze, wie sie in verschiedenen Laboratorien nachvollzogen werden konnten, daß sich aus den Ausgangsmolekülen wie H_2O, CO_2, NH_3, CH_4 Aminosäuren und niedermolekulare Peptide aufbauen lassen [156].

7. Purinringe
Verbindungen wie Adenin, Guanin u. a. [27; 70; 102]
Neben anderen Synthesewegen, bei welchen NH_3 und HCN (NH_4—CN), $CO(NH_2)_2$ und besonders thermische Energie von Bedeutung sind, sei hier auf die Kondensation aus 5 H—CN Molekülen in verd. Lösung unter UV-Energie verwiesen:

$$5\ H\text{—}CN \xrightarrow{UV\ \text{verd. Lsg.}}$$ Adenin, Guanin u. nicht biogene Purine

8. Pyrimidine
Pyrimidine scheinen nach *Kaplan* in der Gasphase noch nicht festgestellt zu sein, dagegen die wichtigen Acrylverbindungen, die nach *Miller* wichtige Teilschritte für weitere Synthesen darstellen [28].

a. $C_2H_2 + H\text{—}CN \text{—}\text{—}\text{—}\text{—} H_2C = C\underset{H}{|}\text{—}C \equiv N$ (Acrylnitril)

Acrylnitril + Harnstoff (thermisch) liefern Cytosin, Uracyl. Dagegen scheint Thymin auf diesem Wege nicht nachgewiesen worden zu sein [70].

b. Acryl-Verbindungen bieten den Ausgang für Polymerisation, Cyclisierung und Aromatisierung einfacher Kohlenwasserstoffe zu Phenylacetylen, Benzonitril in Gegenwart von NH_3. Die Umsetzungen werden nicht nur durch elektrische Entladungen, sondern auch durch Hitze u. UV-Licht erreicht [28].

Über die Biosynthese des Pyrimidinringes aus Orotsäure vergleiche [155].

9. Cyanamid
Auf die Entstehung von Cyanamid wurde schon S. 63 hingewiesen, durch dieses entstehen weitere wichtige Verbindungen [31]:

$H_2\text{—}CN_2 + H_3PO_4 \longrightarrow$ *Pyrophosphorsäure*
$H_2\text{—}CN_2 + H_3PO_4 +$ Adenosin $\longrightarrow$ *Adenosin-5-Phosphat*
$H_2\text{—}CN_2 + H_3PO_4 +$ Glucose $\longrightarrow$ *Glucose-6-Phosphat*

Diese Synthesewege bestehen zunächst aus Reaktionen in der Gasphase und nachfolgend in wäßriger Lösung (Ursuppe) [27].

10. Kohlenhydrate [28; 58; 73; 132]
Über die Synthese von *Kohlenhydraten* aus Formaldehyd in Gegenwart von Metallhydroxyden (Erdalkali und Thalliumverbindungen) wurde schon von *Loew* 1886 und *E. Fischer* 1894 berichtet.

$$\text{Hexose} \begin{cases} H_2 = C - OH \quad H - C - OH \quad C \diagup_H^O \\ \qquad\qquad \text{Glyzerinaldehyd} \\ \\ H - \underset{\underset{H}{|}}{\overset{\overset{OH}{|}}{C}} \longrightarrow \overset{O}{\underset{}{\overset{\|}{C}}} \longrightarrow \underset{\underset{H}{|}}{\overset{\overset{OH}{|}}{C}} - H \\ \qquad\qquad\quad \text{Dihydroxy-aceton} \end{cases}$$

Durch Verkoppelung von Glyzerinaldehyd und Dihydroxy-aceton kommt es zur Bildung von Hexosen, mittels Polyphosphorsäuren zur Kondensation von Polysacchariden [58].

Weiter konnte festgestellt werden, daß aus Formaldehyd durch UV-Bestrahlung sowohl Hexosen wie Pentosen entstehen. Unter letzteren wurde Ribose als auch Desoxyribose nachgewiesen, wobei Kaolin-Katalyse die Ausbeute an Ribose bis zu 3,8 % steigerte [70].

Mizino [50] hat auf Synthese von Polysacchariden aus Glucose und anderen Monosacchariden durch Kondensation mit P_2O_5 oder Polyphosphaten aufmerksam gemacht (Ausbeute 18—20 %). Monosaccharide entstehen auch aus Formaldehyd in Gegenwart von CaO und Al-Silikaten in wäßrigen Lösungen durch längeres Stehenlassen [50; 119].

11. Energieliefernde Phosphate, Nucleoside und Nucleotide

Neben energieliefernden Polyphosphaten (S. 65) dürfte die Verkettung von Adenin, Adenosin und verwandten Basen mit Phosphorsäure, wobei im Experiment UV-Strahlung (2400—2900 Å) als Energiedonator fungierte, schon sehr früh von Bedeutung gewesen sein. So wurden AMP; ADP als ATP festgestellt [70; 102; 105]. Grundbausteine dieser sehr wichtigen biogenen Moleküle sind in abgewandelten *Miller*-Atmosphären bzw. in flüssigen Aggregaten festgestellt worden. Unter Mitwirkung von offenbar energieliefernden Polyphosphorsäuren ist dann auch von *Schramm* [58] das Nucleotidmolekül nachgewiesen worden. Der gleiche Autor konnte Polynucleotide von einem Molekulargewicht von 15 000 — 50 000 feststellen, die durch Ribonuclease aus dem Pankreas spaltbar waren. *Vinogradov* und *Vdovikyn* konnten im Mighei-Meteoriten von 1889 jetzt ein Polynucleotid feststellen, das ähnlich wie DNS gebaut ist [161].

12. Porphyrine

Hodgen [53; 70] konnte diese Verbindungen durch el. E. in der Gasphase aus CH_4, NH_3, H_2O nachweisen. In den Urmeeren könnten solche Synthesen auch aus Bernsteinsäure und Glyzin (S. 61), wobei Fe^{III} und Phosphorsäuren katalytische Funktionen übernehmen, möglich sein. Die Bausteine vieler Enzyme, des Chlorophylls und Hämins, die chemisch recht resistent zu sein scheinen, wurden in präkambrischen Schichten als Ni- bzw. V-Komplexe des Porphyrins festgestellt [58].

13. Fettsäuren und Alkohole [70]

Monocarbonsäuren mit 2 bis 12 C-Atomen konnten aus CH_4+H_2O+el. E. oder aus CH_4, in dem mittels ionisierender Strahlen Kohlenwasserstoffe größerer Kettenlänge entstanden, an die CO_2 addiert werden kann, nachgewiesen werden. Glyzerin ist unter *Miller*-Bedingungen nicht nachgewiesen worden. Solche Stoffe könnten in einem späteren Stadium der Evolution Bedeutung erhalten haben.

14. Über die Bedeutung des Wassers für die Wechselwirkung der ersten biologischen Moleküle [70]

Die große Affinität von Wasserstoff zu Sauerstoff bedingte, daß sehr früh in der Uratmosphäre aller Sauerstoff sich mit ersterem vereinigte. Damit war für andere Molekülarten ein Träger mit hervorragenden Eigenschaften für deren Weiterentwicklung entstanden. Da alle sog. lebendigen Prozesse auf Veränderungen von Molekülen beruhen, die oft vom Orte ihrer Entstehung in einen anderen Reaktionsraum gelangen müssen, muß sich hierfür gerade das Wassermolekül mit seinen Eigenschaften geeignet haben:

a. Wasser hat die größte Temperaturspanne für seine Flüssigphase (H_2O: 0°—100° C; NH_3 —77,7 bis —33,4; H_2S —85,6 bis —60,8).

b. Vor Übergang in den festen Zustand erlangt es seine höchste Dichte, Eis liegt immer über Wasser, die Flüssigphase ermöglicht auch bei Temperaturabfall noch eine Wechselwirkung der Moleküle.

c. Seine Wärmekapazität ist hoch, die molekularen Wechselprozesse sind gegen thermische Schwankungen geschützt, trotzdem ist ein lokaler Wärmestau, der die empfindlichen biologischen Prozesse zum Erliegen brächte, eben wieder durch die Ableitung in diesem Medium gewährleistet.

d. Die Polarität des Wassermoleküls befähigt es, mit Atomen (Ionen) und anderen Molekülen lockere Additionen zu bilden (Solvathüllen, Hydratation, Quellung). Die Solvatation ist die Voraussetzung für den Zusammenbau der Polymere (Coacervation), sie bietet aber auch die Voraussetzung für die Spaltung bzw. Abspaltung von Atomgruppen durch Einbau seiner Komponenten (Hydrolyse).

15. Verbindungen mit asymmetrischen Kohlenstoffatomen

Mit wenigen Ausnahmen sind die optisch aktiven biogenen Moleküle linksdrehend, so die Aminosäuren der Proteine, dagegen sind die Zucker der Nucleinsäuren rechtsdrehend [70]. Die abiotischen Synthesen zeigen beide Typen. Da die Entstehung der optischen Aktivität immer von bereits vorgeprägten Molekülen (bei Proteinen offenbar der Codasen [70]) abhängig sein dürfte, könnte man nach *Bernal* annehmen, daß die spontane Entstehung auf katalytische Induktion bestimmter Minerale (Bergkristall z. B.) zurückzuführen ist, wie *Terenzow* [129] im Laboratoriumsversuch auch nachgewiesen hat. *Akabori* [129] gelang es, mittels asymmetrischer Katalysatoren zu optisch aktiven Aminen bzw. Aminosäuren zu gelangen. Wie *Amariglio* [28] feststellte, ist diese optische Aktivität der an Quarz synthetisierten organischen Verbindungen durch die Aktivität des kolloidal dispersen Quarzes bedingt, der das organische Produkt kontaminiert. Wenn also für das Entstehen optisch aktiver biogener Moleküle wiederum Zufallssynthesen [92] herangezogen werden, dann bedarf es doch der Klärung, warum solche gegenüber racemischen in biologischen Molekülen vorherrschen. Experimentell konnte nachgewiesen werden [11], daß inaktive Moleküle in Polypeptiden langsamer wachsen und kürzere Helices bilden. Sie sind weniger stabil, in wäßrigen Lösungen können sich optisch inaktive Helices nicht bilden. Vitamin B12 wächst orientiert nur auf Linksquarz [131]. Da biogene Moleküle vornehmlich linksdrehend sind, kann angenommen werden, daß diese sich von Protobionten mit l-Aminosäuren herleiten dürften [70].

V. Die vermutliche Beschaffenheit der Erde und ihrer Atmosphäre zu Beginn der vororganismischen Evolution
[9; 41; 50; 58; 70; 108; 117; 157]

Nach *Borchert* [9] hat die heutige Erde einen Halbmesser von etwa 6350 km. In ihrem Kern dürfte der geothermischen Tiefenzunahme nach eine Temperatur von $\pm$ 3000° C und ein Druck von 1,5—3,5 Mio. atm. herrschen, ein Zustand also, in welchem sich Metalle (Fe, Ni und die Reste der stellaren Materie) in einer Art Hitzestarre verhalten müßten. Die darüber lagernde Zwischenschicht und der Mantel bestehen i. g. aus Fe-Mg-Silikaten von flüssigem und kristallin-festem Zustand (chondritische Textur, vgl. Meteorite [41]), dem irdischen Ergußgestein Basalt ähnlich. In dieser und der darüber liegenden Erdkruste (20—60 km) spielte sich seit Urzeiten die Geotektonik ab, die immer wieder Magma nach oben bzw. „in höhere Erdkrustenstockwerke brachte". Dabei sind als Restschmelzen saure granistische Massen (Sial) im Laufe der Erdgeschichte laufend und immer stärker in den äußeren Regionen angereichert worden. Ursprünglich lagerten offenbar unter der Uratmosphäre mehr basaltische Gesteine. In ihnen dürften nach *Rittmann* Drücke von 400 kp/cm^2 und Temperaturen von 400—600° C geherrscht haben. Sie enthielten „zunächst sehr wesentliche Mengen von Schwermetallverbindungen und Alkalien, hauptsächlich in chloridischer bzw. halogenider Form. Diese Erze und Salze würden dann — bei weiterer Abkühlung — in den sich kondensierenden Ozeanen aufgenommen worden sein" [9]. Wasser, die Salze und die anderen gasförmigen Produkte werden ein ständig reagierendes System (Pneumatosphäre) gebildet haben. Infolge der Abkühlung „schon wenige Kilometer oberhalb der Erdoberfläche kondensierte der Wasserdampf und begann in gewaltigen Wolkenbrüchen auf die Erdoberfläche niederzustürzen, wo das Wasser sofort explosionsartig verdampfte". *Heyns* [58] bezeichnet diese Phase als „Anhydrikum", welches darauf folgend von dem sog. „Semihydrikum" abgelöst wurde. In ihm bildete sich auf der Erdoberfläche eine „salzüberkrustete, vergneisende und horizontal sich verschiefernde Quarz- und Granitrinde", über welcher es weiter zu gewitterartigen Wasserergüssen von NH$_3$-haltigen Heißwasser kam. Im Verlauf weiterer Abkühlung muß es dann in der Zeit des Früh-Präkambriums (Algonkium, Katarchaikum) zur Bildung von Wasseransammlungen und damit zu den ersten Gesteinsverwitterungserscheinungen der Erdoberfläche, Beseitigung der Salzkruste und dem Entstehen der Urozeane gekommen sein. Als Energiedonatoren für die in diesen Bereichen der Pneumatosphäre als auch der Hydrosphäre (Ursuppe) ablaufenden chemischen Synthesen werden die bereits oben (S. 61 f) geschilderten Feldwirkungen stattgefunden haben. *Calvin* [21] folgerte, daß neben den energieliefernden Medien auch Stoffe der festen Erdrinde (z. B. Boden der Tümpel) einen Einfluß auf die Synthesen ausgeübt haben werden. Chemische Elemente wie Fe, Al, Mg, deren Silikate, aber auch die sog. vorbiogenen Moleküle (Tetrapyrolsystem, sowie alle anderen als Spurenelemente mit Co-Enzymcharakter bekannten Elemente) dürften schon damals funktionelle Hilfen bei der Stoffbildung übernommen haben. Als Reaktionsräume sind nicht

nur die Atmosphäre, sondern auch die in zerklüfteten Urgebirgstälern vorhandenen Wasseransammlungen und letztlich die Urmeere verschiedener Tiefe und deren Bodenzone in Betracht zu ziehen.
Von dieser Zeit ab muß es aber auch zu einer Veränderung der Zusammensetzung der Atmosphäre gekommen sein, die dann allmählich zu den Verhältnissen führte, wie man sie heute etwa antrifft.

VI. Die Entstehung des Proto-(Eo-)bionten
[28; 35; 45; 46; 62; 68 — 70; 79]

1. Coacervatbildungen und Mikrosphären

Die Entstehung der ersten sich selbst reproduzierenden Systeme ist nach unserem heutigen Beurteilungsvermögen sicherlich nicht in einem oder wenigen Schritten im Verlaufe der Evolution erfolgt. Zu ihrer Bildung aber boten die oben bezeichneten abiogenen Ursynthesen die unabdingbare Voraussetzung. Wie sich aber solche „organisierte Formen", Aggregate von Eiweißen und Nucleinsäuren zu einer Wirkeinheit zusammengefunden haben, kann zuverlässig noch nicht gesagt werden. Nach *Fox* [38; 39] weisen jedoch einige Experimente darauf hin, daß in einer präbiotischen Phase bereits eine primäre Kontrolle der Synthese von Ur-Protein durch Polynukleotide möglich gewesen sein könnte.

Nachdem Voruntersuchungen von *Bungenberg de Yong* [46] mit Stoffen nicht nur organischer Herkunft auf ihre Fähigkeit der Zusammenballung, der Bildung von Mizellarstrukturen und Solvathüllen *(Coacervate)* verschiedentlich variiert worden waren, kam *Calvin* bereits vor 1956 [21] zu der Erkenntnis, daß „wir eigentlich gar nicht die Bildung von solchen geordneten Strukturen vermeiden können, wie sie jetzt die wesentlichen strukturellen Merkmale der lebenden Wesen ausmachen".

Über weitere Versuche berichtete *v. Krampitz* [79] bereits 1964:
je 10 gr eines äquimolaren Gemenges von

Asparaginsäure	+ Glutaminsäure	+ andere Aminosäuren	+ 200 ml. 6n HCl	+ 100 mgr. Na$_2$HPO$_4$
2	2	1	„	„
2	2	3	„	„
4	4	1	„	„

wurden in Ampullen eingeschmolzen und schnellen Elektronen eines *van der Graaf*-Beschleunigers (2—3 MeV, die Dosis wurde durch die Transportgeschwindigkeit des Feldes von 0,5—6,0 Mrad variiert), ausgesetzt. Nach der Bestrahlung wurde der Inhalt der Ampullen mit gesättigter NaHCO$_3$-Lösung neutralisiert und drei Tage lang gegen fließendes Leitungswasser dialysiert. Die Na$_2$HPO$_4$-haltigen Präparate zeigten papierchromatographisch im wesentlichen nur eine Bande. Nach HCl-Hydrolyse konnten jedoch alle zur Synthese verwendeten Aminosäuren chromatographisch wiedergefunden werden. „Im Lichtmikroskop ließen sich bei dieser Präparation Gram-positive Mikrokügelchen von 2 mμ Durchmesser erkennen. Beim Erhitzen traten Verklumpungen der einzelnen Kügelchen auf".

2. Die Proteinoid-Synthesen und ihre Bedeutung für die biologische Evolution [34; 39; 58; 69; 70; 79]

Einen besonderen Rang in der Erforschung nehmen die „Polymerisationsversuche" von Aminosäuren im offenen Milieu ein, die unterhalb des Siedepunktes des Wassers zu Polyanhydro-Aminosäure-Systemen (Peptidartigen Verbindungen von Mol.G. zwischen 4 000 und 10 000) führten. Diese Prozesse könnten nach *Fox* auch an erwärmter Lava, die beregnet wurde, stattgefunden haben (S. 68). Sie lassen darauf schließen, wie zelluläre Gebilde in Abwesenheit von Zellen ent-

standen sein könnten. In diesen Versuchen gelang es, 18 verschiedene Aminosäuren zu histonähnlichen Molekülen zu kondensieren.
Nach *Fox* lassen sich, wenn auch in einigen Fällen nur schwache Aktivitäten erkennbar waren, folgende Erkenntnisse daraus gewinnen:

a. Die untersuchten thermischen Produkte bestanden zunächst aus hohen Anteilen u. a. von Asparaginsäure (40—60 %). Gerade an den Monoamino-dikarbonsäuren konnte die Frage, wie an den Seitenkettenkarbonylgruppen Polyaminosäurenkomplexe entstehen, aufgeworfen werden. Diese Versuche erwiesen, daß u. U. mit weniger als 1/20 von Glutamin-, Asparaginsäure oder Lysin (NH_3^+-, NH_2-Gruppen), jede auf molarer Basis, beträchtliche Mengen peptidartiger Verbindungen *(Proteinoide)* gebildet werden können, wobei Asp. bevorzugt eingebaut wird.

b. Nur wenige Aminosäuren (Serin, Threonin, Cystin) unterliegen einer thermischen Spaltung. Die „Polymere" entsprechen in ihrer Zusammensetzung dem Angebot, sie reagieren miteinander in Abwesenheit von Ribonucleinsäuren.

c. Besonders hervorzuheben ist, daß unter einfachsten Bedingungen (erwärmte Lava), demnach unter primitivsten geologischen Verhältnissen, diese Proteinoide, außer der Fähigkeit sich selbst zu bilden, auch enzymatische Funktionen aufweisen. Dabei kommt es offenbar nicht auf die Sequenz sondern auf die räumlche Anordnung und die Reaktionsfähigkeit der Aminosäuren in den Seitenketten an. Den Proteinoiden gegenüber erscheinen die codiert entstandenen Proteine spezialisiert.

d. Glukose wird von Proteinoiden, aber nicht von freien Aminosäuren angegriffen. Ihr Abbau erfolgt zu Glucocuronsäure nicht katalytisch, von dieser zu CO_2 katalytisch.

e. Weiter wird durch Proteinoide ATP hydrolisiert, über Decarboxylierungen, Aminierungen und Desamnierungen u. a. der Brenztraubensäure siehe nachstehendes Schema.

$HOOC - CH_2 - CH_2 - COOH$
Oxalessigsäure
|
durch
basisches Proteinoid
bei pH 5
↓
Brenztraubensäure   durch basisches Proteinoid
$CH_3 - CHOH - COOH$ und Cu^{++}
| ——————————→ Alanin
durch $CH_3 - CH - COOH$
saures Proteinoid |
bei pH 8,3 NH_2
↓
Essigsäure
$CH_3 - COOH + CO_2$

Gerade dieses Reaktionsverhalten zeigt durch seine bezeichnende Aktivität wie sich später Stoffabbau und Energielieferung (Zitronensäurezyklus) in der Zelle einrichten konnten.

f. Bei Hitzekondensation besonders glyzinreicher Gemenge bildet sich ein gelbes Pigment, welches sich an andere „Polymere" anlagert. Dieses System vermag Decarboxylierungsreaktionen bis zum 80fachen im Wellenbereich des sichtbaren Lichtes zu steigern.

g. Proteinoide bilden nach schwacher Pufferbehandlung (mild buffer treatment) um sich meist Doppelmembranen (vgl. Coacervate S. 69), es enstehen die sog. *Proteinoid-Mikrosphären.* Wenn diese in 1 %iger Lösung von Glukose, Fruktose, Glykogen oder Stärke entstehen und nachher viermal mit Wasser ausgewaschen werden, wird Glukose und Fruktose ausgelaugt, während die großen Moleküle zurückgehalten werden. Wird in einer Suspension saurer Proteinoidmikrosphären das pH um 1—2 erhöht, treten „Polymere" aus dem Innern aus.
Die in den Mikrosphären festgestellte Doppelschichtigkeit der Membranen wurden a. a. O. [152⁻] durch *Stoeckenius* als Phospholipidmembranen in einer Dicke von 75 Å nachgewiesen. Sie scheinen also bereits als Vorläufer der mehrschichtigen „Einheitsmembran" als Begrenzung biogener Strukturen anzusehen zu sein.

h. Proteinoidmikrosphären zeigen Knospung (vgl. Bakterien und Hefen) und damit eine primtive Art von Vermehrung. Wenn sie 1—2 Wochen im „Muttersaft" belassen werden, entstehen an den Doppellamellen Knöspchen, die sich, wenn die Temperatur erhöht wird, ablösen. Wieder abgekühlt beginnen diese, wie die „Elterntropfen", ebenfalls zu wachsen.

i. Aminosäure-Adenylate der wichtigsten 18 Aminosäuren bilden bei pH 9 in Gegenwart von Proteinoiden Verbindungen von Mol.Gew. 30 000, ohne letztere nur von etwa 900. Es sondern sich Mikrosphären ab, während die Stammproteinoide (core proteinoid) in Lösung bleiben. Da die Adenylsäure durch AMP eingeführt wird, kann außer enzymatischen Funktionen der Proteinoide auch der Anfang eines Codierungsmechanismus, also ein Zusammenwirken zwischen Enzymen und Adeninmolekülen erkannt werden.

k. Kleine Mikrosphären entstehen, wenn Oligo-Cytidylsäure mit histonähnlichen Proteinoiden reagiert. Die Bindung von RNS oder DNS mit solchen ergibt mikrosphärische bzw. fädige Gebilde. Mit diesen Eigenschaften überschreiten diese Bildungen als primitive „heterotrophe" zellähnliche Systeme noch keineswegs das chemisch-physikalische Stadium der Evolution. Sie stellen aber „sich selbst reproduzierende Systeme" (self reproducing cell) dar, die aus abiogenen Stoffen gebildet in der Lage sind, sich selbst zu vermehren *(Protobiont).* In der Wechselwirkung zwischen Proteinoiden und Nucleinsäuren könnte sich, so wird man folgern müssen, ein Codierungssystem, zunächst nur an wenige RNS gebunden, herausgebildet haben, das seinerseits von energiereichen Strahlen bzw. Partikeln ständig beeinflußt, verändert (mutiert) und dadurch seine Funktion verbessert haben wird. Ein solches System, das sich nach Stoffaufnahme durch Knospung oder Teilung vermehrt haben dürfte, wird man in dieser Frühphase der Evolution als *Eobiont (Kaplan* [70]) bezeichnen können.

3. Bau und Bedeutung gefalteter bzw. gedrehter Molekülaggregate und die Entstehung von Spezialfunktionen der Reduplikationssysteme
[33; 45; 62; 69; 98]

Im Verlaufe der Entwicklung müssen wir annehmen, daß die die Lebensprozesse bedingenden Stoffsysteme zunächst an kleine Moleküle gebunden waren. Mit

Spezialisierung der Wirkungsbereiche sind, wie man dies bei den Proteinen u. a. verfolgen kann, aus einfach verketteten Aminosäuren (Säureamidbindungen, Primärstruktur) Faltblattsysteme und Strukturen mit gegenläufigen Peptidketten (Sekundärstruktur), in welchen H-Brückensysteme eine gewisse Stabilisierung bewirken, entstanden. Später entwickelten sich die Schraubenstrukturen (Helices). Der Zusammenhalt kann auf *Van-der-Waal*'schen Kräftewirkungen [23], elektrostatischer Anziehung, Disulfidgruppenbindungen bei verzweigten Ketten, u. a. auch salzartigen Bildungen [98] oder auf „Hydrophobencharakter" beruhen. Die räumliche Anordnung dieser sog. Quartärstrukturen wird uns durch die Röntgenstrukturanalyse und darauf aufgebaute dreidimensionale Modelle [11, 105] verständlich.

Diese sich aus gleichen oder verschiedenen Teilmolekülen aufbauenden Komplexe müßten durch Verlust ihrer früheren Reduplikationsfähigkeit [39] ihrer Funktionen spezialisiert und zu besonderen Wirkmolekülen im späteren Zellstoffwechsel geworden sein, wie man es ja heute feststellen kann (Enzyme). Da gerade diese spezifischen Funktionen immer wieder in den nachfolgenden Generationen für die Erhaltung der Individualität solcher Systeme notwendig waren, könnten die Vorgänge, die bereits bei den Proteinoiden in der Wechselwirkung mit Adenin- bzw. Cytidin-Molekülen festgestellt worden sind, als Anfang einer solchen gedeutet werden. Es muß sich unter Ausschaltung der Proteinoide ein Informationsweg über die letzteren Moleküle herausgebildet haben. Dazu *M. Eigen* „Die Information erhielt erst ihren Sinn durch die Funktion ... und diese konnte sich nicht reproduzieren, ohne daß unter dem unübersehbaren komplexen Durcheinander von chemischen Prozessen ein instruktionserteilender Code entstand. Dabei erschien wichtig, „daß die Wirkung eines Einzelprozesses auf ihre Ursache rückkoppelte... Dabei stellt sich eine definierte Beziehung zwischen Information und Funktion ein. Das bedarf besonderer Eigenschaften der die Information speichernden Materie"... Dies zeigt, „daß bestimmte Materie unter bestimmten Bedingungen selektiert, indem einzelne Informationsträger oder je nach Kopplungsgrad ganze Systeme erhalten werden, während alternative Information von geringerem Selektionswert ausstirbt" [33].

Während bei den Viren die einsträngige Nucleinsäurekette zur Reduplikation eine temporäre Doppelsträngigkeit annimmt, ist das doppelsträngige Helicalsystem der übrigen lebendigen Systeme als der instruktionserteilende Code aufzufassen, der den obigen Forderungen entspricht.

Daß andererseits aber auch die Synthese der Code-Substanz durch solche Folgeprodukte erreicht werden kann, zeigt, „daß die Bildung von abiotischer Nucleinsäure durch die Anwesenheit komplementärer Nucleotidstränge gefördert werden kann; ja, daß dabei zusätzlich Polypeptide fördernd wirken können, wird in den Versuchen von *Schramm* u. a. angedeutet: Die Synthese von Poly-U-Nucleotidketten (Uracil als Base) auf dem oben erwähnten Wege wurde ca. 10fach beschleunigt durch die Anwesenheit des dafür komplementären „Poly-adenin" und umgekehrt [69].

Der zu all diesen Synthesen benötigte Energiedonator dürfte in der ersten Phase wohl in den autokatalytisch gebildeten Polyphosphaten zu sehen sein (S. 65), die dann später durch Nucleotidphosphatmoleküle [39] ersetzt worden sein dürften, wofür heute noch das ATP in den Zellen zeugt.

4. Über die Entwicklung des Kopplungsystems zwischen Nucleinsäure und Protein-bio-synthese mittels Schlüsselmolekülen [39; 45; 69; 70; 76]

Allgemeine Voraussetzungen zu einem solchen Zusammenwirken sind teils heute bekannt, teils lassen sie sich a. G. unserer heutigen Kenntnisse vermuten (Abb. 3):

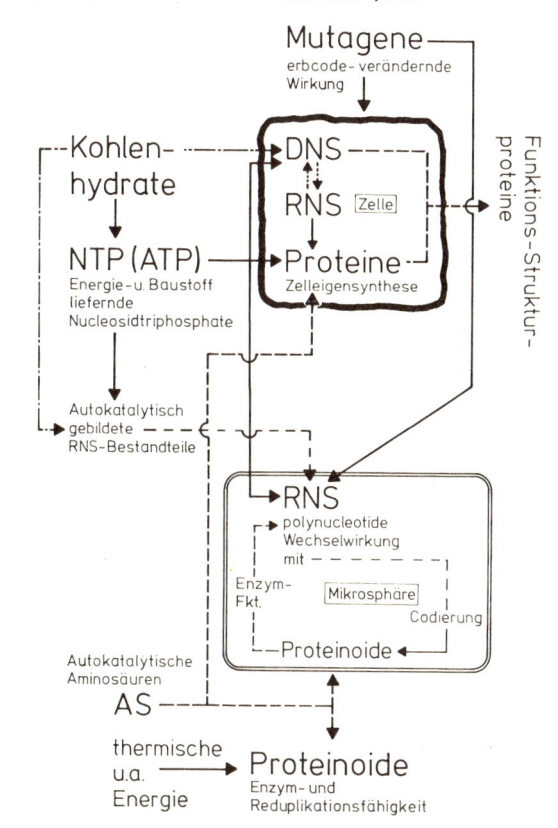

Abb. 3: Vermutlicher Ablauf eines sich-selbst-reproduzierenden vorbiogenen Systems bis zur Entstehung der ersten Zellen

a. Die RNS-Reduplikation in vitro ist bereits vollzogen;

b. Durch einen solchen Prozeß müßte ein Protein gebildet werden können, das RNS-Moleküle zu replizieren in der Lage ist (vgl. [79]);

c. beide Stoffgruppen müssen sich ständig zu replizieren in der Lage sein;

d. Umweltfaktoren (energiereiche Partikel und Strahlen, chemische wie thermische Einflüsse) müssen an diesen ständig Veränderungen bewirken (Mutationen auslösen);

e. in den Zellen vollziehen sich die Syntheseprozesse an Molekülballungen von RNS mit Proteinen (Ribosomen). Damit im Verlaufe der Evolution auch ein solcher möglich erschien, mußte er in einem begrenzten Raum lokalisiert sein. Die in den Zellen heute erkannten Funktionen der sog. Messengermoleküle erscheinen wegen ihrer geringen Informationszahl (Genzahl), wie auch die Deponierung der merkmalsteuernden Kräfte an DNS-Moleküle in einem solchen Frühstadium der Entwicklung noch nicht zwingend erforderlich [79]. Während nachgewiesen werden konnte, daß Proteine (*F. Lippmann* für Gramicidin) ohne Nucleinsäurekode reproduzierbar sind, konnten *Tenin* u. a. zeigen, daß RNS-Tumorviren in normalen Zellen mittels ihrer RNS-Matrize DNS-Polymerase und damit DNS-Moleküle aufzubauen in der Lage sind. Dadurch wäre der voraussehbare Schritt, daß RNS-Moleküle im Verlaufe der Evolution zunächst die DNS zu produzieren in der Lage gewesen sind, erbracht. Erst im späteren Verlauf aber erwies sich die Kopplung zwischen den Nucleinsäuren und den mit katalytischen Funktionen ausgestatteten Proteinen als geeignet für die weitere Entfaltung der lebendigen Systeme [53; 54; 127].

f. Der erste Typus eines sich so selbstreproduzierenden Systems dürfte also zunächst auf das Zusammenwirken folgender Makromoleküle angewiesen sein: RNS-Moleküle als Reduplikanten mit Informationsfunktion, wobei sie im Frühstadium auch transfere und ribosomale Funktionen ausgeübt haben können, und Proteinen mit Enzymfunktion [51; 76].

g. „Ein voll evolutionsfähiges Leben liegt aber erst dann vor, wenn spezifische Genlokalisation, wohl wegen ihrer Stabilität an DNS-Moleküle gebunden, nicht nur Replikations- sondern auch Informationsapparat mit Translationsfunktion vorhanden ist". Diese muß mittels eines Überträgermechanismus die Stoffsynthesen bewirken, wobei im Weiteren eben Proteine mit Enzymcharakter gebildet werden, die ihrerseits die Geschehnisse bei der Replikation der DNS, aber auch bei den anderen Stoffbildungen in der Zelle, begünstigen. Leben im Verlaufe der Evolution „muß also durch Zusammentreffen der entscheidenden Komponenten in einem Vieltreffereignis entstanden sein" [69]. Für das spontane Zusammentreffen von Proteinoiden und Nucleinsäuren, als einem solchen Vorstadium, sprechen die an a. O. [39] gefundenen Tröpfchenbildungen. Für ein solches Zusammentreffen sprechen auch die Experimente, über die *Danielli* [25] berichtet: Stammen der Kern einer Amöbe, das Cytoplasma und die äußere Zellmembran von 3 verschiedenen Individuen des gleichen Stammes, dann lassen sich bis zu 85 % „neue" Amöben aufbauen (vgl. frühere Versuche mit Seeigeln) und auch zur Vermehrung bringen. Stammen jedoch mehrere Komponenten von Individuen aus verschiedenen Stämmen, war nur etwa 1 % lebensfähig. Dadurch wäre der Nachweis erbracht, daß einzelne Zellorganellen an sich autonom funktionieren können, gleichzeitig können diese Experimente als Stütze der Hypothese des sich Zusammenfindens im Verlaufe der Evolution gelten (S. 76).*)

Zu diesen Erkenntnissen äußerte bereits 1965 *Ch. C. Price* (in *Jungk-Mundt*, „Das umstrittene Experiment", S. 32), er sei überzeugt, „daß wir auf diesem Wege zu-

---

*) Es würde den Rahmen dieser Bearbeitung übersteigen, sollte auf die damit verbundenen kolloidchemischen Prozesse, z. B. auch auf die Entstehung des innerplasmatischen Kanalsystems eingegangen werden. Für die Praxis sei auf die Erwägungen von *E. Schmick* (PB. 1971/207 ff) verwiesen.

mindest von einer Teilsynthese lebender Systeme nicht weiter entfernt sind, als in den zwanziger Jahren von der Atomkernspaltung oder 1949 vom Schritt in den Weltraum". Heute bemühen sich Forscher, einerseits „durch konstruktiv erdachte Simulationsexperimente einzelne Schritte der chemischen Evolution und der Protobiogenese im Laboratorium zu wiederholen, andere versuchen aus präkambrischen Sedimenten deren Spuren aufzuschließen. Beide Gruppen haben so wichtige Erkenntnisse erbracht, daß die Paläontologie heute nicht mehr ohne die Molekularbiologie auskommt und durch sie zu einer exakten naturwissenschaftlichen Disziplin herangereift ist [27; 106; 155 und 39b, welches nicht mehr voll gewürdigt werden konnte].

Die ersten zellulären Lebewesen [28; 49; 62; 70; 123; 125; 152]

1. Über die Herkunft der Zellorganelle

Im weiteren Verlauf der Evolution wäre also das Entstehen der Zelle mit den bisher bekanntgewordenen Funktionssystemen (Merkmalsteuerung/DNS-System; Energiefreisetzung aus Makromolekülen über ATP, Proteinbildung und Enzymatische Funktionen) über Systeme wie die Proteinoid-Mikrosphären verständlich zu machen. Gewisse Mutmaßungen, daß einzelne heute in Protoplastenzellen [123] vorkommende Zellkompartimente auf einfachere ursprünglich selbständige Vorstufen zurückgehen könnten, lassen die in letzter Zeit veröffentlichten Stoffanalysen der Zellorganelle wahrscheinlich erscheinen:

a. Mitochondrien besitzen DNS und ein eigenes eiweiß-synthetisierendes System. Es könnte sich um eingewanderte ursprünglich selbständige Systeme (Bakterien?) handeln [52; 120].

b. Chloroplasten sind ebenfalls in der Lage, DNS zu synthetisieren; diese enthält Informationen über die ribosomale RNS der Chloroplastenribosomen. Weiter konnten Beweise erbracht werden, daß „mehrere Enzyme", die am Elektronentransport bei der Photosynthese beteiligt sind, an den Chloroplastenribosomen synthetisiert werden [52].

c. Die Ribosomen der pflanzlichen und tierischen Zellen unterscheiden sich in ihren Sedimentationskonstanten von denen in Bakterienzellen, während andererseits gerade die letzteren die gleichen Charakteristika aufweisen, wie sie die Ribosomen der Mitochondrien und Chloroplasten zeigen. Auch bei deren Synthesebeeinflussung durch Antibiotika (Chloramphenicol) zeigen die Bakterien- u. Zellorganellribosomen auffallende Ähnlichkeit (Übersicht 3).

Wenn wir auch in der Heranziehung solcher Bewertungen in der Evolutionsforschung Neuland beschreiten, so kann doch gesagt werden, daß die Ähnlichkeiten zwischen den Zellorganellen, vor allem aber die merkmalsteuernde und -bildende Autonomie dieser in den Zellen der höher organisierten Lebewesen, auf ursprünglich selbständige vorzelluläre Gebilde hindeuten. Sie müßten im Verlaufe der Evolution zur Komplettierung der Eigenfunktion der Zellen mit diesen „eine Art" Symbiose eingegangen sein, einem Parallelfalle ähnlich, wie man ihn bei den von A. Pascher u. a. beschriebenen Syncyanosen und Cyanoms, also einer Symbiose zwischen Flagellaten und Blaualgen antrifft [37].

Übersicht 3: *Erkannte Lebensfunktionen eines von der Umwelt abgegrenzten vorbiogenen bzw. biogenen Systems*

System: a. synth. b. natürl.	Stoffversorgung a. autokatalytisch b. biogen gebildet.	Energieversorgung a. katabolisch (Atmung, Gärung) b. anabolisch (Photo-, Chemosyn.)	Merkmalerhaltung a. Autoreplikation im eigenen Syst. b. Autoreplikation im Fremdsystem	Eigenstoffaufbau a. für Strukturbildung b. Funktionsbildung
a. Microsphäre	a.	—	—	a.
a. Koazervate	a. b.	a. Abbau Stärke in Maltose (Oparin 1963)	a.	a. Polymerisation und Stoffaufnahme
b. Virus*)	b. soweit bisher bekannt		b. soweit bisher bekannt	a. in Fremdsystem oder solcher in Mazeraten
b. Mitochondrien	b.	a.	a.	a. b. in ihren Zellen
b. Chloroplasten	b.	b. Photosynthese	a.	a. b. in ihren Zellen
b. Einzeller C-autotrophe Bakterien	b. + a.	b. Chemosynthese	alle Funktionen der Merkmalerhaltung u. d. Stoffaufbaues in einer Zelle a.	a. + b.
b. Purpurbakterien	b. + a.	b. Photosynthese	a.	a. + b.
a. grüne Flagellaten einzellige Algen	a.	b. Photosynthese	a.	a. + b.
b. farblose Flagellaten	b.	a.	a.	a. + b.
a. Mehrzeller Grüne Pflanzen	a.	b. Photosynthese	a. z. T. spez. Organe gebunden	a. + b.
b. Tiere	b.	a.	a. z. T. spez. Organe gebunden	a. + b.

*) Über die systematische Stellung von Rikettsien, Chlamydien, Mycoplasmen und Sphäroplasten siehe [70].

d. *Die Aufeinanderfolge der energie-liefernden Prozesse in den ersten Lebewesen*
[27; 30; 48; 70; 100; 112; 121; 126]

Da in den ersten „zellulären" Gebilden zu den Stoffsynthesen (Aufbau von Struktur- und Funktionsmolekülen) energie-liefernde Großmoleküle notwendig gewesen sein werden, müßten diese aus der Ursuppe entnommen worden sein. Später dürften auch andere dort gebildete Stoffe in die Systeme aufgenommen worden und durch die uns heute in Zellen vorhandenen Phosphorylierungsprozesse (S. 73) herangezogen worden sein. Wie *Nagyvary* u. *Provenzale* [100] annehmen, dürften neben den NTP-Molekülen auch Thiophosphat-Polymere, mit S^{II}-substituierte Kohlenhydrate und Poly-5-Thio-Desoxyribonucleotide, weil durch sie eine primitive Phosphorylierung als auch Codierungen möglich sind, in Frage kommen. Als indirekten Beweis führt man an, daß auch heute noch Bakterien befähigt sind, aus heißen Quellen S^{II}-Verbindungen als Energiequelle zu nutzen. Damit wird also als erster stoffwechselaktiver Prozeß Gärung i. w. Sinne als Energielieferung anzusehen sein, wobei CO_2 abgegeben, zu seiner Anreicherung in der Atmosphäre beitrug. Erst darauf aufbauend, dürften sich die beiden weiteren Wege, die *Chemo-* bzw. die *Photosynthese* eingeführt haben. Die Ausnutzung der Sonnenenergie als Quelle aller lebendigen Prozesse auf unserer Erde kann demnach kein Primärprozeß des zellulären Stoffwechsels sein. Dagegen sprechen auch die chemische Konstitution des Chlorophyllmoleküls, der komplizierte Bau der Granastruktur der Chloroplasten, die ihrerseits auf eine evolutionäre Vervollkommnung hindeuten, aber auch der Ablauf der Photosynthese selbst. So setzt seine Primärphase (Lichtquantenabsorption) als auch die Zuckerbildung die Existenz und das aufeinander Abgestimmtsein von Molekülen wie ATP, Triphosphonucleotid: TPN^+-, Flavoprotein oder wenigstens deren Vorstufen voraus. Da weiter nach unseren heutigen Kenntnissen diese Stoffe autokatalytisch nur in einer O_2-freien Atmosphäre gebildet werden konnten, ist anzunehmen, daß sie Komponenten eines „eobiontischen" Stoffwechsels waren.

e. *Phylogenie der Photosynthese* [71; 83; 145]

In letzter Zeit hat jedoch *J. A. Olsen* zur Frage der Entstehung des Sauerstoffes und der Photoautotrophie in der Frühatmosphäre eine nicht unwichtige Hypothese entwickelt. Er nimmt an, daß „Ur-Photobakterien" oder andere Pro-Karyonta (Cyanophyceen) vor mehr als 3 Md. Jahren (die Auffindung von Pristan und Phytan [107] in vorkambrischen Gesteinen und photoaktive Reaktionen an Proteinoiden (S. 71) bekräftigen diese Annahme), bereits Chlorophyll a oder ein ähnlich funktionierendes Pigment besessen haben müssen, welches auf eine Lichtreaktion hin einen zyklischen Elektronenfluß (Phosphorylierung bei der ATP entstanden sein wird) einzuleiten in der Lage war. „Wahrscheinlich war schon damals ein Überschuß an Chinonen in den Elektronentransport eingeschaltet" [83]. Durch die so, aber möglicherweise auch auf anderem Wege entstandene ATP (S. 65) wurden die Organismen befähigt, die in der sog. Ursuppe entstandenen für sie geeigneten Moleküle aus dieser aufzunehmen und für die Stoffbildung weiterzuverwenden. „Diese ursprüngliche Photosynthese ähnelte somit der Photoassimilation organischer Verbindungen, die man bei verschiedenen Algen bei Abwesenheit von Sauerstoff und Kohlendioxid feststellen kann" [83].

In einer weiteren Phase müßte durch Mutation eine nichtzyklische Elektronentransportkette entstanden sein, die die „Reduktion von Stoffen negativen Potentials durch Elektronenlieferung aus Substanzen mit positivem Potential unter Verwendung von Lichtenergie ermöglicht". Gleichzeitig wird gefolgert, daß die ersten Bakterienchlorophylle (Chlorophyll a) mit wahrscheinlich geringerem Energiegehalt entstanden sind, die durch Infrarotstrahlung (vgl. die damalige Beschaffenheit der Erdatmosphäre, S. 60) angeregt wurden, aber „niemals zu einem Mechanismus der Sauerstoffentwicklung gelangten". (Diejenigen Organismen, welche Chlorophylle beibehalten / Ur-Cyanophyten / reduzierten als Verbindung mit negativem Potential das Ferredoxin und entwickelten ein System der CO_2-Fixierung mit Hilfe von ATP und Reduktionsäquivalenten (Ferredoxin, später NADPH) [40; 73; 152].

Diese Annahme könnte noch dadurch gestützt werden, daß neben autokatalytisch entstandenen Aminosäuren auch Eisenproteine (Ferredoxine) in den Frühphasen entstanden sein dürften. Dies beweisen die Analysen des Murchison-Meteoriten (Australien 1969) und der Mondproben. Es fanden sich 6 AS, die essentiell am Aufbau der bakteriellen Ferredoxine beteiligt sind. Da auch Eisen und unorgan. Schwefel in den Ursuppen vorhanden gewesen sind, dürften alle Stoffe, die zur Entstehung dieser primären Photosyntheseprozesse mit beigetragen haben, vorhanden gewesen sein [153].

Da es im weiteren Verlauf der Evolution zu einer Verarmung exogener organisch geeigneter Elektronendonatoren gekommen sein muß, dürfte sich wiederum auf mutativem Wege die Fähigkeit der Aufnahme unorganischer Moleküle als Elektronendonatoren (insbes. N-H-Verbindungen) herausgebildet haben. „Folgende Redoxsysteme (mit Normalpotentialen E'o, das heißt bezogen auf pH7) sollen dabei eine Rolle gespielt haben:

NH_4^+ / N_2 + 0,13 V
N_2H_4 / NO + 0,25 V
NH_2OH / NO + 0,04 V.

Nach der Bildung und Anhäufung von NO muß ein Mn-haltiges Enzym mit positivem Potential gebildet worden sein (als Mn-Porphyrinkomplex mit Valenzwechsel Mn^{3+} Mn^{4+}?). Dadurch konnte NO zu Nitrit oxydiert werden (E'o = + 0,37 V) und schließlich Nitrit zu Nitrat (E'o = + 0,42 V)" [83].

Bis zu der heute bestehenden letzten Phase der Photosynthese muß es also zunächst aus der Spaltung des Wassermoleküls unter Bildung von Sauerstoff gekommen sein, wobei dieser das Nitrit u. a. Moleküle (CH_4, CO, FeO, S^{2-}) zunächst oxydierte, bis schließlich der Mechanismus der Wasserspaltung erreicht wurde, wobei nach der heutigen Auffassung „durch Übertragung von 4 Elektronen auf Wassermoleküle ein Sauerstoffmolekül gebildet wird (E'o = + 0,82 V)".

Erst nach diesem Erwerb hat wahrscheinlich die ab Ende Früh- bis Mittel-Präkambrium bis ins Karbon einsetzende lebhafte Photosynthesetätigkeit allmählich zu einer Anreicherung des Sauerstoffs mit wechselndem Gehalt in den einzelnen Erdzeitaltern (Abb. 4) geführt [27]. Nach *Cloud* sind die in der Gunt-flint-Iron-Formation (S. 39) (Mittelpräkambrium) gefundenen Mikroorganismen „mit größter Wahrscheinlichkeit anaerobautotroph gewesen" [106].

Die Synthese großer Mengen organischen Kohlenstoffes aus dem CO_2 der Hydrosphäre und der Atmosphäre führt zwangsläufig zu der Bildung großer Mengen Sauerstoffes, die sich zunächst in der Hydrosphäre anreicherten. Es erscheint gerechtfertigt, aufgrund der Schwankungen in der Photosynthesetätigkeit, wie sie sich aus den Überlegungen von *Berkner* u. *Marshall* (1963) und *Rutten* (1966) ergeben, eine stärkere Differenzierung des Sauerstoffgehaltes in der Atmosphäre anzunehmen. Eine genaue Kenntnis der Sauerstoffmengen im Verlaufe der Erdgeschichte wäre für viele Bereiche der naturwissenschaftlichen Forschung von Bedeutung. Da seine Entstehung hauptsächlich über die Photosynthese erfolgt sein könnte, dürften Untersuchungen der $^{13}C/^{12}C$-Verhältnisse im organischen Material früherer Erdperioden vielleicht eine gewisse Auskunft ermöglichen [145] (S. 42, 81).

f. *Vergleich zwischen Chemo- und Photosynthese* [30; 71; 77; 99;146; 147; 152; 159]
Als weiteres Problem ergibt sich, m. E. unbeschadet der *Olsen*'schen [83] Hypothese, ob sofort Wasser als Ausgangsstoff oder ev. andere energieliefernde Moleküle (CH_4, NH_3, H_2S, Fe^{III}-verbindungen) mit Hilfe eines Sauerstoff liefernden Mediums für einen Stoffwechsel, der mit der Bildung von hochmolekularen Stoffen und der Freisetzung von größeren Mengen von Sauerstoff endete, in Frage kommt. Da Lebewesen, die die oben genannten Gase als Ausgangsstoff verwenden, in allen unseren Lebensräumen noch anzutreffen sind, bietet sich ein solcher Vergleich, vielleicht auch die Annahme einer Vorstufe vor der sog. Photosynthese an.

Chemosynthese (als Beispiel CH_4-Methanomonas, $DPN-H_2$ weggelassen)

Phase a: $CH_4 + 2 O_2 + ADP + ph \xrightarrow{h\nu} CO_2 + 2 H_2O + ATP$
Phase b: $CO_2 + H_2O + ATP \longrightarrow C(H_2O) + O_2 + ADP + ph$

Photosynthese

Phase a: $H_2O + DPN^+ - + ADP + ph \xrightarrow{h\nu} DPH-H_2 + ATP + \tfrac{1}{2}O_2$
Phase b: $CO_2 + DPN-H_2 + ATP \longrightarrow C(H_2O) + \tfrac{1}{2}O_2 + DPN^+ - + ADP + ph$

„Die neuesten Untersuchungen haben für Einzelfälle jedoch gesichert, daß die Chemoautotrophen bei der Assimilation des CO_2 ähnlich verfahren, wie das für die Photosynthese der Algen und höheren Pflanzen in den Grundlinien *(Calvin*zyklus) gesichert erscheint" [99].

Die Photosynthese, bei der in der Lichtreaktion (Phase a) Elektronentransporte eine Rolle spielen, wie man sie aus der Atmungskette kennt, ist in allen Fällen bei grünen und roten Bakterien, wie bei höheren Pflanzen an das Pigment Chlorophyll (Mg-Porphyrin) gebunden. Auch andere das Chlorophyll begleitende Pigmente (Carotinoide, Phycobiline bei Rot-, Braun- und Blaualgen) können eine lichtzuführende Rolle ausüben. In der Hauptsache aber ist in der natürlichen Evolution nur einmal der erfolgversprechende Weg der Photonenabsorption durch die Mg-Porphyrine als leistungsfähigstes Prinzip verwirklicht worden.

Unter den Photosynthese treibenden Bakterien wird zunächst H_2S statt Wasser als Wasserstoffquelle verwendet, entsprechend wird statt Sauerstoff Schwefel in den Zellen deponiert.

$$6 CO_2 + H_2S + 3\,122\,000 \text{ cal} \longrightarrow C_6H_{12}O_6 + 6 S_2$$

Zu dieser Gruppe der sog. Purpurbakterien *(Rhodobacteriineae)* zählen:
Chlorobium (grüne Schwefelbakterien) mit im Plasma gelöstem Chlorobium-Chlorophyll,
Thiospirillum, Chromacium, Thiocystis (Thiorhodaceae) mit Bacteriochlorin, bei denen die wirksamen Pigmente an schlauch- bzw. bläschenförmige Strukturen gebunden sind (Thylakoide),

Rhodopseudomonas und *Rhodospirillum* (Athiorhodaceae), purpurfarbene oder braune Bakterien mit bläschenförmigen bzw. grana-artigen Thylakoiden. Sie nehmen aber statt H_2S bereits Wasser auf.

„Die Thylakoide entstehen durch eine lokale Einfaltung in das Zellinnere aus der zytoplasmatischen Membran. Sie beherbergen außer den genannten Pigmenten Redoxsysteme für den Elektronentransport. Das gesamte System der Photophosporylierung, vielleicht auch die Atmungskette und das System der oxydativen Phosphorylierung sind in den Thylakoiden lokalisiert. In dieser Tatsache könnte man vielleicht eine entwicklungsmäßige Funktionsaufstockung erblicken, die ebenfalls den Schluß zuläßt, daß die Photoautotrophie eine später erworbene Fähigkeit der Organismen darstellt.

Die sog. schwefelfreien Purpurbakterien verwenden die Lichtenergie nicht, um aus Wasser O_2 freizusetzen, sie leben nach den bisherigen Erkenntnissen bei Lichteinfluß anaerob, ihr Stoffwechsel in Dunkelheit ist noch unzureichend erforscht. Unter Aufnahme von NH_4^+ sind sie zur Aminosäuresynthese befähigt. Zur Assimilation von CO_2 benötigen sie jedoch eine organische C-Quelle (Apfelsäure, Bernsteinsäure, andere kurzkettige Fettsäuren, aber auch Aminosäuren, Alkohole und Zucker bewirken dessen Aufnahme. Der wichtigste Teil ihrer Photosynthese besteht jedoch in der Fähigkeit, die nach Lichtabsorption angeregten und auf ein höheres Energieniveau gehobenen Elektronen geben schrittweise beim Durchlaufen der Elektronentransportkette ihre Energie ab, die dazu verwendet wird, aus

$$ADP + ph \xrightarrow{h\nu} ATP \quad \text{zu synthetisieren.}$$

Sie erzeugen also unter anaeroben Bedingungen einen Energieträger (ATP), welcher dem Funktionsprinzip der Phase a (s. o.) der Photosynthese ähnlich, aber völlig anaerob ist.

Die hochentwickelte Struktur ihrer Pigmentkörper und die anaerob ablaufende Photosynthese eröffnen Denkmöglichkeiten, daß die an die Chlorophylle gebundene Photoautotrophie über Zwischenstufen entstanden sein könnte.

„Die reduktive Assimilation der Kohlensäure, die meist zur Bildung von Kohlenhydraten, immer aber zur Festlegung von Energie in einer ihre Wiederverfügbarmachung erlaubenden Form führt, verläuft auf zweierlei Weise: als Chemosynthese und Photosynthese. In dem einen Falle liegt die Energiequelle in der Oxydation anorganischer Stoffe, in dem anderen ist sie das Licht. Es steht heute fest, daß in beiden Prozessen die eigentliche Assimilation des CO_2 und die Bereitstellung von Energie (als ATP) und von reduktiver Kraft (als reduziertes Pyridinnucleotid = $NADP-H_2$, vgl. TPN = H_2 = reduziertes Nicotinsäureamid-adenin-dinucleotid-phosphat) in prinzipiell ähnlicher Weise erfolgt". In dieser Tatsache aber kann man eine Funktionsaufstockung (vgl. das über die Thylakoide Gesagte) erblicken, die den Schluß zuläßt, daß die Chemo- wie die Photoautotrophie eine später erworbene Fähigkeit der Organismen ist, die sich bestimmter im Verlaufe der Evolution entstandener Moleküle und energetischer Umsetzungen (ADP + ph $\longrightarrow$ ATP und TPN^+- (= $NADP^+$-) + H_2 (aus H_2O) $\longrightarrow$ $TPN-H_2$ ($NADP-H_2$) bedient [99].

g. *Über die Anreicherung von Sauerstoff durch die Photosynthese*
[27; 60; 145] (Abb. 4 und 5)

Auf die Möglichkeit der photischen Spaltung des Wassers durch UV-Licht und die Hypothese einer biogenen Bildung von Sauerstoff, die zumindest die nötigen

Mengen dieses Stoffes für das Aufkommen einer frühen (früh- oder mittelpräkambrischen Chemosynthese wahrscheinlich machte, wurde schon oben (S. 79) hingewiesen. Die Veröffentlichungen der letzten Zeit stimmen jedoch darin überein, daß es zu einer sehr bedeutsamen Anreicherung auf diesen Wegen nicht gekommen sein kann. *Berkner* und *Marshall* und *Rutten* haben versucht, diese Ansicht quantitativ zu belegen (Abb. 4). Danach enthielt die Uratmosphäre etwa

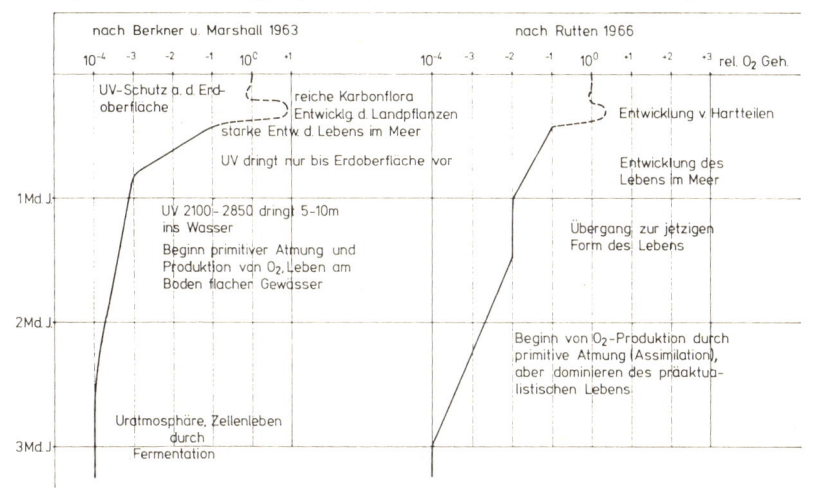

Abb. 4: Schema der Entwicklung des Sauerstoffs in der Uratmosphäre [66]

10^{-4} des jetzigen Sauerstoffes als Gleichgewicht zwischen Dissoziation aus Wasser und Verbrauch durch die Oxydation. Das für biotische Vorgänge tödliche UV-Licht der Sonne erreichte nicht nur die Erdoberfläche, sondern drang noch ca. 10 m tief in das Wasser ein, so daß Leben sich nur am Boden flacher Gewässer entwickeln konnte. Die geringe biogene Produktion von Sauerstoff in dieser Periode ließ seinen Spiegel nur langsam auf 10 ansteigen. Sobald der UV-Schutz soweit angestiegen war, daß keine tödliche Strahlung die Erdoberfläche mehr erreichte, konnte sich das Leben im Meer ungehindert ausbreiten und bald auch das Land erobern (Abb. 5). Dies soll sich um die Zeit des Kambriums bis zum Silur vollzogen haben, wobei der O_2-Gehalt auf 0,1 % anstieg. Die Besiedlung des Landes führte nun zu einer starken Zunahme der Photosynthese, so daß man schließlich im Karbon sogar von einer Überproduktion, und damit zu einem höheren Gehalt in der Atmosphäre als heute, anzunehmen neigt. (Heute hält die O_3-Zone in einer Höhe von 20—45 km über der Erdoberfläche die Leben schädigende UV-Strahlung ab). Nach Schätzungen *(Junge* [60]*)* könnte der gesamte Sauerstoff der Atmosphäre in ca. 2000 Jahren durch die derzeitige Biosphäre produziert werden. Es erscheint daher auch wahrscheinlich, daß „der gesamte in Sedimenten vorhandene oder organisch gebundene Kohlenstoff mehr als ausreichend ist, um den Sauerstoff der Atmosphäre durch die Photosynthese der grünen Pflanzen zu erklären.

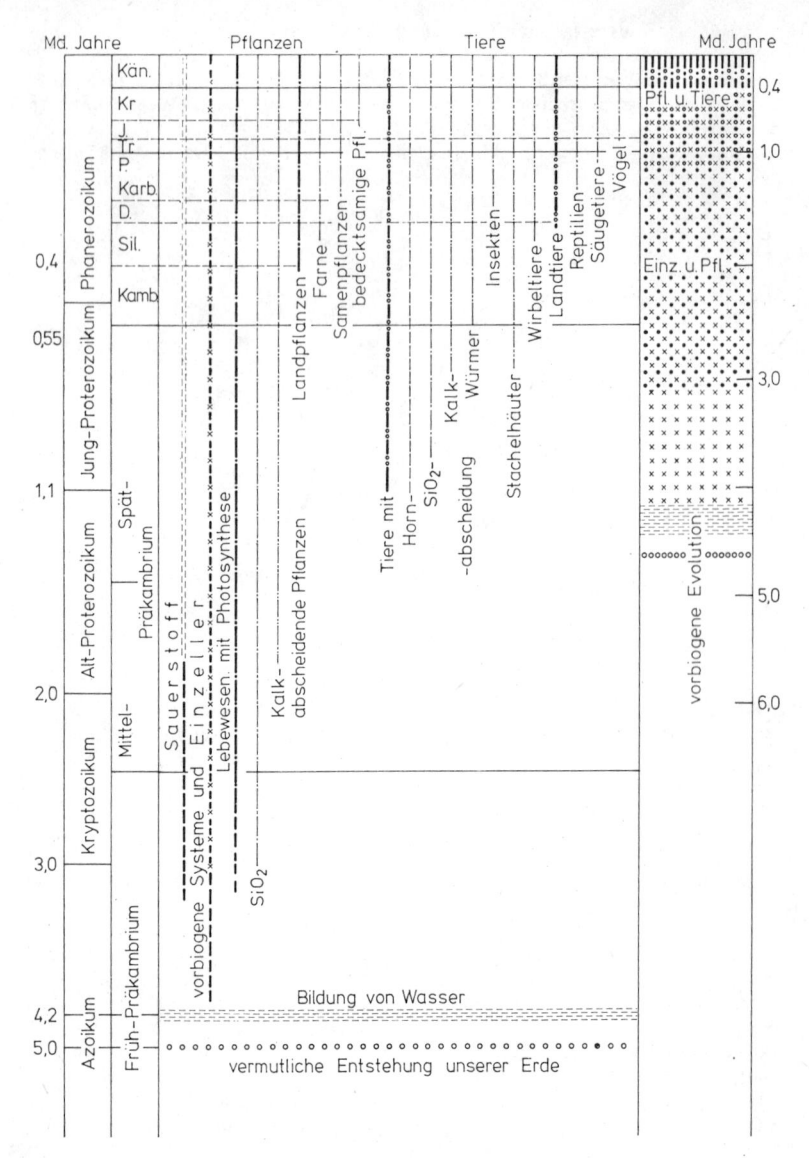

Abb. 5: Vorbiogene und biogene Evolutionsphasen auf unserem Planeten

2. Die Bedeutung der Entstehung zellulärer Gebilde

a. *Die Vorteile des geschlossenen Systems* [45; 49; 62; 68; 111; 152]
Der Weg, Zellen zu synthetisieren, blieb bisher, wenn auch die Coacervatforschung einige Erfolg versprechende Ergebnisse erbrachte, verschlossen. Er dürfte auch in der erdgeschichtlichen Entwicklung nicht in einem Schritt erreicht worden sein. Man nimmt an, daß die erste selbständige abgeschlossene Lebenseinheit den merkmalsteuernden und den eigenstoff-aufbauenden Stoffwechsel besaß (S. 73). Erst im weiteren Verlauf werden sich der energieliefernde Stoffwechsel, die spezielle Lokalisierung der Erbinformationen und die Prozesse der Struktur- und Funktionsstoffbildung an besondere Molekülballungen (Zellorganelle) gekoppelt haben (Abb. 3). Der Vorteil solcher Strukturierungen dürfte in folgendem gelegen sein: Jede chemische Umsetzung geht umso vollständiger und intensiver vor sich, je näher die einzelnen Reaktionsprodukte aneinander gebracht werden. Da in einer selbständigen Zelle gleichzeitig und immerwährend mehrere solcher Prozesse ablaufen müssen, hat sich (wie beim Zellkern auch, s. u.) mehr oder weniger die Kugelform bewährt. Unterteilungen innerhalb dieser durch Einstülpungen der umschließenden Membran (Entstehung des innerplasmatischen Kanalsystems) oder gar Einwanderungen ursprünglich selbständiger Strukturen dürften die einzelnen Funktionskompartimente vervollständigt haben. Wesentlich dabei war immer, daß die Begrenzungen durch Molekülverflechtungen erreicht wurden. Sinnentsprechend konnten solche selbständigen Abgrenzungen innerhalb der Coacervate festgestellt werden.

b. *Die Bildung des Zellkernes* [47; 70; 87; 98]
Als primitiver Informationssteuerungsmechanismus wird wohl das RNS-Molekül zu gelten haben, welches unter Mitwirkung von Enzymen sich selbst als auch durch Steuerung der Aufnahme weiterer Aminosäuren die Proteinbildung bewirkt hat [137]. Im weiteren Verlauf ist die Informationssteuerung an die DNS-Polynucleotide übergegangen. Die Ursache kann nicht als zuverlässig geklärt angesehen werden, vielleicht wird durch die höhere Energiestufe der DNS-Moleküle bessere stabilere Lagerfähigkeit erreicht.

Wie bei anderen Zellorganellen läßt sich auch in der Weiterentwicklung der Lebewesen feststellen, daß mit der Anreicherung mehrerer vererbbarer Informationen aus einem einfachen Nucleinsäure-Doppelwendel-Fadengeflecht (Bakterienerbträger vgl. Bild in [48]) ein auf engstem Raum konzentriertes funktionsfähiges Fadensystem (Kugelform des Zellkerns in der Arbeitsphase) sich als das wirksamste erwiesen hat, das auf engstem Raume Nucleotidtripletts in der Größenordnung bis zu 10^5—10^6 unterbringen kann, wobei deren Genreplikation an den einzelnen Fäden sowie die RNS-Typenbildung gewährleistet ist.

Der sog. „Bakterienzellkern" ist als ein ursprüngliches Gebilde anzusehen. Das läßt sich dadurch erhärten, daß bei Einzellern (Dinoflagellaten) und niederen Mehrzelltieren *(Cyclops)* während der ersten Stadien der Entwicklung noch sog. „Karyomeren", also selbständige Einheiten mit nur einem Chromosom vorkommen, die erst später zu einheitlichen Zellkernen verschmelzen. Auch hier zeigt sich, daß der „Zellkern höher organisierter Zellen keine einheitliche, sondern eine zusammengesetzte Struktur aus einzelnen Karyomeren darstellt, ein Polykaryom, wie es *Hartmann* 1911 nannte". Es konnte nachgewiesen werden, daß das letztere aus den gleichen Bauelementen wie die DNS-Aggregate der Bakterien bestehen [98].

c. *Die Bedeutung der Herausbildung der Sexualfunktion*
Die Weiterentfaltung der Lebewesen ist soweit bisher erkannt, auf die Änderung der DNS-Basensequenzen und die Neukombinationen der Genwirkketten zurückzuführen. Anfangs dürfte die einfache Verdoppelung mit nachfolgender aequaler Aufteilung der gleichen Erbinformationen (Aequationsteilung) ausgereicht haben. Die Vermannigfachung der heutigen lebendigen Systeme ist aber nur erklärbar, wenn sich im Laufe der Entwicklung zunächst die Genzahl vermehrt (Deponierung von mehr Informationen im Zellkern, s. o.) und die durch Zufall entstandenen Veränderungen ständig neu kombiniert werden. Dies wurde durch das Zusammenführen zweier genmäßig nicht oder nur wenig unterschiedener Zellen (Zygotenbildung) gefördert. Dabei wurde aber nach einer solchen Vereinigung in der Regel eine Wiederherstellung der ursprünglichen Zahl der merkmalbedingenden Moleküle (Genzahl-reduzierung nach der Zygotenbildung) erforderlich. Aus dieser Sicht mußte sich also der Sexualakt im Verlaufe der Evolution (mit nachträglicher Reduktionsteilung), als ein für die Entfaltung einer Vielheit von Lebensformen wichtiger Vorgang herausbilden. Wie sich durch das Tatsachen belegen läßt, sind die von uns als ursprünglich erkannten lebenden Systeme asexuell und z. T. ohne Zellkern, während von der Flagellatenorganisation beginnend, alle „vital" sich entfaltenden Lebensformen den an das Zellkernmaterial gebundenen „Sexualvorgang" besitzen. Die Bedeutung der unterschiedlichen geschlechtsbedingenden Chromosomen vermutet *M. F. Lyon* darin, daß in der frühen Embryonalentwicklung jeweils ein X-Chromosom inaktiviert wird, so daß in beiden Geschlechtern nur jeweils das eine aktive X-Chromosom, im männlichen dazu das nur wenige Gene beinhaltende Y-Chromosom zur Wirkung kommt [158.] Nur wenige Pflanzenarten, die in die Endreihen der Entfaltung dieses Stammes zählen, sind zur Apogamie übergegangen.

Vergleicht man die Zeit (mindestens 2 Md. Jahre), die die asexuellen Lebensformen zu ihrer Entwicklung nötig hatten (und damit auch zu ihrer Formengestaltung) mit der Herausbildung der Formenmannigfaltigkeit der sexuell sich vermehrenden Zellkern führenden Organismen, so begreift man die Bedeutung, die dieser Vorgang in der Gesamt-Evolution der Organismen mitbedingt hat [24]. Dabei dürfte, ähnlich der Zellkernentstehung überhaupt, die Herausbildung des diploiden Zellkernes und damit der „Sexualfunktion" ebenfalls nicht in einem Schritte entstanden sein, wie dies die Sexduktion der F-Faktoren bei *Escherichia coli* heute noch erkennen läßt [76].

3. Die Schizophyta und ihre stammesgeschichtliche Bedeutung
[37; 44; 73; 92; 102]

a. *Die Bakterien*
Gestaltisch den Blaualgen nahestehend, können sie nach unseren heutigen Erfahrungen nicht von den Blaugrünen-Algen (Cyanophyceen) als heterotrophe Abkömmlinge angesehen werden, wenn auch einige Formen, die man früher

zu den Bakterien stellte, als farblos gewordene Algen (*Beggiatoa*) angesehen werden müssen.
Nach stammesgeschichtlichen Wertungen müssen die CO_2-chemoautotrophen als ursprüngliche oder als solche diesen Lebensformen nahe stehende Lebewesen beurteilt werden. Darauf weist einerseits ihr Vorkommen in Wasser, Schlamm, Boden hin, während die vielen parasitisch und saprophytisch lebenden Formen als zu heterotrophen Ernährungsweisen übergegangene Typen anzusehen sein werden, die, da sie ja am Abbau von Organismen beteiligt sind, zur Zeit der Entstehung der ursprünglichen Arten noch nicht vorhanden gewesen sein dürften.
Ob die vielen begeißelten Formen, die wir heute unter diesem Stamm antreffen, evolutionistisch als Ancestoren der motilen Strukturen bei den Lebewesen mit Zellkern zu gelten haben, dürfte nach unseren heutigen Kenntnissen nicht zu entscheiden sein. Da man aber auch unter den frühen Bakterienformen aktiv bewegliche wird annehmen müssen, dürfte der Erwerb ihrer Geißeln und des Wimperapparates sicher älter sein, als der bei den einfachen Flagellaten. Sind sie „dünne einfache röhrenartige Aggregate von Proteinmolekülen", während sie bei den eukaryontischen Typen membranumschlossene Zellorganelle, den Centriolen ähnlich, mit 2 Fibrillen im Zentrum und 9 Außenfibrillen, darstellen, demnach wohl nicht als Vorläufer der Flagellatengeißeln angesehen werden können [70; 152].

b. *Die phylogenetische Bedeutung der Cyanophyceen*
Man wird sie im erdzeitlichen Auftreten nach den Bakterien ansetzen müssen, zumal ja die Photosynthese als ein späterer Erwerb anzusehen sein wird. Trotzdem sind ihre Zellen dem Bau nach der Bakterienzelle ähnlich, das Assimilationspigment ist noch nicht an Chromatophoren gebunden, sondern im Ectoplasma diffus verteilt. Wenn sie auch gestaltmäßig, besonders die Hormogoneen, differenzierter als Bakterien sind, weist doch die Asexualität auf deren Ursprünglichkeit hin.
Ihre kosmopolitische Verbreitung, ihr Vorkommen unter extremen Bedingungen (in Thermen bis 85° C, andererseits ihre Überlebenschance bei Unterkühlung bis zu —190° C, ihre Stoffwechselgewohnheiten und besonders die Fähigkeit, in sehr elektrolytreichen Medien zu wachsen), deuten auf die Ursprünglichkeit dieser Organismengruppe hin. Man könnte auf Grund der Fähigkeit ihrer Heterocysten, Stickstoff zu binden, bereits eine Spezialisierung dieser Zellen vermuten und daraus folgern, sofern ähnliche Prozesse bei Zellkernlebewesen nicht festgestellt sind, daß diese Art der Bindung von elementarem Stickstoff bereits ebenfalls in einer Frühphase der Evolution entstanden ist und sich bis heute bewährt hat. Diese Sonderheit im Stoffwechsel der Cyanophyceen dürfte sie u. a. als Sonderzweig der Phylogenese charakterisieren [126].
Ihre allg. Bedeutung wird daran zu sehen sein, daß sie als autotrophe Reihe der zellkernlosen Pflanzen die erste Organismengruppe gewesen sein dürfte, die befähigt war, die damaligen Biotope mit extremen Lebensbedingungen zu besiedeln [125]. Wenn wir auch z. Z. unter den sich zur Erforschung bietenden Lebewesen keine haben, die uns Aussicht auf eine Erklärungsmöglichkeit, wie es von zellkernlosen Typen zu zellkernführenden Zellen innerhalb der Autotrophenreihe kam, so spricht doch manches dafür, daß sich dieser Erwerb primär innerhalb dieser Photosynthese treibenden Organismengruppe vollzogen haben wird (vgl. S. 83).

VIII. Die ersten fossilen Funde aus den vermutlich ältesten Gesteinen der Erdoberfläche [39; 81; 82; 106; 107; 144; 146]

Die Proben entstammen Hornsteinen (Abb. 6) und Schiefern, die teils metamorph verändert wurden, von denen An- und Dünnschliffe, aber auch Mazerate oder

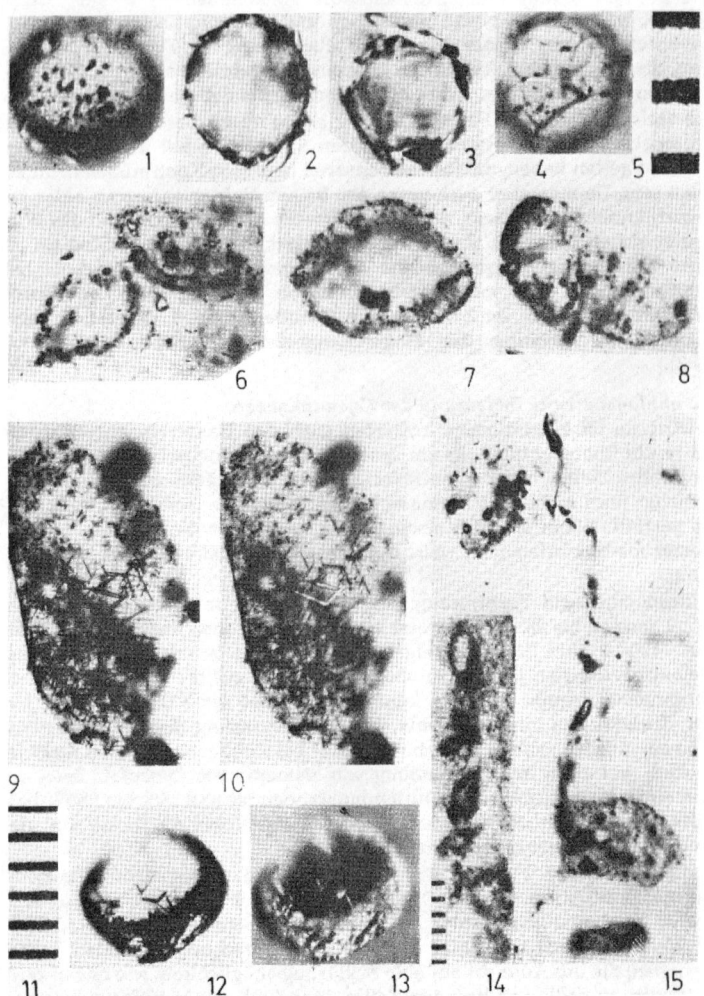

Abb. 6: 1—4. Fig-Tree-Kugel-Typ. B, aus Fig-Tree-Gesteinen (Tonschiefer) mazeriert
5. Maßstab für Fig. 1—4; eine Skaleneinheit = 10 μm
6. Fig-Tree-Kugel-Typ A2 aus Hornstein, Dünnschliff

7. Loraine-Kugel-Typ G, Dünnschliff von Witwatersrand-Hornstein
8. Loraine-Kugeltyp H, Herkunft wie 7
9. und 10. Loraine-Nadeltyp K, mazeriert aus Ventersdorp-Tonschiefer, bei 10 Licht polarisiert
11. Skala für 6—10, 12, 13, 15, (eine Einheit = 10 μm
12. und 13. Loraine-Nadel-Typ K, Dünnschliff aus Witwatersrand-Hornstein, das Exemplar ist quer durchschnitten
14. Fig-Tree-Kugel-Typ-A2 in Kettenkolonie aus Fig-Tree-Hornstein
15. Loraine-Faden-Typ I, Dünnschliff wie 12. und 13.
Die Bildtafel wurde dankenswerterweise von Herrn Prof. Dr. H. D. Pflug [106] zur Verfügung gestellt.

nach elektrostatischer Aufbereitung, wobei Mineralsubstanz von organischem Material isoliert werden kann, untersucht wurden (organisches Material zeigt im UV-Licht keine Fluoreszenz).

1. Sphäroide

In der Grünschiefer-Fazies der Onverwachtserie (Swaziland, Transvaal, S. 37, 51): „vermutlich der ältesten metamorphen Sedimente der Erde überhaupt" wurden *Sphäroide* von 70 μm Ausdehnung gefunden, die den Kugel-Typ B (s. u.) sehr ähnlich, aber größer sind. Sollten sich diese kohligen Reste tatsächlich als Fossilien erweisen, „so muß die Entstehung einzelliger Lebewesen zeitlich noch früher gelegen haben, als sie die Fig-Tree-Formation aufweist" [82].

2. Modell des Eobionten

„*Kugel-Typus B*": Fig-Tree-Hornstein, älter als 3,2 Md. Jahre. Es handelt sich um kugelige Gebilde von etwa 5—50 μm Durchmesser. Ihre zarte Außenwand ist mit agglutinierten Fremdpartikeln verschiedenster Art besetzt (bituminöse Teilchen, Mineralblättchen oder Kristallsplitterchen). Das Innere besteht aus klarer organischer Masse von bläulicher Fluoreszenz (Fig. 1—4)". Es dürfte sich um Protoplasmatröpfchen handeln, die zur Stabilisierung Fremdkörper angelagert haben. „Ob ein solches Primärgebilde die Bezeichnung Lebewesen verdient, hängt davon ab, ob in ihm die Grundfunktionen realisiert waren, die das Belebte von der unbelebten Welt unterscheiden (Stoffwechsel, Vermehrung, erblicher Wandel)" [106]. Es könnte sich hier bereits um Plasmatröpfchen handeln, wie übrigens die unter 1 bezeichneten Sphäroide auch, die sich aus der kolloidalen Lösung einer Urbrühe ausgeschieden haben und als fossiles Modell des Eobionten angesehen werden könnten (S. 71).

3. Einzeller

Zu dem „*Kugeltypus A*" rechnen *Pflug* u. a. heute folgende Ausbildungsformen der Fig-Tree- und der jüngeren Witwatersrand-Formation:
„*Typus A1*" ist durch opake eiförmige Körperchen mit dunkler nicht gemusterter Wand charakterisiert. Oft lagern zwei oder mehrere „Zellen" zu Kettenkolonien zusammen. Die Körperwand kann aufgelöst oder durch Kristallisationsprozesse zerstört sein.
„Typus A2" zeigt elliptische an der Längsachse verlängerte Körper mit transparentem Wandmaterial, welches aus organischer Substanz und feinsten Mineralkörnern besteht. Sie sind 30—70 μm lang, oft zu fadenförmigen Kolonien vereinigt. Einige Körper zeigen eine rundliche Öffnung (Pore) an einem der Pole.
Es dürfte sich in beiden Fällen bereits um primitive einzellige Lebewesen handeln.

4. Jüngere Funde

„Lorain-Typus G und H", Hornstein und Tonschiefer der Witwatersrand-Serie, 2,6—2,7 Md. Jahre alt.
Die letzteren, also jüngeren Funde, sind den Kugeltypen A ähnlich, einzellige Organismen von 10—60 μm Größe und zeigen Pyritinkrustationen.

5. Algenähnliche Einzeller

„Lorain-Typus K" aus der Witwatersrand-zeit, besteht aus 20 μm großen kugeligen Gebilden, deren Wand feine 1—2 μm dicke Kalkspatnadeln (Nachweis durch die Farbinterferenz im Polarisationsmikroskop) besitzen. Es dürfte sich um einzellige Lebewesen, etwa coccolithophoriden Algen ähnlich, handeln.

6. Cyanophyceen

„Fadentypus C", Fig-Tree-Serie, zeigt bis zu 70 μm lange, 15—20 μm breite unsegmentierte oder aus mehreren Abschnitten bestehende zylindrische „Zellen" von 20—30 μm Länge. Man könnte diese Form bereits zu den Cyanophyceen (Nostoc) rechnen.

„Fadentypus D" hat eine Länge von 200 μm, seine Wand besteht aus dunkelbraunen Partikeln mit angehefteten Mineralkörnchen, jedoch ohne Septierung und Verzweigung. Sporenähnliche Körper sind der Ligamentwand angeheftet.

7. Pseudofossil E

„Pseudofossil E" ist algenähnlich in Gesteinsklüften (Dünnschliff) erkennbar, aber unorganischer Natur. Wahrscheinlich ist die organische Substanz aus dem Gestein verdrängt und durch mineralische Stoffe ausgefüllt worden.

8. Bakterienkolonien?

„Irregulärer Typus F" besteht aus schwarzen opaken Massen, die in Schliffen von Tonschiefern, aber auch isoliert gefunden wurden. Möglicherweise handelt es sich um Bakterienkolonien?

9. Aminosäuren

Die Forschergruppe *Pflug* u. a, haben in den Tonschiefern und Hornsteinen der Fig-Tree- und der Witwatersrand-Ablagerung nach Aminosäuren gesucht. Sie fanden, daß in den älteren Gesteinen hauptsächlich Glyzin, Alanin und Valin, in den später zur Ablagerung gelangten neben den genannten Leucin, Serin, Threonin, sowie Spuren von Methionin, Prolin, OH-Prolin, Asparagin, Glutaminsäure und Tyrosin in Gesamtmengen von 0,09—0,99 μg je Gramm Gestein enthalten sind. Es zeigt sich einerseits, daß mit zunehmendem Alter die Zahl der gefundenen Aminosäuren verringert ist. Da die Schmelzpunkte dieser Stoffe alle in einer Temperaturspanne von 215—300° C liegen, kann nach den Erfahrungen von Fox u. a. (S. 69) wohl auf deren abiogene Entstehung geschlossen werden. Andererseits dürfte die Verarmung in den älteren Gesteinen auf die längere Lagerungszeit und die damit verbundene Zersetzung zurückzuführen sein.

10. Photosynthetiker und mittel-präkambrische Organismen

In der Fig-Tree-Serie ist der Algenoolith das charakteristische biogene Gestein, es entstand unter der photosynthetischen Aktivität einzelner planktonischer Algen — „Zur Witwatersrandzeit erscheint erstmalig der Stromatolith, ein Fällungsprodukt fädiger benthonischer Photosynthetiker" [107a]. Da in den Gesteinen auch die Kohlenwasserstoffe Pristan und Phytan, also Umwandlungsprodukte des Chlorophylls nachgewiesen werden konnten, ist damit zu rechnen, daß bereits in dieser Zeit photoautotrophe Lebewesen existiert haben werden (vgl. *Kaplan*).
„Die biologisch-organismische Natur dieser Fossilien konnte weiter durch den Nachweis von Paraffinen, Isoprenkohlenwasserstoffen und durch ein niedriges $^{13}C/^{12}C$-Isotopenverhältnis belegt werden" (S. 43). Die gleiche Analysentechnik erwies das unlösliche Kerogen des Bulawayo-Kalksteins (2,7 Md. Jahre, Südrhodesien) „als photosynthetisch gebildetes Material aus". Auch die Proben aus der Soudan-Iron-Formation (Minnesota, 2,7 Md. Jahre alt) werden, obwohl „ihre Mikrostrukturen keine eindeutige biologische Struktur erkennen lassen, da n-Paraffine, Pristan, Phytan u. a. Moleküle biogenen Ursprungs gefunden wurden, auf solchen zurückgeführt, sie werden von Bakterien oder Blaualgen stammend, angesehen [133]. Mittel-präkambrischen Alters dürften die Funde aus der Gunflint-Formation (1,9 Md. Jahre, Kanada) sein. In Hornstein finden sich morphologisch gut erhaltene Fäden von über 100 μm Länge und kugelige Mikrofossilien, die für Blaualgen, Kugel- und Fadenbakterien, Eisenbakterien und Gehäuse von Dinoflagellaten gehalten werden. N-Paraffine, Phytan und Pristan wurden ebenfalls festgestellt.

11. Anaerob-autotrophe Mikroorganismen

Nach *Cloud jr.* sind die Gunflint Mikroorganismen mit größter Wahrscheinlichkeit anaerob-autotroph gewesen und dürften als Vorläufer der Grünpflanzen angesehen werden [133]. Der ausgeschiedene Sauerstoff, der damals wohl ein lästiges Nebenprodukt darstellte, konnte durch das zu jener Zeit in allen Gewässern anwesende zweiwertige Eisen gebunden werden. Die Oxydation des gelösten zweiwertigen Eisens hat u. U. als Energiereservoir der in dieser Lebensgemeinschaft existierenden Eisenbakterien gedient.

12. Paraffine und Fettsäuren

„Auf biologischem Wege gebildete Paraffine und niedrige $^{13}C/^{12}C$-Verhältnisse fanden sich ebenfalls in dem 1,2 · 10^9 Jahre alten Algenkalk der Beltserie (Montana) und im McMinn Shale (1,6 Md. Jahre) aus Nordaustralien" [106].
Der Nonesuch Shale (Tonschiefer, Kupferdistrikt, Michigan, 1 Md. Jahre) zeigt nach Aufschluß (Dünnschliffbehandlung mit HCl und HF) sporenähnliche und faserartige (zu Algen und Pilzen gehörige Gebilde. Phytan, Pristan, optisch aktive Paraffine mit ungerader C-Zahl sind nachgewiesen. „Das Vorkommen von Fettsäuren (nC_{14} bis nC_{29}) mit einem Vorherrschen der geradzahligen Vertreter kann den Hinweis für einen Fettmetabolismus liefern. Die Isotopenanalyse zeigt eine Anreicherung der ^{12}C-Atome".

13. Zellkern-Lebewesen

Nach den bisherigen Funden wird man die Organismentypen zu den zellkernlosen (Protocyten, Prokaryonta) rechnen können (S. 23). Es ergibt sich daher die Frage, von welcher Zeit ab Lebewesen mit Zellkern (Euzyten, Eukaryonta) nachweisbar sind. Älteste Funde werden nach Cloud [24] aus der Crystal-Spring-Formation (Alexander- und Kingston-Gebirge, südöstl. Kalifornien) mit 1,2—1,4 Md. Jahren (Radio-Datierung) angegeben. Es werden Sphäroide von 5—7 μm mit Pyrenoiden und SiO_2-haltige Sphäroide von 6—8 μm Größe, die Dauersporen von Chrysophyceen ähneln, angegeben. Andere Funde sind aus dem Banff-Park, Alberta, Rocky Mountains, $1,1 \cdot 10^9$ und aus Zentralaustralien, $0,7—0,8 \cdot 10^9$ Jahre alt, bekannt geworden.

14. Übergangsfeld zu Metazoen [107]

Bezeichnend ist weiter die Periode der sog. ediacarischen Formation, Südwestaustraliens und Südafrikas, von $0,57—0,7 \cdot 10^9$ Jahren. Während der Fossilbestand in älteren Sedimenten über eine Organisationsform von Algen und Protisten nicht hinausgeht, setzt in der relativ kurzen Zeit von 150 Mio. Jahren eine gewaltige Entfaltung der mehrzelligen Tiere ein. Es entwickelt sich zunächst eine Übergangsfeld von der Tierkolonie (radiärsym. Hohltiere, Phylogenetische Ableitung S. 115) zum Kolonietier mit bilateralem Bauplan (Brachiopoden, Manteltiere, Gliederwürmer, Gliederfüßler, Weichtiere) und solchen mit 5strahligem Bau. „Die Vertreter des ediacarischen Übergangsfeldes scheinen damit eine Lücke zu schließen, die bisher zwischen den Primitivorganismen des Präkambriums und der wohlentwickelten Metazoenfauna des Kambriums klaffte" [107b] (Übersicht S. 51).

Obwohl man a. G. der fossilen Funde nur schwer ergründen kann, welche Typen als Vorfahren für die spätere Tierwelt in Betracht kommen, seien hier doch markante Vertreter aufgeführt:
Fibularix (Pflug 1966), ein anscheinend autotropher Organismus der Beltserie (etwa 1 Md. Jahre), zeigt lagerartige Zellen mit dichotomer Verzweigung in räumlicher Verteilung, Kolonien bis zu 1 mm Größe.
Arborea (Glaessner u. Wade 1966) zeigt gegenüber *Fibularix* einen zusammengesetzt sympodialen Aufbau, deren Teile sich in ein feines Astwerk von cm bis m Dimension auflösen, aber anscheinend nur in einer Ebene liegen (ediacarische Formation)
Charnia (Ford 1958) wie *Rangea (Gürich 1930)* bilden kompakte blattartige Formen (Petaloide), in welchen die Glieder die Fähigkeit zu freiem Wachstum eingebüßt haben
Rangea schneiderhoehni (Gür. 1930) oder *Pteridinium simplex (Gür. 1930)* zeigen weiter entwickelte Petaloide, die u. a. bereits spezialisiert sind und respiratorische bzw. Nahrungsaufnahme und Verdauungsfunktion übernommen haben.
Es dürften auch bereits bodenfixierte vegetative Ausbildungen bzw. generative pelagische Lebensformen, nektonische oder kriechende und auch solche mit Sklerifizierung (Ring- und Schalenskelettbildungen) vorgekommen sein [107 b].

IX. Zusammenfassung

Mit Hilfe der zur Verfügung stehenden chemischen Aufschließmethoden an Dünnschliffen u. Mazeraten ist es möglich gewesen, in über 3 Md. Jahren alten Schichten, die heute noch in Afrika, Nordamerika, Australien u. a. O. ungestört zu Tage liegen, Strukturen nachzuweisen, die sich nicht als reine unorganische Bildung oder als solche auf sekundärer Lagerstätte verstehen lassen. Ihr Auffinden, ihre gute Erkennbarkeit, aber auch die günstige Analysierbarkeit einzelner chemischer Verbindungen sind für die Stützung der Hypothesen der biogenen Evolution von größter Bedeutung.

Das Alter der Erde ist mit 4,4—4,7 Md. Jahren sicher zu gering angegeben. Die ältesten Funde, die auf biotischen Ursprung hindeuten, dürften mit $\pm 3,2 \cdot 10^9$ Jahren ebenfalls zu wenig alt beziffert sein [70]. In der Zeitspanne zwischen den beiden Angaben aber muß es in der Uratmosphäre zur Bildung zahlreicher der in den *Miller*-Versuchen simulierten Molekülen, vor allem aber von Wasser (um etwa 4,2 Md.) gekommen sein. Erst nach der Entstehung dieses wichtigen Mediums konnte sich nach Ansicht aller Autoren in einem O_2-armen oder freien Milieu die Synthese der Moleküle vollziehen, die die Voraussetzung zur Bildung der ersten sich selbst-reproduzierenden Systeme war. Da das Alter der ersten exakt datierbaren Sedimente bei $3{,}4 \cdot 10^9$ Jahren liegt, die Funde biologischer Herkunft in 3,2 Md. Jahren alten Gesteinen gemacht wurden, „dürfte Leben auf der Erde nicht wesentlich weiter zurückreichen können als 4 Md. Jahre" [144]. Es ist aber sicher älter, als es die früheren Funde *(Collenia* u. a. S. 51 f, 82) abzuschätzen ermöglichten.

Auf Grund der „Organfluoreszenz" (Lichtphänomen, womit aus Hornsteinschliffen unter dem Fluoreszenzmikroskop organische Substanz nachgewiesen werden kann), lassen sich Verteilungsmuster von deponierten biogenen Resten nachweisen, die Vitalitätsphasen um $2 \cdot 10^9$, $1 \cdot 10^9$ und $0{,}6 \cdot 10^9$ Jahre erkennen lassen, während Stagnations- bzw. Depressionsphasen zwischen 1,8— 1,2 und nach $3 \cdot 10^9$ und nach 800 Mio. Jahren liegen [107a].

Literatur zu Kapitel C und D

1. *Anders, E.*: Chemische Vorgänge während der Entstehung des Planetensystems, NR. 1969/78
2. *Bachmann, A.* u. a.: Millionen Jahre alte Geisseltierchen, *Archeomonadaceae,* Mikrokosmos 1968/103
3. *Baur, F.*: Kosmische Aspekte der organischen Evolution, NR. 1969/167
4. *Beermann, W.*: Operative Gliederung der Chromosomen, NÄ-Weimar, 1965/148
5. *Bethe, H. A.*: Energieerzeugung in Sternen, NW. 1968/405
6. *Blech, W.*: Die biochemische Wirkung von Hormonen, NR. 1968/465
7. *Bogen, H. J.*: Knauers Buch der modernen Biologie, Knauer-Drömer 1967
8. *Bopp, M.*: G. Klebs und die heutige Entwicklungsphysiologie, NR. 1969/97
9. *Borchert, H.*: Nutzbare Bodenschätze auf dem Mond, NR. 1969/451
10. *Brandt, S.*: Die Neutrinos, BdW. 1969/675
11. *Braunitzer, G.*: Primäre Struktur der Eiweißstoffe, NW. 1967/410
12. *Brenig, W.*: Elementare Anregungen in kondensierter Materia, NW. 1971/173
13. *Briegleb, W.*: Physik des Universums, IV. int. Symposion d. Bioastronomie. NR. 1969/72
14. *Broda, E.*: Phylogenie biogenetischer Prozesse, NR. 1967/14
15. *Broda, E.*: Aktiver Transport durch biogene Membranen, NR. 1969/483
16. *Büdel, J.*: Morphogenese des Festlandes in Abhängigkeit von den Klimazonen, NÄ-Hannover 1961/137
17. *Bukatsch, F.*: Neue Erkenntnisse auf dem Gebiete der Photosyntheseforschung, PB. 1962/16
18. *Burkard, O. M.*: Aufbau der oberen Erdatmosphäre, NR. 1967/462
19. *Butenandt, A.*: Neuartige Probleme und Ergebnisse der biolog. Chemie, NW. 1955/141
20. *Butlar, H.*: Radioaktivität und Erdgeschichte, BdW. 1967/908
21. *Calvin, M.*: Ursprung des Lebens, NW. 1956/387, 1957/105
22. *Calvin, M.*: Über die Entstehung des Lebens auf der Erde, Naturwiss. + Medizin, Böhringer 1964/I
23. *Casimir, H. B. G.*: Van-der-Waal-Wechselwirkungen, NÄ-Wien 1967/435
24. *Cloud, P. E.*: Älteste Zellkern-Mikroorganismen, UWT. 1970/150
25. *Danielli, J. F.* u. a.: Zusammenbau einer Amöbe, NR. 1971/76
26. *Dithfurth, H.*: Der unwirtliche Planet, Naturwiss. + Medizin, Böhringer, 1967/XVII
27. *Dose, K.*: Chemische Evolution und die Ursprünge prähistorischer Systeme, UWT. 1967/683
28. *Dose, K.*: Über den Ursprung des Lebens, NW. 1970/555
29. *Drawert, K. F.*: Extraterrestrisches Leben, NR. 1961/69
30. *Drews, G.*: Stoffwechsel schwefelfreier Purpurbakterien, NR. 1965/274
31. *Drössmar, F.*: Schlüsselsubstanz der chemischen Evolution, NR. 1965/368
32. *Duspiva, F.*: Molekularbiologische Aspekte der Entwicklungsphysiologie, NR. 1969/191
33. *Eigen, M.*: Selbstorganisation der Materie, UWT. 1970/777
34. *Eigen, M.*: Die Evolution biologischer Makromoleküle, NR. 1971/22
35. *Eigen, M.*: Makrolid-Komplexe von Alkalimetallen (Ref. NÄ 1970), NR. 1971/109
36. *Fahr, H.*: Evolution des Kosmos, UWT. 1969/16
37. *Fott, B.*: Algenkunde, Jena 1959

38. *Fox, S. W.:* Wie begann das Leben, BdW. 1967/1014
39a. *Fox, S. W.:* Self ordered Polymers and Propagative Cell-like-Systems, NW. 1969/13
39b. *Fox, S. W.:* Origin oft the Cell: Experiments and Premises. NW. 1973/339, 425
40. *Fuhr, H. J.:* Entstehung des Universums, Rhein-Post 28. 12. 1968
41. *Gentner, W.:* Struktur und Alter der Meteorite, NW. 1969/174
42. *Gerlach, W.:* Physik, Fischer-Bücherei-Lexikon Bd. 19, 1960
43. *Gerwinn, R.:* Neue Verfahren zur Planetenuntersuchung, Nr. 1967/206
44. *Granhall, U.* u. a.: Cyanophyten, NR. 1970/200
45. *Haas, J.:* An der Basis des Lebens, Morus Verl., Berlin 1964
46. *Haas, J.:* Ursprung des Lebens, Pustet Verl., München, 1964
47. *Hartmann, M.:* Allgemeine Biologie, G. Fischer, Stuttgart 1953
48. *Hawker, L. E.* u. a.: Biologie d. Mikroorganismen, Thieme, Stuttgart, 1960
49. *Heil, K.:* Stammen die Chloroplasten und Mitochondrien von den Bakterien ab, NR. 1968/69
50. *Heil, K.:* Entstehung des Glukosestoffwechsels, NR. 1968/166
51. *Heil, K.:* Bakterien ohne DNS, NR. 1968/519
52. *Heil, K.:* Struktur und Biochemie d. Mitochondrien-DNS, NR. 1970/154
53. *Heil, K.:* RNS-abhängige DNS-Polymerase in Zellen, NR. 1971/530
54. *Heil, K.:* Bakterien in heißen Quellen, NR. 1972/69
55. *Heisenberg, W.:* Kosmologie, Elementarteilchen-Symmetrie, NR. 1968/389
56. *Heyns, K.* u. a.: Modelluntersuchungen zur Bildung organ. Verbindungen in Atmosphären einfacher Gase durch elektrische Entladungen, NW. 1957/385
57. *Heyns, K.:* Glykokoll unter hydrothermischen Bedingungen, NW. 1961/621
58. *Heyns, K.* Vororganismische Evolution, Handbuch der Biologie, Bd. I/2, 1966
59. *Hodgen, W. G.* u. *Ponnamperuma, O.:* Die Kette schließt sich (Porphyrinnachweis), Rhein. Post 1. 2. 1968
60. *Höfling, O.:* Mehr Wissen über die Physik, Aulis-Verl., Köln, 1970
61. *Hoinkes, H.:* Die Antarktis u. die geophys. Forschung der Erde, NÄ-Hannover, 1961/149
62. *Horstmann, H. J.:* Probleme der Entstehung und Entwicklung des Lebens, NR. 1966/393
63. *Huber, B.:* Pflanzenphysiologie, Quelle - Meyer, Heidelberg, 1949
64. *Hühnerhoff, E.:* Versuch einer Modellatmosphäre zur Demonstration der Ursynthesen, PB. 1967/65
65. *Huster, E.:* Zeitmarken der Erd- u. Menschheitsgeschichte, NR. 1971/4
66. *Junge, C.:* Chemische Entwicklung d. Erdatmosphäre, UWT. 1966/767
67. *Kafka, P.:* Quasare, NW. 1968/250
68. *Kaplan, R. W.:* Das Lebensproblem und die moderne Biologie, NR. 1965/303, 352
69. *Kaplan, R. W.:* Molekularbiologische Probleme der Entstehung des Lebens, NW. 1968/97
70. *Kaplan, R. W.:* Ursprung des Lebens. Thieme Stuttgart 1972
71. *Karrer, P.:* Lehrbuch der organischen Chemie
72. *Kippenhahn, R.:* Die Entstehung von Sternen, NW. 1971/159
73. *Kleine, R.:* Ein Beitrag zur Evolution der Kohlenhydrate, NR. 1968/258
74. *Kleine, R.:* Formylierung d. Methionyl + RNS durch Säugetiergewebe, NR. 1970/67
75. *Kleine, R.:* Bildungsmechanismus und Bedeutung biolog. aktiver Eweiße im Organismus, NR. 1970/94
76. *Knippers, R.:* Molekulare Genetik, Thieme Stuttgart 1971
77. *Knobloch, K.:* Schwefelwasserstoff als Reaktionspartner bei der Photosynthese, NR. 1968/210
78. *Kotscharow, G.:* Botschaft aus den Sternen, BdW. 1970/477
79. *Krampitz, G.* u. a.: Kopolymerisation von Aminosäuren durch Bestrahlung mit schnellen Elektronen, NW. 1964/109
80. *Kühn, J.:* Biographie eines Sterns, Akut-Hamburg, 1971, H. 1/53
81. *Kull, U.:* Die ältestens Lebewesen, NR. 1967/439
82. *Kull, U.:* Lebewesen vor über 3,2 Milliarden Jahren, NR. 1969/26
83. *Kull, U.:* Evolution des Photosynthesemechanismus, NR. 1970/329
84. *Kull, U.:* Quantenbiochemie, NR. 1970/307
85. *Kundt, W.:* Gravitationskonstante eine galaktische Botschaft, NW. 1970/6
86. *Lederberg, J.:* Exobiologie, NR. 1960/390
87. *Lenzenberger, K.:* Lebenszyklus u. Zygotenbildung bei der Alge *Micrasterias*, Mikrokosmos 1968/270
88. *Lifschitz-Katanikow:* Mathematis her Hinweis auf ein pulsierendes Universum, BdW, 1970/488
89. *Lorenzen, H.:* Funktionsfähige Chloroplasten in tierischen Zellen, NR. 1970/155
90. *Lynen, F.:* Biochemische Strukturen in der lebendigen Substanz, NR. 1970/263
91. *Mattauch, F.:* Über die Struktureinheiten der Zelle, PB. 1962/203
92. *Mattauch, F.:* Über Methodik und Erkenntnisbildung in natw. Forschung u. Lehre, PB. 1965/86
93. *Mattauch, F.:* Das elektronenoptische Zellbild und die Leistungen einzelner tierischer Zellen BU. 1966/IV/44
94. *Mattauch, F.:* Über die Möglichkeiten der Entstehung zellulärer Systeme, PB. 1969/181, 215
95. *Mayer, C. H.:* Leben auf Mars u. Venus, NR. 1967/198
96. *Mayer, E.:* Zellstrukturen als Wegweiser, NR. 1971/186

97. *Mayr, E.:* Artbegriff u. Evolution, Paul Parey, Berlin 1967
98. *Metzner, H.:* Die Zelle, Wiss. Verl. Ges. Stuttgart, 1966
99. *Mothes, K.:* Chemische Muster u. Entwicklung der Pflanzenwelt, NÄ-Weimar 1965/115
100. *Nagyvary, J.* u. *Provenzale, R. G.:* Die Natur der ersten Nucleinsäuren, UWT. 1971/395
101. *Ochoa, S.:* Der Genetische Code, NR. 1966/483
102. *Oparin, A. J.:* Das Leben, seine Natur, Herkunft u. Entwicklung, Fischer Stuttgart, 1963
103. *Pascher, A.:* Systematische Übersicht über die mit Flagellaten im Zusammenhang stehenden Algenreihen, Beih. z. Bot. Zentralblatt, Abt. II, 1932/317
104. *Petri, W.:* Rätsel der Pulsare, NR. 1968/504
105. *Perutz, M. F.:* Der molekulare Mechanismus der Atmung, UWT. 1966/597
106. *Pflug, H. D.* u. a.: Strukturierte Reste aus über 3 Milliarden Jahren alten' Gesteinen. NW. 1967/236
107. *Pflug, H. D.:* Entwicklungstendenzen des frühen Lebens auf der Erde, NW. 1969/10
107a. *Pflug, H. D.:* Ist Leben älter als die Erde. UWT 1971/619
107b. *Pflug, H. D.:* Neue Zeugnisse zum Ursprung der höheren Tiere, NW. 1971/348
108. *Pietschmann, H.:* Elementarteilchen und ihre Wechselwirkkräfte, NÄ-Heidelberg 1969/164
109. *Pinner, E.:* Scheintod und Entstehung des Lebens, NR. 1966/68
110. *Portmann, A.:* Natürl. u. künstl. Lebensentwicklung, UN. 1967/225
111. *Pringsheim, E. G.:* Farblose Algen, NR. 1964/159
112. *Pringsheim, E. G.:* Verwandtschaftliche Beziehungen zwischen Lebewesen mit und ohne Blattgrün, NW. 1964/154
113. *Pringsheim, E. G.:* Begriff der Einzelligkeit in der Biologie, NR. 1967/64
114. *Rasooe, J.:* Jupiter, NR. 1969/379 (außerhalb)
115. *Reinert, J.:* Morphogenese in Geweben und Zellkulturen, NW. 1968/170
116. *Reinhardt, M. v.:* Neue Probleme der Kosmologie, NW. 1969/584
117. *Rode, K. P.:* Entstehung der Kontinente, BdW. 1970/451
118. *Rosnay, J. de* u. *Cecatty, M. de:* Biologie, Walter-Verl. Freiburg-Br.
119. *Salisbury, F. K.:* Die Suche nach Leben im Weltall, UN. 1967/161
120. *Schatz, G.:* Wie entstehen Mitochondrien, UWT. 1969/11
121. *Schlegel, H. G.:* Der chemolithotrophe Stoffwechsel, NW. 1960/49
122. *Schidlowsky, P.:* Untersuchungen an kohligen Substanzen aus dem Präkambrium Südafrikas, UWT. 1968/567
123. *Schmid, R.:* Gymnoplasten statt Protoplasten, NR. 1968/70
124. *Schmid, R.:* Reduplikation und Entwicklung der Mitochondrien, NR. 1967/69, 1968/263
125. *Schmid, R.:* Stickstoffbindende Pflanzen, NR. 1968/385
126. *Schmid, R.:* Heterocysten und Stickstoffbindung, NR. 1970/196
127. *Schmid, R.:* Vererbung außerhalb des Zellkerns, UWT. 1968/267
128. *Schneider, F.:* Neue Resultate über die Struktur des Kosmos, NR. 1971/376
129. *Schurz, J.:* Ursprung des Lebens, NR. 1957/183
130. *Seibold, E.:* Boden der Ozeane und Erdgeschichte, NW. 1961/143
131. *Seifert, H.:* Grenzvorgänge in unbelebter u. belebter Natur, NR. 1966/50
132. *Simon, K. H.:* Photosynthese ohne Licht, NR. 1963/32
133. *Simon, K. H.:* Zeitalter der Lebensgeschichte, NR. 1966/437
134. *Simon, K. H.:* Zyklische DNS (Viren, Mitochondrien), NR. 1967/336
135. *Simon, K. H.:* Spurenelemente und Ursuppe, NR. 1967/533
136. *Simpson, G. G.:* Kosmische Aspekte d. org. Evolution, NR. 1968/425
137. *Tenin, H. M.:* Umkehr des molekulargenetischen Informationsflusses, UWT. 1970/650
138. *Thirring, W.:* Atome, Kerne, Elementarteilchen, BdW. 1971/380
139. *Unsöld, A.:* Energieerzeugung u. Alter der Sterne, NÄ-Hamburg, 1957/34
140. *Vogt, H. H.:* Leben bei hohen Temperaturen, NR. 1968/204
141. *Vangerow, E. F.:* Erdatmosphäre u. Stammesgeschichte, NR. 1967/152
142. *Wagner, R.:* Biologische Regelung u. Gewebebildung, NW. 1957/97
143. *Weidemann, V.:* Quasare u. Kosmologie, NR. 1967/233
144. *Welte, D. H.:* Das Problem der frühesten organischen Lebensspuren, NW. 1967/325
145. *Welte, D. H.:* Kohlenstoff u. Photosyntheseentwicklung, NW. 1970/22
146. *Willerding, U.:* Fortschritte der Botanik, NR. 1968/114
147. *Witt, H.:* Neuere Ergebnisse über die Primärvorgänge der Photosynthese, UWT. 1966/589
148. *Wunderlich, H.:* Kontraktion u. Expansion im geologischen Weltbild, NR. 1969/341
149. *Ziegler, H.:* Anpassungen der Pflanzen an extreme Umweltbedingungen, NR. 1969/241
150. *Zimmermann, W.:* Geschichte der Pflanzen, Thieme Stuttgart, 1969
151. *Zuber, H.:* Leben bei höheren Temperaturen, NR. 1969/16
152. *Berkaloff, A.* u. a.: Biologie und Physiologie der Zelle, Vieweg u. Sohn, Braunschweig 1973
153. *Cammack, R.* u. a.: Ferredoxine erhellen die Entwicklung der Pflanzen, NR. 1972/443
154. *Kaplan, R. W.:* Ursprung des Lebens durch Zufall, UWT. 1972/456
155. *Karlson, P.:* Biochemie, Thieme Stuttgart 1972
156. *Keller, C.:* Reduktion von Stickstoff zu Ammoniak in wäßrigen Lösungen. NR. 1972/199
156. *Keller, C.:* Chemische Zusammensetzung interstell. Gaswolken. NR. 1972/395

157. *Königswaldt, v. H.:* Es werde Licht. Markus Verl. München 1970
158. *Schröder, H. J.:* Biol. Bedeutung redundanter Gene. UWT. 1972/732
159. *Haeth, O. V. S:* Physiologie der Photosynthese, G. Thieme, Stuttgart 1972 (Taschenbuch)
160. *Litzenkirchen, W.:* Leben auf den Planeten, Pr. 18. 8. 1973
161. *N N.:* Auffinden von Aminosäuren in Meteoriten, NR. 1973/265
162. *N. N.:* 130—140 Millionen Jahre alte ozeanische Sedimente (Gondwanaland), NR. 1973/345
163. *N. N.:* Organische Verbindungen im Weltraum, NR. 1973/352
164. *Starlinger, P.:* Resistenz gegen Antibiotica. NÄ 1973/90

E. Das Pflanzenreich
(Eukaryonta-Nucleophyta)

I. Die Entwicklung von Flagellaten zu kolonialen Flagellaten, Algen und anderen Lebensformen [23; 58—61; 65; 67; 96]

Übersicht 4

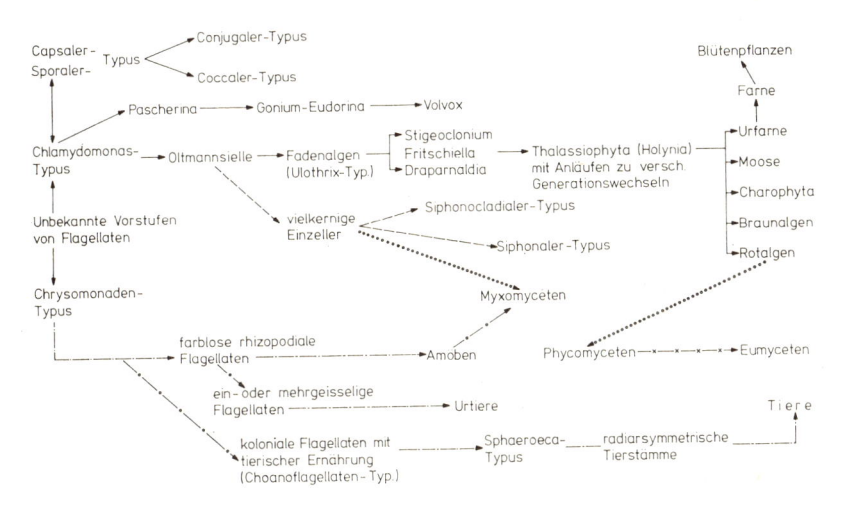

Übersicht 4: Entwicklung von Flagellaten zu Kolonialen Flagellaten, Algen und anderen Lebensformen

1. Die stammesgeschichtliche Stellung des Flagellaten

A. *Pascher* hat schon in seiner erstmalig im Jahre 1914 erschienenen Arbeit [58] darauf hingewiesen, daß bei allen Algenreihen, die sich durch Bau der Chloroplasten und der Assimilationsprodukte unterscheiden, gemeinsame gestaltliche Ausbildungen vorkommen. Leider haben seine Gedankengänge recht spät Eingang in die Systematik als auch in phylogenetische Betrachtungen gefunden. Dieser Forscher nahm den Flagellaten als stammesgeschichtliche Ausgangsform für alle Weiterentwicklungen zu den verschiedenen Organisationstypen des Pflanzen- und Tierreiches an. Diese Annahme gründete sich darauf, daß bei diesen die

„Einheitszelle" vegetative und generative Funktionen zugleich hat. Durch vegetative Teilungen vermehrt, behalten die Zellen alle physiologischen Funktionen als Trophophyt bei, während sie zugleich Keimzellenfunktionen mit Zygotenbildung zeigen können. Es läßt sich durch entsprechende Kulturmedien z. B. bei *Dunaliella salina* sogar der Nachweis führen, daß dann im phosphor- und stickstofffreien Medium rot erscheinende Flagellaten auch gegenüber den grünen Formen entgegengesetzten Geschlechtes sein können (vgl. *Hartmann* [33]). Dieser stammesgeschichtlich urtümliche Charakter der Flagellaten wird dadurch noch untermauert, daß er modifiziert als Fortpflanzungszelle im ganzen Tierreich und noch weit in der phylogenetischen Spezialisation auch im Pflanzenreiche *(Cycadophyta* S. 106) erhalten geblieben ist.

Ob man, wie es sz. *Pascher* tat und wie es neuerdings wieder von *Zimmermann* [98] vertreten wird, den Flagellaten oder das sog. capsale (sporale) Stadium mit gallertgeiseligen Formen an den Anfang dieses evolutiven Geschehens stellen wird, wie dies *F. Steinecke* (münd.) getan hatte, dürfte heute kaum mehr zu beweisen sein. Nachdem aber erkannt ist, daß der Geißelapparat ein verhältnismäßig kompliziertes Zellorganellsystem ist (S. 85), welches „bei Flagellaten (vgl. *Choanoflagellata)* und Metazoen einen völlig identischen elektronenoptischen Feinbau" zeigt [77; 102], gewinnt der letztere Ansicht für die Evolution, hinsichtlich der ursprünglichen Stellung, eine gewisse Bedeutung, obwohl bei den tetrasporalen Algen heute keine flagellatoiden freibeweglichen Gameten auftreten.

Statt des Flagellaten soll die ruhende, sich zunächst durch einfache Zellteilungen oder Autosporenbildung vermehrende Kohlendioxyd-autotrophe Zelle an den Anfang der Nucleophyta gestellt werden. Diese Ansicht ließe sich zunächst auch für einen Anschluß an die Zellsysteme ohne Zellkern vertreten, zumal bei den photo-autotrophen Formen keine begeißelten Organisationsformen vorkommen, während bei den heterotrophen Vertretern dieses Stammes begeißelte Typen auftreten. Aber schon hier zeigt sich, daß sich die starre Körperzelle, die begeißelte Zelle und die Amöbenzelle (s. u.), die in allen lebendigen Systemen mit Zellkern, wenn auch in modifizierter Form, vorkommen, schon sehr früh herausgebildet haben (3 Urzelltypen). Der fundamentale Fortschritt bei dem Stamm der Zellkern besitzenden Lebewesen aber ist im Erwerb der Gametenfunktion bei den Flagellaten zu suchen (s. u.).

2. Die Wertung der tetrasporalen (capsalen) Alge

Wie schon oben dargelegt, sprechen viele Überlegungen dafür, diesem Organisationstyp, dem unbehäuteten, von einer Schleimschicht umgebenen Zellhaufen, einen ursprünglichen Rang einzuräumen. Wenn auch nicht zu entscheiden sein wird, ob die bei einzelnen Formen in den Gallerthüllen inserierten Pseudocillien (Gallertgeißel), die nicht als Bewegungsorgane fungieren und nach *Fott* „völlig funktionslos" sind, ursprüngliche oder rückgebildete Zellorganellen darstellen, könnte man in ihnen den Anfang für die Entstehung eines Bewegungsapparates erblicken. Da es bei den tetrasporalen Chlorophyceen zu einer Verminderung der Gallertbildungen kommt, möchte ich letztere Eigenschaft wie die Gallertgeißeln auch als ursprünglich, den Erwerb einer festen Zellmembran bzw. Wand bei den Grünalgen als den fortgeschrittenen Typus ansehen.

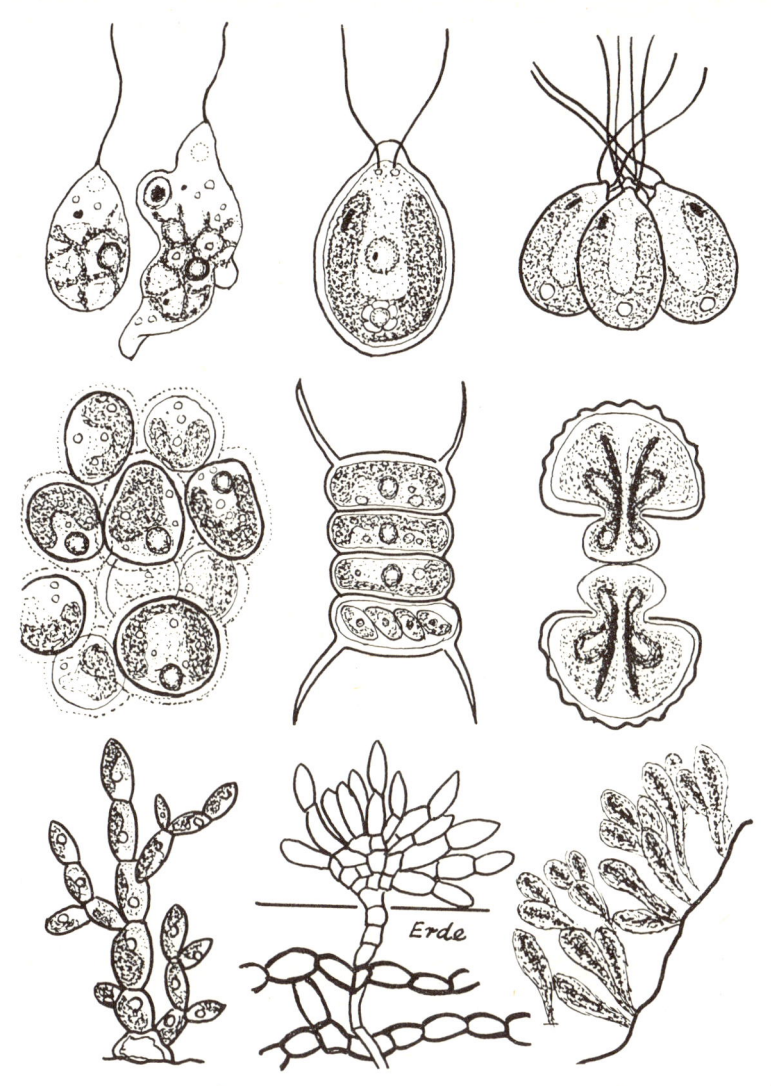

Abb. 7: Die wichtigsten Organisationstypen der Algen
Obere Reihe, von links nach rechts: *Chrysapsis agilis* Pascher *(Chrysomonade)*, menbrandlose Zellen mit undeutlichem netzartigen Chromatophor, 10—15 μ groß.
Chlamydomcnas, (Chlorophyceae), der tropfenartige Zellkörper besitzt zwei gleichlange Geißeln und ist von einer Zellulosemembran umgeben. *Pascheria tetras Silva 1959 (Chlorophyceae)*, die

von *Korschikov* bereits gefundene vierzellige Flagellatenkolonie, setzt sich aus kreuzartiggestellten Zellen zusammen, 5—15 µ groß.
Mittlere Reihe, von links nach rechts: *Geochrysis Pascher (Chrysokapsale)*, die kugeligen Zellen, die meist mit einer zarten Gallerthülle umgeben sind, besitzen binnenständige *Chromatophoren Scenedesmus quadricauda* (Turp) Brèb. *(Chlorokale)*, Autosporenbildung (1500fach vergr.)
Cosmarium sp., Teilungsstadium nach de Bary, Conjugater-Typ. der Chloorphyta, Breite der Zellen etwa 50 µ.
Untere Reihe, von links nach rechts: *Phaeothamnion confervicola* Lagerh. (*Trichaler*-Typ. aus der Reihe der *Chrysophyta*), die Verzweigungen entstehen am distalen Ende des Achsenfadens, *Ochromonas*-ähnl. Schwärmer, etwa 500fach vergr.)
Fritschiella tuberosa Iyengar 1932 (*Trichaler*-Typ. der *Chlorophyta, Chaetophoraceae*), der Thallus besteht aus unterirdisch kriechenden Fäden, der büschelige Luftlager bilden kann, Fortpflanzung durch Schwärmer, (etwa 30—40fach vergr.)
Dasycladus clavaeformis Agardh (*Siphonaler*-Typ. der *Chlorophyta*), *Dasycladaceen* leben noch,, rezent, sind aber schon aus dem Silur bekannt, (etwa natürl. Größe).
Zeichnungen und Diagnosen vereinfacht nach *Fott:* Algenkunde (3).

Die Tatsache, daß bestimmte Algenformen (Conjugatentypus) durch Äquationsteilung ohne begeißelte Verbreitungseinrichtungen sich vermehren, berechtigt diese, also die Schmuckalgen (Desmidiaceen) unter den Chlorophyceen, die Kieselalgen (Diatomeen) unter den Chrysophyta, unmittelbar von der capsalen Organisation abzuleiten. Die Annahme, daß auch die Autosporenbildung im Laufe der Evolution erworben worden ist, läßt die sehr unterschiedlichen Bautypen des sog. Coccalentypus *(Scenedesmus* u. a.) von den Capsalen herleitbar erscheinen oder aber von den Flagellaten selbst, wobei aber das bewegliche Stadium zugunsten der 4 Autosporen, die in der ursprünglichen Zellhülle des Mutterorganismus zunächst verbleiben, abgelöst worden ist.

Zur Begründung letzterer Ansicht läßt sich folgendes anführen: Geisseln, Wimpern, aber auch die Spindelfasern des Zentriols entstehen nach elektronenoptischen Analysen [101, 102] aus sog. Microtubuli. Während *Hydrodyction* noch bewegliche Stadien hat, *Scenedesmus* noch Zentralkörperchen besitzt, jedoch mit motilen Stadien, die sich nur unter bestimmten Bedingungen bilden, besitzen *Chlorella* und *Kirchneriella* keine beweglichen Stadien mehr. Hier könnte es sich um eine Reduktionsreihe innerhalb der Protococcalen handeln.

3. Die Herleitung kolonialer Flagellaten- und Algenformen vom Flagellatentypus (Abb. 7)

In diesen beiden für die Weiterentwicklung der Lebensformen so wichtigen Reihen handelt es sich um Bautypen, bei welchen der Flagellat als bewegliches Stadium in der Ursprungszelle, oder diese verlassend, sich auf dem Wege der Äquationsteilung zu Tochterindividuen heranbilden kann. Von entscheidender Bedeutung ist jeweils die Aneinanderlagerung der entstandenen Nachfolgeflagellaten. Aus der Kenntnis rezenter Formen lassen sich 2 wichtige Entwicklungswege erkennen. Als Ausgangsform kann jeweils der Flagellat *(Chlamydomonas)* aus der Stammableitung der Grünalgen *(Chlorophyta)* angesehen werden. Er besitzt eine feste Zellwand, zwei gleichlange Geißeln und einen napfförmigen Chromatophor. Von ihm aus lassen sich Weiterentwicklungen *(Didymochloris:* Kolonien zweizellig; *Pascherina:* Kolonien vierzellig mit kreuzartig gestellten Zellen; *Pyrobotrys:* 8—16zellige Kolonien) zu den bekannten kolonialen Flagellaten *Gonium, Eudorina* und *Volvox* finden.

(Über eine weitere Ableitung von Flagellaten nach diesem Typus siehe unten). Der zweite Entwicklungsweg, wie es vom *Chlamydomonas* zu den trichalen Chlorophyceen gekommen sein könnte, ist durch das rezente Zwischenstadium *Oltmannsiella* [98] repräsentiert. Als Flagellat vom Typus *Chlamydomonas* bleiben nach den Teilungen die Zellen „bei unverändert paralleler Zellachsenlage seitlich nebeneinander verbunden. Es ist das dieselbe Zellachsenlage, wie sie auch bei den Fadenalgen zu einem echten Zellfaden *(Ulothrix)* führt".

„Nach den Fossilfunden existierten schon vor 2 Milliarden Jahren solche Zellverkettungen durch die gemeinsame Zellwand zum Zellfaden. Diese Verkettung liegt wohl der Organbildung in der hier dargestellten „Hauptreihe" der Pflanzen einschließlich der Landpflanzen zugrunde [98].

Aus diesen so entstandenen einreihigen Fäden können sich durch Neuerwerb bestimmter Zellteilungsebenen zunächst verzweigte einreihige Algenthalli *(Stigeoclonium, Draparnaldia)* bzw. Formen entwickelt haben, bei denen der ursprüngliche einreihige Faden mehrreihig wurde (Phaeophyceen). Daß es bereits bei Chlorophyceen diesen meist aus einreihigen Zellen aufgebauten Algen zu Typen mit besonderer Funktion der Fäden kommen kann, zeigt die aus Afrika von trockenen Böden beschriebene *Fritschiella*, deren Thallus aus im Boden kriechenden Fäden und oberirdischen Büscheln besteht.

Achsenähnliche Bildungen, die bereits aus unterschiedlich gebildeten Zellen bestehen, finden sich jedoch nicht bei rezenten Grünalgen. Dazu bieten sich die zu dem gleichen Organisationstyp der Braunalgen gehörigen Laminarien u. a. an.

II. Die Landpflanzen

1. Die stammesgeschichtliche Bedeutung der Urfarne (Thalassiophyta)
[83; 90; 96—98] *Übersicht 4, Abb. 8*

Über Parallelentwicklungen könnten sich aus solchen kambrischen Algenformen die Landpflanzen herausgebildet haben. Organisationstypen aus dem Bereiche der *Chlorophyta* dürften für die anschließenden Landpflanzen als Ancestoren in Frage kommen, aber auch für die Brauntange *(Phaeophyta)*, die Rotalgen *(Rhodophyta)*, die Armleuchtergewächse *(Charophyta)* und als heterotrophe Reihe die Fungi (echte Pilze). Die sog. Urtange (Thalassiophyten), die aus dem Kambrium bis Silur fossil belegt sind, dürften die Vorläufer der Landpflanzen geworden sein. Charakteristisch für die letzteren sind die gabeligen Verzweigungen, wie sie durch *Buthotrephis* [96] aus dem Silur bekannt und durch die terminal an den Thalli liegenden Fortpflanzungsorgane, wie sie bei *Holynia* gefunden worden sind. Ihre Organisationsstufe unterscheidet sich von den *Rhyniales*, den nachweislich ersten wirklichen Landpflanzen des Devon, die oberirdische Sprosse und unterirdische Verankerungsorgane bildeten, nur wenig.

Schon sehr früh in der Zeit der paläontologischen Forschung haben Funde aus der sog. „Böhmischen Masse" *(Protopteridium hostimense,* Hostim bei Prag) zur Kenntnis über diese Entwicklung beigetragen. Es ist daher erwähnenswert, daß, wie *Thenius* [90] aufführt, Frau *Paclt* aus dem „Eokambrium" Böhmens Sporen beschrieben hat, die jenen der Psilophyten *(Rhynia)* ähnlich sind. Zwei wichtige Schlüsse lassen sich m. E. daraus ziehen: Die Entfaltung der Lebewesen mit Photosynthese bis zu ihrer Landnahme hat sich in einem verhältnismäßig sehr langen Zeitraume (2,0—2,5 Md. Jahren) vom Präkambrium bis Ober Silur (Gotlandicum), vollzogen, während die Weiterentwicklung bis zu den Blütenpflanzen nur 250—

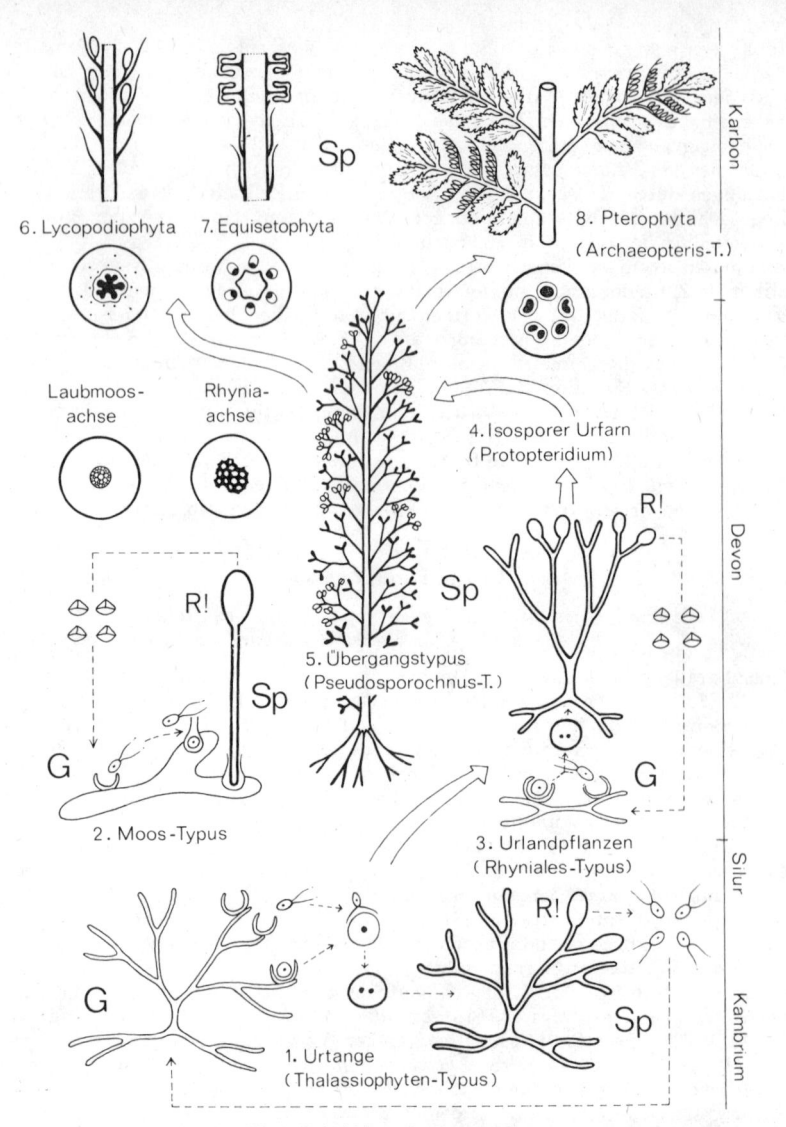

Abb. 8: Entwicklung der Sporenpflanzen
1. *Thallassiophyten-Typus:* tangartige Pflanzen aus dem Kambrium-Silur mit charakteristischer gabeliger Verzweigung. Vertreter mit endständigen Sporangien *(Buthotrephis, Holynia)* sind devonischen Alters, Sporophyt und Gametophyt sind isomorph.

2. *Bryophyten-Typus:* der heteromorphe Moostyp, der sich bereits ab Silur nachweisen läßt, hat sich über alle geologischen Zeiten bis heute erhalten ohne wesentlich phylogenetische Weiterentwicklung zu erfahren. Die Geschlechtsgeneration blieb dauernd vom Wasser abhängig.

3. *Urlandpflanzen-Typus (Rhyniales, Psilophyta):* Vertreter sind aus Ober-Silur bis Mittel-Devon bekannt. Im Aussehen sind sie dem Typus 1 ähnlich, also noch ohne Achse, Blätter, Wurzel und Blüten. Die Luftraumtriebe sind Träger der Assimilationsorgane und der Fortpflanzungseinrichtungen. In den oberirdischen Triebteilen liegt Holz- und Siebteil (Protostele) zentral, die gabelige Verzweigung der Stelen ist gegenüber der äußeren Gabelung basalwärts verschoben, abwärts gerichtete bzw. waagrecht sich hinziehende Triebe sind oft mit Rhizoiden besetzt. Die oberirdischen Telome (Einheitsorgane der Lufttriebe haben bereits eine Epidermis mit primitiven Spaltöffnungen, die Tracheiden haben sich aus den sog. „mechanischen Fasern" des Typus 1 entwickelt.

4. *Isospore Urfarne (Primifilices, Protopteridales) Typus:* ein mitteldevonischer Formenkreis unterschiedlicher systematischer Zugehörigkeit besitzt noch keine deutliche Differenzierung in Sproßachse und seitenständige blattartige Gebilde.

5. *Pseudosporochnus,* eine gute untersuchte mitteldevonsiche Form von 2 m Höhe, zeigt bereits gut die Achsenübergipfelung, deren Ende aber noch in Urtelomstände auslaufen. Sie hat aber bereits laubblatt- und sporophyll-ähnlichen Seitenorgane. Sie zeigt also bereits alle Vorstufen zu der späteren Sproßpflanzen, die sich von solchen Organisationstypen herleiten dürften.

6. *Lycopodiophyta bzw. Lycophyta* (Bärlappgewächse): Pflanzen mit wechselständigen kleinen Blättern und blattachselständigen Sporangien, Achsen mit sternförmigen Aktinostelen.

7. *Schachtelhalmgewächse (Equisetophyta, Calamitales):* Pflanzen mit wirtelig angeordneten Kleinblättern, Sporangien mit schildförmigen Sporenblättern, Leitbahnen im Holzkörper, mit Mark und Markstrahlen, nach dem Eustelentypus gebaut.

8. *Farnpflanzen (Pteridophyta):* Pflanzen mit großen Fiederblattypen in wechsel-, gegenständiger oder wirteliger Anordnung, fliedernervig. Die Sporangien stehen ursprünglich an den Fiederblättern. Leitsysteme zwischen Markzylinder und Markstrahlen nach Eu- oder Polystelentypus sich entwickelnd. Aus ihnen entwickelten sich die heute vorkommenden Blütenpflanzen (Abb. 9).

330 Mill. Jahre benötigt hatte. Andererseits deutet aber das so frühe Auffinden von Sporen an, daß diese Formen bereits auch sehr früh in Sporo- und Gametophyten-Organisationen gegliedert gewesen sein müssen, wie sie bei rezenten Braunalgen und in modifizierter Form dann zur bedeutsamen phylogenetischen Errungenschaft bei den Farnpflanzen wurden.

Aus vielkernigen Einzellern oder aus dem trichalen Typus der Algen könnten sich auch die beiden schlauchförmigen mehrkernigen Organisationsformen rezenter *Siphonales* bzw. *Siphonocladiales* herausgebildet haben. Auch diese müßten schon relativ früh entstanden sein, zumal gut bekannte Fossilien aus dem Untersilur (Ordovizium) zu den schwer zu unterscheidenden *Codiaceen* bzw. *Dasycladaceen* zählen.

2. Die Urlandpflanzen und ihre Organisationsformen (Rhyniophyta, Psilophyta [83; 90; 96—98])

Chlorophyceen besiedeln heute nur beschränkt den marinen Lebensraum, ihre Hauptverbreitung ist auf das Süßwasser beschränkt. Bemerkenswert ist daher, daß auf dem weiten Festlande nur solche photoautotrophe Lebensformen vorkommen, die sich in Zellbau und Stoffwechselgewohnheiten nur von Grünalgen herleiten können.

Das Anpassen von Wasserpflanzen an das Landleben könnte nach den obigen Tatsachen, ähnlich dem Übergange der Wassertiere zum Landleben, sich aber ebenfalls schrittweise in den Gezeitenzonen der Schelfmeere oder in Brackwasserbereichen vom Kambrium ab vollzogen haben. Ob nur eine genetisch-definierte Formengruppe an dieser Entwicklung beteiligt war, oder auch andere; ob sich dieser Vorgang nur bei den dichotomen *Thalassiophyten* vollzogen hat, wird kaum noch jemals zu entscheiden sein. Jedenfalls sind die „als *Psilophyten* zusammengefaßten Ur-Landpflanzen viel mannigfaltiger, als es früher schien" [98]. *Banks* unterscheidet folgende Formen:

Rhyniophyta, „die noch weitgehend der Gestalt der vorangehenden Tange ähneln", Thalli mit endständigen Sporangien,
Zosterophyllophytina, mit seitenständigen Sporangien,
Trimerophytina, mit seitenständigen, di- und trichotomen Sporangien und vegetativen Sproßteilen (Telomen). Die letzteren dürften zu den Primofilices überleiten.
Bei diesen Formen muß es bereits zur Ausbildung der frühen Wasserleitbahnsysteme in den „Achsen" mit primitiven Spaltöffnungen, der Assimilationsgewebe und den an den Luftraum angepaßten Behältern gekommen sein, die die Fortpflanzungsorgane zu entwickeln in der Lage waren. Ebenso werden die am oder im Erdboden befindlichen Pflanzenteile Einrichtungen geschaffen haben, die zum Festhalten bzw. zur Wasseraufnahme aus dem Boden geeignet waren (Rhizoide, Rhizome). In den oberirdischen Telomen wandeln sich die sog. mechanischen Fasern der Tange zu Tracheiden (Leitbahnen mit Ringleisten), langgestreckte Zellen, die ihnen anliegen, bilden später den Siebteil. Auf diese Weise dürfte die Protostele im Telomzentrum entstanden sein. Später bilden sich mehrere Leitsäulen (Stelen) im Holzteil *(Asteroxylon).* Innerhalb dieser Formengruppe muß sich eine unterschiedliche Funktionsübernahme im Generationswechsel vollzogen haben. Wenn es auch unmöglich zu sein scheint, diese Vorgänge durch Fossilien zu belegen, (der sehr zarte Gametophyt dieser Pflanzen wird kaum erhalten geblieben sein; die Annahme der Kriechtriebe der *Rhyniales* als solche ist unerwiesen), müssen doch zwei Grundtendenzen für die phylogenetische Entwicklung zu den Landpflanzen angenommen werden. Aus den marinen isomorphen *Thalassiophyten,* bei welchen Sporo- und Gametophyt gleichartig entwickelt und mit Assimilationsfunktion ausgestattet waren (vgl. die Braunalge *Dictyota* [83]), lassen sich zwei heteromorphe Generationswechsel herleiten. Bei dem einen entwickelt sich auf dem Tropho-Gametophyten der nicht mehr voll assimilationsfähige Sporophyt (Lebermoos-Moostypus). An dem anderen, bei welchem der Gametophyt, der die sehr empfindlichen ans Wasserleben gebundenen flagellatoiden Fortpflanzungszellen entwickelt, der klein blieb, hat sich der Sporophyt zum entscheidenden Trophophyten von zum Teil recht beträchtlichen Ausmaßen entwickelt. Gerade in dem größenmäßigen Unterschied zwischen Sporophyten und Gametophyten sieht *Zimmermann* [98] den entscheidenden Fortschritt, der zur weiteren Entfaltung der Landpflanzen beitrug. Er erbrachte deren Überlegenheit gegenüber den Moosen. Durch den höheren Wuchs war eine bessere Verbreitung der Sporen möglich, so daß diese weit gestreut in den neu zu besiedelnden Landstrichen auch noch in Räume mit stagnierendem Wasser gelangten und entfernt vom Standort des Muttersporophyten neue Gametengenerationen bilden konnten. So war eine weite Verbreitungsmöglichkeit eröffnet worden. In der Frühzeit ihrer Entfaltung, solange noch kleindimensionierte Isosporie herrschte, dürfte dies ein entscheidender Vorteil gewesen sein.
Spätestens in der Karbonflora vollzieht sich in einigen Fällen der Übergang von Isosporie zu Heterosporie, ein Umstand, der auf zwei sich hinsichtlich ihrer Größenentwicklung unterschiedliche Genwirkungen durch Mutationen und Folgeprozesse bedingt sein mußte. Der weit ausgebreitete Pflanzenkörper mit Zellen mit diploiden Chromosomengarnituren ist mutationsauslösenden Prozessen stärker ausgesetzt als der kleine haploide Gametophyt. In den Populationen des ersteren konnten dann alle die verändernden Faktoren eintreten, wie sie auf Seite 103

aufgeführt worden sind. Die Fossilien jener Zeit bestätigen, daß es nach Herausbilden des heteromorphen Generationswechsels mit dem Trophophyten im Luftraum einerseits zu einer gewaltigen Ausbreitung dieser Lebewesen kommt, aber andererseits auch zum Erwerb neuer merkmalbildender Gengarnituren und neuer Arten und Fortpflanzungsmodi. Denn durch das erhöhte Nahrungsangebot des Trophophyten wurde es möglich, daß die weitgehend reduzierten männlichen und weiblichen Prothallien dann auf ihm verblieben und schließlich nur noch zu Behältern der Gameten (Pollen, Embryosack-Eiapparat) wurden. Trotzdem wurde die alte Errungenschaft, daß freibewegliche männliche Geschlechtszellen noch im Pollenkern entstehen (vgl. *Zamia* [83]), relativ spät in der Evolution durch die Einrichtung des Pollenschlauches abgelöst. Dies müßte als Beweis für die oben angeführte stammesgeschichtliche Entwicklungshypothese angeführt werden.
Der Übergang zur Samenbildung unter Fortfall der Gametogeneration könnte als ähnlicher Brutpflegevorgang gedeutet werden, wie er in der letzten Phase der tierischen Entwicklung mit vielen Anläufen bei den Plazentaliern verwirklicht worden ist.

3. Die Weiterentwicklung der Landpflanzen und das Problem der Telom-Übergipfelung

Hier müssen entscheidende Erbgutänderungen, welche zur Aufgabe des ursprünglich dichotomen Thallusaufbaus führten, aufgetreten sein. Diese Neubildung wird durch mannigfache Vorgänge der Reduktion und Verwachsung der ursprünglich gabeligen Bildungen bedingt, sie führt schließlich zur Ausbildung der Achse (Cormus), den Blättern und bedingt auch eine Differenzierung der ursprünglich nur der Verankerung im Boden dienenden Organteile. Die Art des Zusammenwachsens der Telome bedingt dann auch die Ausbildung der verschiedenen Leit- und Festigungsgewebe in den übergipfelnden Achsenteilen.
Auf einen gewissen gestaltlichen Unterschied bei den ersten Urlandpflanzen wurde schon hingewiesen. Die nachstehenden Bautypen müssen von diesen abstammen.

a. *Archeo-Lepidophyta (Urbärlappgewächse) Lepidophyta, rezente Lycopodiales*
Es handelt sich um Sproßpflanzen mit in den Telomen gegabelten Stelen und einfachen Gabelblättern, die Sporangien stehen auf der Oberseite der Sporophylle, echte Rhizome und Wurzeln fehlen.
Aus den *Rhyniales*, sich bereits seit dem Gotlandicum (Ob. Silur) herleitend, tritt im Verlaufe der Stammesgeschichte die Übergipfelung der ursprünglich gabeligen Gebilde auf, die mit den Urfarnen *(Pseudosporochnus* S. 100) ähnlich sind. Sehr bald aber erfolgt in den blattartigen Gebilden eine Reduktion, die zu den einfachen Nadelblättchen führt (Asteroxylon) oder die seitlichen Verzweigungen werden in die Bildung der urtümlichen Sproßachse einbezogen.
Aus den Urbärlappgewächsen lassen sich krautige Formen (Asteroxylon und die rezenten Lycopodien, mit peripheren Protoxylemsträngen in der Achse herleiten.
Aus den Achsen mit Actinostelen, aus denen durch Vermehrung der Protoxylemelemente bis zu etwa 50 sich entwickeln, gehen unter Bildung eines kleinen Holzteiles mit mächtigem Rindegewebe die *Lepidodendren* hervor, unter Entwicklung eines ausgiebigen Holzteiles mit Sekundärholz und geringer Rinde die *Sigillarien* der Karbonflora. Die heterosporen Typen dieser Formation werden in der Haupt-

sache durch *Lepidophyten* gestellt. Im amerikanischen Karbon scheinen aus dieser Gruppe bereits die samentragenden *Lepidospermen* vorzuherrschen.

Als *Lepidodendron* (Schuppenbaum) bezeichnet man bis 30 m hohe dichotom verzweigte Bäume bis zu 2 m Dicke, mit sekundärem Dickenwachstum und einem Korkkambium in der breiten Rinde, die bis zu 80 % des Stammquerschnittes ausmacht. Das Rindengewebe diente auch der Wasseraufnahme, über die sog. „Ligula" leiteten die Blattpolster das am Stamm herabrinnende Wasser [83].
Die *Sigillarien* zeigen an der Oberfläche des Stammes unregelmäßige sechseckige Blattpolsterspuren (Siegelbäume), aus denen einmal bis 1 m lange etwa 1 cm breite Blätter wuchsen. Rindengewebe ist nur gering entwickelt. Die pfriemlichen Blätter standen schopfartig am oberen Ende der meist unverzweigten Achse und umhüllten die im unteren Teile der Krone hängenden Sporophyllzapfen.
Lepidocarpon (= *Lepidospermae*) war ein baumförmiger Typus mit samenschalenähnlichen Gebilden (Makrosporagien). Er hatte oben eine Öffnung mit einer darunter befindlichen Kammer, die wahrscheinlich für die Aufnahme der Mikrosporen diente. Auf dem sich wahrscheinlich in ihr entwickelten Prothallien fand die Befruchtung statt. Der entstandene Embryo verblieb innerhalb der Makrosporangienwand, so daß sich bereits eine Art Samen bildete (vgl. Bildmaterial in [83, 98]).
Unter *Lepidostrobus* sind 1/4 m lange „Blütenstände (Zapfen) von heterosporen *Lepidodendren* mit bis zu 5 mm dicken Makrosporen beschrieben worden.

b. *Equisetophyta (Hyeniales, Calamitales, Equisetales) Schachtelhalmgewächse*
Sie sind zuerst durch die unterdevonische *Protohyenia*, die sich gegenüber den Urlandpflanzen (S. 99) durch den Erwerb der Wirtelstellung der Blätter unterscheidet, vertreten. Der ursprünglich dreizählige Wirtel *(Hyenia)* ist später durch „Verwachsung der Telome" untereinander bzw. der Blattbasen zustande gekommen, wobei die Zahl der „Blätter" von 3 auf 6 erhöht wurde. Später wurden die Blätter zu Zähnchen *(Equiestum)* reduziert. Bei der Gattung *Sphenophyllum* lassen sich die Verwachsungen freier Phylloide von Ober-Devon bis ins Rotliegende gut verfolgen. Die ursprünglich gabeligen Sporangienstände bei *Protohyenia* z. B. wurden im Verlaufe der Evolution durch Einkrümmung gebogen. Sie stehen bei den Primärformen noch zwischen den vegetativen Blättern, später kommt es bei *Calamiten* und Schachtelhalmen noch „zu einer Verwachsung der Sporangienträger, so daß die Sporangien in einer Scheibe hängen" (Abb. 7).

Die *Calamiten* (Röhrenbäume) waren baumartige bis zu 30 m hohe 1 m dicke Bäume besonders des Ober-Karbons und hatten bereits die wirtelige Verzweigungsform. Die z. T. hohlen (durch Zerstören parenchymatischer Zellen der Markhöhle und als besondere sog. Carinalhöhlen in Holz entstanden) monopodial gebauten Achsen hatten durch Kambium gebildetes Holz mit Netz- und Hoftüpfeltracheiden und waren mit Borke bedeckt.
Asterocalamites hatte noch gabelteilige Blätter, die späteren Formen schmal lanzettliche quirlständige Blattbildungen. Die sog. „Kriechtriebe, die im anatomischen Bau den aufrechten Achsen entsprechen, „ähneln" den Rhizomen der Angiospermen. Als *Astromyelon* sind abwärtswachsende Wurzeln mit einem ähnlichen Bau wie die Stämme beschrieben worden, die auch Sekundärholz bilden konnten. Schwächere Seitenorgane führen die Namen *Myriophylloides, Asthenomyelon, Zimmermannioxylon;* sie sind markarm mit gekammerter Rinde und Lakunen (vgl. rez. Wasserpflanzen) ausgestattet und vermutlich Seitenwurzeln.
Als *Calamostachys* bezeichnet man den Sporangienstand, in welchem bereits Makro- und Mikrosporen gebildet wurden.

c. *Pterophyta (Farne und Blütenpflanzen)*
Während man im Unter- und Mittel-Devon vornehmlich noch aus den *Rhyniales* sich herleitende isospore Vorläufer *(Primofilices)* der gesamten Pteridophyten wird annehmen können, fällt deren Zahl im weiteren Verlauf der Erdgeschichte bis zu den rezenten gleichsporigen Farnen immer mehr ab. Andererseits entwickeln sich aus ihnen von Mittel-Devon ab bis zum frühen Karbon die heterosporen Typen, also mit sog. Mikro- (männlichen) bzw. Makro- auch Mega- (weiblichen) Sporen, bzw. deren Behältern. Als fossile Vertreter ungeklärter Stellung könnte man die *Archaeopteris-, Stauropteris-* und *Spermatopteris-*Typen des mittleren Devon ansehen, die aber bereits als Bindeglieder zu den karbonischen Pterido-

spermen gelten können. Ergänzend dazu muß hervorgehoben werden, daß die Karbonflora auch heterospore Lepidophyten bzw. Calamiten und Sphenophyllen kennt. Wenn auch ausreichend gut belegtes fossiles Material fehlt, neigt man doch zu der Annahme, daß sich aus der Klasse der eigentlichen Farne die für die weitere Entwicklung wichtigen Pteridospermen (Progymnospermen) entwickelt haben. Der entscheidende Schritt dazu wird nach *Hofmeister* u. a. darin gesehen, daß sich gerade die großen mit Reservestoffen ausgestatteten Megasporen zur Weiterentwicklung der jungen Zygoten dieser Pflanzen eigneten, so daß eben die Ausbildung der ursprünglichen Gametophytengeneration überflüssig wurde. Da die wenigen noch rezenten heterosporen *Filices* an das Wasserleben gebunden sind, könnte man folgern, daß auch deren Vorfahren (diese Entwicklung muß bereits im Devon begonnen haben) an ähnliche Biotope gebunden gewesen sein dürften, wofür ja gerade wiederum das Maximum ihrer Entfaltung in den Karbonsümpfen spricht. Die Makro- und Mikrosporen wurden zunächst in den damaligen seichten Wässern zusammengeschwemmt und die Spermien der letzteren konnten somit leicht die in den Megasporen befindliche Eizelle befruchten. Nach der Kopulation hat sich der Keimling, unterstützt durch die in den Makrosporen gespeicherten Nährstoffe, sofort entwickeln können, so daß eine vorherige gesonderte Gametophytengeneration als Trophophyt überflüssig wurde. Aus der Formenfülle der devonisch-karbonischen Farnfossilien seien wiederum nur einige für unsere Betrachtung bedeutsamere Vertreter aufgeführt.

Pseudosporochnus, eine bereits 1881 aus dem Mitteldevon Böhmens beschriebene Form, schließt sich unmittelbar an die *Protoperidales* (S. 99) an. Nur ist bei letzteren die bedeutsame Übergipfelung der Achse eben erst angedeutet. Die etwa 2 m hohen Bäumchen, deren gabelige Telomstände „bald von vegetativem Charakter (also als Vorstufen der Laubblätter) bald von fertilem Charakter (also Sporangienstände)" sind, zeigen bereits gut die Übergipfelung und damit die Differenzierung in Achse, laubblattartige und sporophyll-ähnliche Seitenorgane und Wurzeln. Sie sind daher bereits als Vorstufen der späteren Kormophyten, ähnlich auch *Cladoxylon* (Ober-Devon- bis Unter-Karbon) anzusehen.

Archaeopteris (Oberdevon) waren Bäume mit Farnwedeln von typischem Gabelbau der Fiederchen und Gabelnervatur, sowie mehreren Protostelengruppen im Stämmchen. Da die Form bereits Anklänge zu den Cycadophyten wie auch zu den Koniferen (*Pinaceae*) aufweist, wird sie als „Progymnosperme" geführt.

Nach der Form der Wedel bezeichnet man als *Sphenopteris*, typisch gefiederte Farne der Karbonflora, als *Neuropteris* und *Pecopteris*, mit weniger reich gefiederten Wedeln, solche von „*Polypodium-ähnlichen*" Bau der Karbonflora und mit *Glossopteris*, mit noch stärker verwachsenen Fiedern, die typischen Vertreter der sog. Gondwana-Flora des Perm. Mitgefundene Megasporophylle (*Pecopteris*) deuten an, daß diese Formen wohl schon zu den Pteridospermen zu zählen sein werden. Bei *Gigantopteris* zeigen die Wedel deutlich fortschreitende „Verwachsung". Zimmermann deutet an: „Bemerkenswerterweise herrschen bei den Angiospermen weniger geteilte Blätter stärker vor als bei den Farnen" (vgl. S. —), wofür hier ein evolutionärer Trend zu entdecken wäre. Das *Lyginopteris*-Stämmchen zeigt ein offenes, deutlich gegabeltes Leitbündelsystem mit Protostelen und zentralem Protoxylem. *Lyginodendron* (zunächst als *Sphenopteris* beschrieben) war eine Kletterpflanze mit 4 cm dicken Stämmchen und reich gefiederten Wedeln. Das Stämmchen aber zeigt bereits sekundäres Dickenwachstum, jedoch keine Jahresringe (Klima!). Die Tracheiden des Holzes besitzen bereits Hoftüpfel, weshalb es sich bei dieser Form auch bereits um eine Pteridosperme handeln dürfte [83].

d. *Das Seßhaftwerden der Megasporen und das Entstehen der Befruchtungsmechanismen auf dem Sporophyten* [83; 98]
Der stammesgeschichtlich entscheidende Schritt in dieser Entwicklung aber dürfte der Erwerb der Fähigkeit des Festgewachsenbleibens der Makrosporen in der

Hülle des Megasporangiums zu suchen sein. Es entwickelten sich zunächst verschiedene Hüllen (Sporangium-, Sporenwand) um sie, an deren oberen Ende die Eizellen zu liegen kamen. „Die Entstehung solcher Hüllen (später Cupula und Integument) aus gegabelten Telomsystemen, die dem Sporangien homolog waren, ist gut belegt" [96].

Die Mikrosporophylle ähneln denen der Megasporophylle, die sich darin entwickelten Mikrosporen dürften zu dem Megasporophyllen hingeweht worden sein. Da aber zur Befruchtung Wasser notwendig war, wurde in den Kammern, welche die Eizellen enthielten, zunächst ein sog. Pollinationstropfen (vgl. *Taxus, Cupressus*) ausgeschieden. In ihm lagerten sich die Mikrosporen ab und gelangten nach Verdunsten des Tropfens ins Innere der Kammern und entließen dort ihre Spermien zur Befruchtung. Aus dieser Sicht wird also der phylogenetische Weg von den heterosporen Farngewächsen über den Pteridospermen-Typus (Ur-Samenpflanzen zu der ersten Stufe der Ur-*Cycadophyta*, Samenpflanze mit Spermienbefruchtung) erklärbar. Ein Unterschied zwischen den beiden letzten Organisationsformen besteht nur darin, daß die Mikrosprophylle der Pteridospermen endständig oder an gemischten zur Assimilation befähigten Sporophyllen saßen, während sie bei den Ur-Cycadophyten bereits in unmittelbare Nähe der endständigen Megasporophylle gerückt erscheinen. (Über die Entwicklung zu Gymnospermen mit Pollenschlauchbefruchtung und Entstehen einer Zwitterblüte mit Bt-Hülle der *Cycadophytina* vgl. [98]).

Der sich aus der Befruchtung im Megasporangium entwickelnde Keimling war von verschiedenen Hüllen (Sporangium-, Sporenwand und Sporenmembran) umgeben und ist demnach bereits als Frucht nicht nur im ökologischen Sinne aufzufassen.

e. *Der Übergang zum Gymnospermen- bzw. Angiospermentypus und die damit zusammenhängenden gestaltlichen und funktionellen Umwandlungen (Abb. 9)*

Da sich in den Karbonfloren wenigstens drei verschiedene Organisationstypen von samen-entwickelnden Pflanzen finden, muß angenommen werden, daß diese Ancestoren für die später zur Dominanz kommenden Gewächse geworden sind. Am wenigsten wahrscheinlich ist, daß sich Pflanzen vom *Lepidospermen*-Typus, obwohl fossil Samen und Fruchtbildung gut erhalten sind, zu ihnen weiter entwickelt haben. Die Angiospermen dürften aus Pteridospermen über die *Cycadophyta* (Abb. 9) herzuleiten sein, während die Gymnospermen etwa über die *Gingkophyta* (noch heute wird Gingko zu den sog. *Coniferophytina* gezählt) entstanden sind. Auch die Schachtelhalmverwandten scheinen im Oberdevon den Typus der Samenbildung erreicht zu haben, jedoch sind Einzelheiten über deren Fortpflanzung nicht bekannt.

Während die Karbonpflanzen reich gegliederte Wedel (*Sphenopteris*-Typus) zeigen, kommt es gegen Ende dieser Erdzeit durch fortschreitende Verwachsung (*Neuropteris-Sphenopteris*-Typus) zu Blattbildungen mit Netznervatur, wie sie später bei den Angiospermen vornehmlich zu finden ist. Durch Übergipfelung, Planation und Verwachsung, wobei es zur Vernetzung der Adern kommt und meist ganzrandige oder nur kleine Zähnchen an den Rändern sich bilden, entstand so der Typus des dicotylen Blattes. Das der Monokotylen geht offenbar auf ein Rundblatt *(Allium, Juncus)* zurück, welches dann durch Abflachung sich zu dem Grammineen- bzw. Iristypus umbildet.

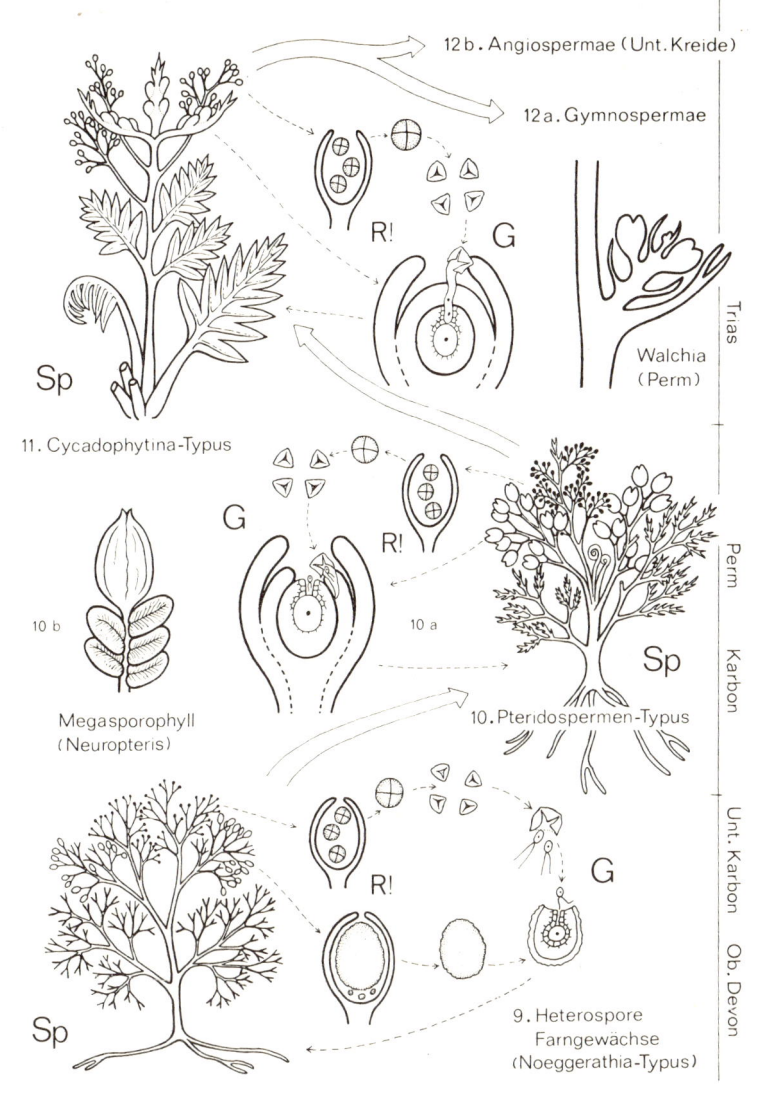

Abb. 9: Entwicklung von Sporenpflanzen zu Samenpflanzen
9. *Heterospores Urfarne (Archaeopteridales-Noeggeratiales-Typ)* des Oberen Devon bis Unt. Karbon; „fossil überliefert sind nur Parallelformen, die als Modell ein Bild von den Vorfahren unse-

rer heutigen Blütenpflanzen vermitteln können. Da alle Hauptgruppen der Farngewächse, soweit sie fossil überliefert worden sind, die Stufe der Heterosporie erreicht zu haben scheinen (im Karbon), kann bisher keine Form (Eospermatopteris?) als unmittelbare Ahnengruppe angesehen werden. Sie wird daher nur als Modell einer phylogenetisch möglichen Organisationsstufe aufzufassen sein.

10. *Ursamenpflanzen (Pteridospermae bzw. Gymnospermer Typ)* der Karbon-Permzeit. Charakteristisch an ihnen ist, daß Spermienbefruchtung stattfindet, wobei die Megaspore die Sporenhülle auf der Mutterpflanze nicht mehr verläßt, der zelluläre Gametophyt mit der Eizelle in ihr verbleibt und das Megasporangium nach der Befruchtung zum Samenbehälter wird (vgl. die oft fossil gefundenen sog. *Lepidocarpon*früchte der Oberkarbon).

10a. Skizzenartige Darstellung dieses Vorgangs

10b. Fossil nachgewiesene Megasporophylle von *Pecopteris* und *Neuropteris*. Auch hier läßt sich noch keine bisher gefundene Pteridospermen-Art als Ancestor der heutigen Blütenpflanzen charakterisieren.

11. *Cycadophytina-Typus* (Mesozoikum: Trias): Die heute noch vorhandene Gattung *Cycas* (Sagopalmen) eröffnet die Denkmöglichkeit, daß ihre mesozoischen Vorfahren als „Connecting Link" zu den Angiospermen und die aus dem Perm bekannte Gattung *Walchia* bzw. *Lebachia* als solche zu den Gymnospermen, angesehen werden können.

11a. Skizzenhafte Darstellung einer *Cyadophytina* mit Pollenschlauchbefruchtung, während bei deren permischen Vorläufern, den Ur-Cycadophyten (vgl. rezent noch die Gattung *Zamia*), noch Spermienbefruchtung angenommen wird.

11b. Der hier wiedergegebene weibliche Blütenstand von *Walchia*; Achse mit gegabelter Deckschuppe, in deren Achsel das Sporangium mit 2 Samenanlagen und den dazu gehörigen Deckschuppen sich findet, deutet die Etnstehung der Coniferenblüte an.

Vereinfacht sei hier auf die Entwicklung der Leitbahnsysteme in der Achse dieser Pflanzen eingegangen [8; 83; 98].

Bei den *Rhyniales* (S. 99) bildet sich die Protostele (Abb. 8) im Zentrum mit innen gelegenem Protoxylem aus, welches nachträglich ringsum von Metaxylem umhüllt wird. Im weiteren Verlauf *(Lyginopteris)* gabeln sich die Leitelemente und bleiben zunächst im Stamminnern ohne zu vernetzen offen. Bei den Lycophyten (Bärlappgewächse) entsteht daraus von an verschiedenen Seiten peripher gelagerten Protoxylemelementen ein sich nach innen differenzierendes Metaxylem (zentripetal), wodurch der Holzkörper einen strahligen Querschnitt erhält (Actinostele). Die Schachtelhalmgewächse *(Equisetophyta)* bilden um ein zentral gelegenes Mark regelmäßig gelagerte Leitbündel aus, die durch Markstrahlen getrennt sind. Metaxylemelemente differenzieren sich zentrifugal.

Die *Pterophyta* (Farne und Blütenpflanzen) entwickeln zunächst im Mark gelagerte Poly- oder Eustelen (Teilstelsysteme) aus. Im obersten Karbon treten bei den Pteridospermen in der Achse wie in den Wedeln Vernetzungen auf. — „Diese Teilstelen sind vor allem bei den Zweikeimblättlern in einem Zylinder angeordnet. Dadurch kann außen an das Metaxylem anschließend (also zwischen Holz- u. Siebteil) Sekundärholz gebildet werden (sekundäres Dickenwachstum)" [96].

Der weitere evolutionäre Trend drückt sich in der Ausbildung der Leitsysteme in den Pflanzen, insbesondere im Holzgewebe aus. Letzteres setzt sich aus den Tracheiden, mit sog. mikroporen Gefäßen, den Gefäß- oder Tracheenzellen und den Parenchyzellen zusammen.

Es lassen sich bei den einzelnen Blütenpflanzenklassen folgende Bautypen finden:

Typus I (gymnospermaler Primitivtypus, bei allen Gymnospermen außer *Gnetum* und *Ephedra* und den angiospermioiden *Winterales*) hat noch keine Gefäßzellen im Holz, sondern nur Tracheidengrundgewebe, welches zum Leiten und Speichern des Wassers dient. Die Anordnung der Tüpfel nach allen Richtungen gestattet eine Wasserführung in axialer, tangentialer und radiärer Richtung auch über die Jahresringe hinweg.

Typus II (angiospermer Primitivtypus, *Ephedra, Gnetum, Fagus, Castanea*, Leitsystem der Vertreter der sommergrünen Bäume der gemäßigten Zone) besitzt ein tracheidales Grundgewebe, welches von Tracheen durchzogen ist und z. T. weitlumige Frühholzgefäße besitzt. Wasser fließt nach allen Richtungen weiter durch das tracheidale Gewebe.

Typus III (Rhamnus-Typus, aber auch *Hedera, Ulmus, Juglans, Quercus*, z. T. Vertreter der Subtropen) ist charakterisiert durch getüpfelte Tracheiden und Tracheen, die zu gesonderten Komplexen zusammengefaßt sind. Mikropore Gefäße (megapor in der sog. *Albizzia*-Reihe, *Juglans*) liegen inmitten der Tracheiden. Es besteht kein Tüpfelkontakt an den Jahresringgrenzen und zu anderen Geweben mehr. Die Holzfaserkomplexe führen kein Wasser, sie sind mit Luft gefüllt und haben hauptsächlich Festigungsfunktion.
Typus IV (*Populus, Salix, Aesculus*-Typus), bei ihm ist kein Tüpfelkontakt über die Jahresringe und zu den Holzfasern vorhanden. Die Trennung zwischen den Jahresringen erfolgt durch sich im Spätholz hinziehende Parenchymschichten. An Stelle des Grundgewebes überbrücken Gefäßnetze die Jahresringgrenzen. So kann Wasser auch noch in das tote Holzfasergrundgewebe gelangen und gespeichert werden (bei *Vaccinium* wird Stärke gespeichert). Die Fernleitung des Wassers ist auf das Gefäßnetz übergegangen.
Typus V (*Acer, Fraxinus*-Typus), hier wird Wasser nur noch in den Gefäßen, die über die Jahresringe hinwegziehen, geleitet. Das tote Holzfasergrundgewebe hat nur noch Festigungsfunktion, da zwischen diesen viele Interzellularen vorhanden sind, dient es auch der Durchlüftung des Holzes.

Danach lassen sich je Typus folgende funktionelle Eigenheiten feststellen. In Typus I übernehmen neben der Wasserleitung und Speicherung die Tracheiden auch die Festigungsfunktion. Sobald die Tüpfelsysteme reduziert sind und tote Holzfaserkomplexe auftreten, die kein Wasser mehr leiten, übernehmen diese die Festigungsfunktion (vgl. Typus III). Das Wasserleitsystem geht über auf die Tracheen-Gefäßbereiche, die sich zu einem geschlossenen Netzsystem vereinigen. Holzsfasergrundgewebe kann der Speicherung dienen (Typus IV). Schließlich wird die Wasserleitung und Speicherung nur noch durch die Gefäße bewerkstelligt. Die Holzfasern übernehmen Festigungsfunktion und speichern Luft.
Im Verlaufe der Evolution findet also eine „divergierende histologische Entwicklung mit funktioneller Arbeitsteilung" in den Leitsystemen der Achsen statt. Die Reduktion der Tüpfelsysteme wird hauptsächlich bei den Lebenstypen der nördlich gemäßigten Zone, wo verhältnismäßig langsame Transpirationsströme erforderlich sind, beobachtet (Typus IV), während bei Bäumen der Tropen und Subtropen (*Juglans-Albizzia*reihe), die den II.—IV. und V. Typus angehören, wenigstens zeitweise schnelle Transpirationsströme nötig erscheinen. Hier geht die Tendenz dahin, daß sich solche Formen mit weitlumigen Gefäßen mit schützenden Parenchymscheiden umgeben. Es scheint aus solchen Feststellungen, neben der Tatsache, daß im Verlaufe der Evolution dieser Pflanzen eine Trennung zwischen Wasserleitung und Festigungssystem stattfindet, auch die Erkenntnis zu resultieren, daß man einen Aufschluß über die Transpirationsanforderungen in bestimmten Zeiten und Klimaten erhalten kann. Während in Trias, Jura und der unteren Kreidezeit (Gymnospermenzeit, Typus I) i. g. noch keine Klimazonen auf den Kontinenten festzustellen sind, drücken sich die klimatischen Veränderungen, die mit der Unterkreide in den folgenden Perioden platzgreifen, auch in der morphologischen und funktionellen Umgestaltung der Leitsysteme der Kormophyten aus.
Wie schon bei der Blattentstehung anklang, nehmen auch hier die unregelmäßig um die ganze Achse ausfüllend gelagerten Leitbündel der Monokotyledonen, sowie die Vorgänge bei der Kambium- und Sekundärholzbildung eine Sonderstellung ein.
Die wesentliche Neuerrungenschaft, wahrscheinlich mehrmals aus den oben genannten Grundformen sich herausbildend, dürfte die Umgestaltung des Befruchtungsmechanismus gewesen sein. Die ursprünglich in der Megaspore freiliegende Eizelle bleibt von deren Wand eingeschlossen, so daß die Spermien, die sich aus den Mikrosporen bilden, nicht mehr frei beweglich zu ersterer gelangen können. Die Ausbildung des Pollenschlauches, je nach Ursprung verschieden, bringt nun

die zur Zygotenbildung notwendige genetische Substanz (generativer Kern) zu der Eizelle. Diese Einrichtung ist bei den ältesten Coniferen des obersten Karbon und Perm bereits nachgewiesen. Unter anderen lassen sich aus *Walchia, Lebachia* (Perm) Megasporangien mit entsprechenden telomartigen Bildungen die Coniferenblüte mit Deck- und Fruchtschuppe herleiten, wobei die Internodien kurz bleiben und spiraligen Aufbau zeigen (Zapfen). Wenn auch leider keine zuverlässigen „Combining Links" vorliegen, dürften sich die Angiospermen in der Hauptsache (s. o. Wasserleitungssystem) aus den Pteridospermen des Karbon, eventuell über die *Cycadophyta,* man vergleiche die Fruchtknotenbildung, herleiten lassen. Bei den *Bennettitales,* einer mesozoischen Nebenreihe, erscheint bereits die Zwitterblüte mit Blütenhülle und bei den *Caytoniales* (Rhät, Jura) ist bereits die Fruchtknotenbildung erkennbar. Sie läßt sich aus einem ursprünglich flächigen Sporophyll durch Einrollen und Zusammenwachsen der gabeligfiederigen Sporangien erklären. Je nachdem ob ein Sporophyll mit randständigen Sporangien zusammenwächst, entsteht der einfächerige Fruchtknoten *(Ranunculaceae,* Balg bzw. Hülse), oder wenn viele zu mehrfächerigen zusammenwachsen, entstehen Fruchtknoten mit gefächerten, rand- oder zentralständigen Samenanlagen (Phyllosperme Fruchtknotenentstehung).

Aus den Mikrosporangien der ersten Urlandpflanzen (S. 101) lassen sich unschwer die Staubblätter mit ihren Pollensäcken herleiten, wobei bei einzelnen Staubblatttypen die noch ursprünglich echte Gabelung der Teile erhalten geblieben ist *(Ricinus, Betula, Tilia).*

Nach der Regel der schon genannten Übergipfelung bleibt die ursprünglich entstandene piralige Anordnung der Blütenorgane *(Magnolia, Ranunculus)* erhalten, es kommt an den Sproßenden zur Verkürzung der Internodien der unter den fertilen Organen stehenden Laubblätter. Sie rücken in die Blüte ein, übernehmen Schutz-(Kelch) bzw. Anlockungsfunktion (Blütenblätter) für die später den Pollen übertragenden Insekten.

Alle weiteren Umbildungen der angiospermen Fortpflanzungsorgane sind weitgehend sekundäre Erscheinungen, die man ähnlich bei allen übrigen Klassen des Pflanzen- und Tierreiches als Rückbildungen nach entsprechender Spezialisierung feststellen kann. Hierzu gehören: Mehrkernigkeit des Embryosacks, Dreikernigkeit der Mikrosporen, (Pollenschlauch), sekundäre Verwachsung der Staubblätter (Leguminosen, Compositen), Reduktionserscheinungen mit Blütenstand (Cyathium) und der damit verbundene Übergang von der zymösen Rispe zur Einzelblüte bzw. zu den eine Einzelblüte vortäuschenden Blütenständen (Umbellum, Compositenblütenstand), der Übergang vom primären Versorgungssystem des Keimlings durch das triploide Endosperm zur Speicherung der Nährstoffe in den Cotyledonen und letztlich bei einigen die stufenweisen Verluste der Photoautotrophie (Heinricher-Reihe der *Scrophulariaceae)* bis zum Parasitismus der Blütenpflanzen. Ja sogar einen gewissen Rückfall in einen dichotom-thallösen Zustand lassen die tropischen Podostemonaceen erkennen. Sie alle haben sich erst nach Erwerb des stammesgeschichtlichen Ereignisses vollzogen, das durch den Verbleib der Gametegeneration auf den Sporophyten seit Ende des Karbons bzw. Perms über die Erdmittelalterzeit bis in unsere Erdperiode gekennzeichnet ist, ohne daß man dafür immer die entsprechende schlüssige Ursache angeben kann.

Für die unterrichtliche Praxis aber, besonders wenn aus der Arbeit der Unterstufe (Bestimmungsübungen, Blütenformelvergleiche, Erarbeiten des Familienbegriffs durch vergleichende Blütenpflanzenanalysen) wichtige Vorarbeiten für diese Fragen geleistet worden sind, lassen sich leicht die vermutlichen Entwicklungstendenzen der Mono- wie der Dikotylenevolution durch Vergleiche des Blütenbaues aufzeigen.

f. *Evolutive Trends bei den Angiospermen auf Grund ihres Blütenbaues*

Die Formenmannigfaltigkeit ihres Blütenbaues erlaubt einige stammesgeschichtliche Zusammenhänge aufzudecken. In den durch die Pollenanalyse erschlossenen tertiären und quartären Schichten deutet vieles darauf hin, daß der eingeschlechtliche Blütenbau, wie er sich aus der Evolution von den Pteridospermen und Gymnospermen ergibt, auch bei den bedecktsamigen Pflanzen als der ursprüngliche anzusehen sein wird (Übersicht 5, *Monochlamydeae*). Wenn auch nicht zuverlässig entschieden werden kann, ob die Angiospermenblüte mono- oder polyphyletisch entstanden sein wird, so scheint doch, daß der *Polycarpicae*-Blüte ein gewisser ursprünglicher Rang eingeräumt werden muß (Übersicht 6 und 7). Dafür spricht, daß die einzelnen Blütenorgane in spiraliger Stellung auf dem Blütenboden in sehr unterschiedlicher Vielzahl vorkommen, die bis zur Dreizahl, bei den Fruchtblättern bis zur Einzahl (*Delphinium consolida*) reduziert sein können. Die Vielgestaltigkeit der Laubblätter (S. 106) deutet auf Ursprünglichkeit hin. Das Vorkommen von actinomorphen und zygomorphen Blüten läßt sie als Ancestoren für andere Blütenbautypen erscheinen, so mit Fünfzähligkeit für *Rosales*, Vierzähligkeit für die *Myrtales*; randständige Plazenten deuten auf die *Rhoeodales*, zentrale auf die *Centrospermae* und über diese zu den Sympetalen hin. Auch die Monocotylen, deren vorherrschende Dreizähligkeit im Blütenbau, das geringe Vorkommen von Holzgewächsen, deren anders gestaltete Modi des Dickenwachstums (S. 109) lassen den Anschluß an ausgestorbene *Polycarpicae* vermuten, während Blattbau und Parallelnervatur (S. 106, 110) keine ausschließlichen Merkmale (vgl. *Plantago*) dieser Klasse sind. Andererseits läßt die besondere Aufgabe des Keimblattes (Scutellum) keinen unmittelbaren Anschluß erkennen, ob man die Verwachsung der beiden Keimblätter bei *Ranunculus ficaria* als Verwandtschaftstrend bewerten soll, wird von verschiedenen Autoren [16] bezweifelt.

Unter den Blühorganen sind die Einzelblüte (*Polycarpicae*, *Rhoeodales*) oder der zymöse Blütenstand mit einer Vielzahl von Generationsorganen, als die ursprünglichen, die Massierung der Einzelblüten zu Blütenständen, die immer mehr ökologisch den Charakter einer Einzelblüte annehmen (Dolde, Körbchen, Cyathium), wobei es oft zu Reduktionen der Generationsorgane kommen kann, als die fortgeschrittene Daseinsform anzusehen. Als weitere stammesgeschichtliche Sonderheit in der Phylogenie der Blütenpflanzen sollte festgehalten werden, daß es im Verlaufe der Blütenumbildungstendenzen zu einer Abnahme der Holzgewächse und einer Zunahme von Kräutern und Stauden kam.

Wenn in den Endreihen einzelner angiospermer Familien stabile Merkmalkombinationen auf verwandtschaftliche Zusammenhänge hindeuten (*Borraginaceae-Labiatae*, *Solanaceae-Scrophulariaceae*), so zeigen andererseits in einzelnen Familien bestimmte Arten (*Rubus*, *Hieracium*) eine große Formvariabilität und damit auf noch vorhandene Neukombinationen des Genoms hin. Auch der Übergang vom apokarpen Fruchtknoten zum synkarpen Typus und damit sein Einsinken in den Blütenboden, sowie der Übergang vom radiärsymmetrischen Blütenbau zum zweiseitigsymmetrischen dürfte auf eine Weiterentwicklung im evolutionären Sinne zu deuten sein. Das Auftreten von zufällig pelorischen Blüten bei normaler Zygomorphie spricht für diese Annahme (Atavismus).

Übersicht 5 *(Monochlamydeae)*

? gymnospermale Ahnenformen (Typ 1 u. 2 des *Hydrosystems*)

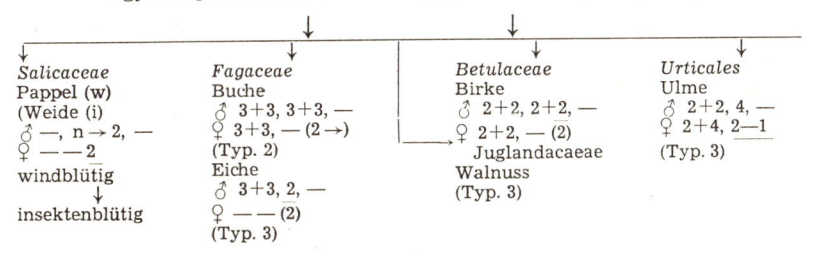

Salicaceae	Fagaceae	Betulaceae	Urticales
Pappel (w)	Buche	Birke	Ulme
(Weide) (i)	♂ 3+3, 3+3, —	♂ 2+2, 2+2, —	♂ 2+2, 4, —
♂ —, n → 2, —	♀ 3+3, — (2 →)	♀ 2+2, — (2)	♀ 2+4, 2—1
♀ — — 2	(Typ. 2)	Juglandaceaee	(Typ. 3)
windblütig	Eiche	Walnuss	
↓	♂ 3+3, 2, —	(Typ. 3)	
insektenblütig	♀ — — (2)		
	(Typ. 3)		

Übersicht 5: Mögliche Entwicklung der *Monochlamydeae* aus gymnospermalen Ahnenformen

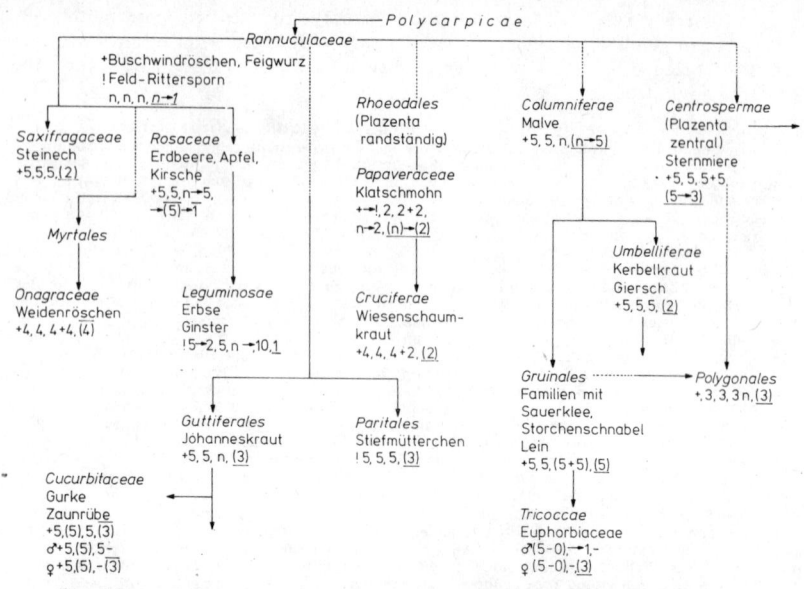

Übersicht 6: Mögliche Entwicklungswege einiger nicht-verwachsen-blumenkronblättrigen Blütenpflanzen *(Dialypetalae)*

Polycarpicae

Ranunculaceae
+Buschwindröschen, Feigwurz
!Feld-Rittersporn
n, n, n, n→1

Saxifragaceae
Steinech
+5, 5, 5, (2)

Rosaceae
Erdbeere, Apfel, Kirsche
+5, 5, n→5, →(5)→1

Rhoeodales
(Plazenta randständig)

Papaveraceae
Klatschmohn
+→!, 2, 2+2, n→2, (n)→(2)

Columniferae
Malve
+5, 5, n, (n→5)

Centrospermae
(Plazenta zentral)
Sternmiere
· +5, 5, 5+5, (5→3)

Myrtales

Onagraceae
Weidenröschen
+4, 4, 4+4, (4)

Leguminosae
Erbse Ginster
!5→2, 5, n →10, 1

Cruciferae
Wiesenschaumkraut
+4, 4, 4+2, (2)

Umbelliferae
Kerbelkraut Giersch
+5, 5, 5, (2)

Guttiferales
Johanneskraut
+5, 5, n, (3)

Paritales
Stiefmütterchen
!5, 5, 5, (3)

Gruinales
Familien mit Sauerklee, Storchenschnabel, Lein
+5, 5, (5+5), (5)

Polygonales
+, 3, 3, 3n, (3)

Cucurbitaceae
Gurke Zaunrübe
+5, (5), (5), (3)
♂ +5, (5), 5, -
♀ +5, (5), -, (3)

Tricoccae
Euphorbiaceae
♂ (5-0), →1, -
♀ (5-0), -, (3)

Übersicht 6: Mögliche Entwicklungswege einiger nicht-verwachsen-blumenkronblättrigen Blütenpflanzen *(Dialypetalae)*

Centrospermae

Ericales
Pirolaceae
+5, 5, 5+5, (5)
B. wechselstdg.

Contortae

Gentianaceae
Enzian
+5, (5), 5, (2)
B. gegenstdg.

Columniferae, Gruinales

Tubiflorae

Convolvulaceae
Zaunwinde
+5, (5), 5 (2)
B. wechselstdg.

Personatae

Solanaceae
Kartoffel
+5, (5), 5, (2)

Guttiferales

Synandrae

Umbelliflorae

Rubiales

Rubiaceae
+!5→4, 5→4, (2→3)

Ericaceae
Heidekraut
+5, (5), 5+5, (5)

Primulaceae
Gartenprimel
+(5), (5), 5, (5)

Oleaceae
Flieder
+4, (4), 2, (2)

Borraginaceae
Beinwell
+5, (5), 5, 2
4 Klausen
B. gegenstdg.

Labiatae
Taubnessel
!5, (5), 4, 2
4 Klausen
B. gegenstdg.

Scrophulariaceae
+→!5→4, (5→4), 5→2, 2

Orobanchaceae
Sommerwurz

Campanulaceae
Glockenblume
·+(5), (5), 5, (3)

Compositae
+!P. (5), (5), 2→1

Plantaginaceae
Wegerich
+(4), (4), 4, 2

Caprifoliaceae
!(5), (5), 5, 2→3

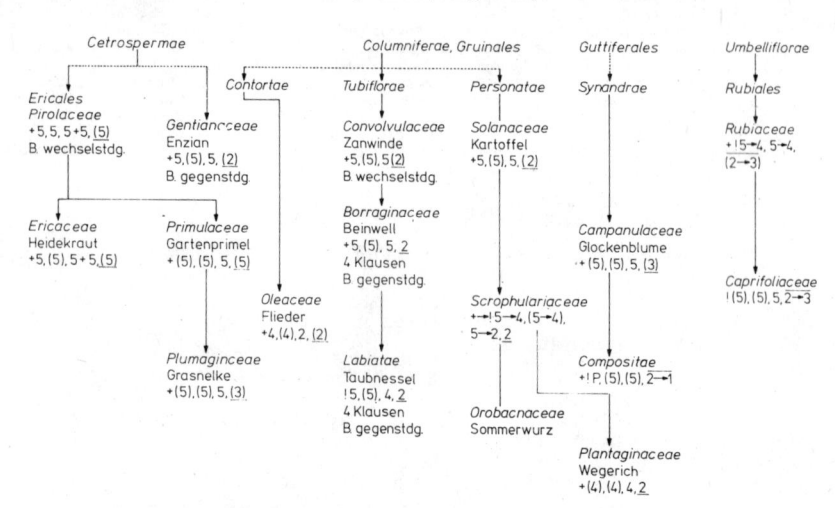

Übersicht 7: Mögliche Entwicklungswege einiger verwachsen-blumenblättriger Blütenpflanzen *(Sympetalae)*

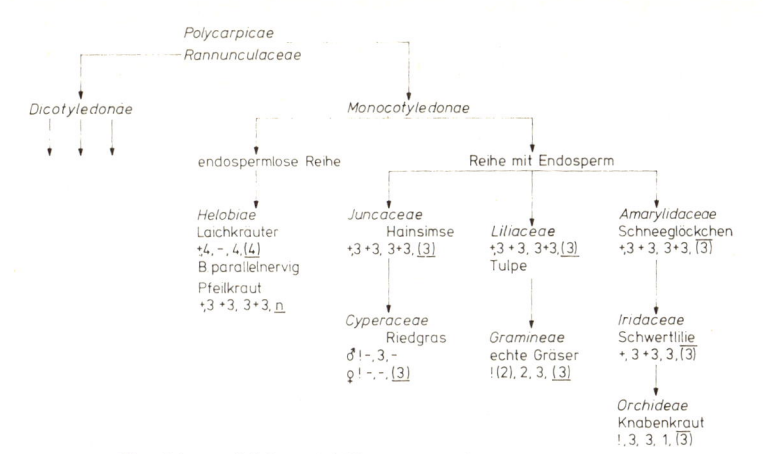

```
                          Polycarpicae
         ┌──────────── Rannunculaceae
         │                    │
         ▼                    ▼
   Dicotyledonae         Monocotyledonae
    │  │  │              ┌─────┴─────┐
    ▼  ▼  ▼              ▼           ▼
              endospermlose Reihe   Reihe mit Endosperm
```

Helobiae	*Juncaceae*		*Amaryllidaceae*
Laichkräuter	Hainsimse	*Liliaceae*	Schneeglöckchen
+4,-, 4,(4)	+3 + 3, 3+3, (3)	+3 + 3, 3+3,(3)	+3 + 3, 3+3, (3)
B parallelnervig		Tulpe	
Pfeilkraut			
+3 + 3, 3+3, n			
	↓	↓	↓
	Cyperaceae	*Gramineae*	*Iridaceae*
	Riedgras	echte Gräser	Schwertlilie
	♂!-,3,-	!(2), 2, 3, (3)	+, 3 + 3, 3, (3)
	♀!-.-, (3)		
			↓
			Orchideae
			Knabenkraut
			!, 3, 3, 1, (3)

Übersicht 8: Mögliche Entwicklungswege einiger einkeimblättriger Blütenpflanzen *(Monocotyledonae)*

Zeichenerklärung zu Übersicht 5, 6, 7 und 8:

Es bedeuten: + = regelmäßiger, ! = zweiseitigsymmetrischer Blütenbau, die Zahlenangaben bedeuten der Reihe nach: Kelch, Blumenkronblätter, Staubblätter, Fruchtblätter, n = verschieden oder mehr als 20 der gleichen Organe, ( ) = verwachsenblättrig, $\overline{1}$ = Fr. oberständig, $\underline{1}$ = Fr. unterständig.

Bestäubungsökologisch wandelt sich die bei den Gymnospermen sicher ursprüngliche Windblütigkeit bei den Angiospermen zu gleichrangiger Wind- und Tierbestäubung um. Erst die Endreihen der Entwicklung zeigen Einrichtungen zu Eigenbestäubung bzw. gehen zur Apogamie über.

Auch die ursprünglichen Endprodukte des Photosynthese-Stoffwechsels Stärke und Zucker, die im wesentlichen für die Lebewesen seit Erreichen dieser Fähigkeit (S. 95) die Hauptassimilate der sog. „Grünen-Entwicklungsreihe" (Chlorophyceae-Thalassiophyta-landlebende Sproßpflanzen) darstellen, erfahren in den Endreihen der Angiospermen-Entwicklung Abänderungen (Inulin, Milchsaft, Öl).

Serologische Untersuchungen bei Blütenpflanzen um stammesgeschichtliche Beziehungen aufzudecken sind im Anschluß an ähnliche Untersuchungen bei Tieren [68] neuerdings wieder bei Pflanzen versucht worden. Da jede serologisch aktive Substanz in ein Wirbeltier (z. B. Kaninchen) injiziert als Fremdeiweiß eine Antikörperreaktion hervorruft, kann man mittels Fällungsreaktionen, ohne daß vorher die Konstitution der Eiweiße aufgeklärt wird, feststellen, welche Gattungen einen hohen Grad an Gemeinsamkeiten in serologischer Hinsicht besitzen. Damit konnte gefunden werden, daß z. B. Gattungen mit gleichen Chromosomensätzen, gleichen Fruchtbildungen über die systematische Familiengrenze hinweg verwandtschaftliche Ähnlichkeiten *(Ranunculaceae-Berberidaceae)* besitzen. Ebenso konnte gezeigt werden, daß z. B. die Gattung *Paeonia* nicht zu den *Ranunculaceae* gehört [37] (S. 26).

In letzter Zeit werden, da spezifische Stoffe (z. B. ätherische Öle) auch auf eine Genwirkkettenbildung zurückgehen, gerade auf ihre systematische Zugehörigkeit (Nachweis mittels Gaschromatografie) untersucht [106].

g. *Über die stammesgeschichtliche Einordnung der Pilze* [39, 83] (S. 95).

Während man im herkömmlichen Schrifttum die Pilze immer zum Pflanzenreich zählt und versucht, sie aus den spezialisierteren Algenstämmen herzuleiten, wurden die Schleimpilze (Myxomyceten) immer mit einem gewissen Vorbehalt zu ersterem gerechnet. Da sie als abbauende Lebewesen geformten biogener Substanz im Verlaufe der Stammesgeschichte (Kohlenbildung) einen nicht unbedeutenden Rang einnehmen, erscheint eine phylogenetische Systemeinordnung m. E. doch erforderlich. Ihr erstes Auftreten wird auf Grund fossiler Funde um eine Md. Jahre angenommen, offenbar zu einer Zeit also, in welcher die Eucaryonta die Chloroplasten-Photosynthese, Diploidie und Sexualität erworben haben. Soweit sich nachweisen läßt, haben die Pilzzellen nie Chloroplasten besessen, weiter ist nur sog. konjugierte Diploidie (zwei haploide Zellkerne in den Zellen) und bei einigen „Mehrgeschlechtlichkeit" nachgewiesen. Aus all diesen Erwägungen erscheint die Annahme nicht unzutreffend zu sein, daß es sich hier um einen gesonderten Stamm der Evolution handelt, der sich parallel mit den autotrophen Eucaryonten und den Tieren entwickelt hat.

F. Das Tierreich (Eukaryonta-Metazoa)

I. Der Versuch der Herleitung der Metazoa durch Vergleich der Individualentwicklung und der rezenten Tierformen
[33; 39; 41; 71; 77]

1. Die radiärsymmetrischen Hohltiere

Zu den Metazoa gehören alle Bautyen der Tiere von Seeschwamm (Abb. 10a) bis zu den Menschen. Trotz ihrer unterschiedlichen Gestalten, die durch die Aus-

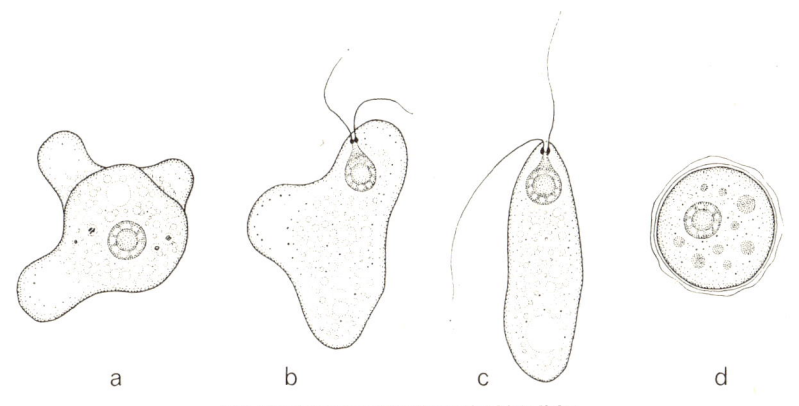

Abb. 10a: *Naegleria (Vahlkampfia) bistadiales*
a) Amöbenzustand, b) Übergang in den Flagellatenzustand, c) Flagellatenzustand, d) Cyste (nach *Kühn*)

bildung und die Funktion ihrer Zellen bedingt sind, lassen sich doch alle, aufgrund ihres Zellbaues auf die *drei Urzelltypen* der einzelligen Lebewesen, der starren Körerzelle, der Flagellaten- bzw. Amöbenzelle, zurückführen. Bereits bei den Einzellern *(Naegleria/Vahlkampfia/bistadiales)* läßt sich an ein und demselben Lebewesen der Erwerb dieser Eigenschaft, nämlich alle 3 Stadien der Reihe nach zu durchlaufen, nachweisen. Umso bedeutsamer ist, daß bei den ursprünglichsten Metazoen diese Eigenschaft in modifizierter Form erhalten geblieben ist. Wenn man eine Spongie durch einen Gazebausch preßt und die vollständig isolierten Zellen dieses Schwammkörpers zusammenbringt, so findet man nach etwa 24 Stunden wieder einen ganz normalen Schwamm vor, „es werden also die einzelnen Zellelemente so angeordnet, daß sie mitsammen wieder die Morphe des Schwammes zustande bringen. Zweifellos findet hier sogar eine Umdifferenzierung der einzelnen Zellen statt, so daß die Zellen ihren Beruf wechseln" [72]. Hier

liegt also bei den uns bekannten einfachsten Mehrzellentieren noch die ursprüngliche pluripotente Fähigkeit vor, die dann später bei der Ausbildung der Keimblätter zu einer Oligo- bzw. Unipotenz umgebildet worden ist.
Wenn es heute der modernen Zellphysiologie gelungen ist, für eine solche Spezialisierung die Vorgänge der sog. Genrepession als Ursache solchen Verhaltens zu erkennen, so könnte m. E. ersteres Verhalten stammesgeschichtlich auch als Ursache für die Entstehung der Mehrzeller aus Einzellern herangezogen werden. Da diese Vorgänge der Genrepression universell auftreten, muß man also annehmen, daß sie auf einen phylogenetischen Ausgangszustand zurückführbar sein werden. Danach scheint sich heute allgemein die Ansicht durchgesetzt zu haben, daß, wie schon bei der Ableitung der Einzeller hervorgehoben wurde, am Anfang dieses evolutionären Geschehens der Flagellat als Ausgangsorganismus [58; 41] anzusehen sein wird. Von diesem aus kann man in der autotrophen Reihe die Weiterentwicklung bis zum *Volvox* (also einer autotrophen Blastula) durch noch rezent vorhandene Lebewesen verfolgen. Phasenunterschiede (Haplont-Diplont) sollen hier nicht diskutiert werden. Aus verschiedenen Gründen wird man daher der *Sphaeroeca (Choanoflagellat, Craspedomonadinae)* den entsprechenden Rang im Tierreich einräumen können. Dieses Urteil wird gestützt durch die Erkenntnis, daß der Plasmakragen der Choanoflagellaten nicht nur ein spezifisches Charakteristikum dieser Flagellatengruppe ist, sondern daß sie sich im elektronenoptischen Feinbau (Basalkörperchenmechanismus) in völliger Übereinstimmung nicht nur mit den Kragengeißelzellen der Poroferen, sondern auch mit den Blastula- und Larvenflagellatenzellen, wie man sie bei Spermien vieler anderer Metazoen findet, wiederkehren. Neuerdings wird von anderer Seite *(Grell* [27]) eine schon *Bütschli* bekannte Metazoenform, *Trichoplax adhaerens*, als das bezeichnende „Übergangsfeld" zwischen Protozoen und Metazoen angesehen. Es handelt sich um ein sehr ursprüngliches Mehrzelltier, das festsitzend aus Seewasseraquarien bereits 1883 beschrieben wurde. Es besitzt in seiner als *„Plakula"* bezeichneten Ausbildungsform ein „protektorisches" Plattenepithel auf der Dorsalseite (Ectoderm) und ein „nutritorisches" Zylinderepithel auf der Ventralseite (Entoderm), dazwischen liegen in einem flüssigkeitserfüllten Raume spindel- oder sternförmige Zellen (Mesenchym). Schon *Bütschli* hat diese Form als phylogenetische Vorstufe der *Haeckel*schen *„Gastraea"* angesehen (Abb. 10b).

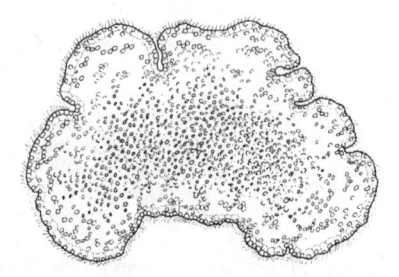

Abb. 10b: *Trichoplax adhaerens*, F. E. *Schulze*, ein allseitig begeißelter plattenförmiger Körper, mit ventralem Zylinderepithel und dorsalem Plattenepithel. Im Flüssigkeit erfülltem Innenraum liegen spindel- oder sternförmige Zellen, deren Fortsätze mit den Epithelzellen in Verbindung stehen [27].

Ohne auf die verschiedenen Modi, die sich von Blastulation zur Gastrulation nach dem Radialfurchungstypus vollziehen u. darauf aufbauenden Hypothesen einzugehen, sei nur auf die Vorgänge der rätselhaften Blastodermumkehr hingewiesen. Bei *Lycon raphanus,* einer Calcispongie, kommt es vor der Bildung der sog. Amphiblastula zu einer Umstülpung des Hohlkeimes, die auch „außerordentlich ähnlich bei *Volvox* verläuft" [77]. Wenn man auch nur vereinzelte Beispiele von Konvergenz für die Herleitung der Metazoa aus autotrophen Organismen anzuführen in der Lage ist, so scheinen doch die vorstehenden Forschungsergebnisse (Geißelbau, Zellregeneration bei Spongien, Blastodermumkehr bei *Volvox* und *Lycon)* markante Gemeinsamkeiten zu sein, die eine Abstammungsdeutung zulassen.

Wie das frühe erdgeschichtliche Auftreten *(Hydrozoa Scyphozoa* [57]) dieser ersten Metazoenformen mit den drei Urzelltypen in ihren Grundgeweben zeigt (s. o.), erscheint es sinnvoll, sie an den Anfang der übrigen Mehrzelltiere zu stellen. Dafür sprechen ihre Larvenformen (Planula im weitesten Sinne S. 121), die eine modifizierte Blastula darstellen und deren Adult zunächst nur aus zwei Keimblättern eine radiärsymmetrische Gastrula ist. Die heutige Mannigfaltigkeit in den Organisationsformen (Polyp, Meduse, koloniale Typen, die sich ihrerseits vielartig umgestaltet, doch auf die beiden ursprünglichen Bauformen zurückführen lassen) deutet auf eine im Laufe ihrer langen Evolution erfolgte Weiterdifferenzierung hin. Man wird wohl den Seeschwammtypus (Ascontypus) [71; 72] aufgrund seiner besonderen Regenerationsfähigkeit und den sog. Nesseltiergenerationswechsel *(Metagenese: Polyp-Meduse)* als den ursprünglichen anzusehen haben. Aus ihm haben sich dann die immermehr spezialisierten kolonialen Bautypen entwickelt, die in den Siphonophoren den Höhepunkt der Arbeitsteilung erreicht haben. Als weitgehend spezialisiert möchte ich auch jene Typen auffassen, die den metagenetischen Generationswechsel aufgegeben haben *(Hydra),* die Symbiosen eingegangen sind *(Chlorohydra)* und die *Anthozoa.*

Für die Korallen wird dies noch bestätigt durch die ectodermale Schlundrohrbildung und die Abgabe von Dotter (Zellfragmente ohne Kerne) in die Furchungshöhle. Phylogenetisch interessant scheinen weiter die *Ctenophoren* (Rippenquallen zu sein, bei denen sich in einer Gallertsubstanz, welche zwischen Ectoderm und Entoderm liegt, Muskeln und Nervennetze bilden. Obwohl sie entwicklungsgeschichtlich von radiärsymmetrischen Hohltierformen abstammen und auch systematisch zu diesen gerechnet werden, ergeben sich aus ihrem übrigen Körperbau bereits Vergleiche mit den Cölomaten (Leibeshöhlentieren).

2. Die bilateralsymmetrischen Cölomaten (Abb. 11; Übersicht 9)

Die in tropischen Meeren beheimateten Rippenquallen der Gattungen *Coeloplana* und *Ctenoplana,* die abgeplattet sind und mit ihrem bewimperten Mundfeld auf der Unterlage kriechen und ein Schleimband ausscheiden, sind schon früher von den Zoologen als Vorläufer der Plattwürmer aufgefaßt worden. *H. W. Fricke* fand in Tiefen zwischen 15—45 m drei neue Arten von kriechenden Rippenquallen, die auf der Octokoralle *Sacrophyton* als Comensalen kriechen. Die Lebensformen scheinen in Zukunft wegen einer möglichen stammesgeschichtlichen Herleitung der Bilateralia aus den radiärsymmetrischen Tieren immer mehr an Interesse zu gewinnen [104].

Während also mit Ausnahme der Ctenophoren (zelltragendes Mesenchym) der Stamm der Hohltiere nur aus den beiden Ectoderm-Entodermkeimblättern aufgebaut ist, ist es bei den beiden Stämmen der 2seitigsymmetrischen Tiere durch

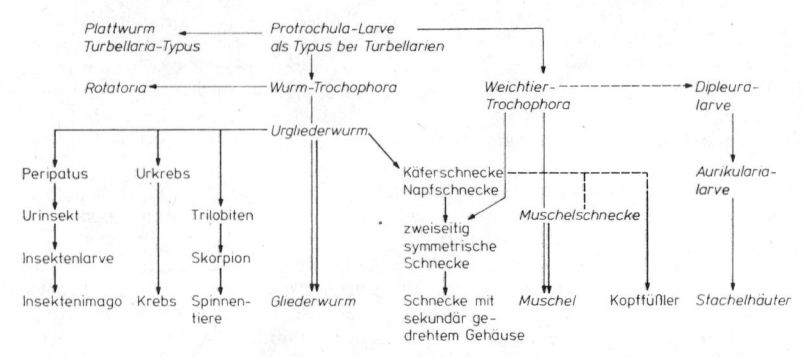

```
Plattwurm ←――――――― Protrochula-Larve ―――――――
Turbellaria-Typus            als Typus bei Turbellarien

Rotatoria ←――――――― Wurm-Trochophora          Weichtier- ――――――――→ Dipleura-
                              │                  Trochophora              larve
                              │
                       Urgliederwurm
                              ↓
Peripatus   Urkrebs                    Käferschnecke ――――――――――       Aurikularia-
                                       Napfschnecke                    larve
Urinsekt             Trilobiten                         Muschelschnecke
                                        zweiseitig
Insektenlarve        Skorpion           symmetrische
                                        Schnecke

Insektenimago  Krebs  Spinnen-  Gliederwurm  Schnecke mit   Muschel   Kopffüßler   Stachelhäuter
                      tiere                  sekundär ge-
                                             drehtem Gehäuse
```

Übersicht 9: Versuch der Darstelung einer abstammungsmäßigen Verwandtschaft der wichtigsten Klassen der wirbelosen Tiere 21, 44, 77

die weitere Differenzierung der Gastrula zur Ausbildung eines dritten Keimblattes (Mesoderm) und damit zur Bildung der sog. sekundären Leibeshöhle (Cölom) gekommen. „Die phylogenetische Herkunft des Mesoderms aus Gastraltaschen von Nicht-Cölomaten-Vorfahren kann als überaus wahrscheinlich gelten" [77]. Letzteres entsteht auf verschiedene Weise aus unterschiedlichen Zellen entweder zwischen den beiden Keimblättern oder aus dem Ectoderm. Nicht nur der Ort der Entstehung dieses dritten Keimblattes, sondern die sich aus ihm entwickelnden Organsysteme und deren Lagerung zwischen den beiden ursprünglichen Keimblättern ist für die Herstellung abstammungsmäßiger Beziehungen von Bedeutung. Bereits in einem frühembryonalen Stadium haben die sich teilenden Zellen gegeneinander verschoben, so daß im Morulastadium jeweils die höher gelegenen auf die Furchen der darunter liegenden aufsitzen. Der gesamte Ablauf einer solchen Furchung ist vergleichend-embryologisch als auch morphologisch von solcher Bedeutung, daß er stammesgeschichtlich wahrscheinlich nur einmal entstanden zu sein scheint und damit Schlüsse auf die verwandtschaftlichen Beziehungen der einzelnen Tiergruppen zuläßt. Rückschlüsse, wie die einzelnen Organsysteme entstanden sein könnten, sowie über das Schicksal des Keimblattmaterials, der 4d-Zellen, die *determinative* Festlegung bestimmter Zellgruppen werden dadurch möglich [112].

Eingeengt auf eine exemplarische stammesgeschichtliche Behandlung sollen nur jene Tiergruppen mit Spiralfruchtungstypus gewürdigt werden, von denen wir sichere, bzw. einigermaßen sichere fossile Funde besitzen (gegliederte Würmer, Krebse, Weichtiere). Ergänzt soll diese Betrachtung durch Tiertypen werden, deren rezente Vertreter andere Furchungssysteme aufweisen (dotterreiche Eier, discoidale Furchung wie bei Insekten, Cheliceraten und Cephalopoden).

Bevor die fossil erhaltenen Abdrücke solcher Tiere vergleichend betrachtet werden, soll an Hand ihrer Ontogenese ihre abstammungsmäßige Zugehörigkeit zu erkennen versucht werden. Hier bieten sich zunächst die freilebenden Primärlarventypen *(Gastraea-Trochophora-Hypothese)* und die Geschehnisse, die zu solchen Bautypen führen (4d-Urmesoderm-Weiterentwicklung) zum Vergleich an. Aus einer äqualen Blastula (etwa in der gleichen Art, wie bei den übrigen Würmern) geht bei den Nemertinen (Schnurwürmern), eine mit Wimperschopf (Neuralzentrum der Larve) versehene *Pilidium*larve hervor. Bereits dieser Larventyp hat im Bau gewisse Ähnlichkeiten mit der Wimperkranzlarve *(Trochophora)*, so daß man erstere Wurmformen aufgrund der Larvenähnlichkeit als Vorläufer des Stammes der Protostomier ansehen kann. Nur wird bei den Nemertinen der Wurm allmählich durch sog. ectodermale Imaginalscheiben herausentwickelt und liegt dann frei in der Larvenhülle. Ähnlich verhalten sich die Larvenformen der Turbellarien. Von diesen lassen sich wiederum stammesgeschichtlich die nach dem Spiralfurchungstypus sich entwickelnden Tiergruppen mit unterschiedlichen, aber im weitesten Sinne charakteristischen Wimperkranzlarven herleiten. Gerade der Vergleich dieser läßt in den nachfolgend kurz betrachteten Tierklassen den Schluß auf die Herleitung aus einer gemeinsamen Stammform wahrscheinlich erscheinen.

Die wesentlichen Ursachen der Umwandlung der ursprünglich eiförmigen *Trochophora* der Anneliden zum lang-gegliederten Wurm liegt in der Bildung der aus den paarigen Urmesodermzellen hervorgehenden Mesodermstreifen, die später die paarigen Cölomkammern und damit die sog. Ursegmente bedingen. Somit erscheinen also später die Urmesodermzellen für die gleich geartete Gliederung des ausgewachsenen Lebewesens verantwortlich. Im Gegensatz dazu zeigen die Larven der Weichtiere *(Trochophora* bei Schnecken und Muscheln) nur einen einzigen Körperabschnitt mit allen ursprünglich paarig vorhandenen lebenswichtigen Organen, also auch mit bereits larval angelegten Drüsen, die ihrerseits die gedrehte bzw. die zweiklappigen Schalen der Tiere bewirken. Die Mesodermstreifen dieser Larven sind nur wenigzellig (8—9 Zellen bei *Crepidula*, ähnlich auch bei *Patella*) und lösen sich im vorderen (apikalen) Teil der Larve in Mesenchym auf.

Schwieriger erscheint eine solche verwandtschaftliche Deutung aber dann zu werden, wenn vergleichbare freibewegliche Larvenformen nicht mehr festgestellt werden. Die Ursache, warum ein solcher selbst bei systematisch sehr nahestehenden Arten nicht mehr vorkommt, konnte durch *Fioroni* [21] genauer bei Gastropoden untersucht werden. Sie könnten stellvertretend auch für die übrigen Tierklassen zunächst zu einer Deutung, warum es im Verlaufe der Stammesgeschichte zur Aufgabe frei beweglicher Primärlarvenformen gekommen ist, herangezogen werden.

„Für alle Prosobranchier gilt, daß dotterarme Arten als *Praeveligera* oder *Veligera*, dotterreiche sowie Formen mit extraembryonalen Zusatznährstoffen als *Veliconcha* oder im äußerlich adultähnlichen Kriechstadium schlüpfen. — Arten *(Crepidula)* mit unter 200 μm liegendem Eizelldurchmesser schlüpfen als *Veligera*, Arten mit größeren Eiern dagegen als kriechende Jungtiere. — Der Nährstoffreichtum führt zu verlängerten Entwicklungszeiten und zu Kriechstadien als Schlüpfzustand. — Statistische Analysen ergeben, daß die Mehrzahl der Vorderkiemerarten in der Arktis, Antarktis, Tiefsee, im Süßwasser, der Gezeitenzone und auf dem Festland sowie die viviparen Formen im Kriechstadium schlüpfen. Andererseits dominieren in den wärmeren Gewässern und in den Tropen die schlüpfenden *Veliger*. — Die Art der Einflußnahme des Milieus auf den Entwicklungsablauf zu klären ist schwer. Im Süßwasser ist entgegen dem durch ein höheres spezifisches Gewicht charakterisierten Meerwasser das Schwimmen für den *Veligera* erschwert. In der Tiefsee dürften vielleicht die tiefere Temperatur und andere ökologische Gegebenheiten (Druck usw.) sich hemmend auf die Ausbildung freischwimmender Stadien auswirken. In den

Kältezonen scheint die Konkurrenz durch das reiche übrige Plankton (Crustaceen!) ein erfolgreiches Aufkommen planktonischer Prosobranchierveliger verhindert zu haben" [21] (S. 125).

Bei den Larven der Krebse *(Nauplius)* und anderer auf etwa gleicher Organisationsstufe stehender Tiere scheint eine Zellgenealogie im Sinne einer Spiralfurchung und der Mesodermherleitung aus 4d-Zellen infolge der dotterreichen Eier nicht mehr zuverlässig möglich zu sein. In einem frühen Stadium der Keimblätterbildung entstehen bei der Krebslarve zwei Komponenten von Mesoderm. Kleine Zellen bilden das sog. nauploide Mesoderm mit den Segmenten, die die Mandibeln und die davor liegenden Segmente entwickeln. Die großen Zellen (Teloblasten) bilden das Maxillen-Segment und die folgenden. Damit unterscheidet sich die Metamorphose der Crustaceen aber nicht grundsätzlich von der eines gegliederten Wurmes. Ein Vergleich des *Nauplius* mit einer *Trochophora* mit Larvalsegmenten (Metatrochophora) und damit die einer Herleitung aus dieser Richtung der tierischen Entwicklung scheint möglich. Für die Innen-Ei-Entwicklung könnte man, obwohl besondere Untersuchungen darüber noch nicht vorliegen, die von *Fioroni* (S. 119) festgestellten Befunde bei Gastropoden anklingen lassen. Bei den übrigen Arthropoden (Insekten u. Spinnentieren) und den Cephalopoden (Kopffüßlern) erscheint ein Anschluß, da auch hier Primärlarven fehlen, noch schwieriger. Dies dürfte u. a. in der Beschaffenheit ihrer Eier und ihres Furchungstypus zu suchen sein. Eine stammesgeschichtliche Eingliederung in eine Verwandtschaftsreihe scheint daher aufgrund von Adultenvergleichen zu gewissen Einsichten zu führen.

Auch für den stammesgeschichtlichen Anschluß der Echinodermen an andere Tierklassen bieten sich nur verhältnismäßig wenig sichere Hinweise. Sie besitzen die sehr ursprüngliche Radiärfurchung, welche sie, wie ihr im ganzen auf radiäre Symmetrie aufgebauter Körper, in die Nähe der Hohltiere *(Cnidaria* bzw. *Porifera)* stellen läßt. Soweit heute erkundbar, dürften sie sich von festsitzenden Tierformen herleiten, zumal alle fossil bekannten *Pelmatozoa* (Seelilien) entweder festsitzend oder doch hemisessil waren. Es scheint sich also um eine sehr weit abgeleitete, nachträglich wieder frei bewegliche Tierklasse zu handeln, die aufgrund ihrer inneren Organisation weder mit den wirbellosen noch mit den Wirbeltieren vergleichbar erscheint.

Soweit freilebende Primärlarven vorkommen, gewinnt die Bildung des Mesoderm, besonders das sich ablösende Cölom, für den Vergleich mit anderen einen gewissen Rang. Die *Dipleurula*, bilateral gebaut, trägt am apikalen Pol einen Wimperkranz und hat, wie die übrigen Larven auch, ein nervöses Gewebe, das jedoch von der Trochophora verschieden ist. Andererseits weist sie eine gewisse Ähnlichkeit mit der *Tornaria*-Larve der *Hemichordata (Tunicata)* auf. Aus ihr leiten sich unterschiedliche Larventypen her, bei denen wiederum die Mesodermbildung verantwortlich für die definitive Gestaltung dieser Tiere ist. Aus einem rechten und linken Cölom entwickeln sich durch Teilung je drei Säcke (Axo-, Hydro- und Somatocöl), wobei es sehr bald zu einer Degeneration der rechten Cölomteile kommt. Das linke Hydrocöl vergrößert und krümmt sich um den Darm zu einem Kanal, aus welchem fünf Fortsätze herauswachsen, welche die späteren Cölomkanäle (Ambulakralsystem) liefern so auch wieder für die definitive fünfstrahlige Symmetrie verantwortlich sind. Die Verbindung zwischen linkem Axocöl und Hydrocöl bleibt bestehen, aus dem zentralen Teil des ersteren entwickelt sich die Madreporenplatte. Während dieser Umgestaltung nehmen Larvenmund

und After, ursprünglich nahe aneinander gelegen, eine Ortsveränderung vor, so daß der Mund definitiv auf der Ventralseite zu liegen kommt, während sich der After in die Nähe der Madreporenplatte verlagert.

3. Die Furchungstypen und ihre stammesgeschichtliche Wertung [41; 77]

Eine verwandtschaftliche Zusammengehörigkeit einzelner Tiergruppen läßt sich auch a. g. der Furchungstypen finden. So leiten sich vom radiären Furchungstypus mit seinen freischwimmenden Flimmerlarven *(Amphiblastula, Parenchymula* bzw. *Planula)* alle definitiv radiärsymmetrischen Tiere (z. B. die Seeschwämme */Porifera/,* die Nesseltiere/*Cnidaria*/) her, wobei aber bei letzteren die Blumentiere *(Anthozoa,* Korallen) bereits die radiäre Symmetrie aufgegeben und durch Abplattung des Schlundrohres eine gewisse bilaterale Symmetrie erworben haben. Von dem ersten Typus läßt sich die Spiralfurchung (Würmer, Weichtiere, Gliederfüßler) und die Bilateralfurchung *(Hemichordata* und Stachelhäuter) herleiten. Die Bilateralfurchung primitiver Chordatiere gleicht dem Radiärtypus, wobei aber bereits durch die „erste Furche hier die künftige rechte von der linken Körperhälfte geschieden wird, während die 2. meridionale Furchungsebene, die in einer schrägen Frotalebene verläuft, annähernd den Vorder- und Rückenteil vom Hinter- und Bauchteil sondert." Wie *Meixner* zeigt [71], „bildet sich die bilaterale Furchungsweise sowohl aus einer radiären als auch aus einer spiraligen heraus". Im weiteren Verlauf entsteht bei Typen mit Spiralfurchung, sofern ein zweiter Durchbruch des Urdarmes erfolgt, „ein After als selbständige konstante Neubildung". Der Urmund bleibt definitiver Mund (Protostomier), ihre Zusammengehörigkeit drückt sich in der Ähnlichkeit der Larven aus (Abb. 11). Da die Larven derjenigen Lebewesen mit Radiärfurchung *(Planulatyp* i. w. S.) im wesentlichen auch den radiären Körperbau beibehalten haben, sind die Tiertypen mit Spiral- und Bilateralfurchung ihrerseits aber wiederum zu Differenzierungen der Baupläne gelangt, die man gegenüber den ersteren als fortschrittlich wird bezeichnen müssen. Die Entwicklungslinien dieser beiden Hauptstämme sind so unterschiedlich, daß „bei den Bilateralia heute eine tiefe, kaum überbrückbare Kluft zwischen den Protostomia als Spiralfurchungs- und Mesodermstreifentieren und den Deuterostomia als Radiär-Bilateralfurchungstieren und Enterocöliern zu bestehen scheint" [41] (vgl. Trimeriehypothese [112]).

Lingula-Stacheln (L. = rezenter Brachiopode), Anneliden- und Pogonophoren- (auch Echiuriden-) borsten zeigen gleiche Genese und Aufbau. Der „betrachtete Borstentyp stellt eine Struktur dar, die bereits vor der Trennung der Bilateralia in Proto- und Deuterostomia oder doch wenigstens an der Basis der Protostomia existierte" [107].

Für die Plattwürmer, die als Ancestoren der ersteren zu gelten haben werden, ist wegen ihrer ausgeprägten Zweikeimblättrigkeit der Anschluß an die Nesseltiere mit *Planula*-Larve vorstellbar. Für die Chordatiere, deren Vorfahren man in den Hemichordaten (S. 126) wird vermuten können, läßt sich nach *Meixner* über Fossile eine Verwandtschaft zu den Plattwürmern nicht finden. Eine gewisse Anschlußmöglichkeit würde man jedoch über die *Tentaculata (Bryozoa* und *Brachiopoda),* die wie die Nesseltiere „eine hohe Regenerationsfähigkeit und damit die Fähigkeit zu starker ungeschlechtlicher Fortpflanzung durch Querteilung bzw. Knospung ursprüngliche Eigenschaften" besitzen und beide sehr früh in der Erdgeschichte auftreten, suchen können. Damit wäre auch die Einordnung der

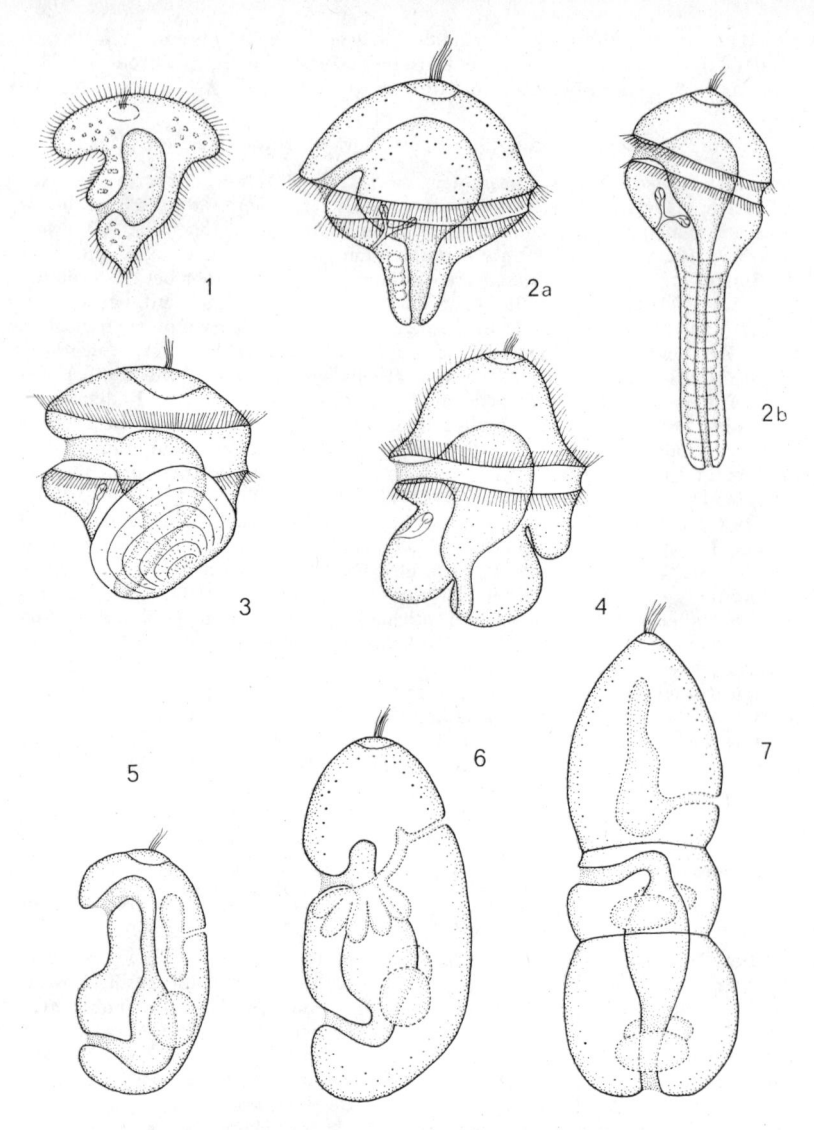

Abb. 11a: Vergleiche freilebender Larvenformen (*Trochophora*-Theorie)
1. Müller'sche Larve v. *Polycladida* (Turbeller) [77]
2a. Trochophora v. *Polygordius* (frühes Stadium) [71]

2b. Trochophora v. *Polygordius* (spätes Stadium) [71]
3. Muscheltrochophora (Veligeri) v. *Toredo* [39]
4. Schneckentrochophora, Napfschnecke *Patella* [35]
5. Dipleurula (hypothetische Echinodermenlehre, vereinfacht) [69; 77]
6. Auricularia (Echinodermenlarve, nur die Entwicklung des Hydrocöls dargestellt [77, 112]
7. Tornaria von *Dolichoglossus* (Hemichordat) [77]
Zeichenerklärung: schwarzer Strich: ectodermales und entodermales Keimblatt
punktiert mesodermales Keimblatt

In diesem Zusammenhang erscheint es erwähnenswert, daß H. *Fischer* einzelne Tierklassen auf ihr Verhalten gegenüber Nikotin und Atropin untersucht hat. Danach gibt es solche mit einer „identischen Toxizität" für l- und d-Nikotin, ohne besondere Nikotin und Acetylcholin Rezeptoren (Protozoa, Coelenterata, Plathelminthes, Aschelminthes, Nemertina, Arthropoda, versch. Crustacea und Drosophila) und solche mit spezifischen Rezeptoren für l-Nikotin und Acetylcholin (Archiannelida, Annelida, Chaetognatha und Vertebrata) [103].

Graptolithen und vielleicht der Conodonten [53; 90] bzw. ihre systematische und phylogenetische Stellung verständlicher geworden.

Außer den Furchungs- bzw. Larvenvergleichen bieten sich zur Erläuterung von verwandtschaftlichen Beziehungen auch die Adultvergleiche an. Um Raum zu sparen, sei hier, insbesondere für vergleichende Betrachtung auf der Unterstufe, auf die Tierbaupläne in den Lehrbüchern verwiesen. In den hier beigegebenen Übersichten (9) sind nur die für eine stammesgeschichtliche Herleitung bedeutsamen Arten bzw. deren Organsysteme aufgeführt.

Zur Klärung wichtiger Zusammenhänge verweise ich nur auf die Bedeutung der Trugringelwürmer *(Peripatus-Onychophora,* [41]) für die Herleitung der Insekten, die Trilobitomorpha für die der Spinnentiere und Skorpione und vor allem auf die in jüngerer Zeit (1952—1959) neuentdeckten Mollusken *(Neopilina galathea* Lemche und *Berthelinia Limax* Kawaguti [30; 70]) sowie auf die bereits 1898 entdeckte *Julia japonica*. Gerade die letzteren Molluskenfunde bieten heute gute Unterlagen für die Herleitung der Gastropoden, Scaphopoden, Cephalopoden und Bivalven.

4. Entfaltung der wirbellosen Tiere im Laufe der Erdgeschichte
[22; 41; 45; 57; 105] (Übersicht 9, 10)

Innerhalb der verschiedenen Klassen der Wirbellosen lassen sich, wie es etwa bei den Sproßpflanzen und Wirbeltieren gut möglich ist, keine so überzeugenden Dendrogramme über ihre Entfaltung innerhalb der Erdgeschichte entwerfen. Dies dürfte wohl in erster Linie darauf zurückzuführen sein, daß die Baupläne wenig charakteristische Merkmalunterschiede zeigen, andererseits, falls solche vorhanden gewesen sein sollten (Arthropoden), sind zu wenig gut erhaltene Fossile davon vorhanden, um wirklich zuverlässige Deutungen vornehmen zu können. Auch wird man ihnen in der Schulpraxis eine weit geringere Bedeutung zuordnen, als etwa den Wirbeltieren. M. E. dürfte daher zur Erhellung dieser Probleme das hier entworfene Schaubild (Übersicht 9), in welchem Larvenformen und rezente Typen, die als Verbindungsglieder (Conditioning links) für eine solche Betrachtung von Bedeutung sind, genügen.

Als Ausnahme von dieser Regel möchte ich aber doch das schon immer von Geologen als Paradebeispiel gebrachte Dendrogramm der Cephalopoden (Tintenfische i. w. S.), welche in allen geologischen Perioden Vertreter haben und wichtige Leitfossilien für die Zeiten vom Devon bis zur Kreide stellen, anführen (Abb. 11b). Die Klasse der Kopffüßler gliedert in zwei Hauptzweige, die Nautiloiden (Late Radulata, von Ordovizium-Silur ab) und die Ammonoideen (Angusta Radulata,

Abb. 11b: Stammesgeschichtliche Entwicklung der Cepholopoden (Tintenfische i. w. S.) [22]

| Late Radulata | Angusta Radulata | Lobenlinie: |

(Zeitachse: Quartär, Tertiär, Kreide, Jura, Trias, Perm, Karbon, Devon, Ob. Silur, Unt. Silur, Kambrium)

Nautiloideen — Ammonoideen

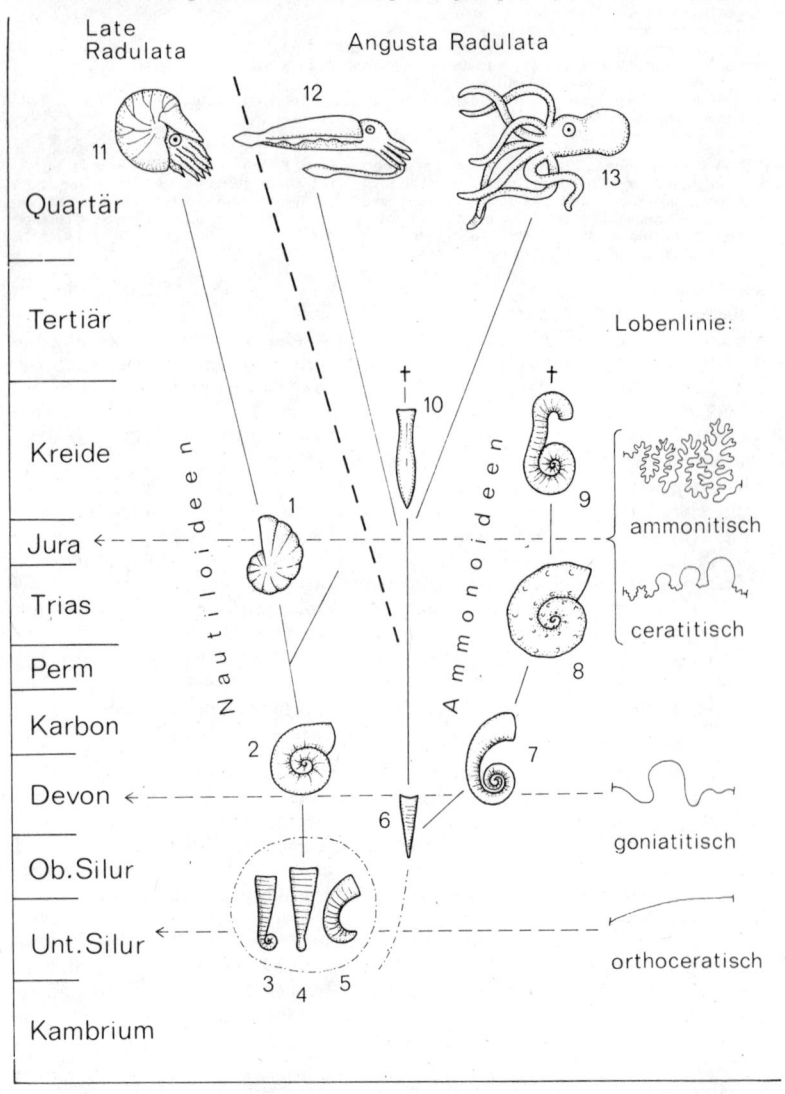

ammonitisch
ceratitisch
goniatitisch
orthoceratisch

1 = Eutrephoceras   4 = Orthoceras   7 = Anetoceras   10 = Belemnites   12 = Sepia
2 = Ophidioceras   5 = Cyrtoceras   8 = Ceratites   überlebende Formen: 13 = Octopus
3 = Lituites   6 = Bactrites   9 = Scaphites   11 = Neutilus

124

Tintenfische, von Silur-Devon wichtige Leitfossile bis in die Kreidezeit). Bei den letzteren bietet der Verlauf der Schnittlinie der Kammerscheidewände der Schalen (die sog. Lobenlinie), die sich im Laufe der Evolution immer stärker verfaltet, wichtige Anhaltspunkte für den evolutionären Trend, während bei den Donnerkeilen (Belemniten), die verwandtschaftlich mit ihnen zusammenhängen, die Gestalt des Innenskeletts (Rostrum) charakteristisch ist. In jüngster Zeit dürfte gerade diese Klasse, ihres Fossilreichtums wegen, sehr ausgiebig untersucht worden sein, wobei Merkmale zum Erkennen von männl. und weiblichen Individuen und die Gestaltung der Zungen entdeckt wurden [22; 45].

5. Phylogenie als ökologischer Prozeß [111]

Während sich unsere Betrachtungen vornehmlich auf morphologische Vergleiche stützen, haben u. a. G. v. Wahlert in letzter Zeit versucht, die Stammesgeschichte als ökologischen Prozeß zu fundieren. So sind nach diesem Autor die Bilateraltiere „ursprünglich wie Coelenteratenlarve mit Cicilienbewegung" aufzufassen. Sie gliedern sich in die Platyzoa (gleitend auf einer Körperfläche) und die Axozoa (schlängeld mit verlängertem rundlichen Körper. Danach wären die Mollusken, die kein Coelom besitzen, unmittelbar über die Turbellarienlarve an die Plathelminthes anzuschließen (Abb. 11). Unter den Axozoa werden die Articulata (Tiere mit Außenskelett und Anhängen), also alle gegliederten Tiere gerechnet, die ursprünglich ihrer Beute nachkrochen und die dann durch besondere Adaptoren zu Landlebewesen wurden. Zu den Tentaculata (Tiere, welche wie Coelenterata ihre Nahrung herbeistrudeln) zählen die, bei denen der „Mund" vor (zwischen) den Tentakeln liegt, bei deren Kontraktion er blockiert wird (Protostomia, u. a. Bryozca, Brachiopoda) und solche, bei welchen der Neumund hinter den Tentakeln ist und die Nahrungswasserpassage über Mund und Kiemendarm führt. Bei letzteren sind die Tentakeln im Laufe der Phylogenese umgebildet, reduziert oder weggefallen (Echinodermata, Chordata).

Übersicht 10

Bauvergleiche des Kopfes und der vorderen Körpersegmente bei Anneliden, Insekten, Krebsen und Spinnentieren [41; 77]

Anneliden Polychaeten	Insekten, Krebse, Spinnentiere
Acron Protostomium Cerebralganglion	Optisches Ganglion, Cerebralloben, Corpora pedunculata
M u n d 1. *Segment* Ganglienkette Bauchmark	*M u n d* Prosencephalon Prosencerebrum, Zentralkörper, Nebenlappen u. Kommisuren
Mesoderm: Muskulatur am Vorderdarm Aorta	Muskel d. Oberlippe, Vorderdarm, Aorta
Parapodien u. deren Derivate	Oberlippe, Tracheen

Anneliden Polychaeten	Insekten, Krebse, Spinnentiere
2. *Segment* und folgende: Bauchmark mit segmentalen Knoten	*Deutocephalon* Deutocerebrum und Ganglien f. d. 1. Antenne
Parapodien mit Außenkiemen	1. Antennenpaar
segmentale Muskulatur. Adern mit segmental angeordnete Protonephridien und fallweise Gonaden,	Muskulatur für 1. Antenne *Triocephalon* (3. Segment) Tritocerebrum fusioniert mit Gehirn, Hinterschlundkommisuren
3. segmentalen Zwischenherzen	2. Antennen, Cheliceren Muskulatur f. 2. Antenne bzw. Cheliceren
4. — „ —	*Mandibular- bzw. Pedipalpen-segment*
5. — „ —	1. Maxillensegment | 1. Laufbeinsegment
6. — „ —	Labium (Unterlippen)-segment, 2. Maxillensegment | 2. Laufbeinsegment
7. — „ —	1. Rumpfsegment (Krebs) 1. Prothoraxsegm. (Insekt) | 3. Laufbeinsegment
8. — „ —	2. „ | 4. Laufbeinsegment
usw. — „ —	über weitere segmentale Umbildungen vergleiche man die Tierbaupläne im Teil allg. Zoologie

II. Über die stammesgeschichtliche Herleitung der Wirbeltiere und der Vergleich mit den Hauptgruppen der Wirbellosen Tiere
[12; 41; 63; 69; 77] (Übersicht 10; 11)

Eine entwicklungsgeschichtliche Gegenüberstellung mit den Wirbellosen weist, was ihren Furchungen und larvalen Organisationen entspricht, einen gewissen Gleichlauf auf (S. 121). Der ursprünglich eradiäre Furchungstypus ist außer bei den schon genannten bei Acraniern, Cyclostomaten, einigen Altfischen und Amphibien anzutreffen. Anklänge finden sich bei der sich daraus entwickelnden discoidalen Furchung, wie sie die Selachier, Teleosteer und einige Amnioten zeigen. Weiter ist bemerkenswert, daß die Bildung von chordoidalem Gewebe bei Hydrozoen, Turbellarien, Hemichordaten und Chordaten auf den Erwerb gleicher Genwirkketten im Entodermgewebe zurückzuführen sein müßte. Von einer homologen Organbildung (also noch weitere Übereinstimmung in der Genwirkung) wird man natürlich erst bei den beiden letztgenannten Tiergruppen (Stomochord und Chorda) sprechen können. Dagegen zeigen serologische Untersuchungen (S. 26), daß das „innere Milieu der Seesterne dem bestimmter Notoneuralia näher steht als den anderen Wirbellosen" [100]. Demnach scheint also eine schon früher vermutete Keimblatt-Urmundbildung stammesgeschichtliche Näherung zwischen Echinodermata und Chordaten (i. w. S.) bestätigt zu sein. Andererseits wird man, da eine segmentale Gliederung den ersteren fehlt, gerade auf Grund der Metamerie gewisse Beziehungen der Primitivformen der gegliederten Wirbellosen und der Wirbeltiere nicht völlig in Abrede stellen dürfen, es scheint m. E. ein gewisser Gleichtrend der ursprünglichen Baumuster und damit eine Homologie der Evolutionsvorgänge vorzuliegen [112].

Vergleichende Betrachtungen ergeben, daß sich aus dem Annelidenkopf durch Angliederung weiterer Körpersegmente die verhältnismäßig kompliziert gebauten Kopftypen der Arthropoden entwickelt haben können (S. 125 f).

So entspricht zunächst der Cerebralganglionabschnitt der Polychaeten dem als Acron (optischer Ganglionabschnitt) bezeichneten Teil des Kopfes der übrigen gegliederten Tiere. Er enthält alles, „was vor den segmentalen Regionen liegt" [77]. Der Mund, aus dem *Trochophora*-Urmund hervorgegangen, bildet dann die hintere Grenze des Acron. Während bei den gegliederten Würmern Segmente folgen, deren metastomiales Mesoderm die Muskulatur, die Extremitäten (Parapodien und deren Derivate) liefert und sich so die übrigen Körpersegmente gleichen Bauplanes (Ausnahme die Gonaden beinhaltenden Segmente) anschließen, bilden sich in den Segmenten der Arthropoden die ihrer Eigenart entsprechenden Organe in diesen aus (Übersicht 10).

Während der stammesgeschichtlichen Cephalisation des Tierstammes kommt es zu einer nach Hinten-Unten-Verlagerung des Mundes. Ganglien und Antennen der hinteren Segmente werden nach vorn geschoben. Die ersteren verschmelzen besonders bei den Spinnen mit dem dorsoventralen Hirnstamm, wobei es zu einer ähnlichen Aufbiegung (Elevation) wie bei den Chordaten kommt. Mit der Umbildung des Segmente zum Kopf kommt es zu weiteren Verschmelzungen der Segmente zum Cephalothorax bei den Krebsen und zur Prosomabildung bei den Spinnentieren, während die Imagines der Insekten die bekannte Dreigliederung ihres Körpers erwerben. Das Kopfgehirn dieser Tiere ist im Gegensatz zu dem der Wirbeltiere durch Kommissuren mit dem bauchwärts gelagerten übrigen Teil des Zentralnervensystems verbunden.

Als allgemein gültiger Entwicklungstrend läßt sich feststellen, daß es im Verlaufe der Evolution immer mehr kopfwärts zu einer Anhäufung von Geweben mit Steuerungsfunktion (Gehirnbildung) bzw. zur Umbildung von ursprünglichen Bewegungsorganen zu Berührungsreize aufnehmenden Organen (Antennen) oder speziell gestalteten Mundwerkzeugen kommt. In besonderen Fällen ist der Wegfall der Antennen durch die vermehrte Reizperzeption von Sehzellen in der Haut durch Konzentration dieser im sog. Komplexauge ausgeglichen. Im Falle der Spinnen, bei welchen die Antennen fehlen, wird offenbar dieser Wegfall durch eine Vielzahl von Augen mit sich summierenden Gesichtswinkeln ersetzt.

Bei der Kopfbildung der Wirbeltiere läßt sich eine andere Umbildungsweise feststellen. Da bei den Cyclostomiern eine typisch ausgebildete Cranialregion noch fehlt, müssen hier die Anfänge einer phylogenetischen Entwicklung aufzuspüren sein. Um diesen Fragenkomplex einer einfachen Deutung zuführen zu können, wird die Auffassung von *Siewing* ([77], Kritik siehe dort) zugrunde gelegt. Auch hier wird von einer durch das Mesoderm kodierten Segmentierung ausgegangen. Es handelt sich also wiederum um jene Region, welche die beiden charakteristischen Organsysteme (Chorda dorsalis und Neuralrohr) in ihrer ursprünglichen Form und Lagerung aufweist und welche im späteren Verlauf der Evolution bei den fortgeschritteneren Tiertypen zur Cranialregion wird. Die beiden zusammenwirkenden Organsysteme lassen durch Vergleiche der ontogenetischen Entwicklungen die Entstehung der Kopfregion auch stammesgeschichtlich verstehen. An ihnen läßt sich die Bildung des Gehirnes u. Rückenmarkes mit den bezeichnenden Nerven verfolgen (Übersicht 11, Abb. 13). Das Neuralrohr bildet sich durch Einfaltung an der Dorsalseite des Keimlings in einem späten Gastrulastadium (Neurula) als „hohes Epitel" erkennbares Zellmaterial. Es zeigt im Gegensatz zu den Wirbellosen trotz Mesodermsegmentierung niemals isolierte Ganglien. Sehr früh lassen sich an dem verdickten frontalen Abschnitt das sog. Prosencephalon und darauf caudalwärts folgend das Rhombencephalon erkennen. An letzterem diffenziert sich im Verlaufe der Evolution, wie bei dem anschließenden Rückenmark auch eine dorsale (später sensible) und eine ventrale (später motorische) Region heraus. Erst im weiteren Verlauf treten Erweiterungen resp. Einschnürungen und allmählich die fünf Abschnitte des Wirbeltiergehirnes hervor. Aus dem Prosencephalon entwickeln sich das Telencephalon und Diencephalon und aus dem Rhombencephalon das Mesen-Meten- und Myelencephalon. Aus dem letzteren entspringen auch die 5 Branchialnerven.

Gleichzeitig mit dem Neuralrohr entsteht beiderseits mesenchymales Zellmaterial, welches die Ganglien für die Spinal- und Branchialnerven,, aber auch Knochen- und Pigmentzellen liefert. Die Entwicklung des Kopfraumes und der Kiemenspalten erfolgt vom Urdarm aus. Dort falten sich ventral vom Rhobencephalon bei den Cyclostomaten gegliederte Mesodermareale ab. Sie bilden die 5 Mesodermsegmente (1 = Prämandibular-, 2 = Mandibular-, 3 = Hyoidal- und 4. u. 5 = Parachordalsegmente). In diese fünf fügen sich auch die als Branchialnerven bekannten 5 Gehirnnerven: Nervus trigeminus-ophthalmicus profundes (V_1), N. trigeminus-maxillo-mandibularis ($V_{2, 3}$), N. facialis (VII), N. glossopharigeus (IX) und N. vagus (X). Sie entspringen dem Rhombencephalon. So ergibt ein einfacher Vergleich, daß die ursprünglichen Branchialnerven jeweils einem sog. Rhobomer des Rhobencephalons entsprechen. Später werden von den N. facialis, N. glossopharingeus und N. vagus zunächst nur 3 Kiemenbögen, durch letzteren aber auch alle sekundär entstandenen (weitere 3, i. g, also 8 primäre Kiemenspalten) innerviert. Dabei verschieben sich die Bahnen des N. hypoglossus.

Übersicht 11
Darstellung der Entstehung des Chordatenkopfes nach der Segment-hypothese

	Gnathostomata (Kiefertragende Wirbeltiere)
Agnatha (Kieferlose Wirbeltiere)	Prosencephalon (nicht segmentierte Region) Volumen- u. Oberflächenvergrößerung des Telencephalon im Verlaufe der Evolution

Abgrenzung der segmentierten cephalisierten Region

Kiemenbögen	Mesodermareale	Branchialnerven		Gehirnentwicklung
		Nervus trigem.-ophthalmic. prof. ($= V_1$)	1 ⎫	
Prämandibularbogen	1. Prämandibularareal		⎪	Entstehung der
		N. trigeminus-maxillo-mandibularis ($= V_{2,3}$)	2 ⎬ des Rhombencephalons Rhombomeren	Scheitel- ⎫ beuge Nacken- ⎭ Einschnürung
Mandibularbogen	2. Mandibularareal		⎪	des Isthmus
1. Kiemenbogen	3. Hyoidareal	← N. facialis ($= VII$)	3 ⎪	
2. Kiemenbogen	4. Parachordalareal	← N. glossopharingeus ($= IX$)	4 ⎪	
3. Kiemenbogen	5. Parachordalareal	← N. vagus ($= X$)	5 ⎭	
weitere Kiemenbögen		← Innervierung durch ←┘		
Hypoglossus-Muskulatur		N. hypoglossus ($= XII$)		

Abgrenzung d. segmentierten cephalisierten Region zum Rückenmark

Diese Segmenthypothese läßt sich durch folgende Befunde bzw. Rekonstruktionen stützen. Ihre Kritiker nehmen an, daß die Metamarie bei den Chordatieren nur für den Schwanzabschnitt zutrifft, cranial also ursprünglich nicht vorhanden war. Die Tatsache, daß bereits unter den wirbellosen Vorläufern die Tendenz der Gliederung besteht, die Hemichordaten im Bereich des Metastomas eine innere Gliederung zeigen (Kiemenbögen, Gonaden, Darmblindsäcke), die Pogonophoren ein dreiteiliges Coelom besitzen und auch äußerliche Gliederung zeigen, spricht jedoch für diese Annahme. Aber auch bei Chordatieren selbst lassen sich Anhaltspunkte finden. Während bei Crossopterygiern *(Eustenopteron)* (S. 133) sich bis in den Nervus vagus-Bereich 5—8 Kiemenbögen festlegen lassen, konnte bei den Cephalapsiden (Agnatha) eine Kiementasche gefunden werden, die von N. trigeminus-maxillo-mandibularis versorgt wird. Bei *Acanthodes* (Placodermi) liegt möglicherweise noch eine Kiementasche vor diesem Segment, die durch N. trigeminus-ophthalmicus versorgt wird. Auf Grund solcher Befunde wäre also das Rhobencephalon noch in den Bereich der ursprünglich cephalisierten Region der sog. Acranier zu rechnen, während das Prosencephalon einer Segmentierung nicht unterliegt.

Im Verlaufe der Weiterentwicklung zu den höheren Wirbeltieren (aber auch bei den Haien) kommt es zunächst zu einer Beugung im vordersten (Scheitelbeuge) und zu einer zweiten im hintersten Teil (Nackenbeuge) des Rhombencephalons, wobei noch eine Partie eingeschnürt wird (Isthmus). Die weitere Differenzierung bzw. deren Größenzunahme betrifft das Telencephalon. Die Größenzunahme dieser Tiere, ihre ständige Kontaktnahme mit der Umwelt durch die reizaufnehmenden Organe bzw. die darauf nötigen Reaktionen durch die Erfolgsorgane, hat zu einer weiteren Vervielfachung der Zellmasse und zuletzt zu einer Vervielfältigung der Zellen an der Oberfläche des Gehirns durch Auffaltungen und Furchungen geführt. Über letztere Vorgänge vergleiche man die Angaben in der allg. Zoologie und speziell über die Entstehung des menschlichen Großhirns in dem Kapitel (S. 198) dieser Bearbeitung.

Für die Herleitung des Stammes der Chordatiere, die an sich äußerst problematisch ist, wird man unter Heranziehung obiger Überlegungen folgern können, daß sie sich aus wirbellosen Vorläufern (S. 90, 123) allerdings in einer erdgeschichtlich sehr frühen Periode (Graptolithen im Ordovicium, wahrscheinlich schon früher) entwickelt haben werden. Dafür spricht auch die Entwicklung der Nephridien *(Branchiostoma)*, die baumäßig mit den Exkretionsorganen (Vornierenkanälchen) der Würmer übereinstimmen [71]. Anläufe zur Bildung des charakteristischen Neuralrohr-Chordasystem ist zunächst bei Larvenformen (Ascidien) verwirklicht, während die Imagines, wie übrigens auch die Metamerie, ein solches wieder rückgebildet haben. Ein weiterer vermuteter Weg, der letzten Endes aber auch wiederum auf die Segmenthypothese führt (s. o.), dürfte, wie schon erwähnt, über die Pogonophoren, Enteropneusten (Hemichordate, Eichelwurm) und aufgrund der Cölombildung bei Branchiostoma entstehen, wo die Cölomsäcke durch Ausstülpung der Darmwand [69], wie bei den Echinodermen, auch über letzte zu suchen sind (S. 121) [41; 71].

III. Über das Auftreten der fossilen Protochordaten bzw. der Wirbeltiere in der Erdgeschichte [11; 90; 92; 105]

Es erscheint mir sinnvoll, im Rahmen dieser Bearbeitung auf die erdgeschichtliche Entwicklung der Wirbeltiere näher einzugehen. Wie schon erwähnt (S. 126), müssen sich die Chordaten aus Vorläufern entwickelt haben, deren fossiles Auftreten als Leitfossile des Silurs schon früher gut bekant waren, den Graptolithen. Kolonien von kleinen Individuen, welche in einer gemeinsamen Scheide aus Hornsubstanz steckten, die an der Oberfläche des Meeres flutete, vielleicht auch im seichten Wasser festgewachsen waren. Ihre systematische Stellung war bis vor kurzem unklar, erst in letzter Zeit nimmt man an, daß sie sich aus dem selben Stamm, wie die Echinodermen aus kambrischen, möglicherweise vorkambrischen Vorfahren herleiten. Zu den Chordatieren wären möglicherweise auch noch die Conodonten, fossil zahnähnliche Gebilde, zu rechnen, die seit dem Ober-Kambrium bis zur Trias auftreten. Auch die Tentaculitten, weichtierähnliche Körper von schraubigem Bau, gehören möglicherweise hinsichtlich ihrer systematischen Stellung hierher [57].

1. Die Acranier (schädellose Tiere) und die agnathen Ostracodermen (kieferlose Panzerfische) [12; 57] Abb. 12

Für die stammesgeschichtliche Betrachtung von Bedeutung aber sind jene Fossile, an deren fischähnlichem Bau die Wirbeltierorganisation erkennbar wird. Die ersten zu solchen Formen zu zählenden Beweisstücke wurden als Schuppen mit Knochenstruktur in Süßwassersedimenten des Ordiviciums von Colorado (South

Dakota) und an anderen Orten in den USA gefunden, während der von White festgestellte ungepanzerte kieferlose Chordat, *Jamoytius,* aus dem obersilurischen Schieferton von Lanarkshire beschrieben wurde. An dem 20—25 cm langen Tier lassen sich nach der Rekonstruktion Muskelsegmente erschließen, die eine gewisse Ähnlichkeit zum Lanzettfischchen *(Branchiostoma)* zeigen.

In anderen spätsilurischen Schichten, aber besonders im Devon, gibt es zahlreiche Funde kieferloser Ostracodermen *(Pterolepis).* Zu den Cephalaspiden rechnet man fischähnliche Wesen mit gepanzertem Kopf und Vorderkörperkapsel, dorsaler Flosse und heterocerker Schwanzflosse *(Pteraspis),* einige zeigen bereits seitliche Flossen am Kopfpanzer *(Cephalaspis).* Am Kopf befanden sich zwei Augen-, eine Nasen- und hinter den Augen die sog. Pinealöffnung; dahinter und beiderseits seitlich vermutlich elektrische Sinnesorgane und innen ein Labyrinth mit zwei Bogengängen. Auf der Unterseite des Körpers befanden sich vorn biegsame Platten, die den Mund und die seitlichen 10 Kiemenspalten frei ließen. Das Gehirn bestand aus einem dicken Nervenstamm mit seitlich ausstrahlenden Nerven. Unter dem Kopfschild wurden keine Knochen gefunden.

Zu der bereits sehr formenreichen Gruppe zählen gepanzerte Typen mit schnabelartigem Fortsatz *(Pteraspis),* solche welche die Panzerung reduziert haben *(Pterolepis, Endeiolepis)* und so einen gewissen Übergang zu den rezenten Cyklostomieren *(Lampreta,* Neunauge) darstellen. Die flachgebaute *Drepanaspis* dürfte bereits eine Länge von mehreren Fuß erreicht haben. Die Tiere werden weitgehend ökologisch spezialisiert in Süßwasserseen, Flüssen und Flußmündungen gelebt haben und vorwiegend Schlammfresser gewesen sein.

Inwieweit diese kieferlosen Tiere aus dem Formenkreis etwa um *Jamoytius* als Ancestoren für die nachfolgenden kiefertragenden Formen in Frage kommen, läßt sich an dem zur Verfügung stehenden fossilen Material nicht entscheiden. Trotz ihrer Formenmannigfaltigkeit und verhältnismäßig weiten Verbreitung, sterben sie im Devon aus.

2. Die placodermen Gnathostomier (kiefertragende Panzerfische)
[12; 39; 43; 57; 63] Abb. 12, 13

Ein entscheidender Fortschritt in der Entwicklung der Wirbeltiere dürfte der Erwerb der Kiefer gewesen sein. Der durch sie bewegte Mund bietet viele neue Möglichkeiten des Nahrungserwerbes. Sie sind aber auch Anlaß einer Entwicklung zur weiteren Umgestaltung des Schädels, die mit dem Erwerb des Säugetierohres ihren Abschluß findet. Die Tiere besitzen einen Unterkiefer (Mandibula) und einen großen Oberkiefer (Palatoquadratum), der mit den Knochen des Schädels verwachsen ist. Dahinter befinden sich im ersten Hyoidalbogen das

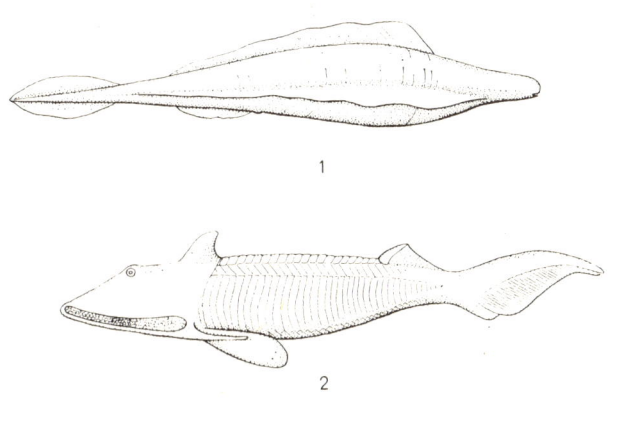

Hyale und Hyomandibulare, dazwischen als Rest einer ersten Kiemenspalte das verkleinerte Spiraculum (Spritzloch).

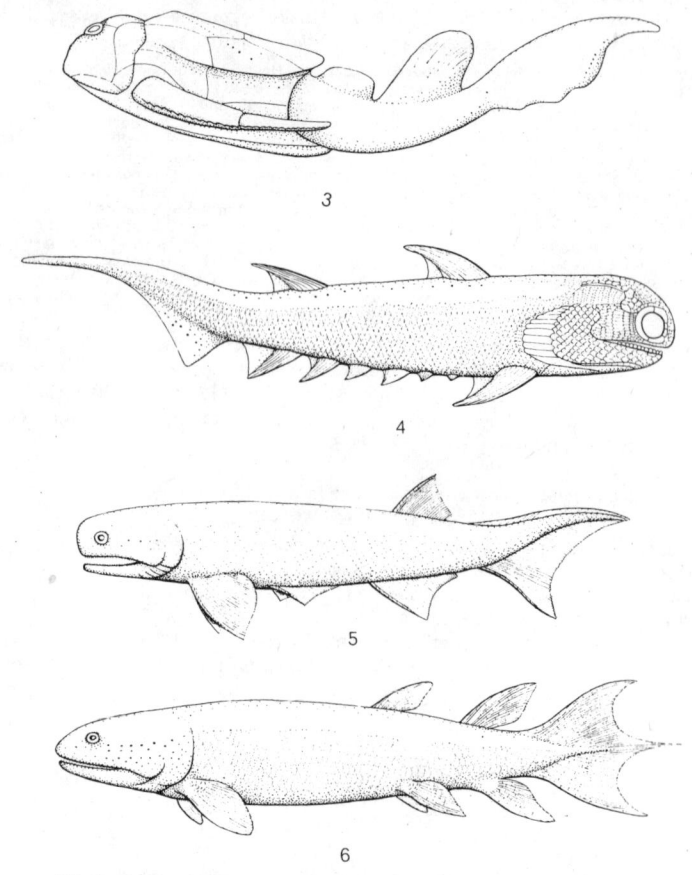

Abb. 12: Typenauswahl von fossilen Vertretern von Chorda- und Wirbeltiere aus dem Bereich der Fische

1. *Jamoytius*, Rekonstruktion auf Grund von Funden aus dem silurischen Schieferton von Lanarkshire, ein Viertel natürlicher Größe, nach E. J. White [57]
2. *Cephalaspis*, kieferloser Panzerfisch (Ostracoderme) aus den unteren „Old-Red-Sandstein Schottlands" (Silur-Nordwesteuropa) etwa 1/4 natürl. Größe, nach *Stonsiö* [57]
3. *Bothriolepis*, Kiefer besitzender Panzerfisch (Placoderme) aus dem mittleren u. oberen „Old-Red-Sandstein" (Oberdevon) bzw. aus gleichaltrigen Ablagerungen Nordamerikas (Oberdevon v. Quebec), Chinas und den Resten Gondwanaland stammend. Etwa 1/3 natürl. Größe [12; 57]
4. *Climatius* (Stachelhai), eine Primitiv-form der Klasse der Acanthodier, Spätsilur-Frühdevon. [12] Bemerkenswert sind die paarigen Rücken und ebenfalls die bereits paarigen Brust- und Beckenflossen sowie die 5 paarigen kleineren Flossen der Bauchseite des Tieres und der heterocerke

Schwanz. Alle Flossen besaßen Stacheln. Der Hauptpanzer besteht aus rhombischen halbmondförmigen Schuppen, die sich zum Kopf hin in mehr oder weniger regelmäßig geordnete Platten ausbilden. Das große Auge ist von Knochenplatten umgeben.

5. *Cheirolepis*, vermutliche Ahnenform der Knochenfische (Mitteldevon, Palaeoniscide) mit Merkmalen, wie sie der permische Urfisch *Palaeoniscus*, den bereits Agas als häufiges Tier des deutschen Kupferschiefers beschrieben hat, aufzeigt, 1/3 natürl. Größe [12].

6. *Eustenopteron*, ein fortgeschrittener Quastenflosser des Devon, Rhipidistier, mit gegenüber Cherolepis veränderten Merkmalen (symmetrische Schwanzflosse, weiter Abstand der Brust- und Beckenflossen und mit einer an frühe Amphibien erinnernde Schädelstruktur und Wirbelbau [12].

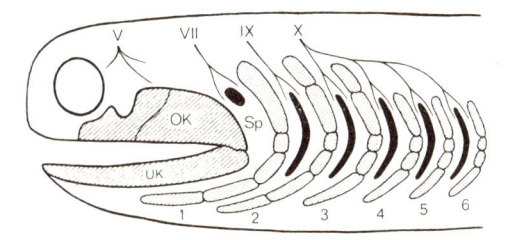

Abb. 13: Kopf- und Kiemenregion eines ursprünglichen kiefertragenden Wirbeltieres (als Typus wurde der fossile Panzerfisch *Acanthodes* (S. 129) gewählt [12; 63]

OK = Oberkiefer bestehend aus Palatoquadratum (Gaumenbein)
UK = Unterkiefer (Mandibulare).
Die Kiefer sind ursprünglich aus Kiemenbögen, vermutlich aus Knorpelspangen des Prä- und Mandibularbogens gebildet.
1, 2, 3, 4, 5: von den nachfolgenden, sich aus Knorpelknochenteilen zusammensetzenden Kiemenbögen heißt der erste Hyoidbogen, aus Hyale und Hyomandibulare gebildet.
Zwischen dem Hyomandibulare u. Oberkiefer befindet sich das Spirakulum (Spritzloch = Sp.), zwischen den anderen Kiemenbögen die Kiemenspalten.
V, VII, IX, X zeigen die Beziehungen der Kopfnerven zu den primären Kiefern und den Kiemenspalten, wie sie heute beim Hai angetroffen werden [77].

Trotz ihres Formenreichtums und des neuerworbenen Kieferapparates sind diese Formen bereits am Ende des Paläozoikums ausgestorben. Zwei bezeichnende Bautypen sollen hier aufgeführt werden. *Climatius* (Acanthodier, Stachelhai) war ein etwa 10 cm langes Tier mit heterocerker Schwanzflosse, 2 dreieckigen Rückenflossen, zwei Brust- und weiter 5—6paarigen Bauchflossen, von denen die Beckenflossen die größten sind und einer gestützten Afterflosse dahinter. Der Kopf ist mit mehreren Platten besetzt. Die Augen sind mit einem Ring von solchen umgeben. Kiemendeckel bedecken die 5 Kiemenbögen. Der Oberkiefer ist unbezahnt, der Unterkiefer trägt Zähne. *Climatius* kann als Primitivform dieser Klasse aufgefaßt werden (Ober-Silur-frühes Devon), die im Oberdevon formengestaltiger wird.
Die späteren Formen bis zum Perm variieren in Gestalt und Bildung ihrer Flossen. *Coccosteus*, zu den Arthrodiren (Nackengelenkfischen) gehörig, mit großem beweglichen Kopf und Knochenplatte am Vorderkörper, konnte diese beiden Skelettteilen gegeneinander bewegen, sein Hinterkörper war nackt (Old-Red-Sandstein, Gr.-Br.). Er besaß ein knorpeliges Notochord.
Viele Vertreter wurden in Amerika (Cleveland, Ohio, Quebec, Ober-Devon) gefunden, darunter *Bothriolepis* mit gut entwickelten Lungen, *Dinichthys* und *Titanichthys* waren räuberische Meeresbewohner von etwa 1,2 m Länge.
Stegoselachii (Haie mit gepanzertem Schädeldach, Althaie) hatten an dem breiten Kopf, der ihnen noch durch die breiten Brustflossen ein rochenartiges Aussehen verleiht, einen spitz zulaufenden Körper. Der Leib ist mit kleinen haiartigen Zähnen besetzt, die in der Kopfregion größer werden. *Lunaspis* ist ein Fund im Bundenbacher Dachschiefer.

Das Aussterben der Acranier, Agnathen und Gnathostomier, die die Pionierformen der Wirbeltiere gewesen sind, dürfte wohl durch die um diese Zeit sich stark entfaltenden Knochenfische und Haie zurückzuführen sein, die wahrscheinlich die bessere Konstitution der schnelleren Bewegung besaßen.
Anatomisch gedeutet besteht nach *Colbert* [12] die Annahme, daß das Hyomandibulare, das „an einem Ende mit den hinteren, am anderen mit dem Kiefer-

abschnitt verbunden war", so daß „es in eine Art Stütze und Verbindungsstück umgewandelt wurde. Dieser transformierte Knochen hat eine wichtige Rolle in der Entwicklung der Fische und der landlebenden Tiere, die sich aus Fischen entwickelten, gespielt".

3. Die Selachier (Haifische) [12; 43]

Ab Ober-Devon, aber etwas später als die Knochenfische auftretend, haben sie sich aus der Gattung *Cladoselache* besonders im Karbon und Perm sehr formenreich entwickelt. Sie sind dann zurückgegangen und haben sich bis heute, trotz der Saurierzeit, erhalten. Aus der genannten Ancestorform entwickelten sich die Süßwasserhaie des Paläozoikums *(Pleuracanthus)*, die typischen Haie, die Rochen und die Chimären (Seekatzen).

Cladoselache, aus dem oberen Devon der Clevelandschichten des südl. Eriesees, ist im Schlamm so gut erhalten geblieben, daß Muskel und Nieren erkennbar fossiliert sind. Er ist den heutigen Haien sehr ähnlich, seine Kiefer waren durch 2 Gelenke mit dem Hinterkopf verbunden. Er besaß sechs Kiemenspalten.

Die Haie werden auf Grund ihres Knorpelskelettes meist als Primitivformen angesehen. Nach Meinung von *Colbert* [12] ist das Gegenteil richtig. Das Knorpelskelett ist als sekundäre Erwerbung, die Knochen der Ostracodermen, Placodermen und der ersten Knochenfische sind dagegen als Primitivbildungen anzusehen. Einzelne Teile (Wirbel, Hirnschädel) verkalken und sind so außer den Zähnen und Stacheln die fossilen Dokumente dieser Tierklasse. Die innere Befruchtung, das Fehlen von Lungen und Schwimmblase werden ebenfalls nicht als ursprüngliche Merkmale anzusehen sein.

4. Ein Vergleich zwischen Actinopterygiern (Knochenfischen) und Choanichthyern (devonische Quastenflossern)
[12; 43; 57; 90; 94] Übersicht 12

Vom Mitteldevon ab setzt sich unter den süßwasserbewohnenden Fischen eine ständig zunehmende Ausdehnung und Formumbildung fort, besonders aber gegen Ende des Mesozoikums gewinnen die Teleosteer eine Breitenausdehnung in allen Wasserlebensräumen. Für einen stammesgeschichtlichen Vergleich sei nachfolgende Merkmalübersicht aufgeführt und mit den Knorpelfischen verglichen.

Chondrostei: schwere sog. rhombische Schuppen bedecken den Körper, Skelett z. T. knorpelig, Spirakulum vorhanden, Schwanz heterocerk, Beckenflossen hinten, Lunge z. T. noch nicht umgebildet. Tiere der Devon-Permzeit, vereinzelt noch rezent. Hierher gehören *Cheirolepis* (Abb. 12), *Osteolepis, Palaeoniscus, Polypterus* (Flösselhecht) und die Störe.

Holostei: verkleinerte rhombische Schuppen vorhanden, Skelett z. T. knorpelig, verkürzte heterocerke Schwanzflosse, Spirakulum verloren gegangen, Beckenflossen verschieben sich nach vorn, Lunge in Schwimmblase umgebildet, Ossifikation am Wirbelkörper beginnend. Fische der Trias und Kreidezeit, rezent *Lepidosteus* (Garpike, Mississippi) und *Amia* (Bowfin, nördl. Amerika).

Teleostei: dünne hornartige Rundschuppen z. T. rückgebildet (Karpfen), Spirakulum verloren gegangen, Ethmoidalverbindung (zwischen Oberkiefer und Schädelspitze) vorhanden, Skelett durchgehend ossifiziert, Kiefer verkürzt, Schwanzflosse homocerk, Schwimmblase völlig als hydrostatisches Organ umgebildet, Beckenflossen nach vorn verlagert, Jura-Kreide *(Leptolepis)* — rezent.

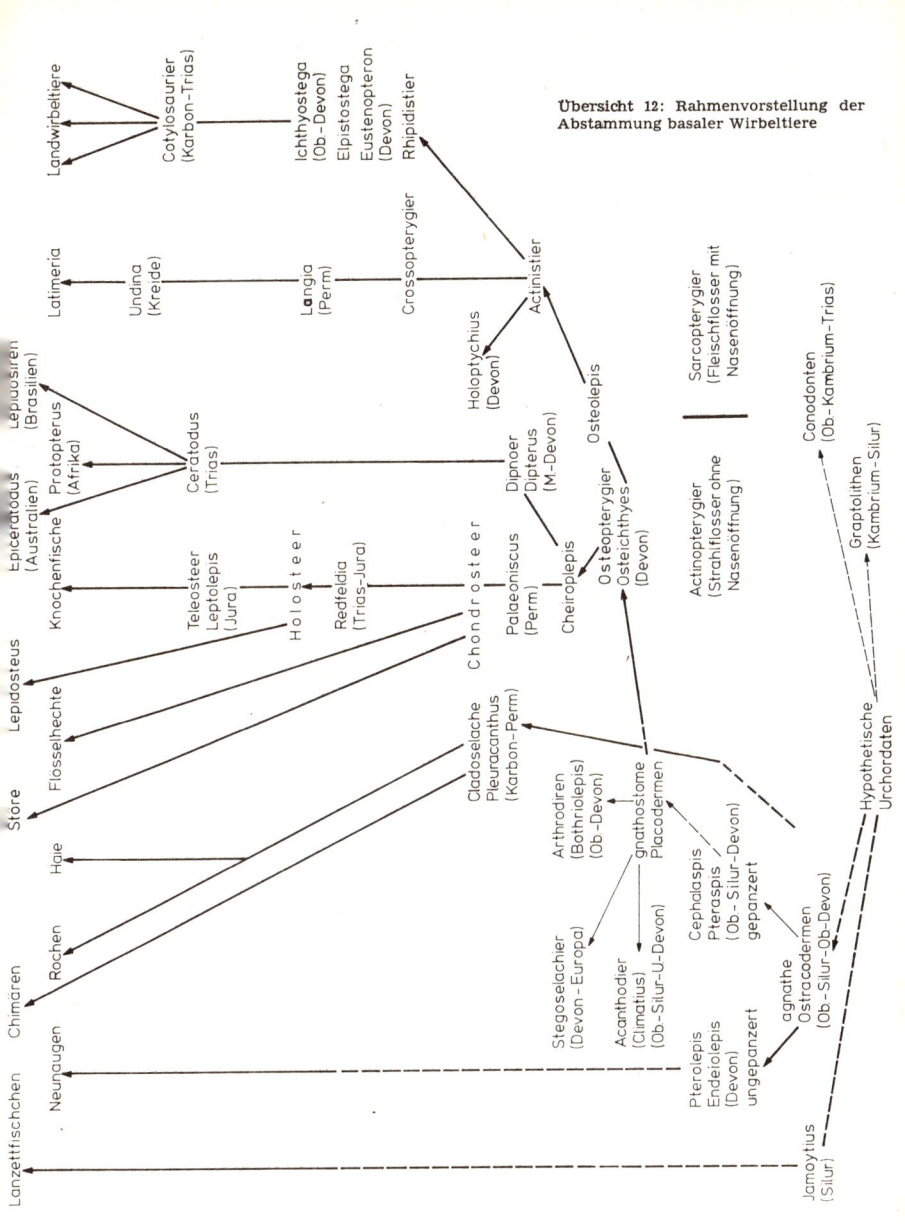

Übersicht 12: Rahmenvorstellung der Abstammung basaler Wirbeltiere

135

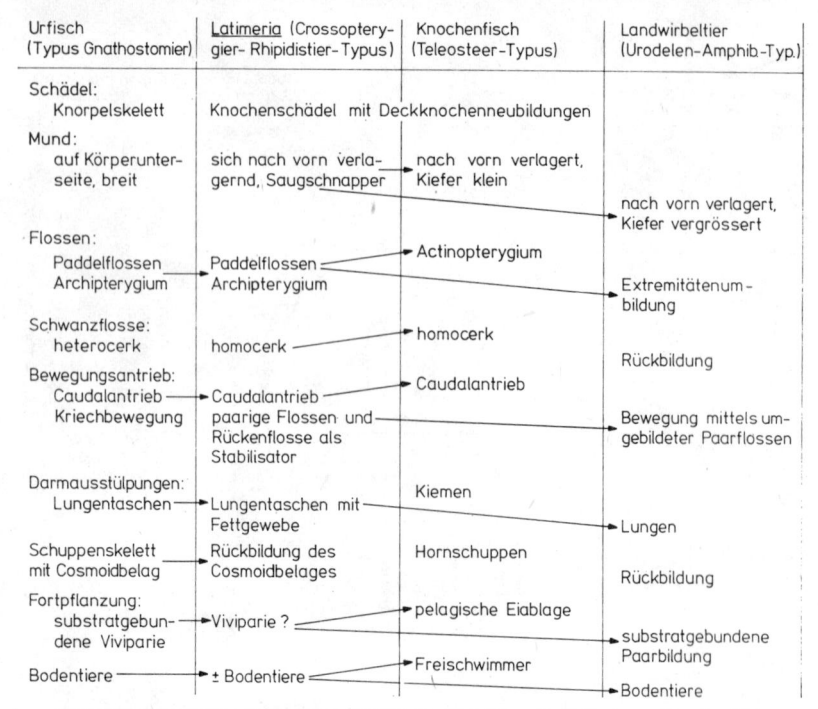

Urfisch (Typus Gnathostomier)	<u>Latimeria</u> (Crossopterygier-Rhipidistier-Typus)	Knochenfisch (Teleosteer-Typus)	Landwirbeltier (Urodelen-Amphib.-Typ.)
Schädel: Knorpelskelett	Knochenschädel mit Deckknochenneubildungen		
Mund: auf Körperunterseite, breit	sich nach vorn verlagernd, Saugschnapper	nach vorn verlagert, Kiefer klein	nach vorn verlagert, Kiefer vergrössert
Flossen: Paddelflossen Archipterygium	Paddelflossen Archipterygium	Actinopterygium	Extremitätenumbildung
Schwanzflosse: heterocerk	homocerk	homocerk	Rückbildung
Bewegungsantrieb: Caudalantrieb Kriechbewegung	Caudalantrieb paarige Flossen und Rückenflosse als Stabilisator	Caudalantrieb	Bewegung mittels umgebildeter Paarflossen
Darmausstülpungen: Lungentaschen	Lungentaschen mit Fettgewebe	Kiemen	Lungen
Schuppenskelett mit Cosmoidbelag	Rückbildung des Cosmoidbelages	Hornschuppen	Rückbildung
Fortpflanzung: substratgebundene Viviparie	Viviparie ?	pelagische Eiablage	substratgebundene Paarbildung
Bodentiere	± Bodentiere	Freischwimmer	Bodentiere

Übersicht 13: Latimeria als Verbindungsglied der Evolution vom Urfisch zum Knochenfisch, bzw. Vierfüßler [94]

Elasmobranchii (Knorpelfische): keine dermalen Skelettelemente vorhanden, Knochengewebe fehlt, keine pneumatischen Darmanhänge, keine Verbindung zwischen Oberkiefer und Schädelspitze, Begattungsorgane vorhanden. *Oberes Devon (Cladoselache) - rezent.*
Cheirolepis (Abb. 12) und *Osteolepis* dürften als fossile Hauptvertreter, aus welchen sich die späteren drei Gruppen der Knochenfische nacheinander entwickelten, anzusehen sein. Osteolepis hatte ein kräftiges Notochord, Schädel und Kiefer waren aus Knochen, hinter dem Parietale befindet sich ein Gelenk, durch welches die Vorderseite des Schädels gehoben bzw. gesenkt werden konnte, ein Merkmal, welches bereits bei den Arthrodiren *(Dinichthys, Leptoszeus)* auftritt. Die Zähne hatten einen gefalteten Schmelz (labyrinthodonte Struktur). Eine gut entwickelte Nasenöffnung führte zum Schlund. An der Brustflosse fanden sich „unterhalb des einzelnen oberen Flossenknochens zwei Knochen, die mit ersteren gelenkig verbunden waren, darüber hinaus standen noch andere, die zum distalen Rande der Flossen ausstrahlten."
Aus den kiefertragenden Placodermen bzw. den Basisformen der Knochenfische (Osteoichthyes) sind also wahrscheinlich der Reihe nach die Chondrostei, Holostei

und Teleostei entstanden. Zu der Klasse der Osteopterygii gehören aber auch die luftatmenden Dipnoier (Lungenfische); weiter die Formen, deren Flossen nicht parallelstrahlig sind, wie bei den Actinopterygiern, sondern von Stützknochen, aus medianen oder axialen Elementen mit kleineren Knochen, gebildet werden. Die letzteren lagern sich entweder seitlich oder distal an den zentralen Knochen strahlenförmig an. Zu diesen sog. Archipterygiertypus gehören die Quastenflosser (Crossopterygii, *Latimeria*) und die zur Basisgruppe der Tetrapoden gewordenen *Rhipidistia*. Von wesentlicher Bedeutung ist, daß die auch als Choanata bezeichnete Gruppe eine „innere Nasenöffnung" hatte, die den Actinopterygiern fehlt, was abstammungsmäßig für die luftatmenden Wirbeltiere von Bedeutung gewesen sein dürfte. „Endlich zeigen bei choanaten Fischen die Schuppen den cosmoiden Typus, mit einer dicken Cosminschicht über der Knochengrundschicht der Schuppe, im Gegensatz zu den primitiven Actinopterygierschuppen, bei denen das Cosmin beschränkt und die Schuppenoberfläche mit einer dicken Schicht von Schmelz oder Cosmins bedeckt war. Diese Unterschiede zeigen, daß schon so früh wie in mitteldevonischen Zeiten ein grundlegender Unterschied zwischen den beiden Linien der Knochenfische bestand, obwohl sie am Beginn ihrer evolutiven Entwicklung eng verwandt waren" [12].

Zu den Dipnoi (Lungenfischen) zählen rezent 3 Arten, *Epiceratodus* (Australien), *Protopterus* (Afrika) und die *Lepidosiren* (Südamerika). Der erste Typus gleicht dem *Ceratodus* der Triaszeit sehr. Er ist befähigt, am Grunde des Wassers zu laufen, wobei er die paarigen Flossen bewegt. *Dipterus* aus dem Mitteldevon mit primitiven Choanatenmerkmalen zeigt „eine zentrale Achse in der Mitte der Flosse mit knöchernen beiderseits ansetzenden Strahlen (Archipterygium) und 2 Rückenflossen. Zerkauen der Nahrung erfolgt mittels Platten mit fächerartigen Zähnen. Die späteren Formen zeigen jedoch wiederum beginnende Verknorpelung im Skelett. Von Interesse sind die rezenten Lungenfische*) und *Latimeria*, weil sie alte ihnen und den Hauptlinien ursprüngliche gemeinsame Züge bewahrt haben. Heute jedoch neigt man nicht mehr dazu, die ersteren als Ancestoren der Tetrapoden anzusehen, weil sie bereits spezialisierte Merkmale aufweisen. Wohl aber läßt ihre Verbreitung im Süßwasser dreier Kontinente auf einen Zusammenhang dieser letzteren während der Entstehungszeit dieser Lebensformen schließen (Gondwanaland).

Auch die Quastenflosser sind seit dem Devon bekannt. Die Wieder-Entdeckung heute noch lebender Vertreter dieser Klasse *(Latimeria* 1939, *Malania* 1952) in den Gewässern Madagaskars und um die Südspitze Afrikas hat bedeutendes Aufsehen erregt. „*Latimeria repräsentiert eine Evolutionsstufe, aus der unmittelbar die Rhipidistier und mittelbar sowohl die Tetrapoden wie die anderen Knochenfische hervorgegangen sind. Es gibt kaum einen Evolutionsschritt, der für unsere Kenntnis der Geschichte der Tiere eine größere Bedeutung hat, und es ist ein einzigartiger Glücksfall, daß wir in L. einen lebendigen Zeugen besitzen, der diesem Geschehen so nahe steht*" [94]. „*Die Crossopterygier sind für uns vielleicht die wichtigsten Fische; sie sind unsere zeitlich weit entfernten, aber direkten Vorfahren*" [12].

Von den devonischen Formen leiten sich zwei Zweige ab, die Coelacanthen, meso-

---

*) passive Landbewohner, deren Kieferapparat (Saugmund) und Freßtechnik sich nicht für „Landleben" eignet [109]

zoisch vorwiegend marine Fische, z. T. mit knorpeligem Skelett (zu denen rezent *Latimeria* zählt) und der noch aus dem Devon stammende Rhipidistier *Eustenopteron* (Abb. 12). Letzterer Fund zeigt gegenüber *Osteolepis* an dem kräftigen Notochord Wirbel, die von Ringen umgeben sind, in welchen sich nach oben und hinten gerichtete Stacheln befinden. „Die dorsalen Stacheln können mit denen auf den Wirbeln der frühen Amphibien homologisiert werden", während die Ringe mit den Intercentra und die zwischen den Ringen gefundenen intermediären Knochenknötchen mit den Centra der Tetrapodenwirbel verglichen werden können (S. 142). Die Schwanzflosse ist nicht mehr heterocerk, der Flossenbau wie oben beschrieben. Die Rhipidistier sind also als ein Zweig aufzufassen, der sich „offensichtlich auf der direkten Linie zu den frühen Amphibien befand" [12].

IV. Die Landnahme der Wirbeltiere

1. Ein Vergleich zwischen Wasser und Landleben [12; 69; 94]

Soweit erkennbar, ist der Übergang vom Wasser- zum Landleben im Bereiche des Süßwassers und wahrscheinlich auf der Nordhemisphäre vollzogen worden. Die Ursachen, welche dazu führten, werden wie immer im Aufsuchen neuer ökologischer Nischen zu suchen sein: sei es wie *Romer* vermutet, daß die Tiere zum Auffinden neuer Wasserräume Landstrecken überqueren mußten, sei es um neue Nahrungsräume zu finden. Die erstere Ansicht gewinnt ihre Berechtigung darin, zumal in dieser Zeit im Bereich der sog. kaledonischen Faltung ein Nordeuropa-Kontinent entsteht und in Mitteleuropa sich die sog. alemannisch-böhmische Insel bildet. Der Nordkontinent trat mit dem nordamerikanischen Festland in Verbindung. Die durch die Verwitterung entstandenen Süßwasser- oder Flußmündungsablagerungen sind als Old-Red-Sandstone-Ablagerung fossilienführend bekannt. Die vulkanische Tätigkeit jener Zeit wird zur Festlandausweitung beigetragen haben (Diabase) [11]. Aber wie immer müssen die gestaltlichen Voraussetzungen bei den Lebewesen durch vorherigen Erwerb vorhanden gewesen sein.

Die Verwendung der Brustflossen als Stütze bei Bewegungen ist von Haien, rezenten Lungenfischen *Protopterus* u. a. und dem sog. Schlammspringer bekannt. *Latimeria* zeigt einen Bewegungsantrieb von zweierlei Art, den torpedoartigen Fischantrieb (Schwanzflosse) und den durch die paddelförmigen paarigen Flossen. Bei der ersteren Art dürfte der heterocerke Schwanz eine hebende Kraft ausüben, die den Hinterleib praktisch gewichtlos macht, wobei die Brustflossen als Auftriebflächen mitwirken und dadurch wird ein pneumatisch funktionierender Hebemechanismus nicht erforderlich. Mit der Ausbildung der homocerken Schwanzflosse bei *Eustenopteron*, weiter bei den Holosteern und Teleosteern müssen, wie es die rezenten Vertreter ja noch zeigen, andere Bewegungsarten und Steuermechanismen erworben worden sein. Bei *Latimeria* ist festgestellt, daß die paarigen Brustflossen gemeinsam mit der Rückenflosse zur Stabilisierung und Wendung im Wasser verwendet werden. Diese Bewegungsart wird durch 2 weit nach hinten verlagerte Beckenflossenpaare gefördert. Gleichzeitig mit der Verlagerung des Antriebes vom Schwanz muß die im mittleren Bereich der Wirbelsäule gelegene Muskulatur zugenommen haben. Fische behalten den Schwanzantrieb bei, ihre Beckenflossen rücken immer weiter brustwärts.

Wie schon darauf hingewiesen, haben die pneumatischen Darmanhänge ursprünglich respiratorische Funktion. Es hat sie allem Anschein nach schon bei den Placodermen gegeben. Soweit man also heute den evolutionären Trend versteht, handelt es sich bei der funktionellen Neuverwendung des Archipterygiums wie der Atmungsfunktion bei den Landtieren nur um eine Weiterentwicklung von Grundausstattungen ursprünglicher Wirbeltiere. Das Entstehen der Actinopterygier-flossen (Parallelstrahligkeit) und der Erwerb der Fähigkeit der Gewichtverlagerung durch die Schwimmblase scheinen spezielle Neuerungen zu sein, die sich in der evolutiven Entwicklung bei den Knochenfischen herausgebildet haben. Auch hinsichtlich der Nahrungsuche bietet sich *Latimeria* als verbindendes Zwischenglied an. Durch Anheben des Neurocraniums (Prämaxillar und Maxillarsegment) wird der Mund nach Haiart geöffnet. Die nur schwach mit Zähnen besetzten Kiefer dürften die Nahrung mehr durch Saugschnappen der 20—30 cm langen Nahrungsfische aufnehmen als durch zupackendes Schlagen. Diese Fangart stellt nach G. v. *Wahlert* [94] einen Basismechanismus dar, der durch weitere Vervollkommnung zu den Funktionsplänen der Actinipterygier als auch der Tetrapoden geworden ist. Ähnlich verhält es sich mit den Cosmoidschuppen (S. 137). Das Schuppenkleid von *Latimeria* ist noch deutlich Außenskelett, aber schon aus biegsamen sich überlagernden Schuppen aufgebaut.

2. Die frühen labyrinthodonten Amphibien [12; 43; 57; 85]
Übersicht 14 (siehe Faltblatt im Rückendeckel)

Die Ichthyostegiden (Ober-Devon, Grönland) tragen noch viele Fischmerkmale, wie den flossenstrahligen Schwanz, der aus Verwachsung von Rücken- und Schwanzflosse gebildet wurde. Die Wirbel erinnern an die Crossopterygier, dagegen bildet sich ein starker Brust- und Beckengürtel aus. Auch der Schädel zeigt noch Quastenflossenmerkmale.
Funde von diesen ersten landlebenden Wirbeltieren sind auf der damaligen nördlichen Kontinentalmasse und in Australien gemacht worden, besonders im Old-Red-Sandstein NW-Europa (Schottland). Aus dem saarländischen Karbon sind Fußabdrücke bekannt geworden, die noch flossenartige Verbreiterungen zeigen. Bei den späteren Formen wandeln sich die Scheiben und Ringe der Wirbel zu ineinandergreifenden Gebilden um, die durch Bänder und Muskel gehalten werden. An die Wirbelsäule setzt ein U-förmiger Schulter- und ein V-förmiger Beckengürtel an, letzterer nur an einem Wirbel der Säule. Die Extremitäten nehmen mit 1 und 2 Armknochen, Handwurzelknochen und 5strahligen Fingern bereits den späteren Bauplan der Extremitäten an. Diese Amphibien (labyrinthodonte Stegocephalier) der Karbonzeit verlagern ihre Nasenöffnung auf die dorsale Schädelfläche, außerdem finden sich noch dort die Augen und die Pinealöffnung (letztere ein medianes Lichtsinnesorgan enthaltend). Am Hinterschädel befand sich die Tympanicumspalte mit Trommelfell. An dieses angewachsen reichte der einzige Gehörknochen zur Wand des Hirnschädels. Spitze Zähne besetzten die Kiefer und den vorderen Gaumen, letzterer reichte zum Hirnschädel mit ein bewegliches Gelenk (das 2. Gelenk der Quastenflosser fehlt). Bis in die Permzeit findet man Formen, deren dicke Haut mit Knöchelchen und Knochenplatten unterlegt ist (Verdunstungsschutz, Ansatz zur Reptilienhautentwicklung).
Zu den nach ihrem Wirbelbau benannten Embolomeren (Wirbel aus 2 Scheiben auf denen der Neuralbogen und die Spina sitzen (S. —) gehört *Eogyrinus*, die

typische Form des europäischen Karbons. Ihr Schultergürtel setzte sich aus 2 Schlüsselbeinen (Clavicula, Cleitrus) vorn und dem Schulterblatt (Scapulocoracoid), ihr Becken aus den 3 Knochen (Ilium, Ischium, Pubis) zusammen. Ersteres inserierte nur an einem Wirbel der Säule (s. o.). Der Oberschenkelknochen (Femur) setzte bereits in einer Eindellung des Beckens an.

Eryops (1,5 m lang, Texanisches Perm, labyrinthodonter Rhachitomier) hatte im Gegensatz zu den ersteren einen nach oben offenen Gaumen, offenbar um Platz für die großen Augen zu schaffen. Er besaß kräftige Zähne und kein Kopfgelenk mehr. Das schwere kurze Körperskelett mit den kräftigen kurzen Beinen weist ihn bereits als charakteristisches Landtier aus. Kleinere europäische Formen werden als Branchiosaurier bezeichnet, nach Romer könnte es sich um larvale Formen handeln. Aus Deutschland sind Uramphibien aus dem Plauenschen Grunde bei Dresden bekannt. Von diesen Lebewesen leiten sich wahrscheinlich die rezenten Frösche und Kröten (Anuren) ab, die eine starke Reduktion des Skeletts und extreme Spezialisationen zeigen. Über *Protobatrachus,* aus dem Jura von Madagaskar, setzt die Umwandlung, Reduktion der Rippen und des Schwanzes, Verlängerung der hinteren Extremität (Sprungbein), zu den rezenten Formen ein. Die lepospondylen Amphibien (Microsauria, Ober-Karbon, Perm, Nyrschan, Böhmen) bildeten ihre Wirbel nicht mehr aus Knorpel, sondern „vielmehr direkt als spindelförmige knöcherne Zylinder rund um das Notochord, die im allgemeinen mit dem Neuralbogen vereinigt waren" [12]. Von dem gleichen Fundort sind Fossile bekannt, die die Tendenz der Reduktion der Beine erkennen lassen (Nectridier) und vielleicht als Vorläufer der Blindwühlen (Gymnophionen) gelten können, während von den Lepospondylen unsere heutigen Salamander und Lurche herzuleiten sein werden.

V. Die Evolution der Reptilien (Anapsida, Cotylosauria)
[12; 13; 41; 63; 69; 91; 108]

Die körperlichen Eigenschaften der basalen Reptilien sind bereits innerhalb der Amphibien des Karbon erworben worden. Während dieser Periode muß sich der entscheidende Schritt vollzogen haben, durch welchen die larvale Entwicklung im Wasser in einem für jeden Keimling gesonderten „Kleinen Teich [12] der Aminonhöhle vollzogen hat. Gerade dieser Erwerb aber hat dazu beigetragen, den Veränderungen auf der Erdoberfläche sich anzupassen, die sich als Folge der variskischen Gebirgsbildung des ausgebrfeiteten Vulkanismus und der Einengung bzw. Austrocknung der Meere (Zechstein) auswirkten. In den sich mit Verwitterungsgeröll und Schutt füllenden Landsenken konnten sie überdauern (Rotliegendes).

1. *Seymouriamorpha und frühe diapside Reptilien der Karbon-Perm-Zeit* (Abb. 14; Übersicht 14)

Seymouria, ein 60 cm langes Urreptil zeigt, obwohl es erst aus dem Unterperm von Texas stammt, einen von den Embolomeren sich herleitenden Körperbau. Der stark gewölbte Schädel hat, wie auch die Zähne, labyrinthodonten Charakter. Der Hals ist kurz, die Wirbel besitzen einen breiten Neuralbogen. Ihr Pleurocentrum ist das vorherrschende Element, das Intercentrum ist reduziert. Ein langes

Interclaviculare steht im engen Anschluß mit dem Hinterkopf. Das Kreuzbein besteht aus zwei Wirbeln, der Beckengürtel ist gut entwickelt und die Extremitäten zeigen Normalbau mit einer Fingerknochenformel (2, 3, 4, 5, 3), wie er bei primitiven Reptilien charakteristisch ist. Rippen sind überall längs der Wirbel-

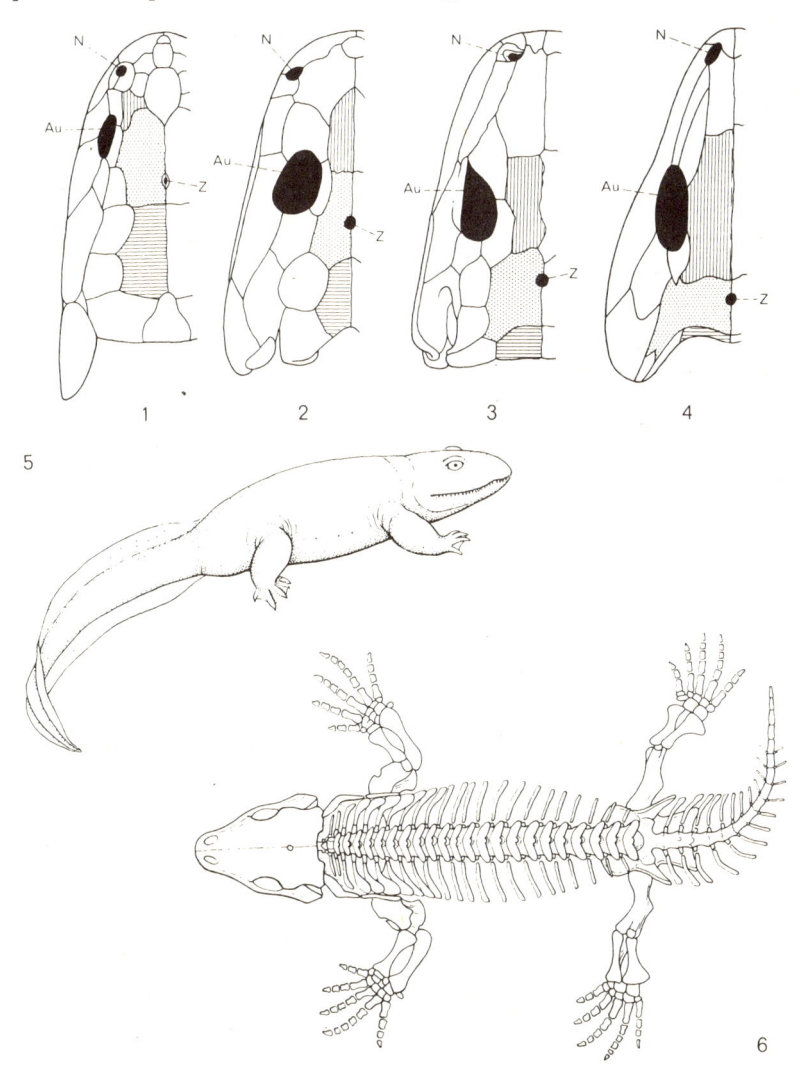

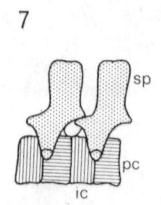

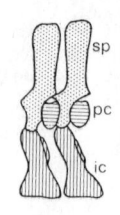

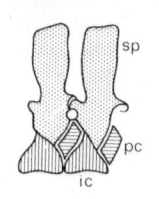

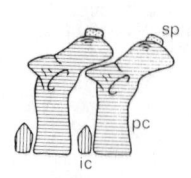

Abb. 14: Skelettvergleiche bei Amphibien u. Urreptilien [12]

1. *Eustenopteron* (Crosspterygier) Devon
2. *Ichthyostega* (Amphibien) Ob. Devon
3. *Seymouria* (Ur-Reptil) Unt. Perm.
4. *Romeria* (Cotylosaurier) nach Westoll [85]

Die Vergleiche sollen die Ähnlichkeiten der Schädel in der Anordnung der Knochen bei foss. Quastenflossern, Amphibien und Reptilien, insbesondere aber den Prozeß der Rückverlagerung der vorderen Schädelknochen und der Zirbeldrüsenöffnung, zeigen.
(N = Nasen, Au = Augen-, Z = Zirbeldrüsenöffnung)

5. *Ichthyostega* (Rekonstruktion) als Typus der an Land gehenden frühen Amphibien des Oberen-Devon und Unteren-Carbon (Mississipium) aus Sedimenten Ostgrönlands (Rekonstruktion nach Swinton [12; 85]*)

6. *Seymouria*, unteres Perm von Texas, obwohl relativ spät gefunden, stellt diese Tierform seinem Bau nach eine Zwischenform dar. Sie dürfte mit den embolomeren Amphibien auf gemeinsame Ahnenformen des Karbon zurückgehen [85].

7. Vergleichende Wirbelentwicklung bei Ichthyostegiden (Ur-Amphibien), Embololeren (Dachschädler der europ. Karbons), Rhachitomiern (Dachschädlern d. Perm. Texas) und Seymouriamorphen (Urreptilien der Carbon-Üermzeit) [12].
In der Herausbildung der Wirbel dieser frühen Wirbeltiere lassen sich verschiedene Tendenzen der Entwicklung der einzelnen Elemente von den als ursprünglich angesehenen Bau bei den Ichthyostegiden zu den karbonischen Dachschädlern und den frühen Reptilien feststellen.
sp = Neuralspinae, ic = Intercentrum, pc = Pleurocentrum

*) ähnlich *Eustenopteron* (S. 138)

säule. „Die Mischung amphibischer und reptilischer Merkmale wie bei *Seymouria* spricht für einen schrittweisen Übergang, der zwischen den beiden Klassen während der Evolution der Wirbeltiere stattfand", trotzdem ist *S.* nach *Colbert* [12] bereits soweit spezialisiert, daß sie nicht als Ancestor angesprochen werden kann. Diapside Reptilien (S. 140) stellt man seit dem Ober-Karbon (Pennsylvanium) Seite an Seite mit den labyrinthodonten Amphibien fest, wobei letztere in den Sümpfen überwiegen, während die frühen Diapsiden die Landbewohner sind, bis die eigentlichen Dinosaurier sich soweit entwickelt hatten, daß sie ihnen die letzten Nischen streitig machten. Bezeichnend hierfür sind die Faunenfunde des Unter-Perm von Nordtexas, Neumexiko und aus dem Mittel- und Ober-Perm des nördl. Rußland (Dwina-Serie), aus Schottland und vor allem die aus den für das Verständnis der Entwicklung der landlebenden Wirbeltiere immer bedeutsamer werdenden Funde aus der Karroo-Formation Südafrikas. Gerade die letzteren, welche vom Perm bis in die Trias reichen, bieten einen guten Überblick über die Entwicklung der Reptilien zu den Säugern. Ein Vergleich der Funde aus Rußland und Südafrika läßt erkennen, daß es sich ursprünglich um gleichlaufende Faunenentwicklungen [15] gehandelt haben muß, während man aus dem deutschen Raum vornehmlich nur marine Ablagerungen findet (Karbon-Sümpfe, Zechsteinmeer). Die nachfolgende Trias ist dadurch gekennzeichnet, daß sich in ihr ein Übergang zu moderneren Landtieren (s. u.) vollzieht. Während die labyrinthodonten Amphibien aussterben, die sich aus den Therapsiden (S. 152) entstandenen

Theriodontier zunächst entfalten, aber gegen Ende ebenfalls verschwinden und deren Nachfolger, die Ictidiosaurier, noch keine Bedeutung erlangt haben, bleiben die Cotylosaurier als Reste noch erhalten. Protorosaurier und Eosuchier künden als kleine Tierformen die neue Entwicklung an. Weiter entfalten sich die Ahnenformen der Frösche und Schildkröten, die marinen Ichthyosaurier und Thecodontier, letztere als Frühformen der Diapsiden des Jura und der Kreide. Man kann annehmen, daß hier nicht nur die Dinosaurier, sondern auch die Flugsaurier, Krokodilier und Echsen ihren Anfang nahmen. Es ist eine Zeit des Überganges, ähnlich der späteren Kreidezeit.

2. *Über die systematische Einteilung der Reptilien*
(Übersicht 14; Abb. 15)

Die Kriechtiere, die schlagartig differenziert vom Ober-Karbon ab auftreten, lassen sich nach *Colbert* [12] in folgende Unterklassen gliedern:

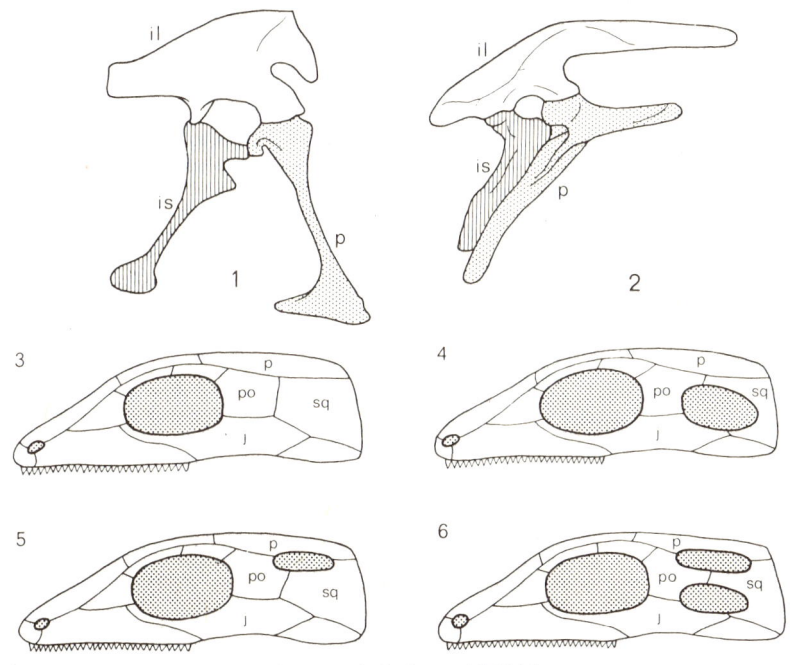

Abb. 15: Saurierbecken und Schädel
1. Saurischier-Typus (Dinosaurier mit Reptilienbecken)
2. Ornithischier-Typus (Dinosaurier mit vogelähnlichem Becken)
(p. = Os pubis, il = Ilium, is = Ischium
Temporale Fenster der verschiedenen Reptilien-Unterklassen (vgl. Abb. 14)
3. Anapsider Typus (Stammreptilien, Schildkröten)
4. Synapsider Typus (Therapsida, säugerähnliche Reptilien)
5. Euryapsider Tykus (Plesiosaurier)

6. Diapsider Typus (Eosuchier, Flugsaurier, Vögel, Dinosaurier, Eidechsen und Schlangen. Die letzteren beiden haben jedoch einen oder beide Jochbögen verloren (nach Romer, Text etwas verändert).
p = Parietale, po = Postorbitale, sq = Squammosum, j = Jugale).

Anapsida: Keine Temporalöffnung im Schädel hinter den Augen. Dazu gehören die Cotylosaurier und die Schildkröten.
Synapsida: Eine seitliche Temporalöffnung am Schädel, die unten durch postorbitale und squamosale Knochen begrenzt wird. Hierher gerechnet werden die Pelicosaurier, die säugetierähnlichen Reptilien (Therapsida) und möglicherweise die Mesosaurier.
Parapsida: Die einzige obere Temporalöffnung wird durch postfrontale und supratemporale Knochen begrenzt, hierher gehören die fischähnlichen „Ichthyosaurier".
Euryapsida: Die einzige obere Temporalöffnung wird unten begrenzt durch die postorbitalen und squamosalen Knochen (auch als Synaptosauria bezeichnet). Zu ihnen stellt man die Protorosaurier, die Sauropterygier mit den Nothosauriern, den Plesiosauriern und Placodonten.
Diapsida: die einzige Unterklasse, die zwei Temporalöffnungen, die durch postorbitale und squamosale Knochen getrennt sind, besitzt. Zu ihr zählt man die
    Eosuchier, als die Basisgruppe, primitive Diapsiden;
    Rhynchocephalier mit der rezenten Brückenechse (Sphenodon);
    Eidechsen und Schlangen (Squamata).
Weiter gehören dazu die Thecodontier, als triasische Ahnenformen der eigentlichen Saurier des Erdmittelalters. Aus ihnen haben sich die Crocodilier (Krokodile, Alligatoren, Kaimans); die Flugsaurier (Pterosaurier und weiter die Vögel) sowie die beiden großen Gruppen der Dinosaurier, die Saurischier, bipede Typen mit einem „dreistrahligen Becken" und die Ornithischier, mit „vogelähnlichem Becken" entwickelt.

3. Die Cotylosaurier (Anapside Reptilien, Stamm-Reptilien) [2; 12; 43; 85]

Zu dieser frühen Reptilienordnung zählen Funde aus der Gaskohle Böhmens, *Gephyrostegus*, vor allem aber *Captorrhinus* und *Limnoscelis* (letztere etwa 1,5 m lang) aus Texas und Neumexiko. Ihre Schädel waren gewölbt und mit Nasen, Augen und Pinealöffnung versehen, jedoch ohne Temporalfenster hinter den Augen. Ihre Kiefer tragen unterschiedlich lange spitze Zähne. Die Wirbel sind schalenförmig mit zentraler Grube für das Notochord im Pleurocentrum. Schulter und Beckengürtel sind mächtig entwickelt, das Becken setzt bereits an 4 Wirbeln an. Vermutlich waren die beiden Formen Carnivore, *Diadectes,* größer, mit verkürzten Kiefern und querverbreiterten Backenzähnen, ein spezialisierter Pflanzenfresser. Unter *Pareiosaurus* wurden Cotylosaurier der Karroo-Formation Südafrikas und Nordrußlands beschrieben; Tiere von 2,5 m Länge und etwa 1,5 m Schulterhöhe mit mächtigen Gliedern.

Die Schildkröten (Eunotosaurier, Chelonia) *Eunotosaurus,* aus dem Perm Südafrikas, ein nur wenige Zoll großes bezahntes Reptil, „an dessen verlängerten Wirbeln zwischen Schulter- und Beckenregion 8 Rippen" ansetzen, von denen jede so in die Breite gewachsen war, daß ein Kontakt mit den vorderen und hinteren bestand [12], könnte als Ancestor anzusehen sein. In triasischen Ablagerungen findet sich *Proganochelys* (Amphichelydier) bereits fossil mit Panzer und fast zahnlosen Kiefern. In der deutschen Trias (Buntsandstein) sind Laufspuren von *Chelonupus* beschrieben. Eine noch bezahnte Form, *Triasochelys,* fand sich im Keuper (Halberstadt) ebenfalls Meeresschildkröten mit Ruderpaddeln.

Die Pleudodiren (Kreide, Frühtertiär) waren Formen, bei denen der Hals seitlich gebogen wird, wenn der Kopf in die Knochenpanzer gezogen werden soll, Relikte dieser finden sich heute noch in den Faunen von Madagaskar, Afrika und Südamerika. Bei den Cryptodiren wird der Schädel durch „eine senkrechte S-förmige Bewegung des Halses" zurückgezogen. Sie treten seit Kreide auf und sind weltweit verbreitet. Riesenschildkröten *(Colossochelys)* sind seit dem Pleistozän aus Asien bekannt.

4. Synapside Reptilien (Vorläufer der Säugetiere) [12; 85]

Vermutlich sind alle nachfolgenden Reptilienordnungen aus labyrinthodonten Früh-Cotylosauriern (s. o.) hervorgegangen, wobei man einigermaßen zuverlässig sagen kann, die Captorhinomorphen führen letztlich zu den Säugetieren, während man die Schildkröten von den sog. Diadectomorphen abzuleiten sucht. Weiter erscheint zuverlässig deutbar zu sein, daß mit fortschreitender Evolution der Reptilien am Schädeldach hinter den Augen ein zusätzliches Fenster (Temporale) entstand, wodurch Raum für die Kiefermuskeln geschaffen wurde.

Die Pelycosaurier, ob Ober-Karbon vierfüßige Bodentiere, bei welchen es im Laufe ihrer Evolution kaum zu Skelettelementreduktionen kam, besitzen früh auftretende Zahndifferenzierungen. Unter den Funden aus dem Unter-Perm Nordamerikas sind mittelgroße eidechsenartige Fossile mit schmalen hohen Schädeln und langen Kiefern mit zahlreichen Zähnen, mit weit nach hinten liegenden Augen, ohne otische Spalte, bekannt *(Varanosaurus)*. Eine größere Form *Ophiacodon,* dem ersten ähnlich, aber 1,5—2,5 m lang, besiedelte die Ufer des Süßwassers und war wahrscheinlich Fischfresser. Von diesen könnte der evolutionäre Trend zu den landbewohnenden Sphenacodonten *(Sphenacodon, Dimetredon)* bzw. zu den fischfressenden Ichthyosauriern geführt haben. Bei *Edaphosaurus,* einer herbivoren Form, ist wie *Dimetredon* bemerkenswert, daß sich rückwärts lange Wirbelfortsätze bildeten. Ob es sich bei diesen Bildungen um Ansätze für die Hals- und Rückenmuskulatur handelte, ob sie Schutz- oder Schreckschilde waren oder als Temperaturregulator dienten, läßt sich nicht entscheiden. Jedenfalls ist sexueller Dimorphismus festgestellt worden (Abb. 16).

Über die Therapsida, bzw. Theriodontier vergleiche man die Entwicklung der Säugetiere (S. 154).

5. Ichthyosaurier (Parapside Reptilien, Fischechsen) [12; 43; 57; 85]

Während man heute der Ansicht ist, daß sich die landlebenden Wirbeltiere aus Wasserbewohnern der Küstennähe oder des Süßwassers bildeten, tritt hier die umgekehrte Entwicklung ein. Obwohl auch spätpaläozoische und triasche Amphibien limnische Lebensweise angenomme hatten, so finden sich doch keine, die maritime Lebewesen wurden. Mit der Radiation der Reptilien wird auch das freie Meer, damals offenbar für solche Lebewesen noch ein freier Lebensraum, neu besiedelt. Dies aber bedingte eine Umbildung der Bewegungsorgane (Extremitäten und Schwanz) und vor allem, sofern nicht auch heute noch von maritimen Reptilien des Amniotenei aufs Festland gelegt wird, eine neue Art der Brutpflege, die Ovoviviparie.

Das Auftreten dieser Tiere erfolgt schlagartig in der Mittel-Trias. Die Fischsaurier, bereits hoch spezialisiert, begannen aber mit kurzkieferigen Formen im Schwarzjura (Oberfranken), mit langkieferigen *(Mixosaurus)* im Muschelkalk Deutschlands, später waren sie weltweit verbreitet. Sie erlangten einen bis zu 3 m langen fischähnlichen Körper, mit gewölbter Augenpartie des Kopfes und gewölbtem vorderen Rumpf. Letzterer läuft kopf- und schwanzwärts spitz zu. Die paddelartigen Gliedmaßen bestanden aus kurzen Knochen, wobei ihre Zahl in den Handpartien stark vermehrt war und in einer gemeinsamen Haut steckte (Hyperdactylie). Am Rücken der Tiere fand sich ein fleischartiger Rückenschulp (Steuerorgan). Die Wirbelsäule endete nach unten abgebogen in dem heterocerken Teil einer sog. Schwanzflosse, die anscheinend als Antrieborgan diente. Der Kopf der Spätformen besitzt bis zu 2 m lange Kiefer, welche viele labyrinthodonte Zähne tragen (Abstammung) und eine obere Schläfenöffnung zeigt. Die Nasenlöcher befinden sich unmittelbar vor den übergroßen Augen, also nahe der Höchstwölbung des Schädels (Vorteil für Luftatmung). Bei einigen Formen sind ungeborene Junge im Mutterleib festgestellt worden, in einem Fall liegt der Embryo so, als ob er im Zustand der Geburt den Bauch des Muttertieres verlassen würde, was die oben gefolgerte Ovoviviparie beweist. Sie starben in der Kreide aus.

6. *Sauropterygier (Euryapside Reptilien)* [12; 43; 85]

Sie leiten sich von den Protorosauriern, kleinen eidechsenähnlichen Reptilien des Perm her.

Die Placodontier, die aus der frühen Trias bekannt sind, waren im seichten Wasser schwimmende stämmige Tiere mit bereits paddeligen kurzen Gliedmassen, kurzem Hals und Kopf. Die Vorderzähne der mächtigen Kiefer stehen fast waagerecht nach vorn, die Zähne der hinteren Kiefer sind reduziert, stumpf und mächtig verbreitert (Pflastergebiß) und waren so zum Muschelknacken befähigt (*Henodus*, Gipskeuper, Tübingen).

Die Nothosaurier, mittelgroße triasische Reptilien mit langem geschmeidigen Hals, die Beine verlängert, die Füße bereits zu Paddeln umgestaltet, aber so, daß noch Landbewegung möglich war, dürften die Ancestoren der Plesiosaurier sein. *Tanystropheus*, aus dem oberen Muschelkalk von Bayreuth, hatte etwa 10 stark verlängerte Halswirbel und dadurch einen sehr langen Hals von etwa 4 m Länge.

Die Plesiosaurier, (Schildkröten mit Schlangenhals) 3—6 m lange gut zum Schwimmen geeignete Reptilien, mit überlangem grazilen Hals und Kopf und kurzem verbreiterten Körper. Schulter und Beckenknochen sind bereits wieder teilweise reduziert. Die paddelartigen Beine mit mächtigen Muskeln sind in typische Ruderorgane umgebildet. Die Kiefer sind mit vielen spitzen Zähnen besetzt.

Elasmosaurus (Wealden USA), *Cryptocleidus* (Oxfordkalke, Gr.-Br.) gehören zu den langhalsigen Formen, *Pliosaurus* (Jura) und *Cronosaurus* (Kreide von Australien) zu den kurzhalsigen Typen mit größerem Körper und längeren Kiefern, ebenso *Macroplata* (Lias, Warwickshire). In den Plattenkalken von Keilheim (Ob. Jura) wurde ein langer *Plesiosaurus*-Zahn gefunden, was die Anwesenheit dieser Tiere auch in den damaligen mitteleuropäischen Meeren bestätigt.

7. *Die diapsiden Reptilien* [12; 43; 85]

a. *Mosasaurier und Geosaurier (Marine Großechsen in Jura und Kreidezeit)*

Um sie in unmittelbaren Zusammenhang mit den marinen Großreptilien anderer Klassen stellen zu können, seien hier anschließend die Groß-Echsen des Erdmittelalters aufgeführt. Krokodilähnliche Tiere, effektvolle Schwimmer mit Gliedmaßen, die ebenfalls zu Paddeln umgebildet waren und als Steuer- und Balanceorgane dienten, während ein langer abgeflachter Schwanz das Antrieborgan war. Bei den Geosauriern des Jura war auch das Ende der Wirbelsäule nach unten in den heterocerken Schwanz abgebogen. Die Mosasaurier der Kreide erlangten mit *Typosaurus* auch Größen bis zu 9 m Länge. Die marinen Echsen, weltweit verbreitet, gehörten zu den charakteristischen Tieren der Kreidemeere, in welchen sie ausstarben, während auch ihre terristrischen Verwandten, die Warane, bis in die heutige Zeit erhalten haben.

b. *Die Eosuchier und Thecodonten als Ahnenformen der rezenten und ausgestorbenen Reptilien* [12; 43; 85]

Die ersten Diapsiden, die Eosuchier, sind als eidechsenähnliche Tiere aus den pennsylvanischen Schichten (Ob.-Karbon) von Kansas, sowie aus dem Perm

Südafrikas bekannt geworden. Aus ihnen haben sich die Eidechsen und Schlangen entwickelt. Die Archosaurier, unter ihnen die Thecodontier, sind als die Ahnenformen der sich im Erdmittelalter mächtig entfalteten anderen Reptilien anzusehen.
Die Thecodontier, triasische Urformen, waren etwa 80 cm große bipede Tiere mit kleinen Vorderfüßen (die nur zum Greifen dienten), mit längeren Hinterbeinen und Schwanz, mit primitiven Becken und reduziertem Schultergürtel.

Zu ihnen gehört wahrscheinlich auch *Ornithsuchus* (Unt. Trias, Schottland), den *Swinton* an den Anfang der Pterosaurier (Flugreptilien) stellt und *Hesperosuchus* aus Nordamerika, ein Tier von 4 Fuß Länge. Der Verursacher der Fährten im Buntsandstein aus mittl. Keuper, das sog. Handtier (*Chirotherium*) dürfte wahrscheinlich auch hierher zu rechnen sein.

Die Phytosaurier der oberen Trias, vierfüßige Kriecher mit gepanzerter Haut, einer Schnauze ähnlich den Krokodilen, von diesen aber durch die weit augenwärts verschobenen etwas gehobenen Nasenlöcher, (günstige Bewegung unter Wasser), zeigen wegen ihrer verkürzten Vorderbeine ebenfalls einen Zusammenhang zu dieser Ordnung.

c. *Die Dinosaurier (Saurischier Schreckenssaurier mit Reptilienbecken)*
[2; 7; 12; 43; 85] Übersicht 14, Abb. 15

Die ersten Saurischier erschienen als Theropoden am Ende der Trias und sind durch *Coelophysis,* einem bipeden Landtier von etwa 2 m Länge, gut belegt. Das Tier hatte hohle Knochen, einen langen Hals und einen länglichen Kopf mit scharfen Zähnen (Tierfresser). Das Becken hatte den typischen Saurischierbau, mit ausgedehntem Ilium. Das Pubis dehnte sich weit nach hinten und vorn, das Ischium weit nach hinten unten (Abb. 15). Die Sakralverbindung erfolgte über mehrere Wirbel. Auch kräftigere Formen, *Plateosaurus,* (Keuper von Trossingen/ Württemberg) ein Tier von 6—7 m Länge, dürfte ein vierfüßiger (obwohl die Vorderbeine viel kürzer sind) Pflanzenfresser gewesen sein. Ähnliche Formen sind auch aus Südafrika bekannt.

Allosaurus (Ober-Jura), *Gorgosaurus* und Tyrannosaurus (aus der Kreide Nordamerikas, eine ähnliche Form hat in der Unter-Kreide Norddeutschland Fußabdrücke hinterlassen, und *Tabosaurus* (Mongolei) waren 12—15 m lange bipede carnivore Dinosaurier, mit einem Fuß-Kopf-Abstand von 4,5 m. Mit ihren vergrößerten Schädeln und langen Kiefern, die mit dolchartigen Zähnen besetzt waren, gehören sie zu den größten Landraubtieren aller Zeiten.
Hierher gehören auch die ansehnlichen semiaquatischen Sauropoden, *Brontosaurus* und *Diplodocus* (Jura Wyoming) und *Cetiosaurus* (Berner Jura und Oxfordkalke Petersburg. Mit ihren etwas vergrößerten Vordergliedmaßen und einer Körperlänge von 12—18 m, 30—50 Tonnen Gewicht waren diese Giganten wieder vierfüßige Läufer geworden (Gewicht von Finnwal und Blauwal 100 Tonnen). Obwohl die Zehen noch Krallen trugen, besaßen die Füße elastische Sohlenpolster (ähnl. dem Elefantenfuß). Der verlängerte Hals, die langen Schulterblätter, das gewaltige Becken und der anschließende lange Schwanz boten Ansatz für die mächtig entwickelte Muskulatur. Die großen Wirbel der vorderen Körperregion besaßen, wohl um Gewicht einzusparen, Höhlungen an den Seiten der Centra und Neuralbögen. Ein im Verhältnis zur Masse der Tiere kleiner Schädel mit nach oben verlagerten Nasenlöchern ermöglichten bei Unterwasseraufenthalt die Atmung. Die zarten blatt- bis spatelförmigen, oft stiftartigen Zähne finden sich nur auf den vorderen Kieferteilen, was sie anscheinend als Fresser der weichen Unterwasserpflanzen der damaligen Seeufer und Sümpfe ausweist.

d. *Die Dinosaurier (Ornithischier, Schreckenssaurier mit Vogelbecken)*
[2; 7; 12; 36; 43; 85] Übersicht 14 Abb. 15

Es handelt sich um vielgestaltige Formen der Jura- und Kreidezeit, deren Becken, das durch Drehung von Pubis und Ilium (beide nach hinten) in eine Art Parallelstellung zum Ischium kam, ein vogelbeckenartiges Aussehen erlangt hat. Die schnabelartigen Kiefer sind durch das Prädentale nach vorn gezogen, aber zahnlos. Zähne in großer Zahl (bis zu 20 000) finden sich an den hinteren Kieferpartien. Die Füße trugen flache Nägel und Hufe, nie Klauen.

Zu den basalen Typen dieser Ordnung zählt *Camptosaurus* (Ornithopode, Jura), ein bipedes mittelgroßes Tier, welches auch noch mit den Vorderfüßen laufen konnte, sie waren zum Greifen nicht eingerichtet. Der niedrige Schädel mit den langen Kiefern, kleinen Augen und der großen Schläfenöffnung hatte die Nasenlöcher nach vorn gezogen.
Iguanodon (Untere Kreide, Wealden) ist dadurch bekannt, daß bereits 1822 ein erster Zahn gefunden wurde. Seine besterhaltenen Skelette aus der europäischen Kreide stammen aus der Nähe von Mons in Belgien (1878) und von der Insel Wight (1917). Das Tier ist etwa 9 m lang gewesen und erreichte eine Höhe von 4,8 m. Die Daumen der Vorderfüße sind in eine Art Sporn umgebildet. Das Tier hatte einen schnabelartigen Kopf ohne Vorderzähne (Pflanzenfresser). Formen mit dicken helmartigen Knochenbildungen auf dem Schädeldach und entenartigen Schnäbeln mit vielen Zähnen auf beiden Kieferseiten werden zu den Trachodonten (*Corythosaurus*, Entenschnabelsaurier) der oberen Kreide gestellt. Sie werden meist in Sedimenten von Flüssen und Küstenlinien gefunden. Die Tatsache, daß ihre Füße Schwimmhäute hatten, weist auf Wasserleben hin [108].
Die Stegosaurier (Panzerplattenechsen), sekundär vierfüßig gewordene Tiere mit besonderen Hautknochenbildungen, sind weiter dadurch bemerkenswert geworden, daß ihr Kopfgehirn kleiner war als ein sich in der Kreuzgegend ausgebildeter Rückenmarkknoten. Aus jurasischen Formen entfalten sie sich bis in die Kreidezeit.
Polacanthus (Insel Wight) hatte zwei Stachelreihen entlang des Rückens, *Stegosaurus* zwei Knochenplattenreihen und ein stacheliges Schwanzende. Bei *Ankylosaurus* endete der Schwanz in einer Art Keule, was die Vermutung zuläßt, daß sie der Verteidigung diente. Fossile Reste finden sich hauptsächlich in der Kreide Nordamerikas.
Die letzten Dinosaurier (Ceratopsier, gehörnte Saurier) erscheinen in der Oberkreide der Mongolei mit der Gattung *Psittacosaurus*, einer kleinen Form mit hohem Kopf und hakenähnlichem nach vorn gezogenem Oberkiefer. Ihr schließen sich die vierfüßige, mit rhinozeros-ähnlichen Knochenbildungen auf dem Kopf versehene *Monoclonius* und später die noch mit zusätzlichen Hornbildungen auf der Stirn ausgestattete Formen, wie *Triceratops* (etwa 7 m lang und 6—8 Tonnen schwer) und *Protoceratops* u. *Leptoceratops* der Kreide Nordamerikas und der Mongolei an. *Protoceratops*, eine vollständig erhaltene Form, ist dadurch bekannt geworden, daß es neben Kleintierfunden auch gelungen ist, Nester mit Eiern und in ihnen sich entwickelnde Embryonen sicherzustellen. Die Eier wurden von den Weibchen in mehreren konzentrischen Ringen in den Sand verscharrt und so durch die Sonne erbrütet.

Nicht nur unter den sog. Dinosauriern des Jura und der Kreide finden sich Lebensformen von beträchtlicher Größe. Mutmaßungen über das Entstehen solcher Giganten dürften in der durch das günstige Klima zur Entwicklung gelangten üppigen Vegetation zu suchen sein. Diese bot in allen Bereichen ein Übermaß an vegetabilischer Nahrung, was für die trägen, also an sich wenig Nahrung verbrauchenden wechselwarmen Tiere sehr günstig gewesen sein muß. Da sich aber auch unter den Tierfressern dieser Zeiten verhältnismäßig große Tiere fanden, dürften andererseits auch die Pflanzenfresser mit ihrer Größe einen gewissen Schutz gehabt haben. Größeres Körpervolumen verlangt eine kleinere Oberfläche und damit wiederum einen gewissen Schutz gegenüber Unterkühlung während der durch die Sonne nicht erwärmten Zeiten.

e. *Das Sauriersterben am Ende der Kreidezeit* [20; 54; 86; 109]
Für das spontane Sauriersterben gegen Ende der Kreidezeit hat man verschiedene Ursachen angeführt. Ohne zuverlässige Aussagen machen zu können, seien einige aufgeführt:

α. Phylogenetische Degeneration könnte zu Überspezialisation besonders unter den Gigasformen geführt haben;

β. Klimaänderungen als Folge des Absinkens des CO_2 der Luft, bedingt durch die Zunahme der Phanerogamenflora in der Kreidezeit;

γ. zunehmende kosmische Strahlung, Auftreten einer Supernova, könnte die Mutabilität erhöht haben, letzterer Umstand könnte die Ursache für physiologische Verhaltensänderung im Eiablagemechanismus gewesen sein (siehe α).

δ. Durch Störung des Vasotocins (Hypophysenhormon) könnte ein Rücktransport des fertigen Eis im Uterus erfolgt sein, welcher, wie bei rezenten Haushühnern festgestellt, zur Bildung von zwei oder mehreren Eischalen geführt haben könnte (Ovum in ovo). Die letztere Annahme wird durch Untersuchungen an den Kalkschalen verschiedener Eier von Dinosauriern der Provence und des Langedoc bestätigt. Diese Änderung könnte wiederum zu einer Schädigung der Muttertiere (Verletzungen bei der Eiablage) und der Embryonen (Erstickung) geführt haben. Der für die Schalenverdickung benötigte Kalk könnte einen Kalkschwund in den Knochen (wie es ja im Graviditätszustand z. B. von Säugetieren auch vorkommt) dieser Giganten zur Folge gehabt haben.

f. *Die Pterosaurier und Urvögel* [2; 12; 43; 51; 85]

In den Lagunen eines Schwammriffmeeres des oberen (Weiß-)Juras, (Malm), setzte sich feinster Kalkschlamm ab und hat so die sog. lithographischen Schiefer von Solnhofen und Eichstädt (Bayern) hinterlassen. In ihnen fanden sich unter einer Fülle von Fossilien aller Art etwa 25 verschiedene Arten von fledermausähnlichen Reptilien, die die Größe eines Raben bzw. eines Bussards erreichten, in einem außerordentlich guten Erhaltungszustand. Die Flughaut dieser Tiere spannt sich entlang der Körperseite, möglicherweise schon ab der hinteren Extremität bis zum 4. Finger der Vorderhand aus. Die 5. Phalange ist rückgebildet, während die ersten drei Krallen tragen. Die Tiere hatten eine haarähnliche Hautbedeckung, so daß man sie bereits als Warmblütler wird ansprechen müssen. Soweit sich aus Gehirnreproduktionen erschließen läßt, zeigen diese mehr Vogelähnlichkeit als reptilienhafte Merkmale. Der Kopf der Tiere hatte noch zwei Schläfenöffnungen hinter der großen Augenöffnung und ein großes Präorbitalfenster *(Rhamphorhynchus)*. Die Kiefer waren mit langen spitzen Zähnen besetzt (Fischfresser), die bei den Kreideformen wegfallen und einen langen zahnlosen Schnabel bildeten. Sie besaßen bewegliche Rückenwirbel und diese waren noch nicht zum Syntsacrum verwachsen.

Morphologisch unterscheiden sich die Typen durch Kurzschwänzigkeit *(Pterodactylus)*, Langschwänzigkeit *(Rhamphorhynchus)*, bzw. solche mit Reusengebiß *(Stenochasma)* von solchen mit katzenkopfähnlichem Aussehen *(Anurognathus)*. Während *Rhamphorhynchus* (Jura) eine Flügelspannweite von 60—70 cm hatte, erreichte dieselbe bei *Pteranodon* (Kreide) 6 m, wobei ein besonderer Knochen an der Handwurzel (Pteroidknochen) eine weitere Stütze für die Flughaut bildete.

Von ganz besonderem Reiz für den deutschen Paläofaunisten aber sind die in diesen Ablagerungen gefundenen drei Exemplare des sog. Urvogels *(Archaeopterix)*. Nachdem bereits 1860 eine Feder entdeckt worden war, wurde 1861 das erste vollständige Exemplar gefunden, welches sich heute im British Museum (Natural History), London-Kensington befindet. Das zweite Exemplar mit besterhaltenem Kopf wurde 1877 gefunden und ist Besitz der Berliner Universität. Reste von einem dritten 1956 gefundenen Exemplar sind im Maxberg-Museum, Solnhofen. Bei diesem, sonst weniger gut erhaltenen Exemplar, konnte festgestellt werden, daß die großen Röhrenknochen bereits hohl waren. Ferner konnte bei der Aufarbeitung alten fossilen Materials im Teyler-Museum, Haarlem (Niederlande), ein viertes ebenfalls weniger gut erhaltenes Stück präpariert werden (Fundort Riedenburg-Altmühltal 1857) [43; 93; 108]. Die Abdrücke zeigen noch die typischen reptilienhaften Merkmale, bezahnte Kiefer, 2 Schläfenöffnungen und eine den Ornithischiern ähnliche Beckenknochenanordnung. Auch der Typus der Hintergliedmaßen entspricht den der pteropoden Dinosaurier, ebenso die lange Schwanzwirbelsäule. Die vorderen Gliedmaßen zeigen mit ihren drei Fingern mit Krallen reptilienhafte Merkmale. Wären nicht gleichzeitig mit den Skelettabdrücken an den Vorderextremitäten und der Schwanzwirbelsäule gut erhaltene Abdrücke von Vogelfedern gefunden worden, hätte man diese Tiere wahrscheinlich zu den Reptilien gestellt. Es muß festgehalten werden, daß viele Ähnlichkeiten zwischen den Pterosauriern und den Urvögeln, ihre Anpassung an dieselbe Lebensweise, mehr den Charakter einer Parallelentwicklung haben, als den einer Voneinanderabstammung zeigen, wenn sie auch auf gemeinsame Ahnenformen über Ornithosuchus ähnliche Typen auf die Thecodonten (S. 146) der Trias zurückgehen dürften.

g. *Die überlebenden Reptilienordnungen und ihre Vorfahren* [12; 43; 85]

Aus der Gruppe der Diapsiden haben sich nach dem großen Sauriersterben am Ende der Kreide die Krokodile, die Brückenechse (Rhychocephalia), die Eidechsen und Schlangen (Squamata) erhalten. Aus den Pterosauriervorfahren, wenn auch die urtümlichen Formen ausstarben, haben sich die Vögel entwickelt.

Die Crocodilia (vgl. auch Geo- und Mosasaurier S. 146). Vorfahren dieser Ordnung, enge Verwandte der Dinosaurier dürften unter der als *Protosuchus* beschriebenen Form zu suchen sein. Es handelt sich um ein etwa 90 cm langes Tier der Trias-Jura Zeit, mit kleineren Vorder- als Hinterbeinen, das offenbar ein reines Landtier gewesen sein dürfte und im sog. Dinosaur-Canyon (Arizona) gefunden wurde. Wie die späteren Krokodile besitzt es einen abgeflachten Kopf, an welchem die obere Schläfenöffnung klein ist und die Präorbitalfenster fehlen. Auch Extremitäten und Becken erinnern an den Bau rezenter Formen. Diese Tiere haben offenbar die sich durch das Verschwinden der Phytosaurier bietende Nische zu ihrer Entfaltung genutzt und sie bis heute zu behaupten verstanden, wobei sie im Laufe ihrer Evolution an Körpergröße beträchtlich zunahmen. Ihren langen spitzbezahnten Kiefern nach sind sie immer räuberisch-karnivore Wassertiere gewesen. Ihre heutige Lebensweise bietet einen Anhaltspunkt, wie sich ihre Verwandten, die Dino- und Mosasaurier, seinerzeit verhalten haben werden.

Mit noch großer Temporalöffnung sind die sog. Mesosuchier (S. 143) die Vertreter dieser Gruppe im Mesozoikum, die sich von an der Küste lebenden Ancestoren zu typischen Hochseeformen entwickelten. Sie wurden durch die drei Gattungen der rezenten Eusuchier abgelöst. Bei den letzteren trat jedoch als Neuerung der lange Nasengang auf, der von der Mundhöhle getrennt bis weit in den Schlund reicht und durch eine Hautfalte vom Gaumen her und durch die Zungenklappe getrennt werden kann. Auf diese Weise wird das Atmen bei unter Wasser geöffnetem Maul möglich. Seit der Kreide sind die Krokodile (kurzschnauzig), die Gaviale (schmalschnauzig) und die Alligatoren (breitschnauzig) als Fossile bekannt.

Mystriosuchus, 4 m lang, aus der Trias von Holzmaden, eine u. a. zu den Parasuchiern zählende Form, ist fossil in Fluß- und Seeablagerungen im Keuper Süddeutschland vertreten, *Geosuchus* in den Kalken von Solnhofen, kleinere Formen sind aus den sumpfigen Niederungen des Wealden bekannt.

h. *Die Rhynchocephalier (Brückenechsen)* [12; 43]

In der Trias entfalten sich diese Reptilien weltweit. Die sog. Rhynchosaurier waren damals ziemlich große Tiere des Mesozoikums; erste Funde sind aus dem Muschelkalk von Bayreuth und wiederum aus den Kalken von Solnhofen bekannt. *Sphenodon* ist nach einer weitgehenden Dezimierung durch den Menschen auf Neuseeland jetzt noch auf einige Inseln beschränkt und streng geschützt. Das etwa 30–50 cm lange Tier besitzt als Relikt aus der Vorzeit am Schädel noch zwei Temporale, einen schnabelartigen Kopf, dessen Kiefer Zähne tragen und ein noch funktionierendes Scheitelauge. Die Brückenechse hat sich offenbar nur erhalten können, weil es in dem Raum ihrer späteren Entwicklung keine Säugetiere gab.

i. *Die Squamata (Eidechsen und Schlangen)* [12; 85]

Sie gehören heute zu der formenreichsten und zahlenmäßig größten Gruppe der noch überlebenden Reptilien, es gibt etwa 3800 Eidechsenarten und 3000 Schlangenspezies.

Die Wurzel der Echsen ist wiederum in den triasischen Eosuchiern (*Prolacerta*) zu suchen, Charakteristisch für sie ist der unvollständige Quadratojugale-Bogen unterhalb der seitlichen Schläfenöffnung. Es besteht nur noch eine obere Schläfenöffnung. Über weitere Umbildungen am Schädel vergleiche man das von *Colbert* in seinem Buche Gesagte. Einige Arten haben noch die bipede Fortbewegungsart der Altreptilien erhalten. Die rezenten Typen sind formenreich und variieren in ihrer Größe (Warane-Monitoren über 2 m). Möglicherweise leiten sich die mesozoischen Mosasaurier auch von landlebenden varaniden Großechsen her.

Die Schlangen, deren Herleitung wohl von Eidechsenartigen der Kreide zu vermuten ist, sind durch Fossilien nur sporadisch belegt. Entwicklungsgeschichtlich gehören sie zu ausgesprochen spezialisierten Formen. Das lange bewegliche Quadratum bedingt eigentlich eine Art zweites Gelenk am Unterkiefer und die vorn nicht verwachsenen Unterkiefer sind durch Ligamente so miteinander verbunden, daß sie sich bei der eigenartigen Nahrungsaufnahme weiten können.

Schließlich stellen die umlegbaren Giftzähne eine einmalig erreichte Bildung unter den skelettogenen Strukturen dar.
Leider sind nur Wirbel und Kieferteile der größeren Formen fossil erhalten geblieben, so von Seeschlangen aus dem Eocän der Insel Sheppy (England), aus Alabama und Fayum (Ägypten). Die Giftschlangen dürften erst im Miozän entstanden sein.

VI. Die Aves (Vögel)

1. Das Problem der Flugfähigkeit bei den Wirbeltieren [12; 85]

Die Fähigkeiten zu fliegen ist bei den Wirbeltieren mit ihrem verhältnismäßig schweren Innenskelett dadurch ermöglicht worden, daß sich zunächst in den Knochen und im Körper spezielle Luftspeicheranlagen ausgebildet haben. Weiter mußte die zum Fliegen notwendige erhöhte Kraftentfaltung durch besondere Muskeln und Knochenbildungen (Brustbeinkamm, Wirbelsäule) erreicht werden. In allen Fällen bei Reptilien, Vögeln und Säugern sind die Vorderextremitäten als Flugorgan ausgebildet worden, während die Hinterbeine als Start- bzw. Landehilfe dienen. Die beim Fliegen benötigte Oberflächenvergrößerung des Körpers wird durch zwei unterschiedliche Einrichtungen, die Flughaut bzw. die Vogelfeder ermöglicht. Die Bewegung im Luftraum setzt entsprechende Steuerorgane voraus (Schwung- bzw. Schwanzfedern), weiter mußten sich Organe zur Beobachtung der Umwelt speziell anpassen. Dies wird durch besondere Linsenkonstruktionen des Lichtsinnesorganes bzw. durch Aussenden von besonderen Wellen und Wiedereinfangen derselben durch spezifische Adapterorgane (Fledermaus) erreicht. Bei den Flugsauriern wie bei den Vögeln dürfte das Auge das Orientierungsorgan gewesen sein. Schließlich mußte sich das Zentralnervensystem als Kontroll- bzw. Koordinationsorgan (Kleinhirn) für die besonders auszuführenden Bewegungen herausgebildet haben. Auch die Körpergröße, im Vergleich zu den Flächen, die den Körper im Luftraum tragen, muß in einem bestimmten Verhältnis stehen.

Aufgrund unserer heutigen Kenntnisse sind die Pterosaurier und vielleicht einige Frühformen der Vögel in der Hauptsache Gleitflieger bzw. Schwing-Flatterer mit einem leichten Skelett gewesen, bis sich später der ausgewogene, die besonderen Luftströmungen ausnützende Vogelflug herausgebildet hat. Dieser ist in der Hauptsache durch einen besonderen Körpermetabolismus bedingt. Mit dem Erwerb einer gewissen erhöhten Körpermotilität durch die speziell geformten Muskel und Extremitäten haben diese Tiere aber nicht nur den Luftraum erobern können, sondern ziemlich gleichzeitig wurden auch alle anderen Lebensräume durch spezielle Adaptation besetzt.

Während die Flugsaurier vornehmlich über marinen Untergrund flogen und jagten, erscheint es ziemlich sicher, daß der Urvogel ein terrestrisches Tier gewesen ist. Dies stützt auch die Hypothesen, die erklären sollen, wie es überhaupt zu flugfähigen Tieren gekommen sein kann. Ihre Vorfahren müssen entweder erdgebundene Schnelläufer vom Typus *Ornithosuchus* gewesen sein, deren rückwärtige Gliedmassen die Kraft aufbrachten, den Körper dieser Tiere durch Sprünge längere Zeit über dem Boden zu halten; oder die Flugfähigkeit ist von Dauer-Kletterern auf Bäumen erworben worden, die, um einen schnelleren Platzwechsel vornehmen zu können, sich zunächst des Gleitfluges bedienten. Wie dem auch gewesen sein mag, in beiden Fällen sind schrittweise viele Mutations-Zwischenstufen mit entsprechenden durch die damaligen Lebensräume bedingten Selektionen notwendig gewesen. Leider haben wir bis heute keine entsprechenden Funde, die dieses einmalige evolutionäre Geschehen einsichtig aufklären könnten.

2. Die Radiation der Vögel in der Kreide und im Känozoikum [2; 12; 43; 90]

Darüber muß leider gesagt werden, daß „die Untersuchung fossiler Vögel eines der beschränktesten Gebiete der Paläontologie darstellt" [12].

Die Kreidevögel (Odontornithes) zeigen noch weitgehend urtümliche Merkmale der Reptilien. Vielleicht gerade weil sie noch bezahnte Kiefer besaßen *(Hesperornis, Ichthyornis* in den Niobrara Kalken von Kansas), sind sie weitgehend spezialisierte Fische jagende Schwimm- und Tauchvögel gewesen. Im weiteren Verlauf kommt es zur Reduktion der Schwanzwirbelsäule und Herausbildung des Vogelbeckens und der Ausbildung des Brustbeins. Gleichzeitig aber lassen sich gerade im Verlaufe des Känozoikums Formumbildungen zu den Laufvögeln hin feststellen, wobei es zu einer Reduktion der flugbewirkenden Körperteile kommt. Fossile Laufvögel, die unseren heutigen Formen ähnlich sind, sind in Australien die sog. Elefantenvögel und in Neuseeland die Moas, die letzteren wurden erst durch den Menschen ausgerottet. Aus dem Alttertiär Europas sind Formen bekannt, die an Kondor, Kranich, Trappe, Nashornvogel und Laufvögel wie die Strauße erinnern. Pinguine aus Australien, Neuseeland, Südamerika und der Antarktis sind aus dem Alt- und Jungtertiär bekannt geworden. Meist sind sie nur als bruchstückhafte Fossilien bekannt. In den Teergruben des Pleistozäns sind Tiere von einigermaßener Vollständigkeit gefunden worden.

VII. Die Mammalia (Haartiere, Säugetiere) und deren Vorläufer
[6; 12; 28; 40; 49; 87—90]

1. Fossil erhaltene Merkmalträger

Man muß der Evolution der Säugetiere in unseren Schulen einen breiteren Raum eröffnen, weil im Laufe der letzten Jahre ausreichende Deutungen über ihre Herkunft veröffentlicht worden sind. Andererseits sind sie von Bedeutung, weil sie heute neben den Vögeln und den überdauernden Reptilien zur beherrschenden Tiergruppe der Jetztzeit gehören. Aus ihnen hat der Mensch seine Helfer herangezüchtet (Haustiere), die ihm die Grundlage für den Aufbau seiner wirtschaftlichen und sozialen Strukturen boten und letzten Endes ist er selbst am Ende einer Entfaltung in einer ihrer Kohorten (Unterfamilie) entstanden. Warmblütigkeit, verbunden mit hohem Nahrungsverbrauch, Lungenatmung, Vierkammerherz mit linkem Aortenbogen, Viviparie, Milchsezernierung und besonders die Ausbildung des Großhirnes (S. 198) sind die bezeichnenden Merkmale dieser Tiergruppe. Mit ihnen kann der Paläontologe wenig anfangen, da sie in den fossilen Funden nicht mehr erhalten sind. Er muß bemüht sein, aus dem ihm zur Verfügung stehenden Material auf das Vorhandengewesensein zu schließen. (Allein die Beschaffenheit von Schädelkapseln, Jochbögen, Occipitale, Unterkiefer, Unterkiefer-Schädelkapselgelenk, Gelenkbildung Hinterhaupt-Wirbelsäule, Mittelohr, Zahl der Gehörknochen, Bau des Tympanicums, Bezahnung der Kiefer, Art und Zahl der Molaren, Bau der Wirbelsäule und Anlage der Rippen, Zahl der Kreuzbeinwirbel, Bau der Beckenschaufeln und der Gliedmaßen können aus den fossilen Funden erkannt und daraus vergleichend auf ihr Vorhandensein und ihren Bau geprüft werden. Sie allein sind zuverlässige Unterlagen zur Bewertung des Status der jeweiligen zur Begutachtung stehenden Tierart.

2. Therapsida u. säugetierähnliche Reptilien [12; 57; 87—89]
Abb. 16; Übersicht 15 u. 16

Ihre Herkunft ist durch Fossile gut belegt und weist auf synapside oder thermomorphe Reptilien hin. Wie schon eingangs (S. 142) erwähnt, waren die Kiefer

153

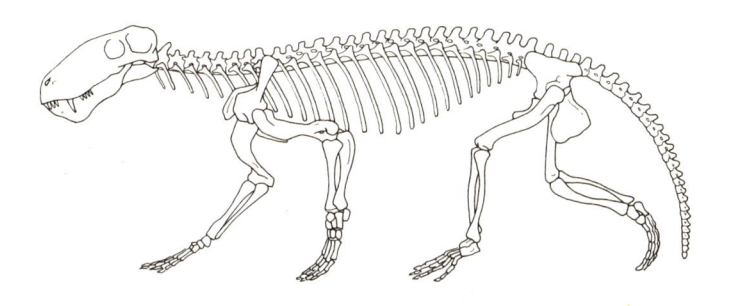

Abb. 16a: Typenauswahl einiger Reptilien, die als Vorläufer
der Säugetiere angesehen werden können

1. *Dimetredon*, wegen ihres Schädelbaues und ihrer bereits vorhandenen Gebißdifferenzierung (dolchähnliche Zähne auf den Prämaxillen und dem Vorderteil des Dentale) faßt man diese Form als Vorläufer der Therapsiden auf (Perm-Texas [57]).
2. *Lycaenops* (Perm Südafrika), das Skelett läßt bereits, obwohl noch entlang der Hals-, Brust- und Lendenwirbelsäule Rippen vorhanden waren, nach Schulter- und Beckenregion und vor allem der Stellung der Gliedmaßen nach säugetierähnliche Merkmale erkennen [12; 69].
3. *Cynognathus* (Untere Trias, Südafrika), ein säugetierähnliches Reptil, welches noch weitere zum Säuger fortgeschrittene Merkmale (Harkleid, karnivores Gebiß) zeigt [57].
4. *Oligokyphus* (früher Jura, Mendip Hills, England), ein kleines etwa 60 cm großes säugetierähnliches Reptil (nach Skelettrestauration erstellt von W. G. *Kühne*) [57].

dieser Tiere kräftig, aber verkürzt und zeigten schon bei den permischen Formen Zahndifferenzierungen. Sie dürften mit den Cotylosauriern auf labyrinthodonte Amphibien des Karbons zurückgeführt werden können.
Zu den sog. Theromorphen rechnet man die Pelycosaurier (ab Ober-Karbon, hauptsächlich in Nordamerika); die Therapsiden (ab Mittelperm bis Trias) (Übersicht 14, 16). Von der letzteren Tiergruppe sind die Funde aus allen Kontinenten, hauptsächlich aber aus der schon genannten Karroo-Formation (Süd-Afrika) bekannt. Von dort wurden auch die ersten Funde (vielhöckerige Backenzähne) beschrieben. Es dürfte sich um kleine bis mittelgroße carnivore Tiere gehandelt haben. Sie zeigten den Trend, die synapside Schläfenöffnung zu weiten, wobei das Quadratum, damals noch der gelenkige hintere Teil des Oberkiefers und das Quadrato-Jugale (Jochbogen) reduziert und ein (bei den ursprüngl. Formen) sekundärer Gaumen aus Prämaxillare (Zwischenkieferknochen), Maxillare (Kieferknochen) und Palatinum (Gaumenbein) gebildet wurde. Das Pterygoid (Teil des Keilbeines) war mit der Schädelkapsel fest verbunden. Am Unterkiefer, der bei anderen Reptilien aus mehreren Knochen besteht, ist das Dentale besonders entwickelt und bei vielen zeigt das Kopf-Halswirbelgelenk bereits einen doppelten Condylus. Fortgeschrittene Therapsiden lassen schon die drei Zahntypen der späteren Säugergebisse erkennen. Der Jochbogen wird aus Squamosum und Jugale gebildet und steigt vom Hinterende des Maxillare zum Hinterkopf empor; dorsal des Quadratums bleibend zeigt er die Tendenz, sich zu vergrößern, was zu einer Reduzierung von Quadratum und Quadratojugale führt. Ob der Schädel gegenüber dem Oberkiefer noch beweglich war, ist noch ungeklärt. Der Hals setzt vom Körper ab und zeigt eine deutliche regionale Differenzierung von Rippen und Wirbeln. Das Schulterblatt (Scapula) ist ein langer Knochen mit 2 coracoiden Elementen. Die Tiere besaßen ein verlängertes Kreuzbein mit Rippen und eine starke Verbindung zwischen Wirbelsäule und Becken. Die Gliedmaßen zeigten Normalbau und sind im Gegensatz zu den Pelycosauriern bereits unter den Körper geschoben, wodurch es zu einer Abhebung vom Erdboden kommt und dadurch die Motilität des Tieres erhöht wird.

Zu den wahrscheinlich herbivoren Therapsiden zählt die Gattung *Lystrosaurus* mit schnabelförmigen Schädel, ungleichartigen Zähnen und 2 Temporalöffnungen hinter dem Auge. Dieses Fossil hat in letzter Zeit eine Bedeutung erlangt, zumal Schädel und Skelettreste aus der unteren Trias (200 Mio. Jahre) in der Karroo-Formation, in Bengalen, Indochina, Sinkiang (China) und durch die amerikanische Antarktisexpedition 1969 640 km vom Südpol entfernt, gefunden wurden. Eine neue Bestätigung für die Existenz des großen Südhalbkugel-Kontinents, Gandwanaland [Pr. 13. 6. 1970; 91a].

Übersicht 15: Ableitung der Säugermerkmale von Reptilien bzw. säugerähnlichen Reptilien nach *Colbert*[1] (ergänzt)

Reptil (Typus Echse)	Säugetierähnliche Reptilien	echte Säugetiere
kleiner Hirnschädel	kleiner Hirnschädel	ausgedehnter Hirnschädel Großhirnwölbung
verschiedene Unterkieferknochen	verschiedene Unterkieferknochen	Unterkiefer = Dentale
einfache haplodonte Zähne	heterodontes Gebiß mit einf. Backenzähnen	heterodontes Gebiß mit komplexen Backenzähnen
Gaumendach nicht verknöchert	sek. knöchernes Gaumendach *(Ther., Cy., Ict.)**	sekundärer Gaumen
einfaches Kopf-Halsgelenk	doppelte occipitale Condylen *(Cy., Ict.)*	doppelte occipitale Condylen
Quadratum und Articulare bilden das Kiefergelenk	vergrößertes Dentale, Quadratum und Articulare reduziert *(Ict.)*	Squamosum und Dentale bilden das Kiefergelenk
Hyomandibulare = Columella als Gehörknochen	Columella = Stapes	3 Gehörknochen: Stapes (Steigbügel) Incus (Amboß) Malleus (Hammer)
Hals-, Brust- und Lendenwirbel mit Rippen	getrennte Halsrippen Lendenrippen	verschmolzene Halsrippen freie Lendenwirbel
Schulterregion: Scapula, Coracoid, Clavicula, Sternum	Vorderrand der Scapula nach außen gewendet *(Cy.)*, sonst Reptilmerkmale	Scapula (Schulterblatt) Clavicula (Schlüsselbein) Sternum (Brustbein)

*) Abkürzungen: *Cynodontier (Cy.), Ictidosaurier (Ict.), Therocephalier (Ther.)*

Reptil (Typus Echse)	Säugetierähnliche Reptilien	echte Säugetiere
Beckenregion: Elemente separat	Elemente separat kleines Ilium	Elemente verschmolzen ausgedehntes Ilium
Zwerchfell fehlt	Zwerchfell?	Zwerchfell vorhanden
Reptilienherz	wahrscheinlich Vierkammerherz	Vierkammerherz

a. *Theriodontier* (Abb. 16)
Es handelt sich meist um Funde karnivorer Reptilien verschiedener Größe des M-Perm bis M-Trias aus verschiedenen Teilen der alten Welt, insbesondere aber wieder aus der Karroo-Formation (Süd-Afrika).
Lycaenops (Perm), ein Tier von Katzengröße, mit unspezialisiertem Gebiß, ohne sec. Gaumen, Occipital-Condylus einfach. Das Tier könnte einerseits als Weiterentwicklung der Therapsiden und als Ausgangsform für die folgenden Typen aufgefaßt werden.

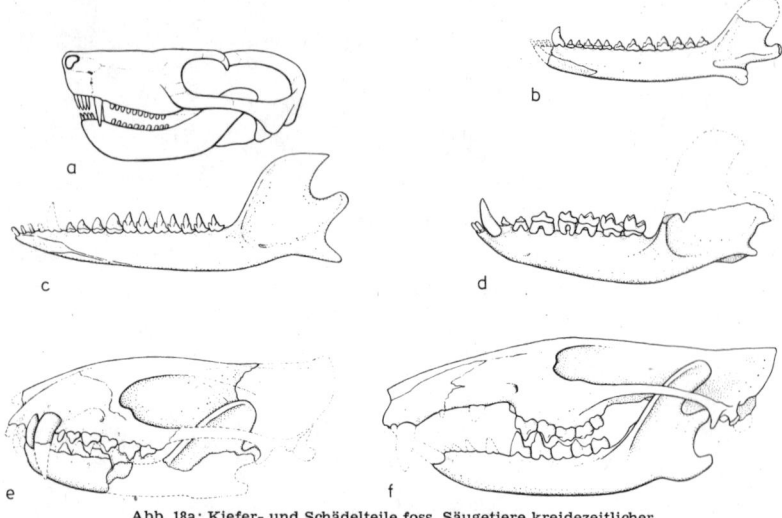

Abb. 18a: Kiefer- und Schädelteile foss. Säugetiere kreidezeitlicher
a. *Bauria* (vgl. Jochbogenbildung) aus Rekonstruktion *Thenius-Hofer* [87]
b. *Docodon* (Unterkieferfragment) aus [87]
c. *Amphitherium* (Pantotheria, Unterkieferfragment) aus [87]
d. *Eodelphis* (Beuteltier, Unterkieferfragment) aus [87]
e. *Deltatherium* (Urinsektenfresser) rekonstruiert nach G. G. *Simpson*
f. *Zalambdalestes* (Urraubtier) rekonstruiert nach G. G. *Simpson*
(b—d etwa doppelt vergrößert)

b. *Cynodontier: Cynognatus (U-Trias)*, (Abb. 16)
Etwa hundegroß, O-Kiefer von einer großen Maxillarplatte gebildet, das Dentale bildet hauptsächlich den Unterkiefer; das Kiefergelenk wird noch vom verklei-

nerten Quadratum und Artikulare gebildet, Nasengang ist vom Maul getrennt, 3 Zahntypen und doppelter Condylus deuten die Weiterbildung an. Die Hals- und Lendenwirbel tragen noch kleine Rippen, Beckenregion und Stellung der Extremitäten sind säugetierähnlich.

c. *Bauriamorpha*
Bauria ist eine spezialisierte Form, der am Schädel die Knochenspange zwischen Augenhöhle und Temporalöffnung fehlt (Abb. 17).

d. *Ictidosaurier (Trias-M-Jura)*
Die vollständig bekannten Tritylondontier nehmen eine ähnliche entwicklungsgeschichtliche Stellung zwischen den Theriodontiern (obwohl sie ein Seitenzweig sind) und den primitiven Säugern ein, wie der *Seymouria*-Typ, zwischen Amphibien und Reptilien. Kiefer und Ohrbau sind noch reptilienhaft.
Zu dieser Tiergruppe rechnet das 1884 in der Karroo gefundene Schädelfragment von *Tritylodon primaevus* (Üb. 16). An den Kiefern finden sich einwurzelige (nagezahnähnliche) Vorderzähne, mit Zahnlücke und mehrwurzeligen vielhöckerigen Backenzähnen. Weiter rechnen dazu Funde aus der englischen Trias und dem Jura, sowie die gleichaltrigen Funde aus der Angaraformation in Sibirien. Kleine Tiere mit mächtigen Jochbögen und Sagittalcristae für den Ansatz der Kiefermuskulatur sind *Bienotherium* (Westl. China), mit verkürztem Unterkiefer. Die stammesgeschichtlich jüngsten Glieder lassen bereits Prämolaren und Molaren (wahrscheinlich nur 2 Zahngenerationen und verknöcherte Gaumen erkennen).

3. *Mesozoische Säugetiere* [12; 40; 87—89]

Die fossilen Säugetiere dürften sich in der O-Trias in vier bis fünf verschiedenen Stämmen unabhängig voneinander aus säugetierähnlichen Reptilien (Mammal-like-Reptils) entwickelt haben. Die Unterlage für die Bewertung bieten im wesentlichen Zähne und Kieferbruchstücke aus dem Rhät von England, Württemberg und der Schweiz, aus dem Jura von England, Portugal, Ostasien und der Kreide von Nordamerika, Spanien u. a. „Bei der Untersuchung dieser Reste könnte man fast den Eindruck gewinnen, als ob die Natur hier mit den verschiedenen Möglichkeiten der Backenzahnformen regelrecht experimentiert hat" [87].

a. *Triconodonta (Jura, M-Eu)*
Die Schädel und Kieferfunde deuten darauf hin, daß es sich um karnivore maus- bis katzengroße Tiere gehandelt haben kann, mit folgender Zahnformel: 4 1 4 5 (Molaren dreihöckerig). Soweit die Form des Gehirnes (S. 198) reproduziert werden konnte, dürften es Primitivgehirne, den rezenten Säugern ähnlich, gewesen sein.

b. *Symmetrodonta (Rhät bis Kreide)*
Sie zeigen Molaren mit drei Höckern, die in einem symmetrischen Dreieck angeordnet sind.

c. *Pantotheria (M-Jura-Kreide)*
Es sind formenreiche maus- bis rattengroße Insektenfresser, an den drei haupthöckerigen Molaren liegen auswärts verkleinerte Nebenhöcker, Zahnformel

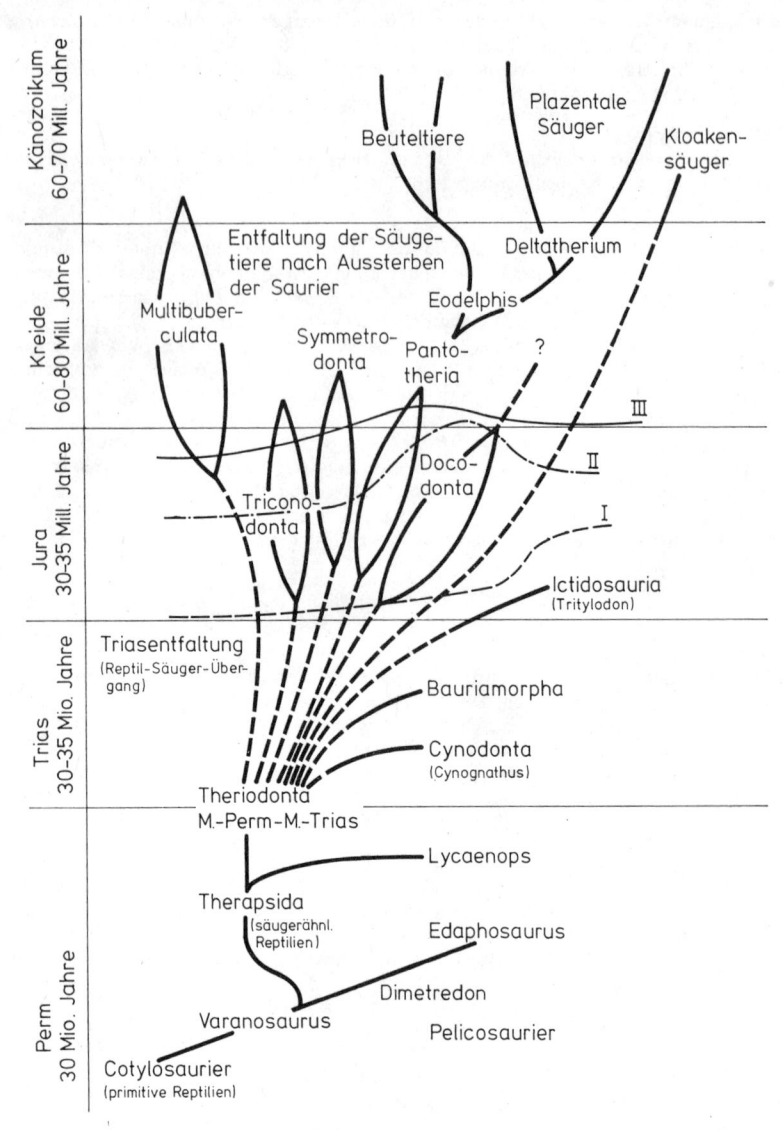

Übersicht 16: Versuch einer abstammungsmäßigen Herleitung der Säugetiere
(nach *Theminis*) ergänzt noch [50 u. 56]

4 1 4 7-8. Diese Tiergruppe wurde früher als der Ancestor für die rezenten Theria (Insectenfressergebiß) angesehen.

d. *Docodonta (Rhät von Wales-Jura)*
Diese Gruppe erscheint uns besonders erwähnenswert, weil hier an der U-Kiefer-Schädelgelenkbildung sowohl Quadratum und Articulare, wie Dentale und Squammosum beteiligt sind (Abb. 17b).

e. *Multituberculata (Jura-Eozän)*
Bei dieser Ordnung dürfte es sich um die ersten herbivoren Säuger von Maus- bis Murmeltiergröße gehandelt haben. Das Vordergebiß zeigt nagetierartige Zähne, ein Milchgebiß wurde bisher nicht beobachtet. Sie besaßen einen großen Gaumen und Jochbogen, ein offenes Mittelohr und ein Gehirn mit großem Riechlappen. Beutelknochen (vgl. S. 164) sind ebenfalls vorhanden [111]. Eine Herleitung von Triconodonten bzw. Therapsiden bietet sich an, im Paläozän werden sie von den eigentlichen Nagern (Rhodentiern) abgelöst.
Es scheint, daß „der Trend zur Weiterentwicklung in Richtung auf den Bauplan eines Säugetieres innerhalb mehrerer Therapsidenstämme aufgetreten ist", dies legt „die Vermutung nahe, daß nicht nur ein Stamm die Grenze von Reptil zum Säugetier überschritten haben könnte, sondern zwei und noch mehr" [89]; aller Wahrscheinlichkeit nach aus Formen mit bauriamorphem Schädelbau. Aus Tritylodontiern könnten sich die eierlegenden Kloakentiere und aus den mesozoischen Säugetierordnungen, von Pantotherien oder Docodonten, die Typen mit larvaler Vivparie (Beuteltiere) bzw. vivipare Insektenfresser, als Ancestoren der übrigen Placentalier entwickelt haben. Erdgeschichtlich dürfte sich die Entfaltung am Ende der Kreidezeit vor 60 Millionen Jahren vollzogen haben.

4. Die wichtigsten im Laufe der Evolution aufgetretenen Neuerwerbungen, die zur Ausgestaltung der Körper der Haartiere führten [12; 63; 69; 88; 89]

a. *Unterkiefer-Mittelohrenentwicklung* (Übersicht 15; Abb. 17ab)
Die stammesgeschichtliche Herleitung der Säugetiere ist zwangsläufig mit der Deutung der Entstehung des secundären Kiefergelenks und des Mittelohres verknüpft. Nachdem bereits im vergangenen Jahrhundert Embryologen und Anatomen durch Vergleiche von Reptil- und Säugerkeimlingen die wesentlichen gestaltlichen Wandlungen aufdeckten *(Reichert-Gaupsche Regel)*, konnten die Paläontologen dank der Erhaltung der Skelete auch die zeitliche Umbildung klären und damit die Ableitung der Säugetiere aus reptilienhaften Ahnenformen einsichtig darstellen. Gerade jenen Tierformen (Ictydosaurier, u. a.), bei welchen das vollendete Säugermittelohr noch nicht vorkommt, muß bei der Bildung des UK-Schädelgelenks ein besonderer Rang in der Bewertung eingeräumt werden.
Nachdem das Hyomandibulare zum einzigen Gehörknochen des Sauropsidenohres geworden war, hatte sich das Quadratum verkleinert, jedoch noch nicht die Verbindung mit der Columella (Hyomandibulare) aufgenommen. Ebenso hat der Recessus mandibularis (Ausbildung des UK) die Beziehungen zum Angulare (dem späteren Tympanikum, Deckknochen, der später den Rahmen für das Trommelfell bildet) noch nicht aufgenommen. Bei *Diarthrognatus* der Ob.-Trias, bei Ictidosauriern und Docodonten wurde neben dem sekundären Kiefer-Gelenk (Dentale-Squammosum) noch die primäre Gelenkbildung (Quadratum-Articulare) gefunden, d. h. gerade bei Tierformen, die einerseits zu den Reptilien, anderseits be-

reits zu den Säugern gestellt werden könnten, besteht das Mittelohr nur aus einem Gehörknochen.

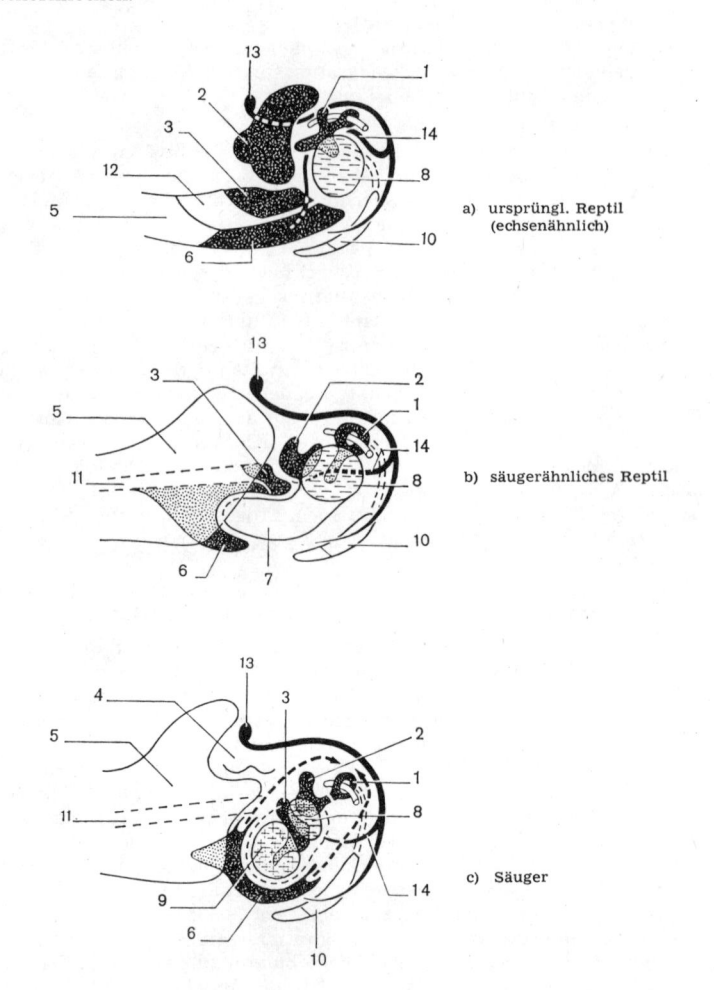

Abb. 17a: Umbau des Unterkiefergelenks und Entstehung der Mittelohrknochen von
a) Reptilien, b) über säugetierähnliche Reptilien zu c) den Säugern (aus [87]).
1 Hyomandibulare (Stapes), 2 Pars quadrata des Oberkiefers (Incus), 3 Articulare (Malleus), 4 Squamosum, 5 Dentale, 6 Angulare (Tympanicum), 7 Recessus mandibularis des Mittelohres der Theriodontier, 8 Mambrana tympani (Trommelfell der Nichtsäuger), 9 Trommelfall des Säugerohres, 10 Hyoid, 11 Meckelscher Knorpel, 12 Praearticulare, 13 Ganglion des Nervus facialis, 14 Corda tympani.

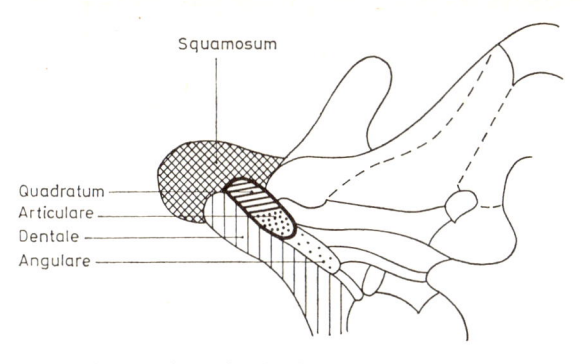

Abb. 17b: Kiefergelenkknochen der Docodonta (aus [88])

b. Zahn- und Gebißbildung als taxonomisches Merkmal
Die Zähne der Reptilien sind im allg. nur wenig voneinander unterschieden, einspitzig (haplodont). Reptilien verschlingen ihre Beute meist unzerkaut. Die rezenten Säuger dagegen zeigen (mit Ausnahme der Mutica, S. 166) immer eine Gebißdifferenzierung. Sie greifen, halten oder lösen ihre Nahrung mit den Vorderzähnen und zerkleinern sie mit den Molaren, deren Kronen je nach Funktion und stammesgeschichtlichem Alter mehrhöckerig bzw. mit Faltenbildungen ausgestattet sind. Die in die Kiefer versenkten Teile sind mehrwurzelig. Aus dem Vorhandensein eines 2phasigen Gebißwechsels (Milch u. Dauergebiß) bereits bei den Therapsiden könnte auf eine juvenile Periode (Säugen) geschlossen werden.

c. Bewertung des Haarkleides
Alle rezenten Vertreter besitzen (Wale nur als Fötus) ein Haarkleid, woraus geschlossen werden muß, daß der Erwerb auf noch nicht völlig bekannte Reptilien zurückzuführen sein dürfte (möglicherweise haben schon die Flugsaurier ein solches besessen [51].
Der Lebensbereich auch der frühen Säugetiere war das feste Land, mit wechselnden Umweltbedingungen. Die Haare dürften daher primär der Wärmeisolation und in spezialisierter Form der Tastfunktion gedient haben (Maulhaare).
Bei den Cynodontiern der Trias (S. 162, Abb. 18b) hat man im Bereich von Oberkiefer und Nase Löcher festgestellt, die als Austrittstellen für Nerven und Blutgefäße angesehen werden können. Dies läßt den Schluß zu, daß die Körperdecke aus einer über den Knochen gelagerten beweglichen Haut und an der bezeichneten Stelle aus einem sensorischen Feld mit Tasthaaren bestanden haben könnte. Da auch Windungen an den Knochen des Nasenraumes festgestellt wurden, ist zu vermuten, daß auch der Geruchssinn eine gewisse Höhe erreicht haben könnte. Dies alles deutet darauf hin: die ersten Säugetiere sind Nachttiere mit gutem Tast- und Geruchssinn gewesen.
In konsequenter Verfolgung solcher Überlegungen kommt man zu dem Schluß, daß das Haarkleid Warmblütigkeit, konstante Körpertemperatur, diese aber wieder ein Vierkammerherz, mit hoher Leistung, einen intensiven Blutkreislauf mit guter Sauerstoffversorgung (Zwerchfellatmung) bedingt haben. Das Vorhan-

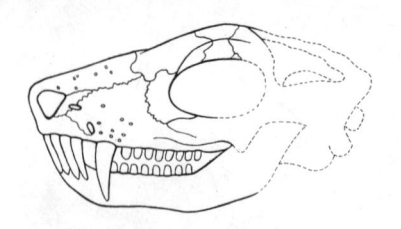

Abb. 18b: Rekonstruktion eines Theriodontierschädels (nach *Thenius*).
„Die zahlreichen Foramina im Bereich des Gesichtsschädels lassen eine entsprechend reiche Versorgung der Schnauzenregion mit Gefäßen und Nerven vermuten" [89]

densein von Prämolaren und Molaren läßt auf ein juveniles Stadium, damit auf eine Säugeperiode und diese wiederum auf eine bestimmte Form von Viviparie schließen.

Die fossilen Funde zeigen, daß die Umbildung zum Säugetier nicht gleichzeitig bei allen Formen mit diesem Merkmalerwerb vor sich gegangen sein wird. „Wenn das alles zutrifft, dann würde es bedeuten, daß zumindest die fortschrittlichen Vertreter der Therapsiden schon mehr Säugetiere (Mammal-like-Reptils) als Reptilien gewesen sind" [87]. Wenn heute von den führenden Wirbeltierpaläontologen die Grenze zwischen beiden nach der Ausbildung des Kiefergelenkes bzw. des Mittelohres definiert wird, so muß man nach der *Watson*'schen Mosaikregel, die alle Überlegungen hinsichtlich der Ableitung zugrunde legt, folgern, daß eine strenge Grenzziehung zwischen beiden gar nicht möglich ist, die obige Annahme ist daher willkürlich. Die Evolution setzt sich u. a. aus einer Summe kleinster Mutationsschritte zusammen (S. 13 ff), zu deren Bewertung wir heute z. B. an der Ausbildung Zahnformen des Gaumendaches, des UK-Schädelgelenks und nicht zuletzt an der Entstehung des Mittelohres vergleichende Studien anzustellen in der Lage sind. „Jede scharfe Grenzziehung wäre ein Kunstprodukt und letztlich davon abhängig, für welches der vielen möglichen und grundsätzlich gleichberechtigten Merkmale man sich entscheidet" [87].

d. *Über Gehirnbau siehe die vergleichende Darstellung auf Seite 197 ff*

5. *Die Systematische Einteilung der Mammalia (Haartiere)* [12; 41; 87—91]

Die Klasse der Haartiere, Säugetiere im weitesten Sinne, gliedert sich in folgende Ordnungen (zweckmäßige Bezeichnungen für den Unterstufenunterricht sind in Klammern darunter gesetzt):

Mammalia (Haartiere, Säuger i. w. Sinne)

Placentalia: 95 %, 2648 Gattungen
(echte Säugetiere)

Lebende Formen
 Theria
(Säuger mit lebenden
 Jungen)

Metatheria (Marsupialia): 5 %
(Beuteltiere)
125 rezente u. fossile Gattungen

Prototheria, Monotremata; 3 Arten rezent,
Kloakentiere, eierlegende Säugetiere
Ausgestorbene Formen:
Pantotheria
Docodonta
Multituberculata
Symmetrodonta
Triconodonta

Den 6000 heute beschriebenen rezenten Säugetierarten stehen 10 000 fossile gegenüber. Demnach scheint auch die Radiation dieser Tierklasse i. g. abgeschlossen zu sein! Bauplanmäßig besteht kein Zweifel, daß sich ihre Ausgliederung aus den Reptilien etwa vor 150 Millionen Jahren vollzogen haben dürfte. Die für diese Annahme zur Verfügung stehenden Indizien können m. E. heute noch keine der triassischen Formen sicher als Ancestoren folgern. Aller Wahrscheinlichkeit nach gehen sie auf Formen mit bauriomarphem Schädelbau zurück und führen über die Tritylodontier zu den Pantotherien bzw. Docodonten. Während einige Forscher [87 f.] die ersteren als die Vorläufer der eierlegenden Kloakentiere (Monotremata) ansehen, neigt man mehr dazu [50], daß die Docodonten als die Ancestoren der Kloakensäuger anzusehen wären, während mesozoische Säuger aus den Pantotherien-Docodonten-Formenkreisen sowohl die Vorläufer der Säugetiere mit larvaler Viviparie als der voll viviparen Urinsektenfresse (Plazentalier) anzusehen sein werden. Erdgeschichtlich dürfte sich die Spaltung in der mittl. Kreidezeit (vor etwa 60 Mill. Jahren) vollzogen haben, wobei es bereits damals zu einer frühen Abspaltung der Urwale gekommen sein muß (S. 166) [55].

a. *Kloakentiere (Prototheria, Monotremata)* [12; 62; 87; 88]
Diese Tiergruppe, deren sichere Fossilen erst aus dem australischen Pleistocän bekannt sind, ist heute nur noch durch 2 Bautypen mit weitgehend spezialisierten Merkmalen vertreten; zu ihnen zählen die Gattungen *Platypus-Ornithorrhynchus* (Schnabeltier) und *Echidna* und *Zaglossus* (Ameisenigel). Die erstere bewohnt Flüsse mit unterirdischen Uferbauten, während die zweite eine igelartige Lebensweise in Wäldern von Tasmanien-Australien bzw. Neuguinea führt. Die beiden Gattungen sind stammesgeschichtlich nicht miteinander verwandt, obwohl sie gemeinsame reptilienhafte bzw. säugetierähnliche Merkmale aufweisen. Der Chromosomenbau ähnelt denen der Vögel, ihre Spermien sind lang, wurmartig, ohne „Kopf", sie besitzen kein äußeres Ohr, Gehörknochen sind schwach entwickelt, der den Tritylondontiern ähnliche Schultergürtel mit persistenter Interclavicula und großen Coracoiden, ohne echte Spina des Schulterblattes, hat an den Nackenwirbeln ebenso wie an allen Rippenwirbeln Rippen. Die Körpertemperatur der Tiere ist niedriger als die der typ. Säugetiere und dem Wechsel unterworfen. Die Eier haben eine reptilienhafte primitive Lederhaut, der Embryoschnabel hat noch einen sog. Eizahn.

Das Blut erinnert wie auch die Erythrocyten und Leucocyten an das der Säugetiere, der Hämoglobingehalt ist jedoch höher als bei diesen. *Ornithorrhynchus* besitzt in seiner Jugend noch Zähne mit mehrhöckerigen Kronen, die aber mehr Querfurchen (multituberculate Merkmale) als Längsfurchen aufweisen. Diese Merkmale weisen auf einen sehr frühen stammesgeschichtlich gesonderten Entwicklungsgang hin (vgl. Übersicht 16).

Die Ausbildung des Gründelschnabels, Verlust der Zähne, Auftreten von Schwimmhäuten einerseits und das Stachelkleid andererseits deuten auf Merkmale weitgehender Spezialisation und damit auf eine Endreihenstellung einer gesonderten Entwicklung hin, die sich nur in ökologischen Nischen im australisch-neuguineischen Raum hat erhalten können. „Es besteht jeder Grund dafür, daß die Monotremen eine völlig isolierte Abstammungslinie von den säugetierähnlichen Reptilien darstellen"... In vieler Hinsicht geben sie uns einen ausgezeichneten Einblick in den lebenden Zustand von Säugetieren eines intermediären Stadiums der Evolution zwischen den säugetierähnlichen Reptilien und den höheren Säugern.

b. *Theria (Säugetiere mit lebenden Jungen)*
Theriazähne sind seit der älteren Kreide fossil bekannt, ideale Ausgangsformen wurden aber bereits im mittleren Jura als *Dryolestiden* bzw. *Amphitheriiden* beschrieben. Es ist wahrscheinlich, daß schon während der Kreidezeit Säugetiere vom Typus der Beutler weit über die Welt verbreitet waren, obwohl Fossilbelege dafür allzu bescheiden sind [55].

c. *Beuteltiere (Metatheria, Marsupialia)*
Die charakteristischen Merkmale dieser Tiergruppe sind: es werden nach einer kurzen Tragzeit larvale Junge geboren, die z. B. beim Roten Känguruh 2,5 cm lang und nackt sind. Mittels „kaulquappenähnlicher" Bewegungen bewegt sich der Embryo nach der Geburt mit seinen Vorderbeinen durch eine von der Mutter gelegte Speichelspur in den Beutel und hängt sich an einer der 4 Zitzen auf. Er verbleibt dort etwa 40 Tage und hernach noch weitere 4—5 Monate im Beutel. Die Säugezeit beträgt etwa 1 Jahr. Während dieser Zeit verweilt bereits ein anderes befruchtetes Ei als verzögerte Blastocyste im Uterus, ohne festzuwachsen. Die Weibchen werden geschlechtsreif zwischen dem 15.—20. Monat, die Männchen nach etwa 30—36 Monaten.

Die Beuteltiere sind aber noch durch andere ursprüngliche Merkmale gekennzeichnet, wie der Brutbeutel und den anfangs völlig getrennten doppelten Vaginae und Uteri; außerdem durch ein primitives Gehirn, einen knochigen Gaumen, dem mehr oder weniger ringförmig entwickelten Tympanicum, einem nach abwärts gekrümmten Processus angularis des U-Kiefers, den Beutelknochen am Becken, den ursprünglichen Zahnformeln $\frac{5134}{(5-4)134}$ und dreihöckerigen Molaren.

Eine beschränkte Zahl rezenter Typen lebt noch im S-M-N-amerikanischen Formenkreis, mit zahlreichen fossilen Funden, deren Abstammung man von *Eodelphis* (Beutelratte, N-Am, Kreide) und *Peratherium* (N-Am-Eu, Palöozän-Miocän) herleiten kann. Zu ihnen gehören *Didelphis* (rez. N.-Am., Opossumratte) und *Caenolestes* (spitzmausähnl. Beutelratte) in Peru und Ekuador. Die Borhyänen (Paleo.- bis Pliozän), hundegroße Beutelraubtiere mit anfangs didelphischen Merkmalen, zeigen in S.-Am. einen gewissen Formenreichtum sogar mit säbelzahn-tragenden Typen.

Der am Ende der Kreidezeit vom asiatischen Kontinent getrennte australische Inselraum hat eine besondere Entwicklung der Beuteltiere ermöglicht. Aus dem Pleistozän und Altholozän sind supiale Fossile bekannt, einige davon aus dem Jungtertiär, während alttertiäre Reste i. g. fehlen. Nach neuerer Auffassung von *Martin, Cox, Silligraven* haben sich die Marsupialier der unteren Kreide aus Pantotherien des Jura und die rezenten Beuteltiere und die Plazentalier aus den ersteren entwickelt, aber bereits in der mittleren Kreide getrennt. Da die Auseinanderdrift der Gondwana-Schollen sehr wahrscheinlich in der Ober-Kreide bzw. im Tertiär erfolgte, „kann man annehmen, daß die Marsupialier von Afrika nach Australien (evtl. nach Südamerika) über die Antarktis in der unteren Kreide gewandert sind... ehe die antarktisch-australische Landmasse sich von Afrika abtrennte, und daß dieses wiederum stattfand, ehe die Plazentalier die Antarktis beziehungsweise Australien erreichten" [55*); 109].

Die Formenfülle der rezenten australischen Beutler spricht für zahlreiche Stammlinien aus dem Tertiär, ihre Abspaltung von Didelphiden dürfte am Ende der Kreide oder im ältesten Tertiär erfolgt sein. Ihr Differenzierungsgrad deutet jedoch auf zahlreiche Stammlinien aus dem Tertiär hin.

Zu den *Dasyuridea* gehören der tasmanische Beutelwolf *(Thylacinus)*, Beutelmarder mit Beutelteufel *(Sarcophilus)*, Beutelmaus *(Phascogalinae)* mit den ursprünglichen Sprungbeutelmäusen *Antechinmys)*, Ameisenbeutler *(Myrmecobiidae)* und Beutelmulle *(Notoryctidae)* u. die Perameloidea (Beuteldachse, Bandikuts), insektenfressende oder omnivore Beutler, die mit sog. Putzzehen (2,3 Zeh) an den Hinterfüßen (syndactyl) versehen sind.

Die Kletterbeutler *(Phalangeroidae)*, fossil seit Tertiär, gegenwärtig spitzmaus-, ratten-, flughörnchen-, marder- und bärenähnliche (Koalabären) Typen sind als Nahrungsspezialisten (Eukalyptusblätter z. B.) heute vom australischen Festland über Neuguinea bis Timor verbreitet. Dazu gehört auch die foss. gefundene *Wynyardia*, aus dem Oligocän Tasmaniens, mit syndaktylen Hinterfüßen.

Die Wombats *(Phascolomys)*, plumpe grabende Beutelnager, dürften mit den pleistocänen nashorngroßen *Diprotodon* verwandt sein. Zu den Beuteltieren zählt auch *Notothrium* (Miocän-Pleistocän). Känguruhs (Springbeutler, *Macropodidae*), ab Miocän, besonders artenreich während der Eiszeit, die damaligen Steppen und Sawannen Australiens bewohnend, dürften auch auf phalangoide Ancestoren zurückzuführen sein.

Die Beuteltiere entwickelten sich entweder aus Docodonten der Jurazeit oder wahrscheinlicher (s. o.) aus Pantotherien der unteren Kreide als konvergenter Zweig zu den Plazentaliern, aber in ökologischen Nischen, in welche die letzteren infolge der geotektonischen Veränderungen im australisch-antarktisch-südamerikanischen Raum nicht hingelangen konnten. Sie verschwanden überall dort, wo sie infolge ihrer Fortpflanzungsart, aber auch aufgrund ihres Gehirnbaues in überlegenen Verhaltensweisen der Plazentalier unterlegen waren (s. o.).

d. *Echte Säugetiere (Placentalia)* [40; 54; 87—91]

Sie stellen heute die artenreichste Gruppe, ihre Jungen verbleiben solange im Mutterleibe, bis sie baummäßig dem Imagotypus gleichen, wenn sie auch noch leistungsmäßig sich über ein juveniles Stadium hinaus anpassen müssen. Der vergrößerte Hirnschädel, der vollständig verknöcherte Gaumen, mit ringförmigem bzw. blasenförmig erweitertem Tympanicum, welches das Mittelohr umschließt, sind typische Merkmale dieser Klasse. Das mit Ausnahme der Mutica (s. u.) differenzierte Gebiß besteht aus Vorderzähnen mit einer stiftartigen Wurzel, zwei- oder mehrwurzeligen Molaren mit Höckern auf den Zahnkronen. Die Molarenkronen, sich im Laufe der Entwicklung verändernd [28], bilden die Grundlage für die systematische Gliederung und gestatten so auch das Einordnen fossiler Funde in diese. Wie die Zähne und die dadurch bedingte Ernährungsspezialisation bieten auch die sich aus dem ursprünglich fünfstrahligen Extremitäten-Typus herausbildenden Veränderungen die Grundlage für das System und die stammesgeschichtliche Verwandtschaft [10], (Abb. 17).

Da eine weitere Behandlung der stammesgeschichtlichen Radiation der Plazentalier zu weit führen würde, sei nur auf einige besonders interessante Abstammungswege hingewiesen.

---

*) Ein erst 1970 in der Unterkreide von Konwarra (Victoria, Australien) gefundener Floh, der auf Grund der morphologischen Charakteristika nur von einem behaarten Tier stammen kann, läßt vermuten, daß Beuteltiere bzw. deren behaarte Vorfahren schon früh in der Kreidezeit in diesem Kontinent vorhanden gewesen sein müssen [66].

Simpson unterscheidet folgende Überfamilien (Kohorten) [12]:
Unguiculata: Insektenfresser, Flattertiere, Zahnarme und Primaten
Glires: Nagetiere (Rodentia) und Lagomorpha (hasenartige Nager)
Ferungulata: Raubtiere und alle rezenten Huftiere einschließlich der Sirenen
Mutica: Delphine und Wale [24, 25].

Ihrer ursprünglichen Bauart wegen erscheint es fast als erwiesen, daß die rezenten Insektenfresser mit allen anderen Ordnungen aus oberkreidezeitlichen Urinsectivoren hervorgegangen sein dürften. Dieser Rang wird durch ihr primitives Gehirn, ihr einfaches, aus einem Knochenring bestehendes Tympanicum und z. T. noch bestehender Gaumenlücken erhärtet.

Gypsonictops (O-Kreide, N-Am.), vermutlich der älteste Insectivore und *Zalamdalestes,* sowie *Deltatherium,* welches *Colbert* als das am meisten urtümliche kreidezeitliche insektenfressende Tier ansieht, dürften selbst diesen Gattungen nahestehende Formen als Ancestoren für die Insektenfresser, sowie auch für die ersten Raubtiere angesehen werden können. Doch differieren die Ansichten über den Zeitpunkt der Aufspaltung, da die Herleitungen ausschließlich auf der Zahnmorphologie basieren, bei den einzelnen Autoren.

Die Ausgliederung der Primaten aus Urinsectivoren dürfte sich ebenfalls bereits in der Oberkreide vollzogen haben. Da diese Ableitung in Hinblick auf die Entwicklung zu den Hominiden im nächsten Kapitel behandelt wird (S. 171 ff), sei hier darauf verzichtet.

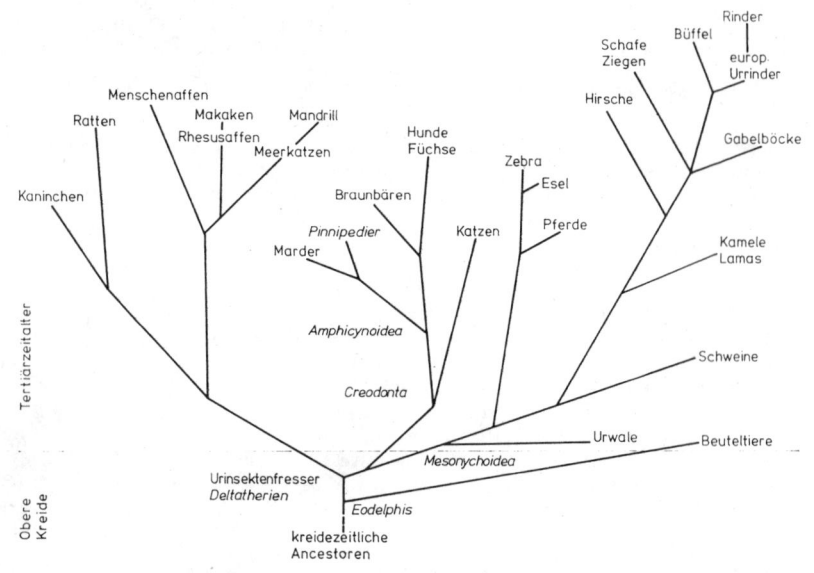

Übersicht 17: Dendrogramm der rezenten Säugetiere, welches auf Grund von Fibrinopeptidanalysen (A und B) durch die National Biomedical Research-Foundation, Siver Spring, Md., USA entworfen wurde [99] (vom Autor durch andere Angaben ergänzt [90b])

Die Robben zeigen serologische Affinität zu den Bären, die Wale dagegen zu den *Mesonychoidea* (Üb. 17). Da die ältesten fossilen Robben aus dem Mittelmiozän bereits Ohrenrobben und Seehundmerkmale zeigen, müssen sie im Altertiär bereits entstanden sein, als es noch keine Ursiden gab. Tatsächlich ergeben vollständige Fossilienfunde, daß die sog. Amphicynoiden eigentlich Bärenvorläufer und nicht Hunde (wegen des ihnen ähnlichen Gebisses) waren. Aus den altertiären Amphicynoiden leiten sich daher die Robben als auch die Bären ab [99].
Andererseits finden sich bei den *Mesonychoidea* (Huftiere mit raubtierähnlichem Gebiß) zahlreiche Merkmalübereinstimmungen mit den Urwalen des Alttertiärs, so daß man heute zwei konvergente Reihen aus den Urinsektenfressern (Deltatheridien) annimmt, nämlich die *Creodonta* (Urraubtiere, Zalambdalestes), die über die Amphicynoiden zu den eigentlichen Carnivoren führt und die *Mesonychoidea (Condylarthra)* zu den Huftieren leitet, von denen sich die Urwale schon sehr früh abspalten [91 a].
Eocetus (M.-Eozän) dürfte also auf solche Tierformen der späten Kreidezeit oder wenigstens auf paläozäne Ancestoren Nordamerikas zurückzuführen sein. Die Trennung in Zahn- und Bartenwale müßte demnach auch bereits im Alt-Tertiär erfolgt sein. Der miozäne *Kentrioddon* wird als Ausgangsform für die Delphine (Pliozän-rezent) angesehen werden können. Gerade diese Gruppe hat hinsichtlich ihres Gehirnbaues (S. 198) und ihrer besonderen Verhaltensfähigkeit in letzter Zeit ein gewisses Interesse erbracht [24; 25].
Seekühe, frühe Formen dieser Gruppe, sind fossil ab Eozän (Ägypten) bekannt, sie gehen auf Präproboscidier mit Becken und Hintergliedmaßen und einem ursprünglichen Gebiß zurück. Es handelt sich also um veränderte ans Wasserleben angepaßte Huftiere mit weitgehender Spezialisation.

Fossile Säugetiere aus dem Paläozän und Eozän sind relativ selten. Spät-eozänen und früh-oligozänen Alters sind die Fundorte Fayum in Ägypten mit frühen Elefanten, Seekühen und Klippschliefern *(Hyrax)* und die White-River-Region von Dakota und Nebraska in USA. Letztere enthält die reichste Säugetierfauna des Mitteloligozäns mit Vorläufern der Kleinsäuger wie Insektenfresser, Nagetiere und die sich im Absteigen befindlichen *Creodonta* (Vorläufer der Raubtiere, *Hyaenodon*), Raubtiere (frühe Hunde, kleine wieselähnliche, katzen- und säbelzahntigerartige Formen), sowie Paar- und Unpaarhufer an allen Lebensgemeinschaften. Zu den Paarhufern gehören an das Wasserleben Angepaßte *(Leptauchenia)*, schweineähnliche Formen u. a., Anthracothere, mit Lebensweisen den heutigen Flußpferden entsprechend *(Botriodon)*, Hasenähnliche *(Leptomeryx)*, das vierhörnige *Protoceras*, gazellenähnliche *(Poebrotherium)* sowie klauentragende *(Agriochoerus)* Wiederkäuer. Die Unpaarhufer sind vertreten durch *Mesohippus*, dem rhinozerosartigen *Hyracodon*, *Caenopus* und dem riesigen zweihörnigen *Brontotherium*.
Miozäne Faunen sind von verschiedenen Orten bekannt, insbesondere aber aus Nord- u. Ostafrika mit Insektenfressern, Fledermäusen, verschiedenen Nagern, Affen, Menschenaffen, Rhinozerosartigen, sowie Gazellen, Rehen, Antilopen und Giraffen. Unter den Fleischfressern sind die größten bekanntgewordenen *Creodonta* vertreten. Pferde fehlen und werden durch *Megalohyrax* ersetzt.
Reiche pliozäne Funde stammen von Pikermi und Samos als Griechenland. Die Raubtiere sind vertreten durch hyänenähnliche *Ictitherium* und Hyänen, Säbelzahnkatzen; die Pflanzenfresser u. a. durch *Rhinoceros* und *Uinotherium (Dicerorhinus)* und das dreizehige Pferd *(Hipparion)*, welches von Frankreich über ganz Eurasien bis China vorkommt.
Die Fauna Nordamerika, Eurasiens und Afrikas enthält in dieser Zeit viele Tierformen, die den modernen Typen entsprechen. Anders verhält sich Südamerika, welches im Laufe des Tertiär über 60 Millionen Jahre isoliert war. Neben Beuteltieren (S. 165) ist hier die Säugetierfauna durch die Zahnlosen *(Edentata)* und die ausgestorbenen *Condylarthra* und *Notungulata* (primitive Huftiere) im frühen Tertiär und im Eozän und Pliozän zugewanderten Nagern und Primaten (sog. Inselspringern) vertreten. Viele pflanzenfressende Tiergruppen gelangen im Pliozän, als sich die Landverbindung wieder gebildet hatte, von Nordamerika in diesen Kontinent und umgekehrt, so z. B. Beuteltiere, bodenlebende Faultiere *(Megatherium)* und die gepanzerten Glyptodontier und Armadillos (Gürteltiere), nach Nordamerika [109].

Die Entfaltung der eigentlichen Säugetiere liegt, wenn auch einzelne Tiertypen *(Mutica)* ihre Abspaltung vom Gesamtgang der Entwicklung schon sehr früh vollzogen haben dürften, im wesentlichen doch im Tertiär, wobei es gegen Ende dieser Erdzeit und am Anfang des Pleistozäns zu einem Aussterben sehr charakteristischer Tierformen, insbesondere aus der Kohorte der *Ferungulata* kam (S. 166). Durch die Protein-Taxonomie an Fibrinopeptidketten A und B, den am schnellsten sich entfaltenden Polypeptiden, die man gefunden hat, war *Dayhoff* in der Lage, ein Dendrogramm der Säugetiere aufzustellen, wie es in Übers. 17 verändert wiedergegeben ist.

Auch hier zeigen wiederum die Sequenzanalysen (S. 23 f) der Fibrinogenstrukturen, die sich aus jeweils zwei symmetrisch-aufgebauten Kettensystemen: γ, α (A), β (B), die durch Disulfidgruppen verbunden sind, zusammensetzen, wie in einzelnen Mutationsschritten die Aminosäurensequenzen von den Cyclostomiern ab über die 450 Millionen Jahre sich verändert haben. Dabei aber zeigt die Analyse der Serum-Albumine und der Hämoglobine, daß sich die Pinnepedier von den Canoiden nach Abgliederung der letzteren aus dem feloiden Zweig entwickelt haben. Erst aus der Abspaltung des Pinnepedierzweiges haben sich die Musteliden (Marder u. Dachse) entwickelt. „The evolutionary tree for carnivore fibripeptides is not in agreement with the conventional classification" [99].

Schon sehr bald muß der Mensch, nach dem er eine gewisse Leistungshöhe erlangt hatte, sich einzelne, und hier wiederum hauptsächlich zunächst Säugetiere dienstbar gemacht haben, zunächst als Nahrung, später als Hilfen zur Bewältigung seiner Umweltprobleme (S. 192). Damit aber griff er bereits in den Werdegang der natürlichen Evolution ein. Es würde den Rahmen einer Bearbeitung über Paläontologie und Phylogenie übersteigen, wenn in diesem Rahmen auf diese auch erblich gestaltverändernden Vorgänge hingewiesen werden sollte. Ich verweise daher auf die hier angeführten Arbeiten [1, 34, 49, 54, 79] bzw. auf die dort vorhandenen Literaturverzeichnisse.

Literatur zu Kapitel C/II, III, IV, E und F

1. *Antonius, O.*: Alter der Haustiere, NR. 1955/225
2. *Augusta, J.* u. *Burian, Z.*: Tiere der Urzeit, Bertelsmann Lesering, 1960
3. *Arzt, Th.*: Insekten zur Klärung von Pflanzenverwandtschaften, NR. 1968/210
4. *Ax, P.* u. *Bunke, D.*: Das Genitalsystem der Aeolosomatidae mit phylogenetisch ursprüngl. Organisationszügen. NW. 1967/225
5. *Behrmann, D.*: Ergebnisse der Meeresforschung, NR. 1966/510
6. *Bolle, F.*: Von der Herkunft der Säugetiere, Orion, 1950/727
7. *Bolle, F.*: Zwerge und Riesen aus dem Sauriergeschlecht, Orion, 1951/560
8. *Braun, H.*: Hydrosysteme bei Bäumen, NR. 1966/92
9. *Braunitzer, G.*: Primärstruktur der Eiweißstoffe, NW. 1967/407
10. *Brüning, H.*: Donnernder Hufschlag durch Raum u. Zeit, Der kleine Tierfreund, 1967/VIII
11. *Bülow, K. v.*: Geologie für Jedermann, Kosmos Stuttgart, 1948
12. *Colbert, E. H.*: Evolution der Wirbeltiere, Fischer, Stuttgart, 1965
13. *Colbert, E. H.*: Antarktische Labyrinthodonten, NR. 1968/526
14. *Darwin, Ch.*: Über die Entstehung der Arten, Schweizerbart, Stuttgart, 1867
15. *Dehm, R.*: Stammesgeschichte der Tiere, Universitas 1967/179
16. *Diels, L.*: Stämme des Pflanzenreiches, Handbuch d. Biol. Bd. IV/268
17. *Dobzhansky, Th.*: Dynamik der menschlichen Evolution, S. Fischer, Hamburg, 1965
18. *Ellenberg, H.*: Wege der Geobotanik zum Verständnis der Pflanzendecke, NW 1968/463
20. *Erben, H. K.*: Dinosaurier, Pathologische Strukturen der Eischalen als Letalfaktoren, UWT. 1969/553
21. *Fiorini, P.*: Umwegige Entwicklung, NR. 1970/352
22. *Flor, F.*: Demonstrationen an rezenten und fossilen Tintenfischen, BU. 1970/III/52
23. *Fott, B.*: Algenkunde, VEB-Fischer Jena, 1959
24. *Goettert, L.*: Lautgebung bei Delphinen, NR. 1962/198
25. *Goettert, L.*: Dressurversuche bei Walen, NR. 1964/267
26. *Gothan, W.*: Die Entstehung der Kohle Ac. Verlagsanstalt Berlin 1952

27. *Grell, K. G.: Trichoplax adharens F. E. Schulze* und die Entstehung der Metazoa, NR. 1971/160
28. *Haag - Haas - Hürzeler:* Evolution u. Bibel. Herderbücherei, 1962/249 H.
30. *Haeckel, W.:* Neuentdeckungen unter den Mollusken, NR. 1963/401
31. *Hainz, M. R.:* Entwicklungstendenzen im Tierreich, PB. 1967/14
32. *Hanke, W.:* Hormone und Stammesgeschichte, UWT. 1969/45
33. *Hartmann, M.:* Allgemeine Biologie, Fischer Jena 1953
34. *Herre, W.:* Neue Erkenntnisse über Abstammung und Entwicklung der Haustiere, MNU. 1964/Bd. 17/H. 1
35. *Hesse, R.* u. *Doflein, F.:* Tierbau u. Tierleben, Bd. 1, Teubner-Leipzig, 1910
36. *Jefremow, J. A.:* Neues aus der Gobi, Orion, 1949/543
37. *Jensen, U.:* Serologische Untersuchungen der systematischen Verwandtschaft bei Pflanzen, UWT. 1968/691 (UWT. 1964 / H. 16)
38. *Jurasky, K. A.:* Palmreste der niederrhein. Braunkohle, Braunkohle, H. 51/1930
39. *Kaplan, W. R.:* Der Ursprung des Lebens, G. Thieme-Stuttgart, Flexibles Taschenbuch 1972
40. *Kühne, G. W.:* Säugetiere im Schatten der Dinosaurier, UWT. 1969/373
41. *Kühnelt, W., Meixner, J., Remane, A.* u. a.: Stämme des Tierreiches, Handb. d. Biologie, Bd. VI/1 u. 2, Athenaion-Verl., Konstanz
42. *Kuhn, K.:* Untersuchungen zur Struktur des Kollagens, NW. 1967/101
43. *Kuhn, O.:* Deutschlands vorzeitliche Tierwelt, Bayr. Landwirtsch. Verl., Bonn-München, 1956
44. *Lehmann, O.:* Nieren der Wirbeltiere, NR. 1968/141
45. *Lehmann, U.:* Ammoniten, neue Erkenntnisse über Gestalt und Lebensweise, UWT. 1969/169
46. *Lorenz, K.:* Stammes- und Kulturgeschichtliche Rottenbildung, NR. 1966/361
47. *Mägdefrau, K.:* Der Steinkohlenwald als Lebensgemeinschaft, NR. 1960/123
48. *Mattauch, F.:* Wiss. Systeme oder Entwicklungsableitungen der Lebewesen im Biologieunterricht. PB. 1966/203
49. *Mattauch, F.:* Anregungen zur Behandlung der evolutiven Vorgänge bei Säugetieren, BU. 1968/H2/42
50. *Mayer, F.:* Zellstrukturen als Wegweiser, NR. 1971/186
51. *N. N.:* Fossil eines Pterosauriers mit Haarne aus Turkestan. NR. 1966/513
52. *N. N.:* Rotes Känguruh in Australien, NR. 1967/175
53. *N. N.:* Conodontenfunde im U.-Devon Neuseelands, NR. 1967/394
54. *N. N.:* Aussterben von Sauriern und Säugern, NR. 1968/80, 206
55. *N. N.:* Marsupialier-Migration und Kontinentaldrift. NR. 1971/310
56. *Nodt, W.:* Deuten die Verbreitungsbilder relicktarer Grundwasser-Crustaceen Kontinentzusammenhänge an, NR. 1968/470
57. *Oakley, K. P.* u. *Muir-Wood, H.:* The Succession of the Life through geological Time, Trust. of the Brit. Mus. London 1967, Publ. 463
58. *Pascher, A.:* Über die Entwicklung von Flagellaten zu Algen, B. D. Bot. Ges. 1914/136
59. *Pascher, A.:* Flagellaten u. Rhizopoden in ihren gegenseitigen Beziehungen, Arch. f. Prot.-kunde, 1917/1
60. *Pascher, A.:* Von einer allen Algenreihen gemeinsamen Entwicklungsregel, B. D. Bot. Ges. 1918/390
61. *Pascher, A.:* Systemat. Übersicht über die mit Flagellaten im Zusammenhang stehenden Algenreihen. Beih. z. Bot. Zent.-bl. 1932, Abt. II/317
62. *Pinner, E:* Stellung u. Merkmale des Ameisenigels, NR. 1961/154
63. *Portmann, A.:* Einführung in die vgl. Morphologie d. Wirbeltiere, Schwab - Basel - Stuttgart, 1959
64. *Preobrazhenskaja, E. J.:* Phylogenie u. Strahlenresistenz, NR. 1968/345
65a. *Pringsheim, E. G.:* Verwandtschaftliche Beziehungen zwischen Lebewesen mit und ohne Blattgrün, NW. 1964/159
65b. *Pringsheim, E. G.:* Begriff der Einzelligkeit in der Biologie, NR. 1967/64
66. *Riek, E. F.:* Der älteste Floh, NR. 1971/167
67. *Remane, A.:* Grundlagen des natürl. Systems, Ac. Verl. Ges. Leipzig, 1952
68. *Reinöhl, F.:* Abstammungslehre, Schr. d. D. Naturkundevereins, Bd. 11, Rau-Öhringen, 1940
69. *Romer, A. S.:* Vergleichende Anatomie d. Wirbeltiere, P. Parey, Hamburg, 1959
70. *Scherf, H.:* Erneute Entdeckung einer Schnecke mit 2 Schalen, NR. 1964/151
71. *Schönemann, R.:* Welt der Tiere, Universum-Wien, 1949
72. *Schubert-Soldern, R.:* Philosophie des Lebendigen, Pustet-Graz, 1951
73. *Schwarzbach, M.:* Erdgeschichte und Milchstr. NR. 1967/522
74. *Schwemmle, B.:* Problem d. Blütenbildung, NR. 1969/47
75. *Schweitzer, H. J.:* Flora des oberen Perm in Mitteleuropa, NR. 1968/90
76. *Seward, A. C.* u. *Barghoorn, E. S.:* Lignit mit intakter Zellulose und Lignin, NR. 1970/66
77. *Siewing, R.:* Lehrbuch d. vergl. Entwicklungsgeschichte der Tiere, P. Parey, Hamburg, 1969
78. *Simon, W.:* Zeitalter der Lebensgeschichte, NR. 1966/437
79. *Simon, K.-H.:* Vernichtete der Mensch die Fauna des Pleistozäns, NR. 1967/392
80. *Spanner, L.:* Bestäubungseinrichtungen u. Evolution, PB. 1965/131
81. *Spanner, L.:* Didaktische Probleme d. dzt. wiss. Systeme, PB. 1965/230

82. *Spanner, L.:* Neuerungen i. d. Angiospermen Systematik, PB. 1966/23
83. *Straßburger, E.* u. a.: Lehrbuch der Botanik, Fischer-Stuttgart 1971
84. *Strauß, A.:* Ein fossiles Herbar, Orion, 1951/574
85a. *Swinton, W. E.:* Fossil Amphibians and Reptils, Trust. of the Brit. Mus., Publ. Nr. 543, 1965
85b. *Swinton, W. E.:* Fossil Birds, Trust. of the Brit. Mus. Publ., 1965, sec. Edition
86. *Terry, K. D.* u. *Tucker, W. H.:* Ausrottung der Dinosaurier u .a. durch Strahlung einer Supernova, NR. 1968/217
87. *Thenius, E.* u. *Hofer, H.:* Stammesgeschichte der Säugetiere, Springer-Verl. 1960
88. *Thenius, E.:* Ergebnisse u. Probleme d. Wirbeltierpaläontologie, NW. 1966/262
89. *Thenius, E.:* Herkunft der Säugetiere, Natw. u. Med. Böhringer-Mannheim, Jg. 4, Nr. 17/39
90. *Thenius, E.:* Paläontologie, Geschichte der Tiere u. Pflanzen, Kosmos-Studienbücher, Franckh-Stuttgart 1970
91. *Thenius, E.:* Moderne Methoden der Verwandtschaftsforschung, UWT. 1970/695
91a. *Thenius, E.:* Säugetierausbreitung in der Vorzeit. UWT. 1972/148
92. *Thomson, R. B.:* Fossilienfund am Südpol, UWT. 1967/395
93. *Vogt, H. H.:* Neuer Archaeopteryx Fund, NR. 1971/312
94. *Wahlert, G.:* Latimeria u. Geschichte d. Wirbeltiere, Fischer-Stuttgart, 1968
95. *Waltert, H.:* Übergang vom Leben im Wasser auf das Land, UWT. 1967/450
96. *Zimmermann, W.:* Phylogenie d. Pflanze, Fischer, Stuttgart, 1959
97. *Zimmermann, W.:* Paläobotanik, Handb. d. Biol. Bd. IV, Athenaion, Konstanz
98. *Zimmermann, W.:* Geschichte d. Pflanzen, Thieme, Stuttgart, 1969
99. *Söderquist, T.* u. *Blombäck, B.:* Fibrinogen Structure and Evolution, NW. 1971/16
100. *Rosnay, J. de* u. *Ceccatty, M. de.:* Biologie, Walter-Verlag, Olten-Freiburg. 1971
101. *Atkinson, A. W.* u. a.: Zentralkörperchen und Mikrotubuli bei Chlorella, NR. 1972/401
102. *Berkaloff, A,* u. a.: Biologie und Physiologie der Zelle, Vieweg u. Sohn, Braunschweig 1973
103. *Fischer, H.:* Animal Evolution in the Field oft Synaptic Substances, NW. 1972/425
104. *N. N.:* Kriechende Rippenquallen bei Madagaskar, BdW. 1971/1283
105. *Pflug, H. D.:* Neue Zeugnisse zum Ursprung höherer Tiere, NW. 1971/348
106. *Scora, R. W.:* Anwendung chemischer Merkmale in der Pflanzensystematik, UWT. 1972/694
107. *Scherf, H.:* Architektur und Entstehung der Mantelrandstacheln bei Brachiopoden, NR. 1973/78
108. *Senkenberg*'sche naturforschende Gesellschaft: Natur-Museum Senkenberg, Kleine Reihe Nr. 1, W. Kramer-Verl., Frankfurt, 17. Aufl. 1972
109. *Hamilton, W. R.:* The History of Mammals, Trust. of the Brit. Museum, London 1972, No 714
110. *Kaiser, E. H.:* Aussterben der Tierarten, NR. 1973/100, 142
111. *Wahlert, v. G.:* Phylogenie als ökologischer Prozess. NR. 1973/247
112. *Schwartz, V.:* Vergleichende Entwicklungsgeschichte der Tiere, G. Thieme, Stuttgart 1973

G. Über die Abstammungsgeschichte des Menschen

I. Problembegründung [18; 24; 25; 35; 36]

Der Mut, die Einreihung des Menschen am Ende der Primaten vorzunehmen und ihn somit aus dem Tierreiche kommend anzusehen, ist nicht erst eine Errungenschaft unserer Zeit. Bereits *Ch. v. Linné* führt ihn in seinem System als Endglied und der Dekan *W. Herbert* versuchte seine Herleitung schon vor *Darwin*. Schwieriger und umstritten war dagegen die Frage, wielange der Mensch auf der Erde existiert und welche Kunde wir aus früheren Erdzeiten darüber haben. Es wird immer Ablehner der Evolution geben, müßig daher auf diese und vor allem auf jene Stimmen einzugehen, die vor allem im vergangenen Jahrhundert diese Frage mit einer heute unverständlichen Schärfe abzulehnen sich mühten. Bekannt ist, daß die frühen Schädelfunde von Engis bei Namur (*Schmerling* 1832), und Gibraltar (1848) zunächst wenig Beachtung fanden. Die Frage nach der Herkunft des Menschen gewinnt erst wissenschaftlichen Rang, nachdem der Elberfelder Naturkundelehrer, *J. C. Fulrott* 1856, der als guter Kenner der Knochen von Höhlentieren galt, die beim Abbau der Neandertalkalke in einer Höhle gefundene Schädelkalotte mit anderen Knochenfunden diluvialen Alters angesehen hatte. Diese Meinung setzte sich in der Folgezeit allmählich durch, trotz der „armen Schlucker-Hypothese" *R. Virchows*, der ja auch noch den Taubauchfund (S. 184) 1871 als „eindeutig jungsteinzeitlich" bezeichnete. 1864 wird der Gibraltarschädel in London mit dem des Neandertalers verglichen und durch *E. Dupont* als zur gleichen Art gehörig wie der Fund von La Naulette (Dinant) erkannt. Nachdem *Ch. Darwin* in einer zweiten Arbeit die „Affenabstammung" ausgesprochen hatte und u. a. *E. Häckel* am Ende des 19. Jhdts. den Gibbon als den nächsten Verwandten ansah, suchte der holländische Arzt *E. Dubois* zwischen 1890—1895 bei Trinil in Ostjava. Seine Grabungen wurden durch *v. Königswald* fortgesetzt und erweitert.

Wertvolle Ergebnisse förderte die Fundstelle Chou-kou-tien, 40 km westlich von Peking, vor allem durch die Grabungen zwischen 1927—37 (*J. G. Anderson, E. Licent*) und während des 2. Weltkrieges (*Weidenreich, P. Teilhard de Chardin*) zu Tage. Als weitere bedeutsame Funde gelten die an verschiedenen Orten in Südafrika ab 1924, die in der ostafrikanischen Schlucht „Olduvai" (Oldoway) am Ostrande der Serenghetisteppe und im Omo Bassin (Äthiopien), gemachten Grabungen. Die letzteren gelten heute als die besten und vor allem von Anfang an von Fachleuten untersuchten Fundstätten. Auf andere bedeutsame Funde, die im Zusammenhang mit der Einordnung und der Erforschung der Leistungen (Industriestufen) zusammenhängen und solche, die meist zufällig von interessierten Bauarbeitern zur Auswertung in die Hände der Wissenschaftler gelangten, wird im systematischen Teil eingegangen werden. Die aufgefundenen Skeletteile menschlicher oder menschenähnlicher Wesen und die gleichzeitig mit ihnen geförderten Knochenreste anderer Tiere, vor allem aber die mit oder doch in gleichaltrigen Ablagerungen gefundenen bearbeiteten Steine (Faustkeile u. a.), die mit an Sicherheit grenzender Wahrscheinlichkeit von ihnen als Werkzeuge benutzt wurden, ebenso die zunehmende Differenzierungs- und Verfeinerungssukzession dieser Geräte, geben Aufschluß über die handwerklichen Leistungen. Sie gelten heute, nachdem sie auf der ganzen von ihnen besiedelten Welt gefunden und entsprechend klassifiziert worden sind, zu den gesicherten Erkenntnissen über diese Wesen und ihre Lebensgewohnheiten. Auch den Gegnern jeder evolutionären Gedankengänge müßte aufgrund der kritischen Auswertung solcher Funde klar werden, daß neben gestaltlichen Veränderungen auch Veränderungen in der Art zu leben, sich gegenüber ihrer Umwelt zu behaupten, in der Zeit vor Beginn und während der auf Teilen der nördlichen Erdhalbkugel herrschenden Kaltzeiten (Eiszeiten), in einem Zeitraum von etwa 3 Millionen Jahren vorgekommen sein müssen, die keine andere Auslegung als die einer Weiter-(Höher-)entwicklung zulassen.

Somit aber stehen zwei fundamentale Fragen zur Beantwortung an:
1. aus welchen Lebensformen haben die sich damals auftretenden Individuen entwickelt (Vormenschen);
2. an welchen Stellen der Erde und zu welcher Zeit dürften sich aus sog. Vormenschen (Hominoidae) die Menschenartigen (Homininae) und aus diesen die wieder die zur Gattung Mensch (Homo) zu rechnenden Wesen entwickelt haben.

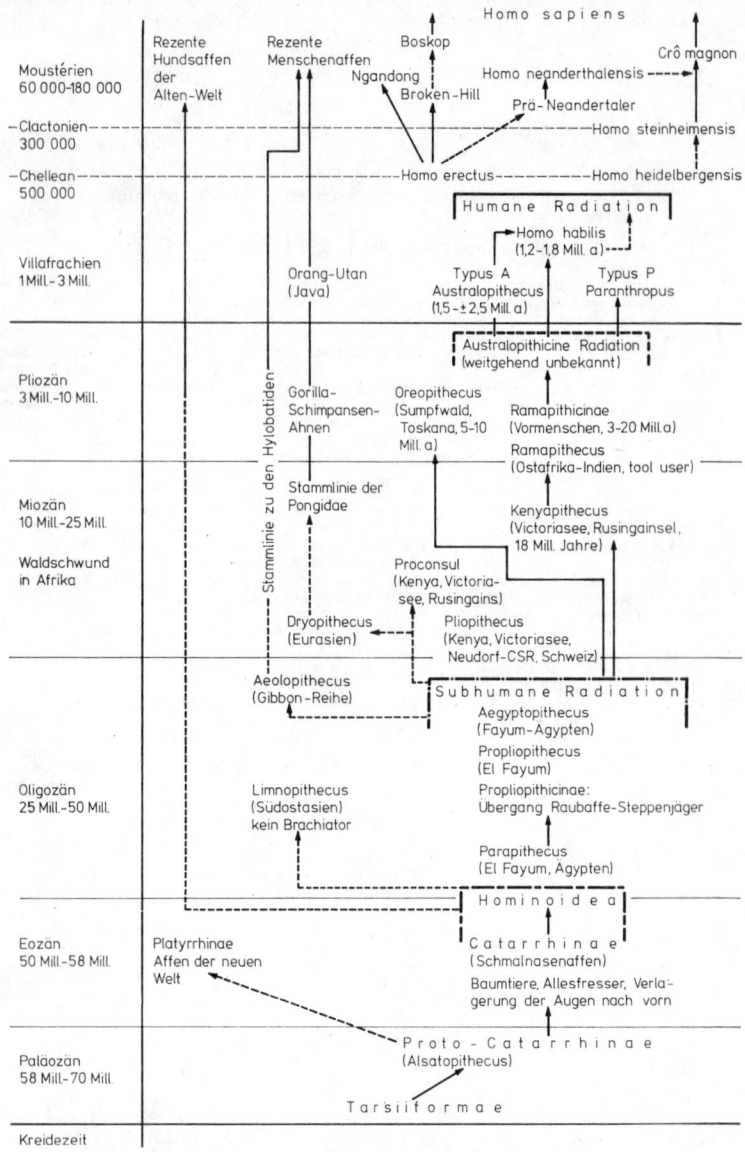

Zeit							
Moustérien 60 000-180 000		Rezente Hundsaffen der Alten-Welt	Rezente Menschenaffen	Boskop ↑ Ngandong Broken-Hill	Homo sapiens Homo neanderthalensis ----→ Prä-Neandertaler	Crô magnon ↑	

Üb. 18: Versuch einer Darstellung der Evolutionswerke der Hominiden

- **Moustérien** 60 000-180 000
- **Clactonien** 300 000
- **Chellean** 500 000 — Homo erectus ———— Homo heidelbergensis
- Homo steinheimensis
- Homo sapiens: Boskop, Ngandong, Broken-Hill, Homo neanderthalensis, Prä-Neandertaler, Crô magnon

Humane Radiation
→ Homo habilis (1,2-1,8 Mill. a)

- **Villafrachien** 1 Mill.-3 Mill.
  - Orang-Utan (Java)
  - Typus A Australopithecus (1,5-±2,5 Mill. a)
  - Typus P Paranthropus

Australopithecine Radiation (weitgehend unbekannt)

- **Pliozän** 3 Mill.-10 Mill.
  - Gorilla-Schimpansen-Ahnen
  - Oreopithecus (Sumpfwald, Toskana, 5-10 Mill. a)
  - Ramapithicinae (Vormenschen, 3-20 Mill. a)
  - Ramapithecus (Ostafrika-Indien, tool user)

- **Miozän** 10 Mill.-25 Mill.
  - Waldschwund in Afrika
  - Stammlinie der Pongidae
  - Kenyapithecus (Victoriasee, Rusinginsel, 18 Mill. Jahre)
  - Proconsul (Kenya, Victoriasee, Rusingains)
  - Pliopithecus (Kenya, Victoriasee, Neudorf-CSR, Schweiz)
  - Dryopithecus (Eurasien)
  - Aeolopithecus (Gibbon-Reihe)

Subhumane Radiation
- Aegyptopithecus (Fayum-Ägypten)
- Propliopithecus (El Fayum)
- Propliopithicinae: Übergang Raubaffe-Steppenjäger

- **Oligozän** 25 Mill.-50 Mill.
  - Limnopithecus (Südostasien) kein Brachiator
  - Parapithecus (El Fayum, Ägypten)

Stammlinie zu den Hylobatiden

Hominoidea

Catarrhinae (Schmalnasenaffen)
Baumtiere, Allesfresser, Verlagerung der Augen nach vorn

- **Eozän** 50 Mill.-58 Mill.
  - Platyrrhinae Affen der neuen Welt

- **Paläozän** 58 Mill.-70 Mill.
  - Proto-Catarrhinae (Alsatopithecus)

Tarsiiformae

- **Kreidezeit**

II. Über die Herleitung der Homininae aus den Primaten bzw. den Anthropoidea (Übersicht 18)
[13; 15; 16; 17; 36; 42; 63; 70 und Lit. S. 168 ff.]

Die Großfamilie der Primaten, die Halbaffen (Lemuroidea), Tarsoidea (Langfüßer), die Alt-(Catarrhinae), Neuwelt-(Platyrrhinae) und Menschen-(Hominoidae)affen umfassend, dürfte sich in der Oberkreide aus den Insectivoren herausentwickelt haben. Als Belegfossil für diese Gruppe kann die spätere, im Oligozän der Mongolei gefundene *Anagale* gelten. Es dürfte sich um baumlebende Tiere gehandelt haben. Nach *Le Gros Clark* treten Ancestorenformen der Primaten erst ab Eozän als kleine spitzhörnchenähnliche Tiere (Tupaioidea) auf, die noch sehr generalisierte Merkmale zeigten, so daß es schwer fällt, sie als Vorläufer der Primaten anzusehen. Als bestbekanntes Fossil wird *Adapis parisiensis* angesehen, eine Form, die er bereits zu den Halbaffen stellt. Die in Amerika gefundenen fossilen Lemuren erscheinen weniger spezialisiert, *Notharctus* zeigt eigenartige Höckerbildungen auf den Molaren. Während sich ein Parallelzweig zu den rezenten Halbaffen im afro-madagassischen Raum entwickelte, dürften aus Formen wie *Archeolemur* (Oligozän) sich Affen entwickelt haben. Funde in Europa (*Necrolemur*, Eozän, Fkr., und *Microchorus*, Hampshire, Gr.-Br.) weisen i. g., außer dem Verlust einiger Schneidezähne, Merkmale von primitiven plazentalen Säugern auf, wenn auch bereits weiter die ersten und zweiten Prämolaren verloren bzw. rückgebildet wurden. Die Vormahlzähne des Oberkiefers werden zweihöckerig, aus dreihöckerigen Mahlzähnen entwickeln sich solche mit vier Höckern. Mit Verkürzung der Schnauze, Wölbung des Gehirnschädels und Veränderung der knöchernen Ohrkammer nehmen sie immer mehr Merkmale an, die für die Primaten u. a. auch für den Menschen charakteristisch sind. Andere Formen zeigen Veränderungen der Gliedmaßen zu Greiforganen, sowie einen Ersatz der Krallen durch abgeflachte Nägel. Die Primaten haben den ursprünglichen pentadactylen Extremitäten-Typ sowie den gleichen der Zähne beibehalten, was sie als arbicole Lebewesen, die alle Sorten von Nahrung aufnehmen, ausweist [34].

Aus Formen, die zu diesem Kreis gehörten, haben sich einerseits die schmalnasigen Affen der alten Welt (Protocatarrhinae) wie die Breitnasen der neuen Welt (Platyrrhinae) entwickelt, wobei die menschenaffen-ähnlichen Formen (Hominoidae) entweder aus diesen oder unmittelbar aus sog. Tarsiiformae entstanden sein könnten. „Die stammesgeschichtliche Wurzel der beiden Affenstämme ist also noch sehr im Dunkeln" [64a]. *Amphipithecus* (Eozän, Burma) wird als präpongides Modell *(Hürzeler, Heberer)* angesehen. Als vermutliche Zwischenglieder zu den Pongiden deutet man die bei El Fayum (Altoligozän, Ägypten) gefundenen Kiefer von *Parapithecus* (Zähne: 2123) und *Propliopithecus* mit einem kleinen „menschlichen" Eckzahn [34, 64]. Innerhalb dieser Gruppe vollzieht sich wahrscheinlich die Trennung zwischen baumlebenden Hanglern (Brachiatoren) und laufenden Bodentieren. *Limnopithecus*, ein Tier von Gibbongröße, dem *Pliopithecus* ähnlich, ist kein Baumtier mehr. Die Dryopithicinae aus dem Miozän (Frankreich, schwäbische Alb, Hessen, Kärnten U-Kiefer, Zähne, Oberschenkel) und weitere Funde aus Afrika und Südasien sind Baumtiere, den Gorilla-Schimpansen ähnlich und werden als Vorläufer dieser rezenten Wesen anzusehen sein. Durch Funde aus Afrika (Miozän, Kenya-Victoriasee) und Europa (Göriach-

Steiermark, Neudorf-March, Mähren, der Schweiz) ist *Pliopithecus* belegt. Ein aus einer Felsenspalte (in die das Tier gestürzt sein muß) geborgenes Skelett weist ihn als Bodentier aus. *Thenius* stellt ihn neuerdings wieder zu den Hylobatiden [81]. Die Pliopithicinen sind wahrscheinlich eine Familie primitiver Antrophomorpher, die sich möglicherweise beriets als Bodentiere im Tertiär über die lockeren Waldlandschaften des Oligo-Miozäns in Afrika und Europa ausbreitete. *Aegyptopithicus*, (Spät-Oligozän-Fayum), zu den Dryopithicinen gestellt, „vermag eine frühe Stellung im Stammbaum des Menschen einzunehmen" und vielleicht ein direkter Vorfahr des heutigen Gorilla zu sein *(Simons* 1967 [46]).

Ein mögliches Bodenleben wird durch das Auffinden von *Proconsul africanus* (Victoriasee, Kenya) gestützt. Das fast vollständig reproduzierbare Skelett [14] deutet ebenfalls bereits auf Bodenleben hin, obwohl es auch Merkmale des Schwingkletterers erkennen läßt. Nach diesen Funden muß sich also im jüngeren Oligozän (vor 39—25 Mill. Jahren [8]) der Übergang vom als Baumtier lebenden sog. Raubaffen zu den später in Steppen lebenden Bodentieren vollzogen haben.

Einen gewissen Rang in der Erforschung der Prähominiden nahm der etwas jüngere, in der Braunkohle von Toskana (Mt. Bamboli) gefundene *Oreopithecus Bamboli* (10—5 Mill. Jahre, Miozän-Pliozän) ein, nachdem es dem Baseler Konservator *Hürzeler* gelungen war, seit 1949 ein vollständiges wenn auch zerdrücktes Skelett zu fördern. O. dürfte schimpansengroß, etwa 40 kg schwer gewesen sein. „Diese Art zeigt sehr primitive, an die Tarsiiformae erinnernde Merkmale, die als Erbe einer gemeinsamen catarrhinen Vorfahrengruppe anzusehen sein wird. Nach Becken und Thorax kann geschlossen werden, daß der Rumpf breit war. Vor allem die gut erhaltene zweite Rippe, sowie das breite Becken beweisen dies" [63], Lendenwirbel und Hand sind noch nicht bekannt. Der Schädel ist 12,5 cm lang, zeigt einen robusten Unterkiefer, schmalen Gaumen, ein kurzes Gesicht mit Augenwulst und gerundete Schädelkapsel, die Kaumuskeln waren schwach entwickelt. Er wird heute durch die meisten Fachleute als die Endform einer seit dem Oligozän unabhängigen Seitenlinie angesehen, die für die menschliche Stammesgeschichte ohne Bedeutung ist. „Er war kein schlanker behende springender Affe" *(Heberer)*. Der breite Rumpf, die verkürzten Lenden und die kurzen Oberschenkel weisen ihn als Baumtier aus.

Während sich die stammesgeschichtlichen Verwandtschaftüberlegungen bisher (s. o.) auf morphologische Vergleiche stützen, werden neuerdings auch die Analysen von DNA und Serumalbumin zur Feststellung der Verwandtschaft und insbesondere zur Angabe einer möglichen zeitlichen Trennung einzelner Gruppen in der Vorzeit benutzt. So konnte errechnet werden, daß die Trennung in Halbaffen und Affen im Paläozän, vor 65 Mill. Jahre liegen dürfte, die Aufgliederung in cercopithecoide und hominoide Affen dürfte an der Eozän-Oligozängrenze bei 37 Mio. Jahren und die Trennung in Pongidae und Hominidae bei 14. Mio. Jahren liegen. Eine Datierung, die mit der Ansicht der Paläontologen gut übereinstimmt [80].

III. Die Menschwerdung

1. Frühe Steppenhominiden (Ramapithicinae, Vormenschen, 15—3 Mill. Jahre, Miozän-Pliozän) [13; 16; 17; 18; 33; 37; 42; 43; 46; 64; 80] Abb. 19

Da bisher aus dem Oligozän außer *Parapithecus* und *Propliopithecus* keine Formen gefunden worden sind, bei denen die Eckzähne nicht hervortreten, muß der von *Leaky* 1966 aus Ostafrika als *Kenyapithecus* beschriebene Oberkieferfund (Ob.-Miozän-Victoriasee) wegen seiner hominiden Bezahnung zunächst als das verbindende Glied von den ersteren zu den pliozänen Funden gedeutet werden. Aus Ostafrika, Indien, 18 verschiedene Arten sind allein aus Siwalik-Schichten *(Rama-, Brama-, Sigriapithecus)* beschrieben worden, dürfte *Ramapithexus*, wegen seiner Ähnlichkeit zu *Kenyapithecus* hervorzuheben sein. Die Form zeigt wegen ihrer kleinen zarten Zähne, der einfachen Struktur der Molaren, der Wölbung des Gaumen hominide Merkmale. Die Gattung, die gleichzeitig in Ostafrika und Südasien vor 15 bis 13 Millionen Jahren vorgekommen sein dürfte, fällt wegen der starken Rückbildung der Caninen auf und wird heute als das anerkannte Glied jenes Merkmalgefüges anzusehen sein, welches zu den Australopithicinen führt *(Tier-Mensch-Übergangsfeld)*. Die von ein-

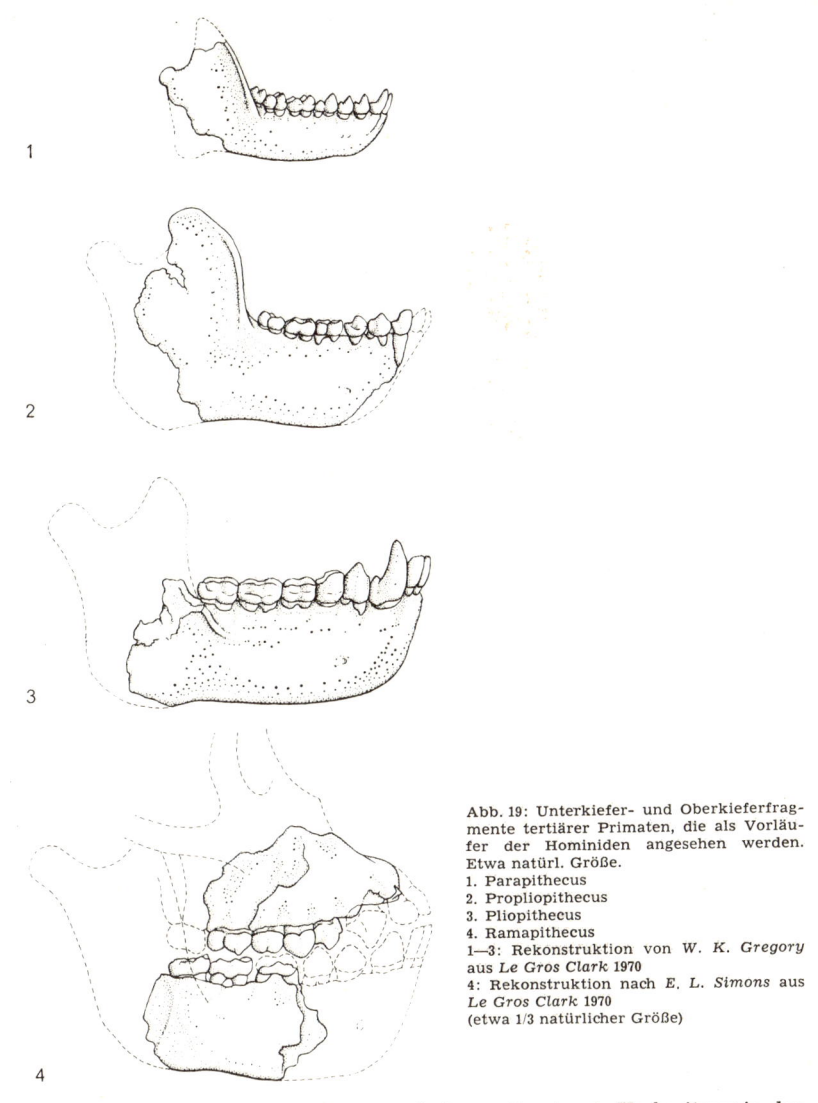

Abb. 19: Unterkiefer- und Oberkieferfragmente tertiärer Primaten, die als Vorläufer der Hominiden angesehen werden. Etwa natürl. Größe.
1. Parapithecus
2. Propliopithecus
3. Pliopithecus
4. Ramapithecus
1—3: Rekonstruktion von W. K. Gregory aus *Le Gros Clark* 1970
4: Rekonstruktion nach E. L. Simons aus *Le Gros Clark* 1970
(etwa 1/3 natürlicher Größe)

ander so entfernten Fundorte deuten auf eine weitgestreute Verbreitung in den damals sich ausbreitenden Steppen hin. Sie reichen von den Siwalikbergen Indiens im Osten (den dort beschriebenen zahlreichen Arten muß man wohl mehr

Fundstückcharakter als systematische Artunterscheidung zuordnen) bis ins Gebiet der großen afrikanischen Seen. Es ist anzunehmen, daß einige davon Formen mit Standfuß (Steppenbewohner) primitive Werkzeugbenützer (tool user) waren. *Patterson* hat vom Lothagam-Berg, westlich des Rudolfsees, einen Fund beschrieben, der zwischen *Ramapithecus* und *Australopithecus* einzuordnen wäre und ein Alter von 5½ Mill. Jahren haben soll.
Schließlich wurden vom Kalenberg bei Köln sog. Nasenschaber beschrieben, die Primitiv-Geräte pliozänen Ursprungs darstellen sollen. „Die Geschichte der Menschheit hat sich in ihren Frühabschnitten weit nach unten verschoben" [15].

Die mit dem Steppenleben verbundene Änderung der Lebensgewohnheiten, neues Gewöhnen an „Sich-Schützen" gegen Gegner in offener Landschaft, anderer Nahrungserwerb unter Verwendung der ersten primitiven Werkzeuge, müßte sich nach den bisherigen Funden also in diesem Raume vollzogen haben. Während man also heute der Hypothese zuneigt, die „subhumane Aufspaltung" *(Heberer)* habe sich in einem ostwärtigen waldarmen Gebiet der afro-asiatischen Kontinente vollzogen, dürften sich diejenigen Lebewesen, die als Vorläufer unserer heutigen Pongiden anzusehen wären, in dem waldreicheren äquatorialen Westafrika, in welchem sie im wesentlichen auch heute noch ihre Hauptverbreitungsareale besitzen, weiterentwickelt haben. In letzter Zeit haben gerade verhaltensbiologische Untersuchungen holländischer Forscher *(Corthland* u. a.) an Schimpansen dieses Gebietes gezeigt, daß die Savannenschimpansen der südlichen Sahara und des Kongogebietes gegenüber ihren Urwaldvettern die leistungsmäßig Fortgeschritteneren sind. Damit wird einerseits die höhere Anforderung des Steppenlebens an erbmäßig gleichgestaltete Tiere zu zeigen versucht, andererseits aber boten sich Vergleiche von Savannenschimpansen mit dem Menschen an. Angst vor Toten, Rangfolge, Kampftechniken: Anwendung von Wurf- und Schlagwaffen, Stockschlag von oben her, veranlaßten diese Forschergruppe zur Annahme, bestimmte Verhaltensäußerungen, die heute Mensch und Schimpanse gemeinsam besitzen, dürften bereits von ihren Vorfahren in der subhumanen Radiation erworben worden sein. (Man vergleiche dazu die Angaben in [1; 48; 55; 67; 69; 72; 77].

2. *Die Australopithicinen (Urmenschen, Unteres-Oberes Frühpleistozän, Unteres Altpleistozän, Villafrachium)*
6; 13—15; 18; 25; 33; 34; 37; 56; 61] Übersicht 19 (Anhang)

Etwa von 100 verschiedenen Individuen bekannt gewordene Knochenreste, die aus Südafrika (Taung, 1924: *Australopithecus africanus;* Sterkfontain, 1936—38, *Australopithecus transvalensis, Plesianthropus;* Makapan, 1947, 1953, *Australopithecus prometheus;* Swartkrans und Kromdrai, 1948, *Paranthropus crassidens,* 1949 *Telanthropus)* aus Ostafrika (Olduvai = Oldoway = Schlucht, 1959—1964, *Australopithecus, Paranthropus, Homo habilis),* dem Omo-Bassin und Rudolfsee (SW-Äthiopien, 1966—70, *Australopithecus,* wahrscheinlich 2 Arten) stammen, handelt es sich hauptsächlich um Reste menschlicher Skelette, die durch Kalkwasser mit dem Nebengestein in feste Breccien verbacken worden sind. Heute lassen sich 2 (3) voneinander gut differenzierte Arten unterscheiden.

Der *Australopithecus africanus* (mit *Plesianthropus tranvaalensis)* wird heute als *Typus A* bezeichnet. Es handelt sich um etwa 1,2 m große Individuen, mit vorspringendem schimpansenähnlichem Kieferschädel und Menschengebiß. Der Zahnwechsel deutet auf eine lange Jugendzeit hin. Aufrechter Gang läßt sich aus dem Bau des Beckens erschließen. Die Gehirnmasse betrug 500—600 ccm. Soweit bisher bekannt, ist dieser Typus nur auf Süd- und Ostafrika beschränkt. Das Alter der Olduvaifunde dürfte 2,3 bis 1,5 Mill. Jahre betragen, das der aus der Shungura- und Usnoformation (Omo-Bassin) älter als 2,5 (vielleicht noch älter als 3,5) Mill. Jahre (K/Ar-Methode) sein [6; 29; 32; 33; 60].

Zum Paranthropus robustus zählt man weiter *Meganthropus palaeojavanicus* (Sangiran, Java), *Zinjanthropus bosei* (Olduvai). 1,5 m groß. Bei dieser Form ist der noch am Scheiteldach vorhandene Kamm charakteristisch, der die Anhef-

tungsstelle für die stärker entwickelte Kaumuskulatur bildete. Die stärkere Abnutzung der Zähne deutet auf vegetabilische Ernährungsweise hin. Diese Form wird als *Typus P* bezeichnet und ist auch in Südasien nachweisbar, ihre Gehirnmasse betrug 700—800 ccm.
Der hauptsächlich nach Zähnen (aus chinesischen Apotheken) beschriebene *Giganthopithecus blacki*, der in letzter Zeit mit dem in Lengchaishan (Kwangsi) in Verbindung mit einer Pongo-Mastodonfauna des Altpleistozäns gefunden wurde, dürfte seiner Differenzierung nach nicht an *Paranthropus* heranreichen (Orang-Raubaffe?).
Atlanthropus mauretanicus (Ternifine, Nordafr.) und *Tschadanthropus* (Tschadsee) dürften zu Typus A oder bereits besser zu *Homo erectus* (S. 181) zu stellen sein. *Meganthropus africanus (Kohl-Larsen)* dürfte zu Typus P gehören.

a. *Die kulturgeschichtlich-industrielle Einordnung der Australopithicinen-Gruppe* [7; 28; 29; 37]
Ungeachtet der unterschiedlichen Gattungs- und Artbezeichnungen, dürften die Leistungen, die insbesondere der A-Typus und seine Nachfolger vollbracht haben, von Bedeutung sein. In den bereits Werkzeuge führenden Schichten finden sich *Geröllgeräte*, grob zerstoßene, absichtlich zugerichtete halbe Schotterknollen. Obwohl es nicht immer leicht ist, die durch die natürliche Bearbeitung des Wassers (Brandung, Rollen im fließenden Wasser) entstandenen Geröllknollen, die unter Umständen zerbrechen und dann den sog. Geröllgeräten ähnlich sind, zu unterscheiden, so deuten doch die vielfältigen Sphäroide, einflächig zugerichtete sog. Chopper und breitflächig zugehauene Chopping Tools auf richtige Artefakte (künstliche Erzeugnisse) hin. Diese Herkunft, also wissentlich bearbeitet, versucht man damit zu begründen, daß, im Gegensatz zu den natürlich entstandenen, solche durch den Menschen hergerichteten Werkzeugen „von Anfang an von Abschlägen und überarbeiteten Kanten begleitet sind" [37]. Die Chopping Tools nähern sich bereits primitiv gefertigten sog. Protofaustkeilen. Geröllgeräte, die Industrieprodukte dieser Menschengruppe des frühen Paläolithikums (Villafrachium), sind jedoch nicht auf diese Straten allein beschränkt, sie werden an anderen Orten (Südasien, Australien, Amerika) von anderen jüngeren vorhistorischen Menschen bis ins Holozän hinein als Werkzeuge bearbeitet und verwendet. Die Australopithicinen und Paranthropinen lebten im Frühpleistozän und wahrscheinlich noch im unteren Altpleistozän gemeinsam in den baumarmen Gebieten südlich der Sahara und sind dann, soweit die bisherigen Funde (Olduway bed II, Ternifine-Westalgerien, Trinil-Sangiran auf Java) bereits Schlüsse zulassen, durch den *Homo erectus* ersetzt worden. Da sich der variable Typus P neben dem *Homo erectus* zumindest im südlichen Afrika und Südostasien, vermutlich also in den klimatisch begünstigten Räumen der Erde länger halten konnte, besteht die Wahrscheinlichkeit, daß auch er mit seinem genetischen Substrat zur Weiterentwicklung mit beigetragen hat [37].

Erläuterungen zu Übersicht 19 (Entwicklung der Menschheit, Anhang)

In dieser Darstellung ist der Versuch gemacht worden, die Fundorte markanter Vertreter fossiler Menschen mit der geologischen und prähistorischen Zeiteinteilung in Einklang zu bringen. Da die Gliederung des Pleistozäns in den Werken [24; 37; 79 u. 81 (S. 172)] Unterschiede aufweist und auch das zeichnerische Einsetzen der Namen mehr der Raumanordnung folgte, soll diese Darstellung nur dem unterrichtlichen Bedarf eine Stütze bieten. Soweit überhaupt möglich, sei eine geologische Gliederung des Pleistozäns anschließend wiedergegeben, wobei als Grundlage die Auffassung von *Müller-Beck* [37] diente.

Kaltphasen: *Jungpleistozän*		Wärmeoszillationen:
Würm = Weichsel-Kaltzeit (10 000 — 90 000 ± 10 000 [37], 11 000 — 120 000 [24])		Allerödzeit
Alpiner Endvorstoß, Salpausselkä Stadial	jüngere Dryas	
Pommern Stadial Brandenburg St.	Jüngerer Löß IIb	Bölling Lascaux Dordogne
Stettin Stadial? anhaltende Abkühlung mit schwankungsreichen Erwärmungen	Jüngerer Löß IIa	Paudorfer Schwankung Brörup, Monastir II Tr. Göttweiger Interst.
Frühwürm-Eisvorstoß **Riß-Würm-Interglazial** (120 000 — 180 000 [24]	Jüngerer Löß I	Amersfoort Phase Eem-Warmzeit Monastir Transgression Höttinger Breccie?
Mittelpleistozän **Riß = Saale-Kaltzeit** (180 000 — 240 000 [24]) Warthe St. i. e. S. Warthe St. Lamstedter St.		
Amersfoort St. Drenthe St. Rehburg St.	Mehlbeck = (Fuhne=)Kaltz. [81]	Treene-(Wacken-?)Int.
Mindel-Riß-Interglazial (240 000 — 420 000 / 24) *Altpleistozän*		Eis-Vorstoßphase Holstein Warmzeit Tyrrhen. Transgression Höttinger Breccie
Mindel = Elster-Kaltzeit (420 000 — 480 000 [24]) größte Eisausdehnung in den Ostalpen		obere Schichten von Mosbach? [79]
Günz-Mindel-Interglazial (443 000 — 550 000 [24])		Harreskov Warmz? [81] Cromer Warmzeit? Mauerer Waldzeit?
Günz-Kaltzeit (=B-Kaltz. [81] (550 000 — 595 000 [24])		Rhume-(Westerhoven)-W. jüngere Steppenzeit mittl. Stufe Mosbach, Sande
Donau Kaltz. (=A-Kaltz.?)	Mosbochium	(Osterholz Warmz. [81]) ältere Steppenzeit,
Biber-Kaltz. (Elbe Kaltz.?)		untere Sande v. Mosbach (kontinental, kühl)

Frühpleistozän (*Känozän* [81])
(900 000 — 2,25 Mill. Jahre ± 0,75 Mio. J.)
schwankende Klimaverschlechterung, wahrscheinlich noch kein Inlandeis in Mitteleuropa
(Gliederung nach Profil Lieth-Elmshorn [81] u. d. Niederlanden).

Elmshorn Kaltzeit		Pinneberg Warmz.
Pinnau = Menap-Kaltzeit		Uetersen Warmz.
Lieth = Eburon-Kaltzeit	Nachtertiäres Villafrachium	Tornesch = Waal Warmz.
Krückau Kaltzeit		Ellerhoop-Warmz. (Tegelen-)
Ekholt Kaltzeit		Nordende-Warmz. (Tegelen-)
Barmstedt Stufe = Prätegelen-Kaltzeit		Prä-Tiglian

3. Die Gattung Homo (Humane Radiation)

a. Die Deutung der letzten Olduvai-Funde [18; 29; 32; 33; 37; 46; 60]

Im Dezember 1960 entdeckte man in den obersten Abschnitten von Bed II (0,5—0,35 Mill. a, K/Ar-Datierung), also bereits im Oberen Altpleistozän ein Schädeldach, das dem bereits seit 1949 aus Swartkrans bekannten *Telanthropus capensis (Robinson)* entsprach, das von einigen Autoren aufgrund des mit ihm gefundenen primitiven Geröllgeräteinventars aber bereits zum *Homo erectus* zu rechnen sein dürfte (Chelléen-Kultur). *Leaky* (1964) [45] fand in Bed. I und II der Olduvai Reste von fünf Individuen, davon 2 gut rekonstruierbare Schädel, viele Zähne und andere Skelettknochen. Sie lassen neben typischen *Australopithecus*-funden in den unteren Schichten und *Homo erectus* Resten in den oberen, Übergänge erkennen, die einzelne Forscher veranlaßten, die Formen, die in Bed. II sich dem Habitus *Homo erectus* nähern, als eine gesonderte Art, *Homo habilis*, anzusprechen. Nach *Tobias* 1965 [46] dürfte es sich um einen Hominiden „von Pygmäengröße mit relativ hoher Schädelkapazität (650—700 ccm) reduzierten schmalen Zähnen und einer Anzahl von deutlich menschenartigen Merkmalen an seinen Gliedmaßenknochen (der Fuß kommt noch näher an den heutigen Menschen heran)" handeln, obwohl er noch nicht die Funktionsfähigkeit des rezenten Fußes aufweist *(Napier)*. Die Stellung dieser Art ist umstritten, während *Le Gros Clark* [34] sie zu den Australopithicinen, wegen zu geringer Skelettabweichungen, stellt, sind einzelne Skelettfund-Nachbildungen im British-Museum (Dep. of Nat. Hist.) London, in einer 1970 neu aufgestellten Sammlung als *Homo habilis* aufgeführt und ebenfalls in der ethnologischen Abteilung wird ihm die Verwendung der ersten primitiven Werkzeuge der Olduvai zugeschrieben. Solange noch keine weiteren Funde zur Auswertung vorliegen, wird man wohl am ehesten der Ansicht [37] zustimmen, daß es Temperamentsache sein wird, ob man nach den bisherigen Funden eine neue Art, in diesem Falle einen *Typus H*, aufstellt. Diese Überlegungen lassen den Schluß zu, daß sich die Hominisation in einem klimatisch begünstigten Raum, wahrscheinlich zu einer Zeit, in welcher neben der kontinuierlichen Umwandlung von *Australopithecus* zu *Homo erectus* noch eine zweite Vormenschenart *(Homo habilis?)* vorhanden war, vollzogen hat. „Die Kluft zwischen Mensch und Tier ist also nicht sehr groß und auch nicht der Abstand zwischen den Gattungen *Australopithecus* und *Homo*" [18].

Nachdem 1969 bei Koobi Fora (Ostufer des Rudolf-Sees, Kenya) ein „Unterkiefer typisch hominder Merkmale und wahrscheinlich mehr als 1 Million Jahre alt" [61b] durch *R. Leaky* gefunden worden war, konnte der gleiche Forscher am 27. 8. 1972 einen Schädel ausgraben, der nach Datierung der vulkanischen Asche, die 35 m hoch über dem Fragment lag, etwa 2,6 Mill. Jahre alt sein dürfte. „Das Schädelvolumen von 800 cm^3 bildet einen entscheidenden Gegensatz zu dem von nur 500 cm^3 des in demselben Depot gefundenen *Australopithecus*. Die relativ hohe Stirn zeichnet sich ferner durch das Fehlen der wulstigen Augenpartie aus.....
Auf Grund dieser Daten glaubt *Leaky* den ältesten menschlichen Schädel (1470 Man = Handy Man [ARD 29. 11. 73]) gefunden zu haben, und daß der *Australopithecus* daher nur ein affenähnlicher Typ war, der als Seitenast der Entwicklung vor 700 000 Jahren ausstarb" *(E. Pinner* [81]). Unbeschadet einer späteren Einordnung dürften die ältesten Vertreter der Vormenschen früher anzusetzen sein als man es bisher getan hat [15].

b. *Der Homo erectus — Formenkreis* [18; 22; 31; 33; 37; 46; 65] Abb. 20, 21
Unter Berücksichtigung der Variationsbreite der auf einem so weiten Areal zufällig gefundenen Schädel und Knochenreste, faßt man heute die unter mehre-

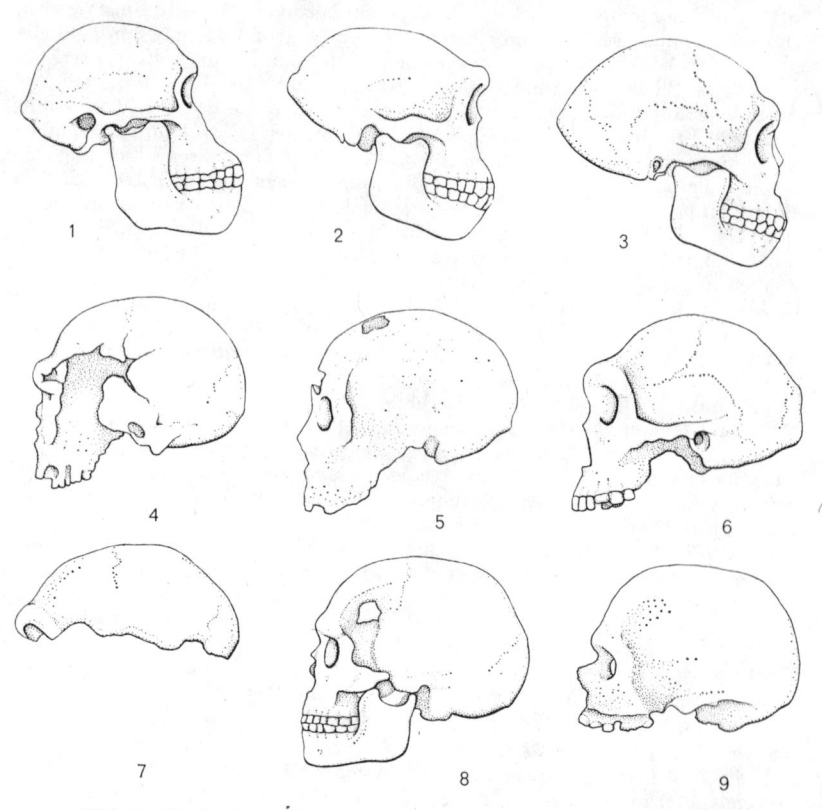

Abbb. 20a: Umrisse fossil gefundener Schädel und Angaben über deren annäherndes
Schädelfassungsvermögen [12; 25; 33; 37]

1. *Australopithecus* 500—600 cm³)
2. *Pithecanthropus* von Java, *nach Königswald* (700—900 cm³)
3. *Sinanthropus pekinensis,* nach *Weinert* (1000—1300 cm³)
4. *Homo Steinheimensis* (1070—1200 cm³)
5. Neandertaler von Saccopastore (1100—1200 cm³)
6. *Homo rhodesiensis* (Broken Hill), (1250—1300 cm³)
7. Schädeldach des Fundes aus dem Neandertal
8. Schädel von Combe Chapelle (Aurignacien)
9. Schädel des Mannes von Crô-Magnon (etwa 1500 cm³)
(8 und 9 sind des besseren Vergleiches wegen spiegelbildlich umgezeichnet worden)

ren Gattungsbezeichnungen benannten Vertreter dieser ältesten wirklichen Menschenformen unter der Art *Homo erectus* zusammen. Es handelt sich um Individuen, deren Auftreten hauptsächlich vom oberen Altpleistozän bis ins frühe Mittelpleistozän reicht, die man ihrer Industrie wegen dem Alt-Paläolithikum zurechnet. Sie waren weit über den afro-eur-asiatischen Raum verbreitet. Dem zeitlichen Auftreten nach dürften sie sich in eine ältere Gruppe (noch im Altpleistozän, etwa um 500 000), repräsentiert durch die Funde, die noch z. T. australopithicine Merkmale zeigen und eine jüngere (im unteren Mittelpleistozän) gliedern.

Zu dem älteren Formenkreis des *Homo erectus erectus* rechnet man:
Pithecanthropus erectus, 1891, Trinilschichten Ostjava am Solofluß, verschiedene Knochenreste; oberes Altpleistozän, 400 000 — 600 000 (K-Ar-Zeit);
Pithecanthropus modjokertensis, 1936, Sangiran-Modjokerto (Java), unteres Altpleistozän;
Telanthropus capensis, 1949, Speiche, Kiefer u. Zähne, Swartkrans, 1960; Schädeldach, Olduway Bed. II, Faustkeile, oberes Altpleistozän; Tschadanthropus, 1961, Tschadsee-Mittelafrika, Schädelfragment, echte Faustkeile;
Homo heidelbergensis, 1907, Unterkiefer, Mauer 10 km südöstlich von Heidelberg, unteres Altpleistozän: Mosbachium, 500 000 Jahre.

Zu dem jüngeren Formenkreis wären zu zählen:
Atlanthropus mauretanicus, 1954, Unterkiefer, Zähne, Mauerer Waldzeit, Ternifine (Nordafrika);
Fund von Vertezöllös, 1965, westlich Budapest, Zähne, Schädelfragment, oberes Altpleistozän, Geröllgeräte, Feuer;
Sinanthropus pekinensis, ab 1918, Chou-kou-tien-höhle westl. Peking, versch. Reste von mindest 45 Individuen, ob. Altpleistozän-unt. Mittelpleistozän (Holstein Warmzeit), 350 000 a, Geröllgeräte, eingeschlagene Schädel; (verloren gegangen)
Sinanthropus lautianensis, 1963, Chen-chiawo (Shensi), ob. Altpleistozän-unt. Mittelpleistozän, ursprünglich nach Zähnen aus chinesischen Apotheken *(S. officinalis)* von v. *Königswald* beschrieben.

Die Industrien des Alt- und Mittelpleistozäns (Altpaläolithikum) [18; 25; 37]

Ein deutliches Absetzen von den frühpaläolithischen Geröllgeräten ist schwer zu erkennen, doch nimmt „in den jungen altpaläolithische Geröllgeräteinventaren der Anteil der gut bearbeiteten Abschlagwerkzeuge zu" [36]. Als Kriterium kann allenfalls das Auftreten der ersten echten Faustkeilindustrien gelten, die schon am Anfang des unteren Altpleistozäns (Abschlaginventare des Heidelberg-Clactonian-Kreises erscheinen. Sie lassen sich zuverlässig in Nordafrika und Westeuropa (Toralba, Spanien) nachweisen und müssen zumindest in Afrika dem *Homo erectus* zugeschrieben werden. Mit Beginn des Auftretens der Faustkeilinventare aber ist der Beginn des Altpaläolithikums festzulegen.

Der *Faustkeil* ist wie das Chopping-tool (von dem er wahrscheinlich abstammt) zweiflächig gearbeitet. Er hat am Anfang eine eiförmige, ovale, später eine dreieckig-herzförmige Gestalt mit abgerundeter oder scharfer Spitze. Nachdem von dieser Zeit an eine lange Periode solche Formen vorherrschen, muß der Faustkeil als ein Werkzeug, vielseitig verwendbar für den damaligen Menschen, angesehen werden. Ist ein solcher Abschlag spitz, dürfte er als Bohrer oder Spitze (Speer-

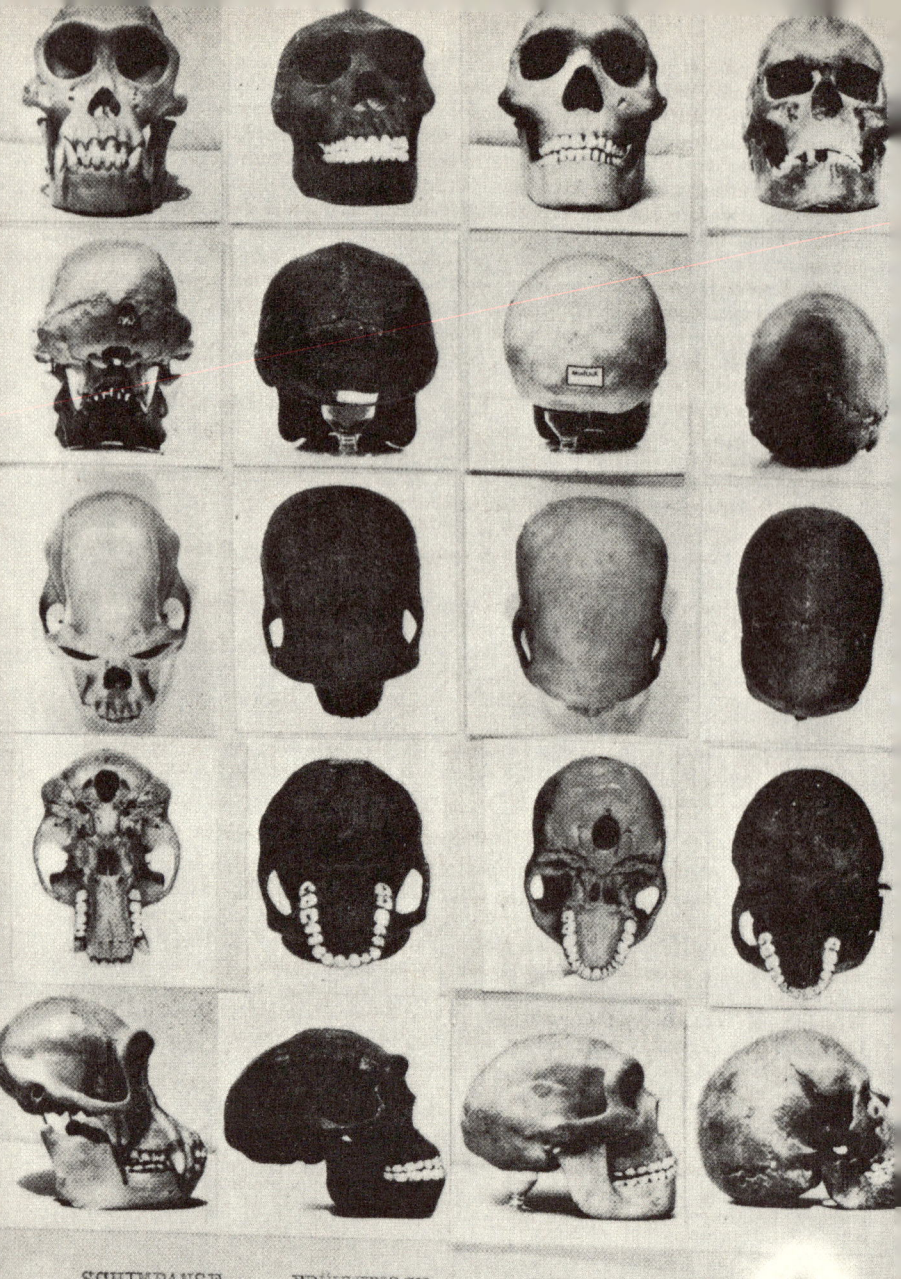

SCHIMPANSE FRÜHMENSCH ALTMENSCH JETZTMENSCH

Abb. 20b: Normansichten vom Schädel des Schimpansen und der wichtigsten Typen der Hominiden

spitze mit Holzschaft) gedient haben. Ist er länger als breit, gerade, flach, einseitig scharf, wird er als Klinge, Abschläge mit langer Kante und retuschierter Arbeitsschneide werden als Schaber, durch Zurichtung der Schmalseite des Abschlages als Kratzer verwendet worden sein. In Chou-kou-tien sind auch Hirschgeweihstangen gefunden worden.

Die Funde bei Addis Abeba, Melka-Kontouree, Gomboree (Äthiopien), deren Alter mehr als 1 Mill. Jahre geschätzt wird und die der Olduvaikultur zugerechnet werden, zeigen zu 50 % bereits planmäßig hergestellte „meist einseitige, oft auch schon zweiseitige (echte Schneiden) Steingeräte (Kiesel). Ferner fand man Reihen kleiner Steinkreis von 30 cm Durchmesser, die offenbar dazu dienten, Stämme oder Seile festzuhalten, also Reste von Wohngebäuden. Die größte Überraschung ist, daß die ältesten Hominiden vielfach bessere Werkzeuge herstellten, als die Urmenschen der Periode von Acheul" (mittl. Paläolithikum), so daß der Beginn dieser Kulturperiode für Afrika möglicherweise bis zu 1 Mill. Jahre früher wird angesetzt werden müssen als in Europa [61b].

c. *Die Prä-sapiens Gruppe* [8; 13; 18; 33; 37; 46] (Abb. 20)

Dazu wäre *Homo Steinheimensis*, ein 1933 in einer Kiesgrube bei Steinheim a. d. Murr (nördl. Stuttgart) gefundenes Schädeldach (unteres Mittelpleistozän) zu zählen. Der Schädel vereint urtümliche Merkmale, er ist relativ kurz (185 mm), zeigt neandertaloide Augenwülste mit auffallend sapienshaften Zügen, wofür die starke Wölbung des Hinterhauptes und der Oberkiefer sprechen. Er ist etwa 100 000 Jahre älter als der Neandertaler. In ihm könnte man bereits einen Vorfahren des *Homo sapiens* vermuten (vgl. auch Neandertaler von Sukuhl S. 185). Weiter rechnet man dazu die Funde von Swanscombe, aus Kiesen und Schottern 30 km unterhalb London an der Themse. 1935 wurde das Hinterhaupt, 1936 nur 7 m entfernt ein linkes Scheitelbein und 1955 ein rechtes Scheitelbein gefunden (Schädelkapazität 1100—1300 ccm, Hinterhauptbein neandertaloid, Acheuléen Artefakte). Nachdem 1968 aus dem Mindel-Riß-Interglazial der Unterkiefer von Montmaurin (Haut-Garonne) bekannt geworden war, wurden 1969/70 zwei weitere Unterkiefer bei Arago (Tauvatel, nördlich Perpignan) gefunden. Sie ähneln „in bestimmten Einzelheiten fast allen Menschenformen vom *Homo Heidelbergensis* über die Steinheimgruppe bis zum Neandertaler und den Gegenwartmenschen". Auch diese Funde dürften der Mindel-Riß-Warmzeit oder der Riß-Kaltzeit angehören, die chopperartigen Werkzeuge werden von den Ausgräbern der Tayacien-Kultur zugerechnet [75].

Drei weitere, in ihrer Stellung aber auch in ihrer zeitlichen Einordnung nicht zuverlässig datierbare Funde (wahrscheinlich bereits Unter-Mittel-Jungpleistozän) müssen hier noch angeführt werden:

In Fontéchavade (Vallois, Mittelfrankreich) wurden 1947 Schädeldach und Stirnpartie ohne Augenwülste, mit geringer Stirnneigung, unter Moustérienablagerungen (Riß-Würm-Interglazial) gefunden. Auch der Hinterhauptbein-fund von Quinzano (Verona, 1948) zeigt altertümliche Züge eines Homo sapiens (EeM-Zeit). Weiter zählt man den Fund von Olmo (Arezzo, 1863) mit Resten von Altelefant und Merckschen Nashorn (Mittleres Jungpleistozän) [37] dazu.

Letztere Funde lassen sich, obwohl sie jünger sind als der Steinheim-Swanscombe-Formenkreis, nicht zuverlässig einordnen. Welche Bewertung diesen auch einmal zukommen wird, es ist doch bemerkenswert, daß zu einer Zeit, in welcher offenbar in Ostasien der *Homo erectus-pekinensis* lebte, in Europa Menschen existierten, die weder zu diesem noch zu den nachfolgenden Neandertalern gestellt werden können. *Heberer* bewertet den Fund von Fontéchavade I wie folgt: „aber es scheint doch gewiß zu sein, daß die Funde von F. eine im wesentlichen sapiens-tümlich gestaltete Menschenform... vertreten.... Das würde ein Indiz dafür sein, daß das Spaltergebnis mindestens 150 000 Jahre zurückliegt" [17; 18]. Nach Ansicht vieler Forscher [18; 33; 45] werden demnach auch besonders die Südasien- und Afrika-Fossile anders zu bewerten sein: Bei *Homo rhodesiensis* (Broken Hill, Rhodesien, 1921, afrikan. Middle-Stone-Age-Schädel, Kreuz-Hüftbein und Extremitätenknochen) zeigen nach *Heberer* die Gliedmaßen noch keine Spezialisation, der Schädel ähnelt einem Präneandertaler (s. u.), entspricht aber eher dem nachfolgend beschriebenen *H. soloensis*, weshalb er wie letzterer noch zum *H. rectus*-Kreis gerechnet werden könnte (*H. e.-rhodesiensis*). Der Soldanha-Schädel (Soldanha 130 km nördl. Kapstadt) aus 25 Bruchstücken zusammengesetzt, jungpleistozänen Alters, ebenso wie *Homo njarasensis* (1935, Lake Eyasie) durch mehrere Individuen aus dem mittleren Jungpleistozän (afrikanisches Spätacheulléen) belegt, dürften auch hierher gerechnet werden können. Die Schädelkapazität des letzteren beträgt etwa 1100 ccm. Das Unterkieferfragment von Kanam, *Homo Kamensis*, (1932, Ostufer des Victoriasees), aufgrund seiner Begleitfauna ins Alt-Mittelpleistozän gehörig und die Funde von Kanjera ähnlichen Alters, dürften ebenfals zu dem *Erectus*-Formenkreis zählen. Der *Homo soloensis* (1931, Solofluß bei Ngandong 10 km oberhalb von Trinil, Java) ist durch 11 Gehirnschädel und 2 Scheitelbeine belegt, kann wie die afrikanische Gruppe aber auch zum Stamm der Neandertaler gerechnet werden, der später erloschen ist [33]. Bemerkenswert für den Ngandong-Menschen ist, daß die Schädel Schlagspuren aufweisen und das Hinterhauptloch erweitert ist, hier könnten bereits Kulthandlungen mit Toten vorgenommen worden sein, ähnlich den Funden von Mt. Circeo und Crô magnon (S. 187).

d. *Homo neanderthalensis (H. primigenius)* [18; 19; 23; 34; 37; 46; 47; 76; 78]

(Paläanthropine Menschen des oberen Mittelpleistozäns bis mittleren Jungpleistozäns

Zu ihm rechnet man einzelne Gruppen ähnlicher Menschentypen des Riß-Wurm-Interglazials bzw. der Würm-(Weichsel)-Kaltzeit bis etwa 30 000 Jahren v. Ch. Sie sind aus allen Teilen der sog. Alten-Welt (Afrika, Eur-Asien und in Sibirien bis zum Polarkreis) nachgewiesen worden. Mehr als 200 Belege, davon 30 gut erhaltene Skelette, erlauben über ihr Aussehen, Werkzeug- und Knochenfunde von Begleittieren ermöglichen auch über ihre Lebensweise, zuverlässige Aussagen zu machen [37].

Die heute geläufige systematische Einteilung gliedert ihn in Früh- und Spätformen.

Homo neanderthalensis-weimarensis (Prä-Neandertaler): Hierzu zählen in Europa die Funde von Ehringsdorf (1909—1925) und Taubach (1887—1892), vielleicht auch der 1871 von Virchow als jungsteinzeitlich bezeichnete Schädel, der nicht mehr vorhanden ist; weiter die Schädel von Gibraltar I (1848), von Saccopastore-Mt. Circeo (nördlich Rom, 1929, 1954), Ganovce (Slowakei, 1926) und die Funde in der Krapina-Grotte (Kroatien 1905); gerade die letzteren, dem unter-mittleren

Jungpleistozän zugehörig, weisen z. T. fortschrittliche, d. h. zur Sapiens-Gruppe weisende Züge auf [13; 37].
In diesem Zusammenhang besonders erwähnenswert aber sind die Funde aus Vorderasien (Palästina). Am Mt. Carmel sind zwischen 1929—1934 in der Sukuhl- und der Tabun-höhle, sowie in Djebel Kafzeh bei Nazareth, Mugharet el Zuttiyeh (Galilea, 1925) i. g. 17 Skelettreste vermutlich aus dem Beginn der Würmeiszeit [25], gefunden worden.
Mit dem *Homo sapiens* zeigen diese, wie auch die Funde von Krapina (s. o.), trotz einer beträchtlichen Schwankungsbreite in der Vorderhaupt- und Oberaugenregion, eine auffallende Ähnlichkeit [34]. Auf Grund dieser Formzüge haben einige Autoren sie als Subspezies, *Homo neanderthalensis-palaestinensis* (archaischer Typus) aufzufassen versucht [37].
Homo neanderthalensis-neanderthalensis (Klassischer Neandertaler): Zu diesem Formenkreis rechnet man heute noch das Schädeldach aus dem Neandertal bei Düsseldorf (Fullrot 1856), die Funde von la Naulette (Dunant, 1866), Spy (Belgien, 1886), die vielen Funde, die nach 1900 aus Frankreich (la Chapelle aux Saints, Le Moustier, La Ferrassie-Dordogne, La Quina-Charente, Pech de Lâze, Combe grénal, 1951, 1953) bekannt geworden sind. Aus Spanien gehören dazu die Funde von Baujalos-Katalonien 1887), Gibraltar (1926), Valencia u. Granada (1933 und 1935; aus dem Mittelmeerraum die von Rabat (Jungpleistozän, 1933), aus der Aliya-Höhle bei Tanger (1939), Haua Fteah-Kyrenaika, 34 000 Jahre alt, 1952), Djebel Kafzeh, Jebel Irhoud-Marokko (1959) und Diré daoua-Abessinien (1932). Aus Mittel-, Osteuropa und Asien stammen die Funde von Brüx und Podbaba-Böhmen, der Schipkahöhle und Ochoz-Nordmähren (1945), Bordu mare-Rumänien, Petralona-Chalkidike-Saloniki, Kiik-Koba, Starosele, Krim (1924, 1953), Khotylewo-Bryansk, Teschik-Tasch, Usbekistan (1938), Bismutum-Iran (1939, Shanidar-Irak (1951) letztere ebenfalls jungpäolithischen Datums u. a.
Die ebenfalls dazu zu zählenden Funde der letzten Jahre stammen aus der Mewashjej-Höhle bei Wisowo (Nordsibirien-Eismeerküste) und die Funde an der Desna und Oka. Sie lassen erkennen, daß der Neandertaler vom Kaspischen Meer kommend das östliche Europa und den Ural erreichte und von dort aus wahrscheinlich bis an den Rand der Eismeerküste, des damals eisfreien Sibiriens gelangt ist [19].
Bei der so weiten Verbreitung und der so stattlichen Zahl an gefundenen Individuen werden Gestaltabweichungen besonders in den Schädelformen zu systematischer Aufgliederung angeregt haben (s. o.). Ebenso aber sind die Größenverhältnisse bezeichnend; während die Funde aus Nordsibirien nur eine Größe von 1,5 m, die Frau von Tabun 1,54 m aufweisen, ist der Mann von Sukuhl 179 cm lang gewesen. Dies könnte, wie *Ivanhoe* ausführt, zu Folgerungen Anlaß geben, die u. a. klimatisch bedingt sein könnten. Bei dem Neandertaler des eiszeitlichen Europa (70 000 — 35 000 Jahre) könnten infolge ungenügender Ernährung und vor allem Vitamin-D-Mangel Skelettveränderungen (krumme Oberschenkelknochen), die vor allem im Norden stärker ausgeprägt sind, aufgetreten sein. „Alle bisher aufgefundenen Kinderschädel weisen Anzeichen einer schweren Craniotabes als Ausdruck der Rachitis auf. Das ungewöhnliche Schädelvolumen . . wäre eine Folge des verspäteten Schlusses der Fontanellen." Während man in der Menschheitsentwicklung im Orient und den südlichen Gegenden bei den gefundenen Typen fließende Übergänge zu dem modernen Menschentypus erkennt,

neigt man z. T. der Auffassung zu, „daß der Neandertaler nur im Bereich Westeuropas in eine Sackgasse geraten war, ... die Überreste dieser Rasse wirken umso altertümlicher, je kürzer ihre Lebenszeit zurückliegt." Die Zunahme gerade der Fischerbevölkerung gegen Ende der Eiszeit spräche auch dafür, daß die Menschen damals, wenigstens in Meeresnähe, ihren Vitaminhunger zunehmend aus Fischen deckten. Ob man die Folgerungen daraus soweit wird ziehen können: „daß das Ende des Neandertalers nicht durch seine Ausrottung erfolgte, sondern daß er sich durch kulturellen Fortschritt die Vitamine verschaffte, die ihm zum normalen Körperbau verhalfen" *(F. Ivanhoe),* wird man zunächst wohl nur als interessante Hypothese werten dürfen [76].

Die meisten Forscher sind heute der Ansicht, daß es sich bei der Prototyp-Skelettreproduktion des Neandertalers von La Chapelle, einem 40- bis 50jährigen Manne, um eine Ausnahme in der Haltung handeln dürfte, daß also der typische Neandertaler auch aufrecht ging, obwohl der Kopf bzw. der Hals bei normaler Haltung etwas nach vorn geneigt waren. Man wird den „Durchschnittstyp nicht übertrieben massig, mit mächtiger Nackenmuskulatur" darstellen dürfen, daß auch seine Wirbelsäule in der menschlichen Form entwickelt und seine Oberschenkel und Knie nicht gebogen waren, wie man dies offenbar bei den arthritischen La Chapelle-Menschen annimmt, dürfte zu erwarten sein [77].

Wie in anderen Fällen der Evolution auch, dürften die Nachkommen der fortschrittlichen Varianten allmählich zugenommen haben. *A. Rust* [37], hat hierzu folgende Begründung versucht: Der N. lebte im unteren und mittleren Jungpleistozän rund 50 000 Jahre. Er nimmt aus seiner Verbreitung allein in Mitteleuropa 1000 gleichzeitig lebende Individuen mit einer durchschnittlichen Lebensdauer von 25 Jahren an. Das würde für Mitteleuropa eine Gesamtindividuenzahl von 2 Millionen in 20 000 Generationen ergeben. In den günstigeren Klimaten muß die Populationsdichte größer gewesen sein und ihre Verbreitung bis zum Eismeer in Asien dürfte deren Zahl noch erhöhen. Danach aber sind immer noch verhältnismäßig zu wenige Funde vorhanden, um über eine gestaltliche Variation verbindliche Aussagen zu machen. Individuenzahlschätzungen und Bestandvergleiche aber machen die Folgerung einer Ausrottung höchst unwahrscheinlich, eher träfe die Denkmöglichkeit zu, daß ein variables Gengefüge immer im Genpool des Menschen vorhanden war. Aus dieser Sicht könnte man die Ureinwohner Australien-Tasmaniens als eine endemisch gewordene Variante ansehen. Schließt man die archaisch anmutenden Funde aus Afrika und Asien *(Homo rhodesiensis u. H. soloensis)* in diese Betrachtung mit ein, so bestünde die Möglichkeit, die evolutionären Trends in einem Fließschema darzustellen, wie es u. a. von *Le Gros Clark* (vereinfacht) und im Brit. Museum umfangreicher dargestellt worden ist (Üb. 18, 19).

e. *Die Kulturstufen des Homo neanderthalensis und dessen Vorläufern (Clactonien-Moustérien, Mittel-Jungpleistozän)*

Die Hauptfundstellen dieser industriellen Artefakte liegen in den älteren Schichten dieses Zeitalters in Südengland und Frankreich. Ihre Inventare bestehen aus großen Faustkeilen mit Scherben, Bohrern und Kratzern und verschiedenen geformten sog. „Doppelseitern" (Acheul-Kultur [37]). Die letzteren sind Geräte, die mit Holzknüppeln und Röhrenknochen verarbeitet, zweiseitige mehr oder weniger gerade Schneiden ergeben. Dazu gehören noch die sog. „Begleitgeräte" (Spitzen,

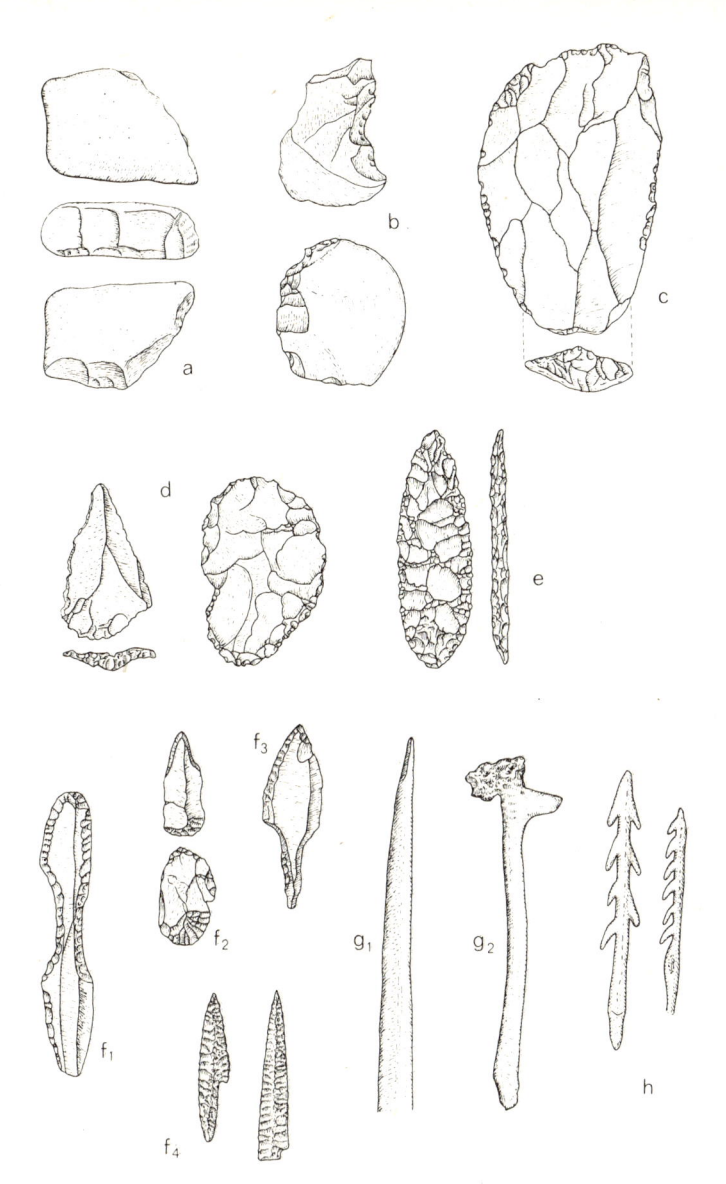

Abb. 21: Faustkeile u. a. Geräte der Steinzeitmenschen [37] (verkleinert)

a) Grober Schaber (Chopping Tool) aus dem mittleren Altpleistozän von Mauer als quarzitischem Sandstein, nach *A. Rust*
b) Buchtschaber aus Quarzit u. Bogenschaber aus Grünsteingeröll, Frühchoukoutien, nach *P. Teilhard de Chardin*
c) Großer Abschlag-Faustkeil, Levalliosien, bereits mit Präparation der Schlagfläche, nach *L. S. B. Leakey*
d) Feuersteingeräte von Salzgitter-Lebenstedt, mittl. Jungpleistozän, typische Levalliosspitze und Blattschaber, nach *A. Tode*
e) Doppelflächig bearbeitete Blattspitze (Moustérien) von Mauern, Bayern, nach *A. Bohmert*
f) Industrien des Aurignacien u. Solutréen, f_1: Kerbklinge nach *L. Capitan*, f_2: Stichel und Kratzer nach *M. C. Brukitt*, f_3: Stichelspitze vom Font-Robert-Typus, nach *H. Breuil*, f_4: Kerbspitzen aus dem Solutréen nach *G. de Mortillet*
g) Knochendolch aus Dickhäuterrippe, Salzgitter-L., Rengeweihhacke, Salzgitter-L., Originalgröße 52 cm, nach *A. Tode*
h) zwei- und einreihige Harpunen aus Rengeweihknochen, Spätmagdalénien Frankreichs, nach *H. Breuil*

Seitenschieber, Endkratzer und Klingen, sog. levalloise Technik). Die Geräte zeigen bereits eine technische Höhe, die auch im Jungpleistozän nicht mehr überboten wird.

In Westeuropa fehlen vorerst noch alle Inventare, die sich mit voller Zuverlässigkeit in das untere Jungpleistozän datieren lassen. Im allgemeinen aber dürfte sich die mittelpleistozäne Tradition fortsetzen. Vor allem stellt das mittlere Jungpleistozän einen Zeitraum dar, in dem praktisch überall die technologische Entwicklung eine erhebliche Beschleunigung erfuhr. Dabei entstanden zahlreiche neue Geräte und Werkzeuge für die kaum oder doch nur sehr allgemeine ähnliche Vorformen existieren. (Oberes Altpaläolithikum bis Mittel-Paläolithikum in Westeuropa-Jungpleistozän).

Auch in Mittel- und Osteuropa sind die Faustkeilkulturen als sog. Flachlandindustrie (Feuersteingeräte, Ehringsdorf 1820 und Salzgitter-Lebenstedt 1952) vertreten. Neben kleinen steinernen Geschoßspitzen findet man Knochenspitzen und andere Knochengeräte (Dolche, knöcherne Stoßlanzen bzw. bereits 70 cm lange hakenförmige Rengeweihkeulen, die den sog. jungpaläolithischen Rengeweih-haken (Lyngbybeile) vorangehen. Zunderschwämme (Polyporus fomentarius) dienen als Feuerzunder. Es zeigt sich, daß die Technik des Feuerbeherrschens, die in Verteszöllös [65] und Choukoutien anscheinend beginnt, recht gut beherrscht wird. Die Bocksteinschmiede und die Vogelherdfunde (schwäbische Alb) sind neben den genannten Inventaren von Ehringsdorf und Salzgitter die bestbekannten. Gute Funde setzen sich weiter in den Kontinent nach Osten (Wolgograd) und in die Alpen fort. Auch die Herstellung plastischer Kunstwerke, von Malereien und Hütten soll er schon beherrscht haben [19; 23].

f. *Der Homo sapiens-diluvialis* [34; 35; 46; 65]

Die Menschengruppe ist ihrer Verbreitung als auch ihrer Zahl nach seit dem mittleren Jungpleistozän belegt und in ihren anatomischen Zügen (Schädelbildungen, Größen) gut bekannt. Es lassen sich fossil sicher 2, vielleicht 3 Varianten unterscheiden. Die Wiege der frühen Sapiens-Typen dürfte in den offenen, den damaligen Eismassen der letzten Kaltzeit vorgelagerten Steppen Osteuropa bis Mittelrußlands vermutet werden können, in welcher sich die sog. Flachland-Nordsteppenvariante des Neandertalers ausgebreitet hatte, die ihrerseits auf den Formenkreis der sog. Prä-Moustérienmenschen des Südostraumes zurückgehen dürfte (S. 183). Daß dies möglicherweise zutreffen könnte, zeigen die Funde von

L. *Vertess* aus der Istallosköer-Höhle, aus welcher nachgewiesen werden konnte, daß der Aurignac-Mensch aus dem Südosten nach Europa und der Donau entlang gezogen sein muß, wobei er mit den Moustérien-Kulturen in Berührung gekommen ist. *Narr* (1963) vermutet auch, daß das Aurignacien aus anderen Gebieten nach Frankreich gelangt sein könnte und *Pradel* (1966) glaubt einen Übergang vom Moustérien zum Chatelperonien (Périgord I) an zahlreichen Hybridindustrien, die durch Wanderung, Vertreibung und Kontakte hervorgerufen worden sein könnten, zu erkennen. Auffallend erscheint nur, daß die Herkunft des *Homo sapiens* an der Grenze von Moustérien zu Chatelperonien kaum feststellbar ist. *Narr* (1968) ist der Auffassung, daß im Würm-Vollglazial die Neandertal-Siedlungsgebiete in Westeuropa unbewohnbar wurden. Der letztere Umstand dürfte vielleicht dazu beigetragen haben, daß „das Ausweichen vor der Kälte und die Besetzung günstigerer Gebiete durch andere Menschen und Kulturformen wohl (u. a.) das endgültige Verschwinden des Neandertalers in Europa herbeigeführt habe" [46].

Aus dem bisher geborgenen fossilen Material lassen sich die 3 Formenkreise in etwa so beschreiben:

Der *Brünner-Osteuropa-Typus* (Brünn I, 1891, Skelett eines Mannes im Löß; Brünn II, Schädel; Brünn III, 1927, Frau in Hockerstellung), dazu gehören auch die Funde der Mammutjäger von Predmost (nördl. Brünn, 1878 u. 1894; Schädel und Skelette von 20 Individuen, Massengrab, Hockerstellung): Es handelt sich um einen dolichocephalen grazilen Menschentypus mit niedriger Stirn und Augenwülsten (Jungpleistozän).

Die Chancelade Rasse, vertreten durch erwachsenen Mann (1,6 m groß, Schädelinhalt 1710 ccm), gefunden 1888 mit angezogenen Beinen im Rötel bei Chancelade (Périgueux-Dordogne), Magdalénien-Kultur. Menschenskelette, zum *Crô-Magnon- (Westeuropa)-Typus* gehörig, wurden 1852 in Aurignac (Haute garonne) unsachgemäß geborgen und bestattet. 1860 findet *Lartet* durch Nachgraben Knochen von Menschen und Begleittieren, Stein- und Knochengeräte (Aurignac-Kultur). 1868 findet man beim Bahnbau in der Crômagnon-Grotte bei Les Eyzies, Vezèretal 5 Skelette, neben bearbeiteten Knochenwerkzeugen, Begleittieren u. Muscheln atlant. Herkunft (Handelsbeziehungen). Der Stirnschädel einer Frau weist eine Bruchstelle auf, ein in der Nähe gefundenes Steinwerkzeug paßt in die Narbe (S. 184). In Laugerie Basse (Vezèretal) wurden 1872 weitere zwei Skelette und ein Schädel gefunden. Alle Funde liegen dem Le Moustierstraten auf und gehören zur Aurignac-Kultur.

In den Grimaldigrotten von Mentone bei Monte Carlo sind zwischen 1872—1884 in 2 Grotten mehrere Skelette beiderlei Geschlechts und verschiedenen Alters in mehreren übereinanderliegenden Straten, versehen mit Schmuck, Geräten und Waffen, bestattet gefunden worden. Die Formen ähneln dem Crô-Magnon-Typus, einige ihrer Schädel zeigen aber eine vorspringende Mundpartie, weshalb man sie früher als negroid oder doch zu tropischen Rassen gehörig angesprochen hatte. Die Werkzeuge verweisen auf ein frühes Aurignacien. Die Funde von Oberkassel (1914, linksrheinisch bei Bonn), zeigen eine Doppelbestattung von einer jungen Frau (1,55 m) und eines 40- bis 50jährigen Mannes (Gehirnvolumen 1500 ccm). Die sorgfältig gehobenen Fossile entstammen den Werkzeugen nach der Magdalénienkultur, die geologischen Ablagerungen weisen auf den Endabschnitt der letzten Eiszeit hin. Die Crô-magnon-Menschen, unterschiedlich vom Brünner-

Typus, sind stämmiger, ihre Schädel breiter und stark gewölbt, mit niedrigen Augenhöhlen, ohne Augenwülste, gut gebildeten Jochbögen und ausgeprägtem Kinn. Ein männliches Skelett der Kindergrotte von Mentone erreichte eine Körperhöhe von 1,90 m und die Skelette von Gafsa (s. u.) sind im Durchschnitt 1,72 m lang. Andere zum Crô-magnon-Typus gehörige Funde sind die von Solutré (Saône et Loire, 1866), die der Kulturstufe zwischen Aurignacien und Magdalénien den Namen gegeben hat und durch die Wildpferd-Absturzjagd bekannt geworden ist. In Quatrefage und Hamy (1923/24), Combe Chapelle bei Montferrend (Périgord), Le Placard (Charente), La Madeleine (Dordogne) und an vielen anderen Orten Frankreichs, alle den Stufen des Aurignacien bis Magdalénien zugehörig, sind Funde gemacht worden. Aus England, Galley Hill (Kent) stammt der Fund aus quartären Sanden vom Ende der letzten Eiszeit. Aus Deutschland und Mitteleuropa sind außer den obengenannten noch die Funde vom Vogelherd, bei Stetten nördlich Ulm, Neuessing bei Kehlheim in Bayern (1913), Säckingen am Oberrhein, Fühlingen bei Köln, Döbritz in Thüringen; Brüx, Lautsch und Wiesternitz (CSR), aus der UdSSR solche von Schodnja bei Moskau, der Afantov-Höhle bei Krassnojarsk, den Murzok und Fatma-Höhlen von der Krim; und vom Berg Carmel und Wadi el Mughara südl. Haifa bekannt geworden.

Der *Ofnet-(Alpiner-)Typus* wurde 1908 aus der Ofnet-Höhle (Anfang Holocän) bei Nördlingen durch Schädel mit fliehender Stirn, breitem Gesicht mit breitem Nasenansatz und massiverem Unterkiefer beschrieben. Bei Erwachsenen treten, neben nur wenigen lang- und mittellangschädeligen, recht kurzköpfige *(brachycephale)* Typen auf, weshalb man dazu neigt, solche Formen bereits in fossiler Vertretung als eigenen Typus zu bewerten. Sehr früh stellte man aufgrund der Funde fest, daß der Brünner Typus vom Osten her nach dem Westen übergreift, während der westliche Typus erst gegen Ende des Jungpleistocäns nach dem Osten hin wandert; Menschen zum alpinen Typus gehörig erscheinen anscheinend noch später vom Osten her kommend und breiten sich in einem Gebiet, welches vom Bosporus einerseits und dem finnischen Meerbusen andererseits spitz zur Bretagne zuläuft, aus.

In Afrika lassen sich nach den heutigen Funden anscheinend ebenfalls drei voneinander differierende Schädelbautypen feststellen. Der *Typus A* (mehrere Skelette von Gafsa und Mechta (Algerien), einer durchschn. Länge von 1,72 m, hochgewölbten Schädeln mit Überaugenbögen, niedrigen Augenhöhlen, tiefer Nasenwurzel und breitem Gesicht), dem *westeuropäischen Typus* ähnlich, ist altholozänen Alters und wird der Capsien-stufe zugerechnet (Gafsa = Capsa). Funde vom *Typus B* (Skelett von Asselar, 400 km nördl. von Timbuktu, 1927, von 170 cm Körpergröße mit langem schmalen Schädel, steiler Stirn mit nach außen gedrehten Augenhöhlen *(sudanesisch-negroider Typus)* dürften dem oberen Jungpleistozän bzw. Altholozän angehören. Negroid-hamitische Züge weist auch der relativ junge, aber in alt-mittelpleistozäne Schichten gelangte (ältere Begleitfauna), Olduvai-fund (1913 gefunden) auf. Typologisch ähnlich sind auch die Skelette aus der Gambles Cave (Elmentaia, östl. d. Victoriasees). Das Hockergrab mit Rötelbedeckung wird dem Kenya-Capsien, frühes Altholozän, zugerechnet.

Der *Typus C* wird repräsentiert durch die Schädel von Florisbad (1932, Blomfontain) und als frühe Variante des *Homo sapiens* in Afrika (Jungpleistozän, etwa 40 000 a) angesehen, weiter durch das Skelett von Boskop, (1913, Mooifluss, Südwesttranswaal) und die 18 Individuen beiderlei Geschlechts vom Matjes River

(Kapland), sowie die Skelette von Fish-Hoek, 1920 (Kaphalbinsel südl. Kapstadt) und Springbok Flats (130 km nördlich von Pretoria). Sie dürften alle dem großschädeligen *Boskop-Typ* zuzurechnen sein, der mit den südafrikanischen Buschmännern eine gewisse Ähnlichkeit hat.

Jungpleistozäne bzw. früh-holozäne Funde aus Asien sind bisher selten, zu nennen wären:

Typus A, Mugharet el Wad, 1929, von Mt. Carmel u. Mugharet el Kebarah, 1931, als *Natufianstypus* bezeichnet,

Typus B aus der oberen Höhle von Choukoutien, dem *Brünner-Typus* ähnlich,

Typus C, *Wadjaktypus*, 2 Schädel, die vor *Pithecanthropus* 1890 durch Dubois gefunden, aber erst 1921 beschrieben wurden. Überaugenwülste, fliehende Stirn, breites Gesicht, platte Nase, massiger Unterkiefer, also Schädel mit altertümlichen Merkmalen, zeigen Ähnlichkeiten mit den Australo-Tasmaniern;

Typus D, Hotu-höhle, 1952, Nordwestiran südlich des Kaspischen Meeres, ein etwa 10 000 Jahre C^{14}-Alter) alter Fund, wird auch als *Hotutypus* bezeichnet.

Die Funde des *Homo sapiens* in Australien sind dadurch gekennzeichnet, daß dieser Kontinent 70 Mill. Jahre während des Tertiär ohne Einwanderung blieb und relativ spät, wahrscheinlich am Ausgang des Jungpleistozäns (also während der letzten Eiszeit, als der Meeresspiegel gesunken war) mit dem Dingo die Einwanderung stattfand. Die Funde von Keilor bei Melbourne, 1940 und Cohuna, Südostaustralien 1925 sind, wie nicht anders zu erwarten, dem Wadjaktypus ähnlich.

Auch Amerika wurde relativ spät vom Menschen, aus Asien kommend, besiedelt, wohl erst in der Zeit zwischen oberem Mittelpleistozän, sicherer aber im mittleren Jungpleistozän und später durch Eskimopopulationen im Altholozän [32; 37; 39; 57] belegt:

Typus A ist durch Funde von Midland, Texas (1954, eine Frau, jungpleistozänenaltholozänen Alters, 9000 a) der Folsomstufe zugehörig und Browns Valley, Minnesota (Alt-Mittel-Holozän, mit indianischen Merkmalen) belegt *(Browns-Valley-Typus)*.

Typus B, von Lagoa Santa (Minas Gerais, Brasilien) und Pali Aike (chilenisches Patagonien) umfaßt mehrere Schädelfunde dolichocephaler Konstitution. Sie sind wahrscheinlich pleistozänen Alters, allerdings mit südamerikanischen Geröllgeräten gefunden worden und werden als *Lagoa-Santa-Typus* bezeichnet.

Die Folsom-Llano-Industrie beinhaltet, obwohl bereits der europäischen Zeitrechnung nach mittelsteinzeitlichen Alters, Inventare moustéroiden Charakters, aber bereits mit den sog. Folsom-Speerspitzen und echten Knochennadeln. Eine Beziehung zu den nordasiatischen Aurignacien besteht nicht.

Typus C dürfte vermutlich im Alt-Mittelholozän durch Einwanderer von *Choukoutien-Sapiens-Typen* repräsentiert werden, einer 2. Einwanderung, die durch Skelettreste früher Aleuten und Eskimos belegt ist und Industrien aurignacoiden Ursprungs aufweist, die allerdings auch wieder Verbesserungen und Spezialisierungen erfahren haben. Harpunen für Fang von Seesäugern, Bogen und Dolche, aber auch Statuetten bereits holozänen Ursprungs sind bekannt.

g. *Die Leistungen des Homo sapiens-fossilis* [2; 25; 26; 34; 37; 60]
(Jungpleistozän-Holozän, Jung-Paläolithikum bis Neolithikum)

Die sog. Sapientierung geht sicher nicht von einem Punkte aus. Die für sie charakteristische aurignacoide Industrie bahnt sich in Westeuropa bereits in den letzten Phasen des oberen Mittelpaläolithikums an. Es gibt aber weder in den Stein- noch Knochengeräten wesentliche Unterschiede, außer in der Fülle der Funde, besonders in den kahlen Flächen und den Details. Knöcherne und elfenbeinerne Waffenteile (Geschoß-spitzen) deuten auf eine verbesserte Jagdtechnik. „Stichel (Ehringsdorf, unteres Jungpleistozän) zeigen schon, daß das Aurignacien-Niveau am Ende des mittleren Jungpleistozän erreicht ist" [37].

Vor allem die Funde aus Ungarn (S. 189) machen es wahrscheinlich, daß ein noch recht starkes und konservatives altpoläolithisches Substrat in die jungpaläolithischen Gerätebestandteile und Techniken übernommen wird. In Vorderasien und Ostafrika schließt sich schon sehr früh ein Aurignac-Komplex an. In Nordasien verbreitet es sich ebenfalls recht früh, noch mit Gerölltraditionen verbunden (Oberes Jungpleistozän), während im südlichen Asien, wie auch bei den frühen Einwanderern nach Amerika altpaläolithische Traditionen überwiegen.

Bezeichnend für die westeuropäische Entwicklung (Funde der Grotte von Aurignac, Haute Garonne) sind Klingen bis zu 26 cm Länge, Stichel und Spitzen von Nadelform, deren Herstellung ohne Anwendung einer Hammer-Meißeltechnik nicht vorstellbar ist. Schlanke Spitzen aus Knochen, Horn und Elfenbein „können geradezu als Leitfossilien dieser Periode angesehen werden" [37]. Außerdem finden sich ungelochte Pfriemen, Knochenmeißel und Geweihhaken. Sie datieren zeitlich den Ausgang des mittleren Jungpleistozäns, so in der Schicht V des genannten Vogelherdes (Proto-Magdalénien, etwa 20 000 v. Ch.). Im Solutréen, einer dem Aurignacien folgenden Zeit, findet man lorbeerblätterähnliche Spitzen, Bohrer und Pfriemen, Messer und Ahlen, schwere Meißel und Grabscheite neben Geweihhaken u. Knochengeräten. Besonders bemerkenswert für das europäische Jungpaläolithikum sind die figuralen Artefakte und die bildlichen Darstellungen, wenn man auch über den Sinn und Wert dieser steinzeitlichen Gestaltungen noch kein sicheres Urteil abgeben kann. Kleinplastische Tierfiguren, Statuetten sind ab mittlerem Jungpleistozän aus Afrika, Ritz und Höhlenzeichnungen von dort und dem südwesteuropäischen Raum bekannt. Sie werden nach *Abbé Breuil* dem unteren Jungpaläolithikum, dem spanischen Holozän, vornehmlich dem Mesolithikum zugeschrieben und führen in die damalige Jagdart, in die Domestikation der Tiere und in die Kampfesweisen ein.

Am Ende des Jungpaläolithikums (Magdalénien, Warmphase) sind verfeinerte Gerätschaften, Speer- und Pfeilspitzen, Harpunen, Speerschleudern, aus Geweihen und Knochen hergestellt und verziert worden. In Deutschland sind solche Geräte aus dem sog. Hamburger Komplex mit einreihigen Harpunen, steinernen Ziehmessern, Riemenschneidern bekannt, die auf eine hochentwickelte Haut- und Lederbearbeitung schließen lassen. Sandwälle um die Fundstätten, die wahrscheinlich Zeltringe darstellten, Mammutzähne, die als Wandsparren u. Rentierfelle, die als Decken dienten, deuten auf Hausbauten hin.

IV. Die Begleitflora und Begleitfauna des Menschen des Pleistozäns
[2; 5; 25; 26; 37; 40; 45; 72]

Da erkannt ist, daß die Umwelt und damit auch die in ihr vorkommenden lebendigen Systeme auf die Arterhaltung, die Lebensweise und nicht zuletzt auch auf die soziologischen Verhaltensweisen einer Population einen bedeutenden Einfluß ausüben, wird man gerade aus den Resten von Pflanzen und Tieren, die in der Nähe von Menschenknochen, von Werkzeugen auf den Rast- und Lagerplätzen vorkommen, Schlüsse auf die Lebensweise der damaligen Menschen ziehen können.

1. Die Begleitflora [46 79; 84]

Über den Wandel der Pflanzenwelt im Verlaufe der Kaltzeiten zeugen die Pollenanalysen aus den Bändertonen (vgl. S.-). Sie geben Aufschluß, in welcher Umgebung (Wald, Steppe, Tundra) die jeweilige Population sich aufgehalten hat. Hinsichtlich seiner Ernährung scheint sich der Mensch der damaligen Zeit nur auf zufällig aufgefundene eßbare Vegetabilien beschränkt zu haben, bewußtes Horten und Zubereiten von Nahrung aus ihnen dürften erst in der frühen Mittelsteinzeit (Getreide, Mahlsteine) und der Ackerbau (Weizen, Gerste, Erntemesser) im Capsien (vgl. Übersicht 19) bzw. in den entsprechenden Straten in Mitteleuropa (Wismar, Ellerbeck, Segeberg, Oldesloe) nachzuweisen sein.

2. Die Begleitfauna [2; 46; 84]

Von größerer Bedeutung scheinen für den Menschen der damaligen Zeit die Tiere, insbesondere die in den Grasfluren des Tertiär entstandenen herdenlebenden Huftiere gewesen zu sein. Schon heute mehren sich die Vermutungen [44; 60], daß bereits der Mensch des Pleistozäns nach Erfinden der Steinaxt im Acheuléen, viele Tierarten (50 in Afrika, 6 in Nordamerika) ausgerottet haben soll. So zeigt z. B. die Begleitfauna der Australopithicinen in Süd- und Ostafrika Knochen vom Säbelzahntiger, Pavianen, Hyänen, Antilopen, Springhasen, Nagern, Schildkröten und Insekten, Nashorn, Giraffen, Wild- und Flußpferden. Sie finden sich auch noch in sehr ähnlicher Zusammensetzung in den frühen Zwischeneiszeiten in Europa, so z. B. im Mosbachium. Belegt durch die Funde von Maur (Maurerwaldzeit) sind Säbelzahntiger, Flußpferd, *Rhinozeros etruscus* u. a. Nashörner, Alt-Wald-Steppenelefant, Hyänen. Dies läßt im Vergleich zur afrikanischen Tierwelt auf eine Warmzeit schließen; wenn sich auch schon solche Tierreste finden, die temperierte Zeitabschnitte des Pleistozäns erkennen lassen, wie Wildkatze, Luchs, Biber, Wildschwein, Höhlenbär, Wildpferd, Edelhirsch, Ren, Murmeltier, Wisent-Bison. Ähnlich zusammengesetzt dürfte auch die Tierwelt des Clactoniens (Steinheim-Swanscombe) gewesen sein, während die Fauna des EeM-Thermals (Ehringsdorf) u. a. Waldelefant, Nashorn, Bär, Hirsch, Esel und Pferd zeigt. In ihr deutet sich also die Tierwelt der späteren Zeit an. Wenn auch die Jäger dieser Epoche einen gewissen Anteil an der Dezimierung der ursprünglichen Faunen gehabt haben dürften, so ist aber m. E. das Verschwinden der wärmeliebenden Arten, ähnlich der Flora dieser Zeit, vornehmlich auf die Klimaverschlechterung zurückzuführen.

Aus der Begleittierwelt dieser Zeit aber ragen einige Vertreter heraus, die für den Eiszeitmenschen sicher eine Bedeutung hatten: Die Elefanten u. a. Dickhäuter, die im Tertiär (Miozän) besonders formenreich waren, lebten in Europa noch bis ins Pleistozän. Von *Elephas planifrons* (unt. u. mittl. Pliozän) sich herleitend, findet sich im Frühpleistozän bis in das letzte Interglazial *E. antiquus* (Wald- u. Steppenelefant). Der Mammut (*E. primigenius*), das größte und auffallendste Tier der letzten Eiszeit, erschien im Moustérien in Mittel- und Westeuropa bis

Nordsibirien, besiedelte die Lößsteppen bis zur Tundra, bis er im mittleren Magdalénien seltener wird und am Ende dieser Zeit ausstirbt. Er dürfte sich aus *E. antiquus* entwickelt haben und ernährte sich als ausgesprochener Pflanzenfresser von der sommerlichen Vegetation der Zwergstrauchheiden und der Tundra. Das Tier war offenbar wegen seines Haarkleides befähigt, in unwirtlichen Zeiten zu leben. Es ist durch viele Zeichnungen, aber auch durch im sibirischen Eis eingefrorene Tierkadaver (Beresowka 1901 u. a.) und aus einer Erdgrube von Starussia (Ostgalizien 1907) gut belegt. Bis heute sind etwa 15 000 Reste geborgen worden. In Sibirien hat er sich, dem rückweichenden Inlandeise folgend, zuletzt als degeneriertes Tier vielleicht bis in die historische Zeit erhalten.

Eine ähnliche Entfaltung stellt man auch bei den Nashörnern *(Rhinocerus etruscus u. merckii)* bis in die letzte Warmzeit fest. Das Wollnashorn *(Rh. tichorhinus)*, dessen Vorderhorn eine Länge von 1,3 m erreichte, wird den Jägern der letzten Eiszeit (Predmost) eine gefährliche Jagdbeute gewesen sein.

Das rötlich-braune Urwildpferd hat als jagdbares Tier (Solutré) eine große Rolle gespielt. *Antonius* [2] bezeichnet den Pferdekopf von Mas d'Azil als zum 2. Urwildpferd (Tarpan) gehörig, ein 3. Pferdetyp, *Equus Abeli* (schweres Quartärpferd) und der Halbesel *(E. heminonus)* scheinen durch Zeichnungen und Funde aus den eiszeitlichen Straten belegt.

Das meist gejagte Tier aber scheint das Ren *(Rangifer tarandus)* gewesen zu sein. Obwohl es in den Warmzeiten nicht belegt ist, war es für den Eiszeitmenschen nicht nur Nahrungstier. Felle und Geweihe stellen eine wesentliche Komponente für seine Industrien (Zeltdächer, Lyngby-beile).

Eines der merkwürdigsten Tiere der Eiszeit war der Höhlenbär *(Ursus speloeus)*. Von *U. Demingeri* des älteren bzw. mittleren Pleistozäns sich herleitend, gewinnt das große, aber anscheinend friedfertige Tier (Pflanzenfresser) im Moustérien (Drachenhöhle bei Mixnitz, Steiermark) als Beutetier für den Menschen Bedeutung. Höhlenhyäne *(Hyaena spelaea)*, Höhlenlöwe *(Felix leo spelaeus)* sind im Pleistozän zahlreich vertreten, letztere Art soll sich noch auf dem Balkan bis in historische Zeit erhalten haben *(Aristoteles)*.

Vorläufer unserer Geweihträger lebten schon artenreich im Pliozän, bemerkenswert ist der eiszeitliche Riesenhirsch *(Cervus megaceros)* des Magdalénien. Der Edelhirsch war seltener. Horntragende Tiere, Steinbock, Gemse, Saigaantilope, Moschusochse wurden in den Höhlenzeichnungen wiederholt dargestellt, ebenso der Bison. Er verschwand gegen das Magdalénien, Wisent und Urrind blieben in Europa erhalten.

Auch ist wiederum die Zähmung der Wildtiere, wie der Ackerbau (S. 193) erst in späteren Zeiten erfolgt. Am Ende des Jungpaläolithikums dürfte es zuerst der Hund gewesen sein und später, frühestens in der Mittelsteinzeit (7. Jts. v. Ch.) wurde die Domestikation von Ziege, Schaf, Schwein und Rind vollzogen.

V. Der Mensch des Holozäns [26; 27; 37]

Am Beginn der Mittelsteinzeit (Grenze zwischen dem oberen Jungpleistozän und unterem Holozän) verschwinden die Kaltsteppen zugunsten der Waldsteppen und Wälder (s. o.). Damit zieht sich auch die subarktische Fauna zurück oder sie stirbt aus. So ändern sich wohl infolge der Entstehung der Flüsse und Binnenseen und vielgestaltigen Meerufer auch die Ernährungs-(Jagd)gewohnheiten und damit auch die Geräte. Die Harpunen werden aus Hirschgeweihen (reich verziert) erstellt. Die Knochengeräte werden durch solche aus Hartholz ersetzt. An Steinwerkzeugen treten noch zweiseitig gearbeitete Geschoßspitzen (Stielspitzen) auf, deren Schaft aus Holz ist. Hier vollzieht sich dann im euro-asiatischen Raum der Übergang vom reinen Jäger (Wildbeuter) zuletzt von der Waldjagd zum Fischen (Maglemose-Komplex, Dänemark) und später zum Züchter, wobei beide Erwerbszweige nebeneinander bestehen können. Diese Umwandlung vollzog sich in den verschiedenen Gebieten der Erde fließend und praktisch bis in unsere letzte Vergangenheit (Buschmann-Kulturen). Ab Holozän können die Bezeichnungen Meso- und Neolithikum, letztere bezieht sich auf echte Bauernkulturen mit Pflanzen- und Tierzüchtung, Hackfruchtbau u. Nomadentum, nur noch als Bewertung ihrer technologischen Kategorien angelegt werden, wobei die mesolithische Kultur, wie man sie in Westeuropa antrifft, an anderen Orten oft nur schwer nachzuweisen ist.

VI. Die Evolution zum Menschen [8; 27; 33; 36; 58; 69]

Soviel sich heute sagen läßt, sind die gefundenen Fossilien, die auf eine Entwicklung aus der rein tierischen Fazies zum Menschen hindeuten *(Propliopithecus, Kenyapithecus, Ramapithecus* S. 174 f), sowie die Funde der Nebenlinien *(Proconsul, Oreopithecus,* später auch *Giganthopithecus* und *Paranthropus)* so unvollständig und als Repräsentanten über so lange Zeiträume verteilt, daß sie eben nur als schütteres Belegmaterial für eine Entwicklung zum Menschen hin gewertet werden können. Es lassen sich nach den Funden nur die möglichen Entfaltungen abschätzen und von jenen Formen, welche keine hominiden Merkmale zeigen, eliminieren. Die gewaltigen Lücken aber zwischen den Funden aus dem Oligozän bis Pliozän einerseits zum Frühpleistozän und im Mittelpleistozän andererseits, bedeuten eine große Unsicherheit in der Aussage über den möglichen Gang der Evolution. Dies wird einsichtig, wenn man z. B. die hohe Zahl bekannter *Australopithicinen* zeitlich aufteilt. Dadurch käme nur ein einziges Individuum auf 5000 Jahre. Ähnlich verhält es sich mit der Paläoanthropinen und Neoantropinen-Radiation im Mittelpleistozän. Man wird daher auch in Zukunft noch jeden Neufund begrüßen, um das Bild von der Entwicklung zum Jetztmenschen vervollständigen zu können. Nach den Funden steht heute der *Ramapithecus*-Formenkreis den *Hominidae* am nächsten und es wäre wünschenswert, wenn sich noch weitere Funde, die älter als die der *Australopithicinen* sind, finden würden, die bauplanmäßig die hier noch bestehende Lücke schließen könnten. Dies wäre schon aufgrund folgender Überlegung erforderlich. Die mittlere Lebenserwartung der Menschenaffen dürfte 20 Jahre betragen, während zumindest von den *Australopithicinen* an, sicher aber für die nachfolgenden Formen, eine immer längerdauernde Lebensspanne anzunehmen sein wird. Nach der Mikromutationshypothese (S. 19 f), wie man auch für die menschliche Evolution als gesichert wird annehmen müssen, wird also bei den tertiären Formen mit kürzerer Generationszeit eine größere Formveränderung zu erwarten sein, als bei den späteren Formen, so daß zu erwarten steht, weitere Funde könnten die subhumane Radiation noch vervollständigen.

Wenn auch die Zahl der Funde, der besseren Erhaltungsmöglichkeiten wegen, in den jüngeren Zeitaltern immer mehr zunimmt:

	Zahl der gefundenen Individuen	Lebensspanne der gesamten Art
Australopithecus	100	1—3 Mill. Jahre
Homo erectus	60	300 000—400 000 Jahre
Homo neanderthalensis	100	150 000 Jahre
Homo sapiens-fossilis	mehrere 100	60 000 Jahre,

so läßt sich doch im Einzelfalle nicht mit Sicherheit sagen, ob die jeweils gefundenen Vorformen das genetische Substrat für die nachfolgenden Arten abgegeben haben. Es könnte auch sein, daß noch andere uns nicht bekannte Formen als Ancestoren eines jeweils von uns betrachteten Typus in Frage kommen. Ist damit aber diese stammesgeschichtliche Analyse wertlos geworden? Meines Erachtens nein, denn diese beweisen bereits die Aminosäuresequenzen vergleichbarer Organsysteme bei Individuen unterschiedlicher und verwandter systematischer Stellung (11; 21; 36 u. S. 23 f). Individuen, die morphologisch einander ähneln, müssen daher auch durch im wesentlichen gleiche fundamentale Strukturgene kodiert worden sein, wobei eben nur die jeweils zur neuen Form beitragenden Neukombinationen im Verlaufe der Zeit durch Mikromutationen bzw. durch die anderen genom-verändernden Vorgänge hinzugekommen sind. Es ist jedoch nicht auszuschließen, daß im Bereiche des weiten afro-eur-asiatischen Landkomplexes, auf welchem wir die Bildung solcher Gründerpopulationen annehmen müssen, von den Hauptstrukturgenen abgesehen, auch unterschiedliche Gene an der Herausbildung eines bestimmten Typus beteiligt gewesen sind [63 u. S. 10]. Der *Homo sapiens*, der als Urbewohner von Australien festgestellt worden ist, deutet auf die Annahme solcher Möglichkeiten hin (S. 191).

Aus dieser Sicht wird aber aufgrund des Verhalten- und Leistungsstatus des *Homo neanderthalensis* dieser nicht mehr als ein halbes Tier anzusehen sein. Die Funde über seine Geräte und die daraus erschließbaren Lebens- und Verhaltensweisen, vor allem die Fähigkeit, den Unbilden der letzten Kaltzeit standzuhalten, sich gegen die damals lebenden Tiere durchzusetzen, wird neben instinkthaft vererbten Fähigkeiten, durch ständiges Schärfen seiner Beobachtungsfähigkeit, auch zu einer Vervollkommnung seiner Vorstellungswelt beigetragen haben. Die mit List und Behendigkeit geübten Jagdweisen dürften auch Verständigungsmittel benötigt haben, wenn man auch aufgrund des Baues seines Kehlkopfes noch nicht von einer richtigen Sprache wird ausgehen können [55; 72]. Dies wird auch einsichtig, wenn aus der Schädelbildung der Bau seines Gehirnes und damit dessen Funktionen hergeleitet werden. Der Erwerb und die Weitergabe solcher bereits erlernter Fähigkeiten dürften aber dann dem nachfolgenden *Homo sapiens* zugute gekommen sein, so daß dieser in verhältnismäßig kurzer Zeit die neuen Errungenschaften zur Beherrschung und Nutzbarmachung seiner Umwelt wirksam anwenden konnte. Dies wird gerade aus den industriellen Inventaren in dieser für die Entwicklung der Menschheit so wichtigen Phase deutlich. Während der Übergang vom Moustérien ins Aurignacien ohne bedeutsame plötzliche Wandlungen sich vollzieht, gewinnt man den Eindruck, daß sich gegen Ende des Pleistozäns (Magdalénien) die Praktiken und der Gestaltungsdrang der damaligen Menschen ständig weiterentwickelt. Diese „geistige" Leistungsstufe drückt sich in den Ritzzeichen auf den Geräten und in den Felsmalereien, die Massenszenen darstellen, aus. Es scheint, als ob der Mensch dieser Zeit bereits über mehr Befähigungen verfügte, als zur Erhaltung seiner Art notwendig war. Sicher, die schemenhaften Kultdarstellungen bezogen sich auf Wünsche hinsichtlich Erfüllung des Jagdglückes und der Fruchtbarkeit, aber die Rötelbestreuungen bei Bestatteten (Blut als Symbol des Lebens darstellend), die Tier-, Schmuck- und kopfzierenden Beigaben in seinen Gräbern, lassen auf den Glauben an ein Weiterleben schließen, der später in das Kultgut der nachfolgenden Zeiten eingegangen ist.

VII. Gehirnbauvergleich einzelner Vertreter der Hominoiden Entwicklung in Bezug auf ihre Leistungen [12; 62] (Abb. 22)

1. Die Methodik der Gehirnbauvergleichuntersuchungen [8; 12; 35]

In der Reihe der Säugetiere erreicht das Gehirn von seiner Urstufe bis zu den höchsten Entwicklungsstufen die weitesten Umwandlungen. Da von einzelnen Hirnformen sog. Steinkerne gefunden worden sind, von anderen durch Schädelausgüsse deren Gestalt rekonstruiert werden kann, lassen sich aus dem Vergleich mit Gehirnen rezenter Tierformen auch Schlüsse auf deren Leistungshöhe ziehen. Bei den Primitivformen (Cynodontiern, aber auch Beuteltieren und Insektenfressern) ist ein verhältnismäßig großer Riechlappen (Bulbus olfactorius) entwickelt. „Da sich eine stufenweise relative Verkürzung des Hypothalamus von den Primitivformen zu den höher entwickelten Hirnen feststellen läßt, kann der Quotient aus Hypothalamuslänge : Großhirnlänge errechnet werden, der dann einen Anhaltspunkt für die Organisationshöhe dieses Organs bietet". Daraus ergeben sich folgende Werte:

Beuteltiere, Insektenfresser, Nagetiere	0,3—0,2
Raubtiere	0,17—0,14
niedere Affen	0,13—0,11
Orang, Gorilla, Schimpanse	0,109—0,085
Delphin	0,08
Mensch	0,081—0,07

„Mithin ist die Entstehung des Primatenhirnes nicht als einmaliger Sonderfall anzunehmen, es handelt sich vielmehr dabei um einen gesetzmäßigen Vorgang, der eintritt, sobald das Endhirn eine gewisse mittlere Entwicklungshöhe überschreitet" [12]. Unter den Zahnwalen ist das Gehirn der Delphine am höchsten entwickelt. Innerhalb der Anthropomorphenreihe bis zur Hominidenstufe kommt es zu einer bedeutsamen Volumenvergrößerung der Schädelkapsel und damit zu einer Gewichtzunahme der darin befindlichen Weichteile, des Gehirns, besonders des Frontallappens, wobei dies zu einer Verkürzung (Brachykephalisation) des Schädels und dem Vorwärtsrücken des Hinterhauptloches führt.

Es ist noch zu bemerken, daß sich die äußere Gestalt eines Gehirnes auf der Innenseite der Schädelkapsel einprägt, die dann nach Verwitterung der Gehirnmasse auf der Oberfläche, die solche Schädel erfüllenden Ausgußmasse oder z. T. auf natürlichem Wege solche Schädelkapseln erfüllenden Steinkerne zum Abdruck kommt. Nachzeichnungen solcher Sekundärmodelle sind in der Abb. 22 wiedergegeben. Obwohl sich nicht alle Teile der Hirnoberfläche abprägen, kommen nach der Hypothese von *H. Spatz* [62] gerade die Teile eines Gehirnes zum Abdruck, die sich in der Weiterentwicklung befinden. Somit erscheint eine nachträgliche topographische Orientierung auf den Nachbildungen möglich. Beim

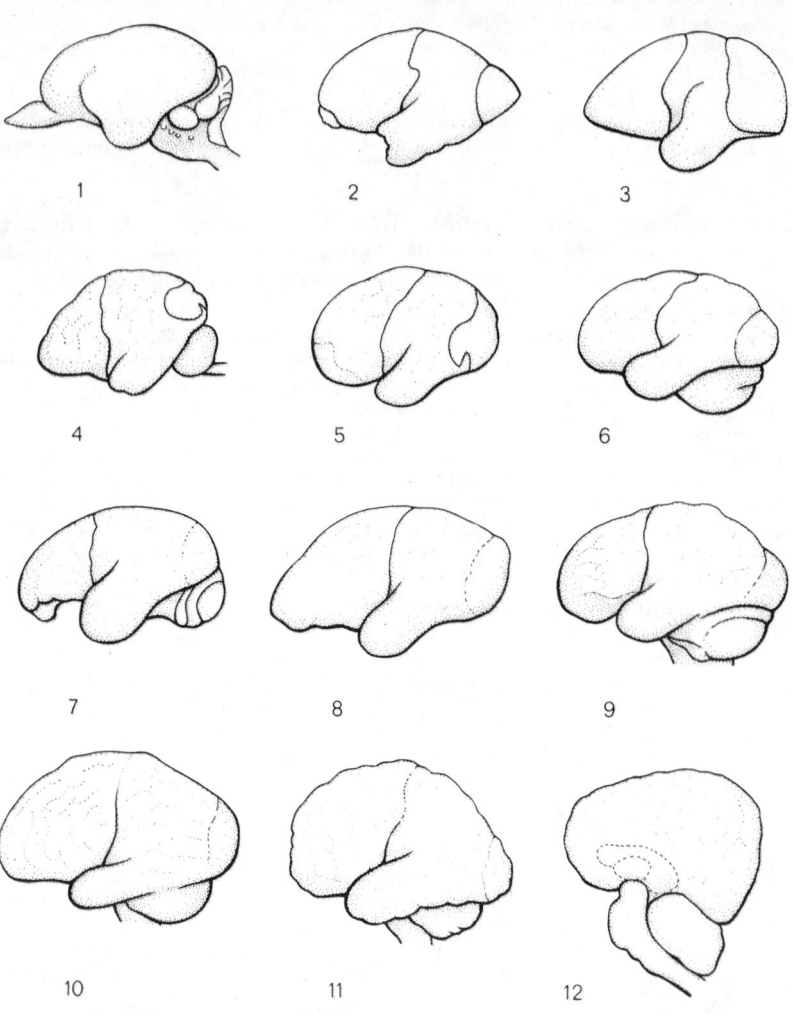

Abb. 22: Gehirnumrisse und Größenvergleiche einzelner Vertreter der Hominiden-reihe einschl. des Menschen [12; 35; 77]

1. Tarsius (Koboldmaki) nach *Le Gros Clark*
2. Lemur nach *Brodmann*
3. Hundsaffe nach *Kahn*
4. Gibbon nach *Brodmann*
5. Orang Utan (Gorilla Gehirnvolumen 500 cm³) nach *Mauss*
6. Schimpanse (Gehirngewicht 400 gr) nach *Weinert*
7. Plesianthropus (Australopitnicinae, Gehirnvol. 500—700 cm³) nach *Weinert*

8. Pithecanthropus (Homo erectus, Gehirnvol. 770—975 cm³) nach *Ariens-Kappers*
9. Sinantrohpus (Homo erectus, Gehirnvol. 780—1100 cm³) nach *Ariens-Kappers*
10. Homo rhodesiensis (Neandertaler, Gehirnvol. 1300—1500 cm³) nach *Ariens-Kappers*
11. rezenter Mensch (Gehirnvolumen 1400—1450 cm³, 1375 gr) nach *Grünthal*
12. Delphin nach *Grünthal*
(8—11: des besseren Vergleiches wegen vom Original aus spiegelbildlich umgezeichnet)

Weitere Modellvergleiche zu den Gehirnumrissen die Massen- und Leistungsvergleiche erklären: [77a]

	Mensch	Schimpanse	Affe (Orang)
Cephalisationskoeffizient $Z = \dfrac{G^2}{K}$ (G=Gehirngewicht, K=Körpergewicht)	32	7,4 bis	2
Oberfläche der Gehirnhemisphären (in cm²)			
Gesamte Hirnrinde	1679		561 (Orang)
Frontalhirn	208	40	
Temporalhirn (Gehör)	193	40	
Okzipitalhirn (Sehen)	103	47	
Unteres Parietalhirn (Kopf-, Handzentrum)	79	8	
Präzentralhirn (primäre u. sekundäre Motorik)	63	31	
Limbischer Cortex (Emotion)	17	9	
Rindenvolumen - Verhältnis	3	:	1
Verhältnis der Zellzahlen	10 Md	:	6,6 Md
Verhältnis der theoret. Schaltmöglichkeiten (nach Böhm)	2100	:	$1/10^{15}$

„Prozentual am stärksten zugenommen haben diejenigen Areale, die mit der Denkfunktion (Orbitalhirn), mit der Charakterentwicklung (*Walch*) oder mit der Motorik und Sensorik (wie Parietalhirn und Temporalhirn), also mit Tasterkennen und Sprache, zu tun haben." Die Regionen der übrigen Motorik sind prozentual gleich, die der primären Sehrinde vermindert. Die Menschwerdung ist nicht nur ein Problem der Massenzunahme der sog. „neokortikalen Sekundärgebiete (Spatz) der Rinde, sondern das einer deutlichen Spezialisierung jener Rindenareale, die mit Verarbeitung von Informationen und der Innervation informationsgebundener Muskel zu tun haben [77a].

Studium dieser Bildreihen gewinnt man die Einsicht, daß sich innerhalb der Gehirne die homologen Felder erkennen lassen, daß es aber von den Vorläufern der Menschenaffen über diese zu den Affenmenschen bis zum rezenten *Homo sapiens* zu einer enormen Zunahme bestimmter Gehirnpartien gekommen ist.

2. Ergebnisse der vergleichenden Gehirnbauuntersuchungen und von Verhaltensweisen [13; 37; 55; 67;69; 72; 77]

Für unser Verständnis ist es nötig, gerade in den sich vergrößernden Gehirnteilen die sie beinhaltenden Zentren zu suchen, um festzustellen, daß es sich um Felder handelt, die beim rezenten Menschen das spezifisch menschliche Verhalten mitbedingen (Abb. 22).
Betrachten wir zunächst in Medianansichten die Gesamtansichten der Parietal- und Temporalregion von Delphin, Orang-Utan und *Homo sapiens* einerseits und dann speziell die Stirnhirnreliefs von Schimpansen und rezenten und fossilen Hominiden andererseits [12]. Aus den beigegebenen Bildfolgen erkennt man zunächst eine gewisse Ähnlichkeit im Bau der Gehirne der systematisch als auch evolutionär weit entfernten Tiertypen wie Delphin und den Anthropoiden. Auffallend ist zunächst die weitgehend unterentwickelte Stirnhirnpartie bei erste-

rem, während sie im Verlaufe der Evolution von einer gewissen Unterentwicklung beim Schimpansen, den fossilen Hominiden, dann beim *Homo sapiens* zu der bisher ausgeprägtesten Entwicklung kommt. Unterschiede im Gehirnbau zwischen Affen und Menschen stützen sich baumäßig auf die Anordnung bestimmter Felder, gekennzeichnet durch die charakteristischen Furchensysteme. Ein Vergleich rezenter Gehirntypen und Nachbildungen von solchen aufgrund Ergänzungen von Schädelausgüssen fossiler Formen läßt einen beschränkten Schluß zu, aus der Masse auf die Zahl der Neurone und aus diesen auf Fertigkeiten und Fähigkeiten zu schließen. Unschwer erkennt man, daß es sich hier um die Felder der sog. Broca'schen Zone, jenen Regionen der Hirnrinde handelt, die der Sprachbildung dienen. Damit drängt sich die Frage auf, inwieweit sich im Verlaufe der Evolution die Fundamente für eine Sprachentwicklung zurückverfolgen lassen. Vorstufen von Verständigungsmitteln, verbunden mit Lautgebung, findet man bei allen rezenten Vertretern dieser Tiergruppen. Sie besitzen alle auffallende Lautmarkierungen für die in ihren Lebensbereichen nötigen Verständigungen. Sofern also die *Broca*'sche Zone einen bestimmten Gehalt an Neuronen erreicht haben wird, kann mit dem Herausbilden eines gewissen Sprechvermögens gerechnet werden. Es dürfte sich bei unseren Vorfahren nicht nur als Verständigungsmittel beim Gebrauch von Werkzeugen und der Jagd, sondern auch als moduliertes Lautgut zum Ausdruck von Stimmungen und für Verhaltensweisen, die über die genannten hinausgehen, gehandelt haben. Wenn man das Sprechvermögen des heutigen Menschen mit den vergleichbaren Äußerungen bei den Menschenaffen vergleicht, dann muß man feststellen, daß diese Fähigkeit „Worte zu formen" natürlich nicht nur von der Zahl der Neurone im *Broca*'schen Zentrum, sondern auch von bestimmten Feldern der Parietal- und Temporalregion (sensorisches Sprachfeld) und von dem Bau des Kehlkopfes und der Beschaffenheit seiner Muskeln abhängt. Wenn man alles berücksichtigt, wird man trotz der Einwände, die man gegenüber den Gehirngestaltvergleichen vorbringt, zu dem Schluß kommen, daß eine Zunahme der Masse und die Oberflächenvergrößerung jeweils mit einer Zunahme der Zahl der Gehirnzellen verbunden ist. Dies aber führt dazu, daß die Fähigkeit eines Individuums hinsichtlich des Erfassens der Umwelteindrücke gesteigert wird, damit aber eignet es sich mehr Fertigkeiten zur Bewältigung störender Umwelteinflüsse an. Dadurch aber, daß das menschliche Gehirn von Stufe zu Stufe in bestimmten Partien an Masse zunahm, und letzteres ergibt sich aus den Großhirnvergleichen innerhalb der Hominiden, wird es zu seiner heutigen Funktionshöhe gelangt sein [47].
Die neuen Erkenntnisse, die *Eccles* [61c] auf Grund der Lobotomie-(Leukotomie-)eingriffe *(Moniz)* für den unterschiedlichen Bau der beiden menschlichen Hirnhälften (li=dominante Hemisphäre mit Sprachzentrum, re=schwache Hemisphäre mit einer Intelligenz eines Säugetiers auf höchster Stufe) folgert, läßt eine einzigartige Umformung des menschlichen Gehirnes und mit der Entwicklung der Sprache auch die Bewußtwerdung der eigenen Persönlichkeit erschließen. Diese Entwicklung muß in etwa in den letzten 10 Mill. Jahren vor sich gegangen sein und im Laufe des Paläolithikums neben dem Erwerb der handwerklichen Fertigkeiten auch zur „Erkenntnis der Zusammenhänge zwischen Ursache und Wirkung oder Geburt und Tod, aus denen die Religion erwachsen mußte" und damit eben den Selektionstrend ausgelöst haben, der zur spezifischen Entwicklung zum Menschen führte.

H. Welche Erkenntnis bietet das „Sich-Beschäftigen" mit phylogenetisch-paläontologischen Fragen?

Je mehr physikalisch-chemische Forschungsmethoden die Ergebnisse der ursprünglich beobachtend-beschreibenden Arbeitsweise verfeinern, muß man erkennen, daß es eine dauernde Veränderung besonders in den makromolekularen Systemen dieser Erde gegeben hat und immer geben wird. Bei keinem dieser Systeme, gleichgültig ob wir es zum unorganischen oder organismischen Bereich zählen, ist der Wandel, d. h. ein sich dauerndes Verändern abgeschlossen. Weiter ist aber durch die molekularbiologischen Arbeitsweisen untermauerte Evolutionsforschung erkannt, daß die Entfaltung aller lebendigen Systeme auf einer ständigen Wechselwirkung der labilen Genwirkkettensysteme mit den Einflüssen der Umwelt beruht. Energetische Wirkungen und Fremdagentien, d. h. solche, die im normalen Ablauf des Erdgeschehens nicht entstehen würden, aber sind in der Lage, die Genwirkketten und die darauf aufbauenden Folgeprozesse zu verändern. So könnten biologische Systeme entstehen, über deren Art und Folgen die menschliche Forschung nur unzureichende Kenntnisse bislang besitzt. Aus diesem Grunde, so würde ich meine aus der Beschäftigung mit diesen Fragen gewonnene Erkenntnis formulieren, kann es nur eine Alternative geben, nämlich dafür einzutreten, daß *die heutigen biologischen Systeme und ihre Umwelt soweit wie möglich in der Form erhalten bleiben, wie sie sich im Verlauf der Erdgeschichte entwickelt haben.*

Literatur zu Kapitel G und H

1. *Andrew*, R. J.: Evolution von Gesichtsausdrücken, UWT. 1968/75
2. *Antonius*, O.: Alter der Haustiere, NR. 1955/225
3. *Botsch*, D.: Gehirngröße der Halbaffen, NR. 1966/67
4. *Buchwald*, A. u. *Engelhardt*, W.: Handbuch der Landschaftspflege, Bd. 1, Bayr. Landwirtschaftsverlag, München 1968
5. *Bülow*, K. v.: Geologie für Jedermann, Kosmos-Franckh, Stuttgart, 1948
6. *Butzer*, K.: The Lower Omo Basin, Geology, Fauna and Hominds of Plio-Pleistcene Formation, NW. 1971/7
7. *Crook*, J. R.: Gesellschaftsstrukturen bei Primaten, UWT. 1967/488
8. *Dobzhansky*, Th.: Dynamik der menschlichen Evolution, S. Fischer, Hamburg 1965
9. *Eibl-Eibesfeldt*, I.: Grundriß der vergleichenden Verhaltensforschung, Piper u. Co, München, 1969, 2. Aufl.
10. *Fuhrmann*, W.: Moderne Medizin und die Zukunft des Menschen, NR. 1968/415
11. *Gentry*, W. A.: Woher stammen die Antikörper, UWT. 1969/660
12. *Grünthal*, E.: Zur Frage der Entstehung des Menschenhirnes, Monatsschrift f. Psychiatrie, Fasc. 3/4, Vol. 115, 1948
13. *Heberer*, G.: Abstammung des Menschen, Handb. d. Biologie, Bd. IX, Athenaion-Verl., Konstanz 1965
14. *Heberer*, G.: Grundlinien im modernen Bild der Abstammungsgeschichte des Menschen, Biolog. Jahresheft 1966, Iserlohn
15. *Heberer*, G.: Der Ursprung des Menschen, G. Fischer, Stuttgart 1967 u. 3. Aufl. 1972
16. *Heberer*, G.: Siwapithecus, Kenyapithecus, Vorgeschichte tertiärer Hominiden, NR. 1967/385

17. *Heberer, G.:* Reicht die Stammesgeschichte der Menschen 30 Millionen Jahre zurück, UWT. 1968/464
18. *Heberer, G.:* Homo — unsere Ab- und Zukunft, Deutsche Verlagsanstalt, Stuttgart, 1968
19. *Herdmenger, J.:* Neandertaler am Ufer des Eismeeres, Rhein. Post, Düsseldorf vom 25. 4. 1969
20. *Hollin, J. T.:* Eiszeitentstehung, NR. 1966/160
21. *Jonkis, J. R. P.:* Baumuster des Blutfarbstoffes, NW. 1966/111
22. *Kahlke, H. D.:* Neue eiszeitliche Menschenfunde in Ostasien, UWT. 1966/84
23. *Kleine, R. G.:* Der Neandertaler in Rußland, NR. 1970/71
24. *Königswald, G. H. R. v.:* Geschichte des Menschen, Verständl. Wissenschaft, Springer, Heidelberg, 1968
25. *Kühn, H.:* Erwachen der Menschheit, Fischer Bücherei, Bd. 53, 1954
26. *Kühn, H.:* Aufstieg der Menschheit, Fischer Bücherei, Bd. 62, 1955
27. *Kühn, H.:* Entfaltung der Menschheit, Fischer Bücherei, Bd. 221, 1958
28. *Kurth, G.:* Waren die Südafrikaner Gerätehersteller, NR. 1962/110
29. *Kurth, G.:* Homo balilis vor 1,8 Mill. Jahren, NR. 1964/235
30. *Kurth, G.:* Bevölkerungsgeschichte des Menschen, Handb. d. Biologie, Athenaion-Verl., Konstanz, Bd. IX, 1965
31. *Kurth, G.:* Neue Hominidenfunde aus dem Mittelpleistozän, NR. 1966/197
32. *Larysse, M.:* Diego-Blutfaktor bei Indianern, UWT. 1967/535, 1968/697
33. *Leaky, L. S. B.:* Alter der Olduway Fossilien, NR. 1969/358
34. *Le Gros Clark, W. E.:* History of the Primates, Trust. of the British Museum, Publ. No. 539, 11. Aufl. London, 1970
35. *Mattauch, F.:* Über die Stellung des Menschen unter den Lebewesen, PB. 1956/177
36. *Moor-Jankowski, J. u. a.:* Blutgruppen beim Schimpansen, NR. 1966/376
37. *Müller-Beck, H.:* Urgeschichte der Menschheit, Kohlhammer Verl. Stuttgart, 1967
38. *Müller-Stoll, W. R.:* Brot und Getreide der Vorzeit, Urania 1948/418
39. *Müller, W.:* Der Folsom Mensch, Orion 1951/519
40. *Neuhaus, W.:* Der Mensch als Glied der belebten Natur, UN. 1967/855
41. *Nobis, G.:* Abstammung des Haushundes, NR. 1963/306
42. *N. N.:* Kenyapithecus, Natw. u. Med. Böhringer, 1967, Nr. 17/54
43. *N. N.:* Evolution der Hominiden vor 20 Mill. Jahren, UWT. 1957/569
44. *N. N.:* Aussterben von Säugern, NR. 1968/206
45. *Panzram, M.:* Klimaänderung und Entwicklung der Völker, NR. 1970/65
46. *Overhage, P.:* Menschenformen im Eiszeitalter, Knecht, Frankfurt, 1969
47. *Petri, W.:* Neanderthaler am Eismeer, NR. 1969/57
48. *Portmann, A.:* Stellung des Menschen in der Natur, Handb. d. Biologie, Bd. IX, Athenaion-Verl. Konstanz, 1965
49. *Portmann, A.:* Die Onotgenese des Menschen als Problem der Evolutionsforschung, UN. 1967/673
50. *Preischoff, H.:* Menschenformen der Jungsteinzeit in Europa, UWT. 1967/699
51. *Remane, A.:* Das biologische Bild des Menschen, NR. 1960/173
52. *Rensch, B.:* Gedächtnis, Abstraktion und Generalisation, AG. f. Forschung im Lande NW. 1962
53. *Rode, K. P.:* Entstehung der Kontinente, BdW. 1970/451
54. *Rowlett, R. M.:* Eisenzeit nördl. der Alpen, NR. 1969/307
55. *Rs.:* Zeichensprache Mensch-Schimpanse, NR. 1970/59
56. *Rudolf, W.:* Hämatologie u. Weltgeschichte, Med. Klinik, Urban-Schwarzenberg, München 1959/2235
57. *Savag, J. M.:* Evolution, Bayr. Landw.-Verl. München, 1966
58. *Schmid, R.:* Genetische Folgerungen aus der Art des Ohrenschmalzes, NR. 1968/261
59. *Simon, K. H.:* Das interessanteste Jahrhundert der Menschheitsgeschichte, NR. 1967/125
60. *Simon, K. H.:* Vernichtete der Mensch die Fauna des Pleistozäns, Jägerdörfer im Mesolithikum, NR. 1967/392, 440
61a. *Simon, K. H.:* Wann und wo lebte der Erste Mensch, NR. 1971/433
61b. *Simon, K. H.:* 4 Millionen Jahre Menschheitsgeschichte, NR. 1972/271
61c. *Simon, K. H.:* Sprache schafft Bewußtsein. NR. 1973/208
62. *Spatz, H.:* Die potentielle Entwicklung des Menschenhirnes, Darmstädter Gespräch, 1966
63. *Stengel, H.:* Extreme Rassenkreuzungen bei Mensch und Tier, NR. 1966/189
64. *Thenius, E. u. Hofer, H.:* Stammesgeschichte der Säugetiere, Springer - Berlin, 1960
65. *Vertes, L.:* Homo sapiens in Ungarn (Verteszöllös), NR. 1967/175
66. *Vogel, C.:* Die Bedeutung der Primatenfunde für die Anthropologie, NR. 1966/415
67. *Voigt, J.:* Arme Vettern, Deutsches Fernsehen, 2. Pr. vom 27. 1. 1970
68. *Weinert, J.:* Die heutigen Rassen der Menschheit, Handb. d. Biologie, Bd. IX, Athenaion-Verl. Konstanz, 1965
69. *Winter, H.:* Lautäußerungen der Totenkopfaffen, NR. 1968/5
70. *Wolf, U. u. Baitsch, H.:* Geschlechtschromosomen und Evolution, BdW. 1967/912
71. *Wolter, H.:* Der Mensch ist mit Schimpansen und Gorilla verwandt, PB. 1965/142
72. *Wolter, H.:* Wir sprachen mit dem Schimpansen, Unsere Welt von heute, D. Verlagsanstalt Stuttgart, 1970, H 1/4

73. *Wolter, H.:* Der Mensch vor 200 000 Jahren, Magazin für Natw. u. Technik, D. Verlagsanstalt Stuttgart, 1971, H. 11/11
74. *Zeuner, F.:* Geschichte der Haustiere, Bayr. Landwirtschaftsverlag, München, 1968
75. *Kleemann, G.:* Zwei neue Unterkiefer der Steinheim-Gruppe, NR. 1971/119
76. *Ivanhoe, F.:* Der Neandertaler und Rachitis, NR. 1971/223, NR. 1972/75
77. *Gadamer, H. G. u. Vogler, P.:* Neue Anthropologie
   a) Bd. 1 Biologische Anthrophologie 1
   b) Bd. 2 Biologische Anthropologie 2
   G. Thieme, Stuttgart 1972 (Flexibles Taschenbuch)
78. *Bräuer, G.:* Ging der Neandertaler vornübergebeugt? NR. 1972/176
79. *Menke, B.:* Wann begann die Eiszeit, UWT. 1972/214
80. *N. N.:* Trennung der Menschen von Menschenaffen, UWT. 1972/714
81. *N. N.:* Neue Funde-Vorfahren der Menschen, NR. 1973/216, 343, 402
82. *Thenius, E.:* Moderne Methoden der Verwandtschaftsforschung, UWT. 1970/695
83. *Vogel, G.:* Stammesgeschichte des Menschen im Biologieunterricht. PB. 1973/156
84. *Woldstedt, P.:* Das Eiszeitalter, Enke Stuttgart, Bd. 1 u. 2, 1954, 1958

Anhang:

Abkürzungen und Erklärungen wichtiger und im biologischen Schrifttum nicht allgemein gebräuchlicher Termini

Abkürzungen, Allgemeine; Afr. = Afrika, Am = Amerika, As = Asien,, Aus = Australien, Eu = Euorapa, S = Süd-, SW = Südwest- usw.; GrBr = Großbritanien, Frkr = Frankreich, CSR = Tschechoslowakei, SU = Sowjetunion.

Abbévillien
(Pré-Chélléen), Kulturstufe des Altpleistozäns (Frühpaläolithikum): einfache Faustkeile, Abschlaginventare, Klingen, Schaber (geschäftet mit Holz), Kratzer, Funde in Frkr, O-Afr. Mauer, Vertesszöllös, Chou-kou-tien

Acanthodii, Kretzerfische, Stachelhaie = Gnathostomata

Acheuléen, Kulturstufe des Mittelpleistozäns, Werkzeuge wurden erstmalig mit Menschenresten gefunden (Swanscombe, GrBr.), Beidseitig behauene, oval-herzförmig zugespitzte Faustkeile mit geraden Schneiden und Retuschen, Holzspeere u. Knochen als Werkzeuge, Steinheim, vgl. Clactonien.

Acheulian-Man *(Le Gros-Clark)* = Prä-Moustérien Mensch

Acrania, Chordatiere mit einem vom übrigen Körper nicht abgesetzten Kopf, vgl. Branchiostoma (Lanzettfischchen)

Actinistia = Quastenflosser, vgl. Latimeria

Actinopterygii (Strahlflosser), Fische mit Cosmoidschuppen (Actinopterygium), ohne innere Nasenöffnung vgl. S. 137

Actionstele (Leitbündelsystem), in ihr wird das Metaxylem (vgl. Protostele) vom Protoxylem zentripetal nach innen gebildet

Agnatha, kieferlose Vertebraten vgl. S. 128

Ahrensburger Kultur (Grabungen von Stellmoor bei Hamburg), etwa 11 500 v. Ch., Rengeweihe mit nach beiden Seiten zugeschäfter Schneide. An den Geweihstangen werden Kerben angebracht und geknickt; Opferung von Rentieren durch Versenken im Meer

Algen-Organisationsstufen
   Fl.: Monaden, begeißelte nackte Einzeller mit 1 oder mehreren gleichlangen oder verschieden langen Geißeln
   Rh.: Monaden mit unbehäuteten, gestaltverändernden Protoplasten und pseudopodienartiger Nahrungsaufnahme
   GFl.: gepanzerte, gehäusetragende Flagellaten
   KFl.: koloniale Flagellaten mehrzelliger Organisation
   Ca.: unbehäutete Zellen in Schleim liegend, sog. capsales Stadium, bei Chlorophyceen: Tetrasparales
   Co.: behäutete unbewegliche Zellen von fester Gestalt, einzeln oder in Kolonien, geschlechtliche Fortpflanzung, wie motile Stadien nicht vorhanden (z. B. Protococcales)
   Tr.: Zellen zu Fäden aneinander gereiht, einfädig oder mehrfach verzweigt (z. B. Ulotrichales)
   Si.:röhrenförmige Thalli mit mehreren Zellkernen, siphonales St.
   Sik.: mehrkernige Zellen, die zu Fäden oder komplizierteren Thalli zusammengelagert sind, siphonocladiales St.
   Conj.: Conjugates Stadium, ein- oder mehrzellige Lager, Zygotenbildung durch amöboid sich bewegende Protoplasten oder Auxosporenbildung, Zellen von charakteristischer Gestalt (Desmidiales) oder Gehäuse tragend (Diatomaceae)

Alleröd-Zeit, Wärmeschwankung der späten Eiszeit um 11 000 — 9 000 v. Ch., spätes Magdalénien, vgl. Hamburger-Stufe

Allopatrische Artbildung: Entstehen zweier neuer Arten aus der gleichen Ausgangsart an verschiedenen Standorten

Amphicynoidea, urtümliche Säuger des mittleren Tertiär, Vorläufer der Robben und Bären

Amphitheriida = Dryostelida S. 156

Anagenese, höhere Entwicklung von Lebewesen durch schrittweises Entstehen von Merkmalgefügen, die einzeln oder im Zusammenwirken neue Entfaltungsmöglichkeiten und bessere Anpassungen ergeben, vgl. S. 18

Analoge Organe haben die gleiche Funktion, sind aber verschiedener phylogenetischer Herkunft (z. B. Flügel der Insekten und der Vögel)

Anapsida, Reptilien ohne Temporalöffnung (Schläfenfenster) hinter den Augen (Schildkrötenvorläufer)

Anaspida, Agnatha, Vorläufer der Cyclostomier, vgl. Endeiolepis S. 129

Archegosauria, wasserlebende Stegocephalen (Rhachytomier) mit spitzen Schädeln und langen spitzbezahnten Kiefern

Archipterygii, Altflosser, Vorläufer der Quastenflosser (Rhipidistia)

Archipterygium, die Stützknochen der Flossen bestehen aus medianen und axialen Elementen, die seitlich oder distal von den zentralen Knochen ausstrahlen

Archosauria (Thecodonta), bipede kleine Saurier, von denen die Dinosaurier, Vögel und Krokodilier abstammen

Arthrodira, Nackengelenkfische, Placodermi (Panzerfische) vgl. S. 135

Atactostele (Leitbündelsystem), die Bündel erfüllen unregelmäßig gelagert das Gewebe der Achse (Monocotyledonen), es bildet sich kein Kambium und Sekundärholz

Aurignacien, Kulturstufe des Jungpleistozäns mit Steinklingen, Kratzern mit Hobeleigenschaften, spitze Stichel, Bohrer mit Spitzen, vollendete Retuschen mit Nutzkerben, Knochengeräte, speerspitzige Geweihe für Schäftung, Elfenbeinprfieme, Tierskulpturen

Azilien, mesolithische Stufe mit einfachen Klingen, Sticheln und konischen Kratzern (spätes Magdalénien) mikrolithischen Charakters, Asche und Herdspuren, Hirschgeweihharpunen, jedoch noch keine Sichel und Reibsteine, also noch kein Ackerbau festgestellt, weit verbreitet, W-Eu bis zum Rhein, Ofnethöhle, Gr. Br., Span.

Bauriamorpha, triadische Tiere des Reptil-Säuger-Übergangsfeldes, denen am Schädel die Knochenspange zwischen Augenhöhle und Temporalöffnung fehlt.

Bennetitales (Cycadoidea), gefiederblättrige mesozoische Gymnospermen mit zwittrigen Blüten und gut ausgebildetem Perianth (möglicherweise Vorläufer der Angiospermen)

Bölling, Parktundra, Jungpleistozän etwa vor 12 000 Jahren

Brachioganoida = Quastenflosser

Brachiopterygii = Flösselhechte, Quastenflosser

Brachiator, mit den Armen baumhangelnder Menschenaffe

Bradyodonta, fossile Haie bzw. Rochen

Branchiosauria, europ. Vertreter der labyrinthodonten Stegocephalen, vermutlich Larvenformen anderer rhachitomischer St.

Campignien, mesolithische Stufe mit groben schweren Steinwerkzeugen, frühe Tongefäße, erste Mahlsteine (Getreideanbau, Holzkohle von Eiche, Esche), M- bis W-Eu, Ostseeküste, GrBr.

Capsien, spätes Mesolithikum N-Afr (Gafsa, S-Tunis), mikrolithische Klingen und Mahlsteine. Das Gras-Strauchland der Sahara wird in dieser Zeit allmählich zur Wüste, Abwanderung der tropischen Tierwelt nach Süden, aus dieser Zeit ist der erste mesopotamische Ackerbau und das früheste Dorf (Hassuna) bekannt, 5000—4000 v. Ch.

Captorhinomorpha, Cotylosaurier mit hinten kräftigem Schädel, Quadratum zum Tragen des Unterkiefers senkrecht gestellt, langgezogene Kiefer mit vielen spitzen Zähnen

Carinates, Vögel mit Brustbeinkamm

Ceratopsia, diapside Dinosaurier von ornithopodem Typus der Oberkreide (gehörnte Dinosaurier)

Charnia, im Präkambrium von Charnwood-Forest (Leistershire) an Hydrozoen erinnerndes Fossil

Chatelperonien = älteres Périgordien, Aurignacien

Chemofossilien: anärobe Fäulnisprozesses haben durch Verwesung der großmolekularen Verbindungen zu Folgeprodukten geführt, die sich heute noch in den uns erhaltenen alten Gesteinen feststellen lassen, dazu gehören Aminosäuren, Albumine, Harze, Farbstoffe und vor allem unter den Kohlenwasserstoffen Phytan und Pristan, Spaltprodukte des Chlorophyll-Phytols; Kerogen

Chlorophyta, Grünalgen, Chloroplasten bestehen aus Chlorophyll a und b, α und β Karotin, Xanthophyll im wesentlich gleichen Mengenverhältnis wie bei den höheren Pflanzen, Assimilat ist Stärke. Es kommen folgende Organisationsstufen vor: Fl., Kfl., Ca, Co., Tr., Si., Sik., Conj. Sie ist nicht nur die Algenklasse, die die meisten phylogenetischen Organisationsstufen aufweist, sie enthält auch die Formen, die in physiologischer Hinsicht den Landpflanzen am ähnlichsten sind, obwohl ihnen die fortgeschrittene Thallusbildung, wie etwa bei den Braunalgen, die nicht als Vorläufer für die Thallasiophyta angesehen werden könnten, fehlen.

Choanata, die Wirbeltiergruppe umfaßt die Choanichthyes, Amphibia, Reptilia, Aves und Mammalia. Das achsiale Skelett besitzt paarige Gliedmaßen, die Nasenöffnung ist zur Mundhöhle geöffnet.

Choanichthyes, Fische mit Nasenöffnung, vgl. Ostéolepis, S. 137

Chondrichthyes, Wirbeltiere ohne Knochen: Selachii, Chimaera (Holocephali), Actinopterygii, Choanichthyes, Elasmobranchii (Devon) S. 134

Chondrocranium, embryonale Schädelbildung, das Gehirn und das innere Ohr enthaltend, wird später von Deckknochen überlagert

Chondroganoidea, Chondropterygii = Störe

Chordata, Stamm der Tiere mit Notochord, dazu gehören die Protochordata (Urochordata, Cephalochordata) und die Vertebrata (Craniata)

Chorologie behandelt die räumliche Verbreitung von Tieren und Pflanzen

Chrysophyta, kosmopolitische Algen mit gelben bis braunen Chromatophoren (Chlorophyll, Karotin, Xanthophyll), Assimilat meist Öl, nie Stärke, dazu gehören die

Chrysophyceae mit den Organisationsstufen Fl. (1—2 ungleichlange Geißeln), Rh. (bei denen je nach Nahrungsangebot es zur Rückbildung der Chromatophoren kommen kann), Co., Ca., Tr.

Bacillariophyceae (Diatomeae) mit Conj.-Stadium

Xanthophyceae (Heterocontae), Fl. mit 2 ungleichlangen Geißeln, Rh., Ca., Co., Tr., Si-Stadium

Clactonien, europ. Kulturstufe, Unt. Mittelpleistozän (Clacton on Sea, Swanscombe), aus Feuersteinen gefertigte grobe, manchmal leicht nach retuschierte Abschlagwerkzeuge, noch keine gerade zugehauenen doppelseitig bearbeiteten Faustkeile, Speerspitzen aus Holz; mit Fauna des zweiten Interglazials: Altelefant, Mercks-Nashorn, Flußpferd, Ur, Wildpferd, Damhirsch, Edel- und Riesenhirsch

Cladoselache, primitive Haie des Ober-Devon

Coacervate, synthetisch erzeugte Molekülballungen von ineinander sich nicht lösenden Stoffen, die bestimmte Erscheinungen zeigen, wie sie bei Makromolekülen in Zellen auftreten

Coccales-Stadium der Algen, siehe Algen

Coelacanthi, mesozoische Quastenflosser (Kreide)

Coelomopora, Tiere mit bilateralem Furchungstypus, Deuterostomier, umfassen Hemichordata und Stachelhäuter

Collenia, präkambrisches Fossil, Montana-USA, vermutlich Kalkalge

Condylarthra, alttertiäre Huftiere mit raubtierähnlichem Gebiß, vgl. Mesonychoidea

Conjugatae, vgl. Chlorophyta und Algen

Conodonta, winzige zahnähnliche Gebilde bes. aus paläozoischen bis triadischen Sedimenten (Ozarkodina), oft als Leitfossilien wichtig, die ungeklärte Tiergattung könnte zu den Chordatieren zählen

Cope'sche Regel: in den Endreihen einer evolutionären Entwicklung treten Giganten auf

Cordaitales, paläozoische Gymnospermen (Karbon-Perm), Bäume mit Paralleldervigen ungeteilten Blättern und gefächertem Mark, kätzchenförmige Blütenstände, Pollenkammern (das Mikroprothallium lag in ihr, noch keine Pollenschläuche, vgl. Pteridospermae)

Cotylosaurier, frühe Reptilien des Carbon, Seymouria S. 140

Craniata = Vertebrata, zu ihnen zählen Agnatha, Pisces, Amphibien, Sauropsida und Mammalia

Creodonta, urtümliche Raubtiere, Tertiär

Crossopterygii, Quastenflosser, Unterklasse der Choanychthyes, fossil seit Devon

Cryptodira, Schildkröten, die ihren Schädel durch senkrechte S-förmige Bewegung in den Hals zurückziehen

Cryptomonadaceae = Cryptophyceae, Fl. mit asymmetrischem Körper, verschiedene Pigmente in den Chromatophoren, Stärke, auch farblose Typen mit tierischer Ernährung

Cyanophyta (Myxophyta), blaugrüne Algen mit Phycocyan, Phycoerythrin, Chlorophyll als Assimilationspigment im Ectoptoplasma und farblosem Centroplasma. Kein Zellkern, keine Fl., keine generative Funktion, einfache Zellen bzw. Lager

Cycadofilices = Pteridospermae

Cynodontia, kleine Tiere des Reptil-Säuger-Übergangsfeldes der Trias, die wahrscheinlich schon behaart waren und am Schädel Tasthaare trugen (vgl. Theriodontia)

Deltatheridia, Urinsektenfresser, Säuger der Kreidezeit

Dermalknochen = Bindegewebsknochen = Deckknochen, Knochenbildungen, die in der Haut des Embryos entstehen und später tiefer gelagert werden, sie bilden sich aus Mesenchymzellen ohne knorpelige Vorstufe (vgl. Schädelbildungen der Vertebrata)

Diadectomorpha, Cotylosaurier, größer und fortgeschrittener als die Captorhinomorpha mit Spezialisationen am Schädel und Zähnen, Quadratum nach vorn verlagert, am oberen Ende, wo sich Qu. mit dem Schädeldach vereinigt, findet sich eine Spalte, Perm d. Carrooformation, S-Sfr.

Diapsida, Reptilien mit 2 Schläfenöffnungen, die durch postorbitale und squammosale Knochen getrennt sind, fossile Saurier, rezente Schlangen, Eidechsen, Krokodile

Didelphia = Marsupialia, Beuteltiere

Digitigrada, dazu gehören die katzen- und hundeartigen Säugetiere

Dinoflagellata, Dinophyceae vgl. Pyrrophyta

Dinosauria, Schreckenssaurier, große mesozoische Reptilien, die keine natürliche systematische Gruppe darstellen, sondern sich in 2 Ordnungen Saurischia und Ornithischia gliedern

Dirac'sche Paarbildung, die Bildung von Teilchen und Antiteilchen-Paaren (z. B. Elektron-Positron,

Proton-Antiproton) durch Umwandlung elektromagnetischer Strahlungsenergie in Materie (Einstein's Gesetz von Umwandlung in Materie und Energie) (S. 57).

Docodonta, foss. Säugetiere aus dem Jura, bei denen an der Unterkiefergelenkbildung durch Quadratum, Articulare wie Dentale und Squammosum beteiligt waren, S. 156

Dolo'sche Regel, Regel von der Irreversibilität in der Evolution; einmal aufgegebene Merkmale werden nie wieder für die gleiche Art erworben

Dryolestida, aufgrund von säugetier-ähnlichen Zähnen beschriebene Tiergruppe aus dem mittleren Jura

Edaphosauria, pflanzenfressende Reptilien mit langen Wirbelfortsätzen, Perm

Ediacarische Formation S. 51

Einstein'sches Gesetz von der Äquivalenz von Masse u. Energie, (vgl. Dirac'sche Paarbildung und S. 57

Elasmobranchii = Chodrichthyes, Knorpelfische

Embolomera, Stegocephalier der Karbonzeit in Europa, benannt nach ihren aus zwei Scheiben bestehenden Wirbeln

Eobiont, hypothetische Folgestufe des Protobionten (S. 71), von einigen Autoren mit diesem gleichgesetzt. *Kaplan* schreibt ihm die Fähigkeit zu, sich durch Mutation über letzteren hinaus entwickelt zu haben. Die beim P. charakteristische Polyploidie der Gene wird als reduziert (Haplont) angenommen, wie ebenso die unregelmäßigen Zellaggregate. Der dadurch entstandene selektive Vorteil lag darin, daß die Zellen kleiner wurden, geringeren Nahrungsverbrauch hatten und die Zweiteilung aktiv regulierbar wurde, obwohl noch eine unregelmäßige Verteilung der Gene dadurch anzunehmen sein wird. Auf dieser Stufe dürfte es zum ersten Zusammenkoppeln eines lebensnotwendigen Genoms und damit zu einer geregelten Zweiteilung den Genkette (Ringförmige „Verkettung") und Weitergabe auf die Tochterzellen gekommen sein.

Eosuchia, primitive diapside Reptilien, Lepidosauria

Ertebölle, mesolithischer Fundplatz von verschiedenen Muschelschalen als Abfall einer Siedlung; zwischen den Muscheln fanden sich Knochen nacheiszeitlicher Säugetiere sowie Gräten von Nordseefischen, Äxte, Meißel, Hirschhornspitzen, Knochenkämme, Harpunen, einfache Tongefäße

Euglenphyta, Fl. mit metabolisch oder schraubig verdrehtem (Gehäuse) Zellkörper, 1—2 Geißeln, Pigment wie bei Chlorophyta, Assimilat Paramylon, Vermehrung durch Teilung, keine geschlechtliche Fortpflanzung

Euryapsida, Reptilien, deren eine Temporalöffnung durch postorbitale und squamosale Knochen begrenzt wird, S. 143

Eurostomata = Rhipidistia, Breitmäuler

Eustele, die Teilstelen bilden das Xylem zentrifugal (nach außen), dadurch kann außen an das Metaxylem Sekundärxylen (sec. Dickenwachstum) angelagert werden

Eurypterida, paläozoische Ordnung der Arachnoidea (Wasserskorpione)

Eutheria, vgl. Pazentalia

Flagellata, vgl. Organisationsstufe der Algen

Galaxis, Milchstraßensystem

Gravitationsstrahlung, bisher vermutete, aber noch nicht sicher nachgewiesene Massenstrahlung im Kosmos; vgl. S. 59

Ganoid-Schuppe, Cosmoidschuppe mit mehr Ganoid-Substanz, Schuppe primitiver Actinopterygier

Gnathstomata, kieferbesitzende Wirbeltiere, Gegensatz Agnatha

Graptolithen, koloniale Tierfossilien aus Kambrium bis Silur, vermutlich Verwandte der Pterobranchia (Hemichordata)

Grünalgen = Chlorophyta

Hamburger Gruppe, Allerödzeit, spätes Magdalénien, Spaltung von Rengeweihstangen, Ahlen, Nadeln, Speerspitzen (vgl. Ahrensburger Kultur)

Hemichordata = Enteropneusta, Tiergruppe mit für einen Zeitabschnitt entwickeltem dorsalen Neuralrohr. Eine Chorda fehlt, obwohl eine käftige Ausstülpung der Darmwand (Stomochord) an der Basis der Eichel des Balanoglossus mit einer unvollkommen entwickelten Chorda verglichen werden kann

Hertzsprung-Russel-Diagramm, Zustandsdiagramm der Fixsterne, es stellt die Abhängigkeit der Leuchtkraft von der Temperatur der Sterne dar

Heteroconta, vgl. Chrysophyta

Heterostraci = Agnatha

Holocephali = Chimaerae, Seekatzen, Seedrachen

Hologenie, nach *Zimmermann* die Gesamtheit der Organisationsänderungen in Gestalt und Lebensweise der Organismen

Holozän-Alluvium, Zeitabschnitt der letzten 10 000 Jahre

Homologe Organe, herkunftsmäßig gleich, aber funktionsmäßig verschieden (z. B. Vogelflügel, Säugetier-Vorderbein, Menschenarm)

Homonomie, ontogenetische Formähnlichkeit früh unterscheidbarer Organanlagen

Homo Moustériensis, nach *Le Gros Clark* werden alle Neandertaler zugerechnet, die Moustérien-Industrie hergestellt haben

Homo Premousteriensis, neuer Vorschlag von *Le Gros Clark*, alle foss. Menschenarten zwischen Homo erectus und H. neanderthalensis (auch Acheulian-Typus), also die früheren Präsapiens und Präneandertaler, umfassend

Hoyle'sche Theorie behandelt die Entstehung der schweren Elemente bis zum Eisen in der chemischen Evolution

Hubble Effekt, Rotverschiebung der Spektrallinien von weitentfernten Spiralnebeln, gilt als Maß für eine angenommene radial gerichtete Fluchtbewegung des Sternensystems

Hyoid-Bogen, Visceralbogen hinter den Kiefern der Wirbeltiere, von Hyomandibulare und Hyoid gebildet

Ictidosauria, Theriodonotier, Reptilien an der Grenze zum Säuger

Ichthyostegiden, älteste Vierfüßlergruppe mit dem Schädeldach eines Fisches, Tiere zwischen Quastenflosser und den ersten Amplibien stehend

Interzentrum, kleine intermediäre Knochenknötchen, die sich zwischen Pleuracozentrum entwickeln, vgl. Wirbelbau der Reptilien S. 142

Karyomeren, selbständige Chromosomeneinheiten bei niederen Organismen, die später zu Zellkernen verschmelzen können

°K = Grad Kelvin; die Temperatur des Eispunktes des Wassers beträgt danach 273,15° Kelvin

Kerogen, fossil gefundenes Material aus Proben ältester Gesteine (vgl. S. 89); ist identisch mit Sporopollenin der Wandexinen von Pollen und Sporen von Algen (Chara) u. Pilzen

Konvergenz besteht bei Ähnlichwerden von Organen durch gleichsinnige Anpassung und Parallelentwicklung als Ausdruck gleicher oder ähnlicher Funktion und täuscht so u. U. eine phylogenetische Verwandtschaft vor (z. B. Fisch- und Walschwanzflosse)

Labyrinthodontia, Amphibien, deren Zähne gefalteten Schmelz haben

Lemaitre-Modell, vgl. Steady-State-Theorie

Lepidosiren, S-Am. Lungenfische (Dipnoi)

Lepospondyle Amphibien, Vorläufer der Molche, die Wirbel werden nicht knorpelig vorgeformt, sondern unmittelbar als spindelförmige knöcherne Zylinder um die Rückenseite angelegt

Levalloisien (Acheuléen), Kulturstufe des Riß-Würm-Interglazials, Faustkeile aus zerschlagenem Feuerstein

Magdalénien, Kulturstufe des Endes der letzten Eiszeit, 30 000 bis 10 000 v. Ch.; es gliedert sich in verschiedene Unterstufen: I—III: Knochenindustrie, Speerspitzen verschiedener Typen, IV: Speerspitzen mit Einkerbungen, Harpunen aus Rentier- und Hirschgeweihen, V: Harpunen mit dornförmigen Widerhaken, VI: Harpunen mit doppelreihigen Widerhaken, verbesserte Steinwerkzeuge, Speerschleudern, charakteristisch sind die sog. Kommandostäbe (Zauberstäbe)

Maglemose Kultur, etwa um 6000, Beginn der Besiedlung Skandinaviens (Seeland, Duvensee), mesolithische Kultur mit bearbeiteten Feuersteinen, langen Schabern, Beile, gelochte Äxte, Werkzeuge aus Geweihen, Knochen, Funde von sog. Binsenkeramik (Juncusgeflechte mit Tonerde bestrichen)

Maurer Waldzeit, unteres Alt-Pleistozän, Begleitfauna des Homo Heidelbergensis, S. 193

Megapc siehe pc (Parsec)

*Meckel*sche Knorpel bilden den Unterkiefer (Mandibularbogen) des Embryos der Gnathostomier, der ausgewachsenen Knorpelfische (Elasmobranchii); bei den anderen Wirbeltieren entstehen aus ihnen das Artikulare und später der Hammer (Malleus) der Mittelohrknochen S. 160

Mesonychoidea, älteste Huftiere mit noch raubtierähnlichem Gebiß, gelten als Ancestoren der Wale als auch der Huftiere

Mesosuchia, Krokodile des Mesozoikums

Metatheria = Marsupialia, Beuteltiere

Metaxylem, Holzbildung, sich unmittelbar an das Protoxylem anschließend

Microsphären (*Fox*) (vgl. Coacervattropfen, *Oparin*), die ersten aus Proteinoiden thermisch gebildeten zellähnlichen Aggregate, deren doppelmembranige zarte Hüllen Knospung als Tropfenteilung zeigen. Die Proteinoide besitzen bereits Enzymfunktion.

Milankovic Hypothese der Eiszeitentstehung stützt sich auf die Überlegung, daß die Strahlungsmenge, die die Erde von der Sonne empfängt, infolge der Schwankung der Erdbahnelemente (Neigungsänderung der Erdachse) Veränderungen unterworfen ist. Damit verbindet sich ein Wechsel der aufgefangenen Energie der Temperaturschwankungen auf der Erde bedingt

Monotremata, Kloakentiere, dazu gehören Ornithorhynchus (Schnabeltier), Echidna (Ameisenigel), Zaglossus (Schnabeligel)

Mosasauria, krokodil-ähnliche Hochsee-echsen der Kreidezeit

Mosbachium, kontinentale warmgemäßigte Zeit des unteren Alt-Pleistozäns, wahrscheinlich einzustufen zwischen Maurerwaldzeit und alpinem Günzvorstoß. Neben europäischen Eiszeittieren finden sich noch Säbelzahntiger, Flußpferd, Hyäne, Steppenelefant in Europa, Geröllgeräte (vgl. Üb. 18)

Moustérien, Kulturgruppe des Neandertalers, Mittel-Jungpleistozän, Moustérien I: Früh-Levalloisien, II: Spät-Levalloisien, Tayacien, Warmzeit, III: noch mit gemäßigter Fauna, IV—VI: letzte Kaltzeit (Würmeiszeit). Gute Inventare gefunden besonders in La Quina, Ehringsdorf, Salzgitter, u. a. Sorgfältig retuschierte Steininventare (Schaber, Messer ohne Schäftung, Handspitzen, Doppelspitzen, gelegentlich auch Pfrieme aus Knochen) sind vermischt mit Knochen, Totenbestattung und Bauten bereits nachgewiesen.

Multituberculata, herbivore Säuger des Jura bis Eozäns, nagetierartige Gebisse mit vielhöckerigen Zähnen

Natufians, mesolithische Kultur (Mugharet el Wad, Mt. Carmel, Palästina), Knochenhandgriffe von Erntemessern, Feuersteinspitzen mit patinierten Schneiden; Getreidebau (Weizen, Gerste) zeigt besonders die Fundstelle Qalat Jarmo (Mossul) 5000 (C 14 Methode), außerdem sind nachgewiesen Schaf, Ziege, Rinder, Schweine und Hunde, Feuersteinwerkzeuge

Nothosauria, triasische Reptilien mit verlängerten gehfähigen Beinen, aber bereits zu Paddeln umgestalteten Füßen

Notochord, Rückgratstrang, eine Ansammlung stark vakuolisierter von einer Hülle umgebener Zellen, die sich zwischen Neuralrohr und den Eingeweiden bildet. Es ist vorhanden bei erwachsenen Hemichordaten, Lanzettfischchen und larvalen Tunicaten. Bei den übrigen Wirbeltieren findet es sich im Larvenstadium und später als Rest in den Wirbeln

Ornithischia, vogelbecken-ähnliche Dinosaurier, vielgestaltige Formen des Jura und der Kreidezeit. Os pubis und Ilium des Beckens sind nach hinten gedreht, fast in Parallelstellung zum Ischium. Zähne auf dem Vorderabschnitt des Ober- und Unterkiefers fehlen, ein schnabelähnliches Prädentale tritt am Unterkiefer auf. Die Molaren sind zum Kauen von Pflanzen eingerichtet, kaum zweibeinige Typen, die Zehen tragen flache Nägel und Hufe, nie Klauen, S. 147

Ornithopoda, ursprüngliche Ornithischier, semiaquatische Pflanzenfresser, Vorderschädel schnabelartig gestaltet, bipede Formen

Osteopterygii, Osteichthyes, Knochenfische, die sich wahrscheinlich aus gnathostomen Placodermen entwickelt haben, S. 137

Panmixie, zufallsmäßige vollständige Kreuzung der Individuen einer Population

Pantotheria, mesozoische Säuger, S. 158

Parallelitätsbegriff bezieht sich auf funktionelle Merkmale, die die Ähnlichkeit eines Organs darstellen, ohne daß direkte verwandtschaftliche Beziehungen vorhanden sind

Parapsida, Ichthyopterygia, Ichthyosauria, Reptilien, deren eine Temporalöffnung durch postfrontale und supratemporale Knochen begrenzt sind S. 144

pc = Parsec, astronomisches Fernmaß, 1 pc = 3,26 Lichtjahre = $3,08 \cdot 10^{13}$ km

Pelycosauria, Reptilien mit langen Fortsätzen an den Wirbeln, zu den Synapsiden gehörig, Ob-Karbon-Unt-Perm, N-Am., S. 153

Périgordien, Kulturstufe der letzten Eiszeit, vgl., Aurignacien

Phaeophyta (Braunalgen), Chromatophoren aus Chlorophyll a und c, Xanthophyll und Karotin β gebildet, Glycide, Laminarin, Mannit, Öl, keine Stärke, verzweigte Trichome und komplizierte Thalli bildend. Verwandtschaftliche Beziehungen zu den Chrysophyta feststellbar (Pigment). Die Generationswechsel zeigen Ausbildungen, wie bei den Thallasiophyten, obwohl letztere kaum von diesen herzuleiten sein werden. Fossil vielleicht schon seit Silur, sicher ab Trias.

Phytosauria = Thecodontia, frühe Säuger der Trias

Pinnealapparat, die ursprünglich zwei Auswüchse des Vorderhirnes liegen innerhalb des Deckknochenschädels. Der vordere, das Parietalorgan mit augenähnlicher Struktur findet sich noch bei Sphenodon (Pinnealauge, Scheitelauge) und verkümmert bei den Cyclostomiern, reduziert oder fehlend bei den übrigen Vertebraten. Der hintere Auswuchs bildet später als drüsiges Gewebe die Epiphyse. S. —

Pinnipedia, aquatische Säugetiere (Robben, Seehunde usw.)

Placodermi, kiefertragende Panzerfische (Silur-Devon), vgl. Gnathostomier

Placoid-schuppen, Denticles, zahnähnliche Schuppen der Hautbedeckung bei Elasmobranchiern (Knorpelfischen), bestehen aus Dentin mit einer pulpa-ähnlichen Höhle

Plakula, Vorstadium einer mit Gastralhöhle und Urmund versehenen Gastrula, gilt als Organisationsform für Trichoplax adhaerens (Placozoa) S. 115

Plantigrada, Säuger mit vollständig erhaltenem Extremitätenbau

Pleuracanthidae, aberranter Seitenzweig der Haie, Süßwasserfische des späten Paläozoikums

Pleurodira, foss. Schildkröten der Kreide und des Tertiärs, die ihren Hals seitlich abbogen, um den Kopf in den Panzer zu ziehen

Polystele, siehe Protostele

Primofilices, Protopteridales, mitteldevonische Urfarne mit deutlicher Differenzierung in Achse und blattartigen Gebilden, S. 100

Proteinoide, aus Aminosäuren meist durch thermische Kondensation ("Polymerisation", Fox) entstandene eiweißähnliche Verbindungen. Sie werden als Vorstufen der biogenen Makromoleküle der Zellen angesehen

Protobiont, abiotisch aus „Ursuppenstoffen" gebildete biotische Systeme aus verschiedenen $\pm$

großen Klümpchen mit nicht immer für den Lebensprozeß notwendigen Protein und Nucleinsäuremolekülen. Sie dürften bereits einen primitiven Replikationsapparat besessen haben, wobei die Nucleosidphosphate als Gene und Messenger zu gleich, die Proteine als Bausteine und Moleküle mit Replicasefunktion gedient haben könnten. Durch Aufnahme von Aminosäuren und energieliefernden Nucleosid-Triphosphaten dürften sie ihren Bestand langsam erweitert d. h. sich vermehrt haben. Die genetische Substanz war ursprünglich unregelmäßig polyploid, zufällige unregelmäßige Duplikation, je mehr Gene vorhanden, umso größer dürfte die Fähigkeit gewesen sein, sich zu vermehren. Nach foss. Funden, die mit diesen oder ähnlichen Systemen verglichen werden könnten, dürfte diese Evolutionsstufe vor 4,4 Md. Jahren, sicher aber bereits vor der Fig-Tre-Zeit erreicht worden sein (S. 71) (vgl. Eobiont)

Protochordata, Prochordata, Bezeichnung für die Tiergruppe, die mit den Wirbeltieren verwandt ist, die Kiemenspalten, Notochord und dorsale Nervenstränge besitzt. Zu ihr zählen die Acrania (Lanzettfischchen), Urochordata, Hemichordata

Protococcales, vgl. Chlorophyta

Protorosauria (Euryapsida), aus labyrinthodonten Cotylosauriern des Perm hervorgegangene kleine eidechsenartige Reptilien, S. 143

Protostele, zentral in der Achse liegendes Leitsystem (Rhynia, Moose) aus Protoxylem, später aus Metaxylem bestehend. Die Polystele bestehen aus mehreren Protostelen, Plectostele stellt ein Zwischenstadium zwischen Polystele und Actinostele dar.

Protozoa, Urtiere, meist einzellige Lebewesen, farblose und rhizopodiale Fl., Rhizopoden, Gehäuse tragende Rhizopoden, Ciliaten, also einzellige, auch in Kolonien lebende Wesen mit z. T. recht komplizierten Fortpflanzungsverhältnissen und tierischen Ernährungsweisen. Formenfülle und Fortpflanzungsmannigfaltigkeit weisen diese heterogenen Gruppen als Endreihen einer langen Evolution auf. Gehäuse tragende Formen haben sich in verschiedenen Erdzeitaltern an der Gesteinsbildung beteiligt.

Pseudosuchia = Thecodonta, frühe Säuger der Trias

Psilophytales, Nacktfarne, älteste Landpflanzen (Devon) mit Rhizomen und dichotomer Verzweigung, Luftsprosse mit Protostelen, blattlos oder kleinblättrig, endständige Sporangien

Pteridospermae, Cycadofilices, karbon-permische Gymnospermen mit farnähnlichen Wedeln und Gefäßsystemen, Mikro- und Makrosporophyllen und Samenbildung, S. 105 ff

Pterobranchia, kleine Meerestiere, ähnlich pflanzlichen Kolonien, verwandt mit Enterospneusta bzw. Graptolithen

Pterophyta: Pteriophyta (Bärlappe, Schachtelhalme, Farne) und Blütenpflanzen

Pterosauria, von Archosauriern abstammend; die Vögel stammen nicht von ihnen ab, sondern von einem zweiten Archosauriertypus, bei welchem sich an Stelle der Flughaut Federn und umgebildete Vordergliedmaßen entwickelt haben

Pyrrophyta, braune Algenreihe mit Chlorophyll und Karotinoiden, Stärke, sie gliedert sich in die Desmophyceae (Desmokoten) mit Fl. und Ca-Stadium, Dinophyceae (Dinoflagellaten) mit Fl., Rh., GFl., Co und Tr.

Rhachipterygii = Rückgratflosser

Rhachytomia, große schwere Stegocephalen des texanischen Perms, Landtiere (Eryops bis 1,5 m lang) S. 140

Rhipidistia, devonischer Seitenzweig der Quastenflosser, den australischen Lungenfischen ähnlich, kann als Basisgruppe der Tetrapoden gelten, Bindeglied zwischen primitiven Knochenfischen (Osteolepis) und den ersten Amphibien

Rhodophyta, Rotalgen, enthalten Chlorophyll a, Karotinoide, Phycoerithrin, Phycocyan, bilden keine begeißelten Gameten mehr, Ca., Tr., und kompliziertere Thalli

Rhynchocephalia, Brückenechsen, Sphenodon

Rhyniales, vgl. Psilophyta

Sarcopterygii (fleischflossige Fische) = Kinocrania (Schädelbeweger mit Nasenöffnung) = Choanychthyes

Saurischia, Dinosaurier mit Reptilienbecken, es erscheint von der Seite gesehen 3strahlig mit nach unten vorn zeigendem Pubisknochen unterhalb des Ilium und nach unten rückwärts reichendem Ischium. Die meist bipeden carnivoren Tiere haben die spitzen Zähne über beide Kiefer verteilt S. 143

Sauropoda, große sekundär quadriped gewordene pflanzenfressende Saurischier des Jura und der Kreidezeit

Sekundärxylem, durch ein Kambium sich aus Proto- bzw. Metaxylem bildendes Sekundärholz

Seymouriamorpha, primitive Landtiere mit amphib-reptilhaftem Aussehen, die sich von den Embolomeren mit labyrinthodontem Gebiß herleiten.

Singularität des Alls: Urzustand des Kosmos mit einer Dichte von 10^{14}—10^{15} gr/cm³, der einer Kugel mit dem Halbmesser der Marsbahn entsprochen haben soll

Siphonales, vgl. Chlorophyta

Siphonocadiales, Chlorophyta

Siphonostele, Metaxylemring von Protoxylem gebildet

Solutréen, Kulturschicht des Crômagnon-Menschen, Steingeräte bestehen aus dünnen gut retuschierten blattartigen Bildungen, viele Funde in Frkr. und Süddeutschl., mit Tierknochen von Ren, Höhlenbär, Rind, Mammut, Wildpferd

Sphenacodonta = Ophiacodonta (Pelycosauria), permische Reptilien mit langen Dornfortsätzen an den Wirbeln, S. 153

Sporopollenin vgl. Kerogen

Steady-State-Theorie *(Lemaitre* Modell) nimmt Kräfte an, die u. U. im kosmischen Geschehen die Gravitationskräfte aufheben, dadurch müßte auch eine entgegengesetzte kinetische Kraftwirkung möglich sein

Stegocephalia, Panzerlurche, Dachschädler, Karbonische Amphibien

Stegosauria, Panzerplattensaurier S. 148

Stegoselachia, Rhenanida, Althaie, Gnatostomier

Stele (= Säule), in den Achsen der Sproßpflanzen ausgebildete Leitsysteme, ontogenetisch (wahrscheinlich auch phylogenetisch), erscheint erst das Protoxylem, das sich noch in den primären Geweben in Metaxylem und dann sekundär durch das Kambium gebildete Sekundärholz differenziert

Stereospondylen, aquatische, große Amphibien der Triaszeit mit labyrinthodonten Zähnen, bei denen eine sekundäre Umwandlung von Knochen zu knorpeligen Skelett festgestellt wurde. Sie stammen von den Rhachitomiern des Karbon-Perm ab

Stomochord vgl. Notochord und Hemichordata

Symmetrodonta, foss. Säugetiere der Jura-Kreide-Zeit

Sympatrische Artbildung, Herausbildung zweier neuer Arten aus der gleichen Ausgangsart, S. 12

Synapsida, säugetier-ähnliche Reptilien mit einer Temporalöffnung, die unten durch postorbitale und squammosale Knochen begrenzt ist

Tardénoisien, mittelsteinzeitliche Industrie aus besonders vielgestaltigen kleinen Spitzen (Mikrolithen) bestehend, die offenbar in Holz eingespannt wurden, verbreitet in S-W-Eu, N-Afr und Indien

Tayacien (Spät-Acheuléen, Spät Levolloisien), eine Schicht, die Knochen verschiedener Tiere enthielt, in welcher sich auch der Schädel von Fontéchavade befand

Teleostei, Unterklasse der Actinopterygii, Knochenfische

Teleostomi: Actinopterygii, Crossopterygii (Knochenfische), nicht dazugehörig Dipnoi (Lungenf.)

Telome, oberirdische Triebe, deren Epidermis bereits Spaltöffnungen enthält, an den unterirdischen bzw. bodennahen Trieben entwickeln sich aus den Oberflächenzellen Rhizoiden

Temporalöffnung, seitliche Fenster hinter der Augenhöhle, S. 143

Tetrasporala, vgl. Chlorophyta

Thallasiophyta, aus dem Kambrium und Silur fossil belegte Urtange, die als Vorläufer der Landpflanzen angesehen werden

Thecodonta, Archosaurier, diapside Reptilien der Trias

Therapsida, von Pelycosauriern abstammende Säugetiervorfahren, mittelpermisch bis triasische Reptilien mit differenzierten Zähnen, starker Vergrößerung des Temporalfensters, bes. aus der Karroo-Formation S-Afr.

Theriodontia, kleine karnivore Reptilien mit differenziertem Gebiß, Säugetiervorläufer der Perm-Trias Zeit, fortgeschrittener als Therapsida, Karroo-Formation, S-Afr.

Theromorpha, Vorläufer der Säugetiere, dazu gehören Pelicosaurier, Therapsida

Theropoda, spättriassische Dinosaurier (Saurischia) mit kurzen Vorderbeinen und vogelartigen Laufbeinen, Coelphysis, Ornithosuchus, S. 147

Thylacoide, Chlorophyllkörper der Purpurbakterien

Triconodonta, Säugetiere des Jura, charakteristisch wegen ihrer dreihöckerigen Molaren

Trilobita, Dreilappkrebse, Arthropdenklasse des Kambrium-Silur

Tritylodontia, vgl. Ictidosauria

Unguligrada, vgl. Ungulata, Huftiere

Urochordata = Tunicata, Ascidia

u-Wert, das aus dem radioaktiven Zerfall errechnete Alter der Elementenstehung, vgl. w-Wert

Villafranchien, Kulturstufe des Pliozän-Frühpleistozän, 3—1 Mill. Jahre, Geröllgeräte (Olduval-Bed I), Auftreten erster echter Pferde im euroafrikanischen Raum

Visceralskelett besteht aus 5 Kiemenbögen, die davor gelegenen Kiemenbögen wurden umgewandelt. Dem ersten Kiemenbogen entspricht der Kiefergaumenbogen (Palatoquadratum und Unterkiefer), dem zweiten (Zungenbeinbogen) der Kieferstiel (Hyomandibulare) und Zungenbein (Hyoid). Zwischen den Kiemenbögen liegen die Kiemenspalten, zwischen Kiefergaumenbogen und Zungenbeinbogen als Rest das sog. Spritzloch, S. 129, 133

Watson'sche Mosaikregel: die Entwicklung von Reptilien zu Säugern ist durch ein Mosaik von Neuerwerbungen im Verlaufe der Evolution erreicht worden, das keine strenge Grenze innerhalb dieses Trends zuläßt

w-Wert, das aus dem radioaktiven Zerfall errechnete Alter der Mineral- bzw. Gesteinentstehung, vgl. u-Wert

Xenusion auerfeldense, in einem Findling aus Skandinavien (kambrischer Sandstein?) in der Mark Brandenburg gefundener fossiler Abdruck, der an einen Wurm oder frühen Arthropoden erinnert.

VERHALTENSLEHRE

von Oberstudiendirektor Dr. Hans-Heinrich Vogt

Alzenau

A. Einleitung zur Verhaltenslehre

In den letzten 20 Jahren hat die Verhaltenslehre zunehmend an Bedeutung gewonnen. Dies ist nicht nur auf die verstärkte wissenschaftliche Forschungsarbeit zurückzuführen, sondern auch auf die große Resonanz dieser Arbeit in der Öffentlichkeit. Das Fernsehen hat als adäquater Vermittler das Interesse weiter Kreise geweckt, und populäre Darstellungen in Buchform taten das ihre. Das Studium der tierischen Verhaltensweisen befreite die Zoologie von einer gewissen Stagnation, in die sie in den Augen des Laien zu geraten drohte, und gab der Schulbiologie neue Impulse. Begnügte sich beispielsweise der Lehrplan in Bayern noch vor wenigen Jahren mit der Feststellung „Hinweis auf Verhaltensforschung", so wird jetzt bestätigt, daß diese Fachrichtung „für die menschliche Gesellschaft und ihre Zukunft bedeutsam" sei und entsprechend berücksichtigt werden müsse.
Der Weg, auf dem den Schülern das Wesen der Verhaltenslehre nahezubringen ist, wurde schon frühzeitig diskutiert [22, 70]. Neuere Lehrbücher für den Biologieunterricht räumen dem interessanten Gebiet meist einen breiten Raum ein, wobei im Gegensatz zu vergangenen Jahren auch in der Unter- und Mittelstufe auf die allgemeinverständlichen Zusammenhänge eingegangen wird. Es ist hier nicht der Ort, methodische oder didaktische Fragen zu klären; vielmehr beschäftigt uns im vorliegenden Rahmen nur die experimentelle Praxis. Dennoch bedarf jede Darstellung einer gewissen Systematik. Deshalb sei für unsere Zwecke eine Reihenfolge gewählt, die gleichzeitig als Leitlinie für den Oberstufenunterricht gewählt werden kann. An anderer Stelle wurde hierauf genauer eingegangen [69]. Diese Art der Darbietung des Stoffes ist jahrelang in der Oberstufe erprobt. In Unter- und Mittelstufe wird auf das Verhalten im Rahmen der speziellen Zoologie eingegangen.
Wenn wir im folgenden nur einen stark vereinfachten Überblick über die Verhaltenslehre geben, so geschieht dies mit Rücksicht auf die Gesamtheit der biologischen Themen, die der Unterricht zu behandeln hat. Tieferes Eindringen in das Stoffgebiet vermittelt die Fachliteratur [5, 18, 34, 48, 64, 72]. Im folgenden Text sind möglichst häufig die gleichen Literaturquellen zitiert, damit der Lehrende sich auf relativ wenig Material stützen kann.
Viele verhaltenskundliche Experimente sind im Band 2 (Tierkunde) beschrieben; sie wurden hier nicht wiederholt.

B. Die Praxis des Unterrichtsgebietes Verhaltenslehre

Wer in der Verhaltenslehre nach den Möglichkeiten praktisch-experimenteller Betätigung sucht, wird drei Umstände berücksichtigen müssen:
1. Die Beobachtung und (in der Oberstufe) Deutung von Verhaltensvorgängen bei Tieren ist an vielen Objekten möglich.
2. Diese Beobachtungen und Deutungen verlangen jedoch im allgemeinen einen Zeitaufwand, der während des Unterrichts nicht zur Verfügung steht. Eine gute Einführung in derartige Untersuchungen ist zu empfehlen [23].
3. Wer im Unterricht auf Benotung angewiesen ist, wird wenig „abfragbaren" Stoff zusammentragen können, wenn er nicht eine straffe theoretische Darstellung vorzieht.

Diese gegensätzlichen Gesichtspunkte bringen es mit sich, daß aus Zeitmangel meist eine systematische Durchnahme des Stoffes im oben angeführten Sinn [69] bevorzugt wird und die entsprechenden Experimente und Beobachtungen in Form von Versuchsprotokollen aus der Literatur entnommen werden. Hiergegen ist im üblichen Unterrichtsverlauf nichts einzuwenden. Steht jedoch eine Arbeitsgemeinschaft zur Verfügung, so sollten Untersuchungen der Art, wie sie im folgenden zu schildern sind, nicht übergangen werden. Auf Arbeiten, die sich über lange Zeit hinziehen oder die größere Versuchstiere und besondere Haltungsmethoden erfordern, ist aber auch dann zu verzichten, da der Aufwand kaum im Verhältnis zum Nutzen für den Schüler steht. Auf solche Experimente geht daher die Darstellung in unserem Rahmen nur in Einzelfällen ein.

I. Begriffsbestimmung

Es ist wichtig, dem Schüler von Anfang an klar zu machen, daß das Eindringen in die Erlebniswelt eines Tieres — wenn überhaupt — nur auf dem Weg über naturwissenschaftliche Methoden erfolgen kann. Ob die Beobachtung des Verhaltens uns allerdings jemals die Empfindungen eines uns fremden Wesens zu vermitteln vermag, bleibt fraglich [24]. Die Unterschiede zwischen den Begriffen Ethologie, Tierpsychologie, Verhaltenslehre, Verhaltensforschung, Verhaltensphysiologie sind im Oberstufenunterricht Ausgangspunkt der Betrachtung:

Die Ethologie ist aus der Tierpsychologie hervorgegangen. Als „Tierseelenkunde" versuchte sie ursprünglich, Einblick in das Gefühlsleben der Tiere zu gewinnen. Während die Psychologie beim Menschen sich immerhin auf Aussagen stützen kann, ist dies bei Tieren nicht möglich, und so waren die Ergebnisse entsprechend unsicher [55]. Zu Beginn unseres Jahrhunderts setzte sich dann allmählich die Ansicht durch, man könne durch exakte Beobachtung des tierischen Verhaltens Rückschlüsse auf die inneren Vorgänge ziehen. So bildete sich nach und nach die Methodik der Verhaltensforschung aus, die ihre Ergebnisse in einer Verhaltenslehre zusammenfaßt. Als Ethologie beschreibt sie heute das Tier auf Grund objektiver Feststellungen und unter möglichst weitgehender Vermeidung subjektiver psychologischer Deutungen [8]. Fundament der Ethologie sind „Verhaltenskataloge", sogenannte Ethogramme, in denen die Reaktionen der Tiere in ihrer Gesamtheit registriert und auf innere und äußere Ursachen zurückgeführt werden. In Form der vergleichenden Ethologie liefert die Verhaltensforschung heute wichtige Beiträge zur Systematik und ergänzt oder korrigiert frühere Befunde [48]. Die Bezeichnung Verhaltensphysiologie wird heute gleichbedeutend mit Verhaltensforschung und Ethologie gebraucht. Ihrer Herkunft nach geht die Benennung auf die Physiologie zurück, stellt also die Funktionen des Tierkörpers und seiner Organe in den Vordergrund. Da diese aber von den Verhaltensvorgängen nicht zu trennen sind, erübrigt sich eine Unterscheidung. Verschiedene Aspekte des Themas behandelt auch *Siedentop* in Methodik und Didaktik des Biologieunterrichts, 2. Auflage, Heidelberg 1968, S. 230 ff.

II. Praktische Hinweise für den Unterricht

1. Unterrichtsziel: Unterscheidung von Instinkthandlung und Verstandeshandlung

„Dem Begriff Instinkt haften insofern Mängel an, als er durch langen Vulgärgebrauch ein diffuses, weites Bedeutungsfeld um sich hat" [8]. Da es um konkrete Betrachtung bestimmter Verhaltensweisen geht, sollte man im Unterricht besser die Bezeichnung Instinkthandlung wählen. In der Literatur findet man meist nur allgemeine Definitionen, von denen hier einige wiedergegeben seien:
„Die Instinkthandlung ist eine starr nach ererbten Gesetzen ablaufende Handlung, die durch ganz bestimmte innere und äußere Reize ausgelöst wird" [69].
„Verhaltensweisen, die bei allen Angehörigen einer Art in völlig gleicher Weise auftreten, wurden als Instinkthandlungen bezeichnet. Sie sind angeboren" [14].
„*W. H. Thorpe* (1951) spricht vom Instinkt als einem ererbten angepaßten Koordinationssystem innerhalb des Zentralnervensystems, das sich bei Aktivierung in Erbkoordinationen ausdrückt, hierarchisch organisiert ist, Spontaneität zeigt und die Bereitschaft, auf bestimmte Schlüsselreize anzusprechen" [zit. nach 18].
„Unter Instinkt versteht man ererbte sinnvolle Verhaltensmuster bei Tieren oberhalb von Reflexen und Taxien. Vom Reflex und der -kette zeichnet sich der Instinkt dadurch aus, daß er spontan im Leerlauf realisierbar ist. Während Reflexe gewissermaßen auf Abruf wartend bereitliegen und nur auf den adäquaten Reiz hin in Erscheinung treten, werden Instinkte je nach Grundstimmung des Organismus durch die Bildung eines sogenannten Aktionspotentials in den Zustand erhöhter Ablaufbereitschaft versetzt, die das Tier veranlassen kann, im Appetenzverhalten die (end-)instinktauslösende und damit erregungsverzehrende Situation aufzusuchen. Bei sehr hohem Aktionspotential können Instinkte auch im Leerlauf ausbrechen, wenn der adäquate Reiz fehlt" [8].
„Instinkte sind angeborene, artspezifische Fähigkeiten" [24].
„So will ich vorläufig einen Instinkt definieren als einen hierarchisch organisierten nervösen Mechanismus, der auf bestimmte vorwarnende, auslösende und richtende Impulse, sowohl innere wie äußere, anspricht und sie mit wohlkoordinierten, lebens- und arterhaltenden Bewegungen beantwortet" [64].
Verstandeshandlungen werden ebenfalls im allgemeinen nicht streng definiert. Man sollte daher auf folgende Kriterien achten [69]: Bei Verstandeshandlungen spielt das logische Vorgehen eine wesentliche Rolle. Sie sind an mehr oder weni-

ger komplizierte Denkvorgänge gekoppelt, treten daher nur beim Menschen und bei den höchst entwickelten „Gehirntieren" auf.
Der Denkprozeß prüft verschiedene Möglichkeiten, ohne sie in der Praxis durchzuprobieren. Verstandeshandlungen kombinieren Bekanntes in neuer Weise und sind zukunftsorientiert.
Das Unterrichtsziel „Unterscheidung von Instinkthandlung und Verstandeshandlung" ist in Unter- und Mittelstufe einerseits und in Oberstufe andererseits nicht mit den gleichen Mitteln zu erreichen. Im ersten Fall wird man an typischen Beispielen einfache Handlungsweisen aufzeigen:
Gekäfigte Zugvögel zeigen zu gegebener Zeit Zugstimmung [54]. (Hierzu Vergleiche mit nichtziehenden Vögeln im Käfig anstellen lassen, Beobachtung von Schülern!)
Palolowürmer in ihrer Abhängigkeit von der Mondphase [69].
Hühner auf dem Hühnerhof; entweder Literatur [2, 3] oder Beobachtung durch Schüler.
Reaktion der Zecke auf den Reiz „Buttersäure" [14, 67].
In der Unter- und Mittelstufe genügt das Aufzeigen einzelner Beispiele, verbunden mit Beobachtungen an Haustieren oder gestützt auf Literaturbeispiele. Es soll erreicht werden, daß die aus der Kinderzeit übernommenen Vorstellungen vom „königlichen Löwen", „schlauen Fuch", „dummen Esel" usw. korrigiert werden.
Für das Verständnis der Verhaltensforschung auf der Oberstufe ist auch bei Behandlung des Instinktbegriffs schon die Kenntnis von Bau und Funktion des Nervensystems Voraussetzung.
Wo es angeht, wird man stets den Instinkthandlungen die Verstandeshandlungen (des Menschen) gegenüberstellen: Wie würden wir uns in diesem Fall verhalten? Daran läßt sich das Wesentliche der Verstandeshandlungen im Sinn der angegebenen Kriterien am leichtesten erarbeiten. Einige Beispiele für Verstandeshandlungen:
Kleine Kinder benennen zunächst ihr Essen mit „ham-ham", ihren Vater mit „papa"; sehen sie den Vater eines Tages essen und formulieren sie dies als „papa ham-ham", so ist Bekanntes neuartig verknüpft, verständig gehandelt.
Das Sprechen ist ganz allgemein eine Verstandeshandlung, denn der Sprechende muß Wörter zu neuem Sinn zusammensetzen und das Ergebnis schon in Gedanken voraussehen (Zukunftsorientierung).
Das Einwerfen einer Münze in einen Automaten hat nur Sinn, wenn Ware im Automaten vorhanden ist. Man handelt verständig, wenn man die Münze nicht einwirft, falls das Gerät leer ist (logischer Schluß: „Wo nichts drin ist, kann nichts herauskommen").

2. Unterrichtsziel: Äußere und innere Reize bei Instinkthandlungen

Schon in Unter- und Mittelstufe kann auf die Umweltabhängigkeit der Instinkthandlungen eingegangen werden. Die Oberstufe wird nach Kenntnis der Zusammenhänge des Hormonhaushalts und des Nervensystems vor allem auf die inneren Reize hinzuweisen sein. Hier seien Beispiele angeführt, die sich für allgemeine Erläuterung des Problems eignen.

a. Vögel:

Beobachtungen an jungen Singvögeln: Geeignet sind Arten mit offenen Nestern, die in Sträuchern niedrig angelegt werden, zum Beispiel Amseln. Dehnt man die

Untersuchungen nicht zu lange aus, so stören sie die Vögel nicht. Zahl der Fütterungen durch die Altvögel (Protokoll durch Schüler). Was tun die Jungvögel bei Ankunft der Eltern? Was tun die Altvögel? Ersatz der Altvögel durch einen darübergehaltenen Gegenstand (Faust des Beobachters); dieser Versuch ist sehr eindrucksvoll, doch darf man ihn wegen zentraler Ermüdung nicht zu oft wiederholen. Frage: Wie muß der Gegenstand beschaffen sein, wenn er noch das Sperren auslösen soll? Hierzu Literatur [64]. — Man sollte darauf hinweisen, daß das Sperren bei noch blinden Singvögeln durch taktile Schlüsselreize ausgelöst wird. Dies läßt sich besonders gut an jungen Blau- oder Kohlmeisen im künstlichen Nistkasten nach Abnehmen des Deckels zeigen. Vibration durch die Hand, die den Kasten hält, bedingt Sperren.

Der rote Fleck am Schnabel der Silbermöwe: Hierzu stellt man sich am besten Papp-Attrappen mit verschiedenen Schnabeltypen her, wie sie die Literatur angibt [64, 71]. Originalversuche sind kaum möglich, doch ist das Thema auch bei bloßer Beschreibung gut auszuwerten.

Raubvogelattrappe bei jungen Hühnern, Enten und Gänsen: Wenn bei Schülern entsprechende Voraussetzungen gegeben sind (Kinder vom Land), kann man nach dem Ausschneiden einer Papp-Attrappe und Aufhängen an Draht die Reaktion bei Jungvögeln beobachten lassen (umfangreicheres Protokoll oder Jahresarbeit in der Oberstufe!). Hierzu Literatur [64]. Man beachte die Änderung der Reaktion beim Umkehren der Zugrichtung einer Attrappe!

Rotkehlchen und Wollknäuel: Kennt man das Revier eines Rotkehlchens, so läßt sich der Versuch von *Lack* [39] durchführen: Man steckt einen auf Draht befestigten roten Wollknäuel auf den Ast des Busches, in dem das Rotkehlchen sein Revier hat. Es kommt zwar meist nicht zu Angriffs-, wohl aber zu Drohverhalten. Rote Federn erscheinen mitunter noch günstiger [14].

Beobachtungen an Kanarienvögeln und Wellensittichen: Es wird allgemein darauf hingewiesen, daß diese Vögel zu stark domestiziert seien. Das ist für erwachsene Tiere durchaus zutreffend, doch lassen sich mit jungen, noch unerfahrenen Wellensittichen und Kanarienvögeln recht interessante Experimente mit Attrappen (Artgenossen aus Celluloid oder Kunststoff) durchführen. Diese neuen Käfiggenossen behandelt der Vogel unterschiedlich: Flucht, Gleichgültigkeit, Drohen, Angriff wurden beobachtet. Ganz ähnlich verhalten sich unerfahrene Tiere gegenüber eingebrachten Spiegeln. Das Verhalten läßt man von Schülern protokollieren. Nach *Dylla* empfehlen sich auch Zebrafinken für diese Arbeiten [14].

Spiegelversuche an Hühnern: Am besten eignen sich Spiegel in der Größe von etwa 50 × 50 cm oder größer. Man stellt sie senkrecht an einer Wand auf, so daß sie optisch als Durchgang durch eine Mauer wirken [3]. Viele — nicht alle — Hähne und Hennen greifen ihr Spiegelbild sofort an. Nach einigen Wiederholungen drohen sie allerdings nur noch und reagieren später gar nicht mehr darauf. Besonders reizbar sind Glucken, die Küken führen. Stellt man den Spiegel so auf, daß das Tier hinter denselben gelangen kann, dann wird im allgemeinen die Täuschung bald erkannt (vor allem bei gerahmten Spiegeln), und die Reaktion bleibt dann aus.

Akustischer Schlüsselreiz bei Hühnern: Mit einer Glucke, die Küken führt, kann man den klassischen Beweis für akustischen Schlüsselreiz der Gluckenreaktion führen. Man trennt ein Küken durch ein entsprechend langes und breites Brett von dem Muttertier ab. Alsbald beginnt das „Piepsen des Verlassenseins", worauf

die Glucke aufgeregt am Brett hin- und herläuft und Rufe ausstößt. Sie beruhigt sich erst, wenn das Brett fortgelassen wird. Der dazugehörige Blindversuch (Küken unter einer schalldichten Glasglocke, am Fuß mit einem Faden an einem kleinen Pflock angebunden, damit Erregung ausgelöst wird) eignet sich wegen tierquälerischer Züge des Experimentes nicht für die Zwecke der Schule. Wohl aber kann man an einem Jungtier, das ohne Fesselung unter einer Glocke gehalten wird, das Desinteresse der Mutter demonstrieren.
Bevorzugung von Futter bei Hühnern: Diese Versuche eignen sich gut für Schüler. Man bietet Hühnern verschiedene Futtersorten gleichzeitig und registriert, wofür sie sich entscheiden. Entsprechende Untersuchungen [20] zeigten beispielsweise, daß Weizen neben Gerste bevorzugt wurde; Hühner fraßen erst die Weizenkörner auf, nahmen aber von der Gerste nur 37 Prozent. Gänse fraßen dagegen vom Weizen 76 Prozent und von der Gerste 48 Prozent. Bei den Hühnern war also der Beliebtheit des Weizens relativ größer als bei den Gänsen [24]. Man kann übrigens bei diesen Versuchen auch leicht zeigen, daß Hühner (vor allem schwere Rassen) das Gesehene leicht vergessen: Man setzt das Huhn auf den Tisch und streut einige Körner aus. Das Tier frißt die Körner auf. Legt man danach neues Futter vor und hält schnell ein Stück Pappe darüber, ehe das Huhn zupicken kann, dann zeigt es anschaulich in seiner sofort gleichgültig werdenden Haltung, daß es das eben noch Gesehene schon vergessen hat.
Verhalten des jungen Kuckucks im fremden Nest: Bekanntlich wirft ein junger Kuckuck in den ersten Lebenstagen alles, was sich mit ihm im Nest befindet, über den Rand. Ursache dafür ist ein Berührungsreiz auf dem Rücken. Das Verhalten läßt sich durch den Film F 248 (Der Kuckuck als Brutschmarotzer) gut demonstrieren. Literatur hierzu [65].
Das Verhalten der Vögel wurde hier an erster Stelle erwähnt, da vor allem in dieser Klasse mit ihrer starken Bindung an Ererbtes gute experimentelle Möglichkeiten bestehen. Auch ist die Literatur auf dem Sektor Vögel besonders umfangreich und ergiebig. Hier sei besonders auf die stattliche Sammlung von Verhaltensweisen hingewiesen, die *Blume* veröffentlicht hat [8]. Der feldornithologisch interessierte Lehrer findet darin viele Anregungen, die er an seine Schüler weitergeben kann.

b. Säugetiere:

Spiegelversuche an Hunden und Katzen: Ähnlich wie bei Vögeln lassen sich Experimente mit Spiegeln an jungen Hunden und Katzen durchführen. Auch in diesen Fällen unterscheiden sich die Resultate sehr. Die Anbringung des Spiegels selbst ist durchaus von Bedeutung (an der Wand; freistehend; gerahmt; ungerahmt; groß; klein). Unerfahrene Jungtiere nähern sich dem Spiegel meist zunächst vorsichtig und verfolgen aufmerksam die Reaktionen des vermeintlichen Artgenossen. Dann schwanken die Verhaltensformen zwischen Flucht, Angriff und Drohen. Nur in wenigen Fällen verliert das Tier alsbald das Interesse am Partner und gibt auf. Bei freistehenden Spiegeln wird der Weg zur Rückseite im allgemeinen bald gefunden, worauf die Anteilnahme rasch abnimmt. — Wieder ergibt sich unter Umständen eine gute Gelegenheit für Schülerprotokolle. Man achte darauf, daß nur unerfahrene Jungtiere zu den Versuchen herangezogen werden. Literatur für Katzenstudien: [41].
Verhalten von Schimpansen: Bezüglich des angeborenen Verhaltens haben die Untersuchungen von *Goodall* [28] und *Kortlandt* [37] in den letzten Jahren viel

Neues gebracht. Die letzten Ergebnisse an Wald- und Savannenschimpansen (Bekämpfung von Leoparden) lassen auch stammesgeschichtliche Deutungen für die Oberstufe zu. Allerdings ist die Beschaffung der Originalliteratur nicht einfach. Sekundäres Schrifttum erscheint demnächst. Vorläufig sind nützlich die Veröffentlichungen von *Koehler* [35, 36] und *Kortlandt* [38].

Beobachtungsaufgaben an Säugetieren: *Dylla* [14] legt auf die Schulung der Beobachtungsgabe in der Unter- und Mittelstufe mit Recht großen Wert und empfiehlt die Ausgabe von Fragebogen an die Schüler. Das Stellen der Aufgabe ist entscheidend wichtig. „Schon die Aufgabenstellung muß es dem Kind klarmachen, daß es hier auf eine möglichst genaue Beobachtung ankommt. Wir bereiten einen ganzen Fragebogen (siehe unten) in kindgerechter Sprache vor, den wir uns gleich vervielfältigen. Wir teilen ihn nun an die Schüler aus, die daheim oder in ihrer Verwandschaft bzw. Bekanntschaft eine Katze ohne Schwierigkeiten beobachten können. In einer der folgenden Stunden entwerfen wir eine Tabelle an der Tafel, in die wir die Beobachtungsbefunde eintragen. Aus ihr können wir nun leicht entnehmen, welche Bewegungen bei allen beobachteten Katzen gleich waren und worin individuelle Unterschiede bestanden. Wir fassen die typische Haltung der Katze in einem Bild zusammen und haben damit ohne theoretische Erörterungen den Kindern gezeigt, daß es ein artspezifisches Verhalten gibt. Jetzt nämlich werden sich die Hundebesitzer unter unseren Schülern selber anbieten, die gleiche Beobachtung bei ihren Hunden zu wiederholen. Ein Vergleich der beiden Tabellen zeigt uns Gemeinsamkeiten und Unterschiede; diesen Vergleich können wir erweitern, indem wir je nach Gelegenheit Meerschweinchen, Goldhamster oder Kaninchen, Pferde oder Rinder in unsere Beobachtungsreihe aufnehmen.

Wie unsere Hauskatze ihre Milch trinkt!

1. Wir führen unseren Versuch an einem Sonntagmorgen aus, wenn wir sicher sind, daß unsere Katze seit dem vorigen Abend nichts getrunken hat. (Wir hatten sie über Nacht im Haus eingeschlossen!)
2. Wir nehmen einen Block und einen Bleistift zur Hand und legen uns den Fragebogen bereit!
3. Wir füllen die Futterschale mit Milch und stellen sie 3—4 m von der Katze entfernt auf den Boden und entfernen uns etwa 3 m von der Schüssel!
4. Beobachtungsaufgaben:

Wie läuft die Katze zur Schüssel?
(sie springt,
sie rennt,
sie schleicht)

Achte auf die Haltung der Katze an der Futterschale!
(sie steht,
sie sitzt,
sie liegt,
sie kauert)

Achte auf den Rücken der Katze!
(er ist gewölbt,
er ist gestreckt)

Achte auf den Schwanz der Katze!
(er ist aufgestellt,

Achte auf die Augen der Katze beim Trinken!
er ist auf den Boden gelegt,
der ganze Schwanz bewegt sich,
nur die Spitze bewegt sich)
(sie sind geöffnet,
sie sind geschlossen)

Achte auf die Ohren der Katze!

(sie sind aufgestellt,
sie sind zurückgelegt)

Achte auf die Nase der Katze beim Trinken!

(sie ist geöffnet,
sie ist geschlossen)

Nähere Dich langsam und vorsichtig der Katze und beobachte, wie sie trinkt!
Wie bewegt sie die Lippen?
Wie bewegt sie die Zunge?
Achte auf die Nase beim Trinken!

5. Mache uns eine Aufnahme von der Katze von der Seite, wenn Du einen Fotoapparat hast!" [14]

c. *Kriechtiere:*

Die Beobachtung von Reptilien ist in der Natur schwierig, sofern es sich um systematische Protokollierung des Verhaltens handelt. Man sollte daher nur dann mit Kriechtieren arbeiten, wenn man sie in einem (nicht zu kleinen) Terrarium halten kann. Lediglich Schildkröten (Griechische Landschildkröten) machen eine Ausnahme, sind aber wenig ergiebig. Schlangen sind bei Schülern meist nicht sehr beliebt. Auch kommt praktisch nur die Ringelnatter in Frage. Das Beutefangverhalten eignet sich trotz wissenschaftlich interessanter Züge nicht gut für Schulzwecke (Verschlingen lebender Beute).

Eidechsen im Terrarium: Da sich Eidechsen gegeneinander sehr unterschiedlich verhalten, sollte man zunächst nur ein einziges Tier einsetzen. Beobachtungsmöglichkeiten: Liebt die Eidechse mehr die Sonne oder mehr die Wärme? Versuchsanordnung in einer Temperaturorgel; auch als Schilderung aus der Literatur [71]: Man richtet ein geräumiges Eidechsenterrarium ein, das von der Sonne beschienen wird. Für den eigentlichen Versuch ist es günstig, den Käfig ohne Bodenbedeckung und Verstecke zu halten. Die Eidechse wählt bei gleichmäßiger Sonneneinstrahlung die Vorzugstemperatur von $38,5°$ C (Abb. 1a). Sorgt man durch Heizkörper für gleichmäßige Bodentemperatur und gleichmäßige Sonneneinstrahlung, so wählt das Tier keinen besonderen Aufenthaltspunkt. Deckt man nun aber eine Hälfte des Käfigs ab, so daß dort Schatten entsteht, so wandert die Eidechse in den sonnigen Teil: Sie zieht die Sonne vor (Abb. 1 b). Erwärmt man den Schattenteil (durch Heizkörper von unten) auf 38 bis $45°$ C, während man den Boden der Sonnenseite (durch kaltes Wasser von unten) auf $20°$ C abkühlt, so kriecht die Eidechse in den warmen, schattigen Abschnitt (Abb. 1 c). Sie beweist dadurch, daß ihr Wärme lieber als Sonne ist. Oder anders ausgedrückt: In der Natur ist die Sonne nur die Wärmelieferantin.
— Eine andere Möglichkeit ist die Beobachtung der Nahrungsaufnahme. Die Eidechse läßt sich mit Mehlwürmern füttern. Sie beachtet sie aber nur, wenn sie sich bewegen. Welche andere bewegte Beute frißt die Eidechse außerdem? —
Schließlich kann man auch zwei einander fremde Eidechsen in das Terrarium

setzen und wird dann unter Umständen typische Drohhaltungen und nicht selten echte Kämpfe beobachten können. Das unterlegene Tier muß bald entfernt werden. Interessant sind auch Spiegelversuche an einzeln gehaltenen Eidechsen.

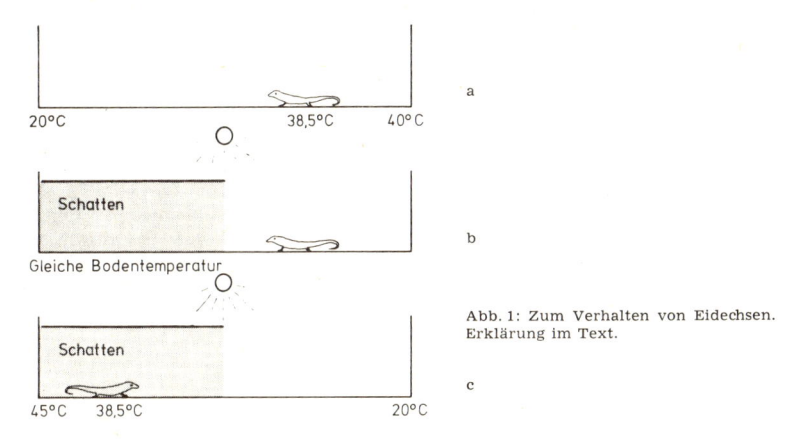

Abb. 1: Zum Verhalten von Eidechsen. Erklärung im Text.

d. Lurche:

Interessante und wichtige Hinweise für die Haltung und Beobachtung von Lurchen gibt *Bader* [1]. Vor allem für die leicht zu haltenden Molche lohnt sich die Einrichtung eines Aquariums. Mit dessen Hilfe kann man die Unter- und Mittelstufe zu allgemeinen Betrachtungen, die Oberstufe zu systematischen Verhaltensanalysen (Jahresarbeit) anhalten. „In der Balz der Molcharten wirken optische, taktile und chemische Reize zusammen. Das Männchen des Streifenmolchs zum Beispiel stellt sich breitseits vor das Weibchen und richtet den Kamm auf. Dieser optischen Imponierphase folgt ein zweiter Verhaltensschritt, bei dem das Männchen dem Weibchen durch einen Sprung nach vorwärts einen so starken Wasserstrom entgegenwirft, daß das weibliche Tier zur Seite gestoßen wird. In der dritten Phase stellt sich das Männchen so vor dem Weibchen auf, daß Kopf gegen Kopf gerichtet ist; es biegt nun den Schwanz haarnadelförmig und wedelt mit dessen vorwärtsweisender Spitze, so daß ein schwacher Wasserstrom, der wahrscheinlich Geschlechtsstoffe enthält, das Weibchen trifft. Kommt ihm dieses daraufhin entgegen, so wendet es sich und kriecht vor dem Weibchen her. Nach kurzer Zeit hält es inne, bis das weibliche Tier seinen Schwanz berührt. Dann setzt es einen gallertartigen Samenträger auf dem Sand ab, den das Weibchen mit der Kloake aufnimmt" [14]. Kammolch: [11].

Fütterung von Erdkröten: Im feuchten Terrarium lassen sich Erdkröten leicht halten. Man kann sie auch leicht mit Mehlwürmern und Regenwürmern füttern, was für Schüler recht instruktiv ist. Man beachte auch hier, daß die Beweglichkeit der Beute wichtig ist. Die ruckartige Orientierung vor dem Zuschnappen läßt sich in der Oberstufe zur Behandlung des Begriffes Taxis heranziehen [64]. Wie verhält sich die Kröte gegenüber unbeweglichen Beutetieren [16]? Interessant ist auch das „Nachwischen" mit den Vorderbeinen, falls ein zu langer Mehlwurm quer im Maul liegt.

Schreckstoffe bei Lurchen: Hält man Kaulquappen der Erdkröte im Aquarium, so ist die Schreckreaktion gut demonstrierbar, wenn der Extrakt eines Artgenossen ins Wasser gelangt [15]. Bekannt ist auch die Schreckreaktion bei Unken: Alte Tiere werfen sich bei Gefahr auf den Rücken und zeigen die Farbe der Bauchseite.

e. Fische:
Beliebtester Aquariumfisch für ethologische Untersuchungen ist der Stichling. Allerdings darf für Beobachtung des Fortpflanzungsverhaltens der Raum nicht zu gering und die Bepflanzung nicht zu locker sein: 1-m-Becken für 2 Männchen und 4—6 Weibchen, kleinste Größe $30 \times 25 \times 15$ cm für 1 Männchen und 2 Weibchen. Becken müssen gut durchlüftet sein und reichen Pflanzenwuchs haben. Möglichst Stichlinge aus kleinen stehenden Gewässern entnehmen. Stichlinge sind leichter mit einem an einer Schnur angebundenen Regenwurm zu angeln als mit dem Netz zu fangen. Nur Lebendfutter — möglichst abwechslungsreich. Vorsicht vor Tieren mit weißen, grießkorngroßen Punkten an Flossen, Kiemen und Körper, sie sind parasitiert [14]. Die klassischen Arbeiten von *Tinbergen* [65] wurden von *Dylla* [14] für Zwecke der Schule zusammengefaßt.
Versuche mit Stichlingen (Gasterosteus aculeatus): Im Frühjahr beschafft man sich möglichst vier männliche Stichlinge und ein Weibchen, die einzeln in kleinen Aquarien gehalten werden. Die Fische sollen ihre Artgenossen im Nachbaraquarium nicht sehen können. Vor der Laichzeit im Frühjahr besetzt das prächtig bunte Männchen im Aquarium, wie in der freien Natur, „ein Revier", d. h. ein ca. 30 qdm großes Herrschaftsgebiet, das es gegen Artgenossen verteidigt. Dabei kommt es zu Kämpfen, die man dadurch auslösen kann, daß man in einem Aquarium beide Hälften durch eine Milchglasscheibe trennt und in jeder ein Männchen gleichzeitig ansiedelt. Nach dem Hochziehen der Scheibe kommt es zu Kämpfen, die die Schüler beobachten.
In einem zweiten, ebenso eingerichteten Aquarium wird nur e i n Stichling eingesetzt und erst vier Wochen später, ehe die Milchglasscheibe hochgezogen wird, ein zweiter Fisch. Der länger im Aquarium eingewöhnte Fisch ist stets dem Neuling überlegen. Hat einer von beiden bereits ein Nest gebaut, so siegt er unbedingt über einen Nachbarn, der es noch nicht besitzt. Nach dem Nestbau wird ein Weibchen eingesetzt. Das Männchen erregt durch einen Zick-Zack-Tanz dessen Aufmerksamkeit. Bei Laichbereitschaft legt das Weibchen seinen Kopf an den Rücken des Männchens, das es dann zum Nest hinführt (instinktives Balzverhalten bei einem Fisch) [52].
Beobachtung des Schwarzbarsches (Elassoma evergladii): Diese Tiere sind für Schüler besser geeignet, da sie sich in weit kleineren Becken halten lassen. Zucht ist schon im Vollglasbecken von 20 cm Länge möglich. Männchen sind 3,5 cm lang, tragen ein prächtiges Hochzeitskleid und zeigen Droh- und Paarungsverhalten. Zuchttemperatur 18—20° C, Härtegrad des Wassers 3—5 DH, nur Lebendfutter [14].
Beobachtung von Warmwasserfischen: Hierzu gibt *Bader* gute Anleitungen [1]. Er empfiehlt einerseits den Makropoden (Macropodus opercularis) wegen des vom Männchen gebauten kuppelförmigen Schaumnestes, andererseits den Kampffisch (Betta splendens), der ein ausgeprägtes Kampfverhalten zeigt [42].
Halten von Meeresfischen: Als Einführung hierzu ist [75] geeignet. Hinweise für das Fangen von Meerestieren für Zwecke der Aquariumshaltung: [73]. Grund-

sätzlich lassen sich Verhaltensstudien aber auch an Süßwasserfischen treiben, so daß für die Schule kein unbedingtes Bedürfnis für diese teureren und anfälligeren Apparaturen besteht.
Schreckstoffe bei Elritzen: Die Tiere lassen sich in Schwärmen halten, wenn man große Becken zur Verfügung hat. Es genügt das Einbringen geringer Mengen eines Hautextraktes von Artgenossen (feststehende Pipette im Aquarium), um das Schreckverhalten auszulösen. Originalliteratur hierzu: [25].

f. Wirbellose:
Die Zahl der möglichen Versuche ist hier sehr groß. Die folgenden Hinweise geben nur Anregungen, die für andere Fälle aufgegriffen werden können.
Chemische Schlüsselreize beim Gelbrandkäfer: Der Gelbrandkäfer (Dytiscus marginalis) ist für kurze Zeit im Aquarium gut zu halten, doch muß ein Entweichen durch Überdecken mit Gaze oder dergleichen verhindert werden. Man füttert mit Fleischstückchen, Kaulquappen oder kleinen Fischchen. Um zu zeigen, daß ein chemischer Schlüsselreiz für das Beutefangverhalten zuständig ist, füllen wir in ein Reagenzglas Wasser und setzen eine Kaulquappe hinein. Hält man das Glas ins Aquarium, so kümmert sich der Käfer um die Beute nicht, da durch die Glaswand chemische Stoffe abgehalten werden. Im Gegenversuch bringt man (durch stehende Pipette) einige Tropfen eines Kaulquappenextrakts ins Wasser, worauf der Gelbrandkäfer erregt auf- und abschwimmt und gelegentlich sogar in Wasserpflanzen oder in den Boden beißt. Die Reizung gelingt auch mit Fleischextrakt [64].
Chemische Schlüsselreize beim Samtfalter: Der Samtfalter (Eumenis semele) ist so gut untersucht [64], daß er sich vorzüglich für exemplarische Behandlung in der Verhaltenslehre der Oberstufe eignet: Vor allem Balz, aber auch Fluchtverhalten, zentrale Ermüdung, Farbsehen. Praktische Versuche erscheinen jedoch zu umständlich. Literatur: [11].
Akustische Schlüsselreize bei Orthopteren: Das Zirpen der Grillen und Heuschrecken ist an Sommertagen überall zu hören. Das Fangen der Tiere bereitet kaum Schwierigkeiten. Das Herauslocken der Grillen aus ihren Höhlen mit Hilfe eines Grashalms ist allgemein bekannt. In genügend geräumigen Terrarien kann man erreichen, daß die Männchen zirpen. In günstigen Fällen gelingt die Nachahmung des klassischen Versuchs mit modernen Mitteln: Man nimmt das Zirpen von Grillen oder Heuschrecken durch das Mikrophon eines Tonbandgerätes auf und spielt das Band vor Weibchen der betreffenden Art ab. Nicht selten erfolgt Anlockung. Die gelegentlich zu beobachtenden Mißerfolge liegen wohl in den unterschiedlichen Qualitäten der Mikrophone und Aufnahmegeräte begründet. Sehr wertvoll für die Ergänzung der Versuche ist [66], vor allem für Arbeitsgemeinschaften der Oberstufe.
Verhalten der Grabwespe: Die Grabwespe (Ammophila) wird von *Dylla* [14] zur Beobachtung im Freiland empfohlen, da sie gut untersucht ist und in sandigen Gegenden häufig vorkommt. Bei der reichen Literatur — für Schulzwecke zusammengefaßt in [14] — ist diese Gattung besonders für Arbeitsgemeinschaften, auch schon in der Mittelstufe.
Beobachtungen an Bienen: Nur selten wird es möglich sein, im Bereich der Schule einen eigenen Bienenbeobachtungsstock aufzustellen. Eher empfiehlt sich der Besuch bei einem Imker, der auch ein Minimum an wissenschaftlichem Inter-

esse zeigen soll. Über die Fülle der Möglichkeiten informiert [26]. Dort ist auch die Konstruktion eines Versuchsstockes geschildert.

Untersuchungen am Kohlweißling: Das Material ist leicht zu beschaffen. Wir wählen die Raupen der zweiten Generation, die im Hochsommer an der Unterseite von Kohlblättern zu finden sind. Für die Haltung kann man im Freiland die Ablage der Eier abwarten und die ausschlüpfenden Raupen durch Umhüllung der Kohlpflanzen mit Gaze vor Schlupfwespen schützen. Die Freilandversuche lassen sich aber auch durch die Experimente auf dem Balkon oder im Zimmer ersetzen, wenn man die Kohlpflanzen in Blumentöpfen zieht [14]. — Es lassen sich etwa folgende Untersuchungen durchführen: Verhalten der einzelnen Raupenstadien (Zahl der Häutungen); Freßgewohnheiten; Verpuppung (Gürtelpuppe). An parasitierten Raupen aus dem Freiland können die Schüler das Ausbrechen der Schlupfwespenlarve beobachten.

Netz der Kreuzspinne: Das Studium des Netzbaues wird dadurch erschwert, daß die Spinne schon sehr früh — vor Sonnenaufgang — mit ihrer Arbeit beginnt. Aber selbst wenn man auf die Beobachtung des eigentlichen Herstellungsvorgangs in der Natur verzichtet, bietet doch die Literatur genügend interessante Ansatzpunkte zur Diskussion [71]. Der Zusammenhang von Körperbau und Verhalten (Spinndrüsen, Spinnwarzen, Füße usw.) läßt sich an diesem Beispiel besonders gut entwickeln. Am fertigen Netz ist Gelegenheit zu interessanten Schülerbeobachtungen gegeben: Wo sitzt die Kreuzspinne? Wie reagiert sie auf eingeflogene Beute? Wie behandelt sie die Beute? Legt sie Vorräte an? Was geschieht mit dem zerrissenen Netz? Wie lange benutzt die Spinne ein Netz?

Instinktverhalten bei Wasserflöhen: Wasserflöhe reagieren auf Helligkeit. Dies läßt sich nachweisen, wenn man an die beiden Schmalseiten eines Vollglasaquariums je eine Glühlampe (30 W) stellt und das zu zwei Dritteln gefüllte Becken mit einem Schwarm Wasserflöhen besetzt (Abb. 2 a). Schaltet man die beiden

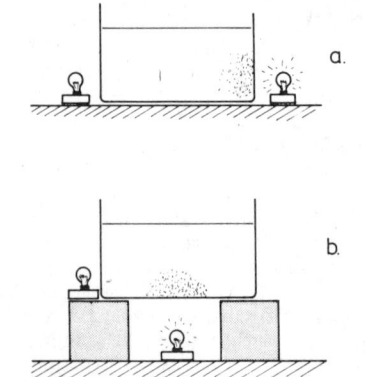

Abb. 2: Einfluß des Lichtes auf Wasserflöhe

Lampen wechselseitig an und aus, so schwimmen die Tiere jeweils auf die belichtete Seite. Der Raum muß leicht abgedunkelt werden. Die Aktivität der Wasserflöhe kann man durch Zusatz von etwas kohlensäurehaltigem Mineralwasser erhöhen. Das Verhalten gewährleistet, daß stets das sauerstoffreiche

Oberflächenwasser aufgesucht wird, da Licht in der Natur von oben kommt. — Eine Abwandlung des Versuchs zeigt, daß sich auch eine physiologisch unzweckmäßige Bewegung nach unten induzieren läßt: Setzt man eine Lampe gemäß Abb. 2b unter das Aquarium, das auf zwei Holzblöcken steht, so schwimmen die Wasserflöhe beim Einschalten dieser Lichtquelle auch nach unten, also von der Oberfläche weg. Die Kohlensäure aktiviert die Bewegung allgemein, das Licht richtet sie [50].

Lichtrückenreflex beim Rückenschwimmer: Man benötigt zu dem Experiment einige Rückenschwimmer (Notonecta), die von April bis Oktober häufig in Tümpeln zu finden sind. Die Versuchsanordnung ist ähnlich wie im vorigen Beispiel (Instinktverhalten bei Wasserflöhen, Abb. 2 b), nur befestigt man die dort links stehende Lampe mittels eines Stativs über dem Aquarium. In das mit Wasser gefüllte Becken setzt man die Rückenschwimmer. Der Versuchsraum wird verdunkelt. Beim abwechselnden Schalten der Lampen bemerkt man, daß die Rückenschwimmer ihre Bauchseite stets dem Licht zuwenden. Sie drehen sich also beim Umschalten um 180° [63].

Skototaxis bei Ohrwürmern: Als Versuchstiere dienen Ohrwürmer, die man leicht unter Steinen findet. Man unterlegt oder unterklebt den Boden einer Petrischale von ca. 10 cm Durchmesser zur Hälfte mit schwarzem Papier und stellt dann die Schale auf weißes Papier. Jetzt werden die Versuchstiere in die Schale gesetzt. Man beobachtet, daß die Tiere in den schwarzen Sektor hineinlaufen und dort bleiben (Skototaxis). Diese negative Phototaxis ist hier keine Schreckreaktion, sondern zielbewußtes Aufsuchen [63].

Positive Thigmotaxis bei Ohrwürmern: Wir bringen einen Ohrwurm in eine Petrischale. Bereits nach kurzer Zeit preßt sich das Tier an die seitliche Wand. Setzt man den Deckel auf und klopft dann daran, so wird die Thigmotaxis noch verstärkt. — Wir setzen einen Ohrwurm in eine Glasröhre, deren Lumen dem Tier nur Vorwärts- bzw. Rückwärtsbewegung gestattet, und veranlassen das Tier durch Kitzeln oder Anblasen, vorwärts oder rückwärts zu laufen. Das Tier nimmt bei der Vorwärtsbewegung beide Fühler nach vorn und berührt mit ihnen die Rohrwandung (Führung). Beim Rückwärtslaufen legt das Tier einen Fühler nach hinten über den Rücken, dabei wechseln die Fühler jeweils nach einigen Sekunden die Position [63].

Lichtempfindlichkeit des Regenwurms: Wir spülen einen frisch aus der Erde entnommenen Regenwurm mit Wasser ab und halten ihn bis zur baldigen Durchführung des Versuchs im Dunkeln zwischen feuchten Filtrierpapierstückchen. Der Regenwurm wird bei s c h w a c h e m Licht in ein Glasrohr gebracht, dessen Lumen dem Tier ein Umdrehen nicht gestattet. Über das Rohr wird eine Papphülse geschoben, die etwa die Länge des Glasrohres hat und in der Mitte ein kleines Fenster besitzt. Dieses wird dann abwechselnd so verschoben, daß durch das Fensterchen Vorder-, Hinterende und Teile des übrigen Körpers belichtet werden. Die Beobachtung zeigt, daß das Vorderende stark auf die Lichteinwirkung durch Zurückziehen reagiert, das Hinterende schwächer durch Vorwärtskriechen. Die Reaktion der übrigen Teile ist kaum merklich. Der Regenwurm zeigt also negative Phototaxis. Lichtempfindliche Zellen sind besonders zahlreich am Vorderende des Wurmes lokalisiert [63].

An allen genannten Versuchen interessierte in erster Linie der äußere (Schlüssel-)Reiz. Man wird jedoch darauf hinweisen, daß zur Instinkthandlung auch eine innere Bereitschaft bestehen muß. Dieser innere Reiz kann hormonal oder durch das Nervensystem bedingt sein. Beispiele: Fehlen Geschlechtshormone, so lassen sich Balz-, Paarungs- und Brutpflegeverhalten nicht auslösen (Nichtreagieren von Tieren außerhalb der Fortpflanzungszeit); ohne nervenphysiologisch bedingten Hunger kommt kein Beutefangverhalten zustande. Die meisten der erwähnten Versuche kann man so abwandeln, daß die Bindung an die inneren Reize deutlich wird.

3. Unterrichtsziel: Reiz- und Instinktketten

Jedes kompliziertere angeborene Verhalten wie Beutefang, Balz, Paarung usw. setzt sich aus mehreren Komponenten zusammen, die sinnvoll miteinander gekoppelt und zeitlich koordiniert sind. Gewiß kann man an Beobachtungsprotokollen der Schüler solche Instinktketten aufzeigen, doch ist es nicht immer einfach, die dazugehörigen Reize zu demonstrieren. In Unter- und Mittelstufe wird ein Hinweis auf die Existenz solcher Reiz- und Instinktketten im allgemeinen genügen, vielleicht unterstützt von einem Beispiel, wie es [41] für den Beutefang der Katze liefert:

Schlüsselreiz	Ausgelöster Handlungsanteil
1. Knisternde und kratzende Geräusche, mäuselnde Locktöne (akustischer Schlüsselreiz)	1. Appetenz zum Beutefang
2. Nicht zu großes Objekt in Bewegung seitlich zur Katze oder von ihr weg (optisch)	2. Annäherung an die Beute (Schleichlaufen, Anschleichen, Lauern, Ansprung, Packen)
3. Fellartige Oberfläche des gepackten Objekts (taktil)	3. Tötungsbiß
4. Kopf-Rumpf-Gliederung des Beuteobjekts (optisch)	4. Taxien von Packen, Töten, Aufnehmen zum Umhertragen
5. Unbekannt (Geruch?)	5. Anschneiden
6. Unbekannt (Geschmack und/oder Getast?)	6. Kauen und Schlucken
7. Reizung der Schnurrhaare durch Haarstrich der Beute (taktil)	7. Taxien des Abschneidens und Fressens

Die Schüler sollen einen Eindruck von der Abhängigkeit Reiz-Instinktverhalten bekommen: „So wie der Ablauf eines Theaterstückes nur gewährleistet ist, wenn ein Schauspieler stets dem anderen das Stichwort für seinen Einsatz zuruft, so läuft die Kette der Instinkte nur durch dauerndes Wechselspiel zwischen dem Tier selbst und seiner Umwelt ab." [69].

In der Oberstufe wird man sicherlich das Problem vertiefen können, doch bietet das Thema experimentell große Schwierigkeiten. Auch hier dürfte eine Literaturanalyse vorzuziehen sein. Dazu bietet sich das Beutefangverhalten des Bienenwolfs an [64, 69]. Auch der Samtfalter eignet sich gut für diesen Zweck [65]. Man sollte nicht versäumen, die Bedeutung der Reiz- und Instinktketten für die Evolution hervorzuheben und das artspezifische Wechselspiel zwischen den Geschlechtspartnern zu würdigen: „Die große Bedeutung dieser Tatsache liegt unter anderem darin, daß auf diese Weise z. B. Paarungen zwischen verwandten, vielleicht sogar äußerlich sehr ähnlichen Tieren weitgehend vermieden werden. Denn mögen sich die Arten noch so ähnlich verhalten, in den bisher untersuchten Fällen konnte man fast immer im Verhalten der Arten bei Balz, Futtersuche, Jungenaufzucht usw. Unterschiede feststellen, die darauf hinausliefen, daß die Kette der beim Paarungsverhalten gezeigten Schlüsselreize an irgendeiner Stelle ein falsches Glied enthielt, wodurch der Partner seine Instinkthandlung nicht mehr fortsetzen konnte. Das enge Reaktionsschema verhindert also in vielen Fällen ein Kreuzen verschiedener Arten." [69].

4. Unterrichtsziel: Zentrale Ermüdung

Mehrfache Wiederholung einer Instinkthandlung läßt die Bereitschaft zur erneuten Ausführung erlahmen. Die Schlüsselreize verlieren an Wirksamkeit, der zentralnervöse Energievorrat erschöpft sich. Dies läßt sich grundsätzlich an allen Instinkthandlungen zeigen (nicht an Reflexen!). Hier seien einige typische Fälle genannt.

Verleiten bei Vögeln: Nähert man sich dem Nest eines (bodenbrütenden) Vogels, so versucht das Tier, den Eindringling durch Vortäuschen einer Verletzung (ungeschicktes Laufen, Hängenlassen eines Flügels) vom Nest wegzulocken. Wiederholt man die Annäherung, dann reagiert der Vogel immer schwächer. Besonders gut für Experimente dieser Art eignet sich der Kiebitz, wobei man allerdings wegen der Gefährdung des Geleges von zu häufigen Wiederholungen absehen sollte. Auch von der Dorngrasmücke wird ähnliches Verhalten beschrieben [44]. Als Film ist geeignet: Regenpfeifer E 208, E 254, E 192.

Sperren bei Jungvögeln: Bei noch blinden Singvögeln löst Erschütterung des Nestes Sperren aus. Dies kann man bei Blau- oder Kohlmeisen im aufgehängten Nistkasten nachahmen. Nach einigen Wiederholungen nimmt die Bereitschaft zum Sperren auch bei denjenigen Jungvögeln ab, die kein Futter erhielten.

Fluchtverhalten von Mückenlarven: In einem Aquarium werden Mückenlarven gehalten. Man verdunkelt den Raum und beleuchtet das Becken von oben. Dann deckt man das Licht mit Hilfe einer darübergehaltenen Pappe ab, ohne eine Erschütterung auszulösen. Die Larven bewegen sich sofort nach unten und kehren erst nach einiger Zeit zurück. Wiederholt man den Versuch mehrmals, so reagieren die Tiere schließlich nicht mehr auf die Beschattung. Klopft man nun leicht gegen das Becken, so flüchten die Larven sofort wieder nach unten [4].

5. Unterrichtsziel: Leerlaufhandlungen

Leerlaufhandlungen treten auf, wenn die innere Bereitschaft eines Tieres zum Ausführen einer Instinkthandlung infolge Fehlens eines äußeren Reizes a l l e i n zum Auslösen der Handlung ausreicht. Man spricht von Leerlauf auch dann, wenn der Schwellenwert für das betreffende Verhalten nur stark herabgesetzt ist, die äußeren Reize also ziemlich unspezifisch zu sein brauchen.

Da für die Beobachtung von Leerlaufhandlungen besondere Situationen notwendig sind, wird eine Beobachtung im allgemeinen auf Schwierigkeiten stoßen. Einfaches Beispiel ist lediglich das Spielen der jungen Katze mit einem Ersatzobjekt (statt der zu fangenden Maus), zum Beispiel einem Wollknäuel. Ferner: Enten, die man an Land mit Getreide füttert, grundeln anschließend im Leerlauf [18]. Im Film FT 652 (Vom angeborenen und geprägten Verhalten) läßt sich eine Leerlaufhandlung demonstrieren, wenn man die Szene vorspielt, in der frisch geschlüpfte Enten sich putzen. Das „Fettabnehmen" von der Bürzeldrüse wird durchgeführt, obwohl sie noch nicht in Funktion ist. Die Instinkthandlung läuft ab ohne den normalen speziellen äußeren Reiz (in diesem Fall das „Fettangebot" der Bürzeldrüse) [6].
Die typischen Beispiele entnimmt man der Literatur: Jungstare, die im Zimmer aufgezogen wurden, fangen imaginäre Insekten aus der Luft, da die Bereitschaft zu dieser Handlungsweise ansteigt, ohne daß Schlüsselreize geboten werden. Diese und einige andere bekannte Leerlaufreaktionen: [14, 18, 64, 69]. Hier kann man in der Oberstufe auch die Versuche der elektrischen Hirnreizung *(Hess, von Holst)* besprechen [61].

6. Unterrichtsziel: Übersprunghandlungen

Als Übersprunghandlungen bezeichnet man Verhaltensweisen, die in den gegenwärtig ablaufenden Instinktbereich nicht hineingehören. Bekannte Beispiele: Kämpfende Haushähne picken im Übersprung; Stichlingsmännchen zeigen Übersprunggraben an den Reviergrenzen; Rehe äsen scheinbar, wenn der Drang zu bleiben mit leichter Fluchttendenz kollidiert.
Für den Unterricht eignet sich wohl nur die Darstellung an Hand der Literatur [14, 18, 64]. *Dylla* schlägt vor, Textstellen z. B. von *Lorenz* zu hektographieren und an die Schüler zum Überdenken auszuteilen. In der Oberstufe wird man auf jeden Fall nach den Ursachen für Übersprungverhalten fragen müssen. Die Besprechung der heute geführten Diskussion läßt sich am besten durch Analyse der verschiedenen Bezeichnungen (Symbolhandlung, deplacierte Handlung usw.) einleiten. Für die zur Debatte stehenden Hypothesen (Übersprung, Enthemmung, Rückkoppelungsunstimmigkeit) eignet sich sehr gut: [40].

7. Unterrichtsziel: Besondere Typen angeborenen Verhaltens

(Kommentkampf, Demutsverhalten, Rangordnung, Revierverteidigung, Spiel)
Diese Verhaltensweisen bedürfen im strengen Sinn keiner gesonderten Darstellung, sollen hier aber noch einmal zusammengefaßt werden, da mitunter Interesse an einer Aufgliederung der Themen besteht. Begriffe wie Ritualisierung, Appetenzverhalten, Intensionsbewegungen usw. werden nicht eigens behandelt, sondern an geeigneter Stelle eingeflochten.
Kommentkampf und Demutsverhalten: Den viel zitierten Kampf von Hunden mit der anschließenden Demutshaltung des unterlegenen Tieres wird man experimentell kaum unterrichtlich verwerten können. *Dylla* empfiehlt daher [14], zur Demonstration eines „echten" und eines Kommentkampfes (ohne Demutsgebärde) die Vorführung der Filme über den Kampf einer Kreuzotter gegen einen Iltis (E 112) und über den Kommentkampf der Kreuzottermännchen (E 206). Dies führt sehr gut in das Problem ein. Auch der Film F 594 über die Echsen von Gala-

pagos eignet sich hervorragend zur Darstellung der unblutigen Kommentkämpfe, wobei auch Demutsverhalten gezeigt werden kann. Zusammenfassende Beschreibungen und Aufzählungen vieler Beispiele geben: [18, 64]. In der Oberstufe knüpft man hieran zweckmäßig die Besprechung moralanalogen Verhaltens [14] und erwähnt die Bedeutung des Drohens und der Kommentkämpfe für die Arterhaltung.

Rangordnung: Wenn auch die Zeit für intensivere Bearbeitung von Rangordnungsproblemen im allgemeinen fehlt, läßt sich doch das Grundsätzliche schon verhältnismäßig einfach auf einem Hühnerhof durch Schüler beobachten. Verhaltensprotokolle von Tieren, die mit farbigen Fußringen gekennzeichnet sind, werden in der Unterstufe gern angefertigt, wenngleich diese Niederschriften meist zu oberflächlich sind. Man kann damit ohne Schwierigkeit Interesse für weitere Aufgaben wecken. Schon in der Unterstufe sollte man aber klar herausstellen, daß nur die Einstufung in eine Rangordnung also solche angeboren ist; welche Rolle das Einzeltier in dieser Ordnung einnimmt, wird durch Lernvorgänge verankert. Zur Theorie der Randordnung: [18]. Als Literaturbeispiel kann im Zusammenhang mit der Behandlung von Lernvorgängen die Rangordnung der Dohlen besprochen werden [46].

Revierverteidigung: Das bekannteste Beispiel einer Reviermarkierung ist das Absetzen von Harn bei unseren Hunden. Eine Verteidigung des Territoriums ist aber durch die Domestikation weitgehend unterbunden. Bessere Beobachtungen lassen sich im Frühjahr an Gewässern — Parkteichen großer Städte — an Wasservögeln anstellen: „Sehr anschaulich zeigen die meist recht zahmen Stockenten ihr Revierverhalten. Man kann eindrucksvolle Revierstreitigkeiten hervorrufen, wenn man die Tiere etwa von einer Brücke aus füttert. Dann nähern sich auch revierfremde Tiere dem Futterplatz; Angriffe des Revierinhabers und das sehr an menschliche Verhaltensweisen erinnernde Benehmen des Eindringlings sind beispielhaft zu beobachten" [57]. — Schüler, die ein Aquarium mit mehreren Fischen besitzen, können über das Verhalten der Tiere berichten. Stichlinge (in Becken von mehr als 60 cm Länge), Kampffische und Schwertfische sind besonders günstige Objekte. Bei Stichlingen lassen sich mit zwei Männchen im Frühjahr in einem ausreichend großen Aquarium schöne Versuche im Sinne *Tinbergens* anstellen. — Die Abgrenzung von Vogelrevieren ist schwieriger zu erkennen. Daher sei hier nur ein Literaturbeispiel [39] von Rotkehlchen wiedergegeben: „Am 27. Mai 1937 begann ein unberingter Zuzügler, der offenbar noch kein Revier besaß, in der Ecke eines schon lange ansässigen Männchens zu singen. Dieses antwortete sogleich aus der Ferne. Der Neuling, der unmöglich wissen konnte, daß er fremde Eigentumsrechte verletzt hatte, sang nochmals. Der Eigner antwortete, diesmal schon aus größerer Nähe. Dies Wechselsingen wiederholte sich dreimal, jedesmal war der Besitzer näher und lauter als zuvor. Zuletzt sang er aus voller Kehle auf etwa 12 m Abstand, immer noch im dichten Gebüsch unsichtbar. Da floh der Neuankömmling, vor einem Gegner, den er niemals sah, und kam auch nie wieder." [zitiert nach 64]. Gute Zusammenfassungen und theoretische Erörterungen bringen: [11, 29, 64, 65]. Das Verhalten des Stichlings zeigt gut der Film FT 640 (Schlüsselreize beim Stichling).

Spiel: Was man unter Spiel zu verstehen hat, ist schwer zu definieren und auch erst neuerdings genauer untersucht worden. „Dem Spiel fehlt der Ernst. Die übliche Reihenfolge von Triebverhalten und Instinktbewegungen ist aufgelöst.

Das spielende Tier befindet sich in einem entspannten Zustand, in dem es von keinem spezifischen Instinkt beherrscht wird. Das Spiel verfolgt keinen eigentlichen Zweck — es sei denn, sich in Bewegungen Lust zu verschaffen. Es ist oft wiederholbar und auf Objekte bezogen, die in einer Art des „Als-ob" behandelt werden. Neugierverhalten und entspanntes Probieren sind wesentliche Elemente des Spiels. Wir finden diese Kennzeichen echten Spiels bei Vögeln, müssen aber sagen, daß in dieser Klasse das Spiel längst nicht so verbreitet ist wie etwa unter den Säugetieren... Die von *Sauer* aufgezogenen Gartengrasmücken entdeckten, daß fallengelassene Steinchen einen hübschen akustischen Effekt erzeugten, wenn sie auf eine Futterschale trafen. Auf diese Entdeckung folgte bald die Wiederholung des Spiels. Etwas Ähnliches erlebte ich mit einem Kernbeißer. Er ließ mit Vorliebe Kerne oder Schalen auf ein Badehäuschen fallen. Und zahme Finkenvögel oder auch Wellensittiche fliegen gern auf Käfige und vergnügen sich damit, den Griff hochzuheben und klappernd wieder auf die Drähte fallen zu lassen... Einige Haussperlinge holten Steine vom Boden, flogen damit auf das Dach eines Hauses und warfen sie unter Nachblicken auf den Zementboden... Eiderenten benutzten einen kleinen reißenden Priel im Watt als Wasserrutschbahn. Unten angekommen, liefen sie eilig am Rand wieder hinauf." [9].

Demnach ist die Spieldisposition zwar angeboren, doch ist auch das Lernen am Gesamtvorgang beteiligt. Eine gewisse Neugier ist offenbar ebenfalls Voraussetzung. Man sollte betonen, daß das Spiel im wesentlichen auf Jungtiere beschränkt bleibt. „Man könnte einen eigenen Spieltrieb annehmen. Ich neige jedoch mehr zu der Ansicht, daß der auch aller Neugier zugrunde liegende Trieb zu lernen zusammen mit einem starken motorischen Antriebsüberschuß zur Erklärung des Spielphänomens ausreicht. Gelernt wird bei spielerischem Experimentieren ebenso wie etwa bei den unermüdlich wiederholten Bewegungsspielen. Es ist in diesem Zusammenhang bemerkenswert, daß Tiere beim Spielen richtige Moden entwickeln, d. h. sie spielen zu bestimmten Zeiten ein ganz bestimmtes Spiel besonders häufig, und zwar, bis sie das dabei Geübte auch wirklich gut können; dann verlieren sie das Interesse daran und wenden sich neuen Spielen zu." [18].

Es wird für die Zwecke der Schule wichtig sein, die genannten Kriterien des Spiels an verschiedenen Tierarten zu erkennen:
Spielerisches Balgen junger Hunde
Spiel eines jungen Hundes mit einem Holzstück, einem Pantoffel oder dergleichen
Spiel einer Katze mit einem Wollknäuel
Spiel eines Wellensittichs mit einem Glöckchen oder dergleichen
Spiel junger Füchse am Bau, vorgeführt im Film (FT 370 Reinecke Fuchs oder F 370 Am Fuchsbau)
Für die Diskussion der Spielursachen in der Oberstufe sei empfohlen: [18, 76].

8. Unterrichtsziel: Dressur und Lernen

Definitionen für das Lernen fallen unterschiedlich aus: „Lernen ist ein zentralnervöser Vorgang, welcher Mechanismen des angeborenen Verhaltens unter dem Einfluß der Außenwelt für kürzere oder längere Zeit verändert." [64] — „Veränderungen in der Wahrscheinlichkeit, mit der Verhaltensweisen in bestimmten Reizsituationen auftreten, bezeichnet man als Lernen." [31] — „Man kann den

Begriff wissenschaftlich wohl immer dann anwenden, wenn sich die Wahrscheinlichkeit des Auftretens bestimmter Verhaltensweisen in bestimmten Reizsituationen änderte, und zwar als direkte Folge früherer Begegnungen mit dieser oder nur ähnlichen Reizsituationen und nicht etwa auf Grund von Reifungs- oder Ermüdungsvorgängen." [18].

Es ist zweckmäßig, im Unterricht den Begriff Lernen mit der Besprechung der Dressur einzuleiten, denn hiermit sind die meisten Assoziationen zum Thema verknüpft: Dressur als Spezialfall des Lernens unter künstlichen Bedingungen. Dann geht man über Selbstdressur (z. B. Honigbiene auf bestimmte Tageszeiten) zum Lernen unter natürlichen Bedingungen weiter.

Beschreibung von Kunststücken der Zirkustiere (Löwe springt durch brennenden Reifen): Wie kann der Dompteur seine Tiere zu diesen Leistungen bringen?

Dressur von Blindenhunden. Hier ist gegebenenfalls der Besuch einer Übungsstätte für Deutsche Schäferhunde zu empfehlen.

Lernverhalten von Tintenfischen in Gefangenschaft und Deutung ihres Verhaltens nach der Literatur [24].

Man kann einem Hund leicht beibringen, sein Futter aus einer Holzkiste zu nehmen, die mit einem Deckel verschlossen ist, der einen überstehenden Rand hat. Das Tier schiebt die Schnauzenspitze darunter, drückt hoch und erreicht so das Ziel. Die meisten Hunde lernen es ferner, einen Riegel zu bewegen, der zuerst verschoben werden muß, bevor sich der Deckel heben läßt [24].

Bindfadenversuch mit einem Hund: Man legt vor den Augen, aber außerhalb der Reichweite des angeleinten Hundes ein Lockmittel, z. B. ein Stück Fleisch, auf den Boden. An dem Köder ist eine starke Schnur befestigt, die bis unmittelbar vor die Füße des interessiert zuschauenden Tieres reicht. Seine Aufgabe besteht darin, an der Schnur zu ziehen und den lockenden Bissen in Reichweite zu bringen. „Als ich den Versuch mit einem kleinen Münsterländer Vorstehhund unternahm, zerrte er nach dem Vorlegen des Fleisches zunächst erregt und heftig an der Leine und versuchte vergeblich, es mit dem Maul direkt zu erreichen. Dann war er eine Weile ruhig und betrachtete die Lage der Dinge. Plötzlich warf er beide Vorderbeine — die Pfoten aneinandergedrückt — nach vorn, als ob er das Ziel dadurch erreichen könnte. Als das nicht glückte, wurde er gleichgültig, und ich legte ein zweites Stück Fleisch nur 10 cm vor seiner weit vorgestreckten Nase auf die Schnur. 15 Sekunden lang versuchte er, es direkt zu schnappen. Danach betrachtete er abermals die Anordnung. Seine Haltung legte den Vergleich mit einem Menschen nahe, der vor einer schwierigen Aufgabe überlegt, was hier wohl getan werden könnte. Kurz darauf wurde der Hund lebhaft, scharrte plötzlich mit beiden Pfoten auf der Schnur, wodurch sich das Hilfsziel ein wenig näher an ihn heranschob, so daß es mit dem Maul zu erreichen war. Beim nächsten Versuch — ein Hilfsziel lag nicht mehr vor — begann der Hund sofort auf der Schnur zu scharren, und der Fleischbrocken kam ein wenig näher. Dann gab er seine Bemühungen aber wieder auf, obwohl er ihr Ergebnis gut hätte wahrnehmen können. Den Teilerfolg schien er nicht zu beachten. Er überschaute wieder alles, scharrte von neuem und sah das Fleisch wiederum etwas näher kommen, ohne es aber schon fassen zu können. Und wieder gab er auf, blickte aber intensiv auf den Köder, begann schließlich zum drittenmal mit Scharrbewegungen und erreichte das Ziel. Von jetzt an scharrte er bei jedem Versuch sofort und ohne Pause so lange auf dem Bindfaden, bis er das Lockmittel erreicht hatte." [24].

Lernvermögen und unbenanntes Denken (nach O. *Koehler*) bei Vögeln: Hierzu als Literaturunterlage [14] und Film D 745 „Zählende" Tiere, mit Beiheft von O. *Koehler* (interessant für die Oberstufe).

Dressur eines Regenwurms: Dieser schon auf *Yerkes* (1912) zurückgehende Versuch ist leicht nach Abb. 3 durchzuführen. Man baut aus Brettchen eine T-förmige

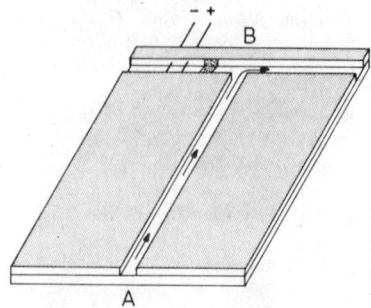

Abb. 3: Versuchsanordnung zur Dressur eines Regenwurms.
Erläuterung im Text.
Während des Experiments legt man zweckmäßig eine Glasplatte auf.

Laufbahn und läßt einen Regenwurm von A aus einkriechen. Wendet er sich bei B nach links, so berührt er zunächst einen Streifen Glaspapier (Warnreiz), und kriecht er weiter, so erhält er durch die mit einer Taschenlampenbatterie verbundenen Elektroden einen leichten elektrischen Schlag, sobald sein feuchter Körper den Stromkreis schließt. Der Wurm wird sich folglich nach rechts wenden. Wiederholt man den Versuch fünfmal am Tag, so kann man nach 4 Tagen feststellen, daß das Tier sich bei B unverzüglich nach rechts, nicht mehr nach links wendet [24, 58, 69].

Lernversuche mit Goldhamstern: Der Bau eines Labyrinths und die Anleitung zu Experimenten sind zu finden in [33]. Die Versuche eignen sich vor allem für Arbeitsgemeinschaften. Labyrinthversuche sind mit einem Holzlauf von Y-Form durchzuführen [6], wobei die drei Arme etwa 80 cm lang sein sollen. Der quadratische Querschnitt hat eine Kantenlänge von etwa 6 cm, der Lauf ist unten offen. Ein Goldhamster, der etwa 24 Stunden gehungert hat, wird in den Eingang des Y-Laufes gesetzt, dieser dann verschlossen. Am Ausgang erhält er an der einen Seite (+) eine geringe Menge seines Lieblingsfutters, auf der anderen (—) einen leichten Schlag mit einem Stock. Bleibt das Tier zu lange in einem Lauf, wird es herausgeholt. Ein Tier sollte möglichst fünfzigmal laufen. Die Werte werden am besten in ein Diagramm eingetragen, in dem man jeden einzelnen Lauf anschaulich darstellen kann. Erläuterungen hierzu: [6]. — Abwandlungen der Versuche: Wei verhält sich das Tier im Labyrinth nach einem Tag, nach einer Woche? Wie verhält sich das Tier, wenn man nach einer Weile noch einmal laufen läßt, aber die Seiten + und — vertauscht? Wie schnell verlernt es? Wie schnell lernt es neu? Dauert das Lernen in diesem Fall länger? [6]

Wahlversuch mit Elritzen: Man kann prüfen, ob Elritzen Formen unterscheiden und in Erinnerung behalten können. Dazu benutzt man die von *Herter* beschriebene Dressurgabel, die am einen Ende Futter, am anderen Ende eine — runde Scheibe trägt. Die Fische gewöhnen sich daran, ihr Futter vom Stab zu nehmen.

Dann wird eine zweite Gabel mit Sternfigur ohne Futter gezeigt. Die Dressurgabeln werden so an den Rand des Aquariums gesteckt, daß das Drahtende mit dem Merkmal sich außen befindet, während das Ende, auf dem der Köder aufgespießt wird, ins Wasser ragt (Abb. 4). Der Fisch schwimmt bald auch dann auf die

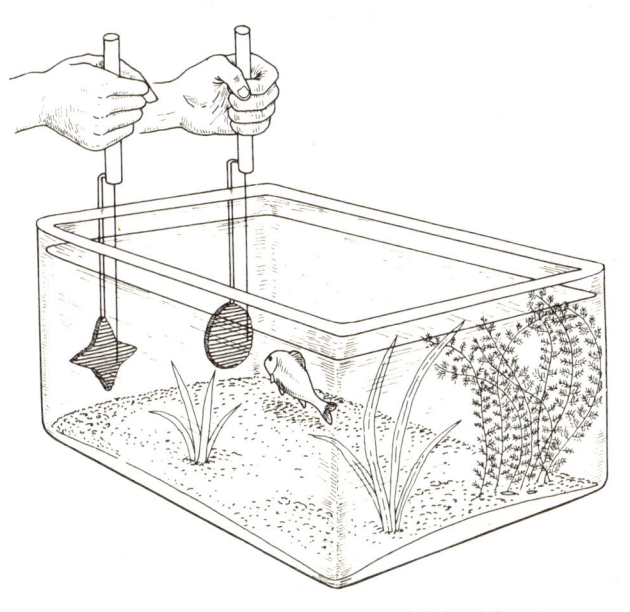

Abb. 4: Wahlversuche mit Elritzen (nach Fischel und Garms)

r u n d e Scheibe zu, wenn man kein Futter daran hat. Offenbar „merkt" sich der Fisch bald, daß er zusammen mit der runden Scheibe Futter bekommt. Diese Versuche lassen sich vielseitig abändern. Man kann an die Gabel mit der sternförmigen Scheibe Wattekügelchen anbringen. Es läßt sich auch feststellen, wielange sich die Elritzen an bestimmte Formen erinnern [52].
Umwegversuche mit einer Eidechse: Man füttert eine Eidechse immer an derselben Stelle des Terrariums mit Stücken von Regenwürmern oder Mehlwürmern und baut dann in das Terrarium ein Gitter, das an eine Seitenwand stößt, während auf dem anderen Ende zwischen ihm und der Wand ein etwa 3 cm breiter Raum als Durchschlupf freibleibt. Hält man der Eidechse auf der einen Seite hinter dem Gitter einen Köder vor, so versucht sie zunächst sehr heftig, sich durch das Gitter, das fest genug sein muß, hindurchzuzwängen. Erreicht sie das Ziel nicht, so verschiebt man das Futter bis in den Durchgang. Nach wiederholten Versuchen lernt die Eidechse bald, wie sie sicher und schnell zu ihrer Lockspeise kommt. Es ist ratsam, das Gitter verschiebbar einzubauen und den Umweg bald nach rechts, bald nach links einschlagen zu lassen. Am besten eignen sich Smaragdeidechsen [52].

Labyrinthversuche mit weißen Mäusen: Der amerikanische Psychologe *Small* suchte ein Verfahren, Ratten und Mäuse unter Bedingungen zu prüfen, die einerseits dem natürlichen Leben möglichst nahekommen, andererseits aber auch das Verhalten möglichst exakt feststellen lassen. Da Ratten sozusagen im Wirrnis leben und blitzschnell verwickelte Wege zwischen Gerümpel und Wurzelwerk laufen, baute er verschiedene Irrgärten. Die Aufgabe der vierbeinigen Prüflinge bestand darin, vom Eingang (Start) so rasch als möglich zum Zentrum des Irrgartens zu gelangen, wo eine Belohnung lockt. Diese vielbenutzte Labyrinth-Methode läßt sich auch gut in der Schule anwenden. Ein einfaches Labyrinth mit Seitengängen baut man aus 3 cm breiten, 0,5 cm dicken und 50 cm langen Latten. Diese steckt man auf 30 cm lange Metallstäbe, die in Blumentöpfe eingegipst sind. Die Maus setzt man zum Start an. Das Tier verläuft sich anfangs in Sackgassen, aber mit jeder Wiederholung geht es besser, schließlich läuft eine erfahrene und hungrige Maus mit unwahrscheinlichem Tempo ans Ziel, um sich am Futter gütlich zu tun. Gleiche Versuche an satten Tieren ergaben andere Resultate. Die Schüler notieren die Zeit und die Anzahl der Fehler und sammeln die Ergebnisse in einer Tabelle. Zwischen jedem Versuch legt man eine Pause von drei Minuten ein. Ein primitives Hochlabyrinth, das auch seinen Zweck erfüllte, bauten Schüler aus Pappstreifen von Schachteln zusammen [52].
Die folgenden Beispiele beziehen sich auf das Lernen unter natürlichen Bedingungen (Vergleich: Film FT 653 Was Tiere können und was sie lernen müssen):

Soziale Rangordnung bei Hühnern: Wie schon erwähnt, ist die Rangordnungstendenz den Hühnern angeboren; die Stellung des Huhns in der Gemeinschaft muß jedoch erlernt werden. Beobachtungen der Schüler in einer Hühnerschar sind als Arbeitsaufgabe sehr zu empfehlen.

Soziale Rangordnung bei Dohlen: Hierzu eignet sich hervorragend die Beschreibung der einschlägigen Versuche durch *K. Lorenz* [46].

Lernvermögen von Meisen: Meisen lernen, Deckel von Milchflaschen zu öffnen, ohne daß ihnen dies gezeigt wird. Man hat die Erscheinungen erstmals in England beobachtet, wo sich die Praxis unter den Vögeln immer weiter ausbreitete. Offenbar sind angeborene Bewegungsweise als Grundstock des Verhaltens vorhanden. Sie wurden dann auf das neue Objekt übertragen. Literatur: [11].

Lernverhalten von Affen in der natürlichen Umgebung: Hier kann das Beispiel des Batatenwaschens der Makaken auf der japanischen Insel Koshima erwähnt werden [76].

In der Oberstufe ist es wichtig, folgende Erscheinungen an Hand geeigneter Literatur herauszuarbeiten:

a. Lernen darf nicht mit reifenden Instinkthandlungen verwechselt werden [18, 64, 69].

b. Isolierte Aufzucht (*Kaspar-Hauser*-Versuch) erweist sich als Mittel zur Unterscheidung von angeborenem und erlerntem Verhalten [18, 64, 69].

Prägung als Sonderform des Lernens: Auch hier ist streng zu unterscheiden zwischen der ererbten Lerndisposition und dem, was dann wirklich erlernt wird. Zur Analyse des Phänomens in der Oberstufe ist die Originalliteratur sehr nützlich [43]. Ergänzend sei genannt: [14, 18, 69].

Experimentelle Erarbeitung ist im Schulunterricht schwierig. Man wird im allgemeinen bei Literaturbeispielen bleiben müssen [72a].

9. Unterrichtsziel: Die ethologischen Beziehungen zwischen Tier und Mensch

Die Verhaltenslehre im Schulunterricht kann entscheidend dazu beitragen, extreme Anschauungen vom Verhältnis Tier und Mensch einander anzunähern. Sie vermag an Beispielen zu zeigen, daß der Mensch einerseits eine Sonderstellung im Bereich des Lebendigen innehat, andererseits aber auch hinsichtlich seines Verhaltens im Tierischen wurzelt. Experimentelle Untersuchungen werden hier weitgehend von sinnvollen Beobachtungen abgelöst, auf die im Unterricht hinzuweisen ist.

a. *Einsichtiges Verhalten bei Tieren:*
Lernen durch Einsicht ist auf Menschen, Menschenaffen und vielleicht einige Vögel (z. B. Kolkraben) beschränkt. Hierbei entsteht der Lerneffekt nicht durch Wiederholung, sondern durch ein einmaliges „Aha--Erlebnis", bei dem schlagartig die Zusammenhänge eines Problems klar werden [9].
Die klassischen Untersuchungen stammen von *W. Köhler* [36 a] Man sollte sie unbedingt im Unterricht verwerten. Interessant sind auch die Experimente, bei denen Schimpansen mit Wertmarken und einem Automaten konfrontiert werden: „Schimpansen erhielten von ihrem Wärter eine Anzahl grauer Plättchen. Ein Automat wurde in ihren Käfig gestellt, und der Wärter zeigte den Tieren, daß es Futter gab, wenn man in den Apparat die grauen Futtermarken hineinsteckte. Das hatten die intelligenten Tiere alsbald heraus und zauberten mit ihrem „Geld" eine Rosine nach der anderen herbei. Nach einiger Zeit erhielten sie neben den grauen auch noch rote und weiße Marken, mußten jedoch zu ihrer Enttäuschung feststellen, daß es hierfür kein Futter gab. In roter und weißer „Währung" ließen sich keine Geschäfte machen. Sie warfen sie daraufhin bald achtlos weg und behielten nur die grauen. Bot man den Affen zwei Marken in verschiedenen Kästchen zur Wahl an, so wußten sie ebenfalls mit Sicherheit die richtige zu finden, nämlich die wertvolle. Bei über 100 Versuchen nahm ein Schimpanse nur ein einziges Mal ein verkehrtes Plättchen, bemerkte jedoch bezeichnenderweise seinen Irrtum, noch ehe er es in den Automaten steckte. Sehr aufschlußreich war auch sein Verhalten hierbei: Der Affe schleuderte mit einer heftigen Gebärde das unbrauchbare Objekt von sich, wobei er Grimassen schnitt und einen stark verärgerten Eindruck machte. Man kann derartige Versuche natürlich beliebig variieren und hat das auch weitgehend getan. Zum Beispiel stellte man einmal zwei Käfige eng nebeneinander auf, so daß der Insasse des einen dem des zweiten die Hand reichen konnte. Fatalerweise befand sich aber nur in dem Käfig I ein Futterautomat, in den der Schimpanse I Marken stecken und sich somit Fressen beschaffen konnte. Es ist begreiflich, daß dem Bewohner des Käfigs II diese Bevorteilung seines Kollegen unangenehm auffiel. Er verlegte sich also aufs Betteln und erhielt auch in 149 von 266 beobachteten Fällen von seinem Nachbarn Futter herübergereicht. Bezeichnend ist auch noch die folgende Variation: Gab man dem Schimpansen II, der gar keinen Automaten in seinem Käfig hatte, Geldmarken in die Hand, so erkannte er sehr wohl, daß diese ihm selbst nichts nützten: er überreichte sie deshalb zum größten Teil dem Automatenbesitzer. Dieser wiederum gab von seinem Reichtum, den er ja seinem Spender verdankte, zwar nicht regelmäßig, aber doch in der überwiegenden Zahl der Fälle ab." [69].
Die Versuche mit Schimpansen wurden in den letzten Jahren wesentlich erweitert. Eine gute Übersicht vermittelt [53]. Dort finden sich auch viele eindrucks-

volle Versuchsbeispiele wie das folgende: „Eine junge Schimpansin lernte mit einem Schlüssel einen Behälter öffnen, in dem sich eine Frucht befand. Darauf lernte sie, diesen Schlüssel einem zweiten Behälter zu entnehmen, der mit einem andersartigen Schlüssel zu öffnen war. Danach wurde ein 3. wiederum in anderer Weise zu öffnender Behälter vorgeschaltet usw. So lernte der Affe, schließlich nacheinander 14 verschiedene Behälter, die auf einer Latte montiert waren, mit 14 verschiedenen Werkzeugen zu öffnen, mit verschiedenen Schlüsseln, mit einem Stock, mit einem Haken, mit dem er aus einem röhrenförmigen Behälter eine Kette herausangeln mußte, an deren Ende der Schlüssel für den nächsten Behälter hing, und auch mit einer Zange, mit der er einen die Behälterklappe versperrenden Draht durchkneifen mußte. Als die Schimpansin die Reihenfolge dieser Manipulationen gut beherrschte, wurde — zunächst nach der 6., später nach der 14. erlernten Aufgabe — die Reihenfolge der Behälter plötzlich verändert. Das Tier war nur einen Augenblick irritiert, daß das erste Werkzeug nicht zu dem Behälter am Ende der Latte paßte, fand dann aber spontan den zugehörigen Behälter, öffnete ihn, entnahm den 2. Schlüssel, suchte den dafür passenden Behälter usw. und löste die Aufgabe bis zu Ende. Später konnten dann jeweils zu Beginn zwei verschiedene Öffner geboten, so bevorzugte sie in statistisch signifikantem Durchschnitt denjenigen, der eine kürzere Kette von Manipulationen bis zum Ziel nötig machte." [53].

Die früheren Versuche, Schimpansen die menschliche Wortsprache zu lehren, müssen als gescheitert angesehen werden. Dafür erwies sich neuerdings die Zeichensprache als ein adäquates Kommunikationsmittel: Das Schimpansenkind „Washoe" lernte mehr als 30 verschiedene Zeichen, kombinierte sie auch neu und vermochte sich auf diese Weise gut verständlich zu machen [27].

b. *Die Bindung des Menschen an das Tierreich:*
Die Verankerung des menschlichen Handelns im Instinktiven ist fester, als man gewöhnlich annimmt. Beispiele:
Die Handlungen des Kleinkindes sind zum größten Teil angeboren. Zu nennen sind der Suchreflex des Neugeborenen (auf Reize in der Mundgegend), der Saugreflex, der Klammerreflex (zu demonstrieren an den Filmen E 78, E 79, E 80 Reflektorisches Greifen). Prägungsähnliche Lernvorgänge beim Menschen gibt [18] an: „Bereits im frühkindlichen Alter können bestimmte Umwelteinflüsse das Verhalten des Kindes in entscheidender Weise bestimmen und unter Umständen irreversible Störungen verursachen. So ist das Gedeihen des Säuglings nicht allein von der Hygiene abhängig, vielmehr ist der persönliche Kontakt als Entwicklungsreiz von ausschlaggebender Bedeutung. Im ersten Lebensjahr kann bereits eine kurze Trennung von der Mutter schwere Störungen hervorrufen, die sich zunächst in rapidem Absinken des Entwicklungsquotienten äußern. Mehrmonatige Trennung führt dann oft zu irreparablen Schädigungen, auch die Kindersterblichkeit ist in solchen Fällen hoch. Besonders in der zweiten Hälfte des ersten Lebensjahres geht das Kind eine persönliche Bindung mit der Mutter oder Pflegemutter ein." [18].

In diesem Zusammenhang sind auch die Versuche mit Rhesusaffen interessant. Man stellte einem Jungtier „Ersatzmütter" zur Verfügung, einmal eine Drahtattrappe, zum anderen ein mit weichem Stoff überzogenes Modell. „Selbst wenn die jungen Äffchen aus einer Säuglingsflasche, die an der ‚Drahtmutter' befestigt war, Futter bekommen konnten, zogen sie doch das mit einem Stoff überzogene Modell vor und klammerten sich stundenlang daran. Obwohl diese Affen Wärme lieben, verließen sie ein warmes Kissen, um zu der ‚Stoffmutter' zu gehen, auch wenn diese nicht vorgewärmt worden war. Der Berührungsreiz, den sie empfanden, wenn sie sich an die Stoffpuppe schmiegten, war offenkundig beruhigend; denn sobald sie durch irgendeinen fremden Gegenstand erschreckt wurden, liefen sie nicht zur ‚Drahtmutter', von der sie Nahrung erhalten hatten, sondern zu der mit Stoff umkleideten." [11].

Bezeichnend ist auch, daß sich kleine Kinder bei Umwegversuchen wie Menschenaffen verhalten, Umwege also zum Teil auch dann beibehalten, wenn der Weg zum Ziel unmittelbar offensteht. Literatur hierzu: [24].

Die Bindung des Menschen an angeborene Verhaltensmuster und die dazugehörigen inneren und äußeren Reize zeigen sich vor allem bei der Nahrungsaufnahme und bei der Fortpflanzung [72].

Übersprung- und Leerlaufreaktionen sind vom Menschen ebenfalls bekannt [18, 64, 72].

Das sog. Kindchenschema [45] beweist, daß auch dem Menschen Auslösemechanismen angeboren sind. Der elterliche Pflegeinstinkt antwortet auf Schlüssel-

Abb. 5: Links als „herzig" empfundene und Brutpflegereaktionen auslösende Profile von Kind und erwachsenen Tieren: Wüstenspringmaus, Pekinesenhund, Rotkehlchen —
rechts Profile von Verwandten ohne derartige auslösende Merkmale von Mann, Hase, Jagdhund und Pirol (nach K. Lorenz, Zeichnung D. Weyers)

reize, die das Kleinkind aussendet. Hierzu wie auch zu den Themen Gebärdensprache, Imponiergehabe, Demutsgebärde beim Menschen sei auf Band 3 des vorliegenden Handbuchs (S. 154 und 159) verwiesen. Weitere Literatur: [64].

Das Kindchenschema (Abb. 5) läßt sich auch im Unterricht experimentell auswerten [77]. Möglichst vielen Versuchspersonen (Familienangehörigen der Schüler) wird Abb. 4 vorgelegt, wobei aber zunächst die unteren 6 Zeichnungen abzudekken sind. Aufforderung: „Wähle dasjenige Profil, auf das deinem Gefühl nach das Adjektiv herzig, süß, lieblich oder niedlich am besten zutrifft!" Das gleiche ist bei den anderen Profilpaaren zu wiederholen, wobei die nicht benötigten stets abgedeckt werden. Um eine Beeinflussung zu vermeiden, ist auf keinen Fall vor oder während der Wahlen anzugeben, wen die Zeichnungen darstellen. Das Ergebnis hält man in einer Tabelle (Abb. 6) fest. Die Profile der linken Spalte werden

Abb. 6: Tabelle
(Muster): Angenommenes Ergebnis der Profilwahlen von 5 Versuchspersonen. (Da jede Vp insgesamt 4 Wahlen hat, muß die Quersumme aller Wahlen der letzten Spalten 20 sein)

Zeile	Wahl der Profile in der linken Spalte	rechten Spalte	
1	+ + +	+ +	
2	+	+ + + +	
3	+ + + +	+	
4	+ + +	+ +	
Summe aller Wahlen 11		9	Quersumme: 20

häufiger gewählt als die der rechten Spalte. Dies bedeutet, daß die Merkmale der linken Spalte (stark entwickelter Hirnschädel; gewölbte Stirn; großes, tief im Gesamtschädel liegendes Auge) allgemein unser Brutpflegeverhalten ansprechen. Bedeutung für die Puppenindustrie und für die Reklame! — Aufgaben für die Schüler: Wo kann man beispielsweise Auslöser des Kindchenschemas finden? (In Spielzeugläden, Buchhandlungen, gewissen Sendungen des Fernsehens, im Kino). Was kann man z. B. an Attrappen finden? (Puppen und Tiere mit übertrieben großem Kopf, Talismane, Maskottchen, Nippsachen, Zeichnungen in Kinderbüchern und Märchenbüchern, Reklame in Illustrierten, Zeichentrickfilme im Fernsehen.) — Im Anschluß an diesen Test läßt sich auch die Bedeutung der wolligen Oberfläche, des prallen Körpers und der Tollpatschigkeit analysieren.

III. Zielsetzung des Oberstufenunterrichts

Die besondere Aufgabe des Oberstufenunterrichts wurde schon an verschiedenen Stellen erwähnt. Da in der Unter- und Mittelstufe vor allem die beobachtbaren Verhaltensweisen und ethologischen Gegebenheiten im Vordergrund stehen, muß die Auswertung den oberen Klassen zugeordnet werden. Hier ist es vor allem die vergleichende Verhaltenslehre, die man pflegen sollte. Begriffe wie Homologie, Analogie, Konvergenz und einige andere muß der Lehrende nun aus dem Gesichtswinkel der Ethologie beleuchten. Hinweise für den Unterricht sowie für Arbeitsgemeinschaften geben [14, 69]. Im folgenden sei ein Vorschlag wiedergegeben, wie er unter dem Titel „Beispiel einer Unterrichtsplanung für die gymnasiale Oberstufe zum Thema Verhaltensforschung" vor kurzem veröffentlicht wurde [62]:

Gegenstand	Methode	Lernziel	Formales Ziel
		Instinktverhalten	
Balz-, Kampf- und Freßverhalten bei verschiedenen Tierarten	Beobachtung von Guppys, Kampffischen, Stichlingen, Haustauben, Goldhamstern o. a.	Arttypische Verhaltensweisen	Beobachtung und Beschreibung von Verhaltensweisen (Sehen-lernen)
Die Darstellung tierischen Verhaltens in verschiedenen Epochen	Vergleich von Originaltexten, z. B. von *Lonicerus*, *Fabre*, *Brehm*, *Tinbergen*, möglichst zum gleichen Thema		Unterscheidung zwischen anthropomorphisierender und objektiver Betrachtung der Tiere
Balz des Samtfalters	Besprechung der Untersuchungen von *Tinbergen*	Instinkthandlung bei gegebener Stimmung ausgelöst durch Schlüsselreize, Reizsummation. Angeborenes Schema. Attrappenversuch als Nachweis der Starrheit der Instinkthandlung	Experiment als Frage an das Tier. Notwendigkeit der präzisen Formulierung dieser Frage, d. h. Variieren jeweils nur eines Faktors. Kausale Interpretation der Versuchsergebnisse.
Fortpflanzungsverhalten des Stichlings	Betrachtung und Analyse von Filmen, evtl. Direktbeobachtung	Revierverhalten, Übersprunghandlung, Signale, Verhaltenskette: Appetenzverhalten — reizauslösende Situation — abschaltende Instinkthandlung, Leerlaufreaktion	Herausgliedern von Bewegungsgestalten aus einer Handlungsfolge. Gewinnung abstrakter Begriffe durch Generalisation und ihre Anwendung auf neue Sachverhalte.
	Interpretation von Fotos	Übernormale Auslöser	

Gegenstand	Methode	Lernziel	Formales Ziel
Bevorzugung von Ei-Attrappen durch Silbermöwen Kybernetisches Modell vom Zustandekommen einer Instinkthandlung Sozialverhalten des Haushuhns	Vorliegende Zusammenfassung der Ergebnisse Beobachtung von Bewegungsstereotypien bei Zootieren	AAM, Aufstau reaktionsspezifischer Energie, Reizschwelle Verhaltensinventar des Haushuhns Rangordnung	Zusammenfassung von Teilergebnissen zu einer Hypothesenentwicklung einer Modellvorstellung und Einsicht in den Charakter kybernetischer Aussagen.
Auslösung von Instinkthandlungen durch Stammhirnreizung beim Haushuhn	Analyse von Filmen Referat über die Untersuchungen von *Baeumer* Auswertung der Filme über die Versuche von *v. Holst*	Lokalisierbarkeit der Zentren für Instinkthandlungen im Stammhirn; verschiedene Integrationsniveaus von Instinkthandlungen. Hierarchie der Instinkttätigkeiten	Bestätigung einer Hypothese durch das Experiment; Entwicklung eines Denkmodells
Prägungsvorgänge bei Graugans und Dohle	Besprechung zweier Aufsätze von *Lorenz* Auswertung eines Films	Prägung, sensible Phase; Trennbarkeit verschiedener Funktionskreise	Reflexion über die verschiedene Art des Erlebens der Umwelt (hier des Artgenossen) Tier und Mensch (Warnung vor Anthropomorphisierung)
Instinktverhalten und Stammesgeschichte			
Balzverhalten von Fasanvögeln Schlüsselreize bei Maulbrütern	Besprechung diesbezüglicher Untersuchungen Filmbetrachtung und -analyse	Ritualisierung Stammesgeschichtliche Entwicklung von Verhaltensweisen; Wirkung der Selektion auf das Verhalten	Einordnen der Ergebnisse der Verhaltensforschung in größere biologische Zusammenhänge. Frage nach der arterhaltenden Leistung von Verhaltensweisen.

Gegenstand	Methode	Lernziel	Formales Ziel
		Lernen	
Fliegen „lernen" von Jungvögeln	Besprechung diesbezüglicher Versuche	Reifung kann Lernen vortäuschen	
Ausbildung bedingter Reflexe	Besprechung von *Pawlos* Versuchen an Hunden	Lernen durch Bildung einfachster Assoziationen	
Orientierung der Sandwespen	Besprechung der Untersuchung von *Tinbergen* und *Baerends*	Wegelernen durch Einprägen von Orientierungsmarken	
Dressurleistungen von Ratten	Besprechung von Versuchen der behavioristischen Schule	Lernen durch Versuch und Irrtum; Verstärkung des Gelernten durch Erfolg bzw. Mißerfolg	Differenzierung äußerlich ähnlicher Vorgänge durch experimentelle Analyse der zugrunde liegenden Mechanismen
Traditionsbildung bei japanischen Makaden	Besprechung von Untersuchungen am japanischen Affenzentrum	Lernen durch Nachahmung	
Lernleistungen bei Planarien	Besprechung der Untersuchungen von *Mc Connell*	Bildung von Engrammen	Kausalanalyse; Frage nach dem physiologischen Korrelat psychischer Erscheinungen
		Höhere geistige Leistungen bei Tieren	
Dressurleistungen von Tauben	Auswertung eines Films Besprechung der Versuche von *Koehler*	Unbenanntes Zählen	Einblick in die stufenweise Entwicklung höherer geistiger Fähigkeiten im Tierreich
Dressurleistungen verschiedener Säuger und Vögel	Besprechung von Untersuchungen von *Rensch*	Averbale Begriffe	

Gegenstand	Methode	Lernziel	Formales Ziel
Verhaltensweisen von Schimpansen	Besprechung der Freilandbeobachtungen von *Goodall*	Sozialstruktur der Schimpansenhorde; Werkzeuggebrauch	Erkennen der stammesgeschichtlichen Wurzeln menschlicher Intelligenz
	Auswertung eines Films über Intelligenztests an Affen	Problemlösung durch Einsicht	Hinführung zu der Frage nach der spezifischen Eigenart des Menschen
	Besprechung der Versuche von *Koehler*		
	Besprechung von *Morris'* Versuchen mit malenden Affen	Primitives ästhetisches Grundempfinden	
Stammesgeschichtliche Wurzeln menschlichen Verhaltens			
Jugendentwicklung des Gorillas	Auswertung der Berichte über das Gorillakind *Goma* und eines Films über Kind und jungen Affen in gleicher Umgebung	den frühen Lebensstadien von Menschenaffen und Menschen	
Typen der Jugendentwicklung von verschiedenen Säugetieren	Lektüre eines Textes von *Portmann*	Sekundäres Nesthockertum der Primaten; Bedeutung der extrauterinen Frühjahrs	Frage nach der spezifischen Eigenart des Menschen
Voraussetzung der Menschwerdung	Lektüre eines Aufsatzes von *Lorenz*	Bedeutung der Greifhand und des räumlichen Sehens; Bedeutung der Unspezialisiertheit des Menschen; Selbstdomestikation des Menschen und Neugierverhalten; Auflockerung des Instinktgefüges	Verständigung für die genannten Faktoren als notwendige aber nicht hinreichende Bedingung der Menschwerdung

Gegenstand	Methode	Lernziel	Formales Ziel
Tierische und menschliche Sprache	Referate über Aufsätze von *Lorenz*, *Bertalanffy* u. a.	Symbolischer Charakter der menschlichen Sprache	Erkenntnis der neuen Dimension, die sich dem Menschen mit seiner Höherentwicklung erschloß Reflexion über die sich daraus ergebende Verantwortung des Menschen für sich selbst und andere Lebewesen Reflexion über die Zulässigkeit der Übertragung von Tierbeispielen auf den Menschen
Angeborenes Verhalten beim Menschen	Analyse von Tier- und Kinderbildern sowie Reklamedarstellungen	Angeborene Schemata (z. B. Kindchenschema)	Bewußtwerdung eigener angeborener Reaktionsweisen als Voraussetzung für ihre Kontrolle. Distanzierte, sachliche Beurteilung eigenen und fremden Handelns
	Beobachtung menschlicher Ausdrucksbewegungen	Angeborenes Ausdrucksverhalten (z. B. Imponier- und Demutsgebaren)	
	Referat über *Lorenz*: „Das sogenannte Böse"	Bedeutung der Aggression in der menschlichen Gesellschaft	
Wechselwirkungen zwischen Instinktverhalten und menschlicher Tradition und Konvention	Diskussion komplexerer menschlicher Verhaltensweisen in alltäglichen Situationen	Signalwirkungen in der Mode; Ritualbildung in der menschlichen Gesellschaft; Imponiergehabe mit Hilfe von Statussymbolen; Steigerung des Lustgewinns durch Schaffung übernormaler Auslöser	Erkennen vor dem Menschen durch seine größere Handlungsfreiheit und sein Verständnis der Kausalzusammenhänge zuwachsenden Möglichkeiten und Gefährdungen

C. Filme

Im folgenden werden Filme genannt, die in ihrem Inhalt Beziehungen zu einzelnen Themen der Verhaltensforschung haben, auch wenn sie sich diesem Gebiet nicht ausschließlich zuwenden. Die Auswahl erfolgte nach den Erfahrungen des Referenten, mußte demnach naturgemäß subjektiv bleiben. Es ist nicht möglich, alle einschlägigen Filme im vorliegenden Rahmen aufzuführen. Die genannten Institute liefern auf Anforderung Gesamtverzeichnisse.

Institut für Film und Bild in Wissenschaft und Unterricht, München 22, Museumsinsel 1

8 F	2	Bewegungen bei Seeigeln
8 F	60	Werkzeuggebrauch bei Darwinfinken
8 F	61	Kommentkampf bei Meerechsenmännchen
8 F	62	Beschädigungskampf bei Meerechsenweibchen
8 F	63	Angeborenes und erlerntes Verhalten beim Eichhörnchen
8 F	64	Zwei Schlüsselreize bei Stichlingen
8 F	130	Kampfverhalten beim Truthahn
8 F	131	Kampfverhalten beim Chamaeleon
8 F	134	Balz und Kopulation bei der Seeschwalbe
8 F	135	Territorialverhalten beim Buntbarsch
8 F	136	Revierverteidigung beim Seeregenpfeifermännchen
8 F	137	Riesenkänguruh — Kampfverhalten
8 F	138	Riesenkänguruh — Nahrungsaufnahme
8 F	188	Nahrungsaufnahme und Werkzeuggebrauch bei Seeottern
8 F	189	
	—191	Lernverhalten beim Schimpansen
8 F	231	Attrappenversuche beim Kleiber
F	55	Die Ringelnatter
F	183	Reizphysiologische Versuche am Pantoffeltierchen
F	223	Die Entwicklung des Kohlweißlings
F	248	Der Kuckuck als Brutschmarotzer
F	370	Am Fuchsbau
FT	370	Reineke Fuchs
F	339	Die Forelle
F	352	Tänze der Bienen
F	367	Eichhörnchen
FT	367	Quick, das Eichhörnchen
F	369	Tiere im Aquarium
F	395	Bitterling und Muschel
F	400	Am Froschtümpel

FT	400	Konzert am Tümpel
F	409	Tierleben im Mittelmeer: Tintenfische
FT	409	Chamäleon des Meeres
F/FT	416	Zimmerleute des Waldes
F	448	Die Kreuzotter
F	461	Der Stichling und sein Nest
F/FT	524	Die Kreuzspinne
F	536	Storchenleben
FT	569	Die Entwicklung des Maikäfers
FT	594	Die Echsen von Galapagos
FT	600	Aus dem Leben des Birkwildes
FT	604	Balzverhalten bei Fregattvogel und Albatros
FT	640	Schlüsselreize beim Stichling
FT	641	Schlüsselreize beim Maulbrüter
FT	652	Vom angeborenen und geprägten Verhalten
FT	653	Was Tiere können und was sie lernen müssen
FT	891	Am Korallenriff
F	2094	Bewegungen bei Seeigeln
FT	2144	Seeottern

Tonbänder des Instituts für Film und Bild:
Tb 18—20   Vogelstimmen I, II und III
Tb 208   Stimmen der Lurche, Frösche und Kröten

Institut für den wissenschaftlichen Film, Göttingen, Nonnenstieg 72:
C   5   Intelligenzprüfung an Affen
C 178   Dressur der Elritze auf verschieden große optische Signale
C 281   Können Tauben „zählen"
C 361   Beutemachen und Fressen bei einer Riesenschlange
C 385   Die Triebhandlungen des jungen Kuckucks
C 560   Ethologie der Graugans
C 593   Netzbau der Kreuzspinne
C 594   Beutefang bei der Kreuzspinne
C 626   Balz und Paarbildung bei der Stockente
C 651—653 Die Entwicklung der frühkindlichen Motorik I—III
D 745   „Zählende" Tiere
D 845—849 Instinktverhalten durch Stammhirnreizung bei Hühnern I—V
E   29   Felis catus (Hauskatze) — Transport der Jungen durch die Mutterkatze
E   78—80 Homo sapiens — Reflektorisches Greifen
E 112   Töten von Kreuzottern durch einen Iltis
E 127   Labroides dimidiatus (Putzerfisch) — Putzen verschiedener Fische
E 192   Charadrius alexandrinus (Seeregenpfeifer) — Verleiten I
E 205   Ursus arctos (Braunbär) — Spiel der Jungtiere
E 206   Kommentkampf der Kreuzottermännchen
E 254   Eudromias morinellus (Mornellregenpfeifer) — Verleiten II
E 283   Eudromias morinellus (Mornellregenpfeifer) — Verleiten I — Brutverhalten

E 582 Amblyrhynchus cristatus (Meerachse) — Kampf der Weibchen
E 591 Amblyrhynchus cristatus (Meerechse) — Kommentkampf der Männchen
E 597 Cactospiza pallida (Spechtfink) — Werkzeuggebrauch beim Nahrungserwerb
E 721 Gasterosteus aculeatus (Stichling) — Balz und Ablaichen
E 949 Sus scrofa (Wildschwein) — Spiele der Jungtiere
E 1207 Tilapia nilotica (Buntbarsch) — Kampf zweier Männchen

Literatur

Bei der Fülle des Materials fällt die Auswahl schwer. Der Referent hat sich bemüht, die Zahl der im obigen Text erwähnten Werke klein zu halten, damit deren Einstellung in die Bücherei jeder Schule möglich ist. Diese Quellen sind in der folgenden Liste mit + gekennzeichnet. Sie bilden den Grundstock einer Bibliothek zum Thema Verhaltenslehre. Eine Wertung ist jedoch damit nicht verbunden.

[1]	+	*Bader, R.:* Das Schulaquarium. Stuttgart, 1962
[2]	+	*Baeumer, E.:* Das dumme Huhn, Stuttgart, 1964
[3]		*Baeumer, E.:* Das „dumme" Huhn. Vogelkosmos 1967, S. 264
[4]	+	*Baer, H. W.:* Biologische Versuche im Unterricht. Berlin 1960
[5]	+	*Barnett, S. A.:* Instinkt und Intelligenz. Bergisch Gladbach, 1968
[6]	+	*Berck, K.-H.:* Tier- und Humanpsychologie — eine methodische Anleitung für den Unterricht. Heidelberg, 1968.
[6a]		*Blough, D. S., Blough, P. M.:* Psychologische Experimente mit Tieren. Frankfurt/Main, 1971
[7]		*Blume, D.:* Revierverhalten der Vögel als Unterrichtsthema. Biolog. Unterricht 1965, S. 4
[8]	+	*Blume, D.:* Ausdrucksformen unserer Vögel. Wittenberg-Lutherstadt, 1967
[9]		*Blume, D.:* Vom Instinkt über das Lernen zum Spiel. Vogelkosmos 1969, H. 10, S. 339
[10]		*Braun, R.:* Tierbiologisches Experimentierbuch. Stuttgart, 1959
[11]	+	*Carthy, J. D.:* Tiere in ihrer Welt. Wiesbaden, 1967
[12]		*Carthy, J. D.:* Tiere auf Wanderung. Frankfurt/M., 1968
[13]		*Dembeck, H.:* Gelehrige Tiere. Düsseldorf, 1966
[14]	+	*Dylla, K.:* Verhaltensforschung. Ihre Behandlung im biologischen Unterricht. Heidelberg, 1964
[15]		*Eibl-Eibesfeldt, I.:* Über das Vorkommen von Schreckstoffen bei Erdkrötenquappen. Experientia 1949, S. 236
[16]		*Eibl-Eibesfeldt, I.:* Nahrungserwerb und Beuteschema der Erdkröte. Behaviour 1951, 1.
[17]		*Eibl-Eibesfeldt, I.:* Angeborenes und Erworbenes im Verhalten einiger Säuger. Z. f. Tierpsychol. 1963, S. 705—754
[18]	+	*Eibl-Eibesfeldt, I.:* Grundriß der vergleichenden Verhaltensforschung. München, 1967
[18a]		*Ellenberger, W.:* Versuche zum Lernvermögen des Goldhamsters. Wir experimentieren 1972, Heft 1, S. 16
[19]		*Ellerbrock, W.:* Angeborenes Verhalten. Praxis der Biologie 1965, S. 135—136
[20]		*Engelmann, C.:* Die Futterwahl des Geflügels und ihre Beeinflussung durch psychische Faktoren. Forschung und Fortschritt 1962, 36, S. 65—69
[20a]		*Erber, D.:* Der Zebrabuntbarsch, ein Fisch für das Aquarium. Praxis Biologie 1971, S. 87
[21]		*Fels, G.:* Der Instinktbegriff. Biolog. Unterricht 1965, S. 56—71
[22]		*Fischel, W.:* Tierpsychologie im Schulunterricht. MNU II, 1949, S. 175
[23]	+	*Fischel, W.:* Methoden der tierpsychologischen Forschung, Bonn, 1953
[24]	+	*Fischel, W.:* Vom Leben zum Erleben. München, 1967
[25]		*Frisch, K. v.:* Über einen Schreckstoff der Fischhaut und seine biol. Bedeutung. Z. vgl. Physiol. 1941, S. 46
[26]	+	*Frisch, K. v.:* Aus dem Leben der Bienen. Berlin, 1953
[27]		*Gardner, R. A.; Gardner, B. T.:* Teaching Sign Language to a Chimpanzee. Science 165, 664 (1969); Referate davon in X — unsere Welt heute, 1970, H. 1 und Nat. Rdsch. 1970, H. 2
[28]		*Goodall, J.:* My life among wild Chimpanzees. Nat. Geogr. Mag. 1963, S. 272
[28a]		*Hass, H.:* Wir Menschen. Das Geheimnis unseres Verhaltens. Wien, 1968
[28b]		*Hasselberg, D.:* Die Verhaltensforschung im Unterricht der gymnasialen Oberstufe unter Einbeziehung selbständiger Schülerbeobachtungen. Praxis Biologie 1971, S. 1
[29]		*Hediger, H.:* Die Straßen der Tiere, Braunschweig, 1967
[30]		*Helmig, G.:* Über die Behandlung von Methoden und Ergebnissen der Verhaltensforschung im Wahlpflichtfach der Primen. Biol. Unterricht 1966, S. 73—81
[31]		*Hofstätter, P. R.:* Psychologie, Frankfurt/M., 1957
[32]	+	*Kainz, F.:* Die „Sprache" der Tiere. Stuttgart, 1961
[33]		*Kasche, C.:* Labyrinthversuche mit Goldhamstern im Klassenraum. MNU XVII, 1964/65
[34]		*Keiter, F.* (Hrsgb.): Verhaltensforschung im Rahmen der Wissenschaft vom Menschen
[35]		*Koehler, O.:* Jane Goodall lebte unter wilden Menschenaffen. Das Tier, Nr. 9, 1965

[36]   Koehler, O.: Freilandbeobachtungen afrikanischer Schimpansen. Das Tier, Nr. 9, 1966
[36a] + Köhler, W.: Intelligenzprüfungen an Menschenaffen. Berlin 1963 (Neuauflage von 1921)
[36b]   Koenig, O.: Kultur und Verhaltensforschung. Einführung in die Kulturethologie. München, 1970
[37]   Kortlandt, A.: Chimpanzees in the wild. Scientific American 1962, S. 128
[38]   Kortlandt, A.: Der Kampf der Schimpansen gegen ihren Erbfeind. Das Tier, Nr. 12, 1968
[39]   Lack, D.: The life of the robin. London, 1943
[40]   Laudien, H.: Deplacierte Handlungen bei Tieren. Nat. Rdsch. 1969, S. 33
[41]   + Leyhausen, P.: Verhaltensstudien an Katzen. Berlin 1956
[42]   Lissmann, H. W.: Die Umwelt des Kampffisches. Z. vgl. Physiol. 1932, S. 65
[43]   Lorenz, K.: Der Kumpan in der Umwelt des Vogels. J. Ornithol. 83, S. 137—213 und S. 289—413, 1935
[44]   Lorenz, K.: Über die Bildung des Instinktbegriffes. Naturwissenschaften 1937
[45]   Lorenz, K.: Die angeborenen Formen möglicher Erfahrung. Z. f. Tierpsychol. 1943, S. 235
[46]   + Lorenz, K.: Er redete mit dem Vieh, den Vögeln und den Fischen. Wien, 1952
[47]   + Lorenz, K.: Das sogenannte Böse. Wien, 1964
[48]   + Lorenz, K.: Über tierisches und menschliches Verhalten I und II, München, 1965
[49]   Lorenz, K.; Leyhausen, P.: Antriebe tierischen und menschlichen Verhaltens. München 1968
[49a]   Marler, P. R.; Hamilton, W. J.: Verhaltensphysiologie der Tiere. München, 1971
[49b]   Müller, H.: Überlegungen zur Erziehung. Praxis Biologie 1971, S. 86
[50]   Müller, J.: Schulversuche zur Verhaltensforschung. Phywe - Nachr. 1968, S. 42
[51]   Neumann, G. H.: Verhaltensforschung. Praxis der Biologie, 1966/67 (5 Beiträge)
[51a]   Neumann, G. H.: Verhaltensforschung. Praxis Biologie 1966, S. 71, 111, 193, 230 und 1967, S. 31
[51b]   Neumann, G. H.: Schulversuche zur Prüfung der Sehschärfe von Tieren. Praxis Biologie 1967, S. 35
[51c]   Neumann, G. H.: Lerngeschwindigkeit und Generalisationsvermögen von Papageien stark unterschiedlicher Körpergröße. MNU, Bd. 1, 1970, S. 33
[51d]   Neumann, G. H.: Verhaltensbiologische Schulexperimente mit Wirbeltieren. Praxis Biologie 1971, S. 61
[51e]   Neumann, G. H.: Verhaltensbiologische Untersuchungen an Kleinkindern. Studienarbeiten im Wahlpflichtfach Biologie. MNU, 1971, S. 160
[51f]   Nitschke, A.: Die Bedrohung. Ansatz einer historischen Verhaltensforschung. Stuttgart, 1972
[52]   Raaf, H.: Tierpsychologie in Schulversuchen. Die Schulwarte 1963, Heft 4, S. 294
[53]   Rensch, B.: Die höchsten Hirnleistungen der Tiere. Nat. Rdsch. 1965, H. 3, S. 91
[54]   Sauer, F. u. E.: Zugvögel als Navigatoren. Nat. Rdsch. 1960, S. 88
[55]   Schmidt, B.: Die Seele der Tiere. Stuttgart, 1951
[56]   Schrooten, G.: Verhaltensforschung beim Tier und das Verständnis vom Menschen. Biolog. Unterricht, 1965, S. 72—95.
[57]   Siedentop, W.: Methodik und Didaktik des Biologieunterrichts, Heidelberg, 1968
[58]   Steinecke, F.; Ange, R.: Experimentelle Biologie. Heidelberg, 1963
[58a]   Stokes, A. W. (Hrsg.): Praktikum der Verhaltensforschung. Stuttgart, 1971
[59]   + Tembrock, G.: Tierpsychologie. Wittenberg, 1956.
[60]   + Tembrock, G.: Tierstimmen. Wittenberg — Lutherstadt 1959
[61]   + Tembrock, G.: Verhaltensforschung. Jena, 1961
[62]   Thiele, E.: Beispiel einer Unterrichtsplanung für die gymnasiale Oberstufe zum Thema Verhaltensforschung. Die Höhere Schule. Problematik und Diskussion IV/1969, S. 30
[63]   Thieme, E.: Versuche mit Wirbellosen. Phywe-Nachr. 1962, 1, S. 32
[64]   + Tinbergen, N.: Instinktlehre. Berlin, 1953
[65]   + Tinberger, N.: Tiere untereinander, Berlin, 1955
[66]   + Tuxen, S. L.: Insektenstimmen. Berlin 1967
[67]   + Uexküll, J. v.: Streifzüge durch die Umwelten von Tieren und Menschen. Hamburg, 1956
[68]   Vogel, C.: Freilandstudien zum Sozialverhalten von Affen und Human-Ethologie MNU 1970, S. 199—207
[69]   + Vogt, H.-H.: Tierpsychologie für jedermann. München/Basel, 1957
[70]   Vogt, H.-H.: Ethologie in der Schule. Praxis der Biologie 1960
[71]   Vogt, H.-H.: Tierkunde I—V. München, 1964/1969
[72]   + Vogt, H.-H.: So bist du Mensch, München, 1970
[72a] + Vogt, H.-H.: Lernen bei Mensch und Tier. München, 1971
[73]   Weigel, W.: Aquarianer fangen Meerestiere. Stuttgart 1969
[74]   Weih, S.: Das Problem der Tierseele im biologischen Unterricht. MNU 1958, S. 455—463
[75]   + Wickler, W.: Das Meeresaquarium, Stuttgart 1962
[76]   Wickler, W.: „Erfindungen" und Entstehung von Traditionen bei Affen. Umschau 1967, H. 22, S. 725
[76a]   Wickler, W.: Sind wir Sünder? Naturgesetze der Ehe. München, 1969
[77]   Zöllner, W. W.: Das Kindchenschema. Wir experimentieren 1970, S. 323

BIOLOGISCHE STATISTIK

Von Univ.-Prof. Dr. Werner Schmidt

Hamburg

I. EINFÜHRUNG

1. Herkunft des Wortes Statistik

Als Statistik bezeichnete man, um 1700, Beschreibungen von Daten aus Erhebungen oder Beobachtungen, die Interesse für die Staatsverwaltungen hatten. Darunter fielen z. B. Zählprotokolle über Einwohnerzahlen, als Unterlage für Steuern und für die Aushebung von Rekruten, ferner Listen über Geburten- und Sterbefälle, Handel, Gewerbe, Import und Export. In Anlehnung an das italienische statista = Staatsmann wurden solche „Staatsbeschreibungen" Statistiken genannt. Vorlesungen unter dieser Bezeichnung wurden damals erstmalig in Göttingen gehalten, um den Verwaltungsnachwuchs auszubilden.

Heute ist zu der *„beschreibenden Statistik"*, wie sie die statistischen Ämter sammeln und in Jahrbüchern niederlegen, die *analytische Statistik* als ein völlig anderer, neuer Begriff hinzugekommen. Sie begnügt sich nicht mit Übersichten über Zähldaten, sondern ist *eine Methodik* des Datenlesens, *ein Instrument* zur Entschlüsselung von Beobachtungen. Man bringt Zahlen zum Sprechen. Treffender würde man diese moderne statistische Methodik als Datenlesen oder Datenanalyse bezeichnen.

Um 1700 hätte man von „Biologischer Statistik" noch nicht reden können. Gerade die Biologie war es, die den Anlaß zu einer stürmischen Entwicklung der *statistischen Analyse* in den letzten 40 Jahren gab. Alle Lebewesen variieren, kein menschliches Individuum ist mit einem zweiten erblich identisch in Merkmalen und gesteuerten Verhaltensweisen. Es sei denn, man hat den Ausnahmefall eineiiger Zwillinge vor sich. Bei Pappeln sind Stecklinge oder Pfropflinge mit dem Ausgangsstamm erblich identisch (vegetative Vermehrung spielt daher in der gärtnerischen Praxis eine Rolle). In der Biologie entwickelt (durch *R. A. Fisher* u. a.), drang die statistische Analyse in alle Erfahrungswissenschaften als universelle Methodik der Datenauswertung ein, so auf den Gebieten der Medizin, der Psychologie, Soziologie, oder Wirtschaft, natürlich ist sie auch in der Meinungsforschung unentbehrlich. Nicht statistisch entschlüsselte Angaben über Meß- und Zählresultate lassen heute beim Leser Zweifel aufkommen, ob ein Autor seine beobachteten Daten voll ausgeschöpft hat, wenn er z. B. bei Begabungs- und Verhaltensstudien nicht quantitativ zwischen den Anteilen erblicher und umweltlicher Einflüsse unterschied. Biologen und Psychologen prüfen an eineiigen Zwillingen, die als Waisen von verschiedenen Familien adoptiert wurden, zu welchem Anteil Eigenschaften und Talente auf deren (identische) Veranlagung zurückzuführen sind, und inwieweit sie unterschiedlich geweckt, gefördert und trainiert werden können.

Der Sinn der statistischen Analyse sei hier sogleich eingangs an einem Beispiel veranschaulicht: zwischen zwei Stichproben, z. B. zwischen den durchschnittlichen Pulsfrequenzen von gesunden Menschen (Kontrollgruppe) und Patienten sei ein Unterschied beobachtet worden. Die mittlere Pulsfrequenz der Gesunden betrug 77 Schläge pro Minute, die der kranken Gruppe 104 Schläge. „Das kann kein Zufall sein", würde man sagen, der Unterschied dürfte echt sein. Inwieweit kann ein solcher Unterschied trotzdem, z. B. durch zu kleine Stichproben, zufällig zustande kommen? Unter den Gesunden kommen auch höhere Pulsfrequenzen vor, je nach Individuum und den Umständen. Dann kann der Gruppenunterschied gleich Null werden. Man geht von der „Nullhypothese" (Annahme: kein echter Unterschied) aus und prüft ihre Wahrscheinlichkeit. Ergibt die Datenanalyse, daß die Wahrscheinlichkeit sehr gering ist, daß der Unterschied nur durch Zufälligkeiten der (zu kleinen) Stichproben zustande kam, so schließen wir nach Widerlegung der Nullhypothese: die Wahrscheinlichkeit für einen echten (und zwar verläßlichen) Unterschied ist „mit an Sicherheit grenzender Wahrscheinlichkeit" nachgewiesen, wenn auch nicht völlig sicher. Wir nehmen eine geringe Wahrscheinlichkeit dafür in Kauf, daß der Zufall (bei der Stichprobenentnahme) eine Rolle gespielt haben mag. Immerhin verwerfen wir die Nullhypothese, nach den in Absatz 3. beschriebenen Konventionen über die *Verläßlichkeitsniveaus*, und nehmen unsere Arbeitshypothese an, die besagt, der gefundene Unterschied sei ausreichend, d. h. mit geringer Irrtums-Wahrscheinlichkeit, verläßlich.

Der biologische Unterricht einschließlich der statistischen Auswertung von Experimenten im Gymnasium vermittelt nicht nur die unentbehrlichen Faktenkenntnisse, sondern auch das Rüstzeug für die Anwendung des *induktiven* Schlußfolgerns aus Erfahrungsdaten, das für alle empirischen Wissenschaften charakteristisch wurde und ihre Erfolge ermöglicht hat. „Diese öden Empiriker", hört man hie und dort spekulative Philosophen klagen, die gern bei der Aufstellung „einleuchtender" a priori-Thesen verharren, ohne Prüfung an der Wirklichkeit. Gewiß, das Abwägen ethischer Werte und Rechtsgüter in der Rechtsphilosophie läßt sich nicht quantitativ durchführen, und auch in der induktiven Wissenschaftsmethodik ist zu allererst der Einfallsreichtum und das Aufstellen neuer Ideen (von Hypothesencharakter) wichtig, bevor überhaupt ein neuer Versuch lohnend erscheint, und dessen kritische Auswertung ergiebig sein kann.

2. Was wird beim Umgang mit Beobachtungsdaten entschlüsselt?

Entschlüsselt wird der Aussagegehalt der Meß- und Zähldaten eines Beobachtungsmaterials. Man muß die erhaltenen Zahlenergebnisse mit Hilfe des Testschlüssels entziffern, den uns die statistische Methodik liefert. Er schließt viele

Türen auf. Wie schon angedeutet, ist die heutige analytische Statistik in der Lage, uns bereits bei der Anlage und Planung von Untersuchungen zu beraten. Manchmal kommt es vor, daß der Verfasser einer Doktorarbeit erst dann vom Statistiker sich beraten läßt, wenn er seine Untersuchungen abgeschlossen hat und auswerten will. Dann aber ist es zu spät, falls beim Einsammeln von Meß- oder Zähldaten nicht alle diejenigen Faktoren berücksichtigt wurden, die eine Rolle für die interessierenden Effekte spielen können. Man muß *alternative Hypothesen* formulieren und so klar aufstellen, daß der Versuch Auskunft geben kann, mit welcher Wahrscheinlichkeit die Daten für die eine oder die andere Annahme sprechen. Auf Fragen, die nicht von vornherein bei der Anlage des Versuchs gestellt wurden, kann natürlich keine Antwort erwartet werden. Daher ist es so notwendig, schon in der Oberstufe der Schulen die Grundgedanken der statistischen Methodik zu vermitteln!

Die Abhängigkeit von gut durchdachter Planung und Anlage besteht nicht nur beim Experiment, sondern auch bei Beobachtungen gegebenen Materials (in der Meteorologie z. B.) oder bei Erhebungen in der Wirtschaft, Meinungsforschung, bei der Anlage von Interviews oder der Sammlung von Testergebnissen (psychologischen Tests). Im Experiment hat man den Vorteil, bestimmte Bedingungen zu setzen. Man ist nicht auf Beobachtungsmaterial angewiesen, wie es gerade anfällt. Im Düngerversuch oder beim Experiment mit Behandlungsverfahren oder Medikamenten kann man einen oder mehrere Faktoren variieren, um ihre Wirkung zu studieren, beispielsweise verschiedene Dünger und Düngermengen verwenden. Die übrigen Faktoren hält man nach Möglichkeit konstant (ceteris paribus-Vergleich). Das gelingt bis zum gewissen Grade bei Pflanzen im Gewächshaus und Laboratorium, nicht dagegen im Freilandversuch. Dort müssen auch noch die Boden- und Standortsunterschiede, die Witterung in verschiedenen Jahren (trockenen und feuchten) berücksichtigt werden, d. h. die Anbauversuche werden über mehrere Orte und Jahre wiederholt. Durch geschickte Planung der Anlage ist es dann bei der späteren Auswertung der Ergebnisse möglich, das Zusammenspiel der Einflußgrößen und deren anteilige Effekte zu entwirren. Hat man es mit der Erhebung bereits vorhandenen Materials zu tun, wie im folgenden Fall, so sei an einem konkreten Beispiel gezeigt, wie sich auch diese Situation meistern läßt.

Aus einer amerikanischen Erhebung von Verkehrsunfällen bei Frauen und Männern (je 7000 Personen) hätte man auf den ersten Blick die Daten falsch lesen und folgern können: Frauen sind nicht nur die besseren Diplomaten, sondern auch die zuverlässigeren Autofahrer. Die Häufigkeit von Unfällen wurde registriert, die sie gehabt hatten, solange sie fuhren. Das Ergebnis: Die Frauen fuhren zu 68 % unfallfrei, die Männer dagegen nur zu 56 %. Lag hier ein realer Unterschied der Fahrweise nach Geschlechtern vor? Bei je 7000 Personen konnte man erwarten, daß Zufallsabweicher, die im einzelnen vorkommen möchten, im großen Durchschnitt kein Gewicht mehr hatten. Handelte es sich aber um einen ceteris-paribus-Vergleich? Man hatte einfallsreich, wie es sich gehört, von vornherein beim Datensammeln auch die Länge der Fahrstrecken notiert. Denn je länger die Fahrstrecken durchschnittlich waren, mit desto mehr Gelegenheiten zu Unfällen war zu rechnen. Logik und Einfallsreichtum sind bei Anlage von Untersuchungen wichtige Voraussetzungen.

Mehrfaktorenanalyse:

	Von männlichen Fahrern, die im Durchschnitt zurücklegten:		Von weiblichen Fahrern, die im Durchschnitt zurücklegten:	
	mehr als 1000 Meilen	weniger als 1000 Meilen	mehr als 1000 Meilen	weniger als 1000 Meilen
fuhren unfallfrei, solange sie fuhren	48 %	75 %	48 %	75 %
Anzahl der ausgezählten Fälle (Personen)	5010	2070	1915	5035

Man sieht nunmehr: der Unterschied zwischen den Geschlechtern verschwindet, wenn man bei gleichen Fahrstrecken (länger oder kürzer) einen Vergleich zieht. Im Einfaktorschema, bei Aufgliederung nur nach Geschlechtern, war ein Unterschied vorgetäuscht, ein Urteil wäre verfrüht gewesen. Frauen waren eben weitaus häufiger Kurzstreckenfahrer (mit geringerer Gelegenheit zu Unfällen). Männer waren, wohl aus beruflichen Gründen, überwiegend Langstreckenfahrer. Die Fahrstrecke ist also als der entscheidende Faktor nachgewiesen, er hätte sich im Einfaktorschema (nach Geschlechtern) verborgen. Dazu kommt natürlich weiterhin der Gefährdungsgrad der Strecken und mancher andere Einfluß, nach dem eine feinere Aufgliederung möglich ist, z. B. Selbstschuld (Strafmandate).

Zurück zum Experiment. Angenommen, man steigert Düngergaben, variiert also nur einen Faktor der Pflanzenernährung, um dessen Einfluß zu klären. Die Erträge hängen aber nicht nur von diesem einen Ernährungsfaktor ab. Um die übrigen möglichst konstant zu halten, d. h. ihr abänderndes und oft sich überdeckendes Zusammenspiel auszuschalten, wird man Gefäßversuche im Gewächshaus durchführen, und die Gefäße mit gleichem Boden, gleicher Feuchtigkeitszufuhr usw. ansetzen. Freilandversuche werden wie erwähnt auf mehreren Böden, in verschiedenen Jahren (Witterung) und auf verschiedenen Standorten (Klima und Standortsbedingungen) wiederholt, um auch diese Einflüsse quantitativ meßbar zu machen.

Im Laboratorium, dem gegebenen Platz für Schulexperimente, ist am besten eine Konstanthaltung anderer Faktoren außer dem einen, dessen Wirkung untersucht wird, möglich. Völlig lassen sich die „Begleitfaktoren" niemals gleichhalten und dadurch ausschalten, beispielsweise nicht die individuellen Reaktionsschwankungen, die gerade für biologische Untersuchungen charakteristisch sind. Man muß also *rechnerisch* eine solche Ausschaltung, mit Hilfe des methodischen Rüstzeugs, durchführen.

Experiment: Selbst bei sorgfältigster Probeziehung aus demselben Samensack, von allen Partien der Lieferung, wird das Keimresultat, das man von Proben zu je 100-Korn erhält, nicht jedesmal dasselbe sein, sondern innerhalb gewisser Grenzen schwanken. Auch wenn man die Bedingungen in den Keimbetten, in denen das Saatgut geprüft wird, hinsichtlich Temperatur, Feuchtigkeit und Belichtung, gleichmäßig hält. Um Streuungsquellen herauszufinden und *rechnerisch* zu isolieren, kann man ein sogenanntes lateinisches Quadrat mit Keimbetten auslegen.

Im nachstehenden Quadrat

	A	B	C	D	Zeilenmittel
	D	A	B	C	.
	C	D	A	B	.
	B	C	D	A	.
Spaltenmittel	.	.	.	.	.

stehen die vier Buchstabensymbole für 4 geographische Herkünfte derselben Holzart. Im Augustheft 1968 der „Praxis der Naturwissenschaften" habe ich einen solchen Versuch für ein Schulexperiment genauer beschrieben und analysiert.
Hier nur so viel: Es wurden folgende Douglasfichten-Herkünfte mit den Buchstaben A bis D bezeichnet:

A: Cascadengebirge (1000 m ü. M.), U. S. Staat Washington, pazifische Region.
B: Grüne Küstendouglasie, Anbau Schwarzwald, bei uns beerntet.
C: Shuswap Lake (800 m ü. M.) U.S.A.
D: Grüne Küstendouglasie, Anbau Niedersachsen.

Es handelte sich also um zwei Gebirgs- und zwei Tieflagen-Herkünfte, deren Samen eingekeimt und nach drei Tagen Keimbett auf ihre Katalaseenzym-Aktivität untersucht wurden. Die Katalasewerte zeigten einen klaren Unterschied zwischen Gebirge und Ebene, so daß schon am Samen eine Frühdiagnose der klimatischen Herkünfte möglich wurde, ohne Anbauprüfung.

Katalase-Werte aus den 4 A-Keimbetten, Durchschnitt 316,25
Katalase-Werte aus den 4 B-Keimbetten, Durchschnitt 207,50
Katalase-Werte aus den 4 C-Keimbetten, Durchschnitt 337,50
Katalase-Werte aus den 4 D-Keimbetten, Durchschnitt 125,00

In jeder Spalte und in jeder Zeile des lateinischen Quadrats kommt jeder Buchstabe einmal, und nur einmal, vor.

Gemessen wurde die Katalase-Aktivität von je 30 Korn, *zweimal* in jedem Keimbett. Die Samen wurden bei plus 2—4° Celsius im Kühlschrank in Wasser vorgequollen, um möglichst gleichmäßigen Keimstart zu erzielen, und nach 3 Tagen im Keimbett wurden die Katalasewerte, die mit beginnender Keimung ansteigen, ermittelt. Resultat: Die Herkünfte aus Gebirge und Ebene sind deutlich voneinander unterschieden. Das war die Frage, die das Experiment beantworten sollte. Die Hypothese wurde also bestätigt, daß Herkünfte aus kälterem Klima eine höhere Aktivität des Samenferments Katalase (und höhere Atmungswerte) aufweisen als warmklimatische der Ebene. Die Nullhypothese (kein Unterschied) konnte verworfen werden.

Erläuterung: im kalten Klima (der Gebirgshöhen und nördlichen Breiten) fehlt den dort beheimateten Populationen die Wärmesumme, die den warmklimatischen Typen zur Verfügung steht. Die jährliche Temperatursumme in Innsbruck (582 m) beträgt 3106, dagegen auf dem Patscherkofel (2045 m) nur 508. Die von außen nicht zugeführte Energiemenge ersetzen kaltklimatisch angepaßte Pflanzenpopulationen als „Selbstversorger". Sie veratmen mehr Material, haben aber deshalb auch weniger Substanz für ihren Zuwachs übrig. Kaltklima-Typen sind daher durch den Atmungstest (an Keimlingen bereits) zu erkennen, als Intensivatmer. Ebenso läßt der Frühtest des Katalaseenzyms, bei keimenden Samen bereits, diagnostizieren, ob es sich um Kalt- oder Warmklimaherkünfte bei einer

Samenlieferung handelt. Denn Kaltklimatypen aktivieren mehr Enzym, wohl um die Stoffwechselvorgänge zu fördern*).

Nun war mittels Zerlegung der Streuungsquellen- (und diese Zerlegung war durch den Kunstgriff des Keimbettversuchs in Form eines lateinischen Quadrats möglich geworden) außer dem Herkunfts-(Baumrassen-)Unterschied auch das anteilige Gewicht folgender Einflüsse erfaßbar:

a. es konnten von links nach rechts die Spaltenmittelwerte mehr oder weniger stark variieren. Falls in solchen Fällen eine ansteigende Tendenz von links nach rechts oder umgekehrt sich zeigt, und von oben nach unten die Zeilenmittelwerte ebenfalls, trotz aller Bemühungen um Gleichmäßigkeit des Keimstarts, stark variieren, so sind die Startabweichungen zwar nicht im Versuch vermieden worden, sie lassen sich aber rechnerisch als Streuungsquelle erfassen, und die Baumrassenunterschiede werden durch Lage-Unterschiede nicht maskiert.

b. ferner wurde die individuelle Streuung „zwischen den beiden Keimbetten" (derselben A, B, C, D Nummern) ermittelt und somit isoliert erfaßbar. Auch diese Streuungsquelle ließ sich abtrennen.

Resultat der Streuungszerlegung (Varianzanalyse): s. Lehrbuchverzeichnis „5"). Durch Abtrennung der anderen Streuungsquellen wurde der Herkunftsunterschied trennschärfer nachgewiesen als ohne diese Mehrfaktorenanalyse. Der Schluß-Test der Analyse besteht darin, die Unterschiede zwischen den Herkunftsgruppen Gebirge und Ebene daraufhin zu prüfen, ob sie weit größer sind als die individuelle Streuung (Prüfquotient). Wir kommen darauf im Abschn. V (statistische Tests) zurück, müssen aber zuvor einige Grundgedanken verständlich machen.

3. Zufallsfaktoren

Als Zufallsfaktoren werden in der Sprache der statistischen Methodik diejenigen bezeichnet, die unkontrolliert bleiben. Im Düngerversuch wird der Einfluß variierter Düngergaben kontrolliert, manche Einflußgrößen bleiben jedoch als Streuungsquellen unerfaßt. Und das kann eine Vielzahl von nicht näher identifizierbaren Faktoren sein.

Es ist gewiß, und wird in jedem Einzelfall eintreten, daß ein dünner Draht (Widerstand) aufglüht, wenn elektrischer Strom hindurchgeschickt wird. Fragt man jedoch nach der Glühstärke einer Lampe, die an ein Stromnetz angeschlossen ist, so wird die Spannung im Netz je nach den Verbrauchstagesgewohnheiten der Stromabnehmer schwanken und somit die Glühstärke der Lampe im Laufe des Tages unterschiedliche Werte annehmen. Die vielen kleinen Einzelvorgänge im Stromnetz, das Einschalten von Elektrogeräten in Haushalten und Betrieben, bleibt völlig unübersehbar. Man kann die Glühstärke unserer Lampe wiederholt messen und Mittelwerte für jede Tageszeit angeben. Ergeben sich Spitzen zu bestimmten Tagesstunden, so ist damit eine *nicht* zufällig wirkende Ursache der verschiedenen Netzbelastungen erfaßt. Aber ein größerer Anteil der Gesamtvariation geht auf das Konto des „Zufalls", d. h. der unkontrollierbaren Faktoren.

---

*) Katalasen werden aktiviert, wenn gesteigerte Oxydationen (Intensiv-atmung) vorliegt und dabei Superoxyde auftreten. Diese wären zellschädigend und werden durch Katalase abgebaut.

Unsere Unkenntnis der Teilvorgänge zwingt uns dazu, uns mit dieser Art von „statistischen Aussagen" zu begnügen. Völlige 100prozentige „Sicherheit" ist nicht erreichbar, vielmehr höchstens ein „an Sicherheit grenzender Wahrscheinlichkeitsgrad", wie ihn der Richter beim Urteilsspruch anstrebt.

Wir wollen die konventionell in Kauf genommenen „Unsicherheitsgrade" (Signifikanzgrenzen) erörtern und aus dem Buche „Quantitative Methoden der Psychologie" der Autoren *Hofstätter* und *Wendt* (1966, 11) ein plausibles Beispiel zitieren. Grogtrinker behaupten, daß man zuerst den Zucker auflösen läßt und dann erst den Rum zugibt. Ob die Reihenfolge umgekehrt war, sei von einem Kenner sofort herauszuschmecken. Niemals habe dann der Grog den richtigen Geschmack. Wir fragen den „Kenner", ob er das in einem Versuch demonstrieren wolle. Hypothese H_1: er merkt tatsächlich das Rezept, Nullhypothese H_0: er rät lediglich und trifft zufällig die richtige Entscheidung.

Man gibt ihm ein Glas zu kosten, sagt ihm aber nichts über die Reihenfolge der Zubereitung. Rät er nur zufällig richtig, wenn er die richtige Antwort gibt, und hat er in Wirklichkeit nur blindlings darauflos geraten? Es gab für ihn nur zwei mögliche Antworten: Erst Zucker oder erst Rum. Auch wenn er nichts geschmeckt und nur geraten hat, so würde er in einem wiederholten Experiment mit einem Glas in der Hälfte aller Fälle das Richtige treffen. Es besteht also die Wahrscheinlichkeit von $\frac{1}{2} = 0{,}5$ dafür, daß wir zufällig eine Beobachtung gemacht haben, welche die Hypothese H_1 bestätigt, obwohl möglicherweise ihr Gegenteil H_0 (schmeckt nichts) zutrifft. Wir müßten also eine Irrtumswahrscheinlichkeit (Zufallswahrscheinlichkeit) von 0,5 in Kauf nehmen, d. h. in der Hälfte aller Fälle würden wir die Hypothese H_1 für bestätigt halten, obwohl sie falsch ist.

Daher wird der Versuch anschließend mit zwei Gläsern ausgeführt. Nun kann der Grogtrinker zeigen, ob er nur darauflos rät oder wirklich mit einer geringeren Zufallswahrscheinlichkeit (als bei nur einem Glas Grog) das Rezept herausschmeckt. Der Blindversuch mit zwei Gläsern („Blindversuch", da dem Grogtrinker vorher nichts gesagt wird) kann vier mögliche Ausgänge haben: a. beide Gläser richtig, b. das erste Glas richtig, das zweite falsch, c. das erste falsch, das zweite richtig, und d. beide Gläser falsch bestimmt.

Wenn unsere Versuchsperson (Vpn) lediglich geraten hat, sind alle diese vier möglichen Ausgänge gleich wahrscheinlich. Für unsere „bestätigende" Beobachtung mit zwei richtig identifizierten Gläsern besteht also noch eine Zufallswahrscheinlichkeit von $\frac{1}{4} = 0{,}25$, daß nur geraten wurde und daß wir irrtümlich unsere Hypothese H_1 für bestätigt halten.

Nach drei Gläsern haben wir die möglichen Ausgänge des Versuchs:
a. alle drei richtig,
b. die ersten beiden richtig, aber das dritte falsch,
c. das erste und dritte richtig, aber das zweite falsch,
d. das erste richtig, aber die beiden anderen falsch,
e. das erste falsch, aber die beiden anderen richtig,
f. das erste und dritte falsch, aber das zweite richtig,
g. das erste und zweite falsch, aber das dritte richtig,
h. alle drei falsch.

Für eine rein zufällige Bestätigung der Hypothese H_1 durch drei richtige „Identifizierungen" besteht also eine Wahrscheinlichkeit von $1/8 = 0{,}125$. Es ist nun leicht zu sehen, daß eine weitere Vermehrung der Anzahl der Gläser (des Stichprobenumfangs) zu einer fortgesetzten Verringerung der Zufallswahrscheinlichkeit bestätigender Beobachtungen führt, wenn die Hypothese H_1 in Wirklichkeit falsch ist. Allgemein werden wir nach „n" solchen Versuchen bei der Annahme der Hypothese H_1 noch eine Irrtums-(= Zufalls-)Wahrscheinlichkeit von $0{,}5^n$ in Kauf zu nehmen haben. Die Irrtumswahrscheinlichkeit verschwindet erst (geht gegen Null), wenn wir die Anzahl „n" gegen unendlich wachsen lassen. Das ist aber in der praktischen Forschung unmöglich. Wir müssen daher eine konventionelle Grenze setzen, bis zu der wir prüfen wollen: eine Grenze der Irrtumswahrscheinlichkeit, die wir bei unserer Entscheidung über die Annahme der Hypothese H_1 höchstens in Kauf nehmen wollen. Die obere Grenze der Irrtumswahrscheinlichkeit, die in den Erfahrungswissenschaften in Kauf genommen wird, nennt man das „Verläßlichkeitsniveau".

Im Falle unseres Beispiels besteht nach 4 Gläsern, die er richtig angab, noch eine Wahrscheinlichkeit von $0{,}5^4 = 0{,}0625$ dafür, daß unser Grogtrinker nur zufällig das Richtige geraten haben könnte. Aber nach 5 Gläsern, die er sämtlich richtig „identifiziert", beträgt die Irrtumswahrscheinlichkeit nur noch $0{,}5^5 = 0{,}03125$. Das Verläßlichkeitsniveau von 0,05 (das hierbei unterschritten sein würde), in Fällen mit größerer Tragweite der Entscheidung von 0,01 (= 1 %) und von 0,001 (= 0,1 %) sind in der Forschung zur Konvention geworden und werden toleriert. Im praktischen Leben, in Politik und Wirtschaft, müssen bisweilen höhere Risiken für Entscheidungen in Kauf genommen werden, die Irrtumswahrscheinlichkeiten können von großer Tragweite sein, aber die Geschichte zeigt, daß der Mutige wagen muß, wenn er etwas erreichen will. Die Tragik von Fehlentscheidungen bleibt nicht erspart.

4. Stichprobenstatistik

Man kann die statistische Analyse, für die wir einige Beispiele brachten, auch als Stichprobenstatistik bezeichnen. Vollzählungen gibt es zwar nach wie vor in der Arbeit der statistischen Ämter, und wenn München z. B. als Stadt mit über einer Million Einwohnern im Zählprotokoll steht, so ist das eine komplette, in sich geschlossene Aussage, die nicht auf statistische Verläßlichkeit (siehe oben) geprüft zu werden braucht. Wohl aber wird die Prüfung des Verläßlichkeitsniveaus von Befunden notwendig, wenn wir aus Stichproben auf die Gesamtheiten schließen müssen, aus denen sie als verkleinertes, aber möglichst getreues Abbild entnommen wurden. Und meist können nur Stichproben, fast niemals in der Biologie Gesamtheiten untersucht werden.

Experiment: Die Zuckergehalte von Rüben wurden an 64 Pflanzen hintereinander in einer Reihe eines Versuchsfeldes ermittelt. Biologische Arbeitsgemeinschaften der Gymnasien können unschwer Messungen von Erträgen, Pflanzenhöhen usw. in einer benachbarten landwirtschaftlichen Versuchsanstalt durchführen und so selbst ein Material einsammeln.

In meiner „Mehrfaktorenanalyse" (Aulis Verlag 1965, Seite 72) gab ich folgendes Beispiel.

a. *Einzelne Stichproben:*
Zuckergehalt pro Rübengewicht

Rübe	Nr. 1	14,6
	Nr. 2	14,2
	Nr. 3	13,1
	Nr. 4	13,2
	Nr. 5	15,1
	Nr. 6	15,0
	Nr. 7	15,0
	Nr. 8	13,0
	Mittelwert	14,15

b. *Mittelwerte mehrerer Stichproben:*
Weitere Mittelwerte aus Stichproben von je 8 in der Reihe aufeinander folgenden Pflanzen

Mittelwert	14,73
„	14,20
„	14,81
„	14,71
„	14,85
„	14,80
„	14,72

Man sieht: die Probenmittelwerte schwanken nur zwischen 14,20 und 14,85, die mitgeteilten Einzelwerte der ersten Stichprobe (siehe oben) aber zwischen 13,0 und 15,1.

Stichproben von einem einzelnen Versuchsfeld werden meist in einer größeren Rahmenuntersuchung gezogen, zu dem Zweck, einen Landesdurchschnitt oder Jahresdurchschnitt abzuleiten. Daher müssen die Stichproben auf einer Anzahl von Feldern wiederholt werden, um beispielsweise auf den „wahren" Mittelwert der Gesamtheit (Population) zu schließen. Ähnlich leitet man aus den von Tag zu Tag schwankenden Regenmengen, Temperaturen usw. Monats- oder Jahresmittelwerte ab. Die „wahren" Mittelwerte der Gesamtheit nennt man „Parameter". Würde man nun lediglich den Mittelwert unserer ersten Rüben-Stichprobe (14,15) als „Schätzwert" für den Gesamtmittelwert benutzen, so läge er exzentrisch, man hätte am „wahren Mittel" vorbeigeschätzt. Gehen wir dagegen von den 8 erwähnten Stichproben aus, d. h. von einer weniger schmalen Basis, so läßt sich das Zentrum der Gesamtheit (auf diesem Rübenfeld) zuverlässiger (mit 14,61) schätzen.

Stichprobenwerte sind also stets nur Schätzwerte für die wahren Werte der Gesamtheiten (Parameter). Man kann nicht aus einer besonders guten Schulklasse die Intelligenzleistungen oder Schulnoten verallgemeinern, sondern wird zu einem Gesamtdurchschnitt nur aus Befunden in einer Anzahl von Schulklassen kommen. Es wäre auch kein überzeugender Maßstab, einen einzelnen Schüler lediglich nach dem Klassendurchschnitt seiner eigenen Schulklasse mit der Note gut oder schlecht (über oder unter Durchschnitt) zu bewerten. Objektiver ist das Maß des Durchschnitts, welches aus einer Mehrzahl von Schulklassen gewonnen wurde. Oder man wendet objektive Leistungstests an (siehe Nachwort).

raubender Weg. Aber die moderne Statistik hat uns einfach abzulesende Tabellen Gesamtdurchschnitte aus langen Zahlenreihen zu berechnen, ist ein etwas zeitgeliefert, z. B. die Tabelle von K. R. *Nair,* die im Lehrbuch Nr. 5 (siehe Lehrbuchverzeichnis im Anhang) angegeben ist. Angenommen, in einer Gymnasial-Arbeitsgemeinschaft seien die recht hohen Intelligenzquotienten 110, 120, 120, 130, 130, 140, 140, 140, 150, 150, 150 ermittelt worden. (Man bezieht Intelligenzquotienten auf den Bevölkerungsdurchschnitt 100).

Statt vom arithmetischen Mittelwert (Durchschnitt) geht man nun einfacher vom sogenannten „mittelsten Wert" (Medianwert, der Lage nach) aus. Es ist, bei 11 gemessenen Werten, der 6. Genau gleich viele Werte sind größer bzw. kleiner als er. Wir finden hier den Median 140. Aus der Tabelle von *Nair* lesen wir ab: Aus nur 11 Einzelwerten kann der Medianwert nur sehr ungenau geschätzt werden, er liegt zwischen dem 2. und 10. Wert, hier also zwischen 120 und 150. Dagegen läßt sich aus einer Stichprobe von n = 60 Einzelwerten der Populationsmedianwert enger eingrenzen, er läßt sich zwischen dem 22. bis 38. Wert erwarten. Wir haben es mit der Ungleichheit zu tun, die Lebewesen stets erwarten lassen. In der Makrophysik oder Technik treten bei Messungen meist nur deren Ungenauigkeiten als „Meßfehler" (Abweichungen vom Mittelwert) auf. Die mathematische Interpretation, die *Gauß* für die Verteilung von Meßfehlern gab, erwies sich später auch auf die individuellen Abweichungen biologischer Befunde anwendbar. Man nennt die glockenförmige Verteilungskurve, die in Abbildung 1 wiedergegeben ist, auch „*Gauß*-Verteilung" und bezeichnet sie als „Normalverteilung", wohl weil sie angenähert für viele Fälle der Zufalls-Variation von Untersuchungsbefunden zutrifft, und als eines der Modelle dienen kann, von denen der Statistiker zunächst, etwa bis zum Nachweis schiefer Verteilungen, gern ausgeht. Schief verteilt sind Einkommenshöhen, die kleinen überwiegen bei weitem. Bei Normalverteilung liegt der Häufigkeitsgipfel in der Mitte der Kurve. Ca. 70 % aller vorkommenden Meßwerte liegen ziemlich dicht um den Mittelwert, das Zentrum der Verteilung. Rechts und links kommen stärkere Abweicher nur noch zu je 15 % vor. Über die Seltenheit von extremen Werten hat schon SOKRATES nachgedacht. Er sagte seinen Schülern: Von einem Menschen, den wir noch nicht kennen, sollten wir nicht erwarten, daß er einen ganz guten oder ganz schlechten Charakter hat. Denn das Mittelmaß kommt überwiegend häufig vor, und wir tun gut, ihn zunächst als mittelmäßig einzuschätzen.

Die nachfolgende Abbildung 1 gibt die Häufigkeiten in Prozenten an, die für Werte nahe um den Mittelwert und für stärker abweichende zu erwarten sind. Als Streuungsmaß ist die Standardabweichung „s" eingetragen, sie wird als „mittlere quadratische Abweichung" errechnet, d. h. über die quadrierten Abweichungen. Abbildung 1a gibt *Galton*'s Modell einer reinen Zufallsverteilung wieder. (Streuungsmaße siehe Abschnitt IV).

Es betragen die Prozentsätze bei Normalverteilung: (innerhalb $\bar{x} \pm 3 \cdot s$ 99,73 %) Da also innerhalb $\bar{x} \pm 3s$ praktisch fast alle Einzelwerte einer Verteilung liegen, so erregen Außenseiter, die außerhalb dieser Spanne auftreten, den Verdacht, nicht mehr zur Grundgesamtheit (Population) zu gehören.

Es kann sich hier z. B. um erblich oder umweltlich bedingte Außenseiter handeln, im ersten Fall also um einen Plusbaum, der Auslesewert haben kann, im letzteren Falle um einen durch Freistand oder Boden begünstigten Baum, der zufällig irgendwelchen Behinderungen entgangen ist. Bei gleichen inneren Erbanlagen, z. B. in einklonigen Pappelbeständen, sind die Abweichungen vom Mittel ausschließlich durch Zufallsfaktoren bedingt.

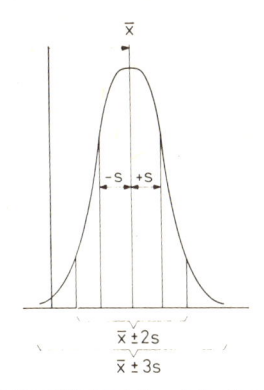

Abb. 1a: Mittelwert $\bar{x}$ und die Spannen (Intervalle)
$\bar{x} \pm 1s$, die 68,26 % aller Einzelwerte umfaßt
$\bar{x} \pm 2s$, die 95,46 % aller Einzelwerte umfaßt
$\bar{x} \pm 3s$, in die 99,73 % aller Einzelwerte fallen. (bei Normalverteilung)

Abb. 1b: *Galton*s Modell der auf einer schiefen Ebene herabrollenden Bleikugeln, zur Veranschaulichung einer reinen Zufallsverteilung.

Galton's Modell der auf einer schiefen Ebene herabrollenden Bleikugeln veranschaulicht den Typus einer reinen Zufallsverteilung (symmetrische Glockenkurve).

Die Kugeln werden am unteren Rande des Bretts in Fächern aufgefangen. Die meisten rollen, nachdem sie ein gleichmäßiges Netz von Stiften durchlaufen haben, in die mittleren Fächer. Die Stöße nach links und rechts, die sie an den Stiften empfingen, heben sich auf. In einer kleineren Anzahl von Fällen kommt es zu einer Summierung von Stößen, die in einseitiger Richtung ablenken. Diese Kugeln gelangen also weit nach links oder rechts. Weicht dagegen eine Kugel in ihrer inneren Struktur von den Bleikugeln ab, ist sie z. B. aus Gummi, so ist sie elastischer und wird stärker nach außen abgelenkt, falls sie einseitige Stöße empfing. Das wäre ein Fall, der ähnlich liegen würde wie die Außenseiter eines Pflanzenmaterials, welche eine andere Erbstruktur besitzen und daher anders auf das Milieu reagieren. Sie gehören nicht mehr zur Ausgangs-Gesamtheit.

Beim Experiment stehen wir häufig vor der Frage, ob extreme Außenseiterwerte mit einer geringen Wahrscheinlichkeit des Vorkommens (außerhalb der Spanne Mittelwert $\bar{x} \pm 3.s$) noch zur gleichen Grundgesamtheit gehören, oder ob wir sie streichen können.

Streichung von Außenseiterwerten: Wir können hierfür das folgende einfache Kriterium benutzen. Solche Außenseiter können auf groben Fehlern beruhen, oder darauf, daß andere Einflußgrößen, z. B. ein anderer Stand eines Gefäßes im Gewächshaus, zu einer Abweichung führten, die nicht mehr zur Population der übrigen Beobachtungswerte gehört. Schließlich wollen wir wissen, ob die Population nicht doch zu einem kleinen Anteil extrem abweichende Werte besitzt, auf die man zufällig gestoßen ist, die man also *nicht* streichen kann, weil die betreffende Population eben stärker streut.

Angenommen, es seien die Beobachtungswerte 326; 177; 176; 157 erhalten worden. Es kann sich dabei um Einzelwerte oder Mittelwerte von Stichproben handeln. Liegt nun beim extremen Außenseiterwert 326 ein grober Meßfehler oder ein unter anderen Bedingungen (anderer Pflanzenbehandlung) entstandener Meßwert vor? Dann kann er gestrichen werden, er liegt weit entfernt von den übrigen Daten. Man vergleicht seinen Abstand vom Nachbarwert ($x_2 - x_1$) mit der Spanne aller Werte „w" (Spannweite, d. h. Abstand zwischen dem größten und kleinsten Wert, hier $x_4 - x_1 = 157-326$).

$$\frac{x_2 - x_1}{x_4 - x_1} = \frac{177-326}{157-326} = 0{,}882.$$

Nach DIXON-s Tabelle (2) lesen wir ab:

	Anzahl n	Irrtumswahrscheinlichkeit 5 %
$\dfrac{x_2 - x_1}{x_n - x_1}$	3	0,941
	4	0,765
	5	0,642
	6	0,560
	7	0,507

Antwort: Der Außenseiterwert 326 liegt außerhalb der Population und kann gestrichen werden. Denn der Quotient 0,882 liegt höher als der aus der Tafel für n = 4 abzulesende Quotient 0,765. (Sicherheit auf dem 5 % Wahrscheinlichkeitsniveau.)

Ist nun der wahre Wert (der Gesamtheit) für die Spannweite $x_{max} - x_{min}$ ähnlich abzuschätzen wie der Mittelwert der Gesamtheit aus dem Mittel der Stichprobenwerte? (siehe oben). Hierauf lautet die Antwort: Nein. Denken wir an folgendes Beispiel. Wir gehen aus dem Haus und achten auf die Körperlängen der ersten 10 Einwohner unseres Wohnorts, denen wir zufällig als ersten begegnen. Mit ca. 70 % Wahrscheinlichkeit, d. h. überwiegend, wird es sich dabei, nach dem Gesagten, um Werte nahe um den Mittelwert der Population handeln. Erst nach Tagen oder Wochen werden wir auf stärkere Abweicher vom Mittelwert stoßen, und vielleicht niemals auf den absolut größten oder kleinsten Einwohner, der möglicherweise in einer ganz anderen Stadtgegend wohnt. Auch dem Zweitgrößten oder Zweitkleinsten begegnen wir vielleicht niemals. Das bedeutet aber: Die Spannweite „w" als Streuungsmaß (siehe Abschnitt IV) umfaßt bei k l e i n e n Stichproben den kleineren Bereich der Werte dicht um den Mittelwert, während große Spannweiten zwischen den extremen Plus- und Minusabweichern erst in sehr großen Stichproben zu erwarten sind. Zufällig kann bei sehr großen Stichproben die Spannweite aber durch besonders extreme Abweicher erhöht, oder zufällig niedriger sein. Sie ist dann kein sehr sicheres Streuungsmaß mehr. Die Standardabweichung (mittlere quadratische Abweichung „s"), die wir ebenfalls schon erwähnten, unterschätzt, aus k l e i n e n Stichproben abgeleitet, aus dem gleichen Grunde die wahren Werte der Streuung in den großen Gesamtheiten.

5. *Deduktion und Induktion*

Das induktive Schließen von Stichproben, also von konkreten uns zugänglichen Beobachtungen auf nicht direkt erfaßbare allgemeine Befunde, hat sich als Erfolgsmethode in unserem wissenschaftlich-technischen Zeitalter erwiesen *(R. A. Fisher)*. Diese wissenschaftliche Methode muß heute zum *deduktiven* Schließen, aus allgemeinen priori-Thesen auf den besonderen Fall, hinzukommen, wenn Fakten der realen Welt und der Menschennatur erfaßt werden sollen. Deduktiv ging man in der Ära der Pythagoräer, vor 2000 Jahren, von der These aus: „Die Natur geht stets die einfachsten Wege", und schloß daraus: „Folglich müssen Gestirnsbahnen kreisförmig sein, denn die Kreisbahn ist die einfachste und somit natürlichste Bewegung frei beweglicher Himmelskörper". Erst *Kepler* kam darauf, die alternative Hypothese aufzustellen, es könne sich um Ellipsen handeln, und dies durch Beobachtungen zu prüfen. Inzwischen waren *Kopernikus* die Planetenbewegungen um die Sonne (nicht um die Erde) klar geworden (wie schon 300 v. Chr. *Heraklit*) und die Hypothese „Ellipsen" ließ sich nun an der Wirklichkeit bestätigen, da die Geschwindigkeiten nicht gleichmäßig wie bei Kreisbahnen, sondern in Sonnennähe und Sonnenferne unterschiedlich ausfielen.

Übrigens schloß man im Altertum zwar überwiegend, aber nicht durchweg *deduktiv*. *Anaxagoras*, der von 500 bis 428 v. Chr. lebte, verstand bereits die Ursachen der totalen Sonnen- und Mondfinsternis. Und *Aristoteles*, der von 384 bis 322 v. Chr. lebte, stellte aufgrund der runden Form der Mondfinsternis fest *(induktiv* fest), daß die Erde rund sein müsse (eine Kugel, keine Scheibe).

Mondfinsternisse ließen sich öfters beobachten. Wird nur ein *Einzelfall* verallgemeinert, so ist das keine *statistische Induktion*. Die Entstehung des Lebens auf der Erde war solch ein Einzelfall; noch nichts hat man darüber in Erfahrung bringen können, ob auf den 10^{20} Planetensystemen, die es möglicherweise im Universum gibt, ebenfalls Lebewesen entstanden. Der Induktionsschluß vom irdischen auf ein Leben in anderen Welten kann durchaus falsch sein, und falls er falsch ist, so hieße das: die Wahrscheinlichkeit für einen solchen Schöpfungsschritt muß fast unvorstellbar gering sein, ein Fall unter vielen Milliarden. Selbst wenn irgendwo Bedingungen wie vor Millionen von Jahren auf der Erde vorlagen, als aus bereits vorhandenen organischen Molekülen das Novum der lebenden, sich selbst erneuernden Zelle entstand, so folgt daraus keineswegs, daß aufgrund solcher Bedingungen (Kausalketten) ein „Evolutionsprozeß" ablaufen müsse. Er kann, aber er muß nicht Ereignis werden. Nach dem heutigen Stande der Naturwissenschaften halten wir den *„Indeterminismus"* für das gegebene Konzept. Der Physiker *Pacual Jordan* steht nicht an, in dem unwahrscheinlichen, einmaligen Ereignis einen Schöpfungsakt zu sehen („Der Naturwissenschaftler vor der religiösen Frage").

Man sieht, zum Forschen gehört zunächst einmal Einfallsreichtum und Vorstellungsvermögen. Ohne Phantasie keine Annahmen, die sich prüfen lassen und keine zielstrebigen Versuche oder Beobachtungen, die zur Lösung eines Problems führen. Kritisches Denken bei der Auswertung muß hinzukommen, wie schon die wenigen Beispiele des Abschnitts I zeigten.

6. Die Grundgedanken der Biostatistik

Fassen wir zusammen:

a. Die *Variabilität* der Eigenschaften und Verhaltensweisen aller Lebewesen gab den Anstoß zur Entwicklung der modernen statistischen Methodik (siehe 1.1.). Nicht vom variierenden Einzelfall aus können Gesetzmäßigkeiten erschlossen werden, sondern erst ausreichende Datensammlungen ergeben Mittelwerte, die sich verallgemeinern lassen. Dabei ist die Streuung um diese Mittelwerte zu berücksichtigen und exakt zu kalkulieren.

b. *Bei großen Stichproben* (z. B. je 7000 Personen in 1.2.), haben Zufallsabweicher kein störendes Gewicht mehr für die Durchschnitts-(Mittel-)werte. Die Statistik vermag jedoch auch *Aussagen aus kleinen Stichproben* zu gewinnen, und zu sichern. Je kleiner die Stichprobe sein darf, ohne ihren Informationswert zu verlieren, desto weniger Aufwand ist nötig. Wir sahen jedoch in Abschn. 1.3., daß die Irrtums-(Zufalls-)Wahrscheinlichkeit erst bei einem Mindestumfang der Stichproben klein genug wird, daß sie in Kauf genommen werden kann *(Konventionelles Verläßlichkeitsniveau)*. Das richtet sich natürlich auch nach der Tragweite der Entscheidung, die wir zu treffen haben. *Im Alltagsleben* wird man zweckmäßig so viel Information sammeln und seiner Entscheidung zugrundelegen, daß das Risiko von Fehlentscheidungen nicht zu groß wird. Wie groß die individuelle Variation gerade hierbei ist, zeigt die unterschiedliche Risikofreudigkeit, z. B. bei der Berufswahl und später als studierter Volkswirt, bewährter Bücherrevisor oder Manager. Für Herrn „Warteweilchen", meint *Parkinson* in seinem „Blick in die Wirtschaft" (1968), ist keine Umfrage zu erschöpfend, keine Statistik zu genau, keine Untersuchung zu gründlich, er wird ohne Diagramme, Tabellen, Kurven noch nicht einmal eine Vorentscheidung treffen. Herr „Ganzegal" ist in jeder Hinsicht das genaue Gegenteil. Er faßt schnelle Entschlüsse, allerdings auch falsche, und verläßt sich gern auf sein Urteilsvermögen, seine Erfahrung und sein Fingerspitzengefühl.

c. *Experimente* dienen dazu, die Faktoren zu erfassen, die meßbare Effekte zustandekommen lassen. Z. B. im Pflanzen- und Tierernährungsversuch, bei der Prüfung von Medikamenten usw. Faktoren a priori zu vernachlässigen, die eine Rolle spielen können, würde einen Verlust an Information bedeuten. Es bedarf also immer alternativer Hypothesen über mögliche Unterschiede und über das Zusammenspiel eines Faktorenbündels, und diese Hypothesen werden im Experiment gegenüber der „Nullhypothese" geprüft, d. h. der Annahme, etwaige Unterschiede seien nur zufällig von Null unterschieden. Stichprobenwerte sind lediglich *Schätzwerte* für die „wahren Werte" der Gesamtheit der Fälle (1.4.), auf die nur innerhalb eines „Vertrauensspielraums" geschlossen werden kann. Statistik liefert also nur Wahrscheinlichkeit-Aussagen.

II. Logik statistischer Datenverarbeitung

1. Repräsentative Stichproben

Logische Lücken sind beim Datenlesen nicht immer auf den ersten Blick zu erkennen. Daher sei auf einige solcher Fälle hingewiesen, die bisweilen vorkommen und zu Fehlschlüssen führen, falls man sie nicht durchschaut. Verhältnismäßig leicht ist noch der logische Fehler zu erkennen, dem man begegnet, wenn Schlüsse aus einer „nicht repräsentativen" Stichprobe gezogen werden. Angenommen, ein Film wird einem kleinen geladenen Kreis vorgeführt. Gefällt er denen, die der Einladung folgten und sich positiv äußerten, so kann daraus nicht gut gefolgert werden, daß deren Urteil verallgemeinert werden darf. Es kann sich um eine willkürliche Auswahl von Filmbesuchern handeln. Meinungsumfragen würden nur dann repräsentativ ausfallen, wenn alle Gruppen einer Bevölkerung, entsprechend ihrem Anteil, einbezogen wurden.

Die Verteilung der ABO-Blutgruppen in England, Irland und Island ist durchaus unterschiedlich. In Südengland hat das A-Gen eine höhere Häufigkeit des Vorkommens als in Schottland, Irland und Island (Abb. 2). Stichproben aus dem Sü-

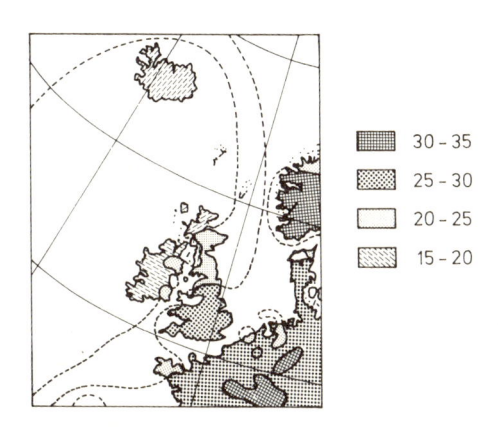

Abb. 2: Bei Blutgruppen-Untersuchungen ABO ergab sich die dargestellte Verteilung des A-Gens in England, Irland und Island. Dunkel schraffiert (Häufigkeit 25—30 %) erscheint der Süden Englands, in den vom Kontinent Normannen und Angelsachsen einwanderten. Schottland erscheint heller schraffiert (Häufigkeit 20—25 %). Die eingesessene (keltische) Bevölkerung in Teilen Irlands und in Island hat die geringsten A-Gen-Häufigkeiten (15—20 %).
(Nach Maurant et al., The ABO Blood Groups, Blackwell Scientific Publications, 1958).

den sind also nur für diesen repräsentativ. Hier wirkte sich die Einwanderung der Normannen und Angelsachsen aus, während nord- und westwärts höhere O-Gen-Häufigkeiten vorliegen.

Zufallsfehler: Selbst bei gleichmäßig verteilter (nicht willkürlicher) Ziehung von Proben aus allen Teilen einer Samenpartie, wobei jede Teilmenge die gleiche Chance hat, in der Probe vertreten zu sein (random sampling), lassen sich Zufallsfehler nicht ganz ausschalten. Sie entstehen durch die zufällige Ballung oder Abwesenheit z. B. von Hohlkörnern im Saatgut und durch die starke Variabilität der Eigenschaften aller Populationen von Lebewesen. Übrigens wäre monotone Gleichförmigkeit kaum attraktiv. *Bernard Shaw* (20) schrieb von sich selber: „Eine Welt, die ausschließlich von *Bernard Shaws* bewohnt ist, wäre unerträglich"... „Aber trotzdem, es ist etwas daran, und was dieses Etwas ist, überlasse ich anderen herauszufinden, da ich selbst es nicht verstehe."

Systematische Fehler: Werden die Deckgläser bei Auszählung roter Blutkörperchen in der Klinik A stets fester aufgedrückt als in anderen, so weichen die Ergebnisse von A stets ab. Solche systematischen Fehler müssen nach Möglichkeit vermieden werden, sie lassen sich nachträglich höchstens durch eine Korrektur rechnerisch berücksichtigen. Ein Relativvergleich innerhalb der A-Resultate ist noch möglich, nicht aber ein absoluter Vergleich von A- mit anderen Ergebnissen.
Ein Beispiel für einen systematischen Fehler („bias" = konstante Tendenz von Meßwerten, zu groß oder zu klein auszufallen). In einem Biologie-Kurs einer Jungenschule fragt man z. B. 129 Schüler, wieviel Jungen und Mädchen ihre Eltern haben. Das Geschlechterverhältnis beim Menschen soll erkundet werden.

Dieses Klassenexperiment führt zu folgender Zähltabelle:

(nach V. A. McKusick, Human Genetics, 1964, Prentice Hall)

Schülerantworten	Anzahl der Jungen	Mädchen
A	1	1
B	1	0
C	3	2
D	2	1
...	...	...
...	...	...
...	...	...
Y	2	0
Z	1	2
Summen	228	95

(Gesamtsumme 323)

Nun läßt man die Schüler das Verhältnis ausrechnen, sie kommen auf $\frac{228}{95}$ = mehr als 2:1. Das wäre ein ungewöhnliches Überwiegen der Jungen unter den Geschwistern. Wo steckt der Fehler? Die Schüler sollen selbst darauf kommen. Geistige Schärfe und Wendigkeit soll ja eingeübt werden. Der Fehler steckt natürlich darin, daß die befragten Jungen sich selbst mitgezählt haben, und sich dann in der Geschwistertabelle zum zweitenmal einsetzten. Die Anzahl von 129 befragten Jungen muß subtrahiert werden. Das wirkliche Geschlechterverhältnis erhält man, indem man die Befragten (hier 129) abzieht. Das ergibt 228 — 129 = 99, und ein Jungen: Mädchenverhältnis von $\frac{99}{95}$ oder 1,04, ein leichtes Überwiegen der Knabengeburten, wie bekannt.

Je geringer die Kinderzahlen je Familie, desto mehr wirkt sich der zunächst erstaunliche Fehler aus, der sich beim Mitzählen der Probanden einschleicht.

Experiment: Ist eine Stichprobe für die Katalase-Aktivität von Douglasien-Herkünften aus Gebirgslagen und Küstenebenen (am Pazifik) *repräsentativ*, wenn Hohlkorn enthalten ist?
(Versuch siehe „Praxis der Naturwissenschaften", Augustheft 1968).

Man kann natürlich nur dann auf die Enzymaktivität von klimatischen Herkünften sichere Schlüsse ziehen, wenn man Proben von großen Handels- oder Staatsdarren erhalten hat. Diese besitzen gute Reinigungsvorrichtungen (Windfegen), mit deren Hilfe das ursprünglich vorhandene Hohlkorn abgeblasen wird. Enthält aber eine Samenprobe, die wir selbst zu Versuchszwecken eingesammelt haben, noch 50 % Hohlkorn, und eine andere Probe nicht, so können beide in Wirklichkeit dieselbe Enzymaktivität besitzen, aber scheinbar ist die Probe mit viel Hohlkorn weniger aktiv. Eben wegen des Hohlkorns.

Das kann man vermeiden, indem man rasch eine Vorprüfung auf den Hohlkorngehalt durchführt. Durch einfache Sinkprobe. Die spezifischen Gewichtsunterschiede zwischen Voll- und Hohlkorn sind bei den Holzarten Kiefer und Fichte so erheblich, daß eine Sinkprobe in Alkohol genügt. Die Hohlkörper schwimmen dann oben. (Nachher abspülen!) Bei Douglasien- und Weymouthskiefernsamen ist die Samenschale dickholziger. Man macht daher eine Sinkprobe in Äther und läßt die gesunkenen Vollkörner kurz ausgebreitet an der Luft liegen, so daß Ätherreste verdunsten .Vorsicht beim Umgang mit Äther!

Durch Quetsch- oder Schnittprobe kann man sich leicht davon überzeugen, daß die gesunkenen Körner Vollkörner sind.

Prüft man kleine Stichproben von nur je 10 Korn, so wird man bei einem tatsächlich vorliegenden 5:5 Verhältnis nicht jedesmal 5 Vollkörner auf 5 Hohlkörner erwarten dürfen. Vielmehr reicht der Zufallsspielraum um diesen Durchschnitt, der erst bei größeren Mengen (Wiederholungen) sich einstellt, so weit, daß man auch einmal 8:2 oder 2:8 erhalten kann, oder, seltener, sogar 9:1 bzw. 1:9. Eine oder nur wenige Zehnerproben, die man prüft, können also beträchtlich streuen und zu Fehlschlüssen führen. Dagegen erhält man schon ein engeres Streu-Intervall, wenn man 30-Kornproben nimmt. Dann kann man, statt 50:50 %, höchstens Abweichungen bis zu 30:70 % oder 70:30 % erhalten. (Siehe Lehrbücher, 5). Erst bei 100-Korn-Proben werden die Streugürtel erträglich schmal.

So läßt sich in einfachen Experimenten mit Voll- und Hohlkorn demonstrieren, was auch den Meinungsforschern und Werbeleuten aufgegangen ist: Keine Schlüsse aus zu kleinen Stichproben!

Ein Test für Verläßlichkeit sei hier angeführt: Bei Wahlumfragen hat man es, wie wir hier mit Voll- und Hohlkorn, mit Wählern und Nichtwählern zu tun. Wird die Zahl der Nichtwähler, im Anhalt an die letzte Wahl, falsch eingeschätzt, so ergeben sich irrige Voraussagen des Ausgangs. Zudem kann sich kurz vor der Wahl der Prozentsatz der Nichtwähler noch ändern. Wird aber eine nicht repräsentative Lokal-Stichprobe zugrunde gelegt oder von einer zu kleinen ausgegangen, so ist vorn vornherein die Schätzung fraglich. Angenommen, die eine der großen Parteien schnitte in Umfragen mit 40 % der Stimmen ab, die andere mit 45 %, dann kann man aus der Tafel von *N. W. Chilton* und Professor *Fertig*, New Jersey, USA (3) ablesen, bei welchem Stichprobenumfang der Unterschied von 5 % statistisch „überzufällig", d. h. wann er mit weniger als 1 % Zufallswahrscheinlichkeit signifikant sein kann und nicht dem Zufall zuzuschreiben ist.

CHILTON-Tabelle zur Ablesung des erforderlichen Stichprobenumfangs beim Vergleich von Prozentsätzen (von mir gekürzt)

In der vertikalen Spalte liest man den kleineren von zwei Prozentsätzen	Differenzen in Prozent			
	5 %	10 %	15 %	20 % usw.
	Umfang der Stichproben, wenn die Differenz als signifikant gelten soll			
ab 10 %	1878	539	266	163
20 %	3002	803	377	221
30 %	3795	980	447	255
40 %	4225	1067	476	267
50 %	4314	1067	466	255
60 %	4055	980	417	221
usw.				

Man sieht, 40 % gegenüber 45 %, d. h. ein Unterschied von 5 %, kann nur dann als überzufällig angesehen werden, wenn 4225 Befragungen zugrunde liegen. Bei weniger großen Stichproben kann der Unterschied zufällig zustande gekommen sein.

Um 50 % ist der Streugürtel am breitesten, die Unsicherheit zu kleiner Stichproben also groß, um 10 % weniger breit. *Und ferner ist wichtig: je größer der auf Signifikanz zu prüfende Unterschied, desto kleiner darf die Stichprobe sein,* von der ausgegangen wird. Bei großem Unterschied stört Zufallsstreuung weniger stark.

2. *Schlüsse aus Tatsachen, die keine sind* (Logische Fehler)

In einigen Soviet-Republiken — Aserbaidschan und Georgien — wurden erstaunlich hohe Anzahlen von Personen im Methusalem-Alter angegeben. Ebenso in Bulgarien. Man suchte nach einer Ursache, glaubte sie darin zu finden, daß in diesen Gegenden viel Joghurt getrunken wird, und folgerte: Trinkt mehr Joghurt, und Ihr lebt länger, wie die Bulgaren. Natürlich mag am Joghurttrinken etwas daran sein, aber die dortigen Altersangaben beruhen wohl großenteils auf Unkenntnis über das wahre Alter. Personen, die in Bulgarien noch zur Zeit der Türkenherrschaft geboren waren, können ihr Alter nicht in Kirchenbüchern nachlesen. Es gab damals keine. Und wenn es sie gegeben hätte, so konnten die Analphabeten sie ohnehin nicht lesen. Stolz auf ein möglichst hohes Alter mag dazu beigetragen haben, die Angaben etwas zu erhöhen.

3. *Schlüsse aus Zusammenhängen, die keine sind*

Wir hatten am Beispiel des Voll- und Hohlkornanteils gesehen, wie leicht man z. B. Katalasewerte in einem falschen Zusammenhang sieht. Man könnte klimatische Herkunftsunterschiede annehmen, führt aber besser die Meßwerte, wirklichkeitsnäher, auf den Zusammenhang mit dem übersehenen Hohlkornanteil zurück, nachdem man ihn geprüft hat. D. h. man verschiebt die ursächliche Erklärung von Erscheinungen auf einen späteren Zeitpunkt und stellt alternative

Hypothesen auf. Aber bequemer ist es oft, sofort eine Ursachendeutung zur Hand zu haben, die sich anzubieten „scheint"; so kommt es zu „Scheinzusammenhängen". Öfter als man annimmt.

Mit der Weinreklame stieg der Weinkonsum. Werbepsychologen warnten davor, allzu schnell dieses zeitlich gleichzeitige Ansteigen als Wirksamkeit der Werbung zu deuten. Es konnte auch, in einer Periode allgemein gestiegenen Wohlstands, der Zuspruch zum Wein unabhängig von der Werbung sich erhöht haben und diese recht wenig wirksam gewesen sein. „Die große Zahl der Weinsorten, die Betonung guter und schlechter Weinjahre mache den möglichen Verbraucher ängstlich und unglücklich bei dem Gedanken, eine Flasche Wein zu kaufen. Besser sei, mit diesem Erlesenheitsunfug Schluß zu machen und den Leuten zu sagen, daß jeder Wein gut sei." Das taten die Weinhändler im wesentlichen dann auch mit beträchtlichem Erfolg.

In der forstlichen Saatgutanerkennung verfiel man lange Zeit einer Fehldeutung. Es war richtig und ein echter Schritt voran, daß Klimagebiete eingeteilt und ihr Saatgut getrennt gehalten wurde. Genetik war manchen Praktikern jedoch ein Buch mit sieben Siegeln. Und so „selektionierten" die „Anerkenner" nach dem phänotypisch guten Aussehen der Mutterbestände, in der Vorstellung: Mutterbestand gut, dann wird auch die Tochterschaft mit „hoher Wahrscheinlichkeit" besser sein als die von schlecht aussehenden Beständen. Jeder Genetiker und jeder Laie weiß, daß nicht alles Erbgut ist, was glänzt. Aber mancher Praktiker drückte es ganz offen aus: Kompetent für die Auswahl von Beständen zur Saatguternte sind die Forstverwaltungen, nicht die Genetiker. Und nach dem guten elterlichen Phänotyp lasse sich doch so einfach, durch den Praktiker, Selektion durchführen. Nur hängt eben manche Eigenschaft, wie die „erstrebte Feinästigkeit", durchaus nicht in erster Linie mit erblicher Veranlagung, sondern überwiegend damit zusammen, daß jeder freistehende Baum, z. B. ein Parkbaum, eine breitausladende Krone bildet, während im dichtstehenden Bestande, mangels Platz, Grobästigkeit ausbleibt.

Solche Merkmale haben eine geringe Heritabilität und stehen weitgehend mit Umwelt-(Erziehungs-)Faktoren im Zusammenhang.

4. Unklare Angaben

Beliebt sind Prokopf-Ziffern, z. B. für den Verbrauch an irgendwelchen Waren. Man teilt den Gesamtverbrauch durch die Anzahl der Menschen in einem Verbrauchsgebiet. Besser sollte man ihn auf die Anzahl der wirklichen Verbraucher beziehen. Denn Säuglinge und Kinder, ebenso viele Frauen, sind am Tabak- und Bierkonsum unbeteiligt. Männer benutzen wenig Kosmetika usw.

Das Pro-Kopf-Einkommen wird vielfach als arithmetisches Mittel, sprich Durchschnitt, ausgerechnet. Wenn jedoch in einer Population, grob vereinfacht, 90 % ein kleines Familieneinkommen von 10 000,—DM beziehen und nur 10 % ein höheres von 30 000,— DM (und mehr), so errechnet sich der Durchschnitt oder Prokopfwert als

$$\frac{90 \cdot 10\,000 + 10 \cdot 30\,000}{100} = 12\,000,-\text{DM, und dieser Wert ist}$$

natürlich für keine der hier angenommenen Gruppen kennzeichnend. Er liegt dazwischen und ist eine rein rechnerisch gefundene Größe, mit der sich nichts anfangen läßt. Charakteristisch „für die meisten" wäre das Masseneinkommen von 10 000,— DM. Diesen Wert anzugeben, ist logisch richtiger, gerade z. B. in Entwicklungsländern mit den überwiegenden Kleinsteinkommen der Armen und den wenigen Großeinkommen der Reichen.

Schiefe Verteilungen, hier bei den Einkommensgruppen gezeigt, kommen auch bei Meßwerten biologischer Untersuchungen vor. Der Gipfel der Häufigkeiten liegt nicht in der Mitte wie bei Normalverteilung. Man verwendet dann besser, anstelle des arithmetischen Mittels, den Medianwert. Wie ist er zu finden? Stellen wir uns eine Fußballelf vor, die sich der Körperlänge nach aufgestellt hat. Wir brauchen nur auf den mittelsten Spieler, den sechsten, zuzugehen und ihn nach seiner Länge zu fragen. Dann haben wir den „mittelsten Wert", der Lage nach. Genau so viele sind größer wie kleiner. Ist die Gesamtzahl gerade, z. B. 10, so zählen wir ab bis zum 5. Wert. Aus den beiden mittelsten Werten, dem 5. und 6. wird dann das Mittel gebildet.

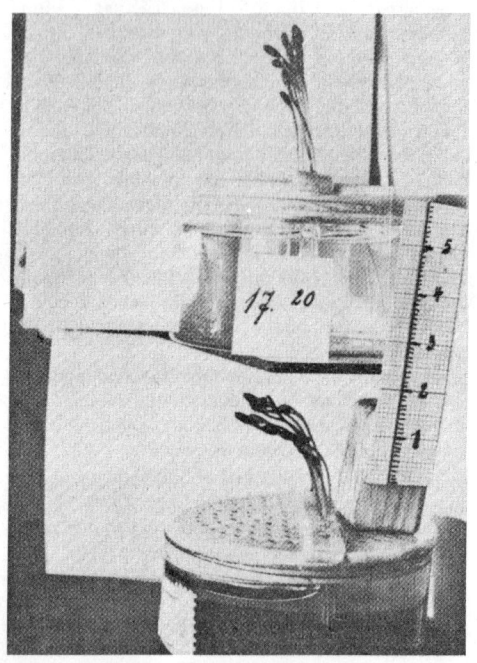

Abb. 3a: Unterschiedlicher Keimlings-Fototropismus nach Seitenlichtreizung. Oben: Unempfindliche Kiefernherkunft Ostpreußen; unten: stark reagierende warmklimatische Herkunft Rhein-Main-Ebene.

Experiment: Wir erhalten auch schiefe Verteilungen, wenn wir die Seitenlichtreizbarkeit von Keimlingen verschiedener Kiefern-Klimarassen (Pinus silvestris) prüfen. Die Verteilung der Reaktionen des Fototropismus, untersucht unter sonst

gleichen Vorerziehungsbedingungen (Wassergehalt!), ist in kalt- und warmklimatischen bodenständigen Populationen recht unterschiedlich. Das wird deutlich, wenn wir die vorkommenden Krümmungswinkel über einer Skala (Abszisse) 0—10°, 11—20°, 21—30° usw. auftragen.
Abb. 3b zeigt den unempfindlichen Typus I (Gebirge, Skandinavien, Ostpreußen) mit fast 90 % Keimlingen der Winkelgruppe 0—10°. In dieser Winkelgruppe

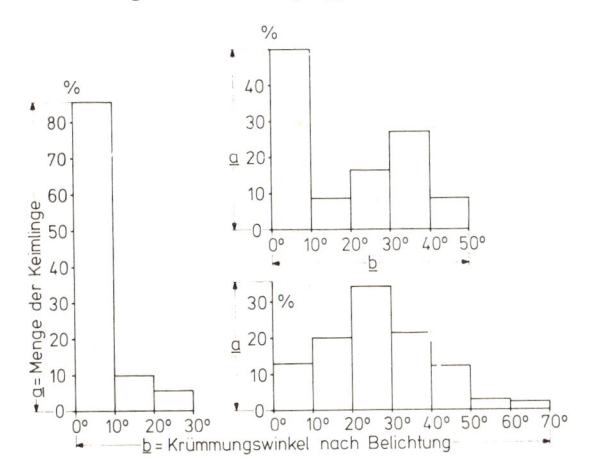

Abb. 3b: Verteilung der Krümmungsgrade nach Seitenlichtreizung, im fototropischen Keimlingsversuch:
Typ 1: unempfindlich, überwiegend schwache Krümmungswinkel
Typ 3: mittlere Empfindlichkeit, nur etwa 40—50 % der Keimlinge in der Winkelgruppe 0° — 10°.
Typ 5: starke Empfindlichkeit (Rhein-Main-Kiefer), annähernde Normalverteilung der Häufigkeiten der schwachen, mittleren und starken Reaktionen.

sind beim mittleren Typ 3 nur etwa bis 50 % der Individuen vertreten. Und bei Typ 5 (Rhein-Main-Ebene) ergibt sich eine der Normalverteilung angenäherte Häufigkeitsverteilung.
Facit: Wenn bei schiefer Verteilung Mittelwerte angegeben werden sollen, so eignet sich hierfür der Medianwert besser als der arithmetische Mittelwert.

5. Absolute Zahlen und Relativziffern

$33\frac{1}{3}$ % der Studentinnen eines College heirateten Fakultätsmitglieder während ihres ersten Studienjahres, hieß es von der John-Hopkins-Universität. Der Prozentausdruck gibt hier ein völlig unzureichendes Bild. Man hätte erwähnen müssen, daß es sich im ganzen um nur drei Studentinnen dieses College handelte, von denen eine heiratete. Von solchen geringen Anzahlen ausgehend, kann man keine Prozentziffern angeben, es wäre irreführend. Man kann auch nicht sagen, daß ein Medikament, das in zwei von drei Fällen erfolgreich war, sich in $66^2/_3$ der Fälle bewährt habe. Bei Prozentausdrücken denkt man stets an Vom-Hundert-Sätze, also ein größeres Ausgangsmaterial.

Umgekehrt können auch absolute Zahlen irreführend sein, wenn man zu ihrer Beurteilung den Bezug auf Gesamtheiten, also Prozentausdrücke benötigt. Während des zweiten Weltkrieges starben in den USA daheim durch Unfälle 37 500 Menschen, bei der Armee 40 800, also nicht sehr viel mehr, wurde berichtet. Hätte man sich auf die gleiche Altersgruppe der Daheimgebliebenen u. der Soldaten bezogen, so ergibt der Vergleich der Relativziffern (bei jungen Menschen): bei der Armee erlitten 12 von 1000 den Tode durch kriegsbedingte Ursachen, daheim durch Unfälle aber nur 0,7 von 1000.

In Hamburg starben 1892 insgesamt 25 395 Personen, davon an bösartigen Tumoren 549, und 1893 insgesamt 12 977, davon an Tumoren 599. Stieg der Anteil der Todesfälle durch Krebs von 2,2 % auf 4,6 % von einem Jahr zum anderen? Verdoppelte sich also die Krebsrate?

Keineswegs. Denn das Jahr 1892 hatte eine ungewöhnlich hohe Gesamtzahl an Todesfällen durch Cholera! (allein 8060 Todesfälle durch Cholera während des Jahres 1892, aber nur 70 im Jahre 1893). Ohne Angabe der absoluten Zahlen wäre bei diesem Vergleich die Mitteilung der Prozentziffern der Krebsmortalität (2,2 % und 4,6 %) irreführend.

Ein schematisch konstruiertes Beispiel des medizinischen Statistikers *Freudenberg* zeigt folgendes: in einer großen Stadt sterben täglich 100 Menschen, davon drei an Tuberkulose. (Zufallsschwankungen würden sich erst in einem größeren Beobachtungszeitraum ausgleichen, sie sollen aber unberücksichtigt bleiben, da es sich nur um ein Schema handelt). Nun stoßen an einem Tage zwei Hochbahnzüge zusammen und dabei verunglücken 50 Menschen tödlich, so daß die Gesamtzahl der Todesfälle an diesem Tage 150 beträgt. Die Anzahl der Todesfälle durch Tuberkulose hat sich nicht geändert, sie bleibt drei. Dann ist also die *relative Mortalität* infolge Tuberkulose, die sonst 3 % betrug, an diesem Tage auf 2 % gesunken! Allein wegen der plötzlichen Zunahme anderer Todesursachen. Die *relative Mortalität* an einer bestimmten Todesursache liefert demnach keine informativen Aussagen, sobald Todesfälle aus anderen Ursachen zu- oder abnehmen, von denen sie ja rechnerisch mitbedingt ist.

6. *Vergleichszahlen, die eine absolute Zahl anschaulicher machen*

Beim Experimentieren und Beobachten interessiert oft der Vergleich mehr als die Angabe einer absoluten gemessenen Größe. Dem Züchter kommt es für den Erfolg seiner Arbeit darauf an, ob die neue Sorte im Durchschnittswert $\bar{x}_2$ mehr leistet als eine Standardsorte $\bar{x}_1$. Er prüft daher, ob $\bar{x}_2 > \bar{x}_1$ oder
$\bar{x}_2 - \bar{x}_1 > 0$,
gegenüber der Nullhypothese $\bar{x}_2 - \bar{x}_1 = 0$ (Unterschiede waren nur zufällig).

Ferner: Atomgrößen oder Zeiträume der Erd- und Bevölkerungsgeschichte sind schwer vorstellbar. Sie gewinnen durch geeignete Vergleiche an Anschaulichkeit. Haarspalterei: Die Wand einer Seifenblase ist einige hundert Atome dick, aber sie ist noch etwa 10 000 mal dünner als das menschliche Haar. Zyniker könnten in Versuchung kommen zu bemerken, daß diejenigen, die sich mit Atomspalten beschäftigen, infolgedessen mindestens einige Millionen mal pedantischer sind als die, die Haarspalterei betreiben.

Dieses und die folgenden Beispiele sind dem Buch von R. *Houwink*, The Odd Book of Data (12) entnommen.

Moderne Völkerwanderung: Im Jahre 2000 wird ein einzelnes großartiges Sommer-Wochenendziel mehr Menschen auf die offenen (?) Straßen Westeuropas im Dreieck London, Paris, Frankfurt locken als damals in der großen Völkerwanderung Europas während des 4. und 5. Jahrhunderts vor Christi unterwegs waren. Die Buchstaben seines oben erwähnten 100-Seitenbuchs benutzte *Houwink* zu folgendem Vergleich. Es ist lange her, seit der Kosmos entstand. Man glaubt, daß es $6 \cdot 10^9$ Jahre her ist. Kaum vorstellbar. Teilen wir diesen Zeitraum in „kosmische Einheiten" ein, es sind dann 100 000 Einheiten zu je 60 000 Jahren. Und nun übertragen wir diese Einheiten auf den Buchtext, jeder Buchstabe entspricht einer Einheit zu 60 000 Jahren. Die zweite Buchhälfte mag für den Zeitraum genommen werden, der seit Erscheinen der Erde (roh gerechnet $3 \cdot 10^9$ Jahre) verstrichen ist. Nur die winzige Zahl der letzten siebzehn Buchstaben repräsentiert die eine Million Jahre, seit die Menschheit sich entwickelte. Und nur der allerletzte Buchstabe auf der letzten Buchseite entspricht der „kosmischen Einheit" von 60 000 Jahren, in denen die kulturellen Entwicklungen sich vollzogen, die es möglich machten, dies Buch zu schreiben und herauszubringen. Der Zeitraum von 60 000 Jahren, den der letzte Buchstabe symbolisiert, läßt sich noch unterteilen: er ist 20 mal größer als das Alter unseres Alphabets (3000 Jahre) und 120 mal so groß wie die Periode seit Erfindung der Buchdruckerpresse im Jahre 1450. Die 300 Jahre, die vergingen, seit das moderne Englisch in Gebrauch kam, machen nur ein Zweihundertstel aus.

Einige weitere Beispiele findet man bei *Houwink*, dessen hobby es war, in 100 Buchseiten für unsere Vorstellung zugänglich und einprägsam zu machen, was an wissenschaftlichen Ausdrücken sonst oftmals schwer vorstellbar bleibt.

III. Verteilungen

1. Die Binialverteilung und MENDEL's Spaltungsregeln, Normalverteilung

Die *Normalverteilung* und das Vorkommen *schiefer Verteilungen*, für die der Medianwert das Zentrum der Verteilung realistischer angibt als der arithmetische Mittelwert, wurde in den Abschnitten I4 und II4 kurz beschrieben. Ich sage bewußt „kurz", und bin mir darüber klar: Die Kunst des Fortlassens, auch der „höheren Schulmathematik", erleichtert es dem praktischen Versuchsansteller in Biologie, Medizin und anderswo erfahrungsgemäß, in die Logik und die Grundgedanken statistischer Analysen mit Tiefenschärfe und zeitsparend einzudringen. Das 500-Seiten-Lehrbuch von *R. G. D. Steel* und *J. H. Torrie* spricht von limited time, und davon, daß „a nonmathematical approach is desirable, techniques are presented, applicable and useful in terms of research, *with respect to the conduct of experiments.*" „Studying statistics, here as elsewhere, students vary in ability and when confronted with a new way oft thinking — thinking in terms of uncertainties or probabilities for the first time, — some may find a mental hurdle which can be emotionally upsetting. We must minimize the problems of learning statistics. It is necessary to keep in mind that statistics is intended *to be a tool for research. It is the field of research, not the tools, that must supply the „whys" of the research problem. This fact is sometimes overlooked and the user is tempted to forget that he has to think, that statistics can't think for him."

„Except for parts of Chapter 20 the only mathematical ability assumed of the student is a knowledge of algebraic addition, subtraction, and multiplication", heißt es im 500-Seiten-Lehrbuch von W. J. *Dixon* und F. J. *Massey* (siehe Lehrbücher 1—3).

Kein Wunder, daß Autoren der mathematischen Theorie der Statistik und Wahrscheinlichkeitsrechnung das mathematisch-Formale in solchen praxisnahen Konzepten vermissen mögen. Aber wenn 500-Seiten-Bücher so abstinent sind, um wieviel mehr mußte ich in dieser knappen Einführung die Kunst des Fortlassens üben!

Auch das 646-Seiten-Lehrbuch von W. A. *Wallis* und H. V. *Roberts* bekennt sich dazu: „Avoidance of mathematics is, of course, almost a necessity with beginning students. This avoidance is, we feel, a real virtue. Elementary statistics courses that draw freely on, say, first year college mathematics unavoidably teach mathematics at the expense of statistics, or sometimes fail to teach either. *The great ideas of statistics are lost in a sea of algebra*. Those students who are well enough grounded in mathematics will find little difficulty in introducing mathematical formulations themselves, and perhaps deriving some results; and they will even find their comprehension of mathematics heightened by an independent grasp of the statistical ideas they are trying to encompass in their mathematical formulations. Most of them find the nature of the *binomial distribution* and its parameters, for example, better illuminated by the exposition of statistical reasoning and of the central concepts and modes of analysis than by an algebraic approach."
Mendel sah sich bei der Entwicklung der Gesetzmäßigkeiten der Erbgänge mit einer speziellen Art von Verteilung konfrontiert. Als Mathematiker, der er gleichzeitig war, setzte er sich mit der *„binomialen Verteilung"* auseinander (Binom = zweigliederiger Ausdruck). Man sieht, der mathematischen Behandlung verdankt es die Genetik, daß *Mendel* seine grundlegenden Spaltungsregeln entdeckte, andererseits war es gerade diese für *Mendel* unentbehrliche mathematische Entwicklung, die den Zeitgenossen das Verständnis erschwerte.

Übrigens beschrieb schon um 1750 *Maupertuis* in Berlin (1689—1759) den dominanten Erbgang der „Vielfingerigkeit" (Polydactyly) beim Menschen und diskutierte die Aufspaltungen in Ausdrücken, die eine prophetische Vorahnung des Mendelismus erkennen lassen.

Experiment: Nehmen wir an, ein Mäzen stellt sein Privatflugzeug für eine biologische Arbeitsgemeinschaft zur Verfügung. Ein Flug nach Panama kommt zustande, und man entnimmt, aus nah verwandten Populationen beider Ozeane, Proben, kreuzt sie zu Hause und studiert:

1. ob verwandte Arten aus den beiden Ozeanen keine isolierenden Mechanismen entwickelt haben. Kreuzungsnachkommenschaften würden dann die ganze Variationsbreite der Herkünfte beider Halbkugeln widerspiegeln.

2. oder ob zwar freie Kreuzbarkeit vorliegt, jedoch die genetischen Konstitutionen chromosomal verändert sind. Dann erhielt man wohl Individuen von geringer Überlebensaussicht.

3. Schließlich kann Sterilität infolge langer Isolation sich ergeben. *(Science,* vom 30. 8. 1968, Seite 857).

Überschrift der Studie: Auf den Spuren *Mendel*'s am Panamakanal.

Auskünfte kann das Smithsonian Tropical Research Institute, Balboa, Canal Zone, geben.
Eine Schwierigkeit besteht bei der Aufzucht der Flora oder Fauna aus dem Pazifik und Atlantik zu Hause: Man muß ein Meerwasseraquarium haben. Aber für Gymnasien in Küstennähe wäre das wohl verfügbar. Man will nämlich in nächster Zeit einen Durchstich durch die Landenge ebenerdig durchführen. Der alte Panamakanal ließ bisher eine Vermischung der Populationen beiderseits der Landenge nicht zu. Denn er führte über Schleusen und Hügelland, u. a. auch durch einen Süßwassersee. Und es bestanden also Barrieren, die bei ebenerdigem Durchstich entfallen würden. Die Lebewesen beider Ozeane wären in Zukunft nicht länger isoliert. Bevor sie der Durchstich zusammenführt, ergibt sich eine nicht wiederkehrende Gelegenheit für Kreuzungsexperimente!
Bei *Mendels* eigenen Kreuzungen ging er von einer neuen Gegenhypothese aus, die der herrschenden Vorstellung diametral entgegengesetzt war. Der Schweizer Botaniker *Nägeli* hatte damals den „Begriff" des „Idioplasmas" entwickelt. Im Zellplasma, nahm er an, sei jede wahrnehmbare Eigenschaft als Anlage vorhanden und würde vererbt. Im Plasma nahm er „Mizellen" an, die sich chemisch unterschiedlich verhalten sollten.
Nun prüfte *Mendel* aufgrund seiner Kreuzungsexperimente nach, ob daran etwas war, an diesen Mizellen, die sich *Nägeli* in der Größenordnung von 1,2 Trillionstel eines Kubikzentimeters als Molekülgruppen vorgestellt hatte. Seine Theorie stattete sie mit der Funktion aus, Erbträger, d. h. Träger der Gesamt-Erbmasse zu sein, und zwar sollte sich das Individuum in seiner Gesamtheit mit seinen Mizellen vererben. Vorsicht vor Ganzheits-, Gesamtheits- und dergleichen Vorstellungen! Sie gehen gewöhnlich von Leuten aus, die nicht analysieren können. *Mendel* konnte. Er verblüffte die Hörer seines klassischen Einführungsvortrags mit dem Nachweis, daß voneinander unabhängige „Elemente" (später Erbfaktoren genannt) aus Kreuzungen herausspalten, d. h. „mendeln", wie wir heute sagen, und damit, daß er mathematische quantitative Sonden anlegte und genau voraussagen konnte, in welchen Zahlenverhältnissen sich alles abspielen würde. Das waren die Botaniker damals nicht gewohnt.
Mendel ging nicht von einer Theorie aus, ohne sie zu prüfen, sondern von Beobachtungen. Was man beobachtet, sind Variable, Meßgrößen oder Daten eines Zählprotokolls. Ein einzelner Beobachtungswert ist ein spezieller Wert einer Variablen.
Beziehen sich unsere Beobachtungen auf meßbare Größen, so nennen wir sie *quantitativ*. Handelt es sich dagegen um *Träger von Eigenschaften (Attributen)*, die man nicht messen, sondern nur auszählen kann, so haben wir es mit *qualitativen Eigenschaften* zu tun, und es sind zwei Fälle denkbar:
1. Entweder-Oder-Eigenschaften, wie weiblich - männlich, Vollkorn - Hohlkorn usw. Die Verteilung auf diese beiden Kategorien ist natürlich diskontinuierlich. Man erhält zwei Häufigkeitssäulen des Vorkommens.
2. Jedoch ist vielfach eine Quantifizierung möglich, wenn wir statt des Gegensatzpaares gut - schlecht (bei Fabrikaten), geheilt - nichtgeheilt (bei Therapien), zufrieden - nicht zufrieden bei Meinungsumfragen (Interviews) genauer differenzieren: z. B. bei Haltungen (sehr günstig, günstig, neutral, ungünstig) oder in dem bekannten Beispiel der Schulzensuren, wo wir die Grade qualitativer Eigenschaf-

ten nach Noten beziffern: z. B. nach Pluspunkten im Sport und in angelsächsischen Schulen, oder nach den Noten I (ausgezeichnet, sehr gut), II (gut) usw. Dann lassen sich annähernd kontinuierliche Häufigkeitsverteilungen der Prädikatträger aufstellen. Im Abschnitt IV 10, wird gezeigt, wie man Entweder-Odereigenschaften sehr einfach quantifizieren kann, indem man z. B. Hohlkorn mit 0, Vollkorn mit 1 bezeichnet.

Insoweit *Mendel* Erbgänge z. B. der Blütenfarben rot und weiß in den Nachkommenschaften von Kreuzungen eines rot- und eines weißblühenden Elters beobachtete, befand er sich in der spaltenden F_2 in gleicher Situation, wie man sie in der Theorie der Spiele vor sich hat. Bekannte Beispiele sind das Herausgreifen roter und weißer Kugeln aus einem Sack, in welchem die beiden Farben im Zahlenverhältnis 50:50 % vertreten sind, oder beim Hochwerfen einer Münze, die entweder nach dem Herunterfallen die Kopf- oder Rückseite im Verhältnis 50:50 % zeigen kann.

Greift man blind und ohne Auswahl aus dem Sack, in dem rote und weiße Kugeln, oder schwarze und weiße, gemischt in gleichen Anteilen vertreten sind, genügend oft e i n e einzelne Kugel heraus und legt sie dann wieder zurück, so wird auf lange Sicht ein durchschnittliches 1:1 Verhältnis zu erwarten sein. Die Wahrscheinlichkeit, eine schwarze oder eine weiße Kugel zu ziehen, ist gleich groß.

Greift man mit einem Griff jedesmal zwei Kugeln heraus, so sind die Kombinationen möglich:

   weiß/weiß   schwarz/weiß   schwarz/schwarz
                      weiß/schwarz

Sie werden bei einer Vielzahl von Probeziehungen von jedesmal zwei Kugeln im Verhältnis 1:2:1 auftreten.

Steigt die Anzahl der Kugeln, die mit einem Griff herausgezogen werden, so können die Wahrscheinlichkeiten aus dem *Pascal*'schen Dreieck leicht abgelesen werden. Es wird erhalten, indem man jeder folgenden Zeile eine 1 voransetzt und jede Zahl als Summe der beiden darüberstehenden berechnet. Das ergibt folgendes Bild:

1 Kugel je Griff	1 : 1
2 Kugeln je Griff	1 : 2 : 1
3 Kugeln je Griff	1 : 3 : 3 : 1
4 Kugeln je Griff	1 : 4 : 6 : 4 : 1
5 Kugeln je Griff	1 : 5 : 10 : 10 : 5 : 1
6 Kugeln je Griff	1 : 6 : 15 : 20 : 15 : 6 : 1

Bei 6 Kugeln je Griff $(a+b)^6$ erhält man also im ganzen 64 Fälle, und zwar die Kombinationen der Kugeln:

1 mal	6 mal	15 mal	20 mal	15 mal	6 mal	1 mal
6 weiße	5 weiße 1 schwarz	4 weiße 2 schwarz	3 weiße 3 schwarz	2 weiße 4 schwarz	1 weiße 5 schwarz	6 schwarze

Die mittleren Fälle (3 weiße : 3 schwarze) sind am häufigsten vertreten, nämlich in 20 von 64 Fällen. Dagegen kommen die Extremwerte (nur weiß oder nur schwarz) lediglich in je e i n e m Fall von 64 möglichen vor, mit der Wahrscheinlichkeit von je 1/64. Dazwischen finden sich alle Übergänge vom hellen Grau (5 weiß : 1 schwarz) über mittleres Grau bis zum tiefdunklen Grau (1 weiß : 5 schwarz).

Die 7 Einzelklassen sind mit den Einzelwahrscheinlichkeiten
1,56 % 9,38 % 23,43 %
31,25 % 23,43 % 9,38 %
1,56 %
unter den im ganzen 64 möglichen Fällen vertreten.

Das mußte die Zuhörer *Mendel*'s zunächst vollends verblüffen. Eindrucksvoll mathematisch interpretiert, demonstrierten die tatsächlichen Spaltungsergebnisse, — sofern genügend umfangreiches Kreuzungsmaterial beschafft war, wofür *Mendel* sorgte —, recht gute Annäherungen an die erwarteten Zahlenverhältnisse.

Schon andere Forscher hatten dicht vor der Schwelle dieser Entdeckung gestanden, vermochten sie aber nicht zu überschreiten, da sie immer nur mit allzu bescheidenem Umfang der Tochterschaften operierten. Und dabei konnten sich natürlich die beobachteten Häufigkeiten nicht überzeugend den erwarteten annähern. Nach einem solchen Schema verteilt, kombinieren sich Erbanlagen bei Mischlingen aus der Kreuzungsarbeit der Züchter, im Spaltungsverhältnis 1:2:1, wenn nur e i n Erbfaktorenpaar z. B. für rote und weiße Blütenfarbe im Spiele war, d. h. im monohybriden intermediären Erbgang. *Mendel* zeigte sich jedoch auch der Deutung des Erbgangs bei dominanten Genen gewachsen. Dominiert rot über weiß, so werden die Mischlinge „rot : weiß" nicht intermediär ausfallen, sondern die rote Farbe genau so wie Träger der Gene „rot : rot" im Phänotyp besitzen. Die Zahlenverhältnisse „75 % rot : 25 % weiß" werden dann manifestiert, sofern man genügend umfangreiches Kreuzungsmaterial in der spaltenden F_2 zur Verfügung hat. In einem zu kleinen Material muß mit Abweichungen von diesem Verhältnis gerechnet und die Hypothese (dominanter Erbgang) statistisch geprüft werden. (5)

Nun weiß jeder Gärtner, daß es bei Blumensorten nicht nur die Gegensatzpaare farbig und weiß gibt, vielmehr tritt z. B. rote Blütenfarbe in abgestuften Farbskalen auf. Sogenannte Blutbuchen können tiefdunkel gefärbt sein, aber auch hellbraun bis olivbraun, den grünen Ausgangsformen angenähert. Die Deutung war schwierig, und bis sie *Nilsson-Ehle* in Schweden nach 1900, dem Jahr der Wiederentdeckung der vergessenen Spaltungsregeln *Mendel*'s, an Weizensorten fand, glaubte man schon auf ein Beispiel gestoßen zu sein, für welches *Mendel*'s Regeln nicht galten. *Nilsson-Ehle* gehörte wie *Mendel* zu der Minderheit der Hochcreativen, Einfallsreichen. Ihm kam folgender Gedanke, der zur Lösung des Rätsels führte: Wie wäre es, wenn eine Eigenschaft (hier Farbton) nicht nur von e i n e m Erbfaktorenpaar gesteuert wird, sondern wenn eine Gruppe von Genen beteiligt ist? „Die polygene Vererbung", d. h. die Steuerung z. B. einer Farbeigenschaft durch ein ganzes Orchester von Genen, war damit im Prinzip entdeckt: Die Gene der Gruppen sind dann nicht mehr Solisten mit durchdringender Stimme, sondern nur Mitglieder des gesamten Klangkörpers. Und weiter: Wie ein Orchester in seiner Klangwirkung von der Akustik des Raumes abhängt, so auch die polygen bedingten Eigenschaften, wie besonders quantitative, Zuwachsgrößen, Gewichtsleistungen und Erträge usw. Die Gruppengene sehr vieler züchterisch-interessanter Eigenschaften bewirken eine Aufspaltung intermediärer Art, wie am Pascalschen Dreieck gezeigt; durchschnittliche Kreuzungsnachkommen überwiegen, und die extrem günstigen oder ungünstigen Kombinationen können äußerst selten auftreten, viel seltener als zu 1/64. Charakteristisch ist ferner die starke Abänderlichkeit solcher polygen gesteuerter Eigenschaften durch das Milieu, wie Standort, Großklima und Witterung, während monohybride Entweder-Oder-Eigenschaften (z. B. Pyramidenwuchs bei Pappeln) unabhängiger von der Umwelt sind.

Bei binomialen Verteilungen erhält man, je mehr Kugeln je Griff man in Rechnung stellt, immer mehr und schmalere Säulen bei graphischer Auftragung der Häufigkeiten, die diskontinuierlichen Treppen-diagramm-figuren nähern sich einer Normalkurve.

Liegt kein 0,5 : 0,5 - Verhältnis vor, sind vielmehr in dem Sack, aus dem wir Stichproben zogen, weiße : schwarze Kugeln im Verhältnis 0,3 : 0,7 oder gar 0,1 : 0,9 vorhanden, so ergibt sich keine symmetrische Verteilungskurve mehr, sondern eine schiefe.

Da nun auf die Typenverteilung sehr viele erbliche und Umweltfaktoren einwirken und zu einer Vielzahl von Kombinationsfällen führen, so werden die Kombinationen immer zahlreicher, die einzelnen Häufigkeitssäulen der Zwischentypen immer schmaler, und es nähert sich das Bild „binomialer", genauer gesagt „polynomialer" Verteilungen allmählich einer kontinuierlichen Glockenkurve, der Normalverteilung.

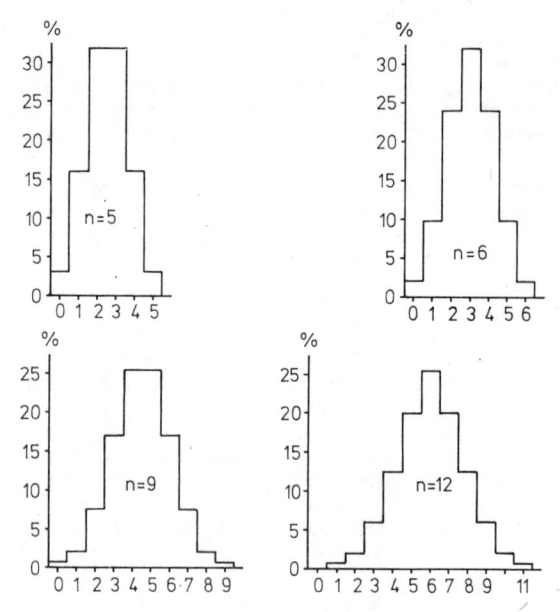

Abb. 4a und b: Binomialverteilungen: Prozentsatz der Häufigkeiten, mit denen eine hochgeworfene Münze nach dem Fall ihre „Kopfseite" (nicht die Rückseite) zeigt. Mit steigender Anzahl der Würfe nähert sich die „diskrete" Verteilung einer kontinuierlichen Glockenkurve (ähnlich der Normalverteilung). Siehe *Pascalsches* Dreieck.

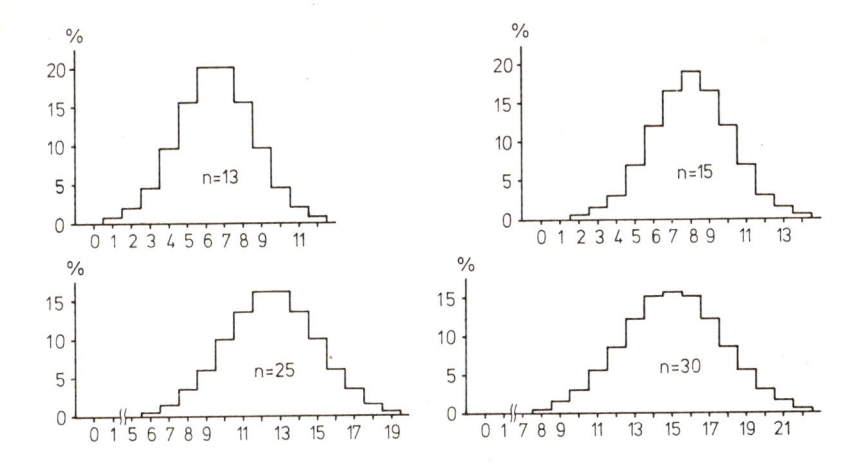

Vorstehende Abbildungen veranschaulichen, bei steigender Anzahl „n" der Würfe einer Münze in die Luft, wonach sie mit einem erwarteten Prozentsatz von 50 % auf die Kopfseite fällt, die Veränderung der Kurvenform (siehe Pascalsches Dreieck) Abb. 4a und 4b.

2. Anregung zu Aufgaben:

Assoziationen führten *Mendel* und *Nilsson-Ehle* vom mathematischen Modell der Binomialverteilung zur Entdeckung von Erbgängen.
Assoziationen sind immer Katalysatoren bei der Geburt von Ideen, Kombinationen und Rekombinationen sind in der Genetik und in der Psychologie bekannte Vokabeln. Unsere „automatic pump of association" vermag im schöpferischen Prozeß beschleunigt zu arbeiten *(A. F. Osborn, 16)*.

Experimentelle Aufgabe 1:
Pflanzen in einem Behälter ließ man vibrieren, sie wuchsen wesentlich schneller. Das hatten Farmer gelesen. Wie nun sollte man praktisch ein ganzes Feld mit Weizen oder Mais in einen Schüttler tun? Ihnen kam der ziemlich weit entlegene Gedanke, mit Samen gefüllte Behälter schütteln zu lassen. Eine brauchbare Ertragshebung wurde erzielt. Prüfen Sie das nach und testen Sie einen etwaigen Unterschied zwischen Pflanzen aus geschüttelten und nicht geschüttelten Samen auf Signifikanz. Möglicherweise keimen geschüttelte gleichmäßiger und sind daher für anschließende Kataslaseuntersuchungen geeignet. Auch dies wäre zu testen.

Experimentelle Aufgabe 2:
Für Katalasetests klimatischer Herkünfte wurde in (18) empfohlen, die Wasseraufnahme der Samen vor der Einkeimung dadurch gleichmäßig zu machen, daß man sie unter Wasser einquillt. *W. Zentsch* fiel auf, daß unsere Fichtensamen durchaus unterschiedlich keimten, wenn man sie mit der Spitze nach oben oder

nach unten in das Keimmedium legte. Die Samenschale ist unterschiedlich für Wasser durchlässig Abb. 5.

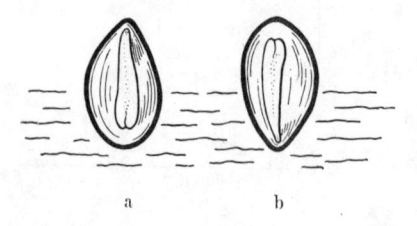

Abb. 5: Einlegen von Fichtensamen in das Keimbett
a) mit dem die Kotyledonen bergenden Teil im feuchten Sand fixiert,
b) mit dem Teil, der die Radikula enthält, in das Keimmedium gesteckt.
Infolge der unterschiedlichen Durchlässigkeit der Samenschalen-Regionen für Wasser erhält man unterschiedliche Keimprozente!

Gekeimt nach 43 Tagen:
a. mit dem die Kotyledonen bergenden Teil im feuchten Sand fixiert: 79 %
b. mit dem Teil, der die Radikula enthält, eingesteckt: 0 % (!)
Ergebnis nachprüfen und einen Versuch anlegen, in welchem die Bedingungen a und b im Zahlenverhältnis 2:8, 3:7, 4:6 und 5:5 geboten werden.
Aufgabe 3:
Testen Sie sich mit Hilfe eines Worttests selbst, ob Sie Assoziationen zu sehr weit entfernten Wortelementen bilden können. Dazu gehört Creativität. Im Zeichen unserer Aktion „JUGEND FORSCHT" übt das.
Beispiel: Zu den Worten Eisenbahn, Mädchen und Klasse ist ein Beiwort zu finden, das zu allen drei Worten paßt, die auf den ersten Blick kein verbindendes Wort zuzulassen scheinen.
Lösung: Arbeit an der Eisenbahn, arbeitendes Mädchen, Arbeiterklasse.
Ferner: Drei Worte: Dreh   elektrisch   heilig
Verbundswort: Drehstuhl, elektrischer Stuhl, heiliger Stuhl in Rom.
Oder: Drehstrom, elektrischer Strom, heiliger Strom (Ganges).

IV. Streuungsmaße, Senkung der Streuung

Da die Eigenschaften und Reaktionen der Lebewesen variabel sind, so mußte die statistische Methodik Vergleiche zwischen *Mittelwerten* von Gruppen durchführbar machen, die trotz der Streuung der Einzelwerte (um die Durchschnitte) verläßliche Unterschiede zwischen den Mittelwerten der Gruppen nachweisen lassen. Wir bilden z. B. Gruppen „behandelt - unbehandelt", wenn wir Pflanzen durch ein Pflanzenschutzmittel vor Pilzschäden oder Tiere durch Impfung gegen Infektion bewahren wollen, und messen dann die Unterschiede des Erfolgs beim Merkmalspaar „geschützt - ungeschützt", d. h. die *Abstände zwischen den Gruppendurchschnitten*. Die *Binnenvariabilität* innerhalb der Gruppen darf jedoch nicht unterschätzt werden. Ist sie zu groß, so können sich die beiden Verteilungen weitgehend überdecken. D. h. beim Vergleich gedüngt - ungedüngt können in der Gruppe ungedüngt ebenso große Einzelpflanzen vorkommen wie in der Gruppe gedüngt. Wir dürften daher auf das Resultat „durchschnittlicher Überlegenheit" der gedüngten nicht ohne Prüfung rechnen. Diese Prüfung erfolgt durch statistische Testverfahren (Abschnitt V), (Abb. 6).
Je größer der Abstand zwischen den Durchschnittswerten $\bar{x}_2 - \bar{x}_1$ im Verhältnis zur Binnenstreuung innerhalb der Gruppen, desto weniger beeinträchtigt diese Streuung der Einzelwerte in der x_2-Gruppe und der Einzelwerte in der x_1-Gruppe

die Aussage über die Mittelwert-Differenz. Wir werden hierauf im Abschnitt V (Prüfung von Unterschieden) zurückkommen. Hier seien zunächst die Streuungsmaße beschrieben, die wir benötigen.

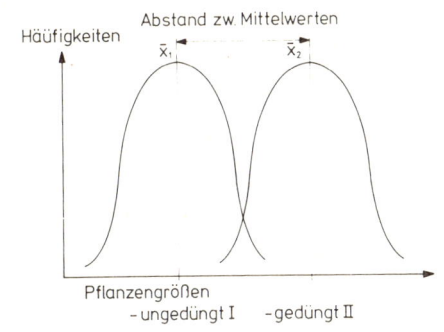

Abb. 6: Abstand zwischen den Mittelwerten $\bar{x}_1$ und $\bar{x}_2$ zweier Stichproben. In Stichprobe I (ungedüngt) schwanken die Pflanzengrößen, so daß es auf der rechten Flanke der Verteilung I zur Überdeckung mit der linken Flanke der Verteilung II (gedüngt) kommt.
Je größer der Abstand zwischen den Durchschnittswerten $\bar{x}_2 - \bar{x}_1$ im Verhältnis zur Binnenstreuung innerhalb beider Stichproben, desto weniger beeinträchtigt diese Binnenstreuung eine zufallsfreie Aussage über die Mittelwert-Differenz.

Eine *Senkung der Streuung* ist möglich, wenn man im Labor oder Gewächshaus Pflanzenmaterial unter möglichst gleichmäßigen Bedingungen erzieht (ceteris paribus). Wir erziehen beispielsweise Keimlinge gleicher Länge im fototropischen Testversuch. Die Umweltbedingungen bei der Vorerziehung waren gleichgeschaltet, um die genetisch bedingten Verhaltensunterschiede im Lichtreizversuch klar erfassen zu können. Weniger zu empfehlen wäre eine Auswahl etwa gleichgroßer Keimlinge aus einem sehr uneinheitlich vorerzogenen Material. Denn das wäre eine willkürliche Auswahl, bei der man nicht wüßte, warum die Uhr des Pflanzenwachstums das eine Mal, z. B. wegen Wärmeschwankungen, vorgegangen und das andere Mal nachgegangen war.
Bei der Messung von Unterschieden kann man sich nun aussuchen, wonach man vergleichen will. Und man wird die größte Differenz beim fototropischen Reizversuch erhalten, wenn man die Prozentsätze der unempfindlich gebliebenen Individuen heranzieht, d. h. diejenigen Keimlinge, die nach Abschluß des Belichtungsversuchs (und nach Abwarten einer Latenzzeit, in der die Wuchsstoffverlagerungen stattfinden) nur die schwachen Krümmungswinkel 0° bis 10° aufweisen. Hierunter finden wir bei der wenig lichtreizbaren Ostkiefernherkunft Ostpreußen, unter unseren Versuchsbedingungen, über 80 %. Dagegen sind es bei der warmklimatischen Herkunft Rhein-Main-Kiefer (Abschnitt II.4.) nur ca. 10 %. Die Differenz der Prozentsätze ist also ca. 70 %, d. h. sehr groß. In der Chilton-Tabelle, aus der in Abschnitt II.1. ein Ausschnitt gebracht wurde, ist eine so große Differenz nicht mehr angeführt. Auch die Originaltabelle nach *Chilton* (siehe Lehrbuch 5) geht nur bis 60 % Differenz. Bei 60 % Unterschied würden zum Nachweis eines signifikanten Unterschieds zwischen Prozentsätzen je 20 Keimlinge ausreichen. Bei 70 % Differenz kommt man zum Nachweis des Gruppenunterschieds mit noch weniger Keimlingen aus. Aber nicht immer bieten sich so starke Differenzen zur Auswertung an.
Meist werden die Stichproben-Mittel von Meßwerten verglichen, und die Differenzen zwischen den Mitteln der Meßwerte $\bar{x}_2 - \bar{x}_1$ geprüft. In unserem Falle würden wir also die mittleren Krümmungswinkel (nach Lichtreizung) für den Typ 1 (unempfindliche Klimaherkunft) und für den Typ 5 (sehr empfindlich) gegenüber-

stellen. Wir sagten schon, daß wir die größere Differenz beim Vergleich der Prozentsätze in der Gruppe der Winkel 0° bis 10° erhalten. Also werden wir hier diesen Vergleich vorziehen.

Zur Bezeichnung von Mittelwerten:
Die Einzelwerte einer Verteilung werden als x-Werte, x_i bis x_n, bezeichnet. In zwei Gruppen benennt man die Einzelwerte der einen und der anderen Gruppe als x_2-Werte und als x_1-Werte. Die Mittelwerte dieser Gruppen erhalten die Bezeichnung $\bar{x}_2$ und $\bar{x}_1$ (gesprochen x-quer).

Der arithmetische Mittelwert (Durchschnittswert) errechnet sich als $\frac{Sx}{n}$. (Summe der Einzelwerte, geteilt durch deren Anzahl).

1. Die Spannweite „w" zwischen x_{min} und x_{max} (range)

Das einfachste Maß der Variation ist die Spannweite „w" zwischen dem kleinsten und dem größten beobachteten Einzelwert, $x_{min} - x_{max}$.

Wir benutzen dieses Maß im τ-Test (Abschnitt V.3.). Bei der Herkunft Ostpreußen (siehe Abb. 3b) schwanken die Krümmungswinkel im Belichtungsversuch zwischen 0° und 30°, bei der Herkunft Rhein-Main-Ebene zwischen 0° und 70°. Die „Binnenstreuung" in beiden verglichenen Proben muß berücksichtigt werden. Das Maß „w" ist einfach zu handhaben, es basiert allerdings auf nur zwei Extremwerten, die zufallsabhängig sein können.

2. Die durchschnittliche Abweichung vom Mittelwert

Ebenso wie man Beobachtungswerte „mittelt", kann man auch für die Abweichungen vom Mittelwert einen „Durchschnitt" (average) errechnen, indem man die Abweichungen (ohne Berücksichtigung des Vorzeichens) addiert und die Summe $S(x - \bar{x})$ durch die Anzahl „n" teilt. Wir wollen hier zunächst mit der Anzahl „n" der Beobachtungswerte rechnen, und erst später in IV4; eine Korrektur einführen, nämlich die Benutzung von (n—1) im Nenner begründen. — Die durchschnittliche Abweichung basiert auf *allen* Beobachtungen, nicht wie die Spannweite „w" auf nur zweien.

Für das Zentrum der Verteilung der Werte in der Stichprobe 1 (x_1-Werte) oder der Stichprobe 2 (x_2-Werte) kann man nun den Medianwert (mittelsten Wert der Lage nach) oder das arithmetische Mittel $\frac{S(x)}{n}$ benutzen. Bei symmetrischen Verteilungen fallen sie gleich aus. Das arithmetische Mittel basiert auf allen Werten. Haben wir folgende Einzelmeßwerte einer Stichprobe (oder Mittelwerte mehrerer Stichproben) beobachtet, so ergibt die durchschnittliche Abweichung wie folgt

Beispiel:

x-Werte	Abweichungen vom Medianwert = 8 oder vom arithmetischen Mittel = 8	Im Vorgriff auf den folgenden Abschnitt IV. 3. seien die quadrierten Abweichungen angegeben
6	—2	4
7	—1	1
8	0	0
9	+1	1
10	+2	4
S(x) = 40	S(x—$\bar{x}$) = 6	S(x—$\bar{x}$)² = 10

Um den Medianwert, der ja nur der Lage nach bestimmt wird, ist die Streuung größer als um das arithmetische Mittel (siehe IV, 9).
In dieser symmetrischen Verteilung fallen der Median und der arithmetische Mittelwert zusammen. Wie bereits früher bemerkt, ist das in unsymmetrischen (schiefen) Verteilungen nicht der Fall, und man wählt den Median gerade als Zentralwert bei schiefen Verteilungen.

Als durchschnittliche Abweichung erhalten wir $\dfrac{S(x-\bar{x})}{n} = 6/5 = 1{,}2$

Meist wird jedoch heute, wegen ihrer Vorzüge, die mittlere quadratische Abweichung benutzt (siehe IV.3.).
Bemerkung: Man kann einwenden, daß streng symmetrische Verteilungen nicht ausnahmslos vorkommen, und daß in kleinen Stichproben nicht immer der Mittelwert selbst mit der Abweichung 0 als Einzelwert vertreten ist. Der Grund, aus dem ich mich für dieses Zahlenbeispiel entschied, ist natürlich der: es erspart dem Leser Rechenarbeit. Und die Statistik lehrt, daß wir gerade Beispiele aus häufig vorkommenden Fällen entnehmen dürfen; kein Schema übrigens, welches auch immer wir wählen, würde sämtliche irgendwie denkbaren Fälle decken. Ferner*):
Die Autoren *Huldah Bancroft* und *J. P. Guilford* verwenden in ihren Büchern für Mediziner bzw. Psychologen genau denselben Typ eines Beispiels wie ich, unbekümmert um etwaige Kritik, man habe nicht alle irgendwie konstruierbaren Fälle einbezogen. Wenn man vom Medianwert ausgeht, so ist er in jedem Falle als Einzelwert in der Stichprobe vertreten, sofern man von einer ungeraden Zahl „n" ausgeht. Ist n eine gerade Zahl, so läge der Medianwert, bei beispielsweise n = 10, zwischen dem 5. und 6. Wert, also vermutlich in ihrer unmittelbaren Nähe.
Der Schalk *Parkinson* warnt den Spitzen-Manager davor, immer recht behalten zu wollen. Seine Kollegen oder Subdirektoren nehmen „nichts so sehr übel, als daran erinnert zu werden, daß sie wieder einmal seinen guten Rat, der immer richtig war, in den Wind geschlagen haben. Man sollte ruhig ab und zu, sagen wir in jedem 10ten Fall, Ungenauigkeiten begehen." Das versöhnt Kritiker, denen an Präzision besonders gelegen ist, und die lieber mehrere Beispiele anstelle eines einzigen angeführt sehen, um alle denkbaren Fälle einzubeziehen. Unterläßt man dies, so gibt man ihnen wenigstens Gelegenheit zu einer kritischen Bemerkung, die ihre Präzision bestätigt.

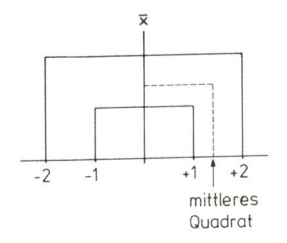

Abb. 7: Veranschaulichung der Errechnung der Varianz, über die Summe der quadrierten Abweichungen vom Mittelwert. Gesucht ist das „mittlere Quadrat", dessen Seitenlänge graphisch eingetragen werden kann, nach Ziehen der Wurzel.

---

*) Prüfung auf Normalverteilung: Man trägt die Werte der Stichproben in Koordinatennetze ein, deren Ordinate nach dem *Gauß*'schen Integral eingeteilt ist. Dann werden die Summenprozentlinien Gerade, falls Normalverteilung vorliegt. (Siehe Lehrbuch 4, Seite 54. *Hazen*'sche Gerade.)

3. Die mittlere quadratische Abweichung = Standardabweichung

Man berechnet sie als Wurzel aus der Summe der quadrierten Abweichungen, geteilt durch die Anzahl n. (Siehe jedoch auch Abschnitt IV. 4. Freiheitsgrade) In unserem Zahlenbeispiel (oben IV. 2.) war die Summe der quadrierten Abweichungen $S(x-\bar{x})^2 = 10$ bereits berechnet. Vorstehende graphische Darstellung mag den Rechengang veranschaulichen.

Wie ist die mittlere quadratische Abweichung zu finden? Man zieht die Wurzel aus der Summe $S(x-\bar{x})^2/n$, rechnet also, um die Seitenlänge des „mittleren Quadrats" einzeichnen zu können, $\sqrt{\frac{10}{5}} = \sqrt{2} = 1,414$ und erhält es, wie die punktierten Linien zeigen, als Mittel aus den quadrierten Abweichungen 0, ± 1 und ± 2 (Abb. 7).

Das quadratische Variationsmaß, $s^2 = \dfrac{S(x-\bar{x})^2}{n}$, „VARIANZ" genannt, läßt sich natürlich nicht in den gemessenen Merkmalswerten angeben, wie Meter, kg Gewicht, Länge von Pflanzen, Reaktionswirkung in Sekunden oder Stärke der Pflanzenkrümmung im fototropischen Versuch.

Aus der VARIANZ, einem ebenfalls wichtigen Streuungsmaß, erhält man die Standardabweichung s durch Ziehen der Wurzel, $s = \sqrt{\dfrac{S(x-\bar{x})^2}{n}}$, wie oben.

Man kann schreiben: $\bar{x} \pm s$, im Zahlenbeispiel $8 \pm s$, und hat damit wie üblich beiderseits des Mittelwerts das Streuungsintervall $\pm$ s angegeben.

4. Freiheitsgrade

Erinnern wir uns unseres Zahlenbeispiels (Abschnitt IV, 2.) und addieren wir die Abweichungen unter Berücksichtigung der Vorzeichen auf (wir hatten sie weiter oben nicht berücksichtigt), so ergibt sich

$S(x-\bar{x}) = Sx - n \cdot \bar{x} = 0$. Es waren $S(x) = 40$, und $n \cdot \bar{x} = 5 \cdot 8 = 40$.

Die Differenzen $(x-\bar{x})$ sind nun nicht alle unabhängig voneinander.

Haben wir z. B. nur zwei Messungen gemacht, so gibt es zwischen den beiden Einzelwerten x und dem Mittel $\bar{x}$ nur *eine* unabhängige Differenz. Kennen wir diese, z. B. $A-\bar{x}$, so muß $B-\bar{x}$ dieselbe Differenz ergeben. Sie kann nicht „frei variieren". Liegen z. B. drei beobachtete Werte vor, so addieren sich (siehe unsere oben angegebene Formel) ihre Differenzen vom Mittelwert zu Null auf. Folglich, wenn wir zwei Differenzen kennen, so ist die dritte festgelegt, da ja der Mittelwert bereits festliegt. Die Anzahl unabhängiger Differenzen, die „frei variieren können", ist nicht „n", sondern „n-1". Man nennt diese unabhängigen Differenzen (n-1) die „Freiheitsgrade." Der n-te Wert ist nicht mehr frei wählbar. In der Formel $s^2 = \dfrac{S(x-\bar{x})^2}{n}$ würde das unberücksichtigt bleiben, sie muß daher korrekt $s^2 = \dfrac{S(x-\bar{x})^2}{n-1}$ lauten, und in dieser Form finden wir sie allgemein im Schrifttum. Im Zähler steht die „Summe der Quadrate", gemeint ist die Summe der Quadrate der Abweichungen. Eine Streuung hat demnach so viele Freiheitsgrade, als voneinander unabhängige Größen in der Summe der Quadrate enthalten sind.

In unserem Zahlenbeispiel müssen wir also rechnen: es beträgt die Varianz $s^2 = 10/4 = 2,5$, und die Standardabweichung $s = \sqrt{2,5} = 1,6$.
Das Intervall $\pm s$ um den Mittelwert 8 beträgt mithin $8 \pm 1,6$ (nicht $\pm 1,4$). (Bei großen Stichproben macht es kaum einen Unterschied aus, ob durch n oder durch (n-1) geteilt wird.)
Diese korrekte Errechnung der Varianz und der Standardabweichung aus *kleinen* Stichproben erlaubt es uns jedoch, aus der Stichproben-Streuung „s" den Parameter der Gesamtpopulation Sigma (σ) realistischer (größer) zu schätzen. Denn je kleiner die Stichprobe, desto eher werden die Werte ziemlich dicht um den Mittelwert liegen. Bei Normalverteilung fallen innerhalb $\bar{x} \pm s$ immerhin ca. 70 % der Beobachtungen. Extremwerte mit größerer Abweichung findet man erst in großen Stichproben, sie haben eine viel geringere Häufigkeit (Wahrscheinlichkeit), und wir stoßen auf sie erst, wenn wir ein größeres Material beobachtet haben. Dem größten und dem kleinsten Einwohner einer Stadt werden wir nicht schon unter den ersten 10 Männern begegnen, auf deren Körperlänge wir bei einem Gang achten.
Nachdem in unserem Zahlenbeispiel (Abschnitt IV, 2.) aus den beobachteten Werten 6; 7; 8; 9; 10 der Mittelwert 8 und die ersten 4 Abweichungen -2; -1; 0; $+1$ errechnet sind, ist die letzte (fünfte) nicht mehr frei wählbar, sie muß $+2$ betragen. Sonst wäre die Summe der Abweichungen nicht $= 0$. Nehmen wir ein anderes Zahlenbeispiel mit den Werten 4; 6; 8; 10; 12, so ist der Mittelwert wieder $= 8$, und nur die ersten vier Abweichungen sind unabhängig, die fünfte jedoch ist festgelegt. Sie muß $+ 4$ betragen.
Erweitern wir diese Überlegungen noch, und nehmen wir zwei Faktoren an, die unterschiedliche Pflanzenerträge bewirken können, so läßt sich das Gesagte an folgendem Beispiel veranschaulichen. Zwei Pflanzensorten A und B seien in zwei verschiedenen Stellungen 1 und 2 (Fruchtbarkeitslagen) herangewachsen. Wir haben dann die vier Erträge A_1; A_2; B_1; B_2.
Es interessieren uns folgende Differenzen:
$(A_1 + A_2) - (B_1 + B_2)$. Das ist die Sortendifferenz.
Ferner ergibt sich die Differenz für den Vergleich der Lagen aus dem Ansatz
$(A_1 + B_1) - (A_2 + B_2)$.
Außerdem aber ist eine dritte unabhängige Differenz von Interesse, nämlich
$(A_1 + B_2) - (A_2 + B_1)$ oder umgeformt
$(A_1 - B_1) - (A_2 - B_2)$.
Diese dritte Differenz mißt die Sortenunterschiede in den beiden Lagen 1 und 2. Ist sie gleichbleibend, Oder schwankt sie in den beiden Lagen? Wir erhalten als Antwort auf diese Frage die Information, die für die Beurteilung einer Varianz benötigt wird, nämlich für die Berechnung der Zufallsvarianz. Von zufälligen unkontrollierbaren Einflüssen auf den Ertrag sprechen wir, wenn und insoweit wir Unterschiede in unserem Beobachtungsmaterial nicht auf einen bestimmten Faktor zurückführen können, z. B. nicht auf die Sorten- oder Lagen-Differenz, sondern z. B. auf die unerfaßte „Bodenstreuung". Diese dritte Differenz ist also für die Auswertung des Versuchs wichtig. Sie darf nicht so groß sein, daß die Sorten- und Lagen-Unterschiede nicht mehr als „überzufällig" nachgewiesen werden können.

Mehr als diese *drei* Differenzen lassen sich „unabhängig" nicht aus den vier Beobachtungswerten ableiten!
Bei Zerlegung der Streuungsquellen (Variationsursachen, Varianzanalyse) zerlegt man nach
1. dem Vergleich der Hauptfaktoren (hier Sorten- und Lagenunterschied),
2. nach Freiheitsgraden, die auf die verschiedenen Differenzen entfallen.
(siehe Lehrbuch 5)

Varianztabelle

Variationsursachen	Summe der Abweichungsquadrate vom Generalmittel S Q	Anzahl der Freiheitsgrade FG
Unterschied zwischen Sorten		1
Unterschied zwischen Lagen		1
Restvarianz (Zufallsvarianz)		1
insgesamt	.....	3

5. Intervalle $\pm s, \pm 2 \cdot s, \pm 3 \cdot s$

In Abbildung 1 wurde die Merkmalsabszisse nach Vielfachen der Standardabweichung „s" eingeteilt. Wir brauchen hier nur noch zu wiederholen: Bei Normalverteilung besagt das *Gaus*'sche Gesetz der Abweichungen vom Mittelwert, mit welcher zu erwartenden Häufigkeit (Wahrscheinlichkeit) Meßwerte mit wachsender Entfernung vom Mittelwert auftreten. Wir sprechen besser von Abweichungen, nicht von „Fehlern", da wir es ja in der biologischen Statistik nicht nur mit Meßfehlern zu tun haben, sondern vielmehr mit der individuellen Variabilität.
Bei vorliegender Normalverteilung und großen Stichproben fallen innerhalb der Intervalle

$\bar{x} \pm s$ 68,26 % der Einzelwerte
$\bar{x} \pm 2s$ 95,46 % der Einzelwerte
$\bar{x} \pm 3s$ 99,73 % der Einzelwerte

Außenseiterwerte, außerhalb $\pm 3s$, haben eine so geringe Wahrscheinlichkeit ihres Auftretens, daß sie vermutlich nicht mehr aus derselben Population stammen. Übersteigt beispielsweise der Pulsschlag pro Minute einen noch bei gesunden Menschen auftretenden, wenn auch seltenen Höchstwert (in Körperruhe), so besteht der Verdacht auf pathologische Ursachen.
Hat man aus zwei Populationen je mehrere Stichproben gezogen, so sind die Mittelwerte dieser Stichproben um die Populationsmittel symmetrisch (normal) verteilt, der Mittelwert $\bar{x}$ aus mehreren Stichproben ist demnach ein guter Schätzwert für das Populationsmittel μ, als Zentrum der Verteilung in der Gesamtheit.

6. Der Variationskoeffizient s %

Soll die Standardabweichung s relativ zum Stichprobenmittel $\bar{x}$ angegeben werden, so berechnet man s in Prozenten von $\bar{x}$ (Variationskoeffizient). Das erleichtert einen Vergleich der Streuungsbereiche. Manche Pflanzensorten schwanken in ihren Erträgen mehr als andere. Beim Menschen schwankt die Körpertemperatur nur in einem sehr engen Bereich, während der Pulsschlag in Körperruhe und nach Anstrengungen stärker variiert.

7. Schätzung der Standardabweichung „s" aus der Spannweite „w"

Bei sehr großen Stichproben wäre die Spannweite „w" zwischen x_{min} und x_{max} ungefähr $\pm 3 \cdot s$, d. h. „s" ungefähr ein Sechstel der Spannweite „w".
Bei kleinen Stichproben dagegen ist der Divisor nicht 6, sondern erheblich geringer, da ja nur Werte zu erwarten sind, die dichter um den Mittelwert liegen.
Man kann „s" aus „w" leicht und rasch abschätzen, wenn man die folgenden Divisoren aus der nachstehenden Tabelle benutzt:

Für die Stückzahl „n" je Stichprobe ist „s" $= \dfrac{\text{Gesamtspanne „w"}}{\text{Divisor d}}$

die d-Werte sind folgende:

n = 2	1,128
n = 3	1,693
n = 4	2,059
n = 5	2,326
n = 6	2,534
n = 7	2,704
n = 8	2,847
n = 9	2,970
n = 10	3,078

8. Vereinfachte Berechnung (Korrekturglied)

Bei einem größeren Material wäre die Berechnung der Abweichungen $(x-\bar{x})$ zwecks Quadrierung zeitraubend. Man geht daher gewöhnlich so vor, daß man die beobachteten x-Werte selbst quadriert. Dann muß allerdings ein Korrekturglied abgezogen werden.
Die x^2-Werte unseres Zahlenbeispiels aus Abschnitt IV,2. sind $36 + 49 + 64 + 81 + 100$ und ihre Summe $S(x)^2$ ist 330. Sie ist natürlich viel größer als die gesuchte Summe $S(x-\bar{x})^2 = 10$, die wir bereits angaben, und muß um ein Subtraktionsglied 320 reduziert werden. Wie findet man dieses Korrekturglied?
Wenn die Summe $S x^2$ anstelle der Abweichungsquadratsumme $S(x-\bar{x})^2$ errechnet wird, so ist man dabei von dem vorläufigen Mittelwert Null ausgegangen. Von Null aus gerechnet, sind die x-Werte selbst die Abweichungen vom Mittelwert. Dieser „vorläufige Mittelwert Null" ist aber falsch. Man berichtigt ihn, indem man das Niveau auf den richtigen Mittelwert $\bar{x} = 8$ anhebt, und dies bei allen Einzelwerten tut, also um $\bar{x} \cdot Sx$, d. h. um $8 \cdot 40 = 320$ korrigiert. Wir können also schreiben, anstelle von

$$s^2 = \frac{S(x-\bar{x})^2}{n-1} \quad s^2 = \frac{Sx^2 - \bar{x} \cdot Sx}{n-1} = 10/4 = 2{,}5, \text{ wie oben}$$

Für den Mittelwert kann gesetzt werden $\bar{x} = \dfrac{Sx}{n}$, das Korrektglied wird dann $\dfrac{Sx^2}{n}$

In der Form $s^2 = \dfrac{Sx^2 - \dfrac{(Sx)^2}{n}}{n-1}$

wird die Berechnung der Varianz s^2 meist durchgeführt.

Bei kleinen Stichproben muß der Nenner (n-1) sein, wie wir sahen. Bei großen Stichproben macht es dagegen kaum etwas aus, ob man durch (n-1) oder durch „n" teilt.

Geht man also vom vorläufigen Mittelwert „0" aus und wird die Variation der Einzelwerte durch deren Quadrate $6^2 + 7^2 + 8^2 + 9^2 + 10^2 = S(x)^2 = 330$ ausgedrückt, so ergibt eine einfache Überlegung: Die Größe der beobachteten Variation läßt sich erfassen, wenn wir einmal hypothetisch annehmen, es gäbe keine. Dann würde also fünfmal der Mittelwert = 8 auftreten, statt der Stichprobenwerte 6; 7; 8; 9, 10. Die Summe der Quadrate wäre dann $8^2 + 8^2 + 8^2 + 8^2$
$+ 8^2 = 5$ mal $8^2 = 320$. Statt $5 \cdot 8^2$ kann $\dfrac{(5 \cdot 8)^2}{5} = \dfrac{(Sx)^2}{n}$ gerechnet werden.

Auf diese Weise wird das Korrekturglied unmittelbar verständlich. Man sieht, daß die Summe der quadrierten Abweichungen vom Mittelwert $S(x-\bar{x})^2$ gleich der Summe der quadrierten x-Werte ist, abzüglich des Gliedes $\dfrac{(Sx)^2}{n}$, also

$$S(x-\bar{x})^2 = Sx^2 - \dfrac{(Sx)^2}{n}$$

9. Standardabweichungen von Mittelwerten (standard error, Stichprobenfehler)

Jede Stichprobe ist eine variable Größe. Sie hat einen Streubereich. Faßt man zwei Varianzen von Stichproben zusammen, so variieren natürlich beide Summanden, und es ergibt sich, für die Stichproben I und II, eine Gesamtvarianz $s_1^2 + s_2^2$, und mithin, nach Ziehen der Wurzel, ein Wert für die Standardabweichung von $s = \sqrt{s_1^2 + s_2^2}$. Wir wollen hier einmal dem Kapitel V vorgreifen und den Unterschied zwischen zwei Stichprobenmittelwerten (aus verschiedenen Populationen) vorweg behandeln.

Stichproben können

1. aus verschiedenen Populationen stammen. Dann interessiert, ob eine Differenz zwischen den beiden Mittelwerten als signifikant nachgewiesen werden kann. (Vorgriff auf Kapitel V).

2. aus derselben Population entnommen sein. Dann sind ihre Varianzen Schätzwerte für die Populationsvarianz. Das wird anschließend erläutert.

In beiden Fällen müssen die Streubereiche addiert werden,

zu 1.

Beispiel: Mittelwertdifferenz zweier Stichproben.

Verteilung A Einzelwerte	Verteilung B Einzelwerte	Quadrate der Abweichungen	
x_1	x_2	$(x_1-\bar{x}_1)^2$	$(x_2-\bar{x}_2)^2$
6	8	4	12,96
7	10	1	2,56
8	12	0	0,16
9	13	1	1,96
10	15	4	11,56
$\bar{x}_1 = 8$	$\bar{x}_2 = 11,6$	$S(x_1-\bar{x}_1)^2 = 10$	$S(x_2-\bar{x}_2)^2 = 29,20$

Durchschnittliche Differenz ist $d = 3,6$.

Sie kann im einzelnen sehr unterschiedlich ausfallen. Zwischen dem Wert 8 in Reihe A und dem Wert 8 in Reihe B ergibt sich die Differenz = 0. Und zwischen dem Wert B_{15} und A_6 ist die Differenz = 9. Sie schwankt also zwischen Null und Neun. Beim Mittelwertvergleich $\bar{x}_2 - \bar{x}_1 = 11,6 - 8 = 3,6$ ist also die „Streuung der Differenz" zu berücksichtigen. Wir finden s_{diff} als $\sqrt{s_1^2 + s_2^2}$, u. werfen hierbei einen Blick auf nebenstehende Abb. 8.

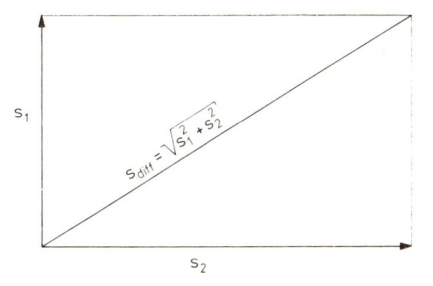

Abb. 8: Bei Errechnung der Streuung einer mittleren Differenz d zwischen zwei Stichprobenmittelwerten $\bar{x}_1$ und $\bar{x}_2$ muß man die beiden Binnenvarianzen s_1^2 und s_2^2 berücksichtigen. Es ist
$$s_{diff} = \sqrt{s_1^2 + s_2^2}$$

zu 2.
Haben wir „n" = 10 Stichproben (Variable), so ist die Gesamtstandardabweichung $s = \sqrt{s_1^2 + s_2^2 + s_3^2 + \ldots s_n^2}$.
Aber die Stichproben seien als Glieder derselben Population angenommen. Jede ihrer Varianzen ist ein Schätzwert für die Varianz innerhalb der Gesamtheit, um welche die Stichprobenvarianzen schwanken. Daher können wir schreiben
$s = \sqrt{n \cdot s^2}$.
Wie der Gesamtmittelwert $\bar{x} = Sx/n$ ist, so muß auch die gesuchte Standardabweichung der Mittelwerte $s_{\bar{x}}$ dem n-ten Teil des obigen Ausdrucks entsprechen.

Es ist also $s_{\bar{x}} = \sqrt{n \cdot \dfrac{s^2}{n}}$

Ersetzt man im Nenner den Divisor „n" durch $\sqrt{n} \cdot \sqrt{n}$, so erhält man

$$s_{\bar{x}} = \frac{\sqrt{n} \cdot \sqrt{s^2}}{\sqrt{n} \cdot \sqrt{n}} = \frac{\sqrt{s^2}}{\sqrt{n}} = \frac{s}{\sqrt{n}}$$

Die Standardabweichung eines Mittelwerts (standard error) sinkt also proportional der Wurzel aus dem Stichprobenumfang „n".

Bei einem Stichprobenumfang $\;n = 25\;$ ergibt sich $\;\;s_{\bar{x}} = \dfrac{s}{5}$

$n = 16\;$ ergibt sich $\;\;s_{\bar{x}} = \dfrac{s}{4}$

$n = 9\;$ ergibt sich $\;\;s_{\bar{x}} = \dfrac{s}{3}$

$n = 4\;$ ergibt sich $\;\;s_{\bar{x}} = \dfrac{s}{2}$

Dies gilt für Normalverteilung. Wir sagten schon, daß die Mittelwerte mehrerer aus derselben Population stammender Stichproben symmetrisch (normal) um den geschätzten Mittelwert μ der Gesamtheit verteilt sind.

Und nun noch etwas *über den standard error von Medianwerten:*
Er ist größer als der standard error arithmetischer Mittelwerte! Denn der Medianwert gibt ja, wie erläutert, das Zentrum der Verteilung nur der Lage nach an, halbwegs zwischen der Menge der Werte, die größer und die kleiner sind als er. Während das arithmetische Mittel genauer berechnet ist, nämlich unter Berücksichtigung aller Einzelwerte als $\frac{Sx}{n}$

Der standard error eines Medianwertes ist $= \dfrac{1{,}25 \cdot s}{\sqrt{n}}$

10. Die Varianz bei Binomialverteilung

Um zwei alternierende Häufigkeiten, z. B. für den Anteil „p" keimender Samenkörner einer Samenpartie und den Anteil $q = 1 - p$ für die Nichtkeimer wie Meßwerte eines quantitativen Merkmals verrechnen zu können, teilt man ihnen Wertigkeitsziffern zu.

Von Interesse sind für uns nur die keimfähigen Samen, sie allein „zählen" und erhalten die Wertzahl 1. Den nicht keimenden Samen gibt man die Wertzahl 0, sie „zählen" nicht. Und nun ein Gedankenexperiment. Die Theorie der Spiele hat der Wahrscheinlichkeitsrechnung oft brauchbare Modelle geliefert. Bedienen wir uns ihrer, so läßt sich eine Gesamtheit von 1000 roten und 1000 weißen Kugeln denken, aus denen Stichproben gezogen werden. Erwartungsgemäß müßte in unserem Gedankenexperiment „auf lange Sicht" immer eine rote auf eine weiße Kugel gezogen werden, das ergibt dann die Anteilziffern $p = q = 0{,}5$ (je 50 %). In kleinen Stichproben wird sich dieses Verhältnis nicht genau einstellen, sondern schwanken. Wir benötigen also ein Maß für diese Varianz. Befragt man beispielsweise in Interviews 1000 Menschen nach ihrer Meinung zu einer Frage oder über einen Wahlkandidaten und geben 600 von $1000 = 60\,\%$ eine zustimmende Antwort (Ja-Stimmen), so beträgt das Unsicherheitsintervall $\pm 2 \cdot s$, wobei wir ca. 95 % der Fälle erfassen und eine Zufalls-(Irrtums-)Wahrscheinlichkeit von ca. 5 % in Kauf nehmen würden.

Dieses Unsicherheitsintervall, innerhalb dessen 95,46 % der Fälle fallen würden, läßt sich bei binomialer Verteilung sehr einfach als $\pm 2 \cdot s = 2 \cdot \sqrt{\dfrac{p \cdot q}{n}}$ errechnen, es reicht also von 56,9 % bis 63,1 %.

Verblüffend erscheint es auf den ersten Blick, daß sich hier die Standardabweichung „s" einfach aus den Zahlen p, q und n ergeben soll. Bei quantitativen Merkmalsskalen hatten wir doch aus den Beobachtungsdaten empirisch die Breite des Streuungsbereichs für den Einzelfall gefunden! Liegt sie hier fest? Das ist in der Tat der Fall. Wir wollen es für die Entweder-Oder-Häufigkeiten $p + q = 1$ zeigen. Ein solcher Zweigliederausdruck ist uns aus dem Text weiter oben bereits als „Binom" bekannt (siehe Abschnitt III).

In nachstehender Tabelle zählen die 1000 roten (gefärbten) Kugeln mit dem Wert 1 und die 1000 weißen (ungefärbten) mit dem Wert 0. Auf die Frage: „gefärbt" gibt es wiederum nur die Alternative: Ja oder Nein.

Wertzahl „x"	Anzahl „n"	Anzahl mal Wertzahl n · x	n · x²
1 (rot)	1000	1000	1000
0 (weiß)	1000	0	0
Summen	N = 2000	Sx = 1000	Sx² = 1000

Es ist $\bar{x} = \dfrac{Sx}{N} = \dfrac{1000}{2000} = 0{,}5 = p = q$

Ferner ist die Varianz $s^2 = \dfrac{Sx^2 - \dfrac{(Sx)^2}{N}}{N} = \dfrac{1000 - \dfrac{1000^2}{2000}}{2000} = 0{,}25 = p \cdot q$

Daraus ergibt sich $s = \sqrt{0{,}25} = 0{,}5 = \sqrt{p \cdot q}$

Eine weitere Vereinfachung der Berechnung ergibt sich aus folgendem. Wir können diesen Wert s = 0,5, der hier für die Anteilsziffern p = q = 0,5, also für g l e i c h e A n t e i l e gefunden wurde, auch bei unsymmetrischen binomialen Verteilungen verwenden, obwohl doch, wie man zunächst annehmen sollte, bei p = 0,3 und q = 0,7 ein anderes Produkt p · q sich ergeben dürfte.

Es ist	$s^2 = p \cdot q$	$s = \sqrt{p \cdot q}$
bei p = 0,1 oder 0,9	0,09	0,30
bei p = 0,2 oder 0,8	0,16	0,40
bei p = 0,3 oder 0,7	0,21	0,46
bei p = 0,4 oder 0,6	0,24	0,49
bei p = 0,5	0,25	0,50

Man sieht: Liegt p zwischen 0,3 und 0,7, so kann man immer mit s = 0,5 rechnen. Der begangene Fehler beträgt höchstens 10 %.

11. Senkung der Streuung

Die Streuung kann gesenkt werden (siehe auch den paarweisen Vergleich nach V, 5 u. 6).

a. durch Ausschalten von Streuungsquellen. Beispielsweise untersucht man ein- eiige (identische) Zwillinge als Adoptivkinder in verschiedenen Familien, hat damit erbliche Unterschiede ausgeschaltet und kann Unterschiede der Entwicklung, die auftreten, ausschließlich auf Milieuunterschiede zurückführen.

b. Oder man variiert ausschließlich den oder die Faktoren, deren Wirkung studiert werden soll, im Sorten- oder Düngungsversuch mit Pflanzen, und hält andere Faktoren nach Möglichkeit konstant. Das gelingt nicht vollständig.

c. Man schaltet Begleitfaktoren, die man nicht kontrollieren kann, rechnerisch aus. In den Abschnitten I, 2. und IV, 4. wurden Varianztabellen angeführt, die bei Anwendung der Streuungszerlegung (Varianzanalyse) erkennen lassen, zu welchen Anteilen die Einflußgrößen auf das Resultat eingewirkt haben, d. h. welchen Anteil die Streuungsquellen an der Gesamtvarianz hatten Dadurch erreicht man, daß die Unterschiede zwischen Sorten im Sortenversuch, oder zwischen Behandlungen im Düngungs- oder Pflanzenschutzversuch, nicht mit der Gesamtstreuung belastet werden und folglich klarer herausgearbeitet werden können.

d. Naheliegend und daher meist angewandt ist die Wahl nicht zu kleiner Stichproben und mehrerer Stichproben statt nur je einer beim Vergleich und Test von Unterschieden zwischen Merkmals-Beobachtungen. Da der Stichprobenumfang „n" im Nenner des Varianzquotienten steht (Abschnitt IV.8), so wird die Streuung relativ umso weniger von Einfluß sein, je größer „n" ist.

e. Da mit einer starken Streuung individueller Reaktionen gerade auch bei menschlichen Verhaltensweisen zu rechnen ist, sei an einem Beispiel gezeigt, wie viel wirksamer *ein exakter Versuch,* in dem bestimmte Bedingungen gesetzt sind, die Streuung zu senken vermag als eine bloße *Erhebung* vorhandenen Materials. Leonard *Berkowitz* und seine Mitarbeiter (2) gaben, mit Einverständnis der Versuchspersonen, vor Betrachtung des Schmunzelfilms „The good Humor Man" von *Jack Carson* (14 Minuten Laufzeit), drei Gruppen von Filmbesuchern leichte unschädliche Dosen

1. eines Anregungsmittels,
2. eines Placebo,
3. eines Beruhigungsmittels.

Unter Placebo versteht der Arzt ein äußerlich gleich aussehendes und schmeckendes Medikament, jedoch ohne Wirkstoffe. Der so „Behandelte" mag subjektiv den Eindruck haben, etwas eingenommen zu haben, von dem er jedoch nicht erfährt, daß es sich objektiv um ein „Nichts" handelte.

So erhielt man drei *Versuchsgruppen,* deren Stimmung auf einen bestimmten Stand eingestellt war. Die Beeindruckbarkeit durch ein Filmgeschehen kann sonst individuell recht verschieden sein, und sie kann von Stunde zu Stunde wechseln. Man wird also bei bloßer *Erhebung* der Grade der Ansprechbarkeit, an einem beliebigen Menschenmaterial, eine allzu starke Streuung erwarten müssen. Der *Versuch* schaltete Zufallseinflüsse aus. Interviews *nach* dem Filmbesuch hätten zu der Schwierigkeit geführt, daß nicht alle Besucher geneigt und in der Lage sind, das Erlebte klar zu schildern. Die Interviewer, mit mehr oder weniger großer Erfahrung und unterschiedlichem Einfühlungsvermögen, könnten außerdem Fragen stellen, die den Befragten die Antwort erleichtern sollen, in Wirklichkeit aber sie beeinflussen, so neutral sie auch zu sein bemühen. Es sind dann zwei Möglichkeiten gegeben: Entweder fallen die Antworten je nach den Interviewern unterschiedlich aus, oder man kann, bei auffällig einheitlicher Reaktion der befragten Gruppen, den Verdacht nicht ausschließen, daß dies an einer einheitlich vorgefertigten Liste von Fragen gelegen habe.

Berkowitz und seine Mitarbeiter entschlossen sich daher dazu, *während* des Filmablaufs alle 10 Sekunden durch Beobachter den jeweiligen Amüsiertheitsgrad zu notieren. Da die Streuung gesenkt war, kamen sie mit je 40 Personen in den drei Gruppen von Filmbesuchern aus. Diese saßen in getrennten Logen, damit sie sich nicht gegenseitig beim Lachen „anstecken" konnten. Die Beobachter wurden ihnen als technische Hilfen bei der Filmvorführung vorgestellt. Der Vorteil des Beobachtungsplanes lag darin, daß *wohldefinierte* Gruppen (Anregungsmittel, Placebo und Beruhigungsmittel) vorlagen und die Senkung der Streuung innerhalb der Gruppen gelungen war. Nunmehr konnten die Unterschiede zwischen den Reaktionen der Gruppen einwandfrei voneinander unterschieden werden, und es lagen nach Filmablauf, bei Beobachtung alle 10 Sekunden, genügend viele Daten vor.

Die durch Mittel 1 Angeregten zeigten häufiger stärkere Grade der Beeindruckbarkeit durch den Film als die Placebo-Gruppe, und die mit dem Beruhigungsmittel Behandelten reagierten signifikant schwächer. Der Grad offen gezeigter Amüsiertheit durch den Schmunzelfilm stand proportional im Zusammenhang mit dem Grad der hier experimentell induzierten Aktivierung oder Nichtaktivierung. Man sieht: Zahlen sprechen, aber man muß sie zum Sprechen bringen. Sonst bekäme man keine klaren Unterschiede, eben wegen der alles überdeckenden individuellen Streuung. Es sei noch erwähnt, welche Kategorien der Reaktionsgrade registriert und alle 10 Sekunden während des Filmablaufs notiert wurden:

a. Versuchsperson ist neutral, sie sieht sich den Filmteil ohne Zeichen von Amüsiertheit an, mit geradeaus gerichtetem Gesicht.
b. die Vpn lächelt.
c. Die Vpn grinst, ein breites Lächeln, bei welchem die Zähne zu sehen sind.
d. Die Vpn lacht, zeigt ein Lächeln oder Grinsen, begleitet von Körperbewegungen, die gewöhnlich mit Gelächter assoziiert sind, wie Rütteln der Schultern, Kopfbewegungen oder dergleichen.
e. Die Vpn lacht schallend, das kann man zwar Fotos nicht ansehen, aber durch die Beobachter notieren lassen. Stärkster Grad der Amüsiertheit, die Körperbewegung wird heftig, man krümmt sich vor Lachen, wirft die Hände hoch oder klatscht auf die Kniee usw.

Grusel- oder Horrorfilme mochten die Autoren nicht in ihre Verhaltensstudie einbeziehen. Die Deutung wäre zu kompliziert, auch wenn man Versuchsgruppen mit dosierter Stimmungslage schaffen würde. Verließe man sich auf Interviews der aus dem Kino Kommenden, so müßte mit mindestens drei Reaktionsarten gerechnet werden. Der Krimi-Redakteur Jürgen Roland sagte, das deutsche Fernsehen übe hinsichtlich des Angebots an Gruselfilmen wohltuende Zurückhaltung. Die Einstellung dazu kann folgende sein:
1. Intelligente und sensible Menschen würden niemals einen solchen Film besuchen, also bei Interviews vor den Kinopforten unberücksichtigt bleiben. Diese Gruppe stimmt es nachdenklich, wenn sie an die Zusammenhänge zwischen den Gewaltakten in der Welt und dem Einfluß der Schaustellungen von Brutalitäten denken.
2. Eine größere Gruppe hat sich an den „Brutalkonsum" gewöhnt und wird anscheinend süchtig.
3. Andere besuchen zwar derartige Filme, fühlen sich aber abgestoßen und kommen nicht ein zweites Mal.

V. Prüfung von Unterschieden

Die statistische Analyse erweist sich als nützlich, wenn Unterschiede nicht nur geschätzt, sondern geprüft werden sollen. Man hört im Alltag nicht selten: Dies oder jenes könne kein Zufall sein. Das ist jedoch eine Hypothese, die man durch Vergleich mit den Daten prüfen sollte.

Zum Beispiel im Sport. Drei Spitzenläufer durchmessen 100 Meter Hürdenlaufstrecke in 14,0 oder 14,2 bzw. 14,4 Sekunden. Sie erhalten olympisches Gold, Silber und Bronze. Obwohl bei Wiederholung solcher Läufe die Reihenfolge umgekehrt sein kann. Wäre es nicht realistischer, jedem in dieser Spitzengruppe die Gold-

medaille zuzuerkennen? Hinter ihnen kommen beispielsweise einige Kubikmeter Luft (in Mexiko-City verdünnte Höhenluft) und dann, mit Abstand, die nächste Gruppe, die Silber erhalten würde. Zu testen wären dann die Zeiten (Gruppenmittelwerte)
$\bar{x}_1 > \bar{x}_2$ oder $\bar{x}_1 - \bar{x}_2 > 0$.

Die Nullhypothese $\bar{x}_1 - \bar{x}_2 = 0$ würde verworfen werden, wenn die Prüfung der Daten ergibt: Die Wahrscheinlichkeit dafür, daß der Unterschied nur durch Zufall zustande kam, ist sehr gering.

In großen Stichproben (bei Normalverteilung) sind, wie erwähnt, innerhalb $\bar{x} \pm 3 \cdot s$ 99,73 % aller Einzelwerte zu erwarten. Ein außerhalb dieses Intervalls liegender Wert kann als echter Abweicher und nicht mehr zur gleichen Population gehörig gelten. Denn die Wahrscheinlichkeit, daß rein zufällig, in einem äußerst seltenen Fall, dennoch ein solcher Außenseiterwert zur Population gehört, beträgt nur 0,27 %, also weniger als 1 %. Diese geringe Zufalls-(Irrtums-) Wahrscheinlichkeit kann in Kauf genommen und die Hypothese akzeptiert werden, es handele sich um einen echten Unterschied. Das gilt auch für Unterschiede zwischen Mittelwerten von Stichproben.

Man prüft also, ob durch die Daten die Nullhypothese gestützt wird, die besagt: Der Unterschied kann mit einer hinreichend hohen Wahrscheinlichkeit durch Zufall zustande gekommen sein. Die Nullhypothese wird jedoch zugunsten der alternativen Hypothese verworfen, wenn aus den Daten hervorgeht, daß das zufällige Zustandekommen eine sehr geringe (akzeptabel niedrige) Wahrscheinlichkeit hat, und infolgedessen ein echter Unterschied mit geringer Irrtumswahrscheinlichkeit als nachgewiesen gelten kann.

1. Die t-Tabelle

Erinnern wir uns der Abbildung 1. Bei Normalverteilung (großen Stichproben) umfaßt das Intervall $\bar{x} \pm 1 \cdot s$ 68,26 % der Einzelwerte,
innerhalb $\bar{x} \pm 2 \cdot s$ fallen 95,46 % der Werte, und
innerhalb $\bar{x} \pm 3 \cdot s$ sind 99,73 % zu erwarten.

Student (Pseudonym des Chemikers *Gosset*) zeigte 1908, daß dem nicht so ist, wenn *kleine Stichproben* gezogen werden. Hier muß man „studentifizieren", d. h. die Standardabweichung „s" mit einem Multiplikator „t" multiplizieren. Eine klassische Entdeckung in der statistischen Forschung!

Führen wir solche Multiplikationen mit Student's „t" mit Hilfe der nachstehenden t-Tabelle (siehe unten) aus, so entdecken wir beispielsweise, daß eine t-Verteilung bei einer kleinen Stichprobe von n = 8 Werten, also 8 — 1 = 7 Freiheits-

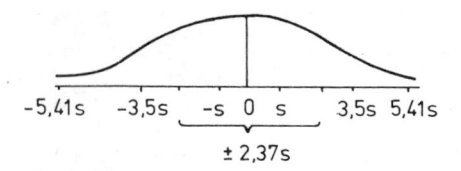

Abb. 9: Bei kleinen Stichproben gelten nicht die Spannen $\bar{x} \pm s$ wie für Normalverteilung (n = ∞). Vielmehr verläuft die t-Verteilung flacher! Es fallen in das Intervall $\bar{x} \pm 3{,}5 \cdot s$ 99 % der Werte, in das Intervall $\bar{x} \pm 5{,}4 \cdot s$ 99,9 % der Werte, falls man, wie oben, von einer kleinen Stichprobe mit n = 8 Werten, d. h. (n—1) = 7 Freiheitsgraden ausgeht. Siehe t-Tabelle.

graden, sehr viel *flacher* verläuft als die steile Glockenkurve der Normalverteilung! Die Flanken sind breiter ausladend (Abb. 9).

Bei Normalverteilung (unterste Zeile der t-Tabelle) umfaßt das Intervall

$\pm\ t \cdot s = 1{,}96 \cdot s$ $\pm\ t \cdot s = 2{,}58 \cdot s$ $\pm\ t \cdot s = 3{,}29 \cdot s$
95 %   99 %   99,9 % der Werte.

Dagegen reichen bei kleinen Stichproben, z. B. mit 7 Freiheitsgraden, diese Intervalle bis

$\pm\ t \cdot s = 3{,}37 \cdot s$ $\pm\ t \cdot s = 3{,}50 \cdot s$ $\pm\ t \cdot s = 5{,}41 \cdot s$.

Setzen wir für den Mittelwert $\bar{x} = 0$ an, und drücken wir die Differenzen vom Mittelwert „d" in s-Einheiten aus. Dann haben wir nach der t-Tafel eine 50 % : 50 % Chance (P = 0,5) dafür, daß in einer Stichprobe von nur zwei Meßwerten, mithin bei N = (n-1) = 1 Freiheitsgrad (Abschnitt IV.4.), d = t · s = 1 · s ist. Das bedeutet: innerhalb $\bar{x} \pm 1 \cdot s$ sind 50 % der Meßwerte zu erwarten, und außerhalb ebenfalls. Wir erinnern uns nochmals, daß innerhalb $\bar{x} \pm 1 \cdot s$ 70 % der Meßwerte fallen, und nur je 15 (zusammen ca. 30 %) in den extremen Flanken der Verteilungskurve zu erwarten sind.

Bei N = (n-1) = 1 kann man erst bei einem Abstand „d" = 12,71 · s sicher sein, 95 % der Meßwerte zu umfassen. Je geringer die Anzahl der Freiheitsgrade (n-1), desto flacher verläuft die t-Verteilung!

Das läßt sich beim Vergleich zweier Stichproben-Mittelwerte anwenden. Es ist

$d = t \cdot s$ und $t = \dfrac{d}{s}$.

t-Tabelle

Freiheitsgrade N	P = 0,50	P = 0,05	P = 0,01	P = 0,001
1	1,00	12,71	63,66	636,62
2	0,82	4,30	9,93	31,60
3	0,77	3,18	5,84	12,94
4	0,74	2,78	4,60	8,61
5	0,73	2,57	4,03	6,86
6	0,77	2,45	3,71	5,96
7	0,71	2,37	3,50	5,41
8	—	2,31	3,36	5,04
9	—	2,26	3,25	4,78
10	—	2,23	3,17	4,59
11	—	2,20	3,11	4,44
12	—	2,18	3,06	4,32
13	—	2,16	3,01	4,22
14	—	2,15	2,98	4,14
15	0,69	2,13	2,95	4,07
20	—	2,09	2,85	3,85
30	0,68	2,04	2,75	3,65
40	—	2,02	2,70	3,55
60	—	2,00	2,66	3,46
120	—	1,98	2,62	3,37
∞	0,67	1,96	2,58	3,29

2. Vergleich zweier Stichproben, mittels t-Test

Die Differenz zwischen den Mittelwerten zweier Stichproben $\bar{x}_1 - \bar{x}_2$ wird durch den Prüfquotienten $t = \dfrac{d}{s}$ geprüft.

Aus der Stichproben-Differenz $\bar{x}_1 - \bar{x}_2$ kann auf die Differenz der wahren Mittelwerte $\mu_1 - \mu_2$ geschlossen werden. Aber wir wissen, daß die Stichproben-Differenz eine Variable ist, sie schwankt bei Wiederholung der Messungen. Die Nullhypothese $\mu_1 - \mu_2 = 0$ hat folgenden Vorteil. Man kann nicht statistisch prüfen, ob die Werte der Verteilung B im allgemeinen größer sein werden als die der Verteilung A. Die Hypothese $\mu_1 > \mu_2$ wäre zu ungenau formuliert. Wir wissen ja zunächst nicht, ob $\mu_1 - \mu_2 > 0$ sein wird, d. h. um einen unbestimmten Betrag größer als Null ausfällt. Man muß vielmehr die Hypothese so präzisieren, daß man die Wahrscheinlichkeit kalkulieren kann, mit der man eine Mindestabweichung bestimmter Größe von Null erhält. Der Streugürtel um die mittlere Differenz darf äußerstenfalls nicht an Null heranreichen. Um dies zu übersehen, muß man s_{diff} kennen. Das folgende Zahlenbeispiel mag das illustrieren.

Beide verglichenen Verteilungen haben eine Varianz, es sind also beide zu berücksichtigen (siehe Abb. 8).

Die Standardabweichung der Differenz ist $s_{diff} = \sqrt{\dfrac{s_1^2}{n_1} + \dfrac{s_2^2}{n_2}}$

und $t = d/s = \dfrac{\bar{x}_1 - \bar{x}_2}{\sqrt{\dfrac{s_1^2}{n_1} + \dfrac{s_2^2}{n_2}}}$

Beispiel: Mittelwertdifferenz zweier Stichproben

Verteilung A) Einzelwerte x_1	Verteilung B) Einzelwerte x_2	Abweichungsquadrate A) $(x_1 - \bar{x}_1)^2$	B) $(x_2 - \bar{x}_2)^2$
6	8	4	12,96
7	10	1	2,56
8	12	0	0,16
9	13	1	1,96
10	15	4	11,56
$\bar{x}_1 = 8$	$\bar{x}_2 = 11,6$	$S(x_1 - \bar{x}_1)^2 = 10$	$S(x_2 - \bar{x}_2)^2 = 29,20$

Durchschnittliche Differenz $\bar{d} = 3,6$ (sie kann im einzelnen größer oder kleiner ausfallen). (Nämlich: von $B_8 - A_8 = 0$ schwanken bis $B_{15} - A_6 = 9$ die Einzelwerte).

Die Anzahl der x-Werte beträgt in jeder der beiden Verteilungen $n_1 = n_2 = 5$. Jedoch könnten die Anzahlen auch ungleich sein.

Die Varianzen (siehe Abschnitt IV, 3. und IV, 8.) erhält man aus den Summen der Abweichungsquadrate, nach Teilung durch (n-1), d. h. durch die Anzahl der Freiheitsgrade, hier n-1 = 4.

$$s_1^2 = \frac{10}{4} = 2{,}5 \text{ und } s_2^2 = \frac{29{,}20}{4} = 7{,}3$$

Hieraus ergeben sich die Varianzen der Mittelwerte der Stichproben, sie sind

$$s^2_{\bar{x}_1} = \frac{2{,}5}{n_1} = 0{,}5 \text{ und } s^2_{\bar{x}_2} = \frac{7{,}2}{n_2} = 1{,}46.$$

Die Standardabweichung der Differenz beträgt mithin

$$s_{\text{diff}} = \sqrt{\frac{s_1^2}{n_1} + \frac{s_2^2}{n_2}} = \sqrt{0{,}5 + 1{,}46} = \sqrt{1{,}96} = 1{,}4$$

Man erhält einen t-Wert von $t = \frac{3{,}6}{1{,}4} = 2{,}57$

Um die t-Tabelle benutzen zu können, muß man sich über die Anzahl der Freiheitsgrade im klaren sein: es sind die Freiheitsgrade beider Verteilungen zu berücksichtigen, also zusammen zweimal (n-1) = 4, d. h. 8. Man findet in der t-Tabelle den Tafelwert 2,31 für P = 0,05 (Verläßlichkeitsniveau: 5 % Zufallswahrscheinlichkeit).

Dieser Tafelwert von 2,31 wird durch den errechneten Wert 2,57 überschritten. Folglich kann die Nullhypothese zugunsten der Hypothese verworfen werden, daß die Mittelwertdifferenz echt, d. h. auf dem akzeptierten Niveau „überzufällig" ist. Dies gilt für „zweiseitige" Ablesung. Falls wir aber nur daran interessiert sind zu prüfen, ob die x_2-Werte größer sind als die x_1-Werte (nicht ob sie auch kleiner sind), so gilt nur die Wahrscheinlichkeit auf der Verteilungsflanke, mit der sich die beiden Verteilungen A und B berühren oder teilweise überschneiden, also P = 0,025. Dann kann der Schluß gezogen werden: die Differenz ist nicht mit 95 % überzufällig, sondern sogar mit 97,5 %. Ein Beispiel dafür: Der Käufer einer Samenpartie wird es beispielsweise nicht beanstanden, wenn die tatsächlichen Keimprozente höher ausfallen als die garantierten, sondern nur, wenn sie niedriger sind als angegeben, und ein Toleranzspielraum dabei unterschritten wird (einseitige Ablesung eines Tests).

Die Kenntnis von s_{diff} setzt uns in den Stand, die Gesamtstreubreite abzuschätzen, d. h. das Intervall, innerhalb dessen z. B. 95 % aller auftretenden (schwankenden) Differenzen zu erwarten sind, wenn die Beobachtungen öfter wiederholt werden. Wir entnehmen aus der t-Tafel die Vertrauensgrenzen für die Anzahl der Freiheitsgrade 2 · (n-1) = 8. Der Multiplikator „t" beträgt nicht 1,96 für das 95 %-Vertrauensintervall, sondern bei nur 8 Freiheitsgraden 2,31, wie erwähnt. Es ist also eine Differenz zu erwarten, die im Mittel $\bar{d}$ = 3,6 beträgt, aber bis zu 3,6+2,31 · 1,4 und bis zu 3,6—2,31 · 1,4 schwanken kann. Die obere Grenze liegt in unserem Zahlenbeispiel bei 6,834, während die Mindestdifferenz unter den Versuchsbedingungen, unter denen die Beobachtungen gemacht wurden, noch über Null liegt (bei +0,366). Das bedeutet: sie ist von Null verschieden, negative Werte kommen nicht vor, die Nullhypothese $\bar{x}_2 - \bar{x}_1 = 0$ ist widerlegt. Der Streugürtel reicht nicht an Null heran.

Rechnet man dagegen mit der Vertrauensspanne ± 3,36 · s (für 8 Freiheitsgrade), innerhalb deren 99 % der Werte liegen, so erhält man als untere Grenze der Differenz 3,6—3,36 · 1,4 = —1,1, einen negativen Wert. Man sieht, bei Wahl des 99 %-Vertrauensintervalls (P = 0,01) wird die Streubreite größer, innerhalb deren die Differenz äußerstenfalls liegen kann. Die Differenz ist auf dem 0,01-Verläßlichkeitsniveau nicht von Null unterschieden. Es kann dann vielmehr auch vorkommen, daß sie null oder negativ wird, daß also $\mu_1 > \mu_2$ wird. Man kann mithin nicht 99 : 1 wetten, daß $\mu_2 > \mu_1$ ausfallen wird, sondern nur 95 : 5 oder 19 : 1. Nur auf diesem Verläßlichkeitsniveau kann man sagen: die beiden Stichproben gehören nicht zur gleichen Population der Werte, im Falle B spielen andere im Versuch gesetzte Bedingungen eine Rolle als im Falle A. Die Meßwerte sind „überzufällig" verschieden. Und damit ist die eigentliche Frage des Versuchsanstellers indirekt, über die Nullhypothese, beantwortet, ob sich die Versuchsbedingungen im Fall B anders ausgewirkt haben als im Fall A. In den seltenen Fällen, die mit der Zufallswahrscheinlichkeit von 5 % zu erwarten sind, begehen wir den von uns tolerierten Fehler alpha, die Nullhypothese zu unrecht zu verwerfen. Es gibt noch einen zweiten Fehler, den man als „beta-Fehler" (Fehler zweiter Art) bezeichnet, nämlich nicht zu erkennen, daß man die Nullhypothese zu unrecht akzeptiert, während in Wirklichkeit ein überzufälliger Unterschied nachweisbar ist. Darüber Näheres im Schrifttum (Lehrbücher).

Man kann auch den Unterschied zwischen zwei Häufigkeiten qualitativer Merkmalsträger mit einem t-Test prüfen, falls man nicht die *Chilton*-Tabelle zu Rate zieht (II, 1.).

Zum Vergleich mehrerer Häufigkeiten benutzt man das Abweichungsmaß Chiquadrat (siehe Abschnitt VI).

3. Der τ-Test

Anstelle des t-Tests, der bei längeren Meßwertreihen etwas Rechenarbeit erfordert (die man sich jedoch durch Benutzung von Quadrierungstafeln, im Anhang, erleichtern kann), läßt sich stellvertretend der zeitsparende τ-Test verwenden.

Man benutzt anstelle der Streuungsmaße s_1^2 und s_2^2 die Spannweiten $w_1 = 10—6 = 4$ und $w_2 = 15—8 = 7$, um bei unserem Zahlenbeispiel zu bleiben.

Der Prüfquotient ist

$$\tau = \frac{\bar{x}_1 - \bar{x}_2}{\frac{1}{2}(w_1 + w_2)} = \frac{3{,}6}{5{,}5} = 0{,}6545,$$ der mit der nachstehenden τ-Tafel verglichen wird.

Der hier gefundene τ-Wert 0,6545 überschreitet bei $n_1 = n_2 = 5$ den Tafelwert 0,613 für P = 97,5 % (Irrtumswahrscheinlichkeit 2,5 %).

Folglich ist die Differenz „einseitig" als signifikant nachgewiesen, wie es bereits der t-Test ergab. Einseitig, weil man im Nenner nur die eine Hälfte der Spannweiten w_1 und w_2 berücksichtigt, d. h. die Verteilungsflanken, die sich evtl. berühren oder überschneiden könnten (Abb. 6). Von der Spanne w_1 interessiert uns nur die obere Flanke, die oberhalb des Mittelwerts $\bar{x}_1 = 8$ liegt, in Richtung auf die Vergleichsprobe B, also $\frac{1}{2} w_1 = \frac{1}{2} \cdot 4 = 2$. Und von der Spanne w_2 interessiert nur die untere, der Verteilung A zugewandte Hälfte, also $\frac{1}{2} w_2 = \frac{1}{2} \cdot 7 = 3{,}5$. Wenn die Differenz $\bar{x}_1 - \bar{x}_2$ gerade so groß ist wie die halben Spannweiten $\frac{1}{2}(w_1 + w_2)$

zusammen, überschneiden sich also die Meßwerte der beiden Verteilungen nicht, so wird $\tau = 1$.
bei $\tau = 1$ ist ein Stichprobenunterschied verläßlich
bei n = 3 mit 95 % (Zufallswahrscheinlichkeit 5 %)
bei n = 4 mit 97,5 %
bei n = 5 mit 99,5 %
bei n = 6 mit 99,9 %
bei n = 7 mit 99,95 %.
Voraussetzung für die Benutzung der Tafel ist: $n_1 = n_2$.
Ferner: es können nur Stichproben bis zum Umfang n = 20 verglichen werden. Ziehen wir Stichproben aus einer normal verteilten Population von Merkmalswerten, die sehr groß sind, so wird das Streuungsmaß „w" unsicher. Es kann in sehr großen Stichproben vorkommen, daß gelegentlich sehr extrem abweichende Werte auftreten und das andere Mal weniger extreme. Daher kann in großen Stichproben „w" zufallsentstellt sein. Aber anstelle einer einzigen Probe von n = 100 kann man fünf mit je n = 20 ziehen.

Tafel für den τ-Test
Nach E. Lord, Biometrika 34 (1947) p. 41.

Stichproben-umfang $n_1 = n_2$	P 95 %	P 97,5 %	P 99 %	P 99,5 %	P 99,9 %	P 99,95 %
2	2,322	3,427	5,553	7,916	17,81	25,23
3	0,974	1,272	1,715	2,093	3,27	4,18
4	0,644	0,813	1,047	1,237	1,74	1,99
5	0,493	0,613	0,772	0,896	1,21	1,35
6	0,405	0,499	0,621	0,714	0,94	1,03
7	0,347	0,426	0,525	0,600	0,77	0,85
8	0,306	0,373	0,459	0,521	0,67	0,73
9	0,275	0,334	0,409	0,464	0,59	0,64
10	0,250	0,304	0,371	0,419	0,53	0,58
11	0,233	0,280	0,340	0,384	0,48	0,52
12	0,214	0,260	0,315	0,355	0,44	0,48
13	0,201	0,243	0,294	0,331	0,41	0,45
14	0,189	0,228	0,276	0,311	0,39	0,42
15	0,179	0,216	0,261	0,293	0,36	0,39
16	0,170	0,205	0,247	0,278	0,34	0,37
17	0,162	0,195	0,236	0,264	0,33	0,35
18	0,155	0,187	0,225	0,252	0,31	0,34
19	0,149	0,179	0,216	0,242	0,30	0,32
20	0,143	0,172	0,207	0,232	0,29	0,31
Irrtumswahr-scheinlichkeit	5 %	2,5 %	1 %	0,5 %	0,1 %	0,05 %

4. Unterschiede zwischen Häufigkeitsziffern

In Ja-Nein-Statistiken ergeben sich aus Zählprotokollen Anteilsziffern der Entweder-Oder-Eigenschaften männlich - weiblich, Vollkorn-Hohlkorn usw.
Ob Unterschiede zwischen z. B. 30 % Geheilten nach Therapie I und 50 % Geheilten nach Therapie II nicht nur zufallsbedingt sind, ist sehr einfach aus der *Chilton*-Tabelle ablesbar (siehe Abschn. II. 1).
Man kann den Unterschied aber auch mit dem t-Test prüfen,

$$\text{Ansatz } t = \frac{p_1 - p_2}{\sqrt{\dfrac{p_1 q_1}{n_1} + \dfrac{p_2 q_2}{n_2}}}$$

5. Paarweiser Vergleich, der Vorzeichentest

Vielfach vergleichen wir eine Stichprobe, A, mit einer zweiten B, z. B. eine unbehandelte Patientengruppe (Kontrollgruppe) mit einer behandelten (Versuchsgruppe). Oder Pflanzen, die mit einem Pflanzenschutzmittel I gegen Infektion geschützt wurden, mit solchen, bei denen der Erfolg des Pflanzenschutzmittels II beobachtet wird. Beide Gruppen bestehen dann aus verschiedenen Individuen, die innerhalb der Gruppen unterschiedlich reagieren können (biologische Variation). Ein Kunstgriff, der die Streuung senkt, besteht darin, an denselben Personen, Pflanzen usw. die Wirkung der Medikamente I und II (Schutzmittel I und II) zu messen. Dieser paarweise Vergleich kann beispielsweise bei Schlafmitteln angewandt werden. Man schaltet eine „unbehandelte" Nacht dazwischen, in der eine etwaige Nachwirkung des Medikaments I abklingt, und gibt erst in der folgenden Nacht Nr. II. Bei Therapien zur Entfieberung müßte man dagegen mit einer Nachwirkung rechnen, so daß die zweite Therapie nicht mehr unabhängig von der ersten wäre.

Ein Beispiel, das schon *Student* in seiner klassischen Arbeit über den t-Test brachte, sei auch hier angegeben.

Mehr Stunden Schlafdauer gegenüber „unbehandelt"

Patient Nr.	nach Medikament I	nach Medikament II	Vorzeichen II gegenüber I
1	+ 0,7	+ 1,9	+
2	− 1,6	+ 0,8	+
3	− 0,2	+ 1,1	+
4	− 1,2	+ 0,1	+
5	− 0,1	− 0,1	0
6	+ 3,4	+ 4,4	+
7	+ 3,7	+ 5,5	+
8	+ 0,8	+ 1,6	+
9	0,0	+ 4,6	+
10	+ 2,0	+ 3,4	+

Schranken beim Zeichentest, nach *B. L. van der Waerden* und *E. Nievergelt*, Springer-Verlag, 1956.

Einseitig	2,5 %		1 %		0,5 %		Einseitig	2,5 %		1 %		0,5 %	
n = 5	0	5	0	5	0	5							
6	1	5	0	6	0	6	n = 60	22	38	21	39	20	40
7	1	6	1	6	0	7							
8	1	7	1	7	1	7	n = 70	27	43	25	45	24	46
9	2	7	1	8	1	8							
10	2	8	1	9	1	9	n = 80	31	49	30	50	29	51
11	3	9	2	9	1	10							
12	3	9	2	10	2	10	n = 90	36	54	34	56	33	57
13	3	10	2	11	2	11							
14	3	11	3	11	2	12	n = 100	40	60	38	62	37	63
15	4	11	3	12	3	12							
16	4	12	3	13	3	13							
17	5	12	4	13	3	14							
18	5	13	4	14	4	14							
19	5	14	5	14	4	15							
20	6	14	5	15	4	16							
30	10	20	9	21	8	22							
40	14	26	13	27	12	28							
50	18	32	17	33	16	34							

Hätten wir in unserem Zahlenbeispiel etwa gleich viel Plus- und Minuszeichen erhalten, so würde der Schluß naheliegen: kein Unterschied. Die Differenzen zwischen I und II würden dann um den Medianwert Null schwanken.
Ordnen wir die Werte bei Medikament I nach der ansteigenden Größe der verlängerten Schlafdauer, so ergibt sich die Reihe
—1,6   —1,2   —0,2   —0,1   0,0   +0,7   +0,8   +2,0   +3,4   +3,7.
Der Medianwert liegt zwischen dem 5. und 6. Wert, hier also zwischen 0,0 und +0,7. Er beträgt +0,35. Nun, eine Drittelstunde Schlaf mehr (gegenüber unbehandelt) ist nicht viel. Wir werden die Nullhypothese akzeptieren und sagen: Medikament I war so gut wie unwirksam. Anders bei Medikament II. Es kommen fast ausschließlich Pluswerte II gegenüber I vor. Der Medianwert der Zehnerprobe II ist vielmehr wahrscheinlich von Null verschieden. Aus der Zeichentesttafel ersehen wir: der Wert 0 in der rechten Spalte unserer Tabelle (Zahlenbeispiel) zählt nicht mit, folglich haben wir ausschließlich Pluswerte, in 9 Fällen, bei 9 Vergleichen. Ablesung aus der Zeichentesttafel ergibt: Unterschied hochsignifikant. Sehr einfach zu handhaben. Allerdings sagt der Zeichentest nichts darüber, wie groß der Medianwert der Differenz war. Er zählt zu den nichtparametrischen Tests, wir erfahren nichts über Parameter der Grundgesamtheit. Aber er ist unabhängig von der Art der Verteilung. Normalverteilung braucht nicht vorzuliegen. Das kann ein Vorteil sein. Bei n = 100 Vergleichen genügt Zweidrittelmehrheit der Pluszeichen, bei kleinen Stichproben (n = 10) müssen 9 Pluszeichen auf ein Minuszeichen kommen, um einen Unterschied als signifikant nachzuweisen. In der Tafel sind die Anzahlen der Minus- und Pluszeichen angegeben, z. B. für n = 9 : 2 minus und 7 mal plus.

6. Der t-Test für paarweise Vergleiche

Im allgemeinen vergleicht man, wie in 5.5. ausgeführt wurde, Einzelwerte einer Stichprobe A (z. B. bestehend aus den Individuen 1—10) mit den Werten anderer Individuen 11—20 einer Stichprobe B.

Ein paarweiser Vergleich kommt dann zustande, wenn *dieselben* Individuen, z. B. 1 bis 5, in zwei Stichproben A und B bei unterschiedlicher Behandlung verglichen werden.

Dafür gibt es auch eine Form des t-Tests.

Beispiel:

Individuen	Verteilung A, x_1-Werte	Verteilung B, x_2-Werte	Differenzen d	Abweichungsquadrate A $(x_1-\bar{x}_1)^2$	B $(x_2-\bar{x}_2)^2$
1	6	8	2	4	12,96
2	7	10	3	1	2,56
3	8	12	4	0	0,16
4	9	13	4	1	1,96
5	10	15	5	4	11,56
	$\bar{x}_1 = 8$	$\bar{x}_2 = 11,6$	$\bar{d} = 3,6$	10	29,20

Um die mittlere Differenz $\bar{d} = 3,6$ schwanken die Einzeldifferenzen nur deswegen so gering (von 2 bis 5), weil ja dieselben Individuen 1—5 in jeder Zeile der Proben A und B gegenübergestellt sind. Wir hatten im Abschnitt V.2. gesehen, daß bei nicht-paarweisem Vergleich die Einzeldifferenzen sehr viel stärker schwanken. Im paarweisen Vergleich, wo immer er möglich ist, wird s_{diff} gesenkt.

Während wir bei nicht-paarweisem Vergleich in V.2. sahen, daß ein t-Wert von $\frac{3,6}{1,4} = 2,57$ erhalten wurde, kommen wir bei paarweisem Vergleich auf einen t-Wert von $\frac{3,6}{0,51} = 7,06$, haben also eine sehr viel größere Aussicht, einen höheren Signifikanzgrad des Stichprobenunterschieds zu erreichen (Kunstgriff der Streuungssenkung).

Wir rechnen:

Einzeldifferenzen (paarweise) sind 2, 3, 4, 4, 5.
    quadriert   also   4, 9, 16, 16, 25.

Summe der Quadrate = 70. Hiervon müssen wir das Korrekturglied $\frac{(S\,d)^2}{n}$ abziehen, um zu $S(d-\bar{d})^2$ zu kommen (siehe IV.8).

$S_d = 2+3+4+4+5 = 18$, Korrekturglied $\frac{18^2}{n} = \frac{324}{5} = 64,8$

$S(d-\bar{d})^2 = 70-64,8 = 5,2$

Varianz $s^2 = \frac{5,2}{4} = 1,3$

Die Varianz der mittleren Differenz $\bar{d}$ ergibt sich durch Teilung durch n, also $s\frac{2}{d} = \frac{1,3}{5} = 0,26$, und Standardabweichung
$\frac{s}{d} = 0,51$, $t = \frac{3,6}{0,51} = 7,06$.

VI. Prüfung von Zusammenhängen

Das Erkennen von realen Zusammenhängen (nicht Scheinzusammenhängen) war für die Menschheit schon in Urzeiten wichtig. In der Wissenschaft ist es heute nicht nur von Bedeutung zu prüfen, ob ein Zusammenhang zwischen Variablen besteht oder nicht, sondern auch wie eng er ist. Nur wenn *quantitative Meßwerte* der Variablen y mit denen der Variablen x regelmäßig steigen oder fallen, beide also in einem „engen" Zusammenhang stehen, sind Voraussagen von y-Werten aus den zugehörigen x-Werten ohne größere Unsicherheit möglich. Dasselbe gilt für *ausgezählte Häufigkeiten*, z. B. für die Voraussage von Erfolgsfällen neuer Verfahren im Vergleich mit bisherigen, in sogenannten „Vierfeldertafeln", auf die wir anschließend zu sprechen kommen (6. und 7.).

Ein statistisch strammer Zusammenhang weist eine enge Verknüpftheit nach. Inwieweit jedoch *kausale* Zusammenhänge vorliegen, kann nur sachlogisch beurteilt werden. Angenommen, nach Einführung einer Geschwindigkeits-Begrenzung seien die Verkehrsunfälle zurückgegangen. Es wird eingewandt, dieser Rück-

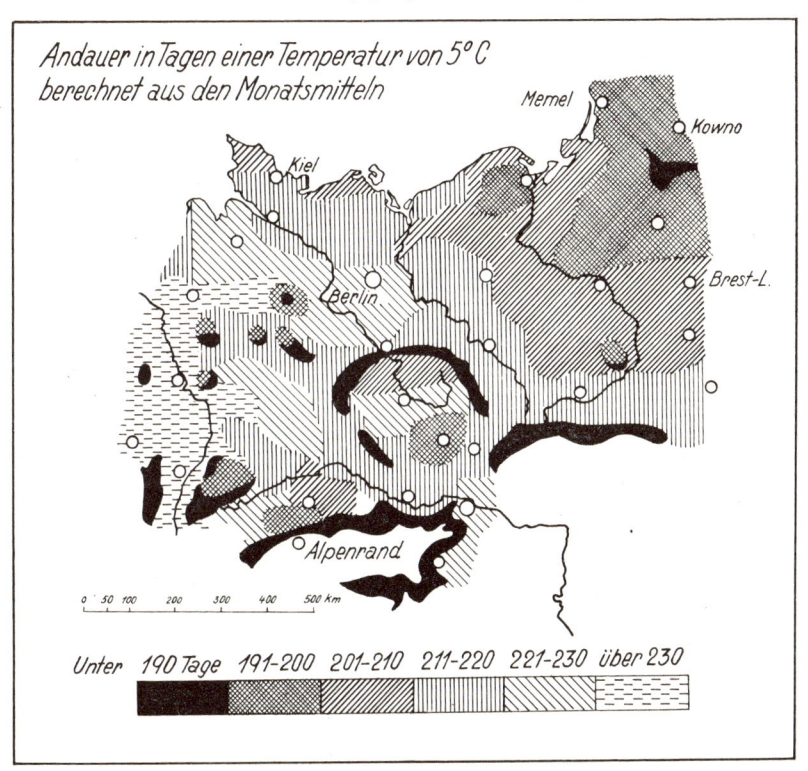

Abb. 10

gang habe schon früher begonnen, nachdem andere Maßnahmen einsetzten (z. B. Verbesserung der Fahrbahnen usw.). Es kann sein, daß mehrere Faktoren zusammenwirkten (Mehrfachzusammenhänge).

Das Miteinanderauftreten von Blitz und Donner beruht nicht darauf, daß der eine den anderen auslöst. Vielmehr ist die Ursache ein Drittfaktor: die elektrische Entladung, auf die Blitz und Donner folgt.

Experiment: Man stellt aus meteorologischen Unterlagen die Andauer in Tagen einer Temperatur von 5° C oder mehr Grad für Gebiete der Gebirgsgürtel und der tieferen Lagen zusammen. Eine solche Karte gibt die Abb. 10 wieder.

Dann untersucht man Merkmale z. B. die Zeitpunkte des Austreibens im Frühjahr, bei klimatischen Herkünften von Wildgewächsen (Waldbäumen) z. B. aus Gebieten mit nur 190 Tagen mit 5° oder mehr Grad bis zu Gebieten mit über 230 Tagen, und prüft den Zusammenhang dieser Meßwerte mit den Klimadaten.

Ein anderes Experiment: Eine Anzahl von Schülern oder Studenten läßt von einem Arzt den systolischen Blutdruck messen. Bei wiederholten Messungen an denselben Individuen hat man gefunden, daß ihre Meßwerte ziemlich dieselben blieben. Man prüfte auch ihre Aufmerksamkeit und hatte den Eindruck, je höher

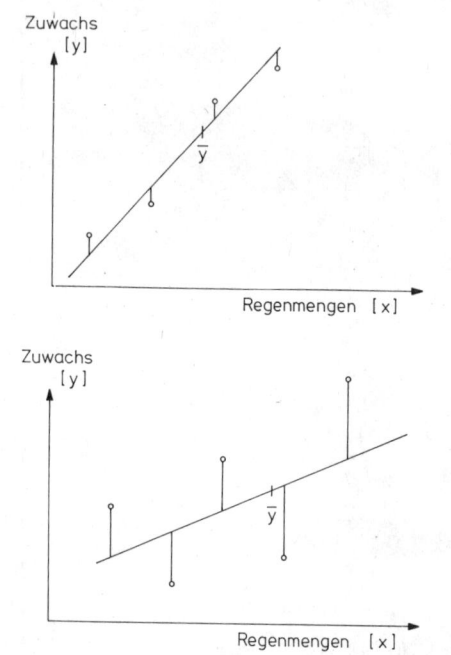

Abb. 11a und b: Geradliniges Ansteigen des Pflanzenzuwachses (y) mit den Regenmengen (x) bei Annahme eines trockneren Klimas, in welchem Wasser fehlt.
Oben (a) Enger Zusammenhang, die Abstände der eingetragenen Punkte (y über x) von der durchschnittlichen Beziehungslinie sehr gering.
unten: die graphische Darstellung veranschaulicht, daß bei beträchtlichen Abständen von der Linie lediglich von einem schwachen Zusammenhang gesprochen werden kann. In solchen Fällen ist die Voraussage von y-Werten aus x-Werten „unbestimmt". Das trifft im allgemeinen z. B. auf Eignungstests zu, aus denen man bestrebt ist, die spätere Berufsbewährung vorauszusagen.

der systolische individuelle Blutdruck, desto höher die Aufmerksamkeit. Sollte ein Zusammenhang bestehen? Es wäre interessant, dieser Frage nachzugehen und in den nächsten 4 Jahren beispielsweise zu verfolgen, ob und wie eng die

Studienerfolge hiermit in Korrelation stehen. Sie werden natürlich auch noch mit vielen anderen Variablen zusammenhängen, die Tendenz des Ansteigens der schulischen Erfolge speziell mit dem syst. Blutdruck erweist sich dann vielleicht als locker und als nicht regelmäßig voraussagbar (Mehrfach-Korrelationen). Gemeint ist der Blutdruck in Körperruhe.

1. Die graphische Darstellung

Trägt man die zusammengehörigen Beobachtungspaare der Variablen y und x in ein Koordinatennetz ein, so ergibt sich bereits daraus ein orientierendes Bild von der Stärke (Enge) ihres Zusammenhanges. Mit den Regenmengen steigt der Pflanzenzuwachs in trockenem Klima, ist vereinfacht in den Abbildungen 11a und 11b dargestellt. Die Beziehunglinie ist als Gerade angenommen (linearer Zusammenhang). Sie kann auch eine Kurve sein, jedoch kann hier darauf nicht eingegangen werden. Entscheidend ist: in Abb. 11a ist ein enger Zusammenhang veranschaulicht. Die eingetragenen Punkte liegen dicht um die Beziehungslinie. Dagegen ersieht man, daß in Abb. 11b der Zusammenhang nur schwach sein kann, die Abstände der Punkte von der Beziehungslinie sind beträchtlich. Genauere Voraussagen der „y" aus den „x-Werten" sind dann nicht möglich, von der „durchschnittlichen Beziehung" kommen größere Abweichungen vor.

2. Der Korrelationskoeffizient als Maß der Stärke von Zusammenhängen

Der Quotient $\frac{\text{Punktabstände}}{\text{y-Variation}}$ könnte einen brauchbaren Unterscheidungsmaßstab liefern. Ist die Gesamtvariation von y groß, sind also der kleinste und der größte y-Wert deutlich unterschieden, so kommt es darauf an, welcher Anteil an der Gesamtvariation dem durchschnittlichen Ansteigen der y-Werte mit den x-Werten zuzurechnen ist, und welcher Anteil auf die Punktabstände entfällt.

Bei der Suche nach geeigneten Maßen für die Stärke eines Zusammenhangs hat man den obigen Quotienten noch umgeformt. Man benutzt heute meist den Korrelationskoeffizienten nach *Bravais-Pearson* („r"). Seine Berechnung kann aus Lehrbüchern entnommen werden. Hier nur so viel: Er beruht auf folgender Überlegung: Legt man den Nullpunkt des Koordinatennetzes auf die Mittelwerte $\bar{y}$ und $\bar{x}$, um welche die beiden Verteilungen als normal angenommen werden, so entstehen 4 Quadranten (Abb. 12).

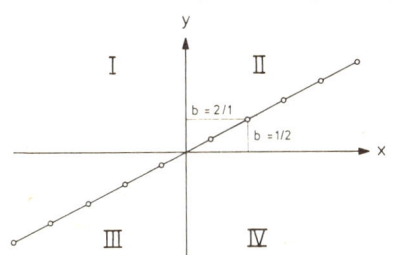

Abb. 12: Bei Annahme geradliniger Beziehung ist hier der extreme Fall dargestellt, daß y-Werte mit den x-Werten regelmäßig ansteigen (umgekehrt fallen). Bei derartiger Gleichläufigkeit würden die eingetragenen Punkte wie Perlen auf einer Schnur liegen. Praktisch kommt das nicht vor, höchstens drängen sich die Punkte um die Beziehungslinie, wenn ein enger Zusammenhang vorliegt, der jedoch noch nicht ohne weiteres als „kausal" gedeutet werden kann. Ferner sind die Steigemaße (Regressionskoeffizienten) b_x und b_y dargestellt.

Man multipliziert nun jeden y-Wert mit dem zugehörigen x-Wert. Im Quadranten II (rechts oben) erhält man nur positive Produkte, denn hierin fallen sowohl y-Werte als auch x-Werte, die oberhalb $\bar{y}$ und $\bar{x}$ liegen. Auch im Quadranten III (links unten) wird die Produktsumme positiv. Denn man hat hier negative (unter dem Durchschnitt liegende) y-Werte mit ebenfalls negativen x-Werten zu multiplizieren. Dagegen fallen in die „Gegenquadranten" I und IV negative Produktsummen. Hier multipliziert man positive mit negativen d. h. Minus- mit Pluswerten. Die Größe der Produktsumme ist also ein Maß der Stärke des Zusammenhangs, sie wird umso größer, je mehr Produkte in den Quadranten II und III und je weniger in den Gegenquadranten liegen. Diese Produktsumme (im Zähler des Quotienten) wird nun ins Verhältnis gesetzt zur Gesamtvariation von y und x (Nenner). Ohne die Formel für „r" abzuleiten, sei sie hier dem Leser nicht vorenthalten.

$$\text{Es ist } r = \frac{S(x-\bar{x}) \cdot (y-\bar{y})}{\sqrt{S(x-\bar{x})^2 \cdot S(y-\bar{y})^2}} \quad \text{oder: } r = \frac{\text{gemeinsame Varianz von y und x}}{\sqrt{(\text{Var. x}) \text{ mal } (\text{Var. y})}}$$

Gemessen wird der Anteil, den die Produktsumme, also das gemeinsame Steigen der y-Werte mit den x-Werten, von der Gesamtvariation (Nenner) ausmacht. Je größer dieser Anteil, desto enger die Korrelation, desto sicherer sind Voraussagen möglich. Als Grenzwert kann $r = +1,0$ herauskommen oder $r = -1,0$, wenn die y-Werte mit steigenden x-Werten fallen. Das andere Extrem ist $r = 0$ (kein Zusammenhang). Dazwischen liegen alle denkbaren Werte von r.

Beispiel: Bei Pilotenprüfungen mit Hilfe psychologischer Tests hat man die Eignungsnoten, die bei Zulassung zur Ausbildung erzielt wurden, zu der späteren Berufsbewährung in Beziehung gesetzt. Der diagnostische Aussagewert dieser „Eignungstests" erwies sich als von bescheidener „Valenz", $r = 0,5$. Man konnte natürlich durch Tests manches über die Persönlichkeitsstrukturen im voraus erkennen, aber nicht alles. Und der Berufserfolg hängt ja nicht nur von „Fähigkeiten", sondern auch von Charaktereigenschaften usw. ab.

3. Die Regression

Wir sprachen vom Steigen der y-Werte mit den x-Werten, also von deren Verknüpftheit. Das Maß der „Korrelation" besagt aber nur etwas über die Enge der gegenseitigen Verknüpftheit. Das Steigemaß ist „b", wie aus Abb. 12 ersichtlich. Es kann 2:1 sein (b_x in der Abbildung), wenn auf zwei x-Einheiten die Variable y um eine Einheit steigt. Umgekehrt ist dann $b_y = \frac{1}{2}$. D. h. jeder Steigerung der x-Werte um eine Einheit entspricht eine y-Steigerung um die Hälfte.

Es sei hier nochmals betont:
Der Korrelationskoeffizient r und der Regressionskoeffizient b besagen noch nichts über *ursächliche* Abhängigkeit. Sie sind rechnerische Maße, die sehr brauchbar sind. Aber über Ursächlichkeit müssen wir schon selbst nachdenken. Die Gleichläufigkeit der Meßgrößen Variablen y und x kann dadurch verursacht sein, daß beide von einer dritten Einflußgröße gesteuert werden. Erhöhte Chromosomenzahl, z. B. Tetraploidie oder Triploidie, kann zu größeren Zellen, vermehrtem Wachstum der Pflanzen, gesteigerter Abwehrkraft gegen schädliche Einflüsse führen. Dann ist es leicht einzusehen, daß nicht z. B. die Zellgrößen die Ursache der Abwehrkraft sind, sondern vielmehr alle genannten Eigenschaften auf die Tatsache der Polyploidie zurückgehen.

Ist $b_y = \frac{1}{2}$ und $b_x = {}^2/_1$, so wird $r = \dfrac{\text{Covarianz xy}}{\sqrt{b_y \text{ mal } b_x = 1}} = 1$ (völlige Verknüpftheit)

4. Das Cosinus-Modell

Gegenüber dem Modell der Beziehungslinie und dem Quadranten-Modell hat das Cosinus-Modell Vorteile. Es sei in Abb. 13 veranschaulicht.

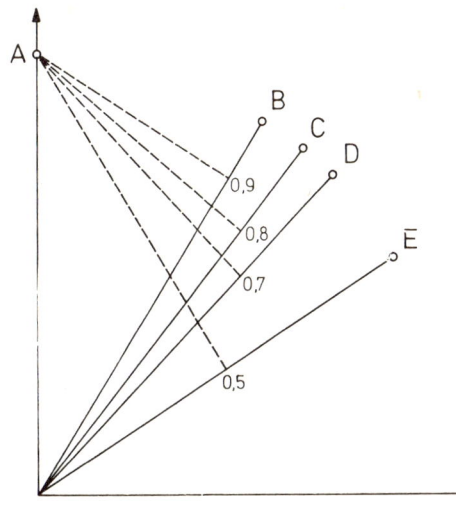

Abb. 13: Cosinusmodell. Gegenüber dem Modell der Beziehungslinie und dem Quadranten-Modell hat das Cosinus-Modell den Vorzug, in demselben Koordinatennetz mehrere Zusammenhänge darstellen zu können. Bei Gleichläufigkeit der Linie A mit einer (nicht eingetragenen Linie A_1 decken sich beide völlig (totale Korrelation). In der Zeichnung ist die Projektion der Linie A und B, d. h. der Cosinus 0,9, gleich dem Korrelationskoeffizienten. Je stumpfer der Winkel (siehe Projektion auf C, D, E), desto kleiner der Cosinus und somit der Korrelationskoeffizient.

Falls zwei Linien völlig gleichlaufen oder völlig gegenläufig sind, z. B. Linie A und eine gedachte Linie A_1 (nicht eingezeichnet), so decken sich beide (völlige Korrelation). In einem rechtwinkligen Dreieck ist der Cosinus jedes spitzen Winkels das Verhältnis der anliegenden Seite zur Hypotenuse.

Wenn zwei Linien sich schneiden, so ist die Projektion einer Längeneinheit der einen Linie auf die andere gleich dem Cosinus. Diese Projektion, in der Zeichnung z. B. von A auf B = 0,9, wird umso kleiner, je stumpfer der Winkel (z. B. A auf C, D, E). Grenzwert ist in Abb. 13 die Projektion der Senkrechten A auf die horizontale Linie F (0). Die Projektion ist nichts anderes als der Korrelationskoeffizient.

Der Vorteil des Cosinus-Modells ist offensichtlich: In einem Koordinatennetz lassen sich immer nur zwei Variable, x und y, unterbringen, wenn man ihre gegenseitige Verknüpftheit mit Hilfe des Modells der Beziehungslinie oder der Quadranten analysiert. Dagegen ermöglicht es das Cosinus-Modell, gleichzeitig eine Vielzahl von Variablen in einem zweidimensionalen Schema zu erfassen.

Die beschriebene Eigenschaft des Cosinus-Modells nutzt man in der „Faktoranalyse", die wir hier wenigstens in ihren Grundgedanken kurz veranschaulichen wollen, ebenso wie wir für die „Varianzanalyse" zwar nicht genügend Raum für Rechenexempel zur Verfügung hatten (Absch. I, 2. u. IV, 4.) aber doch für die Art von Problemen, die sie zu lösen vermag.

Welche Art von Problemen?

a. Die Varianzanalyse gibt Auskunft, mit welchen Gewichtsanteilen wesentliche Faktoren, die uns interessieren, am Zustandekommen eines Effekts beteiligt sind.

Methodik: Zerlegung der Gesamtstreuung in einem Material nach den verschiedenen Streuungsquellen. Die Faktoren müssen wir aber bereits benennen können, d. h. von vornherein bei der Planung einen Versuch so anlegen, daß herauskommen kann: erbringt es mehr, wenn man einen Verfahrenswechsel (der Düngung oder des Pflanzenschutzes) vornimmt, oder erreicht man durch geeignete Dosierung der Düngergaben auch etwas? Gibt es Wechselwirkungen der Verfahrens- und der Dosierungswirkung mit Standort oder Witterung?
b. Die Faktoranalyse *sucht* erst nach Faktoren, die man noch nicht übersieht, wenn in Neuland vorgestoßen wird. Um die Hintergrund-Faktoren zu identifizieren, prüft man zunächst die Korrelationen, die sich zwischen den verschiedenen Merkmalen finden lassen. Das soll sogleich gezeigt werden.

Biologisches Experiment:
K. Stern (21) suchte ein Bild der Abhängigkeit verschiedener Pflanzenpopulationen (japanischer Birken) von klimatischen Faktoren zu gewinnen. Im wärmeren Klimabereich werden beispielsweise Individuen mit frühzeitigem Vegetationsbeginn angereichert zu finden sein, falls dieses Merkmal einen Auslesevorteil (Wuchsvorsprung gegenüber Spättreibern) erbringt. Umgekehrt kann gerade das frühe Austreiben in einem Kaltklimagebiet einen Nachteil bedeuten (Gefährdung durch Fröste). Dort werden sich eher spättreibende Individuen anreichern.
Ergebnis: Die Korrelationen zwischen dem Merkmal „Vegetationsbeginn" und den verschiedenen Klimadaten (ökologischen Faktoren) wurden errechnet. Auf andere untersuchte Merkmale sei hier nicht eingegangen. Will man Klimadaten in Meßwerten ausdrücken, so bietet sich zunächst einmal die geographische Breite an. Mit der Breite hing das Merkmal A (Austreibetermin) offenbar zusammen, siehe die Projektion von A auf die Linie E, ($r = 0,5$). Nahm man jedoch zur Breite noch die geographische Länge hinzu, so stand A mit Breite plus Länge D in einem engeren Zusammenhang ($r = 0,7$). Das hängt natürlich damit zusammen, daß die japanischen Inseln sich von Südwest nach Nordost erstrecken und mithin größere geographische Länge gleichzeitig größere Breite bedeutet. Die „Faktorladungen" verstärken sich also.
Mit Breite + Länge + Höhe über dem Meeresspiegel (Linie C) stand das Merkmal A mit $r = 0,8$ in noch engerem Zusammenhang, und mit Breite + Länge + Meereshöhe + mittlere Jahrestemperatur in noch engerem ($r = 0,9$) (Linie B) (siehe Abbildung 13).
In diesen Mehrfachkorrelationen war es, mit anderen Worten, offenbar derselbe *gemeinsame Faktor „Wärmeklima"*, der im Hintergrund wirkte. Die Summierung der einzelnen Faktorladungen, (der ökologischen Faktoren E bis B) macht hinter den Klimadaten diesen Elementarfaktor umso deutlicher sichtbar, je mehr Faktoren man hinzuzog.

Psychologische Untersuchung:
Bisher nicht identifizierte Primärfaktoren hinter den im Vordergrunde untersuchten Abhängigkeiten ließen sich auch bei Intelligenztests abgrenzen, Vielfaktorenwirkungen auf Grundfaktoren zurückführen.
Karl Spearman entdeckte Interkorrelationen zwischen verschiedenen geistigen Fähigkeiten und führte sie auf einen hypothetischen gemeinsamen General-Faktor „allgemeine Intelligenz" zurück. Außerdem noch auf jeweils auf einen spezifischen Begabungsfaktor.

Thurstone, ein amerikanischer Psychologe, zog creativ aus umfangreichen Korrelierungsversuchen den Schluß: Intelligenzleistungen, d. h. Lösungen von Aufgaben in Testsituationen, schöpfen aus einer Anzahl nicht näher identifizierter elementarer Begabungsfaktoren. Er stellt der Zwei-Faktoren-Theorie *Spearman's* seine „multiple Faktoren-Theorie" gegenüber. Die Testleistungen (z. B. Sprachtests, Gedächtnis-Tests usw.) sind untereinander korreliert, wenn in ihnen gemeinsame Elementarfaktoren zur Geltung kommen. Eine stattliche Anzahl von primären Begabungsfaktoren ist bis heute identifiziert, zwischen drei und vier Dutzend. Jedoch kommt sieben dieser Grundfaktoren wohl besondere Bedeutung zu, nämlich der Sprachbeherrschung, Wortflüssigkeit, Rechengewandtheit, Raumvorstellung, der Auffassungsgeschwindigkeit, dem Gedächtnis und dem schlußfolgernden Denken. (last not least, möchte ich sagen). Wortflüssigkeit steht am Anfang? Aber die ist doch auch von Erziehung und Milieu stark beinflußbar! Jeder Genetiker wird es fast für überflüssig halten, auf Umweltwirkungen neben den „Begabungsfaktoren" hinzuweisen. Ihre Berücksichtigung ist für ihn selbstverständlich. Und er wird zur Abgrenzung Erbgut/Umwelt Tests an eineiigen (erbgleichen) Zwillingen empfehlen, die als Adoptivkinder, nach Verwaisung, bei unterschiedlichen Pflegeeltern aufgewachsen sind. Selbstverständlich liegt schon Material vor, das Verhältnis der Wirkung Erbgut: Umwelt betrug z. B. 4:1, für eine Anzahl von Persönlichkeits-Strukturen.
In Abbildung 14 wird der Zusammenhang zwischen dem Faktor 1 (schauspielerische Begabung) und dem Faktor 2 (schriftstellerische Begabung) am Fall von *Louis Trenker* veranschaulicht.

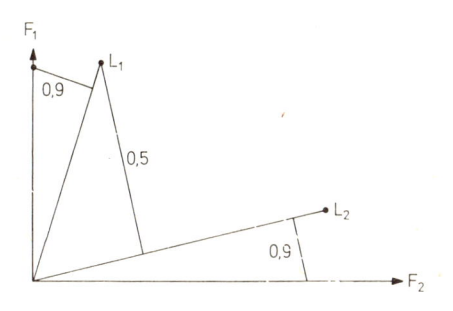

Abb. 14: Zwei Begabungsfaktoren F_1 und F_2. Es wird auf diese Faktoren geschlossen aus den Leistungstests L_1 und L_2. Merkmalskorrelationen in der Faktor-Analyse.

Es wird angenommen, daß schauspielerische und schriftstellerische Begabung, die *Trenker* hatte, im allgemeinen in keinem Zusammenhang stehen. Daher wurden F_1 und F_2 im rechten Winkel zueinander eingezeichnet. Der Cosinus eines rechten Winkels (= Korrelationskoeffizient) ist gleich Null.
Nun dient zur Ermittlung der schauspielerischen Begabung ein Test der Leistungen von Versuchspersonen, L_1. Korrelation zu F_1 wird hier als 0,9 angenommen (siehe Zeichnung). Ebenso sei der Leistungstest L_2 mit dem Koeffizienten 0,9 mit dem Faktor F_2 (schriftstellerische Begabung) korreliert.
Zwischen beiden, L_1 und L_2, resultiert eine sehr schwache Korrelation (0,5).
Auf diese Weise gewinnt man aus Merkmals-Korrelationen bei Versuchspersonen Hinweise darauf, mit welchen Hintergrundfaktoren, und wie eng, Korrelationen vorliegen, so daß auf diese Primärfaktoren geschlossen werden kann.

5. Korrelation zwischen Rangordnungen (r_S nach *Spearman*)

In nicht normalen Verteilungen kann man den Rangtest verwenden. Er ist von der Art der Verteilung unabhängig. Wir sagten weiter oben, daß Voraussetzung für die Errechnung eines r-Wertes nach *Bravais-Pearson* Normalverteilung der Variablen y und x ist. Man gibt den beobachteten x-Werten, beispielsweise Punktnoten einer Jury, Rangnummern nach aufsteigender Reihenfolge und prüft, ob die y-Werte dieselbe oder eine abweichende Rangfolge haben. Je mehr Abweichungen (d) auftreten, desto geringer der Grad der Übereinstimmung beider Rangordnungen, und desto kleiner wird der Rang-Koeffizient. Der r_S-Wert wird errechnet nach der Formel

$$r_S = 1 - \frac{6 \cdot Sd^2}{N(N^2-1)}$$

(r_S = Rangkoeffizient nach *Spearman*).

Mit anderen Worten: man zieht vom Höchstwert 1,0, der bei völliger Gleichläufigkeit gelten würde, den Betrag ab, der sich aus den Abweichungen errechnet, und zwar nach obiger Formel.

Beispiel: Nehmen wir den Adjektiv-Verb-Quotienten als Stilkriterium für Schulaufsätze. Bei der Untersuchung der Stilentwicklung mit dem Schulalter fand *Hardi Fischer* (6) folgenden Entwicklungsgang:

Alter der Schülergruppen (Durchschnitt)	Adjektiv-Verb-Quotient bei	
	Schülern	Schülerinnen
13 Jahre	29	26
15 Jahre	28	40
17 Jahre	44	42
Studenten	89 (!)	

Spätestens als Student hat man also hiernach einen Stil entwickelt, der durch relativ viele Adjektiva und wenig Verben gekennzeichnet ist, den wissenschaftlich-technischen Stil. Etwas ganz anderes hält der Feuilletonist im allgemeinen für wünschenswert, er bevorzugt auch gern „starke" Verben. Bei Mädchen steigt der Quotient schon früher an, wie es hiernach scheint.

Nun korrelieren wir dieses „objektiv" faßbare Kriterium mit dem subjektiven Urteil über 10 Schulaufsätze, welches ein Experte Nr. VII, ein Deutschlehrer, abgab.

	Rangordnungen:	
Aufsätze der Schüler 1—10	Adjektiv-Verb-Quotient als objektives Kriterium, (A/V)	Jury-Mitglied Nr. VII kam zu folgender Rangordnung Experte VII
1	3	4
2	9	8
3	1	1
4	4	2
5	8	7
6	6	10
7	2	5
8	10	6
9	5	3
10	7	9

Man sieht: die Verbindungslinien zwischen gleichen Rangplätzen der beiden Rangordnungen verlaufen keineswegs horizontal, wie es bei völliger Übereinstimmung der Fall wäre, sondern abwärts und aufwärts.

Die Rangdifferenzen „d" betragen	Werte von d^2
+ 1	1
— 1	1
0	0
— 2	4
— 1	1
+ 4	16
+ 3	9
— 4	16
— 2	4
+ 2	4
	Summe d^2 = 56

Hiernach ergibt sich $r_S = 1 - \frac{6 \cdot 56}{10\,(100-1)} = 0{,}66$. Der Deutschlehrer verwertete also vielleicht, bewußt oder unbewußt, formale Kriterien wie den A/V-Quotienten; wenigstens ist die Korrelation (merklich), wenn auch schwach.

6. Vierfelder-Korrelation

Man braucht nur quantitative Meßwerte in Prozentziffern ihres Vorkommens über oder unter den Mittelwerten y und x̄ auszudrücken, dann erhält man eine Vierfeldertafel, z. B. die folgende:

Es entsprechen y-Werte	unter ȳ	über ȳ
den dazugehörigen x-Werten unter x̄	50 % (a)	keine (b)
über x̄	keine (c)	50 % (d)

Ein sehr einfaches Maß der Korrelation ist von *J. W. Holley* und *J. P. Guilford* für Vierfeldertafeln vorgeschlagen worden. Sie nennen es „G" (10).
G = a + d — c — b, im Zahlenbeispiel also 50 + 50 — 0 — 0 = 100. Man teilt durch N = 100, und erhält als Index der Übereinstimmung für die Verteilungen von y und x hier den Wert 1,0. Er drückt völlige Gleichläufigkeit aus, wie man im Zahlenbeispiel auf den ersten Blick sieht. Nur die Felder a und d sind besetzt, die Gegenfelder b und c unbesetzt. Man erinnert sich an den *Bravais-Pearson*'schen Gedanken „r" zu berechnen, indem man die Produktsummen in den Quadranten (abzüglich der Produktsummen in den Gegenquadranten) als Maß nimmt.

Ähnlich einleuchtend ist es, mit einem einfachen Häufigkeitstest, durch Auszählung der Fälle in den 4 Quadranten den „Trefferanteil" zu ermitteln. Man zählt

n_1	n_2	, Zahlenbeispiel	0	50
n_3	n_4		50	0

aus und rechnet wie folgt: Anzahl in den Diagonalquadranten 2 und 3 im Verhältnis zur Gesamtanzahl

$$\frac{n_2+n_3}{n_1+n_2+n_3+n_4} = \text{Trefferanteil bei positiver Korrelation,}$$

im Zahlenbeispiel = 1,0.

Richtige Voraussagen der y-Werte aus den x-Werten wird man dann erhalten, wenn möglichst oft hohe x-Werte mit hohen y-Werten zusammenfallen und niedrige mit niedrigen, die „Gegenquadranten" also schwach besetzt sind.

Bei der Benutzung des Trefferanteils ist zu berücksichtigen, daß schon bei Unabhängigkeit der y- von den x-Werten ($r = 0$) der Trefferanteil 50 % beträgt, d. h. wenn gleich viele Fälle in den Diagonal- wie in den Gegenquadranten auftreten. Daher muß man den Trefferanteil in Werte von „r" nach folgender Tabelle umrechnen:

Korrelation r	Trefferanteil w
0,00	0,50
0,10	0,53
0,20	0,56
0,30	0,60
0,40	0,63
0,50	0,67
0,60	0,70
0,70	0,75
0,80	0,80
0,90	0,86
1,00	1,00

Streng genommen gilt diese Beziehung für den Trefferanteil, den man auch den „tetrachorischen" (Vierfelder-)r-Wert nennt, wenn zwei gleichgroße Gruppen „groß" und „klein", d. h. oberhalb $\bar{x}$ und $\bar{y}$ und andererseits unterhalb $\bar{x}$ und $\bar{y}$ (siehe früheres Beispiel) sich bilden lassen. Man kann bei der Einteilung, statt vom arithmetischen Mittelwert, von den Halbwerten (Medianwerten) ausgehen, welche die Daten halbieren (Medialer Korrelationskoeffizient). Dann ist ϱ (griechisches Symbol für den Koeffizienten der Gesamtpopulation)

$$\varrho = \sin \pi/2 \; (2w - 1)$$

Das tetrachorische r ist über die Cosinus$_{pi}$Formel als „Annäherung" berechnet worden, Ansatz

$$r_{\cos pi} = \ccs \frac{180°}{1 + \sqrt{\frac{ad}{bc}}}$$

Das Cosinus-Modell ist uns aus Abschn. 6.4. bekannt. J. P. *Guilford* (8.), der mir freundlichst den Abdruck der nachstehenden Tafel gestattete, hat in seinem Werk die Formel näher erläutert. Nehmen wir die folgenden beobachteten Daten an, die vertikale Linie teilt sie in zwei gleichgroße Gruppen.

	Fehlerfälle eines Pflanzenschutzverfahrens	Erfolgsfälle eines Pflanzenschutzverfahrens	Summen
älteres Verfahren	50 (Feld a)	25 (Feld b)	75
neues Verfahren	25 (Feld c)	50 (Feld d)	75
Zusammen Fälle	75	75	N = 150

Man braucht lediglich $\frac{ad}{bc} = 4{,}0$. Zu diesem Wert liest man aus der Tabelle ab:

$$r_{\cos pi} = 0{,}5.$$

Das bedeutet: Die Erfolgsquote hängt mit dem Übergang zum neuen Verfahren deutlich zusammen, wenngleich ein höherer r-Wert natürlich bessere Voraussagen ergeben würde.

Table: Values to Facilitate the Estimation of the Cosine-pi Coefficient of Correlation, with Two-place Accuracy*

$\frac{ad}{bc}$	r_{cos-pi}	$\frac{ad}{bc}$	r_{cos-pi}	$\frac{ad}{bc}$	r_{cos-pi}	$\frac{ad}{bc}$	r_{cos-pi}
1.013	.005†	1.940	.255	4.067	.505	11.512	.755
1.039	.015	1.993	.265	4.205	.515	12.177	.756
1.066	.025	2.048	.275	4.351	.525	12.906	.775
1.093	.035	2.105	.285	4.503	.535	13.702	785
1.122	.045	2.164	.295	4.662	.545	14.592	.795
1.150	.055	2.225	.305	4.830	.555	15.573	.805
1.180	.065	2.288	.315	5.007	.565	16.670	.815
1.211	.075	2.353	.325	5.192	.575	17.900	.825
1.242	.085	2.421	.335	5.388	.585	19.288	.835
1.275	.095	2.490	.345	5.595	.595	20.866	.845
1.308	.105	2.563	.355	5.813	.605	22.675	.855
1.342	.115	2.638	.365	6.043	.615	24.768	.865
1.377	.125	2.716	.375	6.288	.625	27.212	.875
1.413	.135	2.797	.385	6.547	.635	30.106	885
1.450	.145	2.881	.395	6.822	.645	33.578	.859
1.488	.155	2.957	.405	7.115	.655	37.818	.905
1.528	.165	3.095	.415	7.428	.665	43.100	.915
1.568	.175	3.153	.425	7.761	.675	49.851	.925
1.610	.185	3.251	.435	8.117	.685	58.765	.935
1.653	.195	3.353	.445	8.499	.695	71.046	.945
1.697	.205	3.460	.455	8.910	.705	88.984	.955
1.743	.215	3.571	.465	9.351	.715	117.52	.965
1.790	.225	3.690	.475	9.828	.725	169.60	.975
1.838	.235	3.808	.485	10.344	.735	293.28	.985
1.888	.245	3.935	.495	10.903	.745	934.06	.995

* Based upon a more detailed tabulation of the same values by Perry, N. C., Kettner, N. W., Hertzka, A. F., and Bouvier, E. A. Estimating the tetrachoric correlation coefficient via a cosine-pi table. Technical Memorandum No. 2. Los Angeles: University of Southern California, 1953.

† Example: If an obtained ratio ad/bc equals 3.472, we find that this value lies between tabled values of 3.460 and 3.571. The cosine-pi coefficient is therefore between .455 and .465; that is to say, it is. 46. If bc is greater than ad, find the ratio bc/ad and attach a negative sign to r_{cos-pi}

Außer der Voraussetzung gleichgroßer Gruppen besteht noch eine weitere: es sollte sich nicht um eine diskontinuierliche Verteilung von Entweder-Oder-Fällen wie gut - schlecht (im Erfolg), sondern um eine kontinuierliche handeln. Hinsichtlich der Wirkung von Pflanzenschutzmitteln wird man Grade des Erfolgs unterscheiden können, nicht nur „gute" oder „schlechte" Wirkung.
Beispiel: Befallsgrade

0	1	2	3	4	5
geschützt	fast alle Pflanzen geschützt	überwiegend gute Schutzwirkung	leicht befallen	stärker befallen	schwer befallen

Treten Nullwerte in der Vierfeldertafel auf, so kann man den Quotienten $\frac{ad}{bc}$ oder das noch zu besprechende Assoziationsmaß Q nicht benutzen. Dann ist jedoch eine rasche Ablesung möglich aus einer Tabelle (15).

Tabelle von Mainland und Murray

zur Ablesung der Felderhäufigkeiten, die ausreichen, um ein signifikantes Chiquadrat*) zu erhalten, ohne es berechnen zu müssen. Und zwar signifikant auf dem 0,05-Niveau (gewöhnlicher Druck) oder auf dem 0,01-Niveau (Fettdruck der Zahlen, eine Zeile darunter).

Erläuterung: Man entnimmt der Vierfeldertafel, in die man die beobachteten Häufigkeiten eingetragen hat, die kleinste vorkommende, beispielsweise 0 in Feld c. Diese Feldbesetzung 0 liest man in der horizontalen Tafelzeile ab. Dann geht man in der vertikalen Spalte (links) so weit herunter, bis man auf die Anzahl n in der jeder der beiden verglichenen Gruppen trifft, z. B. $n_1 = n_2 = 30$. Dort findet man (gewöhnlicher Druck): Das Parallelfeld a muß mindestens mit der Häufigkeit 6 besetzt sein, wenn der Unterschied auf dem 0,05-Niveau signifikant sein soll. Und mindestens mit der Häufigkeit 8 (darunter im Fettdruck), wenn der Unterschied auf dem 0,01-Niveau als signifikant nachgewiesen gelten soll. Eine sehr einfache Ablesung (bis $n_1 = n_2 = 50$).

Zahlenbeispiel:

	Häufigkeiten der Fehler	Erfolge	Summe
Verfahren I	8 (a)	22 (b)	30
Verfahren II	0 (c)	30 (d)	30
Zusammen	.	.	.

---

*) Auf das Abweichungsmaß Chiquadrat kommen wir sogleich zurück.

Mainland und Murray, Tabelle 15

n_1	0	1	2	3	4	5	6	7	8	9	10	11	12	13	14	15	16	17	18	19	20	21	22	23	24	25
4	4	–	–																							
	–	–																								
5	4	5	–	–																						
	5	–	–																								
6	5	6	–	–																						
	6	–	–																								
7	5	6	7	–																						
	6	**7**	–	–																						
8	5	6	7	8	–																					
	6	**8**	**8**	–	–																					
9	5	6	8	8	9																					
	6	**8**	**9**	**9**	–																					
10	5	7	8	9	10	10																				
	7	**8**	**9**	**10**	–	–																				
11	5	7	8	9	10	11																				
	7	**8**	**9**	**10**	**11**	–																				
12	5	7	8	9	10	11	12																			
	7	**8**	**10**	**11**	**11**	**12**	–																			
13	5	7	8	9	10	11	12																			
	7	**9**	**10**	**11**	**12**	**13**	**13**																			
14	5	7	8	10	11	12	12	13																		
	7	**9**	**10**	**11**	**12**	**13**	**14**	**14**																		
15	5	7	9	10	11	12	13	14																		
	7	**9**	**10**	**11**	**12**	**13**	**14**	**15**																		
16	5	7	9	10	11	12	13	14	15																	
	7	**9**	**10**	**12**	**13**	**14**	**14**	**15**	**16**																	
17	5	7	9	10	11	12	13	14	15																	
	7	**9**	**11**	**12**	**13**	**14**	**15**	**16**	**16**																	
18	5	7	9	10	11	12	13	14	15	16																
	7	**9**	**11**	**12**	**13**	**14**	**15**	**16**	**17**	**17**																
19	5	7	9	10	11	12	14	14	15	16																
	7	**9**	**11**	**12**	**13**	**14**	**15**	**16**	**17**	**18**																
20	5	7	9	10	11	13	14	15	16	16	17															
	7	**9**	**11**	**12**	**13**	**15**	**16**	**16**	**17**	**18**	**19**															
30	6	8	9	11	12	13	15	16	17	18	19	20	21	22	23	24										
	8	**10**	**12**	**13**	**15**	**16**	**17**	**18**	**19**	**20**	**21**	**22**	**23**	**24**	**25**	**26**										
40	6	8	9	11	12	14	15	16	18	19	20	21	22	23	24	25	26	27	28	29	30					
	8	**10**	**12**	**14**	**15**	**17**	**18**	**19**	**20**	**22**	**23**	**24**	**25**	**26**	**27**	**28**	**29**	**30**	**31**	**32**	**32**					
50	6	8	10	11	13	14	15	17	18	19	20	22	23	24	25	26	27	28	29	30	31	32	33	34	35	36
	8	**10**	**12**	**14**	**15**	**17**	**18**	**20**	**21**	**22**	**24**	**25**	**26**	**27**	**28**	**29**	**30**	**31**	**32**	**33**	**34**	**35**	**36**	**37**	**38**	**39**
n_2	0	1	2	3	4	5	6	7	8	9	10	11	12	13	14	15	16	17	18	19	20	21	22	23	24	25

↑ kleinster Felderwert

← Besetzung des Parallelfeldes

Abdruck mit freundlicher Genehmigung aus der Arbeit von D. MAINLAND und J. M. MURRAY „Tables for use in fourfold contingency tables", Science, 1952, 116, 591—594.

Das Abweichungsmaß Chiquadrat:

Für jedes der besprochenen Korrelationsmaße gibt es natürlich Möglichkeiten, die Signifikanz zu prüfen, z. B. mit Hilfe der Streubreite um die Beziehungslinie, wird der Leser sagen. Erhält man einen sehr niedrigen r-Wert aus den Daten, etwa nur r = 0,3, und somit r² = 0,09, so beträgt die Zufallsvarianz u m d i e L i n i e (Punktabstände) 91 %/0 der Gesamtvariation des Materials. Diese Restvarianz (1—r²) macht die Schätzung von y aus den zugehörigen x-Werten sehr unbestimmt. Ein so niedriger Korrelationskoeffizient führt praktisch zu keiner Voraussage. Je größer der r-Wert, desto relevanter die Schätzung von y aus x, und desto weniger läuft man Gefahr, daß der Stichproben-r-Wert den wahren Populationswert ϱ nicht abzuschätzen erlaubt. Denn in der einzelnen Stichprobe, z. B. aus einer einzelnen Fabrik, mag zwar aus 40 Vergleichen des wöchentlichen Ausstoßes mit den Betriebskosten ein Zusammenhang (sagen wir mit r = 0,3) gefunden worden sein. Aber ob in 100 Fabriken, die denselben Arbeitsprozeß unter ähnlichen Bedingungen durchführen, das ϱ der Gesamtheit noch von Null verschieden ausfällt, kann man nicht voraussagen. Das ist es, was man unter Signifikanz eines r-Werts versteht. r^2 ist das *Bestimmtheits-Maß*, $(1—r^2)$ das Maß der *Unbestimmtheit*. Nun gibt es ein sehr einfaches Abweichungsmaß, Chiquadrat (Symbol χ^2), auf das sicherlich der eine oder andere Leser schon im Schrifttum gestoßen sein wird. Dieses Maß zu veranschaulichen, ist sehr einfach. Chiquadrat ist definiert als die Summe der Quadrate der Abweichungen vom Mittelwert 0, in Verteilungen mit der Varianz $s^2 = 1$. Und zwar muß, um präzise zu sein, noch hinzugefügt werden: Die Verteilung der Variablen ist als normal vorausgesetzt, und es sollen unabhängig voneinander verteilte Beobachtungen sein.

Nun wird der Leser fragen: und das Maß „t"? Auch „t" mißt ja die Abweichungen vom Mittelwert in den Intervallen $\pm 1 \cdot s$, $\pm 2 \cdot s$ usw.

Schlagen wir einmal die t-Tabelle und die χ^2-Tabelle nach. Wir finden für Normalverteilung, und die Zufallswahrscheinlichkeiten

	P = 0,05	P = 0,01	P = 0,001
d. h. N = ∞ die t-Werte von	1,96	2,58	3,29
und in der χ^2-Tabelle für einen Freiheitsgrad (FG): $\chi^2 =$	3,84	6,64	10,83
also $\chi^2 = t^2$.			

Natürlich muß man in der χ^2-Tabelle die oberste Zeile nachschlagen, für nur einen Freiheitsgrad. Denn t mißt ja stets nur den Unterschied zwischen *zwei* Stichproben (1 FG), während χ^2 als quadratisches Maß addierbar und subtrahierbar ist und folglich vorzüglich geeignet, Unterschiede (oder Übereinstimmung) von Verteilungen aufzudecken, an welcher Stelle sie sich auch unterscheiden mögen. Es bleiben offenbar bei χ^2 keine Wünsche offen. Das haben schon viele gedacht, ohne zu bemerken: χ^2 mißt lediglich die Signifikanz! Oft liegt uns aber besonders an einem Stärkemaß von Korrelationen! Und dafür muß man aus χ^2 noch ein solches Stärkemaß ableiten. Das macht nicht allzu große Umstände, wie wir sehen werden.

Beispiel:

Die Verteilung von χ^2 ist eine kontinuierliche und basiert auf zugrundeliegender Normalverteilung, wie schon gesagt. Ausgezählte Häufigkeiten haben es oft mit diskreten Variablen zu tun, sie können z. B. alternative Anzahlen von Merkmalsträgern sein, die in bestimmte Klassen fallen (z. B. Erfolgsfälle, Nichterfolgsfälle, siehe weiter oben). Wir verglichen im vorangegangenen Abschnitt zwei solche diskreten Verteilungen, die Fälle eines Erfolgs und Nichterfolgs, aufgegliedert nach einer zweiten Klassifizierung, nach Fällen

1. in denen eine Maßnahme angewandt war,

2. in denen sie nicht angewandt war. (2 X 2-Tafel).

Frage: Besteht Unabhängigkeit oder hat die Maßnahme den Erfolg beeinflußt? Um dies mit Hilfe des Kriteriums χ^2 zu entscheiden, errechnet man zunächst die Häufigkeiten, die nach der Nullhypothese zu erwarten wären, d. h. nach der Annahme, die beiden Verteilungen weichen nur zufällig von dem in Wirklichkeit zutreffenden Mittelwert der Erfolgsprozente (rechte Spalte der nachstehenden Tabelle) ab.

	Beobachtete Erfolgshäufigkeiten		Erwartete Häufigkeiten nach der Nullhypothese
	Erfolg	Nichterfolg	
Maßnahme angewandt	70	30	50
Maßnahme nicht angewandt	30	70	50
Zusammen Fälle	100	100	100

Bei Anwendung der Maßnahme (oberste Zeile) waren Erfolgsfälle häufiger als Nieten, aber umgekehrt Pannen zahlreicher (zweite Zeile), wenn man die Maßnahme verabsäumte. In Kontrollversuchen läßt man die Maßnahme absichtlich fort. Daß dann mehr Pannen vorkamen, deutet die Nullhypothese ebenfalls nur als zufällige Abweichungen vom Durchschnittsergebnis 50 (unabhängig von der Maßnahme). Sind die Unterschiede zwischen beiden Verteilungen groß genug? Kann die Nullhypothese verworfen werden? Das wird mit dem Kriterium χ^2 in folgender Form geprüft:

$$\chi^2 = S \frac{(\text{beobachtete} - \text{erwartete Häufigkeiten})^2}{\text{erwartete Häufigkeiten}} = S \frac{(B-E)^2}{E}$$

Wir haben es hierbei klarerweise nicht mit kontinuierlichen Verteilungen quantitativ abgestufter Merkmalswerte zu tun, sondern mit diskreten Verteilungen alternierender Häufigkeiten. Die Testkriterien (Summe $S \frac{(B-E)^2}{E}$) sind daher nur angenähert als quantitative χ^2-Beiträge verteilt, falls die erwarteten Klassenhäufigkeiten genügend groß sind. Bemerkung: Treten Felderbesetzungen von weniger als 5 oder 10 auf, sind also die Häufigkeiten sehr klein, so muß eine „Korrektur für Kontinuität" gemacht werden, da sonst verfälschte Testresultate unvermeidlich wären. Einen solchen Kunstgriff zur Korrektur hat *Yates* vorgeschlagen. (Siehe bei *W. Schmidt*, 4).

Wir rechnen nun die Beiträge zu χ^2, sie sind insgesamt

$$\text{Summe } \chi^2 = \frac{(70-50)^2}{50} + \frac{(30-50)^2}{50} + \frac{(30-50)^2}{50} + \frac{(70-50)^2}{50} = 32.$$

Wir haben hier nur einen Freiheitsgrad zur Verfügung, d. h. die Differenz zwischen nur zwei Verteilungen, und schlagen die χ^2-Tafel entsprechend in der obersten Zeile (1 FG) nach: Tafelwert für P = 0,001 ist 10,83. Die Verteilungen unterscheiden sich also hochsignifikant, nicht nur zufällig, die angenommene Maßnahme hatte Erfolg. Im ganzen hatten wir 100 Fälle beobachtet. Wären es z. B. 400 gewesen, so wäre noch mit $\frac{n}{100} = \frac{400}{100} = 4$ zu multiplizieren gewesen.

Und hierin liegt, wie der Leser erkennen wird, ein unerfüllter Wunsch beim Arbeiten mit χ^2. Wenn wir sehr große Stichproben nehmen, so wird schließlich auch ein anfänglich kleines χ^2 ständig mit steigendem Stichprobenumfang größer, so daß Signifikanz der Unterschiede herauskommt. Wir würden sagen: es kann nicht mehr Zufall sein, daß bei umfangreichem Material ein Unterschied, der erhalten wurde, eben überzeugt, während er bei kleinem Ausschnittmaterial noch Zweifel erweckt. Was also nützt uns die Feststellung der Existenz eines signifikanten Zusammenhangs des Erfolgs mit der Maßnahme? Wir wollen wissen, wie eng er ist und ob wir darauf Voraussagen gründen können!

Wir müssen also zu einem Stärke-Maß, einem Koeffizienten kommen. Das wird möglich sein, wenn wir die Abhängigkeit vom Stichproben-Umfang „n" beseitigen, also χ^2 durch „n" teilen, um ein vergleichbares Stärkemaß als Gewinn buchen zu können. Gedacht — getan, das konnte zu einem Verläßlichkeitsmaß der Vorausage führen, mit weiter Anwendbarkeit in einer Menge von Situationen, auch bei Entweder-Oder-Alternativen mit diskontinuierlicher Verteilung. *G. U. Yule* hatte 1912 diesen glücklichen Einfall (24), und es war nun nicht mehr schwer, sich auch ein Symbol für den Koeffizienten einfallen zu lassen. Er nahm aus dem griechischen Alphabet den Taufnahmen Phi (Φ).

Ganz einfach: $\Phi = \sqrt{\dfrac{\chi^2}{N}}$, oder $\chi^2 = N\Phi^2$.

Praktisch sieht das so aus:

Angenommen: man hätte erhalten:

	Nieten	Erfolgsfälle	Zusammen Fälle
beim alten Verfahren I	8 (Feld a)	92 (Feld b)	100 (p')
beim neuen Verfahren II	2 (Feld c)	98 (Feld d)	100 (q')
Zusammen Fälle	10 (p)	190 (q')	N = 200

Die nach der Nullhypothese erwarteten Fälle liegen in der Mitte von 8 und 2, also bei 5, und in der Mitte von 92 und 98, also bei 95. Davon weichen die beobachteten Fälle jeweils um +3 oder —3 ab.

Folglich $\chi^2 = \dfrac{3^2}{5} + \dfrac{3^2}{5} + \dfrac{3^2}{95} + \dfrac{3^2}{95} = 3{,}79$.

Dieses χ^2 muß noch mit $\dfrac{200}{100} = 2$ multipliziert werden, da N = 200, und beträgt danach 7,58, übersteigt also den Tafelwert 6,64 für die Zufallswahrscheinlichkeit von 0,01. Eine hohe Signifikanz für den Unterschied der Verteilungen? Gewiß, aber der Zusammenhang zwischen Verfahrenswechsel und Nietenausschaltung bleibt schwach, der Koeffizient $\Phi = \sqrt{\dfrac{\chi^2}{N}} = 0{,}1946 =$ rund 0,2 ist sehr bescheiden. Da das Bestimmtheitsmaß $r^2 = 0{,}04$ beträgt, sind zu 96 % beteiligte Mit-Faktoren anzunehmen. Eine Voraussage ist besser zu unterlassen. Man sollte weitere Untersuchungen anstellen, um das Verfahren zu verbessern (Bestimmtheitsmaß r^2 siehe oben).

7. *Chiquadrat für mehrere Häufigkeiten*

In der folgenden Tabelle, die einer Untersuchung von *Josef Vincent* über den „Einfluß des magnetischen Feldes auf organische Konkremente", (Scripta medica Brünn 1964) entnommen ist, soll geprüft werden, ob die einzelnen Korngrößen im (magnetisch) aktivierten Wasser und im nicht aktivierten Wasser sich signifikant unterscheiden. Es wurden gefunden, nach Absiebung mit mm-Sieben:

Korngrößen in mm	Bröckeln der Konkremente Anteile der einzelnen Fraktionen		Mittelwerte
	im aktivierten	im nicht aktivierten Wasser	
0,1 und 0,15 mm Sieb	10,96 %	5,15 %	8,05 %
0,3 und 0,4 mm Sieb	9,16 %	6,06 %	7,61 %
0,6 mm Sieb	10,23 %	7,81 %	9,02 %
1,0 mm Sieb	6,75 %	8,40 %	7,67 %
1,5 mm Sieb	34,50 %	62,30 %	48,40 %
Auf den Sieben aufgefangen:	71,2 %	89,72 %	
Im Filter verbliebener Rest	28,2 %	10,28 %	
Zusammen	100,00 %	100,00 %	

Man sieht, im magnetisch aktivierten Wasser sind weniger grobe Bestandteile verblieben als im nicht aktivierten. Das angelegte magnetische Feld hat also die Zerbröckelung gefördert. Wie dies praktisch ausgenutzt werden kann, soll im nachstehenden Experiment gezeigt werden. Zunächst sollen die Unterschiede in den einzelnen Fraktionen auf Signifikanz geprüft werden. Die Beiträge von Chiquadrat ermöglichen dies. Formel $\chi^2 = S\left[\frac{(B-E)^2}{E}\right]$, worin B- beobachteter, E = erwarteter Wert bedeutet.

Die oben eingetragenen Mittelwerte sind die Erwartungswerte nach der Nullhypothese, d. h. nach der Annahme, daß die Korngrößenanteile sich nicht unterscheiden und lediglich zufällige Abweichungen von den Mittelwerten sind, wie bereits früher ausgeführt.

$$\text{Ansatz: } \chi^2 = \frac{(10,96-8,05)^2}{8,05} + \frac{(9,16-7,61)^2}{7,61} + \frac{(10,23-9,02)^2}{9,02}$$

$$+ \frac{(6,95-7,67)^2}{7,67} + \frac{(34,5-48,4)^2}{48,4}, \text{ und es kommen noch hinzu:}$$

$$+ \frac{(5,15-8,05)^2}{8,05} + \frac{(6,06-7,61)^2}{7,61} + \frac{(7,81-9,02)^2}{9,02} + \frac{(8,4-7,67)^2}{7,67}$$

$$+ \frac{(62,3-48,4)^2}{48,4}$$

Die Tafel der Quadratzahlen im Anhang erleichtert die Rechnung.
Ergebnis: $\chi^2 = 11,22$. Dieses ist auf dem 0,05 Verläßlichkeitsniveau signifikant, wie ein Blick in die χ^2-Tafel ergibt. (Tafelwert für 4 Freiheitsgrade ist 9,49).
Die Anzahl der Freiheitsgrade wird wie folgt berechnet. Wir haben zwei Spalten, also Freiheitsgrad 1, und 5 Zeilen, also Freiheitsgrad 4. Gesamtfreiheitsgrad: $(c-1) \cdot (k-1) = 1 \cdot 4 = 4$.
Experiment:
Man legt Ringmagneten um ein Glasröhrchen und keine Magneten um ein zweites. In den Röhrchen befindet sich durch eine Glühlampe angewärmtes Wasser. Es soll studiert werden, ob das magnetische Feld, nach 3—4 Wochen, den Absatz von

Kalksubstanzen im Wasser auflockert, zerbröckelt. Das ist der Fall, in der Industrie werden bereits nach T. *Vermeiren* (1957) Leitungsröhren (in 50 000 Unternehmen seit 1945) frei von den lästigen Sedimenten gehalten, die sich an den Wänden absetzen würden und die Leitungsrohre allmählich verstopfen, wie es im Kontroll-Röhrchen geschieht. Der zitierte Autor, J. *Vincent*-Brünn, hat nun Anwendungen auf medizinischem Gebiet diskutiert. Zahlreiche Konkremente wie Nieren- und Gallensteine, Fettsubstanzen aus dem Blut, die sich in den Arterien absetzen und diese verstopfen (Arteriosklerose), lassen sich evtl. durch ein magnetisches Feld zerbröckeln oder verhindern. Natürlich müssen seinen Versuchen in vitro noch Versuche in vivo über den beschleunigten Zerfall organischer Konkremente folgen, im Tierversuch und im klinischen Versuch an menschlichen Patienten. Außerdem zeichnet sich die Möglichkeit ab, Medikamente, die im Verdauungstrakt rasch zerfallen sollen, dazu zu veranlassen. Man sieht, gerade die angewandte Biologie kann bedeutsame Fortschritte auf einem weiten Feld (Industrie - Medizin) erbringen, sobald ein neuer Einfall der Forschung Wege erschließt.

Die „Aktion Jugend forscht" mag die experimentelle Technik verfeinern und zu neuen Anwendungen den Weg öffnen. Der beschriebene Versuch mit Leitungswasser läßt sich in der Schule leicht durchführen.

8. Tafelwerke für Vierfelderkorrelation

1965 erschien in Chikago ein nützliches Tafelwerk zum Preis von nur zwei Dollar. Man kann darin, dank der Autoren *J. A. Davis, R. Gilman* und *J. Schick*, *Yule's* Q-Koeffizienten für Paare von Prozent-Häufigkeiten ablesen und spart viel Zeit. Solche Situationen, in denen man den Koeffizienten benötigt, kommen sehr oft vor. (4)

Yule schlug 1912 als Stärkemaß des Zusammenhangs (zwischen beispielsweise Verfahrenswechsel und Mehrerfolg) in Vierfeldertafeln

c	b
a	d

sein Assoziationsmaß $Q = \dfrac{ad-bc}{ad+bc}$ vor. Wenn die Feldbesetzungen a und c in Prozenten angegeben sind, so ist b = 100—a und d = 100—c mitbestimmt. Beliebige Paare (nach Umrechnung in Prozentsätze) können nach den Feldern a und c auf die Stärke des Zusammenhangs beurteilt werden.

Zahlenbeispiel:

	Prozentsätze		
	des Erfolges	des Nichterfolges	zusammen
bei Verfahren I	75 (Feld a)	25 (Feld b)	100
bei Verfahren II	65 (Feld c)	35 (Feld d)	100

Man sucht den ersten Prozentsatz (oben links, hier 75) in der Kopfreihe der nachstehenden Tafelseite auf und geht so weit in der betreffenden Spalte nach unten, bis man auf den zweiten Prozentsatz (hier 65) stößt. Dort findet man den Wert Q = 0,24, d. h. einen Koeffizienten von so geringer Stärke, daß er praktisch nicht zu einer brauchbaren Voraussage über die Aussichten eines Verfahrenswechsels und dessen Mehrerfolg ausreicht. Die nachstehende Probeseite aus dem Tafelwerk wird ein Bild davon geben, wie einfach die Benutzung ist.

Übrigens ist $\Phi = \dfrac{ad-bc}{\sqrt{p \cdot q \cdot p' \cdot q'}}$ oder $= \dfrac{ad-bc}{\sqrt{(a+b)(a+c)(b+d)(c+d)}} = \sqrt{\dfrac{\chi^2}{N}}$

Hinsichtlich der Symbole p, q, p', q' sei auf die „Randsummen" in der soeben wiedergegebenen Vierfeldertafel hingewiesen, mit a = 8, b = 92 usw.

Umrechnung: Da $\chi^2 = \dfrac{(ad-bc)^2 \cdot N}{\text{Produkt der Randsummen}}$, so ist $\chi^2 = N \cdot \varphi^2$

Yule betonte, daß „Q" ein Korrelationsmaß ist, nicht ein Signifikanztest. Den kann man über χ^2 oder aus der Tabelle von *Mainland* und *Murray* erhalten.
Vergleicht man die verschiedenen Schätzmaße für den Korrelationskoeffizienten „r", wie es z. B. K. *Hellmich* (9) getan hat, so zeigt sich, daß ihre Werte ziemlich dicht beieinander liegen. Immerhin muß berücksichtigt werden, daß sie nicht so leistungsfähig („effizient", siehe Fachwort-Lexikon) sind wie „r". Aber die Voraussetzung für die Berechnung von „r", nämlich Normalverteilung der beiden Veränderlichen x und y sowie im einfachsten Fall (lineare Beziehung) ist nicht immer gegeben, wie wir sahen.

Effizienz: Das tetrachorische (Vierfelder-) „r", das man in einer Stichprobe findet, grenzt den geschätzten Wert rho (ϱ) der Gesamtpopulation nicht so eng ein wie „r". Die Varianz von „r" ist nur halb so groß, mit anderen Worten liefert „r" einen etwa doppelt so leistungsfähigen (eng eingrenzenden) Schätzwert für rho.

Davis, Tables for *Yule*'s „Q" Association
Coefficient for pairs of Percentages

Second per Cent	First per Cent									
	71	72	73	74	75	76	77	78	79	80
51	0.40	0.42	0.44	0.46	0.48	0.51	0.53	0.55	0.57	0.59
52	0.39	0.41	0.43	0.45	0.47	0.49	0.51	0.53	0.55	0.57
53	0.37	0.39	0.41	0.43	0.45	0.47	0.50	0.52	0.54	0.56
54	0.35	0.37	0.39	0.42	0.44	0.46	0.48	0.50	0.52	0.55
55	0.33	0.36	0.38	0.40	0.42	0.44	0.47	0.49	0.51	0.53
56	0.32	0.34	0.36	0.38	0.40	0.43	0.45	0.47	0.49	0.52
57	0.30	0.32	0.34	0.36	0.39	0.41	0.43	0.46	0.48	0.50
58	0.28	0.30	0.32	0.35	0.37	0.39	0.42	0.44	0.46	0.49
59	0.26	0.28	0.31	0.33	0.35	0.38	0.40	0.42	0.45	0.47
60	0.24	0.26	0.29	0.31	0.33	0.36	0.38	0.41	0.43	0.45
61	0.22	0.24	0.27	0.29	0.31	0.34	0.36	0.39	0.41	0.44
62	0.20	0.22	0.25	0.27	0.30	0.32	0.34	0.37	0.39	0.42
63	0.18	0.20	0.23	0.25	0.28	0.30	0.33	0.35	0.38	0.40
64	0.16	0.18	0.21	0.23	0.26	0.28	0.31	0.33	0.36	0.38
65	0.14	0.16	0.19	0.21	0.24	0.26	0.29	0.31	0.34	0.37
66	0.12	0.14	0.16	0.19	0.21	0.24	0.27	0.29	0.32	0.35
67	0.09	0.12	0.14	0.17	0.19	0.22	0.24	0.27	0.30	0.33
68	0.07	0.10	0.12	0.15	0.17	0.20	0.22	0.25	0.28	0.31
69	0.05	0.07	0.10	0.12	0.15	0.17	0.20	0.23	0.26	0.28
70	0.02	0.05	0.07	0.10	0.13	0.15	0.18	0.21	0.23	0.26
71	0.	0.02	0.05	0.08	0.10	0.13	0.16	0.18	0.21	0.24
72	—0.02	0.	0.03	0.05	0.08	0.10	0.13	0.16	0.19	0.22

73	−0.05	−0.03	0.	0.03	0.05	0.08	0.11	0.13	0.16	0.19
74	−0.08	−0.05	−0.03	0.	0.03	0.05	0.08	0.11	0.14	0.17
75	−0.10	−0.08	−0.05	−0.03	0.	0.03	0.05	0.08	0.11	0.14
76	−0.13	−0.10	−0.08	−0.05	−0.03	0.	0.03	0.06	0.09	0.12
77	−0.16	−0.13	−0.11	−0.08	−0.05	−0.03	0.	0.03	0.06	0.09
78	−0.18	−0.16	−0.13	−0.11	−0.08	−0.06	−.03	0.	0.03	0.06
79	−0.21	−0.19	−0.16	−0.14	−0.11	−0.09	−0.06	−0.03	0.	0.03
80	−0.24	−0.22	−0.19	−0.17	−0.14	−0.12	−0.09	−0.06	−0.03	0.
81	−0.27	−0.25	−0.22	−0.20	−0.17	−0.15	−0.12	−0.09	−0.06	−0.03
82	−0.30	−0.28	−0.26	−0.23	−0.21	−0.18	−0.15	−0.12	−0.10	−0.06
83	−0.33	−0.31	−0.29	−0.26	−0.24	−0.21	−0.19	−0.16	−0.13	−0.10
84	−0.36	−0.34	−0.32	−0.30	−0.27	−0.25	−0.22	−0.19	−0.17	−0.14
85	−0.40	−0.38	−0.35	−0.33	−0.31	−0.28	−0.26	−0.23	−0.20	−0.17
86	−0.43	−0.41	−0.39	−0.37	−0.34	−0.32	−0.29	−0.27	−0.24	−0.21
87	−0.46	−0.44	−0.42	−0.40	−0.38	−0.36	−0.33	−0.31	−0.28	−0.25
88	−0.50	−0.48	−0.46	−0.44	−0.42	−0.40	−0.37	−0.35	−0.32	−0.29
89	−0.54	−0.52	−0.50	−0.48	−0.46	−0.44	−0.41	−0.39	−0.37	−0.34
90	−0.57	−0.56	−0.54	−0.52	−0.50	−0.48	−0.46	−0.43	−0.41	−0.38
91	−0.61	−0.59	−0.58	−0.56	−0.54	−0.52	−0.50	−0.48	−0.46	−0.43
92	−0.65	−0.63	−0.62	−0.60	−0.59	−0.57	−0.55	−0.53	−0.51	−0.48
93	−0.69	−0.68	−0.66	−0.65	−0.63	−0.62	−0.60	−0.58	−0.56	−0.54
94	−0.73	−0.72	−0.71	−0.69	−0.68	−0.66	−0.65	−0.63	−0.61	−0.59
95	−0.77	−0.76	−0.75	−0.74	−0.73	−0.71	−0.70	−0.69	−0.67	−0.65
96	−0.81	−0.81	−0.80	−0.79	−0.78	−0.77	−0.76	−0.74	−0.73	−0.71
97	−0.86	−0.85	−0.85	−0.84	−0.83	−0.82	−0.81	−0.80	−0.79	−0.78
98	−0.90	−0.90	−0.90	−0.89	−0.88	−0.88	−0.87	−0.87	−0.86	−0.85
99	−0.95	−0.95	−0.95	−0.94	−0.94	−0.94	−0.93	−0.93	−0.93	−0.92
100	−1.00	−1.00	−1.00	−1.00	−1.00	−1.00	−1.00	−1.00	−1.00	−1.00

Ein neues Korrelationsmaß, K, (nach *K. Hellmich*) und sein neues Tafelwerk: (9). Wir hatten bereits das *Kosinus-Modell* in Abschnitt 4. besprochen. *Hellmich* zeigte, daß man auch vom *Sinus-Modell* in Vierfeldertafeln ausgehen kann. Das sei an einem konkreten Zahlenbeispiel und an der nachstehenden Abbildung 15 ver-

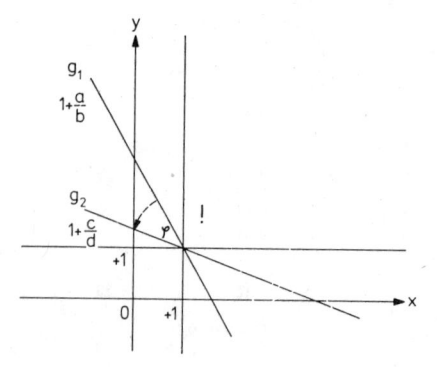

Abb. 15: Sinus-Modell für die Entwicklung eines neuen Korrelationsmaßes in Vierfeldertafeln, nach *K. Helmich* (siehe Text).

anschaulicht. Angenommen, wir fassen beobachtetes Material in einer Vierfeldertafel zusammen, beispielsweise um die Enge des Zusammenhangs zwischen Impfung (A) und Schutz vor Infektion (B) abzuschätzen, und erhalten die Daten:

	Merkmal A (geimpft) ja	nein	zusammen
Merkmal B (geschützt) ja	4 (a)	2 (b)	a+b
nein	2 (c)	4 (d)	c+d
zusammen	a+c	b+d	a+b+c+d

Die Felder a, b, c, d sind im Zahlenverhältnis 4:2:2:4 besetzt. Wären ausschließlich die Ja-Ja und die Nein-Nein-Felder besetzt, so würde sich ein totaler Zusammenhang ergeben. Sämtliche Geimpften wären ausnahmslos gegen Infektion geschützt, und alle Nichtgeimpften blieben ungeschützt, würden also infiziert. Die Maßnahme des Impfens hätte einen 100 %igen Erfolg gehabt.
Unsere Daten zeigen einen Teilerfolg an, denn es sind auch die Gegenfelder b und c besetzt. Die Ausführung der Impfung determiniert also einen Erfolg, aber es verbleibt ein Rest von Fällen der „nondetermination" (siehe Bestimmtheitsgrad, Fachwort-Lexikon).
Nach *Hellmich* kann man der Vierfeldertafel zwei Gleichungen zuordnen, welche die Beziehung zwischen A und B ausdrücken.
Gleichung I: $ax + by = k_1$, wobei $k_1 = a+b$, in Abb. 15 dargestellt durch die Gerade g_1
Gleichung II: $cx + dy = k_2$, wobei $k_2 = c+d$, in Abb. 15 dargestellt durch die Gerade g_2
Diese beiden Geraden bilden den Winkel φ.
Hellmichs neuer Einfall: $K = \sin \varphi$.
Greifen wir mit einem Centimetermaß in der Zeichnung die gegenüberliegende Kathete (gestrichelter Pfeil) mit 1,6 cm ab, und die Hypotenuse mit 2,6 cm, so erhalten wir $K = \sin \varphi = 0{,}615$.
Natürlich fällt die Ablesung der Kathete und Hypotenuse in Centimetern bei anderem Maßstab unserer Zeichnung anders aus, aber das Verhältnis der Längen bleibt dasselbe, falls der Winkel sich nicht ändert. Übrigens erhalten wir nach *Yule* einen Wert
für $Q = \dfrac{ad - bc}{ad + bc} = \dfrac{16 - 4}{16 + 4} = 0{,}6$, entsprechend dem K-Wert, in unserem Falle.

Der Sinuswert kann, bei totalem Zusammenhang, bis +1,0 (oder —1,0 bei negativem Zusammenhang) steigen, im anderen Extremfall kann er auf Null sinken (kein Zusammenhang).
Beispiel:

Tafel

4	1
1	4

Dann wird $Q = \frac{16-1}{16+1} = 0{,}88$ und K ergibt einen entsprechenden Wert. Sind jedoch die Felder b oder c mit Null besetzt, so würde Q = 1,0, (zu unrecht). Das Maß Q ist dann unbrauchbar. Dagegen vermeidet das Maß K diese Unkorrektheit und gibt, auch wenn Nullen vorkommen, einen korrekten Wert für die Enge der Assoziation. Das Maß „K" hat noch weitere Vorteile. Zur näheren Orientierung siehe die Veröffentlichungen des Autors im Literaturverzeichnis (am Schluß dieses Buchabschnitts).

Man ersieht leicht aus der Abbildung, daß der Winkel φ und der Sinuswert steigen, wenn $\frac{a}{b}$ größer und $\frac{c}{d}$ kleiner wird, wenn also die Felder a (Ja-Ja) und d (Nein-Nein) gut besetzt, dagegen die Felder b und c schwächer besetzt sind.

Zum Vergleich der Maße: Yule's Maß ist $Q = \frac{ad - bc}{ad + bc}$

während nach Hellmich $\operatorname{tg} \varphi = \frac{ad - bc}{ac + bd}$ ist, woraus sich der Winkel φ ergibt und $K = \sin \varphi$ nachgeschlagen werden kann.

Im Falle

a (63)	b (28)
c (0)	d (57)

wäre Q = 1 (wegen des Nullwerts, ein totaler Zusammenhang ist jedoch nicht gegeben. Es würde $\operatorname{tg} \varphi = \frac{ad - bc}{ac + bd} = \frac{a}{b} = \frac{63}{28} = 2{,}25$,

und $K = \sin \varphi = 0{,}928$, was eine enge Korrelation, wenn auch keine totale anzeigt.

Ein Hauptvorteil von K: Q ist symmetrisch, $Q_{AB} = Q_{BA}$. Das Maß K dagegen ist unsymmetrisch. Wenn A die Ursache von B ist, so läßt K erkennen, daß nicht umgekehrt auch A kausal durch B bedingt ist.

VII. Nachwort: Biologie im studium generale.
Psychologische Tests prüfen die Denkstruktur von Biologen

Tests als Detektive, entdecken „schlechte" Schüler als gute Denker

Psychologische Tests der Denkstruktur sind ständig verbessert worden. Die Autoren strebten nach größerer Trennschärfe der Eignungstests, in der Schule und bei der Berufsberatung, um jeden nach Eignung und Neigung den passenden Arbeitsplatz finden zu lassen.

Begabungsreserven müssen ausgeschöpft werden, sie werden gebraucht.

Alarmierend wirkt: *Primaner mit den Schulnoten 4 und 5 stellten einen beachtlichen Prozentsatz der guten Denker, entdeckt durch Tests!* Hier wird Förderung dringend notwendig.

Über den Vergleich der Übereinstimmung von Schulnoten mit dem „objektiven" Maßstab der Testleistungen siehe unten. Zur Kontrolle der *Voraussage der „Eignungstests" für die spätere Berufsbewährung* sah man sich Piloten, Techniker oder andere an. Ihre Bewährung hing jedoch nicht nur von der vorgetesteten

Denkstruktur ab, sondern ersichtlich auch von manchen anderen Persönlichkeits-zügen. Man braucht also Tests, um Schulnoten zu „objektivieren", sollte andererseits aber nicht einseitig von einem einzelnen Test Aussagen erwarten, die er nicht zu prüfen vermag.

Für *Biologen* liegen Testergebnisse im Vergleich mit *Kaufleuten*, Kandidaten der *Philosophie* usw. vor. Interessant genug, um sie hier in einem Nachwort zu analysieren (siehe unten).

Zunächst sei zusammengefaßt, *welche Struktur des biologischen Denkens sich aus den Kapiteln unserer Biostatistik als charakteristisch ergibt:*

1. *Alternative Annahmen* werden, so vielseitig wie es zur Erfassung der komplexen Wirklichkeit möglich und nötig ist, dem Experiment zugrunde gelegt, das die bestätigende Antwort geben soll.

A priori einen Teil der Hypothesen auszulassen, die eine Rolle spielen können, bedeutet den Verzicht auf eine möglicherweise bessere Erklärung der Daten, als es nur eine einzige ausgewählte Hypothese zuließe. (Einfaktorschema, Mehrfaktorenanalyse).

2. *Erst die Bestätigung an der Wirklichkeit,* an einem genügend breiten Beobachtungsmaterial, kann als Beweis anerkannt werden, nicht das Festhalten an einer einzelnen a priori-These. Diese muß solange Theorie und lediglich deutendes Modell bleiben, bis sie mit alternativen Hypothesen verglichen und hiernach wenigstens zu Teilaussagen tauglich befunden ist.

Solcherart Festhalten an „einleuchtenden" Axiomen hat wahrscheinlich einen etwas ironischen Autor zu dem Apercu verleitet, dessen Zitat an dieser Stelle fast unvermeidlich erscheint: „Anhänger von vorgefertigten Modellen suchen in einem dunklen Raum eine schwarze Katze zu fangen, die gar nicht drin ist."

Beispiel:
Es hat 100 Jahre gedauert, bis im US-Staat Tennessee das Gesetz aufgehoben wurde, welches es Lehrern verbot, über *Darwin* zu sprechen. Erst als 1968 ein Lehrer, der es doch tat, entlassen war und die Öffentlichkeit gegen die *Doktrin* Sturm lief, die 100 Jahre lang *Darwin*'s Evolutionsidee einfach ignorieren wollte, hob man das Gesetz auf.

Die Verschiedenheit der Denkstruktur wird hieran deutlich: Doktrinäres Denken beharrt mit rührender Vorliebe an einem Eingleisschema. Nur das mehrdimensionale Denken kann jedoch ein reales Bild der Wirklichkeit liefern und Fortschritte bringen.

Die Öffentlichkeit muß daher fordern, daß die Denkschulung, die der Biologieunterricht als Pflicht- und Kernfach vermittelt, allen Schülern vermittelt wird. Nachdem die kultusministeriellen Saarbrücker Vereinbarungen lediglich ein paar andere Fächer als Pflichtfächer zuließen und Biologie zum Wahlfach degradierten, müssen diese Vereinbarungen ebenso aufgehoben werden wie das Gesetz von Tennessee, und zwar schleunigst!

Der angerichtete Schaden ist bereits sichtbar. Nicht allein ist der Gedanke der Spezialisierung, bereits in der Schule, unannehmbar. Überspezialisierung birgt die ernste Gefahr, Menschen mit Scheuklappen hervorzubringen. Und es ist allzu bequem, sich durch immer weitere „Meisterstücke" als Schulreformer bestätigt sehen zu wollen, hinter Scheuklappen, durch die der Blick auf die vielschichtige Wirklichkeit verstellt wird.

Wieso sollte der Stundenplan ausschließlich durch Fächerstreichen entlastet werden können? Natürlich bietet sich alternativ das sehr viel vernünftigere und wirksamere Mittel an, alle Fächer von Ballast und Detail zu entrümpeln. Verzicht auf Allgemeinbildung bringt Halbbildung.
Insbesondere haben es diejenigen, die nicht in der Schule durch experimentelle Biologie die Planung und statistische Auswertung von Experimenten gelernt haben, schwer, wenn sie Ausbildungsexperimente durchführen sollen. Sie lassen gern alternative Hypothesen fort, ohne die es nicht geht, und von deren Notwendigkeit ein „studium generale" (sprich Allgemeinbildung) überzeugt.
Als Argument für die „Gesamtschule" wird die „Durchlässigkeit" zwischen der Elementar- und weiterführenden Schulen angeführt. Ist dieselbe Durchlässigkeit nicht auch erreichbar, wenn die Schultypen wie bisher nicht unter demselben Dach vereinigt sind? Nachholunterricht für etwas langsamere, zurückbleibende Schüler kann von den Lehrenden übernommen werden, natürlich gegen angemessene Vergütung der Überstunden. Sollte der Lehrermangel dies hindern, so hindert er ebenfalls die ausreichende Besetzung der geplanten Gesamtschulen, die einen größeren Personalbedarf haben würden. Oder diese Besetzung geschieht auf Kosten der bisherigen Schulen und ihrer Schüler.
Wer also behauptet, der Zwang zur Spezialisierung ergäbe sich aus der unterschiedlichen Begabungsrichtung und die „Durchlässigkeit" sei *nur* in Gesamtschulen erreichbar, ignoriert a priori die Alternativen. Die biologische Statistik führt zu bescheidener Haltung. Erst prüfen, dann urteilen. Was zum Eingleisdenken führt, ist nicht notwendig einseitige Begabung, sondern eher einseitige Ausbildung durch Streichen von Fächern. Gewiß, das Denken in Wahrscheinlichkeiten, das in allen Naturwissenschaften geübt wird, mag Training erfordern. Aber dieses Training sollte nicht einem Teil der Oberschüler vorenthalten werden. Sie würden dann später Thesen für „gewiß" halten, die doch besser als Teilaussagen auf Wahrscheinlichkeit *und* Irrtumswahrscheinlichkeit geprüft werden müssen.
Erfaßt z. B. Amthauers Intelligenz-strukturtest (Verlag Beltz) trennscharf Berufseignungen? Aus sehr kleinen Stichproben, also mit beträchtlicher Zufallswahrscheinlichkeit, schließt er: Naturwissenschaftler, darunter Biologen, und ebenso Techniker gehören nach den Testleistungen in dieselbe Gruppe wie Kaufleute. Dagegen unterscheiden sich von dieser Gruppe z. B. Kandidaten der Philosophie. Sehen wir uns die Art von Testfragen an, aus deren falscher oder richtiger Beantwortung *Amthauer* zu diesem Schluß kommt.
Da wird z. B. gefragt: Was haben Zucker und Diamant gemeinsam? Als richtig wird mit Pluspunkten die Antwort belohnt: Beide sind Kristalle. Genau so gut könnte man schreiben: Beide sind Kohlenwasserstoff, bzw. Kohlenstoff. Oder: Was sind Rosen und Nelken? Blumen, schreibt der Autor als akzeptable Antwort vor. Würde man sie als Blütenorgane von Pflanzenspecies bezeichnen, so gäbe das keinen Punkt. Merkwürdig, gerade das alternative Angebot mehrerer Lösungen, das für den Naturwissenschaftler und Entwicklungsingenieur berufswichtig, für den Axiomatiker dagegen nicht kennzeichnend ist, schließt der Autor als Kriterium automatisch aus. Glaubt er, daß die Unterteilung seiner Tests in Verbaltests (wie oben angedeutet) und in Tests der Rechengewandtheit und des Raumvorstellungsvermögens Denkstrukturen genügend scharf unterscheiden läßt?

Er begibt sich ferner der Möglichkeit, richtige Lösungen ohne Zeitdruck zu testen, vielmehr koppelt er Richtigkeit und Schnelligkeit, indem er nach 6 oder 9 Minuten die Antwortbogen zurückfordert. Das würde man beim Sport vermeiden. Eiskunstlauf wird nach der Leistung an sich beurteilt, und nicht mit Schnell-Lauf gemeinsam beurteilt. Höchstens wird beim Hürdenspringen nach fehlerlosem Ritt nachträglich die Zeit bewertet.
Amthauers Test ist bereits in verbesserter (zweiter) Auflage erschienen. Es ist zu wünschen, daß bei Anerkennung der Schwierigkeit, schon beim ersten Versuch gezielte Tests zu ersinnen, in weiterer Auflage eine Überarbeitung und ein neues Durchdenken zu verbesserten Aussagen führt.
Ich habe hier meine Einwände nur an wenigen Beispielen belegt. Daß sie nicht herausgegriffene Einzelfälle sind, kann man bei Durchsicht unschwer feststellen. Geistige Schärfe und Wendigkeit vermag m. E. der Lienert-„Denksporttest" (Verlag Hogrefe) zu erfassen. Eine Eichstichprobe an N = 836 Primanern und Primanerinnen ergab im Mittel 7,7 richtige Lösungen von im ganzen 15 Fragen. Die Standardabweichung betrug s = 2,73.
Ein Vergleich mit den Schulnoten wurde von *Köhler* (unveröffentlicht, Bibliothek des psychologischen Instituts Marburg) gezogen.

Er fand:

Probanden, die mehr	hatten die Schulnoten gut (Noten 1, 2 und 3)	hatten die Schulnoten schlecht Noten 4 und 5
als 7 Testaufgaben richtig lösten, also über Durchschnitt lagen	79 %	21 %
weniger als 7 Testaufgaben richtig lösten, also unter Durchschnitt lagen	58 %	42 %

Also: Geht man nach den Schulnoten, so findet man unter denen mit Prädikatsnoten mehr gute Denker, die der Test entdeckt, (4 unter 5), als unter „schlechten" Schülern. Immerhin ist das Ausgehen vom Schulprädikat keineswegs sicher: denn bei drei Fünfteln der Probanden, die im Denktest nicht so gut abschnitten, stellte sich heraus, daß sie in der Schule beste Noten hatten. Wer hätte das gedacht? Der Test soll eben geistige Schärfe und Wendigkeit erfassen, und sollten sich diese „guten" Schüler nicht noch später im Beruf verbessern, so würden sie in verantwortliche Stellen in Wirtschaft, Forschung, Politik und Verwaltung kommen, und leider der wünschbaren Wendigkeit ermangeln! Es ist aber auch deswegen nützlich, neben Prädikatsnoten den Test heranzuziehen, weil „schlechte" Schüler in der Denkfähigkeit zu beachtlichem Prozentsatz Überdurchschnittliches leisteten! *Das ist alarmierend! Hier lohnt es sich, anzusetzen,* denn diese Schüler sollten besonders gefördert werden. Das würde eine effektive Maßnahme sein, und viel billiger, als der Umweg über Fördergruppen in „Gesamtschulen". Wir brauchen jeden Denkfähigen, denn verzichtet man auf Talentsuche hierzulande, so besorgen das ausländische Werber gründlichst, und das alte Europa bleibt hinter der neuen Welt und hinter Japan immer mehr im Rückstand. Wir würden es am Lebensstandard bis zum Jahre 2000 merken. Aber dann würde es zu spät sein! Der schwache Zusammenhang zwischen Schulnoten und Testleistungen hat den Koeffizienten $Q = \dfrac{ad - bc}{ad + bc} = 0{,}46$. (Siehe Ablesetafel im Abschnitt VI. 8.).

Bei Anwendung des Lienert-Tests ist kein Zeitdruck zu befürchten, die 15 Fragen lassen sich in einer Stunde beantworten.

Anregung: Wer nach *Lienerts* D-S-T-Primaner testen will, kann sich das Verdienst erwerben, zur Beantwortung wichtiger Fragen beizutragen. Es ist bereits bekannt, daß zwischen Oberstufenklassen (12, 13) und Mittelstufenschulklassen der Gymnasien (Tertia, Sekunda) keine signifikanten Unterschiede vorlagen. Ferner nicht zwischen Primanern und Primanerinnen oder zwischen den verschiedenen Gymnasialzügen (naturwissenschaftlich, sprachlich, altsprachlich). Jedoch könnte man die *Berufswünsche* der Probanden notieren, und erkunden, ob diejenigen, die sich *einem naturwissenschaftlichen oder technischen Lebensberuf* widmen wollen, im Test signifikant anders abschneiden. Sie werden gebraucht! Um die Aussage des Tests für naturwissenschaftlich-technische Berufseignung auf einen Vergleich an bereits berufsbewährten Ingenieuren zu stützen, hat man ihn bereits solchen Personengruppen vorgelegt. (Unveröffentlichte Mitteilung).

Ich möchte mich hier darauf beschränken, nur ein Beispiel für die Art der Testfragen des D-S-T nach *Lienert* zu geben. Die Schwierigkeit ist gestaffelt, der Test beginnt mit leichteren Fragen, wie z. B.: Ein Verkehrsflugzeug braucht von Frankfurt/M. nach Berlin eine Stunde und 25 Minuten, für den Rückflug wurden jedoch 85 Minuten angegeben. Woran lag es? Im Antwortbogen muß nun die richtige Antwort angekreuzt werden. Angeboten sind die Antworten:

Es lag an der unterschiedlichen Belastung des Flugzeugs,
an den Windverhältnissen,
an der Zeitangabenformulierung.

Wer zunächst an den möglichen Einfluß von Belastungsunterschieden oder an Rücken- und Gegenwind denkt, die durchaus sich auswirken können, muß überlegen, wie groß die Zeitdifferenz war, und ob sie durch solche Einflüsse verursacht sein könnte. Dabei wird er spätestens darauf kommen, daß eine Stunde und 25 Minuten gleich 85 Minuten sind, also gar kein Zeitunterschied vorlag, und nur die Art der Zeitangabe differierte.

Die Verteilung der richtigen Antworten auf die 15 Fragen des Testbogens war bei 513 Primanern (Nach *Köhler,* siehe oben) die nachstehende:
Man sieht, daß der Schwierigkeitsgrad ausreichte, um zu differenzieren.

Tabelle:

Nummer der Aufgabe	Anzahl der richtigen Lösungen	Prozentanteil der richtigen Lösungen, bezogen auf 513 Probanden
1	441	85,96 %
2	443	86,4 %
3	402	78,4 %
4	238	46,4 %

5	241	46,98 %
6	277	53,99 %
7	371	72,3 %
8	330	64,3 %
9	252	49,1 %
10	175	34,1 %
11	232	45,2 %
12	238	46,4 %
13	147	28,7 %
14	118	23,0 %
15	91	17,7 %
Summe	3996	Durchschnitt 51,9 %

Da nur 3996 Lösungen richtig, im ganzen aber 513 mal 15 Antworten = 7695 zu geben waren, so betrug bei Primanern und Primanerinnen der Prozentsatz richtiger Lösungen 51,9 %. Die Aufgaben folgten im allgemeinen nach steigendem Schwierigkeitsgrad aufeinander, jedoch nicht durchweg.

Facit: Wenn ein Denktest mit dem Zeitaufwand von nur einer Stunde geistige Schärfe und Wendigkeit, auch bei Schülern mit schlechten Schulnoten, zu erfassen vermag, so sollte man ihn zur Talentsuche nutzen.

Schulnoten bewerten den Stand des erlernten Wissens und der erworbenen Fähigkeiten; Denktests prüfen, wie sich die Probanden in einer unbekannten Situation zurechtfinden. Genau dies ist es, was in naturwissenschaftlichen Berufen und bei Entwicklungsingenieuren über den Erfolg entscheidet. *Die technologische Lücke Europas* wächst bedrohlich an, für Forschung und Ausbildung muß weit mehr getan werden, als europäische Länder es im Vergleich mit Amerika, Rußland und Japan taten. Wird die Talentförderung weiterhin vernachlässigt, so wird der Rückstand sich, für alle fühlbar, vergrößern.

VIII. Anhang: Tabellen (s. S. 339)

IX. Fachwort-Lexikon

(Nur für häufig vorkommende Ausdrücke)

Absolute und relative Zahlen: In absolutem Maß lassen sich abgestufte Meßwerte eines quantitativen Merkmals ausdrücken. Meist interessieren jedoch die Vergleiche, z. B. zwischen Pflanzensorten- oder Düngereffekten unter sonst vergleichbaren Bedingungen (ceteris paribus).

Oder: „Intelligenzquotienten" werden auf den Bevölkerungsdurchschnitt (= 100) bezogen. Bei qualitativen Eigenschaften (Attribute wie groß - klein, gut - schlecht, männlich - weiblich, Vollkorn-Hohlkorn) kann nur die Häufigkeit ihrer Träger ausgezählt werden, evtl. in Vomhundertsätzen (proportions, percentages). Die Verteilung solcher Entweder-Oder-Häufigkeiten ist dann nicht kontinuierlich, sondern diskret.

Abweichung, durchschnittliche, average deviation, vom Zentrum der Verteilung. Wenn eine Anzahl von „n" Meßwerten das Mittel $\bar{x}$ hat, so ergibt die Summe der Abweichungen (ohne Berücksichtigung des Vorzeichens), geteilt durch „n", also

$\dfrac{S(x-\bar{x})}{n}$ die durchschnittliche Abweichung.

Abweichung, mittlere quadratische, Standardabweichung, standard deviation „s", ergibt sich als Wurzel aus der „Varianz", d. h. der Summe der quadrierten Abweichungen vom Mittel, geteilt durch (n-1). Es ist s^2 (Varianz) = $\dfrac{S(x-\bar{x})^2}{n-1}$

und $s = \sqrt{\dfrac{S(x-\bar{x})^2}{n-1}}$. (n-1) siehe Freiheitsgrad.

Abweichung, Standardabweichung eines Mittelwertes, standard error, sinkt mit dem Stichprobenumfang „n", $s_{\bar{x}} = \dfrac{s}{\sqrt{n}}$

Abweichungsmaße, Abweichung von einem Mittelwert: Spannweite „w", zwischen x_{min} und x_{max} der beobachteten x-Werte (range).
Standardabweichung „s" vom Mittelwert, berechnet als Wurzel aus dem quadratischen Abweichungsmaß s^2, der Varianz (siehe oben).

Abweichung von einer mittleren Differenz: Eine Differenz zwischen Stichprobenmittelwerten zeigt, bei Wiederholung des Vergleichs, eine Streuung (Abweichung von der mittleren Differenz $\bar{d}$). Beispiel: Medikament I entfiebert in durchschnittlich 3 Tagen, Medikament II in 7 Tagen. Mittlere Differenz $\bar{d} = 4$. Da nun in jeder der beiden Stichproben I und II die Werte um die Mittelwerte (3 Tage bzw. 7 Tage) streuen, sind beide Varianzen s_1^2 und s_2^2 zu addieren. Frage: ist die mittlere Differenz $\bar{d}$ groß genug, im Verhältnis zur Streuung? Oder entstand sie nur zufällig?

Prüfmaß dafür ist $t = \dfrac{\bar{d}}{s_{diff}}$ (Students „t"). (Siehe t-Tabelle V.1.)

Das Abweichungsmaß Chiquadrat (χ^2) ist ein quadratisches. Bei einem Vergleich zwischen nur zwei Stichproben ist $\chi^2 = t^2$.
Der Vorteil quadratischer Maße liegt darin: sie sind addierbar, lassen also auch mehr als eine Differenz, an mehreren Stellen von Verteilungen, erfassen (siehe Summe der χ^2 VI. 7.).

Abweichung von einer Korrelation. Die Beziehung zwischen zwei Merkmalen x und y, deren Werte gleichläufig miteinander steigen oder fallen, (z. B. Pflanzenerträge mit den Regenmengen), graphisch durch eine „durchschnittliche" Beziehungslinie dargestellt. Auf ihr liegen jedoch die eingetragenen Punkte der y- über den x-Werten (Abszisse) nicht wie Perlen auf einer Schnur. Vielmehr gibt es Abweichungen. Es liegt also nicht eine 100 %ige Verknüpftheit (Korrelation) der y- mit den x-Werten vor; d. h. die „Bestimmtheit" der einen durch die anderen Werte ist nicht $r^2 = 1$, vielmehr zeigen die Abweichungen den Grad der „Unbestimmtheit" (nondetermination), ausgedrückt durch $(1-r^2)$. Bei Voraussagen der späteren Berufsbewährung aus seinerzeitigen „Eignungstests" verbleibt z. B. eine mehr oder weniger große „Unbestimmtheit".

Analysen, statistische Aufschlüsselung der Zahlensprache, und des Aussagegehalts.

Varianzanalyse, analysis of variance = Streuungszerlegung (I.2 u. IV.4). In einem Experiment werden bereits bei der Planung die kontrollierbaren Einflüsse berücksichtigt und variiert, um ihren Anteil am Zustandekommen der Effekte als Streuungsquellen getrennt zu erfassen. Unkontrollierbare = Zufallsfaktoren siehe dort. (Reststreuung). Die Technik entwickelte *R. A. Fisher*. Faktoren-Analyse, factor analysis: Beim Vorstoß in noch wenig untersuchte Gebiete kann man nicht wie bei einer Varianzanalyse bereits bekannte Faktoren einplanen. Man prüft z. B. Zusammenhänge zwischen Vegetationsbeginn und Klimafaktoren wie geographische Breite, Länge, Höhe ü. M. und sucht nach dem zugrundeliegenden Primärfaktor (hier Wärmeklima). Ähnlich in der Psychologie: Intelligenztestleistungen und Primärfaktoren.

Arithmetisches Mittel, mean, $\frac{Sx}{n}$

Außenseiterwert Wert außerhalb des Intervalls $\bar{x} \pm 3 \cdot s$ bei Normalverteilung, dessen Vorkommen eine so geringe Wahrscheinlichkeit hat, daß man ihn als groben Beobachtungsfehler ansehen und streichen kann.

Beobachtungswerte (observed values) einer variablen Größe sind numerische Werte, die man aus Meß- oder Zählprotokollen als errechnete Daten (data) erhält. Stützen die Daten eine Modellvorstellung oder Hypothese (z. B. Vorliegen einer Normalverteilung; echter, nicht nur zufälliger Unterschied zwischen Stichprobenwerten), so kann diese Hypothese, als an der Wirklichkeit geprüft, akzeptiert und es können alternative andere Hypothesen verworfen werden. Fortschritte der Wissenschaft und Technik sind davon abhängig, daß schöpferische Einfälle zu neuen Hypothesen führen, aber auch davon, daß sie in prüfbarer Form aufgestellt und geprüft werden. Lediglich allgemeine Thesen auszusprechen, sie, *deduktiv*, als für den Einzelfall gültig zu postulieren, bleibt ohne realen Aussagewert, wenn nicht die „observed values" nachweislich die nach einer Hypothese „expected values" decken *(Induktion)*. Stets muß beim induktiven Schließen aus Daten eine verbleibende Irrtumsquote (Zufallsquote) in Kauf genommen werden, die jedoch möglichst klein gehalten werden kann. Man spricht dann von einer an Sicherheit grenzenden Wahrscheinlichkeit statistisch abgeleiteter Gesetzmäßigkeiten.

Bestimmtheitsmaß: (coefficient of determination) wird das Quadrat des Korrelations-Koeffizienten „r^2" genannt. Damit ist gemeint, daß von der Gesamtvariation zweier im Zusammenhang stehender Variablen „y" und „x" nur ein Teil auf r_{yx}^2 zurückgeführt werden kann. Nur zu diesem hierdurch gemessenen Anteil sind die y-Werte durch ihr regelmäßiges Steigen (oder Fallen) mit den x-Werten „bestimmt", d. h. erklärt. Es bleibt eine Restvarianz gemäß der Streuung *um* die Beziehungslinie, die nicht durch r^2 bestimmt, sondern unbestimmt (coefficient of nondetermination = $1-r^2$), unerklärt ist.

Bekannt sind *Scheinzusammenhänge*, nonsens-Korrelationen, die jemand aufgrund einer bloßen Annahme behauptet. So wirkte der Zeitgenosse Goethes, Johann Georg August Galetti, Historiker und Pädagoge, durch seine „Gallettiana" unfreiwillig komisch. Es gibt neue Galettis. Ein Ausspruch: „Als Humboldt den Chimborasso bestieg, war die Luft so dünn, daß er nicht mehr ohne Brille lesen konnte." Hätte Galetti in dünner und dicker Luft beobachtet, so wäre dabei wohl kaum ein Zusammenhang abzuleiten gewesen. Man sieht, *Induktion* aus *beobachteten Werten* fundiert wissenschaftliche Aussagen realistischer als bloße *Deduktion* aus Thesen (siehe dort).

Bias. Eine mehr oder weniger konstante Tendenz für Meßwerte, zu groß oder zu klein auszufallen. Solche „systematischen Fehler" sind zu vermeiden, da sie sich nicht wie die „zufälligen Fehler" nachträglich rechnerisch erfassen lassen. Beispiel: Beim Auszählen roter Blutkörperchen wird in einem Institut das Deckglas stärker als üblich angedrückt.
Binom zweigliedriger Ausdruck, z. B. $(a+b)^n$ oder $(p+q)^n$, worin $p = (1-q)$ für zwei alternative Häufigkeiten. Beispiel: das Mendeln eines Erbanlagenpaares für Merkmal A und Merkmal Nicht-A.
Binomiale Verteilung vergleiche Normalverteilung.
Chiquadrat siehe unter Abweichungsmaßen
Covarianz gemeinsame Variation zweier (oder mehrerer) Variablen, z. B. die Covarianz von y- und x-Werten beim Vergleich dieser Paare. Die y-Werte steigen oder fallen mit den x-Werten, mehr oder weniger regelmäßig. Falls unregelmäßig, so bleibt von der Gesamtvariation des Beobachtungsmaterials noch eine unbestimmte Restvariation übrig, die Streuung *um* die durchschnittliche Beziehungslinie.
Daher Koeffizient „r" $= \dfrac{\text{Covarianz von y und x}}{\sqrt{(\text{Var. x}) \text{ mal } (\text{Var. y})}}$

Datenanalyse. Datenanalyse hat das Ziel, Aussagen aufzuschlüsseln. Den Code liefert die statistische Methodik.
Deduktion. Aus allgemeinen Thesen (Behauptungen) werden logisch „*deduktiv*" Folgerungen für den Einzelfall gezogen. Was in der Geometrie für den Typus des rechtwinkligen Dreiecks gilt, trifft für jedes zu. Zum deduktiven Überdenken der Folgerungen, zu denen eine allgemeine Theorie (Modellvorstellung) führt, muß jedoch die statistische *Induktion* aus einer Anzahl von Einzelfällen hinzu kommen. Erst aus genügend breiter Beobachtungsbasis läßt sich eine allgemeine Gesetzmäßigkeit ableiten, wenn Aussagen über die reale Welt beabsichtigt und durch die Wirklichkeit bestätigt sind. Zu früh beim Allgemeinen zu sein *(Kant),* ohne durch die Erfahrung hindurch, d. h. an ihr vorbei zu gehen, gleicht dem Wunsch, mit dem Bau eines Hauses vom Dache her zu beginnen. Dem Kopf des Zeus entsprang Pallas Athene, anscheinend mit allen Atributen ausgerüstet und fertig zum Gebrauch. Man kann aber nicht von spekulativen Vorstellungen (Ideologien) ohne Beweis sagen, daß sie gebrauchsfertige Modelle sind, bevor geprüft ist, ob sie in die vielschichtige Wirklichkeit oder nur in ein Prokrustesbett passen.
Diskrete Verteilung. Im Gegensatz zu einer kontinuierlichen Verteilung quantitativ meßbarer und abgestufter Merkmalswerte fällt die Verteilung alternierender Häufigkeiten von Entweder-Oder-Eigenschaften, deren Träger man auszählt, diskontinuierlich aus. Beispiele: Träger von Attributen (qualitativen Eigenschaften) wie männlich - weiblich, Vollkorn - Hohlkorn, Nieten und Trefferfälle usw.
Effizienter Schätzwert = leistungsfähiges Schätzmaß im statistischen Sinne, welches den gesuchten wahren Populationswert (z. B. Mittelwert, Streuung, Korrelationsmaß) möglichst eng einzugrenzen erlaubt. Der Koeffizient „r" läßt die Enge des Zusammenhangs rho_{yx} (griechisch ϱ) der Gesamtheit doppelt so effizient aus Stichproben abschätzen wie z. B. das Vierfelder-$r_{\cos \text{pi}}$, denn die Varianz von „r" ist nur etwa halb so groß.
Einseitige Ablesung eines Tests. Die Differenz zweier Stichprobenmittel $\bar{x}_1 - \bar{x}_2$ wird geprüft, ob sie groß genug ist, um trotz der Streuung in beiden Verteilungen als echt und nicht nur zufällig zu gelten.

Werden nun die Variationsbreiten w_1 und w_2 (range), zwischen dem kleinsten und größten x_1-Wert und ebenfalls zwischen x_2 (max) und x_2 (min) nur zur Hälfte, d. h. nur an jeweils der Flanke berücksichtigt, an der Berührungen und Überschneidungen vorkommen können, so spricht man von „einseitiger" Testablesung und setzt statt des Verläßlichkeitsniveaus von 5 %, falls es sich ergibt, 2,5 % Zufallswahrscheinlichkeit. Man prüft also nur, ob $\bar{x}_1 > \bar{x}_2$, nicht ob es auch kleiner ausfallen kann, wenn man das aus Vorversuchen bereits übersieht.

Experiment und Erhebung. Das Experiment gestattet, unter gesetzten Bedingungen zu beobachten, und ist daher oft aufschlußreicher als eine Erhebung gesammelten Materials aus vorhandenen Daten. Bei Anlage eines Experiments läßt sich eher der Streuungsspielraum einengen, erlaubt sind aber zunächst nur Schlüsse unter den Versuchsbedingungen. Verallgemeinerung der Aussagen setzt voraus, daß nicht a priori Faktoren vernachlässigt wurden, die eine Rolle spielen können, und daß aus genügend großen Stichproben Schätzwerte (z. B. Mittelwert $\bar{x}$, Standardabweichung „s" oder Korrelationskoeffizient r) erhoben worden sind, die nicht befürchten lassen, daß an den wahren Werten der Gesamtpopulation, μ, σ, ϱ, vorbeigeschätzt wird.

Es gibt einen Test für Verallgemeinerungsfähigkeit. Angenommen, man prüft Unterschiede der Katalaseaktivität bei Samen von Klimaherkünften und findet schon bei Wiederholung des Auslegens von Körnern im gleichen Keimbett abweichende Resultate. Oder man gibt denselben Personen je an zwei Tagen die Schlafmittel I und II, um die Reaktion auf I und II zu erfahren, wobei in den Wiederholungen schwankende Wirkungen auftreten. (Im Zeichentestbeispiel Abschn. V.5. wurden Wiederholungen nicht angenommen.) Nun sind diese Unterschiede zwischen den Wiederholungen ein Kriterium für Verallgemeinerungsfähigkeit.

Dieses Kriterium benutzt die Varianzanalyse, auf deren Rechentechnik hier nicht eingegangen werden kann. Der Grundgedanke ist jedoch unschwer verständlich: Bei beträchtlichen Schwankungen zwischen den Wiederholungen kann man, für die Versuchssituation selbst, evtl. noch deutliche Klimarassen- bzw. Medikamentabhängigkeit der Reaktionen ablesen, darf sie aber nicht verallgemeinern, ehe man mehr Individuen studiert und gefunden hat, wie man Unterschiede innerhalb gleicher Keimbetten zu senken vermag. *Faktoranalyse:* siehe Analyse.

Fehler erster und zweiter Art: Bei Verwerfung der Nullhypothese H_0 und Annahme der Hypothese H_1 muß der Fehler α (erster Art) in Kauf genommen werden, die Nullhypothese zu unrecht auf dem 5 %, 1 % oder 0,1 % Verläßlichkeitsniveau zu verwerfen, während trotzdem in Wirklichkeit gilt, daß immerhin Zufall im Spiele bleibt. Der Fehler zweiter Art (β) wird begangen, wenn eine Hypothese zu unrecht angenommen wird, die nicht in Wirklichkeit gilt. (Siehe *W. Schmidt*, 5). (Prüfung von Hypothesen.)

Freiheitsgrad = degree of freedom, „Freiheit zu variieren". Beispiel: Liegen lediglich zwei Beobachtungen vor, so hat jede den gleichen Abstand vom errechneten Mittelwert berechnet. Hat man die eine Differenz und den Mittelwert berechnet, so kann die andere Differenz nicht mehr frei variieren, sie muß genau so groß sein wie die erste. Bei vier beobachteten Werten sind nach Festlegung des Mittelwerts nur drei unabhängig voneinander, die vierte liegt fest. Allgemein: nach Berechnung von Mittelwerten (oder anderen statistischen Maßzahlen) muß die Anzahl der „Freiheitsgrade" berücksichtigt werden. Im ersten Beispiel sind es nicht n = 2, sondern (n-1) = 1.

Graduell abgestufte Meßwerte ergeben kontinuierliche Verteilungen nach einer Meßwertskala quantitativer Merkmale wie Pflanzenertrag, Körpergröße, Gewicht usw. Lassen sich jedoch nur Träger von Entweder-Oder- Eigenschaften auszählen, wie Anzahlen oder Prozentzahlen männlich - weiblich, Erfolgsfälle und Fälle des Nichterfolgs usw., so ergibt deren graphische Auftragung zwei Häufigkeitssäulen ohne Zwischenstufen, d. h. eine diskrete Verteilung. Benotung von Leistungen (I, II, III, IV, V) kann zur Quantifizierung, anstelle der bloßen Kategorien gut - schlecht, dienen. Jedoch ist es nicht wie bei Gewichtsskalen möglich, die Note II als doppelt so gut zu werten wie die Note IV. Es sei denn, man geht nach der Anzahl richtig beantworteter Fragen oder Pluspunkten und gemessener Bestzeiten beim Sport, und setzt eine Toleranzgrenze für Mindestpunktzahlen. Aus Blutalkohol-Promilleziffern eine graduell abgestufte Skala der Fahruntüchtigkeit abzuleiten, bleibt insofern unbefriedigend, als der Zusammenhang mit dem Promille-Spiegel nur ein Teilzusammenhang ist, und eine Anzahl von Begleitfaktoren Gewicht hat.

Hypothesen-Prüfung: Bescheiden, aber angemessen bezeichnet der Naturwissenschaftler seine Ideen, die neue Wege erschließen, als Hypothesen. Er stellt nicht a priori Thesen (Behauptungen) auf und postuliert nicht deren Annahme ohne Prüfung. Von der Anlage eines Experiments an, welches prüfbare Hypothesen bestätigen oder widerlegen soll, bis zur Auswertung ist die statistische Methodik ihm dabei Rüstzeug. Er formuliert zunächst die Nullhypothese H_0, z. B. $\bar{x}_1 - \bar{x}_2 = 0$ d. h. er geht von der Annahme aus: ein auftretender Unterschied mag durch Zufall (z. B. durch einen Stichprobenfehler) zustandegekommen sein, bis zum Beweis des Gegenteils. Zeigen Daten, daß diese Annahme nur eine geringe Wahrscheinlichkeit hat, eine so geringe, daß man sie in Kauf nehmen kann, so wird die Hypothese H_1 (echter Unterschied, $\bar{x}_1 - \bar{x}_2 > 0$, und vermutlich auch $\mu_1 - \mu_2 > 0$) akzeptiert und H_0 verworfen. (Die griechischen Symbole stehen für die wahren Werte der Gesamtheit.) Bei einer Tagung versuchte man scherzhaft, das Gewicht des überregionalen „Hauptausschusses" mit dem der „Ortsausschüsse" zu vergleichen und bat sie, auf eine Waage zu treten. Aber so einfach lassen sich Kompetenzen, Einflußgrößen nicht abwägen, wenn man den Bereich des Wägbaren verläßt und auf Wertungen angewiesen ist.

Irrtumswahrscheinlichkeit: Verbleibende Wahrscheinlichkeit dafür, daß ein Unterschied oder Zusammenhang zu einem (tragbaren) Anteil auf Zufall beruht, wie nach der Nullhypothese angenommen. Diese wird also in einem Prozentsatz von (seltenen) Fällen gültig bleiben. Man nimmt das in Kauf, wenn die überwiegende Wahrscheinlichkeit (z. B. 95 %) dafür spricht, daß nach Datenprüfung das Resultat „überzufällig" war. Konventionelle Irrtumswahrscheinlichkeiten (P = Probability), die man in Kauf nimmt, sind 5 %, 1 %, 0,1 %.

Korrelation und Regression: Als Korrelation bezeichnet man die gegenseitige Verknüpftheit zweier (oder mehrerer) Variablen, deren Meßwerte regelmäßig miteinander steigen oder fallen. Ereignisstatistik: Auf Blitz folgt Donner, und zwar mit umso größerem zeitlichem Abstand, je weiter entfernt. Aber ein ständiges post hoc muß nicht propter hoc sein.

Nicht das wahrgenommene Licht ist Ursache des Schalls, sondern beide werden durch einen dritten Einfluß hervorgerufen, die elektrische Entladung. Das gilt für viele Korrelationen.

Die Stärke der gegenseitigen Verknüpftheit mißt der Korrelations-Koeffizient „r". In seinem Zähler steht die Covarianz der Variablen y und x, d. h. ihre gemeinsame Variation. Im Nenner wird ihr die Gesamtvariation von y und x gegenübergestellt, die nur zum Teil durch die Covarianz erklärt (bestimmt) zu sein braucht, so daß eine Restvariation (Streuung *um* die Beziehungslinie) übrig bleibt.

$$\text{Koeffizient r} = \frac{\text{Covarianz von y und x}}{\sqrt{(\text{Var. x}) \text{ mal } (\text{Var. y})}}$$

Dieses Stärkemaß gegenseitiger Verknüpftheit besagt nicht, wie y steigt, wenn x um eine Einheit steigt, und wie x steigt, wenn y um eine Einheit steigt. Dies wird durch das *Steigemaß, die Regressionskoeffizienten* b_y und b_x ausgedrückt. Errechnete Covarianz besagt noch nicht, daß ein Kausalzusammenhang vorliegt.

Mehrfaktorenanalyse und Einfaktorschema: Werden a priori beteiligte Faktoren, die eine Rolle spielen können, vernachlässigt, und in einem *Einfaktorschema* z. B. lediglich die Unfallshäufigkeiten von Männern und Frauen am Steuer, also nach Geschlechtern, verglichen, so mag das vorläufige Resultat einen Unterschied ihrer Fahrweise vortäuschen. Jedoch stellte sich in einer *Mehrfaktorenanalyse* heraus, daß Frauen deswegen weniger Unfälle hatten, weil sie überwiegend Kurzstreckenfahrer waren, während Männer als Langstreckenfahrer mehr Unfälle hatten. Längere Fahrstrecke bedeutet: mehr Gelegenheit zu Unfällen. Die Fahrstrecke erwies sich als der entscheidende Faktor, Vergleiche von Männern und Frauen bei gleicher Fahrstrecke (ceteris paribus) ergaben keinen Unterschied der Unfall-Häufigkeit.

„n" number of measurements, Anzahl der Beobachtungswerte, Stichprobenumfang.

Mittelwert (mean, median) = Zentrum der Verteilung. Der arithmetische Mittelwert errechnet sich aus Stichproben als $\bar{x} = \frac{Sx}{n}$

Der mittelste Wert (Median) wird der Lage nach aus den der Größe nach geordneten Einzelwerten abgelesen. Bei ungerader Anzahl „n", z. B. n = 11, ist es der 6. Wert, bei gerader Anzahl, z. B. n = 10, das Mittel aus dem 5. und 6. Wert.

Arithmetisches Mittel (Durchschnitt) und Median fallen bei symmetrischer Verteilung zusammen, sie stimmen dann auch mit dem Häufigkeitsgipfel (Modus) überein. Bei schiefen Verteilungen ist der Median, von dem aus es ebensoviele kleinere wie größere Einzelwerte gibt, vorzuziehen.

Normalverteilung: normal law of error, eine mathematische Formulierung der Häufigkeiten, nach *Gauss*, mit denen (in vielen Fällen) Abweichungen vom Mittelwert zu erwarten sind. Die *Gauss*-Verteilung ist eine symmetrische und hat die Form einer Glockenkurve. Dicht um den Mittelwert liegen die meisten Werte, extreme Abweichungen sind seltener. Schon Sokrates riet seinen Schülern, den Charakter eines unbekannten Menschen nicht als ganz gut oder ganz schlecht anzunehmen, denn das Mittelmaß kommt am häufigsten vor. Ob Normalverteilung vorliegt oder nicht, läßt sich auf einfache Weise prüfen. Es gibt schiefe Verteilungen.

Binomialverteilung:
Sind Attribute (qualitative Eigenschaften) hinsichtlich der Häufigkeit ihrer Träger ausgezählt, wie männlich - weiblich, so sind bei graphischer Auftragung solche Entweder-Oder-Eigenschaften nur als zwei Häufigkeitssäulen darstellbar, nicht als kontinuierliche Kurve wie bei graduell abgestuften Meßwerten. Je größer die Stichproben, desto mehr kann sich die binomiale Verteilung einer Notmalkurve annähern (siehe Abbildung IV. 5.).

Parameter. Statistische Meßzahl oder Größe, die man in der Gesamtheit nach den Beobachtungen (Stichproben) erwartet. Das Wort Parameter wird für die korrekten, wahren Werte der Population gebraucht, während Stichproben nur Schätzwerte liefern. Diese Schätzung ergibt einen Vertrauensbereich, in dem die wahren Werte liegen werden. Es gibt Möglichkeiten, ihn tunlichst eng einzugrenzen. Beispiele: μ, σ, ϱ (rho), geschätzt aus $\bar{x}$, s, r.

$P = Probability$, Wahrscheinlichkeit dafür, daß ein Befund nur durch Zufall zustande kam, Zufalls- oder Irrtumswahrscheinlichkeit. Siehe dort.

Population. Gesamtheit der Gruppe oder Klasse von zugehörigen Gliedern, aus der Stichproben gezogen werden.

Signifikant: kennzeichnend. Die Prüfung auf Signifikanz erfolgt durch einen statistischen Test. Er weist einen Unterschied oder Zusammenhang als „nicht zufällig entstanden" nach, wenn die Daten eine geringe Zufallswahrscheinlichkeit kalkulieren lassen.

Standardabweichung: siehe Abweichung

Statistik. Entstehung des Worts in Anlehnung an das italienische statista = Staatsmann. Nach 1700 benötigte man für die Verwaltungen „Staatsbeschreibungen" in Zahlen. Inzwischen ist die Statistik eine Methodik zur Entschlüsselung der Zahlensprache geworden, auf allen Gebieten empirischer Wissenschaften. Sie würde heute treffender als Kunst des Datenlesens oder Datenanalyse bezeichnet. Als „Öde Empiriker" empfinden manche deren Benutzer, mit Unbehagen über den Zwang zur Induktion aus realistischen Beobachtungen, die jedoch zur Methode der Wissenschaft und Technik schlechthin geworden ist und unbestreitbar erfolgreich war. Deduktion aus allgemeinen Behauptungen (Thesen) kann heute nicht mehr das einzige Verfahren des Schlußfolgerns, wie früher, bleiben, es geht an der Erfahrung vorbei, nicht durch sie hindurch. Die statistische Methodik hat einen besonderen Test entwickelt, um die Zulässigkeit von Verallgemeinerungen zu prüfen. Er benutzt als Kriterium Wiederholungsmessungen. Schwanken sie stark, so ist eine Verallgemeinerung nicht ratsam. Die Befunde sind dann nur für den speziellen Versuchsfall als gültig anzusehen. Wer umgekehrt aus Gedankengebilden deduziert, sie für schlechthin einleuchtend hält und sie ohne reelle Basis läßt, wirkt heute spekulativ und überzeugt nicht.

Stichprobe (sample). Sie ist für die Gesamtheit nur dann repräsentativ, wenn sie zufallsmäßig, ohne willkürliche Auswahl, gezogen wird (random sampling). Jedoch kann man Stichproben unterteilen (geschichtete Stichproben), damit z. B. Bevölkerungs-Teile mit der Quote vertreten sind, die ihrem Anteil an der Gesamtheit entspricht. Innerhalb jeder Schicht wird dann wieder das random sampling angewandt, so daß jedes Glied die gleiche Chance hat, in die Stichprobe hineinzukommen.

Aus den an Stichproben ermittelten Daten werden z. B. Mittelwert, Streuung oder

Zusammenhänge in der Population geschätzt (griechische Symbole). Bei Stichprobenfehlern schätzt man evtl. an den wahren Werten der Population vorbei.
Streuungszerlegung = *Varianzanalyse*, Analyse der Variationsursachen nach ihren Anteilen als Streuungsquellen. (Abschnitt I.2. und IV.4.)
Symbole
S = Summenzeichen
μ = wahres Populationsmittel
$\bar{x}$ = Stichprobenmittel als Schätzwert für μ
σ = wahre Standardabweichung in der Gesamtpopulation
s = Standardabweichung in der Stichprobe, Schätzwert für σ
b = Regressionskoeffizient, Steigemaß einer Variablen y, wenn eine andere, x, um eine Einheit steigt, und umgekehrt.
n = Anzahl, Stichprobenumfang
r = Korrelationskoeffizient (Stärkemaß für Zusammenhänge)
t = Student's „t", Multiplikator für s.

Man benutzt Mehrfache von s zur Abgrenzung von Vertrauens-Intervallen, (probability limits), innerhalb deren die wahren Populationswerte zu erwarten sind, die man aus den gesammelten Stichprobendaten zu schätzen versucht.

Varianzanalyse: siehe Analyse

Verallgemeinerungsfähigkeit, Test für, benutzt das Kriterium schwankender Wiederholungsmessungen und entscheidet, ob die Befunde nur in dem Versuch selbst der Kritik standhalten, oder verallgemeinerungsfähig sind. (Siehe Experiment und Erhebung).

Vertrauensintervall für einen Populationswert, der innerhalb eines Intervalls in 95 % oder 99 % der Fälle zu erwarten ist, wenn er aus Stichproben-Werten geschätzt wird. Man grenzt dieses Intervall enger ein, falls man von nicht zu kleinen Stichproben ausgeht.

Wahrscheinlichkeit
= relative Häufigkeit = $\dfrac{\text{Gesamtzahl des Eintretens eines Ereignisses}}{\text{Gesamtzahl der Versuche}}$

Zufallsfaktoren = Die in einer Untersuchung nicht kontrollierten bzw. nicht kontrollierbaren Faktoren. Sie verursachen eine nicht identifizierte Reststreuung des Materials, welche verbleibt, nachdem man einen oder einige Faktoren als Streuungsquellen ausmachen konnte.

X. Statistische Lehrbücher

Eine Übersicht über die zahlreichen ausgezeichneten Lehrbücher würde viele Seiten füllen. Hier sei lediglich auf einige hingewiesen, deren Autoren bemüht sind, die statistischen Grundgedanken hervorzuheben, praxisnah an konkreten Beispielen, ohne besondere mathematische Anforderungen zu stellen. (Mit speziellem Bezug auf die Biologische Statistik).

1. *Wallis,* W. A. und *Roberts,* H. V., Statistics, A new approach, jetzt deutsch bei Rowohlt, Preis 6,— DM, 10. Aufl. 1963, 646 Seiten, The Free Press, New York.
2. *Dixon,* W. J. und *Massey,* F. J., Jr., Introduction to statistical analysis, 2. Aufl. 1957, 488 Seiten, McGraw-Hill Book Company New York.

3. *Steel, G. D.* u. *Torrie, J. H.*, Principles and Procedures of Biological Statistics, 1960, 481 Seiten, Mc-Graw-Hill Book Company, New York.
4. *Schmidt, W.*, Anlage und statistische Auswertung von Untersuchungen, 1961, 268 Seiten, Verlag Schaper, Hannover.
5. *Schmidt, W.*, Die Mehrfaktorenanalyse in der Biologie, 1965, 146 Seiten, Aulis Verlag Köln.
6. *Kreyszig, Erwin*, Statistische Methoden und ihre Anwendungen, Vandenhoeck & Ruprecht, Göttingen, 1965.

Literatur

(Im Auszug, nur als Quellenangabe für die hier benutzten experimentellen Beispiele und deren statistische Auswertung. Eine systematische Anordnung wird nicht angestrebt, die Beispiele lassen sich auswechseln.)

1. *Bancroft, H.*, Introduction to Biostatistics, 1957, Cassell and Company, London.
2. *Berkowitz, L.*, et al., Advances in experimental social Psychology, Vol. 1, 1964, Academic Press New York - London.
3. *Chilton, N. W.* und *Fertig*, Estimation of sample size in experiments, II, Using comparisons of proportions, Journal of Dental Research 32, S. 611.
4. *Davis, J. A., Gilman, R.* und *Schick, J.*, Tables for Yule's „Q" Association Coefficient for Pairs of Percentages, 1965, The National Opinion Research Center, U. S. A. University of Chicago, Chicago, Illinois.
5. *Deschner, K. H.*, Herausgeber, Wer lehrt an deutschen Universitäten?, 1968, Limes-Verlag, Wiesbaden.
6. *Fischer, H.*, „Entwicklung und Beurteilung des Stils", Sammelband „Mathematik und Dichtung", herausgegeben von *H. Kreuzer* und *R. Gunzenhäuser*, Nymphenburger Verlag, München, 1965.
7. *Fisher, R. A.*, Statistical Methods for Research Workers, Oliver & Boyd, Edinburgh, 13. Aufl., 1958.
8. *Guilford, J. P.*, Fundamental Statistics in Psychology and Education, 3. Aufl., 1956, McGraw - Hill Book Company, New York.
9. *Hellmich, K.*, „Ein Maß für die Abhängigkeit zweier Merkmale". Praxis der Naturwissenschaften Jg. 14, Heft 10, 1965. Jg. 15, Heft 2, 1966. Jg. 16, Heft 4, 1967.Jg. 16, Heft 10, 1967. „Das paarige Vierfeldermaß K", Acta Albertina Ratisbonensia, 2, Band 29, Derbr. 1968.
10. *Holley, J. W.* and *Guilford, J. P.*, A note on the G-Index of agreement, Educ. Psychol. Measurements, 24, 749—753, 1964.
11. *Hofstätter, P. R.* und *Wendt, D.*, Quantitative Methoden der Psychologie, Joh. Ambrosius Barth-Verlag, München 1966.
12. *Houwink, A.*, THE Odd BOOK OF DATA, Elsevier Publishing Company, Amsterdam, 1965.
13. *Lord, E.*, The use of range in place of the standard deviation in the t-Test, Biometrika 34 (1947), 41.
14. *Mainland, D.* and *Murray, J. M.*, Tables for use in fourfold contingency tables, Science, 1952, 116, 591—594.
15. *Mednick, S. A.* The Remote Associates Test, The Journal of Creative Behavior Vol. 2, Nr. 3, 1968, State University. College at Buffalo, 1300 Elmwood Ave., Buffalo, New York.
16. *Osborn, A. E.*, Applied Imagination, 19. Aufl. 1965, Charles Scribner's Sons, New York.
17. *Schmidt, W.*, Vereinfachte Datenverarbeitung — Korrelations- und Faktor-Analyse, Zeitschr. für die Zuckerindustrie 15 (1965), S. 323.
18. *Schmidt, W.*, Creativitäts-Training im Unterricht, in Kursen und beim biologischen Schulexperiment, Zeitschr. Praxis der Naturwissenschaften, Aulis-Verlag Köln, Augustheft 1968.
19. *Science*, Mögliche biologische Effekte eines neuen Kanaldurchstichs in Höhe des Meeresspiegels, (Panamakanalzone) Heft 3844, Vol. 161, 30. August 68.
20. *Shaw, G. B.*, Sechzehn selbstbiographische Skizzen, Bibliothek Suhrkamp, Bd. 86, Verlag Suhrkamp 1962.
21. *Stern, K.*, Herkunftsversuche, erläutert am Beispiel zweier Modellversuche. „Der Züchter", Bd. 34, Heft 5, 1964, Julius-Springer-Verlag Berlin.
22. *Student*, The probable error of a mean. Biometrika 6, 1908.
23. *Waerden, B. L. van der*, und *Nievergelt, E.*, Tafeln zum Vergleich zweier Stichproben mittels X-Test und Zeichentest. Springer-Verlag Berlin, 1956.
24. *Yule, G. U.*, On methods of measuring association between two attributes. J. Roy statistical Society, 1912, 75, 579—642.
25. *Zentsch, W.*, Die Wasseraufnahme keimender Fichtensamen, Flora, Bd. 152, 1962 (S. 227—235).

Quadratzahlen

N	0	1	2	3	4	5	6	7	8	9
1,0	1,000	1,020	1,040	1,061	1,082	1,103	1,124	1,145	1,166	1,188
1,1	1,210	1,232	1,254	1,277	1,300	1,323	1,346	1,369	1,392	1,416
1,2	1,440	1,464	1,488	1,513	1,538	1,563	1,588	1,613	1,638	1,664
1,3	1,690	1,716	1,742	1,769	1,796	1,823	1,850	1,877	1,904	1,932
1,4	1,960	1,988	2,016	2,045	2,074	2,103	2,132	2,161	2,190	2,220
1,5	2,250	2,280	2,310	2,341	2,372	2,403	2,434	2,465	2,496	2,528
1,6	2,560	2,592	2,624	2,657	2,690	2,723	2,756	2,789	2,822	2,856
1,7	2,890	2,924	2,958	2,993	3,028	3,063	3,098	3,133	3,168	3,204
1,8	3,240	3,276	3,312	3,349	3,386	3,423	3,460	3,497	3,534	3,572
1,9	3,610	3,648	3,686	3,725	3,764	3,803	3,842	3,881	3,920	3,960
2,0	4,000	4,040	4,080	4,121	4,162	4,203	4,244	4,285	4,326	4,368
2,1	4,410	4,452	4,494	4,537	4,580	4,623	4,666	4,709	4,752	4,796
2,2	4,840	4,884	4,928	4,973	5,018	5,063	5,108	5,153	5,198	5,244
2,3	5,290	5,336	5,382	5,429	5,476	5,523	5,570	5,617	5,664	5,712
2,4	5,760	5,808	5,856	5,905	5,954	6,003	6,052	6,101	6,150	6,200
2,5	6,250	6,300	6,350	6,401	6,452	6,503	6,554	6,605	6,656	6,708
2,6	6,760	6,812	6,864	6,917	6,970	7,023	7,076	7,129	7,182	7,236
2,7	7,290	7,344	7,398	7,453	7,508	7,563	7,618	7,673	7,728	7,784
2,8	7,840	7,896	7,952	8,009	8,066	8,123	8,180	8,237	8,294	8,352
2,9	8,410	8,468	8,526	8,585	8,644	8,703	8,762	8,821	8,880	8,940
3,0	9,000	9,060	9,120	9,181	9,242	9,303	9,364	9,425	9,486	9,548
3,1	9,610	9,672	9,734	9,797	9,860	9,923	9,986	10,05	10,11	10,18
3,2	10,24	10,30	10,37	10,43	10,50	10,56	10,63	10,69	10,76	10,82
3,3	10,89	1096	11,02	11,09	11,16	11,22	11,29	11,36	11,42	11,49
3,4	11,56	11,63	11,70	11,76	11,83	11,90	11,97	12,04	12,11	12,18
3,5	12,25	12,32	12,39	12,46	12,53	12,60	12,67	12,74	12,82	12,89
3,6	12,96	13,03	13,10	13,18	13,25	13,32	13,40	13,47	13,54	13,62
3,7	13,69	13,76	13,84	13,91	13,99	14,06	14,14	14,21	14,29	14,36
3,8	14,44	14,52	14,59	14,67	14,75	14,82	14,90	14,98	15,05	15,13
3,9	15,21	15,29	15,37	15,44	15,52	15,60	15,68	15,76	15,84	15,92
4,0	16,00	16,08	16,16	16,24	16,32	16,40	16,48	16,56	16,65	16,73
4,1	16,81	16,89	16,97	17,06	17,14	17,22	17,31	17,39	17,47	17,56
4,2	17,64	17,72	17,81	17,89	17,98	18,06	18,15	18,23	18,32	18,40
4,3	18,49	18,58	18,66	18,75	18,84	18,92	19,01	19,10	19,18	19,27
4,4	19,36	19,45	19,54	19,62	19,71	19,80	19,89	19,98	20,07	20,16
4,5	20,25	20,34	20,43	20,52	20,61	20,70	20,79	20,88	20,98	21,07
4,6	21.16	21,25	21,34	21,44	21,53	21,62	21,72	21,81	21,90	22,00
4,7	22,09	22,18	22,28	22,37	22,47	22,56	22,66	22,75	22,85	22,94
4,8	23,04	23,14	23,23	23,33	23,43	23,52	23,62	23,72	23,81	23,91
4,9	24,01	24,11	24,21	24,30	24,40	24,50	24,60	24,70	24,80	24,90
5,0	25,00	25,10	25,20	25,30	25,40	25,50	25,60	25,70	25,81	25,91
5,1	26,01	26,11	26,21	26,32	26,42	26,52	26,73	26,73	26,83	26,94
5,2	27,04	27,14	27,25	27,35	27,46	27,56	27,67	27,77	27,88	27,98
5,3	28,09	28,20	28,30	28,41	28,52	28,62	28,73	28,84	28,94	29,05
5,4	29,16	29,27	29,38	29,48	29,59	29,70	29,81	29,92	30,03	30,14
N	0	1	2	3	4	5	6	7	8	9

Quadratzahlen (Fortsetzung)

N	0	1	2	3	4	5	6	7	8	9
5,5	30,25	30,36	30,47	30,58	30,69	30,80	30,91	31,02	31,14	31,25
5,6	31,36	31,47	31,58	31,70	31,81	31,92	32,04	32,15	32,26	32,38
5,7	32,49	32,60	32,72	32,83	32,95	33,06	33,18	33,29	33,41	33,52
5,8	33,64	33,76	33,87	33,99	34,11	34,22	34,34	34,46	34,57	34,69
5,9	34,81	34,93	35,05	35,16	35,28	35,40	35,52	35,64	35,76	3588
6,0	36,00	36,12	36,24	36,36	36,48	36,60	36,72	36,84	36,97	37,09
6,1	37,21	37,33	37,45	37,58	37,70	37,82	37,95	38,07	38,19	38,32
6,2	38,44	38,56	38,69	38,81	38,94	39,06	39,19	39,31	39,44	39,56
6,3	39,69	39,82	39,94	40,07	40,20	40,32	40,45	40,58	40,70	40,83
6,4	40,96	41,09	41,22	41,34	41,47	41,60	41,73	41,86	41,99	42,12
6,5	42,25	42,38	42,51	42,64	42,77	42,90	43,03	43,16	43,30	43,43
6,6	43,56	43,69	43,82	43,96	44,09	44,22	44,36	44,49	44,62	44,76
6,7	44,89	45,02	45,16	45,29	45,43	45,56	45,70	45,83	45,97	46,10
6,8	46,24	46,38	46,51	46,65	46,79	46,92	47,06	47,20	47,33	47,47
6,9	47,61	47,75	47,89	48,02	48,16	48,30	48,44	48,58	48,72	48,86
7,0	49,00	49,14	49,28	49,42	49,56	49,70	49,84	49,98	50,13	50,27
7,1	50,41	50,55	50,69	50,84	50,98	51,12	51,27	51,41	51,55	51,70
7,2	51,84	51,98	52,13	52,27	52,42	52,56	52,71	52,85	53,00	53,14
7,3	53,29	53,44	53,58	53,73	53,88	54,02	54,17	54,32	54,46	54,61
7,4	54,76	54,91	55,06	55,20	55,35	55,50	55,65	55,80	55,95	56,10
7,5	56,25	56,40	56,55	56,70	56,85	57,00	57,15	57,30	57,46	57,61
7,6	57,76	57,91	58,06	58,22	58,37	58,52	58,68	58,83	58,98	59,14
7,7	59,29	59,44	59,60	59,75	59,91	60,06	60,22	60,37	60,53	60,68
7,8	60,84	61,00	61,15	61,31	61,47	61,62	61,78	61,94	62,09	62,25
7,9	62,41	62,57	62,73	62,88	63,04	63,20	63,36	63,52	63,68	63,84
8,0	64,00	64,16	64,32	64,48	64,64	64,80	64,96	65,12	65,29	65,45
8,1	65,61	65,77	65,93	66,10	66,26	66,42	66,59	66,75	66,91	67,08
8,2	67,24	67,40	67,57	67,73	67,90	68,06	68,23	68,39	68,56	68,72
8,3	68,89	69,06	69,22	69,39	69,56	69,72	69,89	70,06	70,22	70,39
8,4	70,56	70,73	70,90	71,06	71,23	71,40	71,57	71,74	71,91	72,08
8,5	72,25	72,42	72,59	72,76	72,93	73,10	73,27	73,44	73,62	73,79
8,6	73,96	74,13	74,30	74,48	74,65	74,82	75,00	75,17	75,34	75,52
8,7	75,69	75,86	76,04	76,21	76,39	76,56	76,74	76,91	77,08	77,26
8,8	77,44	77,62	77,79	77,97	78,15	78,32	78,50	78,68	78,85	79,03
8,9	79,21	79,39	79,57	79,74	79,92	80,10	80,28	80,46	80,64	80,82
9,0	81,00	81,18	81,36	81,54	81,72	81,90	82,08	82,26	82,45	82,63
9,1	82,81	82,99	83,17	83,36	83,54	83,72	83,91	84,09	84,27	84,46
9,2	84,64	84,82	85,01	85,19	85,38	85,56	85,75	85,93	86,12	86,30
9,3	86,49	86,68	86,86	87,05	87,24	87,42	87,61	87,80	87,98	88,17
9,4	88,36	88,55	88,74	88,92	89,11	89,30	89,49	89,68	89,87	90,06
9,5	90,25	90,44	90,63	90,82	91,01	91,20	91,39	91,58	91,78	91,97
9,6	92,16	92,35	92,54	92,74	92,93	93,12	93,32	93,51	93,70	93,90
9,7	94,09	94,28	94,48	94,67	94,87	95,06	95,26	95,45	95,65	95,84
9,8	96,04	96,24	96,43	96,63	96,83	97,02	97,22	97,42	97,61	97,81
9,9	98,01	98,21	98,41	98,60	98,80	99,00	99,20	99,40	99,60	99,80
N	0	1	2	3	4	5	6	7	8	9

Potenzen und Wurzeln

n	n^2	n^3	$\sqrt{n}$	$\sqrt[3]{n}$	$1/n$	n	n^2	n^3	$\sqrt{n}$	$\sqrt[3]{n}$	$1/n$
1	1	1	1,000	1,000	1,0000	51	2601	132651	7,141	3,708	0,0196
2	4	8	1,414	1,260	0,5000	52	2704	140608	7,211	3,733	0,0192
3	9	27	1,732	1,442	0,3333	53	2809	148877	7,280	3,756	0,0189
4	16	64	2,000	1,587	0,2500	54	2916	157464	7,348	3,780	0,0185
5	25	125	2,236	1,710	0,2000	55	3025	166375	7,416	3,803	0,0182
6	36	216	2,449	1,817	0,1667	65	3136	175616	7,483	3,826	0,0179
7	49	343	2,646	1,913	0,1429	57	3249	185193	7,550	3,849	0,0175
8	64	512	2,828	2,000	0,1250	58	3364	195112	7,616	3,871	0,0172
9	81	729	3,000	2,080	0,1111	59	3481	205379	7,681	3,893	0,0169
10	100	1000	3,162	2,154	0,1000	60	3600	216000	7,746	3,915	0,0167
11	121	1331	3,317	2,224	0,0909	61	3721	226981	7,810	3,936	0,0164
12	144	1728	3,464	2,289	0,0833	62	3844	238328	7,874	3,958	0,0161
13	169	2197	3,606	2,351	0,0769	63	3969	250047	7,937	3,979	0,0159
14	196	2744	3,742	2,410	0,0714	64	4096	262144	8,000	4,000	0,0156
15	225	3375	3,873	2,466	0,0667	65	4225	274625	8,062	4,021	0,0154
16	256	4096	4,000	2,520	0,0625	66	4356	287496	8,124	4,041	0,0152
17	289	4913	4,123	2,571	0,0588	67	4489	300763	8,185	4,062	0,0149
18	324	5832	4,243	2,621	0,0556	68	4624	314432	8,246	4,082	0,0147
19	361	6859	4,359	2,668	0,0526	69	4761	328509	8,307	4,102	0,0145
20	400	8000	4,472	2,714	0,0500	70	4900	343000	8,367	4,121	0,0143
21	441	9261	4,583	2,759	0,0476	71	5041	357911	8,426	4,141	0,0141
22	484	10648	4,690	2,802	0,0455	72	5184	373248	8,485	4,160	0,0139
23	529	12167	4,796	2,844	0,0435	73	5329	389017	8,544	4,179	0,0137
24	576	13824	4,899	2,884	0,0417	74	5476	405224	8,602	4,198	0,0135
25	625	15625	5,000	2,924	0,0400	75	5625	421875	8,660	4,217	0,0133
26	676	17576	5,099	2,962	0,0385	76	5776	438976	8,718	4,236	0,0132
27	729	19683	5,196	3,000	0,0370	77	5929	456533	8,775	4,254	0,0130
28	784	21952	5,292	3,037	0,0357	78	6084	474552	8,832	4,273	0,0128
29	841	24389	5,385	3,072	0,0345	79	6241	493039	8,888	4,291	0,0127
30	900	27000	5,477	3,107	0,0333	80	6400	512000	8,944	4,309	0,0125
31	961	29791	5,568	3,141	0,0323	81	6561	531441	9,000	4,327	0,0123
32	1024	32768	5,657	3,175	0,0312	82	6724	551368	9,055	4,344	0,0122
33	1089	35937	5,745	3,208	0,0303	83	6889	571787	9,110	4,362	0,0120
34	1156	39304	5,831	3,240	0,0294	84	7056	592704	9,165	4,380	0,0119
35	1225	42875	5,916	3,271	0,0286	85	7225	614125	9,220	4,397	0,0118
36	1296	46656	6,000	3,302	0,0278	86	7396	636056	9,274	4,414	0,0116
37	1369	50653	6,083	3,332	0,0270	87	7569	658503	9,327	4,431	0,0115
38	1444	54872	6,164	3,362	0,0263	88	7744	681472	9,381	4,448	0,0114
39	1521	59319	6,245	3,391	0,0256	89	7921	704969	9,434	4,465	0,0112
40	1600	64000	6,325	3,420	0,0250	90	8100	729000	9,487	4,481	0,0111
41	1681	68921	6,403	3,448	0,0244	91	8281	753571	9,539	4,498	0,0110
42	1764	74088	6,481	3,476	0,0238	92	8464	778688	9,592	4,514	0,0109
43	1849	79507	6,557	3,503	0,0233	93	8649	804357	9,644	4,531	0,0108
44	1936	85184	6,633	3,530	0,0227	94	8836	830584	9,695	4,547	0,0106
45	2025	91125	6,708	3,557	0,0222	95	9025	857375	9,747	4,563	0,0105
46	2116	97336	6,782	3,583	0,0217	96	9216	884736	9,798	4,579	0,0104
47	2209	103823	6,856	3,609	0,0213	97	9409	912673	9,849	4,595	0,0103
48	2304	110592	6,928	3,634	0,0208	98	9604	941192	9,899	4,610	0,0102
49	2401	117649	7,000	3,659	0,0204	99	9801	970299	9,950	4,626	0,0101
50	2500	125000	7,071	3,684	0,0200	100	10000	1000000	10,000	4,642	0,0100

Namen- und Sachregister

Phylogenie und Paläontologie

Abstammungshypothesen 4, 18, 31, 171
Abbevillien 203
Acanthodier 129, 133, 203
Acer 46, 109
Acethylcholinempfindlichkeit der Tiere 123
Acheuléen 183, 184, 186, 193, 203
Ackerbau 193, 195
Acrania 126, 128f, 130ff, 203
Actinistier 133, 203
Actinopterygii 134ff, 137, 139, 203
Adapis parisiensis 173
Adenosinphosphate 27, 70, 71, 72, 75, 77, 79ff
Aegyptopithecus 172, 174
Aeolophithecus 172
Aesculus 109
Äthiopien 171, 176, 183
Affen 55, 166, 172ff, 193, 197
Afrika-Funde 142f, 154f, 167, 190, 193
Agnatha 128f, 130ff, 133, 203
Ahrensburger Kultur 178 (Anhang) 203
Alanin 24, 70, 88
Albinismus 16
Albizziareihe 109
Albumine 28
Algen 36, 51, 53f, 76f, 79, 87, 88f, 93ff, 99, 203
Alkohole 61, 66, 80
Allel 10, 12
Allerödzeit 178, 203
Alligatoren 142, 148
Allium 106
Allopatrische Artbildung 12, 29, 203
Allosaurus 147
Alpen 54
Alpine-Rasse 190
Alsatopithecus 172
Altersdatierung 37, 39ff, 45, 47f, 88
Amaryllidaceae 113
Ameisenigel 163
Amerika-Funde 167, 191, 193
Amersfoort 44f, 178
Amia (Bowfin) 134
Aminosäuren 23f, 26, 61f, 64f, 69f, 73, 78, 80, 88, 168, 196,

Ammoniak 59ff, 63, 67, 68, 80
Ammoniten 30, 52, 124
Amöbe 74, 115
Amphibien 22, 52, 126, 136ff, 139ff
Amphicynoidea 166f, 204
Amphipithecus 173
Amphitherium 156, 164, 204
Anaerob-autotrophe Organismen 50, 78ff, 89
Anagenese 18, 31, 203
Anagale 173
Analoge Organe 9, 204
Anapsida 140f, 143f, 204
Angara 52, 157
Angiospermae 82, 106ff, 111ff
Anhydrikum der Erde 68
Ankylosaurus 148
Annelida, vgl. Gliederwürmer
Anthozoa 117, 121
Anthracotherium 165
Anthropoidea 173
Antikörpermoleküle 26
Anuren 140
Anurognathus 149
Apogamia 84, 111, 113
Arago (Tauvatel) 183
Arborea
  (Glassner u. Wade) 90
Archaeopteris 100, 104f, 107
Archaeopteryx 49, 53, 149f
Archegosauria 204
Archeolemur 173
Archipterygier
  Archipterygium 137, 139, 204
Archosaurier 147, 204
Argon 40, 41, 60
Armandillos 167
Araucaria 53
Artbegriff
  — bildung 9f, 12, 16f, 29ff
Aristoteles 194
Articulata 125
Arthrodiren 135, 136, 204
Arthropoden
  siehe Gliederfüßler
Ascidien 131
Asparaginsäure 24, 69f, 88
Asterocalamites 102
Asteromyelon 104
Asteroxylon 101ff
Atlanthropus 177, 181

Atmosphäre 51, 59f, 68f, 78f, 82, 91
Atom 51, 56f
Auricularia 116, 118, 121ff
Aurignac-Mensch 188, 189f, 191f, 204
Auslese
  natürliche 18f, 21, 29
  falsche 19
Australien 191, 196
Australopithecus 172, 176ff, 179, 180, 195f
Axozoa 125
Azilien 204, Anhangtafel
Azoikum 82

Bakterien 13, 19, 37, 44, 51, 53, 71, 75f, 77ff, 83, 84ff, 87f
Bären 23, 55, 166f, 193f
Bärlappgewächse 100ff, 108
Bastardbildung 16f, 28f, 30
Bauriamorpha 156ff, 163, 204
Becken der Wirbeltiere 139f, 143f, 146, 147, 154, 156, 167
Bedecktsamige Pflanzen 82, 106ff
Beggiatoa 85
Begleitfauna und Begleitflora des Menschen 184, 192ff
Belemniten 44, 52, 124f
Beltserie (Montana) 39, 51, 89f
Bennetitales 110, 204
Bernstein 34, 55
Bernsteinsäure 61, 66, 80
Beuteltiere 21, 54f, 159, 164f, 166, 197
Beuteltiere — fossile und rezente Arten 164f
Bienotherium 157
Bilateraltiere 24, 50, 117, 121, 123ff
Biocönose 4, 8, 19
Biogenetisches Grundgesetz 8f
Biogene Systeme 56, 61ff, 75
Biokatalysator 8
Biosphäre 59
Birke 46f, 110f
Bison 193f
Bitterspring-Serie 51, 90
Blastula 114, 115
Blattbildung 106, 109ff
Blaualgen 23, 51, 53, 75, 77ff, 84f, 88

343

Blei 40f
Blütenbau 110ff
Blütenpflanzen 52, 54, 95, 101, 104ff
Blütenstaub 34, 45f, 46
 siehe auch Pollen
Blut 24, 26, 163
Bölling 178, 204
Bömische Masse 52, 99, 138
Boraginaceae 111f
Boskoptypus 172, 190
Bothriolepis 132f, 135
Borhyäne 164
Brachiatoren 173, 204
Brachioganoida 204
Brachiopoden 52ff, 90, 121, 125
Brachiopterygier 204
Brachyodonta 204
Branchiosaurier 138, 204
Branchiostoma 26, 130f, 133
Braunalgen 79, 95, 99, 101
Brenztraubensäure 24, 70
Brenztraubensäure-
 Carboxylase 24
Breuil H; Abbé 188, 192
Broca'sches Zentrum 200
Broerup 44f, 178
Broken Hill 172, 184
Brontosaurus 147
Brontotherium 167f
Browns-Valley-Typus 191
Brückenechse 144f, 150
Brünner Typus 189, 190, 191
Bryozoen 38, 53f, 121, 125
Buch L. von 6
Buche 46, 108f, 111
Buffon G. L. 4
Bulawayo-Sandstein 51, 89
Buntsandstein 53, 144
Buthotrephis 99f

Caenolestes 164
Calamitales 51, 101, 104
Calamostachys 104
Calvincyklus 78
Campanulaceae 112
Campignien 204
Camptosaurus 148
Candolle A., de 6
Caprifoliaceae 112
Capsaler Typus (Algen) 95ff, 203
Capsien 190, 193, 204
Captorrhinus 144
Captorhinomorpha 145, 204
Carinates 204
Castanea 108
Cathaysia 52
Catarrhinae 172, 173
Caytoniales 110
Cenoman 53
Centrospermae 111, 112
Cephalaspis 129, 131f
Cephalisation
 siehe Kopfbildung
Cephalisationskoeffizient 199
Cephalopoden 10, 43, 118, 120, 123ff

Ceratodus 54, 133, 137
Ceratopsia 204
Cetiosaurus 147
Chancelade Rasse 189
Chapellefunde 180, 186, 190
Charnia (Ford) 53, 90, 204
Charophyta 95, 99, 203
Châtelperronien 204
Cheirolepis 134ff, 136
Chélléen 172, 179
 und Anhang
Chelonia
 siehe Schildkröten
Chemische Elemente 57ff, 61ff, 68, 78
Chemofossilien 88f, 204
Chemosynthese 77ff, 79f, 83, 85
Chimären 134, 135
Chirotherium 54, 147
Chironomiden 24f
Chlamydomonas 95, 97f
Chlorella 98
Chlorophyta 95ff, 101f, 204
Chlorophyll = Chloroplasten 51, 75f, 78ff, 89, 95, 114
Choanata 137, 204
Choanichthyes 134, 137, 202, 204
Choanoflagellaten 96, 116
Chondrite 40f, 44, 63, 68
Chondrocranium 17
Chondrostei 134, 136, 205
Chopping Tools 177, 181, 183
Chorda-Tiere
 (siehe auch Wirbeltiere) 121, 125, 126f, 130ff, 205
Chorologie 205
Choukoutien 171, 181, 188, 191
Chromosomen 83, 84, 102, 163
Chrysapsis agilis Pasch. 97
Chrysomonaden,
 Chrysophyta 90, 95ff, 205
Chymotrypsinogen 24
Ciba Symposium 19
Clactonien 172, 181, 186f, 193, 205
Cladoxylon 105
Climatius 132f, 135
CNO-Zyklus 58f
Cnidaria 19
Coacervate 67, 69, 71, 76, 83, 205
Coccaler Typus
 (Algen) 95, 98, 205
Coccosteus 133
Codiaceae 101
Coelacanthus 138, 205
Coelenterata 125
Cölombildungen 117ff, 125, 130, 205
Cölomaten 117f, 205
Coelomopora 205
Coelophysis 147
Collenia 53, 91, 205
Colossochelys 145
Columniferae 112
Compositae 110, 112
Condylarthra 165, 205
Coniferen 52f, 105f, 110

Conjugater Typus
 (Algen) 95, 98, 205
Conodonta 123, 130, 205
Cope'sche Regel 17, 205
Cordaiten 52, 205
Cosmarium 97f
Corythosaurus 148
Cotylosaurier 52, 54, 135, 138, 140f, 144ff, 158, 205
Craniata 205
Creodonta 55, 166f, 205
Crinoiden 52
Crô magnon 172, 180, 184, 189f
Cromer Warmzeit 178
Cronosaurus 146
Crossopterygier
 siehe Quastenflosser 129, 205
Cruciferae 112
Crustacea
 siehe Krebse
Cucurbitaceae 112
Cryptocleidus 146
Cryptodiren 145, 205
Cuvier, G. D. 5
Cryptomonaden 205
Crystal-Spring-Formation 51, 90
Ctenophoren 117f
Cupressus 106
Cyanide 59f, 63, 65
Cyanophyceae
 (siehe Blaualgen)
Cyathium 109f
Cycadofilices 205
Cycadophyta 51ff, 96, 105ff, 110, 205
Cycadophytina-Typus 107f
Cyclops 83
Cyclostomata 125f, 126, 128ff, 168
Cynodontier 155ff, 161, 197, 205
Cynognathus 194ff, 158
Cyperaceae 46, 111
Cystin 24, 26, 37, 48, 70
Cytochrom 25

Darwin, Ch. G. 5, 6, 171
Darwinismus 6
Dasycladaceae 98, 101
Dasycladus
 clavaeformis Agardh 97f
Deckknochen 134, 139, 159
Delphin 166f, 197ff
Delphinium consolida 110, 111
Deltatherium 156, 158, 166f, 205
Dermalknochen 205
Desoxyribonucleinsäure 13, 23, 51, 67, 71, 74, 75, 83f
DNS-Triplett-Hypothese 13f, 23, 26, 83
Deszendenztheorie 18
Determinative Entwicklung 118
Deuterostomier 121
Devon 51, 82, 99ff, 104, 107ff, 125, 131f, 134f, 139
Diabetiker 18
Diadectomorpha 144, 145, 205
Diapsida 140ff, 144, 146ff, 150, 205

344

Diarthrognatus 159
Diatomeen 38, 54, 96, 98
Dickenwachstum
 secundäres 108ff
Dicotylendonae 108, 111ff
Didelphia, Didelphis 164f, 205
Digitigrada 205
Dimetredon 145, 154, 158
Dingo 191
Dinant 171
Dinichthys 133, 135, 136
Dinoflagellaten 83, 89, 205
Dinosaurier 30, 53f, 142ff, 147ff, 205
Dipleurula 118, 120, 122f
Diplodocus 147
Dipnoer 135, 137
Dipterus 135, 137
Dirac'sche Paarbildung 57, 205
Docodonta 156ff, 161, 163, 206
Dogger 53
Dolichoglossus 122f
Dollo'sche Regel 17, 206
Dominanz 11, 13, 28
Doppelmembran der
 Mikrosphären 70, 73
Dordogne 178, 189f
Draparnaldia 95, 99
Drepanaspis 131
Drosophila 11, 12, 17, 20
Dronte 54
Dryas Zeit 178
Dryolestiden 164, 206
Dryopithecus 172, 173f
Dubois E. 171, 191
Dünnschliffe 36f, 47f, 86, 88, 90
Dunaliella salina 96

Echidna 163
Echinodermate
 siehe Stachelhäuter
Ectoderm 114, 115ff
Edaphosaurus 145, 158, 206
Edentata 165
Ediacarische Formation 51, 90, 206
Eem-Interglazial 47, 178, 183, 193
 und Anhang
Ehringsdorf 184, 188, 192, 193
Eiapparat 103, 105, 189
Eiche 46f, 54, 111
Eichhörnchen 27
Eidechsen 143f, 150
Einzeller 87, 95, 115
Eisenbakterien 89
Eiszeiten 46, 52f, 171, 178
 und Anhang
Eiweiß
 siehe Proteine
Elasmobranchier 136, 206
Elasmosaurus 146
Elefanten 14, 54f, 167, 183, 191, 193f
Elektronentransport-
 kette 77ff, 80
Elemententstehung = u
 40f, 51, 56f, 58, 59, 61f

Elementarteilchen 51, 56f, 58
Elpistostege 135
Embolomeren 139, 140, 142
Emscher 53
Energie-liefernde
 Prozesse 77ff, 80
Engis bei Namur 171
Entenschnabelsaurier 148
Enteropneusta 122f, 130
Enzyme-funktion 27ff, 60, 66, 67, 69f, 72, 74f, 77, 82
Eobiont 22, 26, 69ff, 77, 87, 206
Eocetus 167
Eodelphis 156, 158ff, 164
Eogyrinus 139
Eosuchier 143f, 146f, 150, 206
Eozän 55, 151, 159, 167, 171f
Ephedra 108
Epiceratodus 135, 137
Epistase,
 Epistatische Gene 28
Eptatretus (Schleimaal) 26
Equisetum,
 siehe Schachtelhalme
Equisetophyta 104
Erde 41, 51, 59, 68f, 81f, 90
Erdaltertum 52
Erdmittelalter 53
Erdneuzeit 54
Ericales 112
Erle 46f
Ertebölle
Eryops 140
Escherichia coli 13, 84
Eskimo 191
Ethologische Selektion 22, 23, 29
Eucaryonta 23, 51, 85, 95, 114, 115ff
Eudoria 95, 98
Euglenophyta 206
Eunotosauria 144
Euphorbiaceae 112
Europäische
 Hominoidenfunde 173f
Eurostomata 206
Euryapsida 143f, 146, 206
Eustenopteron 129, 133, 135, 138, 142
Eutheria 206
Evolution 4f, 11f, 31, 56ff, 68f, 74, 78, 81, 107, 114, 117, 127f, 162, 195f
Evolutionsgesetz
 orthogenetisches 29
Evolution Irreversibilität der 18
Evolution, Zwei-Faktoren-
 Problem 15, 17

Fadenalgen 95, 98
Fadentypus (Fossilien) 51, 88f
Fagus 46, 108, 111
Farbinterferenzuntersuchung
 (Organfluoreszenz) 88, 91
Farne 31, 52f, 82, 95, 100ff, 107
Faultiere 167
Fauna
 (siehe Begleitfauna des
 Menschen)

Faustkeile
 (siehe auch Werkzeuge) 171, 177, 181f, 188ff, 192
Fayum 55, 151, 167, 172
Felsmalereien 88, 192, 194, 196
Fernsehkamera bei fossilen
 Untersuchungen 48
Ferromagnetische
 Altersbestimmungen
 in Gesteinen 47
Ferredoxin 77, 79
Ferromagnetische
 Altersbestimmungen 47
Ferungulata 166, 168
Fettsäuren 61, 66, 80, 89
Feuer 181, 188
Fibrinopeptidanalyse 166, 168
Fibularix (Pflug) 90
Fichte 12, 47
Fig Tree Serie 39, 44, 51, 86f
Fische 21, 52, 54, 126, 195
Fischechsen 145f
Flagellaten 23, 75f, 84f, 95ff, 115f, 206
Flattertiere 9, 23, 38, 55, 151, 166f
Flöhe 165
Flösselhechte 134, 135
Flora (siehe Begleitflora des
 Menschen)
Flugfähigkeit 151f
Flugsaurier 53, 144, 149f, 151
Fluoreszenz-
 untersuchungen 88, 91
Flußpferde 167, 193
Folsom-Mensch 191
Fontéchavade 183f
Foraminiferen 35, 38, 42, 55
Forest City (Chomdrit) 44
Formaldehyd 60, 64
Fossilien 9, 35, 43, 51ff, 86ff, 103
—„— präkambrische 51, 86ff
Fraxinustypus 109
Fritschiella Tuberosa
 Jyengar 95, 97f
Forschungsmethodik 56
Frösche 28, 140, 143
Fulrott, J. C. 171, 185
Furchungstypen 115ff, 118ff, 121f

Gafsa-Funde 190
Gärung 75, 76
Galapagos-Tiere 14, 21, 22, 29
Galaxis 206
Gametophyt 100, 102, 108
Gase der
 Erdatmosphäre 51, 60f, 68f, 78f
Gastraea-Theorie 116, 119, 122
Gastrula 117f
Gault 53
Gebirgsbildung 37, 52ff, 140
Gehirne 23, 125f, 127ff, 131, 149, 162, 165, 176f, 189, 196ff
Gehirnbauvergleiche
 der Hominiden 197f
Geißel 85, 96ff, 116
Generationswechsel 100ff
Genrecombination 15ff, 24, 28f

345

Gendrift 14ff, 20, 30ff
Genrepression 13, 24, 116
Gentianaceae 112
Gen-wirkung 7, 10ff, 28ff, 83, 109, 126, 186, 201
Geochrysis *Pasch.* 97f
Geographische Isolation 6, 28, 30
Geographische Variation 17
Geosaurier 146, 150
Geosuchus 150
Geothermische Tiefenstufe 68
Gephyrostegus 144
Geröllgeräte 176, 177, 179, 181, 191, 192
Geschlechtsdimorphismus 9, 145
Geschwisterarten 10
Gesteine 36ff, 52ff, 57, 59, 68, 86
Getreidearten 10, 19, 193
Gibbon 54f, 172f, 198
Gibraltarfunde 171, 184
Gigantopithecus 177, 195
Gigantopteris 103
Gingkophyta 53f, 106
Gliederfüßler
— Tiere 38, 52, 90f, 123f, 125f
Gliederwürmer 90, 118f, 121, 123, 125f
Glires 166
Globigerinenkalke 53
Globulin 12, 26
Glossopteris 52, 103
Glutaminsäure 69f, 88
Glyzin 24, 61, 66, 70f, 88
Gnathostomata 128, 129, 131f 135f, 206
Gnetum 108
Göttwaiger-Interstadial 178
Godthaab District 39
Gondwana 52, 105, 132, 137, 155, 164
Gonium 95f
Gorgosaurus 147
Gorilla 24, 172f, 197f
Gotlandikum 52, 99f, 103
Gramineae 106, 113
Granit 41, 53, 68
Graptolithen 52, 123, 130, 206
Gravitationsstrahlung 206
Grimaldigrotte 189f
Grönlandrobbe 43
Größensteigerung in der Evolution bei Lebewesen 17
Grünalgen
siehe Chlorophyta
Gründerpopulation 14, 22, 196
Gruinales 112
Guano 38
Gürteltiere 167
Gunt Flint Serie 39, 51, 78, 89
Guttiferales 112
Gymnospermae 106ff, 111, 113
Gypsonictops 166

Haartiere
siehe Säugetiere
Haare 149, 161f, 194
Haeckel E. 8, 116, 171

Hämoglobin 14, 23f, 168
Hämophilie 11
Haie 26, 52, 126, 133f, 135
Halbaffen 54, 172f
Halbwertzeit HWZ 40f, 42
Hamburger Komplex 192, 206
Handy Man *(Leaky)*
1470 Man 179
Hardy-Weinberg-Theorem 15
Harnstoff 61, 64f
Haploidie 51
Hauptgene 10f, 17, 28f, 31, 194f
Hausbau 183, 188, 192, 194
Haustiere 18, 22, 28, 152, 192ff
Hedera 109
Helical-Strukturen 72
Helium 41f, 57f, 60
Helobiae 113
Hemichordata 120f, 126f, 130, 206
Henodus 146
Hertzsprung-Russel-
Diagramm 206
Hesperornis 152
Hesperosuchus 147
Heteroconta 206
Heterocysten 85
Heterosporie 100ff, 105f
Heterostraci 206
Heterotrophie 71, 84f, 96
Heterozygotie 11f, 14, 16, 18, 20f, 28
Hieracium 111
Hirsche 166f, 192
Hintergrundstrahlung 43
Hochmoore 37, 45f
Höhlenbär 38, 193f
Höhlentierwelt der Eiszeit 193f
Höhlenmalerei 188, 192, 194, 197
Höttinger Breccie 36, 178
Hohltiere 89, 115ff, 120
Holocephali 206
Hologenie 206
Holoptychius 135
Holosteer 134f, 136ff
Holozän 54, 164, 177ff, 190f, 194, 206
Holsteinium 44, 46, 178, 181
Holynia 99
Homininae 171ff, 172, 195
Hominoidea 171f
Homo (siehe auch
Anhang) 179ff, 182
Homo erectus 172, 177, 179ff, 184, 199
Homo habilis 172, 176, 179
Homo heidelbergensis 172, 181, 183
Homo kamensis 184
Homo mousteriensis 207
Homo neanderthalensis 172, 180, 183, 184ff, 196
Homo neanderthalensis-palaestinensis 185
Homo njarasensis 184
Homo primigenius 184
Homo rhodesiensis 180, 184, 186, 199

Homo sapiens-fossilis 171, 181ff, 185, 188ff, 191f, 196f
H. sapiens-Fundstellen 190f
Homo soloensis 184, 186
Homo
steinheimensis 172, 180, 183
Homologie 9, 124, 206
Homonomie 9, 206
Homozygotie 12f, 16, 18, 21, 28f
Hormone 24ff, 148
Hotutypus 191
Hoyle'sche Theorie 58, 207
Hubble Effekt 51, 205, 207
Huftiere 54, 166f, 193
Humus 34, 37f
Hunde 55, 166, 189
Hundsaffen 54, 166, 172, 197
HWZ (Halbwertzeit)
der chem. Elemente 40ff
Hyäne 167, 193f
Hyaenodon 55, 167
Hydrodyction 98
Hydrozoa 38, 52f, 117, 126
Hyeniales 104
Hyoid-Bogen 129, 133, 207
Hyparion 167
Hypothalamus-
Großhirn-Quotient 197
Hyrax 167

Ichthyornis 152
Ichthyosaurier 53, 143, 145f
Ichthyostegiden 135f, 139f, 142, 207
Ictidiosaurier 143, 157ff, 207
Idiotie
amaurotische 16
Iguanodon 148
Immunglobuline 12, 14, 25f
Industriestufen des fossilen
Menschen 171, 177, 181f, 186f, 191f
Innerplasmatisches
Kanalsystem 83
Insekten 24, 26, 38, 52ff, 82, 118, 125f, 191
Insektenfresser 55, 156, 159, 163, 166f, 197
Insulin 24f
Interglazialzeiten 45ff, 54, 178
Interstadiale der Eiszeiten 178
Interzentrum 142, 207
Iridaceae 106, 113
Irregulärer Typus F 88
Isotopenverdünnungs-
methode 41
Isosporie 102
Istalloskőer Höhle 189

Jahresringanalyse 43, 47
Jamoytius 131f, 135
Jod-Xenon-Methode 41
Juglans 46, 109, 111
Juncaceae 106, 113
Jura 44, 53, 82, 108f, 124, 134f, 140f, 146f, 154ff

Käferschnecke 118
Känguruh 164f

Känozän 178
Känozoikum 54, 82
Kaiman 144
Kaledonische Faltung 52, 138
Kalium 40f, 60
Kalium-Argon-
   Methode 40, 176, 177, 179, 181
Kaltzeiten
   (siehe Eiszeiten)
Kambrium 51, 78, 81f, 90, 99f,
   101f, 124, 130
Kampf ums Dasein 5, 6, 20f, 27
Kamele 164
Kaninchen 24f, 26, 111, 166
Karbon 52, 78, 81, 82, 100ff, 107f,
   124, 131, 134, 139, 145, 154
Karbonsäuren 60, 80
Karpfen 25
Karrooformation 52, 142, 144,
   154, 156f
Karyomeren 83, 207
Katastrophentheorie 5
Katzen 55, 166
Keimblätter (tierische) 25, 116ff,
   127f
°K = Grad Kelvin 60, 207
Kentriodon 167
Kenya-Funde 172f, 179
Kenyapithecus 172, 174, 193
Kerogen 89, 207
Keuper 54
Kiefer 129, 131, 154, 155f, 159ff
Kiemendarm 125f, 129, 131ff, 134
Kieselgur 38
Kieselalgen
   (siehe Diatomeen)
Klima, Klimate 20, 27, 42, 44, 47,
   105, 109, 123f, 148, 185f
Klippschliefer 167
Kloakensäuger 54, 158f, 163f
Knochenfische 52, 126, 131ff, 134ff
Knochenwerkzeuge 171, 188,
   192f, 195
Knorpelfische 133, 134ff
Knospung bei
   Microsphären 71
Kobaltgarten 13
Koexistenz 20f
Königswald v., G. H. R. 171,
   180, 181
Kohlenbildung 37f, 54
Kohlenhydrate 61, 65f, 68, 70ff, 80
Kohlenoxide 61, 67
Kohlenstoffatom und
   asymmetrisches C 58, 67f
Kohlenstoff-14-
   Altersbestimmung 42f, 47, 79,
   89, 189
Kohlenwasserstoffe 59, 61ff, 83
Kohorten der Säugetiere 152, 166
Kollagen 23f, 25, 43
Kola-Halbinsel 39, 44, 51
Koloniale Flagellaten 95, 98
Konkurrenz 6, 20f, 27f
Konstantentheorie 5
Kontinentwandlung der
   Erde 52, 53, 55

Konvergenz 207
Koobi Fora 179
Kopfentwicklung 125ff, 129ff,
   134f, 141, 152, 154ff
Koprolithe 38
Korallen 38, 52ff, 117, 121
Kosmische Strahlung 56, 148
Krapina Grotte 184f
Krebse 52, 118, 125f
Kreide 44, 53, 82, 108, 124f, 134f,
   141ff, 146, 152, 158, 164f, 172f
Kreuzschnabel 21
Krokodile 143f, 150
Kryptozoikum 82
Kugeltypus (Fossilien) 51, 86f
Kultdarstellungen
   — handlungen 184, 187, 197, 200
Kulturstufen 177, 183, 186ff, 196

Labiatae 111, 112
Labyrinthodontier 52f, 136f,
   139ff, 143, 145, 154
Lagomorpha 166
Lagoa-Santa-Typus 191
Lamarck J. B. v. 5, 17
Lamarckismus 6
Laminaria 99
Lampreta
   siehe Neunauge
Landpflanzen 52, 82, 99ff
Landwirbeltiere 133, 138ff
Langia 135
Lanzettfischchen
   siehe Branchiostoma
Larvenformen der tierischen
   Entwicklung 116ff, 121, 122f, 125
Lascaux 178
Latimeria 10, 135f, 137f
Laubenvögel 17
Laurentia 52
Lebachia 108, 110
Lebendige Systeme 57
Leguminosae 110, 112
Leitbahnen (für Wasser)
   102f, 108ff
Leitfossilien 35, 52ff, 123, 130, 192
Lemaitre Modell 207
Lemuroidea
   (siehe auch Halbaffen) 173, 198
Lepidocarpon 104ff
Lepidodendron 103f
Lepidophyta 103
Lepidosiren 135ff, 207
Lepidospermen
   (= Lepidocarpon) 104, 106
Lepidosteus 134, 135
Lepidostrobus 104
Lepospondile
   Amphibien 140, 207
Leptoceratops 148
Leptolepis 134, 135
Leptoszeus 136
Leucotomie
   = Lobotomie 200
Levalloisien 188, 207
   und Anhang
Lias 53

Libby-Alter 42f
Libellen 52
Lichtquantenabsorption 77ff, 80
Ligula 104
Liliaceae 113
Limnopithecus 172f
Limnoscelis 144
Limulus 10
Lingula 10, 121
Linné, K. v. 5, 171
Lobenlinie 9, 124f
Löß 35f, 178, 189
Loraine-Kugeltypus 87f
Lunaspis 133
Lungenfische 137
Lycaenops 153f, 158
Lycon raphanus 117
Lycophyten 52, 100f
Lycopodiophyta
   (siehe Bärlappgewächse)
Lyell, Ch. 6
Lyginodendron 103
Lyginopteris 108
Lyngbybeile 187f, 194
Lysin 70
Lystrosaurus 155
Macroplata 144
Macrosporen 104f
Mc. Minn Shale 39, 51, 89
Magdalénien 188ff, 192, 196, 207
   und Anhang
Maglemose Komplex 195, 207
Magnolia 47, 53, 110
Malania
   (siehe auch Latimeria) 10, 137
Malereien 188, 192, 194, 196f
Malm 53, 149
Mammalia
   (siehe auch Säugetiere)
   152ff, 162ff
Mammut 34, 189, 192ff
Manteltiere 90, 120f
Marder 166, 168
Marsupialia
   (siehe auch Beuteltiere)
   162, 164f
Massenspektrometer
   (Altersbestimmungen) 41
Mastodon, 167, 177
Maurer Waldzeit 178, 181, 188,
   193, 207
Meeres-Temperaturbestimmung
   a. G. C- u. O-Isotopen-
   verhältnisse 43
Megalohyrax 167
Meganthropus 176f
Megaparsec 207
Megasporen 105f, 107, 108f
Meckelscher Knorpel 133, 160, 207
Melanosome 26
Membranbildungen in
   Microsphären 71
Mendel-Gesetze 10f, 15
Mensch 10, 19, 22, 24f, 28, 171ff,
   181ff, 187, 195
Menschenaffen 166, 172ff
Menschenrassen fossile 186, 189ff

347

Merkmalbildung 13, 15, 75, 152
Mesoderm 114ff, 125, 126, 128
Mesohippus 55, 167
Mesolithikum 192, 194f
Mesonychoidea 166f, 207
Mesosaurier 144, 207
Mesosuschier
 (vgl. auch Krokodile) 150
Mesozoikum 53, 146f, 155
Metagenese 117
Metatheria
 (siehe Beuteltiere) 207
Metaxylem 108f, 207
Metazoa 99, 115ff
Meteorite 40f, 60f, 64, 66, 68, 77
Microchorus 173
Microsauria 140
Microsaurier 140
Mikrosphären 61, 69ff, 76, 207
Mikrosporangien
 Mikrosporen 101, 104f, 106, 109, 110
Milankovic Hypothese 207
Miller Apparatur 62, 67, 91
Mineral- bzw. Gesteinsalter
 = w-Wert 41
Miozän 55, 165, 167, 172f, 193
Mississipium 52, 142
Mitochondrien 51, 75f
Mittelpalaeolithikum 192
Mixosaurus 145
Moa-vögel 54, 152
Modifikation 27
Molekülentstehung 56, 59ff, 71f
Molekularbiologie 23f, 31, 56, 74, 201
Mollusken
 siehe Weichtiere
Monotremata
 (Kloakensäuger) 207
Monastir Transgression 178
Monochlamydeae 111, 113
Monocotyledonae 106, 109, 111
Moose 36f, 45, 95, 100, 102
Moostierchen
 siehe Bryozoa
Mosasaurier 146, 150, 207
Mosaikregel
 nach Watson 162, 210
Mosbachium 178, 181, 193, 207
Mt. Carmel 185, 191, 193
Mt. Circeo 184
Moustérien 172, 183, 186, 189, 191, 196, 208 und Anhang
Multituberculata 157f, 163, 208
Mundwerkzeuge 126, 128f, 131f
Müller'sche Larve 122
Muschel 44, 53, 118, 123, 189
Muschelkalk 38, 53, 145, 146, 150
Muschelschnecke 118, 121, 123
Muskel, fossile Funde 131, 134
Mutation 6, 9, 12ff, 19, 24, 28, 73, 77, 102, 193f, 152, 162, 168
Mutagene 14, 19, 73, 148
Mutica 161, 165, 167
Myoglobin 24f
Myrtales 111, 112

Mystriosuchus 150
Myxomyceten 95, 114

Nadeltyp (Fossilien) 86
Naegleria (Vahlkampfia)
 bistadiales 115
Nagetiere 55, 166f, 191, 195
Nasenschaber
 (pliozän Primitivgeräte vom
 Kahlenberg bei Köln) 176
Nashorn 55, 167, 183, 193f
Natürliche Auslese 8
Natufienstypus 191, 208
Neandertaler-Funde 171, 172, 184ff
Neandertal
 bei Düsseldorf 171, 185
Nectridier 140
Neokom 53
Necrolemur 173
Negroider-Typus 190
Neolithikum 191f, 195
Nerven 128ff, 131, 160f
Nesseltiere 117, 121
Neunauge 25, 26, 131, 135
Neuralrohr 128f, 130
Neuropteris 104ff, 108
Neurula 126
Neutron 56
Ngandong 184
Nicotinamid-adenin-
 nucleotid-phosphat
 (NADP-H) 78ff
Nicotinempfindlichkeit
 der Tiere 123
Nieren 130, 134
Ni-Fe-Stufe 59, 68
Nische
 (siehe ökologische Nische)
Noeggerathia 107f
Nonesuch Shale 39, 51, 89
Notharctus 173
Nothosaurier 144, 146, 208
Notochord 133, 136, 138, 140, 144, 208
Notoneuralia 125
Notoungulata 167
Nucleinsäuren 61, 66, 73f
Nucleophyta 23, 95ff
Nucleotidphosphate 61, 65f, 71f, 73, 77
Nummuliten 55

Oberkassel 189
Ofnet-Rasse 190, 193
Ökologische Nische 17, 20f, 29, 125, 138, 142, 163, 165
Öl-Gesteine 38f, 61
Ohrentwicklung 131, 139, 152, 154f, 159ff, 162, 163, 165, 166
Old-Red-Sand-Stein (Gr.-Br.) 52, 133, 138, 139
Olduvai (= Oldoway)
 171, 176f, 179f, 181, 190
Oligokyphus 154
Oligozän 38, 55, 167, 172f, 195
Oleaceae 112

Oltmannsiella 95, 99
Omo (Äthiopien) 171, 176
Onagraceae 112
Ontogenie 9, 128
Onverwacht Serie 39, 51, 87f
Ophiacodon 145
Opportunismus 19f, 21f
Optische Aktivität 67, 89
Orang Utan 172, 197f
Orchideae 113
Ordovicium 52, 101, 123, 130
Oreopithecus 172, 174, 195
Organfluoreszenz,
 siehe Farbinterferenz-
 untersuchung
Ornithischier 143f, 147f, 149, 208
Ornithopoda 208
Ornithorhynchus 163
Ornithosuchus 147, 150
Orobanchaceae 112
Orthogenetisches
 Evolutionsgesetz 30
Osteichthyes 136
Osteolepis 134ff, 138
Osteopterygier 135, 137, 208
Ostracodermen 51, 130f, 133
Ovoviviparie 145f
Oxalessigsäure 70
Ozon in der Atmosphäre 60, 81

Paarhufer 54, 166f
Paeonia 113
Palaeolithikum 177, 181f, 188, 191f, 200
Palaeoniscus 133, 135
Palaeotherium 55
Palaeozän 55, 159, 167, 172, 174
Palaeozoikum 52
Palästinafunde 185, 191
Pallas, P. S. 5
Palmen 55
Panmixie 19, 208
Pantotheria 157ff, 163, 164, 208
Panzerfische 130ff
Papaveraceae 112
Paraffine 63, 89
Parallelitätsbegriff 208
Paranthropus 172, 176f, 195
Parapithecus 172f, 175
Parapsida 144f, 208
Parasiten 12, 20, 30, 83
Pareiosaurus 144
Parietales 112
Pappel 52, 109, 111
Parsec = pc 51, 208
Pascher, A. 95
Pascherina tetras Silva 97
Paudorfer Schwankung 178
Pecopteris 105, 108
Pelycosaurier 52, 144f, 153f, 158, 208
Peptide in der Erdgeschichte 27, 70
Pennsylvanium 52
Peratherium 164
Périgordien 189, 208
Peripatus 118, 123

Perm 52, 82, 103f, 107, 110, 124, 131f, 135, 140ff, 152f, 158
Pferde 24f, 54f, 166ff, 188, 190f, 193f
Pflanzen 76f, 82, 95ff
Pflanzen als Gesteinsbildner 36f
Phanerozoikum 82
Phänotypie
  (Variabilität, Uniformität) 17, 28
Phaeophyta
  (siehe Braunalgen) 208
Phänozoikum 82
Phosphate 66, 72
Phosphorylierung 73, 77, 79f
Photoautotrophie 80, 89, 96
Photosynthese 51, 77ff, 82, 85, 87, 89, 99, 113
Phylogenie 8, 77, 85, 95, 104, 115f, 126, 148, 158f, 171ff
Phytan 34, 51, 77, 87f, 89
Phytosaurier 147, 150, 208
Pigmente 26, 70, 79
Pilidiumlarve 119, 120
Pilze 25, 37, 51, 53, 89, 95, 99, 114, 188
Pinealöffnung 131, 139, 141, 144, 150, 208
Pinnipedier 166, 208
Pinus 34, 43, 46f
Pithecanthropus 180, 181, 191, 199
Placentalier 103, 158f, 162, 165ff, 206
Placodermen 129f, 136f, 208
Placodontier 53, 144, 146
Placoid-Schuppen 208
Plakula 115, 208
Planeten 59, 60
Plantaginaceae 111, 112
Plantigrada 208
Planula 116, 121
Plateosaurus 147
Plattwürmer 117f, 121
Platypus 163
Platyrrhinae 172f
Platyzoa 125
Pleiotropie 28
Pleistozän 44, 54, 164, 168, 176ff, 181, 183, 184, 186, 192, 195
Plesianthropus 176, 198
Plesiosaurier 53, 144, 146
Pleuracanthus 134, 135
Pleurodiren 145
Pliopithecus 172f
Pliosaurus 146
Pliozän 54, 170, 172f, 176, 195
Plumbaginaceae 112
Podostemonaceae 110
Pogonophoren 121, 130
Polacanthus 148
Pollenanalyse 35, 37, 45ff, 111
Pollenschlauch 103, 106, 108, 109f
Polycarpicae 111ff
Polychaetten 125, 127
Polygenie 10, 28
Polygonales 112
Polykaryom 83

Polymorphismus 14, 29f
Polynucleotide 61, 66, 68
Polyphänie 10, 28
Polyploidie 10, 12, 13
Polypterus 134
Pol-verschiebung 47
Pongiden 172, 176
Population 4, 8ff, 18, 27ff, 186, 192
Porphyrine 61, 66, 79ff
Präkambrium 39, 51f, 60, 68, 75, 78, 82, 87f, 90, 99
Prä-moustérien-Mensch 188, 207
Prä-neandertaler 187f
Prä-sapiens Mensch 183f
Predmost (Brünn) 189, 194
Primaten 23, 55, 165ff, 171ff
Primofilices 100ff, 208
Pristan 34, 51, 77, 87f, 89
Proconsul 172, 174, 195
Proganochelys 144
Propliopithecus 172f, 175, 195
Proteine 8, 13, 26f, 60f, 67ff, 72f
Proteine in der Erdgeschichte 27
Proteinanalysen 24f, 31, 69
Proteinoide 1, 61, 69ff, 73, 77, 208
Proteinstrukturen 72
Proterozoikum 82
Protisten
  siehe Protozoa
Protobatrachus 140
Protobiont 50, 69, 71, 208
Protocaryonta 23, 51, 89
Protocatarrhinae 172f
Protochordata
  (siehe Chordata) 130, 209
Protoceratops 148
Protococcale (Grünalgen) 96, 209
Protohyenia 104
Proton 57
Protonenzyklus 57
Protopterus 135, 138
Protopteridium 99, 105
Protopteridales 101ff
Protorosaurier 143f, 146, 209
Protostele 101f, 209
Protostomier 119, 121f, 125
Protosuchus 146, 150
Prototheria
  (Kloakensäuger) 163
Protozoa (Protisten) 90, 115, 209
Protrochula 118
Pseudofossil E 88
Pseudosporochnus 100ff, 105
Pseudosuchier 209
Psilophyta 99ff, 99, 209
Psittacosaurier 148
Pteranodon 149
Pteraspis 131, 135
Pteridinium simplex 90
Pteridophyta 100f, 104
Pteridospermae
  siehe Samenfarne
Pterodactylus 149
Pterolepis 131, 135
Pterophyta 100, 104ff, 108, 209
Pterosaurier 147, 149f, 209

Puffbildung 24
Purinring 61, 63f, 65
Purpurbakterien 76, 79f
Pyridinnucleotid
  siehe Nicotinamid-adinin-nucleotidphosphat
Pyrimidin 61, 65
Pyrit 48, 60, 88
Pyrrolring 61, 66f
Pyrrophyta
  (siehe auch Braunalgen) 209

Quartär 54
Quarz 67, 68
Quastenflosser 52, 129, 134ff, 137, 139, 142
Quantenfeldtheorie 57

Radiation 22, 27f, 145, 150, 165, 167, 179
Radiärsymmetrische Tiere 23, 95, 115f, 121
Radioaktive Stoffe 13, 39
Radiolarien 38, 52, 55
Radiocarbonmethode
  vgl. Kohlenstoff-14
Radium 40
Radon 40
Ramapithecus 172, 174f, 195
Rangea (Gürich) 90
Ranunculaceae 110, 112f
Ratten 21, 166
Raubtiere 55, 156, 166, 167, 168
Recombinations-Gene 15
Redfeldia 135
Redundante Gene 14
Reduplikation 57, 71f, 74, 83f
Reglerkreis 27, 72
Reichert-Gaup'sche Regel 9, 14, 131, 139, 152f, 159ff
Ren-tier 188, 192, 193f
Reptilien 53, 82, 140ff, 163
Reptilien, überlebende 150f
Rhachipterygier 209
Rhachitomier 140, 209
Rhamnusreihe 108
Rhamphorhynchus 149
Rhinozeros 54, 166f, 193
Rhipidistier 133, 135, 137f, 209
Rhodobacteriineae 79f
Rhodophyta
  (siehe Rotalgen) 209
Rhoeodales 112, 113
Rhynchocephalier 144, 150, 209
Rhyniophyta 99ff, 100, 102, 108, 209
Ribonucleinsäuren RNS 23, 51, 60f, 67, 70ff, 73f, 83, 172
Ribosomen 71, 74, 75f
Ricinus 110
Rinder 24, 54, 166, 191f, 194
Rippenquallen 115ff
Robben 43, 165ff
Rochen 134, 135
Rodentia 166
Röntgenstrahlen 48f
Romeria 141f

r-Prozeß (Entstehung höherer Elemente) 59
Rosales 111, 112
Rotalgen 55, 79, 95, 99, 101
Rotatoria 118
Rotliegendes 52, 104, 140
Rubiaceae 112
Rubidium 40
Rubidium-Strontium-Methode 39, 41
Rubus 111
Rudolfsee (Kenya) 176, 179

Saccopastore 180, 184
Säbelzahntiger 167, 193
Säugetiere 22, 53f, 82, 142, 145, 152ff, 158, 162, 165ff
Säugetiere foss. Fundorte und -arten 166ff, 173, 193
Salicaceae 111
Salpausselkä Stadial 178
Salzgitter-Lebenstedt 188
Same
Samenpflanzen 103, 104, 106, 108
Samenfarne 52, 54, 105ff, 111
Sarcopterygier 135
Sauerstoff 43, 51, 60, 67, 78f, 80ff
Saurier 17, 22, 38, 140ff
Sauriersterben 148f
Saurischier 143, 147, 209
Sauropoden 209
Sauropterygier 146
Saxifragaceae 112
Scenedesnus 97f
Schachtelhalmgewächse 53, 100ff, 108
Schädel 133, 141, 143f, 150, 152ff, 162, 179ff, 191, 196f
Schädelknochen 131, 139, 141f, 150f, 163, 177, 182f, 186f, 194ff
Schädelfunde des Neandertalers 185f
Schaf 24f, 166
Schildkröten 21, 54, 143f, 191
Schimpanse 25, 28, 172f, 176, 182, 197ff
Schizophyta 84f
Schlagspuren 184, 189
Schlangen 144, 148, 150
Schlüsselfaktoren
Schnabeltier 163
Schnecken 14, 53f, 118ff, 123
 des Überlebens 22
Schultergürtel 139, 140f, 146, 147, 154f, 163
Schuppen 130, 132, 134, 136f, 139, 206
Schwefelwasserstoff 59ff, 67, 79
Schwein 21, 24f, 59, 166, 192
Schwimmblase 134, 139
Scrophulariaceae 110, 111
Scyphozoa 117
Seeforelle 12, 29
Seeigel 52, 53
Seekühe 55, 167
Seelilie 10, 120

Seeschwämme
 siehe Spongien
Seesterne 53, 127
Segmenthypothese 125ff, 128ff
Sekundarxylem 108f, 209
Selachier
 siehe Haie
Selektion 5, 7, 18f, 22, 27, 28
Senon 53
Sequenzanalyse 13, 23f, 26, 31, 70, 168, 196
Sequoia 43f, 46, 53, 54 166, 174
Serin 24, 70, 88
Serumdiagnostik 26, 113, 126,
Sexualfunktion 84
Seymouria 52, 140ff, 157, 209
Sial-Schicht der Erde 59f, 68
Sichelzellenanämie 11
Siebteil 100
Sigillarien 103
Silikate 59f, 68
Silur 52, 81, 99f, 107f, 123f, 131f, 135
Sima-Schicht der Erde 59f, 67
Simpson, G. G. 6, 22
Sinanthropus 180, 181
Singularität 209
Siphonaler Typus (Algen) 95, 97f, 101, 209
Siphonocladialer Typus 95, 97f, 101, 209
Siphonophoren 117
Siwalik-Schichten 174
Skelett der Wirbeltiere 137ff, 140, 142, 145, 149ff, 172, 179, 185ff, 189
Sklerotien 35, 37
Skorpione 52f, 118, 123
Solanaceae 111
Soldanha (Kapstadt) 184
Solnhofen 36, 53, 149f
Solutréen 190, 192, 194, 209
Solvatation 67
Sonne 51, 57f, 59f, 76
Soudan Iron-Formation 39, 51, 89
Spermatopteris 104
Spezialisation 21f, 28, 148
Sphaeroeca 95, 116
Sphäroide 87, 90
Sphenacodon 145
Sphenacodonta 145, 210
Sphenodon 144f, 150
Sphenophyllum 104
Sphenopteris 105f
Spinnen 52, 118, 125f
Spiraculum
 siehe Spritzloch
Spiralfurchung (tierische Entwicklung) 118ff
Sporen-arten 35, 37, 46, 51, 100ff, 103
Sporenpflanzen 97ff
Sporaler Typus (Algen)
 siehe capsaler T.
Sporophyt 100, 102

Sporophylle 100f, 106
Sprache 23, 196, 200
Spritzloch 132f, 134
Sproßpflanzen 23, 99ff
Squamata 144, 150
Stachelhäuter 38, 51ff, 82, 90, 118, 120f, 125, 130
Stadiale der Eiszeiten 178
Stauropteris 104
Steady-State-Theorie 210
Stegocephalier 139, 139, 210
Stegosaurier 148, 210
Stegoselachier 133, 210
Steinheim 183, 193
Stelartheorie 102, 108f
Stelen 36, 101f, 103, 108f, 203, 210
Stenochasma 149
Stereospondylen 210
Stickstoff-Assimilation 85
Stigeoclonium 95, 99
Stomochord
 (siehe Chorda) 126, 210
Störe 26, 134f
Strahlen
 kosmische
 ionisierende
 radioaktive
14f, 28, 40ff, 47f, 57, 61ff, 73, 148
Strontium 40
Sukuhl (Skhul) 183, 185
Supernova 59, 148
Südafrika 176f
Swamps 52, 55
Swanscombe 183, 193
Symbiose 25, 75
Symmetrodonta 157f, 163, 210
Sympatrische Artbildung 12, 29, 210
Synapsida 143f, 145ff, 154, 210
Synaptosaurier 144
Syncyanose 25, 75
Synthetische Theorie der Evolution 6

Tabosaurus 147
Tanystropheus 146
Tapir 55
Tardénoisien 210
Tarsiiformae 55, 172ff, 198
Taubach 171, 184
Taxus 106
Taxocönose 17
Tayacien-Kultur 183, 210
 und Anhang
Tegelen (Tiglian) 178
Teilhard de Chardin, P. 171, 188
Telanthropus 176, 179, 181
Teleosteer
 siehe auch Knochenfische 134, 137f, 210
Teleostomier 210
Telom 100f, 102ff, 106f, 210
Temperaturbestimmungen in früheren Erdzeitaltern 42, 44, 124
Temporalöffnung 143f, 210
Tentaculata 125

Tentaculitten 130
Tertiär 38, 46, 53, 124, 162, 167f, 191
Tertiarflora 46
Tethysmeer 10, 52, 55
Tetrapyrrolsystem 61, 68
Tetrasporale Algen 96, 203, 210
Thalasämie 11
Thallasiophyten 30, 52, 95, 99ff, 113, 210
Thecodontier 143f, 146f, 150, 210
Theria 164ff,
siehe auch Säugetiere
Therapsida 52, 143f, 152ff, 158f, 162, 210
Theriodontier 142, 143, 156ff, 162, 210
Thermoluminiszenz-Altersbestimmungen 47f
Therocephalier 155
Theromorpha 154, 210
Theropoden 147, 210
Thorium 40
Thorium-Protactinium-methode 42
Thrombin 24
Thylacoide 79f, 210
Tilia 110
Tiere, Tierreich 38, 82, 90, 95, 115ff
Tiere der Eiszeit 193f
Tintenfische
vgl. Cephaloproden
Titanichthys 131
Tool user 176
Torfmoose 37, 45f
Torridian Sande 60
Tornaria 118, 120, 123f
Tracheen,
Tracheiden 101ff, 108f
Transkription 23
Trachodontia 146
Translation 23
Trias 54, 82, 107, 109, 111, 124, 130, 134, 137, 142, 145, 146, 147, 154, 156, 158, 163
Triasochelys 144
Triceratops 148
Trichoplax adhaerens 116
Triconodonta 157ff, 163, 210
Trilobiten 30, 36, 49, 52, 118, 123, 210
Trimeriehypothese 121, 122f
Trimerophytina 102
Trinil (Java) 171, 177, 181f
Triplett-Code 14, 23, 83
Tritylodon 157, 159, 163, 210
Trochophora 118ff, 120, 122f, 127
Trophophyt 96, 101ff
Trypsin,
Trypsinogen 24
Tschadanthropus 177, 181
Tundra 46f, 193f
Tunicata
(siehe Manteltiere)
Tupaioidea 173
Turbellaria 118ff, 126f

Turon 53
Typogenese 31
Typosaurus 146
Tyrannosaurus 147

Uintatherium 167
Ulmus 46f, 109, 111
Ulothrix 95, 99
Ultraviolett-Strahlung 60, 65ff, 79ff, 85
Umbelliferae 111, 112
Umwelt 27f, 31, 73, 168, 171, 192, 196, 201
Unguiculata 166
Unguligrada 210
Universum 51, 58
Undina 135
Uran 40, 59
Uran-Blei-Methode 40f
Uran-Helium-Methode 41
Uratmosphäre 60ff, 65, 68, 81
Urbanverhalten bei Tieren 22
Urdarm 121, 126, 139
Urfarne
siehe Thallasiophyta
Urmesodermzellen 119f
Urodelen 134
Urochordata 210
Ursuppe 22, 60, 65, 68, 77, 87
Urticales 111
Ursamenpflanzen 106, 108
Urtiere 95
Urvogel 149f
Urzelltypen 96ff, 115ff
u-Wert (Alter der Element-entstehung) 40, 41, 210

Vahlkampfia 115
Van der Waal-Kräfte 71
Varanosanrus 145, 158
Variabilität genetische 17, 19
Variskische Faltung 52, 138
Vasotocin 148
Veligera 119, 120, 121, 122f
Ventersdorp 51, 87
Verhaltensweisen 21ff, 27, 28, 176, 192f, 194, 195f, 199f
Verhaltensweisen gegen Gift-stoffe bei Tierklassen 123f
Verteszöllös 181, 189
Versteinerungen
siehe Fossilien
Victoriasee 55, 172, 184, 190
Villafranchium 44, 172, 176f, 178, 210 und Anhang
Virus 15, 27, 72, 74, 76
Visceralskelett 210
Vitamine 67, 185, 186
Viviparie 159, 163
Vögel 22, 54f, 82, 144, 151ff
Vogelherd 190, 192
Voltzia 54
Volvox 95ff, 116, 117
Vorbiogene Systeme 56, 61ff, 73, 75, 82
Vormenschen
(siehe Hominoidea)

Vulkanismus 37, 52ff, 60, 138, 140

Wadjaktypus 191
Walchia 54, 107, 110
Wale 14, 22, 24, 55, 163, 166f, 197
Wallace, A. R. 5
Wallnuß 47, 109
Wandel 4, 8, 13, 19, 46, 87, 201
Warane 150
Warmblütigkeit 161
Wasser 44, 51, 59ff, 67, 68, 77ff, 82, 138
Wasserstoff-Brücken 72
Wasserstoff-Isotopenverhältnis ($^1_1$H zu $^2_1$H)-Altersbestimmung 43, 60
Watson-Crick-Modell 23
Watson-Mosaikregel 162, 210
Wealden 53
Weichtiere 38, 52, 54, 90, 118ff, 121
Weide 46, 109
Weidenreich F. 171
Werkzeuge
(siehe auch Faustkeile)
171, 176, 177, 184, 188f, 192, 195f, 200
White-River-Region 167
Wiesternitz 190
Wildpopulation 18, 20, 22
Williamsonia 52
Wimperapparat 85, 116, 125
Winterales 108
Wirbelbildungen 9, 134, 138, 140f, 142, 144, 145, 147, 152, 155
Wirbellose Tiere 52f, 116ff, 123ff, 126f
Wirbeltiere 38, 52f, 81, 120, 123, 126ff, 130ff, 136ff
siehe auch Chordatiere
Witwatersrand-Serie 39, 44, 51, 87f
Wohnbauten
(vgl. Hausbau)
Würmer 26, 38, 82, 89, 121, 127, 130
w-Wert 41, 210

Xenusion auersfeldense 53, 210
Xylembildung 108ff

Zaglossus 163
Zahnarme Säugetiere 166f
Zähne 22, 31, 134, 137, 139, 144, 145, 147, 154, 157, 159, 161, 163, 164, 165, 173, 177, 179
Zalambdalestes 156, 166f
Zamia 103, 108
Zechstein 52, 140
Zeitalter, geologische 51ff
Zellen, Zelluläre Systeme 17, 75f, 83ff, 87
Zellkompartimente 24, 29, 76, 83

351

Zellkern 51, 83ff, 89
Zellorganelle 74f, 83ff, 89, 96
Zentralnervensystem,
    siehe Gehirn 23
Zinjanthropus 176

Zitronensäurezyklus 70
Zivilisation 18
Zosterophyllophytina 102
Zufall 7, 21, 28, 67
Zweckmäßigkeit 7, 28

Zwei-Faktoren-Problem
    in der Evolution 15
Zwergwuchs
    achondroplastischer 15, 16
Zygote 8, 23, 84, 96, 110

Texterweiterung

Seite 3, Zeile 10, zwischen Satzende und Anfang des neuen Satzes: Kurz vor Druckfertigstellung erschien die 19. Auflage von *E. Hadorn* u. *R. Wehner* „Allgemeine Zoologie" (G. Thieme, Stuttgart, 1974) mit vielen ergänzenden Angaben zu den Kapiteln A und F dieser Bearbeitung.

Nachtrag zu Seite 98, Großdruck, Zeile 3

Bei Kieselalgen (Diatomeen) sind Peitschengeißeln festgestellt worden (vgl. *Robards, A. W.:* Pflanzliche Zelle, G. Thieme, Stuttgart, 1974)

Druckfehlerberichtigungen

Seite 112, Übersicht 6: Es muß heißen Ranunculaceae (anstatt Rannu-)
Seite 112, Übersicht 7: Plumbaginaceae (anstatt Pluma-), Boraginaceae (anstatt Borra-), Orobanchaceae (anstatt Orobac-)
Seite 113, Übersicht 8: Amaryllidaceae (anstatt Amaryli-)
Seite 118, Übersicht 9: Dipleurulalarve (anstatt Dipleura-)
Seite 136, letzte Zeile unten: Osteichthyes (anstatt Osteoi-)
Seite 146, Absatz 6, zweite Zeile Kleindruck: Kronosaurus (anstatt Crono-)
Seite 158, Übersicht 16: Pelycosaurier (anstatt Peli-)
Seite 163, a. Kloakentiere, 11. Zeile von unten: Ornithorhynchus (anstatt Ornithorr-)
Seite 167, Kleindruck, 2. Absatz, 2. Zeile von unten: Uintatherium (anstatt Uino-), — 3. Absatz, 4. Zeile: Notoungulata (anstatt Notun-)
Seite 189, 6. Zeile von oben: Châtelperronien (anstatt Chatelpero-)
Seite 191, 3. Absatz: Natufiens (anstatt Natufians)
Seite 203, Anhang: Abbevillien (anstatt Abbé-)
Seite 204, Mitte der Seite: Brachyodonta (anstatt Brady-)
Seite 208, oberes Fünftel: Natufiens (anstatt -fians)

Verhaltenslehre

Affen 234, 241
Aggression 243
Aha-Erlebnis 235
Amsel 216
Analogie 238
Appetenzverhalten 215, 228
Attrappe 217, 238, 239
Automatenversuche 235

Bienen 223, 231
Bienenwolf 226

Demutsverhalten 228, 229, 237, 243
Denken, unbenanntes 232
Deplacierte Handlung 228
Dohlen 229, 240
Dorngrasmücke 227
Dressur 230, 231, 232, 233, 241
Drohen 229

Eidechsen 220, 233
Einsicht 235
Elassoma 222
Elritzen 232, 233
Enten 217, 228, 229
Erdkröte 221
Ermüdung, zentrale 227
Ethogramm 215
Ethologie 214, 215, 235, 238
Evolution 227, 240

Fische 222, 232, 239
Fuchs 230

Gänse 217, 240
Galapagos-Echsen 228
Gartengrasmücken 230
Gebärdensprache 237
Gelbrandkäfer 223
Goldhamster 232, 239
Gorilla 242
Grabwespe 223
Grillen 223

Heuschrecken 223
Homologie 238
Hühner 216, 217, 218, 228
  229, 234, 240
Hunde 218, 219, 228, 230, 231, 241

Imponiergehabe 237, 243
Instinkt 215

Instinkthandlung 215, 216, 225, 227, 234, 239
Instinktketten 226
Intensionsbewegungen 228
Isolierte Aufzucht 234

Kanarienvögel 217
Kaspar-Hauser-Versuch 234
Katzen 218, 219, 226, 228, 230
Kaulquappen 222, 223
Kernbeißer 230
Kiebitz 227
Kindchenschema 237, 238, 243
Kohlweißling 224
Kommentkampf 228, 229
Konvergenz 238
Kreuzotter 228
Kreuzspinne 224
Kriechtiere 220
Kuckuck 218

Labyrinthversuche 234
Leerlaufhandlungen 227, 228, 237, 239
Lernen 230, 231, 232, 233, 234
Lernvorgänge 229, 236, 241
Lichtempfindlichkeit 225
Lichtrückenreflex 225
Löwe 231
Lurche 221

Mäuse 234
Meeresfische 222
Meisen 217, 227
Mensch 235, 236, 237, 242
Molche 221
Moralanaloges Verhalten 229
Mückenlarven 227

Nesthocker 242

Oberstufenunterricht 214, 216, 223, 226, 228, 229, 230, 234, 238
Ohrwürmer 225

Palolowürmer 216
Phototaxis 225
Prägung 234, 240

Rangordnung 228, 229
Ratten 234
Reflex 215, 225, 227, 236, 241
Regenpfeifer 227
Regenwurm 225, 232
Rehe 228

Reize
— innere 216, 225, 226, 237
— äußere 216, 225, 227, 228, 237
Reizketten 226
Reizsummation 239
Revier 222, 228, 229, 239
Rhesusaffen 237
Ritualisierung 228, 240
Rotkehlchen 217, 229
Rückenschwimmer 225

Säugetiere 218
Samtfalter 223, 227, 239
Schildkröten 220
Schimpansen 218, 219, 235, 236, 242
Schlüsselreiz 217, 223, 225, 226, 227, 229, 237, 239
Schreckstoffe 222, 223
Schwarzbarsch 222
Silbermöwe 217
Skototaxis 225
Sperren 217, 227
Spiel 228, 229, 230
Stare 228
Stichling 222, 228, 229, 239
Symbolhandlung 228

Temperaturorgel 220
Thigmotaxis 225
Tierpsychologie 214

Übersprunghandlungen 228, 237, 239
Umwegversuche 233, 237
Unken 222

Verhaltensforschung 214
Verhaltensphysiologie 214, 215
Verleiten 227
Verstandeshandlung 215, 216
Vögel 216, 217, 218, 227, 229, 230, 232

Warmwasserfische 222
Wasserflöhe 224
Wellensittiche 217, 230
Wirbellose 223
Wortsprache 236, 243

Zebrafinken 217
Zecke 216
Zeichensprache 236

353

Biologische Statistik

Abhängigkeit
 der Aussageergiebigkeit
 von der Versuchsanlage 253
 — der Pflanzenerträge von
 Klimafaktoren
 (Korrelation) 304
 — und Unabhängigkeit von
 Differenzen
 (Freiheitsgrade) 285
 — smaß Chiquadrat 316
Alternative Hypothesen 253
Absolute und relative
 Zahlen 271, 329
Abweichung,
 durchschnittliche 282, 329
 — mittlere quadratische
 (Standardabweichung) 284, 330
 — smaße 330
 — von einer Korrelation 330
Analyse, Sinn der
 statistischen 252, 256
 — Varianzanalyse,
 (Streuungszerlegung) 307, 331
 Faktoranalyse 308, 331
Arithmetisches Mittel 282
Außenseiterwert 261, 286
Assoziationsmaß Q 320
Assoziationen bei Geburt
 von Ideen 279

Begleitfaktoren (unkontrollierte
 Zufallsfaktoren) 291
Beobachtete und erwartete
 Häufigkeiten 317
Beobachtungsdaten,
 Aufschlüsselung 252, 331
Berkowitz 292
Bestimmtheitsmaß 316
Binomialverteilung
 (Mendel) 273, 276, 278, 290, 336
 —, Varianz der 290
Blutgruppenverteilung in
 England 265
Bravais- Pearson,
 Korrelationsmaß 305

Chilton-Tabelle 268
chiquadrat 315
Cosinus-Modell 307
Covarianz 306, 332, 335

Darwin, noch 1968 in der
 Schule verboten 325
Deduktion und Induktion 263, 332
Diagnostische Valenz 306
Didaktik, Kunst des Weg-
 lassens von Ballast 273
Diskrete Verteilung —
 diskontinuierliche 275

Effizienter Schätzwert 332
Einkommen, schiefe
 Verteilung 270
Einseitige Ablesung eines
 Tests 333
Erbgut- und
 Umwelteinflüsse 4:1 309
Erhebung und
 Experiment 253, 333
Ernten und
 Klimafaktoren 304, 308
Erwarteter Wert (auch der
 Nullhypothese) und
 beobachteter Wert 319

Faktorenanalyse (Schluß von
 Leistungstests auf zugrunde-
 liegende Begabungsfaktoren
 Beispiel Luis Trenker) 309
Faktoren, Vernachlässigung
 a priori 264
Fehler erster und zweiter
 Art 333
 — Zufalls- 265
 — Systematische 266
 — Logische 268
Fisher, R. A. 251
Freiheitsgrade 284, 333
Fototropismus 270
 (Frühtest W. Schmidt)

Gauß-Verteilung 260
Graduell abgestufte
 (kontinuierliche)
 Verteilung 334
Grundgedanken der
 Biostatistik 264
Grundgesamtheit und
 Stichprobe 260

Hellmichs Tests 322
Hypothesenprüfung 334

Intelligenz-Struktur-Test
 (Amthauer) 326
Intervalle
 (Vertrauensspielräume) 286
Irrtums- (Zufalls-)
 Wahrscheinlichkeit 264, 268

Katalase-Enzym-Test nach
 W. Schmidt 255
Korrelation 303, 334
 — zwischen
 Rangordnungen 310

Lateinisches Quadrat 255
Lienerts Denk-Test 329

Masseneinkommen 270
Medianwert (mittelster
 Wert) 260
Mehrfaktorenanalyse 254, 256, 308
Meinungsforschung 267
Mendels statistische
 Spaltungsregeln 273
Mittelwert
 (arithmetischer) 261, 335

Nilson- Ehle 277
Normalverteilung 261, 273
Nullhypothese 255, 257, 264, 334

Parameter 259
Parkinson 283
Probability, Wahrscheinlich-
 keit für Zufallsbedingtheit 336
Pro-Kopf-Angaben 269

Q-Testwert nach Yule 320
Quadratzahlen, Potenzen,
 Wurzeln 339

Regression 306

Signifikanz 336
Scheinzusammenhänge 269
Sokrates 260
Spannweite „w" 262
Spearman 310
Statistik-
 Herkunft des Worts 251
 — Sinn stat. Analyse 252
 — Methodik und Tests 336
Stichprobe (sample) 336
Symbole
 (Buchstabensymbole) 337
Streuungszerlegung
 (Varianzanalyse) 337
Standardabweichung 284

t-Tests nach student 284
tau-Test 298

Varianz (Streuungsmaße) 280
Verallgemeinerungs-
 fähigkeit 263, 333, 337
Vertrauens-Intervall 386, 337
Verläßlichkeitsniveau 258

Wahrscheinlichkeit =
 relative Häufigkeit 337

Zeichentest 300
Zufallsfaktoren 256
Zufallsvarianz 285

Verbesserung von sinnentstellenden Druckfehlern im Handbuch

Seite 23: Zeile 43: statt: „Protokaryonta": Prokaryonta
Seite 70: Zeile 34: statt: „$CH_3 – COH – COOH$": $CH_3 – CO – COOH$
Seite 79: Zeile 23: statt: „DPN^+": NAD^+
Seite 79: Zeile 24: statt: „DPN-H": NAD-H
Seite 79: Zeile 36: richtige Formel:
$6\,CO_2 + 12\,H_2S + 3\,122\,000$ cal $(= 13\,070\,877,4$ Joule$)$
$\rightarrow C_6H_{12}O_6 + 6S_2 + 6\,H_2O$
Seite 83: Zeile 2: statt „geschlossenen": abgegrenztes
Seite 155: Zeile 8: statt „Gandwanaland": Gondwanaland
Seite 158: Zeile 2: der Bildunterschrift; statt „Theminis": Thenius
Seite 167: Zeile 44: statt „Uinotherium": Uintatherium